GEOTECHNIK nach Eurocode – Band 1: Bodenmechanik

Jetzt diesen Titel zusätzlich als E-Book downloaden und 70 % sparen!

Als Käufer dieses Buchtitels haben Sie Anspruch auf ein besonderes Kombi-Angebot: Sie können den Titel zusätzlich zum Ihnen vorliegenden gedruckten Exemplar für nur 30 % des Normalpreises als E-Book beziehen.

Der BESONDERE VORTEIL: Im E-Book recherchieren Sie in Sekundenschnelle die gewünschten Themen und Textpassagen. Denn die E-Book-Variante ist mit einer komfortablen Volltextsuche ausgestattet!

Deshalb: Zögern Sie nicht. Laden Sie sich am besten gleich Ihre persönliche E-Book-Ausgabe dieses Titels herunter.

In 3 einfachen Schritten zum E-Book:

1. Rufen Sie die Website **www.beuth.de/e-book** auf.

2. Geben Sie hier Ihren persönlichen, nur einmal verwendbaren E-Book-Code ein:

   28835FA48K950D5

3. Klicken Sie das „Download-Feld“ an und gehen dann weiter zum Warenkorb. Führen Sie den normalen Bestellprozess aus.

Hinweis: Der E-Book-Code wurde individuell für Sie als Erwerber dieses Buches erzeugt und darf nicht an Dritte weitergegeben werden. Mit Zurückziehung dieses Buches wird auch der damit verbundene E-Book-Code für den Download ungültig.

GEOTECHNIK nach Eurocode
Band 1: Bodenmechanik

Univ.-Prof. (em.) Dr.-Ing. Hans-Georg Kempfert
Prof. Dr.-Ing. Jan Lüking

GEOTECHNIK nach Eurocode
Band 1: Bodenmechanik

Grundlagen
Nachweise
Berechnungsbeispiele

5., vollständig
überarbeitete Auflage

Beuth Verlag GmbH · Berlin · Wien · Zürich

Bauwerk

© 2020 Beuth Verlag GmbH
Berlin · Wien · Zürich
Saatwinkler Damm 42/43
13627 Berlin

Telefon: +49 30 2601-0
Telefax: +49 30 2601-1260
Internet: www.beuth.de
E-Mail: kundenservice@beuth.de

Druck und Bindung:
Druckerei Plump, Rheinbreitbach

Gedruckt auf säurefreiem, alterungsbeständigem Papier nach DIN EN ISO 9706.

ISBN 978-3-410-28835-0

Vorwort

Die Geotechnik umfasst im Wesentlichen die Arbeitsgebiete Bodenmechanik, Felsmechanik, Ingenieurgeologie, Erd- und Grundbau, Felsbau, Bauen mit Geokunststoffen, Altlasten, Deponiebau und neuerdings auch weitere Gebiete im umweltgeotechnischen Bereich wie Rückbau, Geothermie usw. Diese Fachgebiete haben im Bauingenieurwesen in den letzten Jahrzehnten laufend an Umfang und Bedeutung gewonnen. Die Lehrinhalte der Geotechnik sind dabei keine reinen Rechenfächer. Grundlagen für ein erfolgreiches Arbeiten auf dem Gebiet sind die sicheren Kenntnisse der theoretischen, experimentellen und praktischen Zusammenhänge sowie deren Anwendung in der Baupraxis.

„Geotechnik nach Eurocode“ in 2 Bänden fasst die Grundlagen von Bodenmechanik und Grundbau (Geotechnik) in kompakter, aber möglichst umfassender Form zusammen. Der theoretische Stoff ist ergänzt durch umfangreiche Sammlungen von Beispielen und Übungen auf der Grundlage der europäischen und nationalen Normung DIN EN 1997-1, DIN EN 1997-1/NA, DIN 1054 und DIN EN 1997-2, DIN 4020, DIN EN 1997-2/NA zusammengefasst in den Normen-Handbüchern Eurocode 7, Band 1 und Band 2.

Die Bände „Geotechnik nach Eurocode“ sind für Studierende der Bachelor- und Masterstudiengänge an Universitäten und Fachhochschulen als Begleitmaterial gedacht. Weiterhin sollen sie als Nachschlagewerk für den in der beruflichen Praxis stehenden Ingenieur dienen.

Wir danken unseren jetzigen und ehemaligen Mitarbeitern und Kollegen für Anregungen und Zuarbeit von inhaltlichen Teilen, die im Wesentlichen als Lehrunterlagen an der Universität Kassel und der Technischen Hochschule Lübeck entstanden sind. Besonders danken wir Herrn Dr.-Ing. Marc Raithel, der mit dem Erstautor die 1. bis 4. Auflage erstellt hat. Dem Verlag danken wir für die jahrelange gute Zusammenarbeit.

Über Hinweise und Anregungen zur Weiterentwicklung der Buchreihe per Mail würden wir uns freuen.

Hamburg, Lübeck, April 2020

Hans-Georg Kempfert
Jan Lüking

Autorenadressen

Univ.-Prof.(em.) Dr.-Ing. Hans-Georg Kempfert
ehemals Universität Kassel · Institut für Geotechnik und Geohydraulik
privat:
Potosistraße 27
D-22587 Hamburg
kempfert@t-online.de

Prof. Dr.-Ing. Jan Lüking
Technische Hochschule Lübeck · Fachbereich Bauwesen · Fachgebiet Geotechnik
Mönkhofer Weg 239
D-23562 Lübeck
jan.lueking@th-luebeck.de

Inhaltsverzeichnis Band 1

Inhaltsverzeichnis Band 2

1 Einführung

1.1 Entwicklung und Einordnung

In den vergangenen Jahrzehnten insbesondere des letzten Jahrhunderts hat eine stürmische Entwicklung die theoretischen Grundlagen und praktischen Bauverfahren des klassischen Tiefbaus vorangetrieben. Entsprechend der Fächerbezeichnungen an den Hochschulen setzten sich für diesen Bereich des Bauingenieurwesens zunehmend die Begriffe Bodenmechanik und Grundbau durch. Gleichzeitig nahm die Bedeutung dieser Fächer für die Baupraxis kontinuierlich zu. Auch früher waren gründungstechnische Fragen zu lösen. Diese wurden aber weitgehend durch Beobachtung, Probieren oder Intuition, also rein empirisch, bewältigt.

Erste mathematische Theorien über Bodenbewegungen und Bodenkräfte wurden von dem französischen Physiker und Festungsbaumeister *Coulomb (1736–1806)* abgeleitet. Als die Geburtsstunde der Bodenmechanik und des Grundbaus gilt allgemein das Jahr 1925, in dem *Karl v. Terzaghi (1883–1963)* das Buch „Erdbaumechanik auf bodenphysikalischer Grundlage“ veröffentlichte.

Das Ziel geotechnischer Untersuchungen, Berechnungen und Ausführungsverfahren ist, die Bauwerke unter den wirkenden Lasten sicher auf oder im Untergrund zu errichten bzw. mit dem Baustoff Boden qualitätsorientiert und reproduzierbar zu bauen. Dabei muss das Bauwerk ausreichend weit entfernt sein vom Grenzzustand der Tragfähigkeit (Bruch bzw. vollständiges Versagen) und gebrauchstüchtig sein (Grenzzustand der Gebrauchstauglichkeit), um es wie vorgesehen nutzen zu können.

Heute findet man als übergeordnete Bezeichnungsweise zunehmend den Begriff „Geotechnik“. Nachfolgend sind die betroffenen Fächer und Bezeichnungen definitionsmäßig voneinander abgegrenzt und eine Einordnung im Gesamtgebilde der geotechnischen Arbeitsgebiete vorgenommen. Dabei wird häufig auch die „Geomechanik“ als die Wissenschaft vom mechanischen Verhalten der Erdkruste definiert und die „Geotechnik“ als die technische oder konstruktive Anwendung des boden- oder felsmechanischen Wissens im Bauwesen. In jedem Fall geht es aber um den Boden bzw. den Fels als Baugrund oder Baustoff im Hinblick auf seine bautechnische oder umweltgerechte Nutzung.

Häufige Fächer- oder Begriffsbezeichnungen sind:

- *Ingenieurgeologie:* Zweig der angewandten Geologie, der sich mit der Untersuchung und Deutung geologischer und hydrogeologischer Verhältnisse für die Technik, vor allem für das Bauwesen, befasst.

- *Boden- und Felsmechanik:* Lehre von den mechanischen Eigenschaften und dem Verhalten des Baugrunds als Locker- oder Festgestein.
- *Grund- und Felsbau:* Lehre von dem Entwurf, der Bemessung, den Bauverfahren und der Ausführung von Bauwerken und Bauwerksteilen, deren Verhalten oder Einfluss auf ihre Umgebung wesentlich von den Eigenschaften des Baugrunds/Untergrunds als Locker- oder Festgestein abhängt.
- *Erdbau:* boden- und felsmechanische sowie entwässerungstechnische Vorgaben, Randbedingungen und Prüfverfahren, die für die gezielte Herstellung von Erdbauwerken – das sind durch Erdarbeiten im Abtrag oder Auftrag hergestellte Bauwerke, z. B. Damm, Einschnitt – notwendig und einzuhalten sind.
- *Tunnel- und Stollenbau:* Entwurf, Berechnung und Herstellung von Hohlraumbauten, z. B. Verkehrstunnel, Wasserstollen, unterhalb der Geländeoberfläche in offener oder geschlossener (bergmännischer) Bauweise.
- *Spezialtiefbau:* Dieser Begriff wird häufig von Baufirmen für die speziellen Herstellungsverfahren im Grundbau, z. B. Ankertechnik, Pfahlherstellung, Wasserhaltung usw., verwendet.
- *Deponiebau:* Neubau und Sanierung von Deponien mit geotechnischen und erdbautechnischen Methoden.
- *Altlastensanierung:* Sicherung und Sanierung von Altlasten im Untergrund mit geotechnischen Verfahren.
- *Geokunststoffe:* Bauen mit Geotextilprodukten u. Ä. in der Geotechnik.

Die Grenzen zwischen den vorstehend aufgelisteten Gebieten sind i. d. R. fließend und eine scharfe Abgrenzung gegeneinander nicht sinnvoll. In der jüngeren Zeit sind Themen aus dem Rückbau und der Geothermie der Umweltgeotechnik zuzuordnen. Des Weiteren hat die Geotechnik für den Verkehrswegebau (Straße, Bahn, Wasser, Flugplätze) eine große Bedeutung.

1.2 Sachverständiger für Geotechnik

In *Handbuch Eurocode 7-1 (2015)* und *Handbuch Eurocode 7-2 (2011)* werden geotechnische Kategorien GK 1 bis GK 3 definiert und die Aufgaben des „Sachverständigen für Geotechnik“ angesprochen.

Nach *Handbuch Eurocode 7-1 (2015)* ist der „Sachverständige für Geotechnik“ ein Sonderfachmann oder Fachplaner mit Sachkunde und Erfahrung auf dem Gebiet der Geotechnik. Er ist nach den Bauordnungen der Länder hinzuzuziehen, falls der Entwurfsverfasser nicht selbst über die erforderliche Sachkunde und Erfahrung auf dem Gebiet der Geotechnik verfügt.

Für die GK 1 ist nur im Zweifelsfall ein Sachverständiger für Geotechnik erforderlich. Liegt GK 2 vor, so fertigt der Sachverständige für Geotechnik i. d. R. einen geotechnischen Bericht in Anlehnung an *Handbuch Eurocode 7-1 (2015)* und *Handbuch Eurocode 7-2*

(2011), siehe auch 1.3 bzgl. der Baugrunduntersuchung (Feld- und Laborversuche) mit Hinweisen zur Bauausführung an.

Bauwerke der GK 3 erfordern einen hohen geotechnischen Untersuchungsaufwand und umfassen insbesondere auch Bauwerke, bei denen die Beobachtungsmethode nach *Handbuch Eurocode 7-1 (2015)* notwendig wird, sodass der Sachverständige für Geotechnik die Baumaßnahme von der Planung bis zur Fertigstellung begleitet und das Bauwerk auch nachträglich in Form von geotechnischen Messungen und Berechnungen überwacht. Weiterhin sind i. d. R. die Aufgaben des Sachverständigen für Geotechnik, dass dieser für die Einhaltung der Norm zu sorgen hat und insbesondere

- festzustellen hat, ob die allgemeinen Regeln für die geotechnischen Sicherheitshinweise eingehalten werden,
- die Einstufung von Bauwerken in die geotechnischen Kategorien vorzunehmen hat,
- die Angemessenheit und Hinlänglichkeit bei den Nachweisen der Grenzzustände der Tragfähigkeit und Gebrauchstauglichkeit zu untersuchen hat,
- die Notwendigkeit, Angemessenheit und Hinlänglichkeit der Beobachtungsmethode festzustellen hat,
- einen Geotechnischen Bericht über die oben genannten Punkte anfertigt.

Der Sachverständige für Geotechnik und ggf. auch der Fachplaner für Geotechnik ist demnach beratend und gutachterlich bei der Entwurfsplanung, als Verfasser geotechnischer Nachweise, baubegleitend und nötigenfalls auch nach der Fertigstellung des Bauwerks tätig. Unabhängig davon ist es aber zwingend notwendig, dass auch die Bauingenieure anderer fachlicher Ausrichtung solide Grundkenntnisse in Bodenmechanik und Grundbau besitzen, da sie bei ihren Arbeiten in der Praxis, z. B. Konstruktion und Berechnung sowie Bauausführung, immer mit dem Boden als Baugrund und Baustoff in Berührung kommen.

In der internationalen Literatur ist auf eine Veröffentlichung von *Lord (1997)* zu verweisen, der den in der Geotechnik tätigen Bauingenieur gegenüber Ingenieurgeologen dahingehend abgrenzt, dass sich der Ingenieur durch die Koppelung der Kenntnisse bezüglich des Bodenverhaltens, des Spannungs-Verformungs-Verhaltens und der Interaktion des Bauwerkes mit dem Baugrund auszeichnet. Weiterhin verfügt der Bauingenieur in der Geotechnik über die notwendigen mathematischen und mechanischen Grundlagen. Zur Anwendung der Bodenmechanik in der Praxis ist weiterhin eine sorgfältige Kenntnis der theoretischen und experimentellen Konzepte, ein umfassender Einblick in die gegenwärtigen und vergangenen Erfahrungen der fachlichen Kollegen und eine besondere Berücksichtigung der geologischen Aspekte notwendig.

National definieren *Floss et al. (2000)* die Trennung der Aufgabenbereiche der Bauingenieure und der Geologen in der Geotechnik. Danach ist die Aufgabe des Geotechnikingenieurs bzw. des in der Geotechnik ausgebildeten Bauingenieurs, ausgehend von geologischen, boden- und felsmechanischen Erkundungen und Untersuchungen ein zutreffendes, allgemein theoretisches, mathematisch-mechanisches und physikalisch-chemisches Modell der i. d. R. mehrphasigen Stoffe Boden und Fels als Baugrund und Baustoff zu entwickeln, die Gründung von Bauwerken zu entwerfen und die Standsicherheit und Gebrauchstauglichkeit mit den Methoden der Boden- und Felsmechanik nachzuweisen. Die Aufgabe des Geologen bzw. Ingenieurgeologen kann hingegen sein, insbesondere bei Großprojekten die geologisch relevanten Eigenschaften des Baugrundes zu erkennen (z. B. Stratigrafie) und die Untergrunduntersuchungen zu planen, zu überwachen und im Hinblick auf ein geotechnisches Baugrundmodell in Zusammenarbeit mit dem in der Geotechnik tätigen Bauingenieur auszuwerten.

Die Deutsche Gesellschaft für Geotechnik DGGT (siehe 1.5) hat in ihrer Empfehlung EASV, veröffentlicht durch ihren Arbeitskreis AK 2.11 der Fachsektion Erd- und Grundbau, die Anforderungen an Sachkunde und Erfahrung eines Sachverständigen für Geotechnik definiert, siehe *EASV (2016)*.

In der vorstehenden Empfehlung EASV sind ergänzend die folgenden geotechnischen Sachverständigen beschrieben, die einer besonderen Anerkennung bedürfen. Diese sind:

- Fachplaner für Geotechnik
  Die Aufgaben und Funktionen eines Fachplaners sind in der Musterbauordnung (MBO) festgelegt. Dieser ist heranzuziehen, wenn ein Entwurfsverfasser nicht die erforderliche Sachkunde und Erfahrung auf einzelnen Fachgebieten hat. Der Begriff „Fachplaner für Geotechnik" wird dabei jedoch nicht explizit in der MBO erwähnt, sondern findet sich nur in der DIN 1054.

- Öffentlich bestellte und vereidigte (ö. b. u. v.) Sachverständige
  Diese Sachverständige werden von der Industrie- und Handelskammer für spezielle Teilgebiete der Geotechnik öffentlich bestellt und vereidigt. Sie verfügen auf dem bestellten Fachgebiet über besondere Sachkunde und Glaubwürdigkeit und werden i. d. R. von Gerichten und Behörden zur Beantwortung spezieller geotechnischer Fragestellungen beauftragt.

- Prüfsachverständige für Erd- und Grundbau
  Die Kompetenz der Prüfsachverständigen für Erd- und Grundbau werden von einem Beirat der Bundesingenieurkammer geprüft und festgestellt. Diese Fachleute bescheinigen im Auftrag des Bauherrn oder der sonstigen nach Bauordnungsrecht Verantwortlichen die Einhaltung bauordnungsrechtlicher Anforderungen. Sie prüfen dabei insbesondere die Vollständigkeit und Richtigkeit der Angaben über den Baugrund hinsichtlich Stoffbestand, Struktur und geologischer Einflüsse, dessen Tragfähigkeit und die getroffenen Annahmen zur Gründung oder Einbettung der baulichen Anlage.

- EBA Sachverständige
  Für Baumaßnahmen im Eisenbahnbau werden vom Eisenbahn-Bundesamt (EBA) Sachverständige für Geotechnik mit entsprechender Erfahrung im Eisenbahnbau nach einem Prüfverfahren als „Gutachter/Prüfer in Verwaltungsverfahren mit dem EBA" anerkannt.

Ergänzende Hinweise können zusätzlich *Ziegler (2017)* entnommen werden.

1.3 Geotechnische Berichte

Nach *Handbuch Eurocode 7-2 (2011)* ist der „Geotechnische Bericht" (häufig bisher auch als „Baugrund- und Gründungsgutachten" bezeichnet) die Zusammenfassung und Kommentierung der Ergebnisse aller geotechnischer Untersuchungen sowie die daraus zu ziehenden Folgerungen für das Objekt und für die Objektdurchführung. Dieser Bericht wird i. d. R. durch ein Geotechnisches Ingenieurbüro / Institut erstellt. Diese können sein: Freiberuflich tätige Beratende Ingenieure für Bodenmechanik, Erd- und Grundbau (Ingenieurbüros) oder öffentliche Einrichtungen wie z. B. Hochschulinstitute, Bundesanstalten für Straßenwesen oder Wasserbau sowie Materialprüfungsanstalten. In den Institutionen sind die in 1.2 genannten Sachverständigen für Geotechnik tätig.

Die Geotechnischen Berichte dienen dem Architekten oder Tragwerksplaner als Grundlage für Grob- und Detailplanung sowie der Bemessung von z. B. Gründungselementen oder Baugruben. Für die Geotechnischen Kategorien GK 2 und GK 3 sind Geotechnische Berichte zwingend erforderlich. Die darin aufzunehmenden Inhalte sowie Mustergliederungen finden sich in *Handbuch Eurocode 7-1 (2015)* und *Handbuch Eurocode 7-2 (2011)*, wobei in den Normen unterschieden wird zwischen den folgenden geotechnischen Berichtstypen:

- Der „Geotechnische Untersuchungsbericht" bezieht sich auf die im *Handbuch Eurocode 7-2 (2011)* geregelten Untersuchungen, wobei der „Geotechnische Bericht" nach DIN 4020, wie er häufig in Deutschland zu finden ist, etwas darüber hinausgeht, siehe Abb. 1.1.

- Der „Geotechnische Entwurfsbericht" sollte für die Geotechnischen Kategorien GK 2 und GK 3 die erforderlichen weiteren Schritte und Nachweise zur Tragfähigkeit und Gebrauchstauglichkeit der Gründung enthalten.

Weitere Hinweise dazu finden sich auch im *Handbuch Eurocode 7-1 (2015)*.

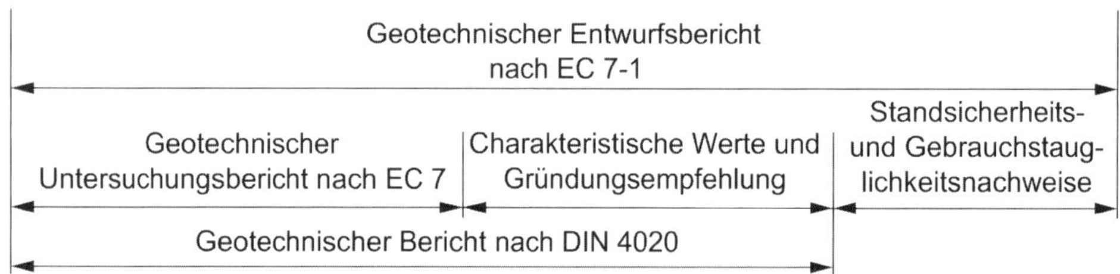

Abb. 1.1: *Einordnung der Geotechnischen Berichte, aus* Handbuch Eurocode 7-2 (2011)

1.4 Baugrundrisiko und Verpflichtung des Auftraggebers

Aus wirtschaftlichen und technischen Gründen kann der Baugrund nur an bestimmten Stellen stichprobenartig untersucht werden.

Wie der Baugrund zwischen diesen Stellen beschaffen ist, kann nur vermutet werden. Die Tatsache, dass die Baugrundverhältnisse nur in beschränktem Maße bekannt sind, um die gestellte bautechnische Aufgabe zu lösen, begründet ein „Baugrundrisiko“. Das Baugrundrisiko ist umso größer, je schwerwiegender die Folgen im Schadensfall sind, der dadurch verursacht sein kann, dass maßgebende Baugrundeigenschaften nicht erkannt wurden.

Das Baugrundrisiko trägt zunächst der Bauherr als Eigentümer des Baugrundes. Der Sachverständige für Geotechnik tritt jedoch durch seine Beauftragung mit in dieses Risiko ein, da nur er fachlich in der Lage ist, die Baugrundverhältnisse entsprechend der Aufgabenstellung zu beurteilen. Mit der Abgabe seines Gutachtens (Geotechnischer Bericht) übernimmt der Sachverständige für Geotechnik die Haftung für Schäden, die bei Einhaltung der im Gutachten genannten Angaben aus Baugrund und Gründung auftreten. Es sei denn, dass trotz geotechnischer Untersuchungen nach den Regeln der Technik unvorhersehbare Baugrundsituationen angetroffen werden.

Der Sachverständige für Geotechnik übernimmt außerdem die Verantwortung dafür, dass die in den Geotechnischen Berichten genannten konstruktiven Vorschläge zur baulichen Durchbildung, zur Baudurchführung und zum Bauablauf den allgemeinen anerkannten Regeln der Technik (z. B. Normen, Empfehlungen usw.) entsprechen. Er hat aber auch die Möglichkeit aufgrund seiner Untersuchungen und seinem Sachverstand von den anerkannten Regeln der Technik begründet abweichende Empfehlungen zu geben, wenn diese sicher, aber wirtschaftlicher sind.

Der Bauherr oder Auftraggeber hat bezüglich des Baugrundes nach VOB folgende Verpflichtungen:

- *„Die für die Ausführung der Leistung wesentlichen Verhältnisse der Baustelle, z. B. Boden- und Wasserverhältnisse, sind so zu beschreiben, dass der Bewerber ihre Auswirkung auf die bauliche Anlage und die Bauausführung hinreichend beurteilen kann.“ (VOB/A 2016, Teil A: § 7, (1), Pkt. 6.)*

Auch hieraus geht eindeutig hervor, dass das Baugrundrisiko grundsätzlich beim Bauherrn liegt und er dafür Sorge tragen muss, dass der Baugrund ausreichend für die Bauaufgabe erkundet und durch ein Baugrund- und Gründungsgutachten (Geotechnischer Bericht) beschrieben sein muss.

Bei Sondervorschlägen argumentiert der Auftraggeber häufig, dass die Baugrundverhältnisse für den Ausschreibungsentwurf ausreichend erkundet und notwendige Zusatzuntersuchungen für die Realisierung des Sondervorschlags/Nebenangebotes von der bietenden Firma zu übernehmen sind. Diese Auffassung wird i. d. R. auch seitens der Gerichte unterstützt.

In 4.1 finden sich weitere Hinweise zur rechtlichen Einordnung der Baugrunderkundung im Zusammenhang mit den Aufgaben der am Bau Beteiligten sowie zum Begriff „Baugrundrisiko“.

1.5 Geotechnische Gesellschaften

Die fachlichen Belange der in 1.1 zusammengestellten Fächer in der Geotechnik werden von geotechnischen Gesellschaften wahrgenommen.

International sind dies:

- International Society for Soil Mechanics and Geotechnical Engineering (ISSMGE),
- International Society of Rock Mechanics (ISRM),
- International Geosynthetics Society (IGS),
- International Association of Engineering Geology (IAEG),
- International Tunneling Association (ITA).

National hat fast jedes Land eine eigene Gesellschaft, in Deutschland die

- Deutsche Gesellschaft für Geotechnik e. V. (DGGT).

In der Deutschen Gesellschaft für Geotechnik sind dann wiederum die einzelnen Fachsektionen vertreten:

- Bodenmechanik
- Erd- und Grundbau
- Felsmechanik
- Ingenieurgeologie
- Kunststoffe in der Geotechnik
- Umweltgeotechnik.

2 Grundlagen zur Geologie und Struktur von Boden und Fels

2.1 Aufbau des Erdkörpers und geologische Einordnung

Die Erde ist etwa gemäß Abb. 2.1 schalenförmig aufgebaut. Die für die Geotechnik bereichsweise interessante äußere, sehr dünne Schale wird als Erdkruste bezeichnet, die sich grundsätzlich in eine Granitschicht (Oberkruste) und eine tiefere Basaltschicht (Unterkruste) unterteilt. Unter den Ozeanen wird in der Regel nur die Basaltschicht mit einer Mächtigkeit von 5 bis 10 km angetroffen.

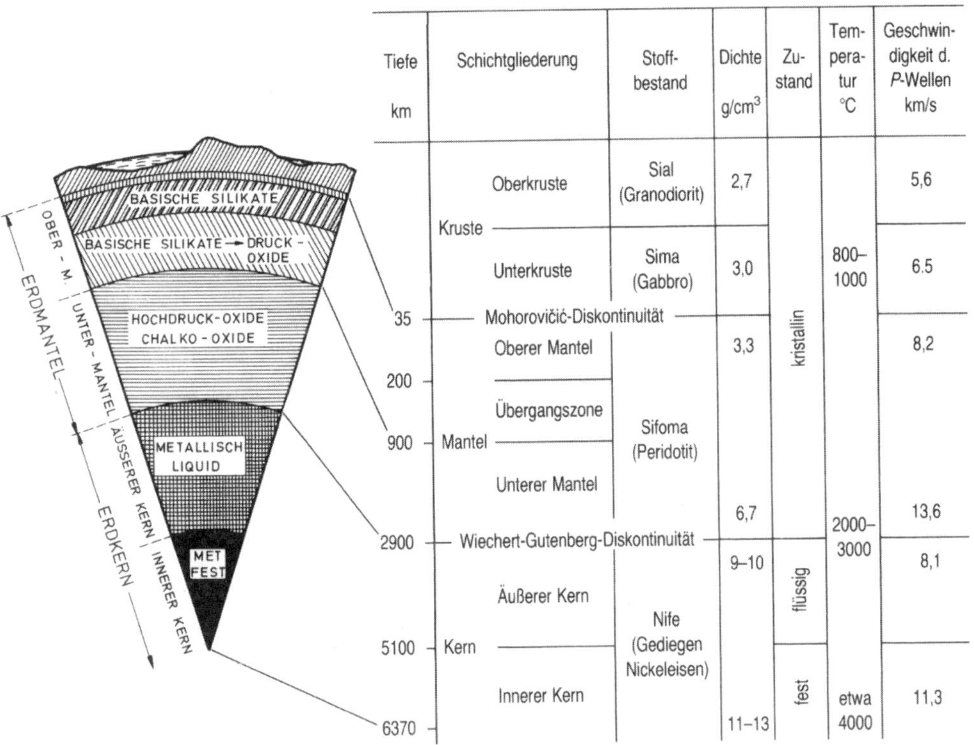

Abb. 2.1: *Schematischer schalenförmiger Aufbau der Erde, aus* Fecker/Reik (1995)

Die Erdgeschichte untergliedert sich in vier Zeitaltergruppen:

- Erdneuzeit (Kanäozoikum)
- Erdmittelalter (Mesozoikum)
- Erdaltertum (Paläozoikum)
- Erdfrühzeit (Präkambrium)

Jedes Zeitalter wird weiter in Systeme (Perioden), Abteilungen (Serien/Epochen), Stufen (Alter) und Zonen (Zeit) unterteilt. Die stratigrafische Gliederung der Erdkruste ist in Tab. 2.1 zusammengestellt.

Einen allgemeinen Überblick und Zusammenstellung der geologischen Grundlagen sind beispielsweise *Bahlburg/Breitkreuz (2017)* oder *Grotzinger/Jordan (2017)* zu entnehmen.

2.2 Gesteinsbildung

Die Gesteine werden entsprechend ihrer Entstehung in drei Hauptgruppen gegliedert:

- *Magmatite: Plutonite* (z. B. Granit, Diorit, Gabbro), *Vulkanite* (z. B. Basalt, Diabas, Porphyrit),
- *Sedimente: klastische* (z. B. Ton-, Sandstein), *chemische* (z. B. Gips), *organische* (z. B. Torf),
- *Metamorphite:* Regionalmetamorphite (z. B. Gneis, Phyllit), Kontaktmetamorphite (z. B. Hornfels).

a) Magmatische Gesteine:

Magmatische Gesteine entstehen aus der Schmelze der unteren Erdkruste (100–120 km Tiefe, teilweise auch näher unter der Erdoberfläche). Diese Gesteinsschmelze weist eine Temperatur von etwa 1300 °C auf. An Schwachstellen der Erdkruste kann es zu einem Ausfluss bzw. Ausbruch der Schmelze an die Erdoberfläche kommen. Ein größerer Teil der aufsteigenden Schmelze erreicht jedoch nicht die Erdoberfläche, sondern bleibt in ihr „stecken" und erstarrt. Je nach Art der Entstehung werden die magmatischen Gesteine in drei Gruppen unterteilt:

- Ergussgesteine (Vulkanite): rasche Erstarrung des Magma an der Erdoberfläche,
- Tiefengesteine (Plutonite): langsame Erstarrung des Magma innerhalb der Erdkruste,
- Ganggesteine: langsame Erstarrung des Magma in Spalten innerhalb der Erdkruste, die aber auch bis an die Erdoberfläche reichen können.

Tab. 2.1: *Erdgeschichtliche Untergliederungen, nach* Dachroth (1992)

<table>
<tr><th rowspan="2">Erdzeit-alter</th><th rowspan="2">Formation (System)</th><th rowspan="2">Ab-teilung</th><th rowspan="2">Alter Dauer [10^6 Jahre]</th><th rowspan="2">Wich-tige tekto-nische Ären</th><th rowspan="2">Faltungs-gebiete</th><th colspan="2">Wichtige Gesteine (Mitteleuropa)</th></tr>
<tr><th>Witterungs-empfindlich</th><th>Witterungs-beständig</th></tr>
<tr><td rowspan="3">Erdneuzeit (Kanäozoikum oder Neozoikum)</td><td rowspan="2">Quartär</td><td>Holozän (Alluvium = geolog. Gegen-wart)</td><td>0,020</td><td rowspan="6">Alpidische Ära</td><td rowspan="2">Himalaja</td><td>Gehänge-, Geschiebe-, Verwitterungs- und Auelehme, Tone, Torfe, Faulschlamm</td><td>Sande, Kiese, Schotter, Gerölle</td></tr>
<tr><td>Pleistozän (Dilu-vium)</td><td>Eiszeit
1</td><td>Geschiebemergel, Löße, Lößlehme, Bändertone, Torfe, Faulschlamm</td><td>Sande, Kiese, Schotter, Gerölle, Travertin</td></tr>
<tr><td>Tertiär
(Braun-kohlezeit)</td><td>Pliozän, Miozän, Oligozän, Eozän, Paläozän</td><td>70</td><td>Alpen, Karpaten, Himalaja, Pyrenäen</td><td>Tone, Mergel, Lehme, lehmige Sande, Sand-steine, glasreiche Basalte, Sonnenbrennerbasalt, Kieselgur</td><td>Sande, Kiese, glasarme Basalte, Phonolithe, Dazite, Andesite</td></tr>
<tr><td rowspan="5">Erdmittelalter (Mesozoikum)</td><td>Kreide</td><td>Dan, Senon, Emscher, Turon, Cenoman, Gault, Neoaom</td><td>140</td><td>Anden, NW-D. (Bruch-faltung), Ost-Alpen Sibirien</td><td>Mergelsandsteine, (Pläner), Kreide-mergel, Schiefertone, Tonmergel</td><td>Quadersandsteine, Kreidekalke</td></tr>
<tr><td>Jura</td><td>Malm (weißer) Dogger (brauner) Lias (schwarz.)</td><td>180</td><td>Sierra Nevada, NW-D. (Bruch-faltung)</td><td>Tone, Mergel</td><td>Dolomite, reine Kalke, Marmor-kalke</td></tr>
<tr><td rowspan="3">Trias</td><td>Keuper</td><td rowspan="3">225</td><td rowspan="3">Japani-sche Inseln</td><td>Bunte Letten u. Mergel, Schieferton, Gipsletten u. -mergel, Lettensandstein</td><td>Sandsteine, Kalksteine</td></tr>
<tr><td>Muschel-Kalk</td><td>Gips- und salzhaltige Mergel, mergelige Kalke</td><td>Dolomite, reine Kalkbänke</td></tr>
<tr><td>Bunt-sandstein</td><td>Mergel, Gipsschiefer, Sandsteinschiefer, Schieferletten, Lettensandstein, Bröckelschiefer</td><td>Quarzsteine, Rogensteine</td></tr>
</table>

Fortsetzung Tab. 2.1:

Erdzeitalter	Formation (System)	Abteilung	Alter Dauer [10^6 Jahre]	Wichtige tektonische Ären	Faltungsgebiete	Wichtige Gesteine (Mitteleuropa)	
						Witterungsempfindlich	Witterungsbeständig
Erdaltertum (Paläozoikum)	Perm	Zechstein		Varistische Ära		Schiefer u. Salztone, Stinkschiefer, Mergel, Salze, Schiefertone, Gipse, Anhydrit, Gipsletten u. -mergel	Dolomite, Kalke
		Rotliegendes	275		Ural	Tonige Konglomerate und Sandsteine, Schieferletten (Rötelschiefer)	Porphyre, Porphyrite, Melaphyre
	Karbon (Steinkohlezeit)	oberes Karbon (produktives K.), unteres Karbon	345		Asturien, europäische Mittelgebirge	Schiefertone, Tonschiefer, Alaunschiefer, tonige Sandsteine, tonige Graphitschiefer	Graphit, Diorite, Granodiorite, Syenite, Grauwacken, Gabbros, Konglomerate, Kiesel- u. Dachschiefer
	Devon	oberes, mittleres, unteres Devon	400		Rheinisches Schiefergebirge	Ton- u. Graphitschiefer, Grauwacken, Schalsteine, dolomitische Mergel	Grauwacken, Diabase, Kalke
	Silur		450	Kaledonische Ära	Ardennen, Appalachen, West-Norwegen	Alaunschiefer, Grapholiten- u. Tonschiefer, Graphit- u. Lederschiefer, Ockerkalke	Griffelschiefer, Kalke, Phyllit
	Ordovicium		490				
	Kambrium		580		Hebriden	Alaunschiefer, Tonschiefer, tonschieferreiche Grauwacken, Phyllit	Sandsteine, Grauwacken, Kalke, Phyllit
Erdfrühzeit	Algonkium	Jotnium Karelium	2200	Assyntische Ära	Baltischer, Kanadischer, Sinischer, Afrikanischer Schild		Grauwacken, Glimmerschiefer, Kalksilikatgestein, Quarzite, Marmor, Gneise, Leptite, Amphiolite
Erdurzeit	Archaikum		4500	Lautentische			

b) Sedimente:

An der Erdoberfläche unterliegen alle Gesteine einem bis in geringe Tiefen reichenden Zerstörungsprozess, der Erosion bzw. Verwitterung, z. B. durch Sonneneinstrahlung, Frost, Wasser, Wind und Organismen.

Die physikalische Verwitterung führt zu einer Zersetzung der Gesteine, wobei jedoch die mineralogische Zusammensetzung dieser erhalten bleibt. Beispiele hierfür sind die Frostsprengung, äolische Erosion durch Quarzsand oder auch die Gesteinssprengung durch Wurzeldruck von Pflanzen.

Die chemische Verwitterung verändert die mineralogische Zusammensetzung der Gesteine ohne jedoch zwingend zu einer Zerstörung der Struktur zu führen. Als Beispiel für die chemische Verwitterung sei auf die Umsetzung von Anhydrit in Gips verwiesen. Durch fließendes Wasser, Gletscher, Wind, Meeresbrandung und -strömungen werden die Verwitterungsprodukte transportiert und in Hohlformen der Erdkruste abgelagert (sedimentiert). Der Sedimenttransport kann zu einer weiteren Erosion der Sedimente führen, z. B. runde Sedimentkörner aufgrund von Schleifvorgängen während des Transportes im Wasser. Der Transport der Sedimente kann weiterhin zu einer Klassierung (Ordnung der Sedimentbestandteile nach bestimmter Größe) und/oder Sortierung (Ordnung nach Mineralbestandteilen des Sedimentes) führen. Mit abnehmender Strömungsgeschwindigkeit kommt es zur Ablagerung immer kleinerer Kornfraktionen. Je nach Art der Ablagerung können deutlich geschichtete Sedimente entstehen (z. B. bankiger Sandstein) oder auch nur unregelmäßige Sedimentanordnungen. Sedimente können entsprechend Tab. 2.2 gegliedert werden.

Tab. 2.2: *Beispiele für Sedimente und Sedimentgesteine*

Gliederung und Bezeichnung	Sediment	Sedimentgestein
Klastisch	Ton Sand vulkanischer Staub	Tonschiefer Sandstein Tuff
Chemisch		Kalkstein, Gips, Kreide, Steinsalz, Kalisalz, Dolomit
Organogen	pflanzliche Substanz tierische Substanz	Torf, Braunkohle, Steinkohle Erdöl, Erdgas Riffkalke, Schillkalke

Klastische Sedimente sind Lockergesteine, die aufgrund ihrer Korngröße unterschieden werden in Steine, Kiese, Sande, Schluffe und Tone. Nach einer Verfestigung der Sedimente werden diese in Brekzien (eckige Einzelbestandteile) und Konglomerate (runde, weit transportierte Bestandteile) unterteilt. Nach dieser Terminologie können alle Sandsteine z. B. als Konglomerate bezeichnet werden. Chemische und organische Sedimente sind nur bedingt gegeneinander abzugrenzen. Sie entstehen als Ausfällungsprodukte von Mineralen aus Wasser und im Fall der organischen Sedimente aus pflanzlichen oder tierischen Überresten, die verfestigt und durch Wärme beansprucht wurden, z. B. Kalkstein. Unterliegt ein Sediment der Verfestigung, bilden sich Sedimentgesteine (Tab. 2.2).

c) Metamorphe Gesteine:

Metamorphe Gesteine sind Umwandlungsgesteine, die infolge gebirgsbildender Vorgänge durch Temperatur- und Druckerhöhung entstehen. Es kommt zur Um- oder auch Neubildung von Mineralen in den Gesteinen. Dabei können sich kristalline Schiefer, Kontaktgesteine oder Mischgesteine bilden.

Eine ausführliche Übersicht zur Gesteinsbildung ist *Sebastian (2018)* zu entnehmen.

2.3 Regionalgeologie in Deutschland

Aus der erdgeschichtlich wichtigen Gebirgsbildung Mitteleuropas wird unterschieden in das Gebiet nördlich der Alpen mit konsolidiertem *Grundgebirge* und relativ ungestört aufgelagertem *Deckgebirge* (Tafelgebirge) sowie dem Alpenraum mit gefalteten Gebieten. Das jüngste Stockwerk ist das der Lockergesteine, welches im Wesentlichen aus tertiären und quartären Kiesen, Sanden, Schluffen und Tonen besteht. Im Hochgebirgsraum liegen auch die Schichten des Perm bis zur Kreide, teilweise sogar die des Tertiärs, gefaltet vor, sodass hier nur in Grundgebirgsstockwerk und den jungen Lockergesteinsmassen unterschieden wird.

Deutschland kann entsprechend Abb. 2.2 regionalgeologisch gegliedert werden in:

- *Tiefland*; mit vorwiegend jungen Lockergesteinen aus eiszeitlichen Ablagerungen,
- *Mittelgebirgsvorland*; mit im Wesentlichen sedimentären Felsgesteinen des Oberkarbon, des Perm und des Mesozoikum unter geringmächtigen Lockergesteinen,
- *Mittelgebirgsraum*; mit im Varistikum alpinotyp gefalteten sedimentären Felsgesteinen sowie Magmatiten und Metamorphiten des Grundgebirges,
- *dem Hochgebirge*; mit während der alpidischen Gebirgsbildung alpinotyp gefalteten Sedimenten, Metamorphiten und Magmatiten sowie jungen Lockergesteinen in den Talgebieten.

Abb. 2.2 zeigt schematisch eine geologische Unterteilung eines Blockstreifens aus Mitteleuropa. Dabei stellen die punktierten Bereiche das Tiefland, die weißen Bereiche das Mittelgebirgsvorland mit den herausragenden Mittelgebirgen und gewellt das Hochgebirge dar.

Unter Beachtung des geologischen Stockwerksbaus wird Mitteleuropa in vier große Baugrundbereiche eingeteilt.

- *Glaziogene und fluvioglaziogene Lockergesteine:* Das Liegende dieser Ablagerungen bilden im nördlichen Tiefland grundsätzlich die Festgesteine des Deckgebirges und Lockergesteine des Tertiärs. Diese können einige hundert Meter Mächtigkeit besitzen, welche nach Süden hin abnehmen. Hierzu gehören vor allem Geschiebemergel, Blockpackungen, Schmelzwasserkiese und -sande, Tone und Schluffe, Beckentone sowie Bändertone.
- *Äolische Lockergesteine:* Das Liegende dieser Windsedimente besteht aus glaziogenen und fluvioglazialen Lockergesteinen sowie den Festgesteinen des Deck- und Grund-

gebirges. Hierzu gehören Löße, Lößlehme und Sandlöße, die im Allgemeinen wenige Dezimeter bis Meter örtlich auch einige Dekameter mächtig sind.

- *Magmatische, sedimentäre und metamorphe Festgesteine und deren Verwitterungsprodukte:* Das Liegende bilden fast ausschließlich Magmatite und kristalline Schiefer. Zu nennen sind hier u. a. Granite, Porphyre und Basalte, Gneise, Granulite und Phyllite sowie auch Sand- und Tonsteine. Die Mächtigkeiten der einzelnen Gesteine differieren sehr stark und können nur örtlich festgelegt werden.
- *Fluviatile und Verlandungslockergesteine:* Das Liegende wird entsprechend der geografischen Lage aus einem der vorgenannten Baugrundbereiche aufgebaut. Diese Bereiche bestehen vor allem aus Flussschottern und -kiesen, Sanden, Auelehmen und -tonen sowie verschiedenen organischen Lockergesteinen und sind auf Flussauen großer Flüsse, auf den Nordrand des Molassebeckens und dem Norddeutschen Flachland konzentriert. Die Mächtigkeit dieser Ablagerungen beträgt einige Meter bis Dekameter.

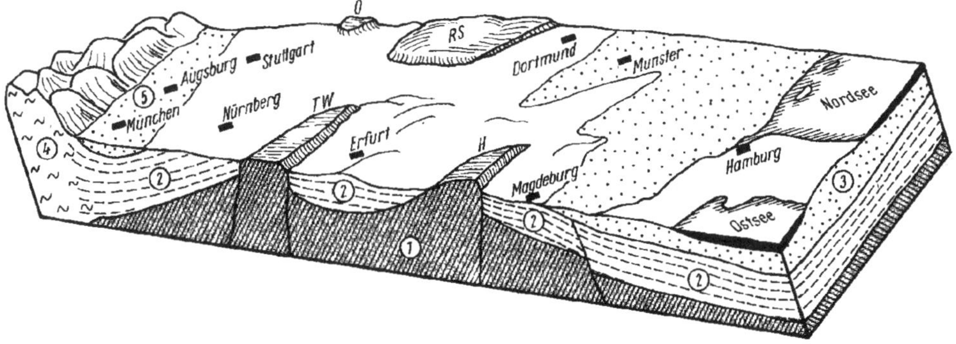

1 Grundgebirge, 2 Deckgebirge, 3 Junge Lockermassen, 4 Grundgebirge im Hochgebirge, 5 Junge Lockermassen im Alpenvorland, H Harz, O Odenwald, RS Rheinisches Schiefergebirge, TW Thüringer Wald

Abb. 2.2: *Schematischer Blockstreifen zur regionalgeologischen Gliederung von Deutschland, aus* Klengel/Wagenbreth (1989)

Ein weiterer detaillierter Überblick zur Entstehungsgeschichte der Geologie Deutschlands kann *Meschede (2018)* und *Böse et al. (2018)* entnommen werden.

2.4 Zusammensetzung und Struktur von Böden

Im bautechnischen Sinne versteht man unter Boden die oberflächennahe nicht verfestigte Zone der Erdkruste (Lockergestein). Der Stoff „Boden“, mit dem sich die Bodenmechanik beschäftigt, unterscheidet sich wesentlich von den sonstigen Stoffen der Mechanik. Der Boden stellt ein Haufwerk von Feststoffen (Mineralen) dar, dessen Poren mit Wasser und Luft gefüllt sind (Dreiphasensystem). Man spricht hierbei von einem dispersen System (dispergere = verstreuen) mit den Anteilen: fester Teil (disperse Phase), Wasser (flüssige Phase) und Luft (gasförmige Phase). In seiner Gesamtheit weist der Boden völlig andere Eigenschaften als seine Bausteine (die Einzelkörner) auf. Für die anschauliche Betrachtung eines bestimmten Bodenvolumens V mit der Masse m wird folgendes Gedankenmodell verwendet, siehe Abb. 2.3.

Für die Begriffe „Wichte γ" und „Dichte ρ" gilt folgender Zusammenhang mit g = Erdbeschleunigung nach Gl. (2.1).

$$\gamma = g \cdot \rho \approx 10 \cdot \rho \; [\mathrm{kN/m^3}] \tag{2.1}$$

wobei gilt:

$$Dichte = \frac{Masse}{Volumen} = \left[\frac{t}{m^3}\right] = \left[\frac{g}{cm^3}\right]$$

$$Wichte = \frac{Kraft}{Volumen} = \left[\frac{kN}{m^3}\right]$$

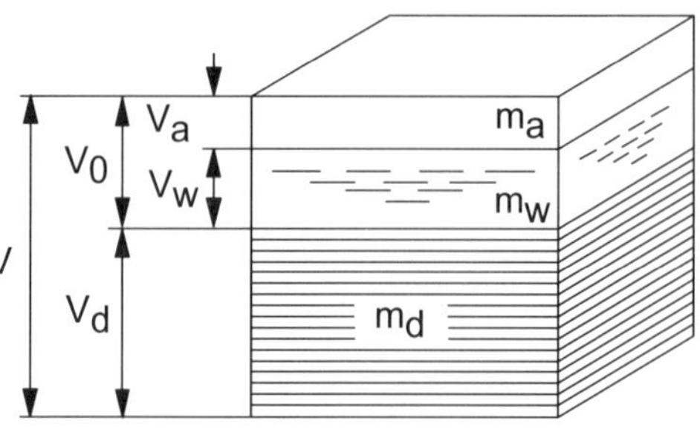

Abb. 2.3: *Gedankenmodell eines Bodenvolumens (Index d: Feststoff, w: Wasser, a: Luft, 0: Poren)*

Die nachfolgend definierten Dichten lassen sich in entsprechende Wichten mit Gl. (2.1) umrechnen:

- Korndichte: Kornmasse m_d bezogen auf das Volumen der Körner V_d (Kornwichte γ_s)

$$\rho_s = \frac{m_d}{V_d}\left[\frac{t}{m^3}\right] = \left[\frac{g}{cm^3}\right] \rightarrow \gamma_s = \rho_s \cdot g \left[\frac{kN}{m^3}\right] \tag{2.2}$$

- Dichte: feuchte Masse des Bodens m bezogen auf das Gesamtvolumen V (Wichte γ)

$$\rho = \frac{m}{V}\left[\frac{t}{m^3}\right] \rightarrow \gamma = \rho \cdot g \left[\frac{kN}{m^3}\right] \tag{2.3}$$

- Wenn alle Poren mit Wasser gefüllt sind, wird diese Dichte als Dichte des wassergesättigten Bodens ρ_r (wassergesättigte Wichte γ_r) bezeichnet.
- Trockendichte: trockene Masse des Bodens m_d bezogen auf das Gesamtvolumen V (Trockenwichte γ_d)

$$\rho_d = \frac{m_d}{V}\left[\frac{t}{m^3}\right] \rightarrow \gamma_d = \rho_d \cdot g \left[\frac{kN}{m^3}\right] \tag{2.4}$$

- Dichte des Bodens unter Auftrieb: Ableitung der Wichte unter Auftrieb (γ') siehe 6.3.

$$\rho' = \rho_r - \rho_w \left[\frac{t}{m^3}\right] \tag{2.5}$$

- Wassergehalt: Verhältnis des Masseverlustes beim Trocknen m_w bezogen auf die verbleibende Trockenmasse m_d

$$w = \frac{m_w}{m_d} \, [-] \, \text{bzw.} \, [\%] \tag{2.6}$$

Die Bestandteile der Böden sind miteinander nicht oder nur in so geringem Maße mineralisch verkittet, dass die Verkittung die Eigenschaften des Bodens nicht prägt (Lockergestein).

Je nach mineralischer Zusammensetzung weisen die einzelnen Bodenarten unterschiedliche Strukturen auf. Häufig wird auch vom „Gefüge des Bodens" gesprochen. Bei globalen Unterteilungen in nichtbindige und bindige Böden besitzen die rein nichtbindigen Böden ein Einzelkorngefüge (Abb. 2.5a), deren Hohlräume je nach Entstehung dieser Böden unterschiedlich dicht gelagert bzw. mit feineren Anteilen gefüllt sind. Die Einzelkörner sind mehr oder weniger gut gerundet, zwischen 0,002 mm und 60 mm groß. Sie bestehen aus einem einzigen Mineral (Quarz, Calcit, Dolomit) oder aus einem Mineralgemenge (Ausgangsgestein, wie z. B. Quarz, Gneis, Sandstein). Der Grad der Rundung hängt von der Länge des Transportweges und vom Mineraltyp ab. Je weiter der Transportweg und weicher der Mineraltyp, desto ausgeprägter die Rundung (Abb. 2.4).

Abb. 2.4: *Kornformen der Einzelkörner*

Demgegenüber bilden Tone aufgrund der elektrostatischen Kräfte der Einzelteilchen (Rand positiv, Seiten negativ) ein Wabengefüge (Kartenhaus), siehe Abb. 2.5b. Dies ist charakteristisch für im Süßwasser sedimentierte Tone. Im Salzwasser haben sich mehr flockenartige Teilchen abgesetzt, die bereits während der Sedimentation aneinander gehaftet sind (Abb. 2.5c). Unter einer vertikalen Belastung ordnen sich diese Gebilde mehr horizontal parallel an. Diese feineren Bodenteilchen liegen überwiegend nicht als Körner vor, sondern als Plättchen. Die Plättchen sind praktisch reine Feldspatprodukte, d. h. sie sind aus der Verwitterung von Feldspäten hervorgegangen.

Aus den Feldspäten entsteht bei der Verwitterung durch Anreicherung von Ionen (Aggradierung) oder durch Freisetzen von Ionen (Degradierung) eine neue Mineralgruppe, die Tonminerale. Dies sind winzige Plättchen, die i. Allg. den Ton aufbauen.

Die drei häufigsten Tonminerale sind Kaolinit, Illit und Montmorillonit.

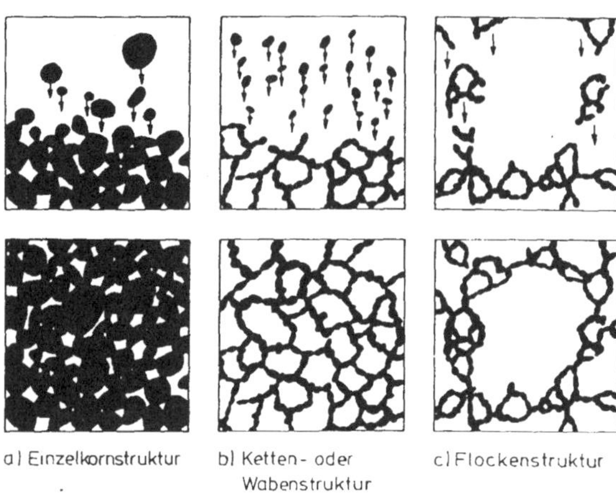

Abb. 2.5: *Gefüge des Bodens nach* Terzaghi (1925)

Tonminerale sind so klein, dass sie weder mit bloßem Auge noch mit optischem Mikroskop wahrgenommen werden können, sondern nur mit dem Elektronenmikroskop.

Einzelkörner können mit einer diffusen Hülle von Wasser umgeben sein, dieses Wasser ist durch elektrische Ladungen an die Körner gebunden (Abb. 2.6). Die mineralische Oberfläche ist negativ geladen und zieht die positiven Seiten der polaren Wassermoleküle an. Im Vergleich zum Durchmesser der Körner ist die diffuse Hülle allerdings sehr dünn. Sie ist auch nicht scharf begrenzt, daher diffus.

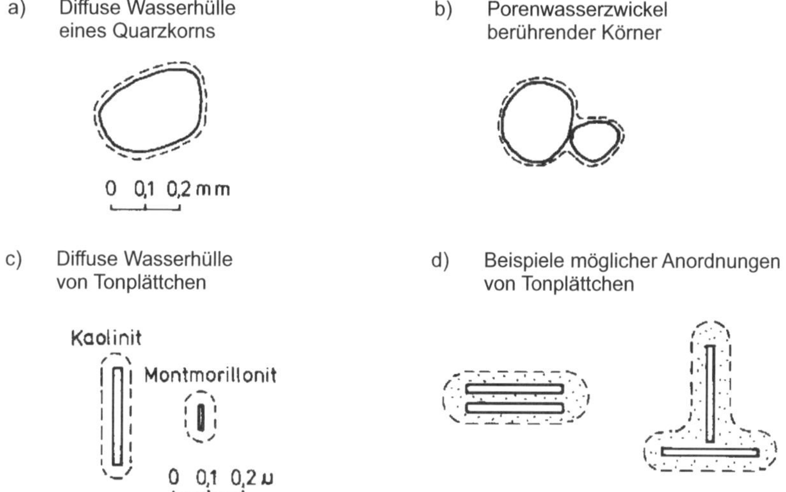

Abb. 2.6: *Anordnung von Bodenteilchen und diffuse Wasserhülle, aus* Gudehus (1981)

Die Tonplättchen sind ebenfalls von einer diffusen Wasserhülle umgeben. Sie ist im Verhältnis zur Dicke der Plättchen wesentlich dicker als bei den Körnern. Die Tonteilchen berühren sich praktisch nicht. Zwei Teilchen können wegen ihrer plattigen Form und der verhältnismäßig dicken Wasserhülle verschiedenartige Lagen zueinander haben.

Der Zusammenhang zwischen Teilchengröße und spezifischer Oberfläche macht den Unterschied zwischen Körnern und Plättchen (Tonmineralien) deutlich. Unter spezifischer Oberfläche wird die Oberfläche verstanden, die 1 g Masse Bodenteilchen aufweisen:

- Quarz (je nach Korngröße) $0,001 - 0,1\ m^2/g$
- Kaolinit $2 - 20\ m^2/g$
- Illit $5 - 100\ m^2/g$
- Montmorillonit $80 - 1000\ m^2/g$

Die Bodenteilchen bauen den Boden auf, der z. B. als Baugrund für Bauwerke von Bedeutung ist. Wenn im Weiteren von Bodenproben gesprochen wird, sollen diese so viele Teilchen enthalten, dass Angaben über Mittelwerte sinnvoll werden.

2.5 Struktur und Gefüge von Gesteinen und Gebirge

Gestein ist ein Gemenge gleicher oder verschiedener Minerale mit festem Kornverband (mineralische Bindung). Gebirge ist definiert als Gestein zuzüglich der Trennflächen.

Die Abgrenzung zwischen Locker- und Festgestein ist nicht immer zweifelsfrei und einfach durchzuführen. Der Unterschied wird durch den Zusammenhalt der Einzelteile bedingt. Das wichtigste Merkmal ist die Feststellung, ob eine Gesteinsprobe im Wasser zerfällt. Festgesteine zeigen wegen der mineralischen Kornbindung keine Veränderung des Kornzusammenhaltes, sie zerfallen also nicht (Ausnahme: Salinargesteine). Lockergesteine zerfallen dagegen im Wasser.

Neben dem Mineralbestand sind die Gefügemerkmale der Gesteine oder des Gebirges (Gesteinsverband mit Trennflächen) entscheidend für ihre ingenieurgeologische Bewertung. Verschiedene Gefüge sind in Abb. 2.7 beispielhaft dargestellt.

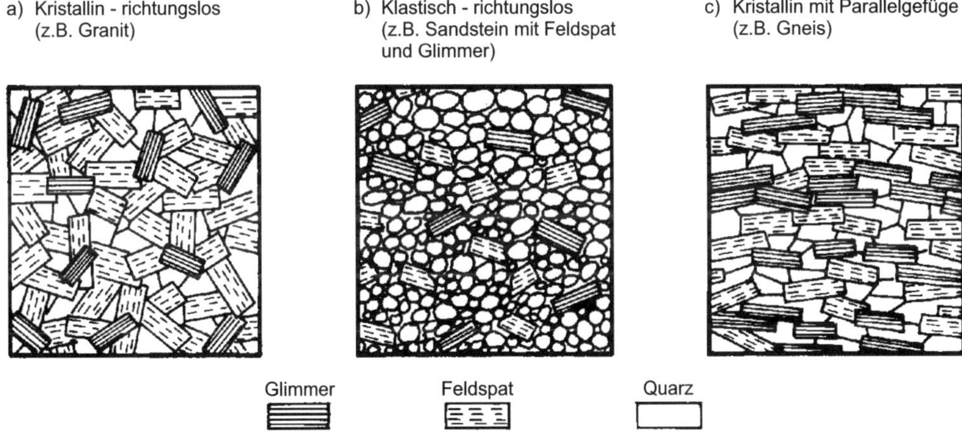

Abb. 2.7: *Verschiedene Gefüge bei gleichem Mineralbestand, aus* Klengel/Wagenbreth (1989)

Die Gesteinsstrukturen lassen sich auch wie folgt grob gliedern:

- *Kristallin* sind Felsgesteine, deren Körner in einem Kristallisationsvorgang entstanden sind. Sie sind i. d. R. fest und dicht. Kristallin sind viele Magmatite, die chemischen Sedimente und die Metamorphite.
- *Amorph* sind glasig erstarrte Schmelzflüsse, wie Vulkanite; amorphe Gesteine sind i. d. R. spröde.

- *Klastisch* sind Gesteine, deren Körner ihre Form durch einen Zertrümmerungsvorgang erhalten haben, auch wenn sie ursprünglich kristallin waren. Neben den klastischen Sedimenten sind auch die meisten vulkanischen Aschen klastisch, z. B. Tuffe.

Hinsichtlich des Aufbaus eines Gesteins sind vier weitere Oberbegriffe hervorzuheben, die auch zur Beschreibung des Gebirges gebräuchlich sind. Der innere Aufbau eines Gesteins wird maßgeblich vom Korn- und Mikrogefüge beeinflusst. Zur Beschreibung des Gesteinsaufbaus werden weiterhin die Begriffe Struktur und Textur verwendet. Unter dem Oberbegriff Struktur werden die Häufigkeit, Größe, Form und der Verband der Gesteinskomponenten bzw. beim Gebirge der Formelemente zusammengefasst. Die Textur umfasst die räumliche Verteilung und Ausrichtung der Gesteinskomponenten, wobei hier zusätzlich die Begriffe homogen/inhomogen und isotrop/anisotrop zu unterscheiden sind.

Neben den Gesteinen ist bautechnisch der Fels (Festgestein) zu unterscheiden, der i. d. R. von Trennflächen durchzogen ist, die maßgeblich die Eigenschaften des Festgesteins beeinflussen. Abb. 2.8a zeigt in einem Gefügemodell einen von einer Vielzahl von Trennflächen durchzogenen Gebirgskörper, wobei Trennflächen der Oberbegriff für Diskontinuitäten im Festgestein ist und Klüfte und Schichtfugen zusammenfasst.

Zur Beschreibung der Trennflächen sind folgende Begriffe zu unterscheiden:

- Kluftstellung: Raumstellung der Klüfte, beschrieben durch das Einfallen und Streichen, siehe Abb. 2.8b.
- Einfallen: Winkel der Horizontalen rechtwinklig zum Streichen.
- Streichen: Winkel zwischen der Sattelachse und geodätisch Nord.
- Kluftdichte Anzahl der Klüfte bezogen auf eine definierte Länge.
- Durchtrennungsgrad gibt an, in welchem Maß das Gebirge in einer Kluftebene durchtrennt ist bzw. ob noch Materialbrücken vorliegen.

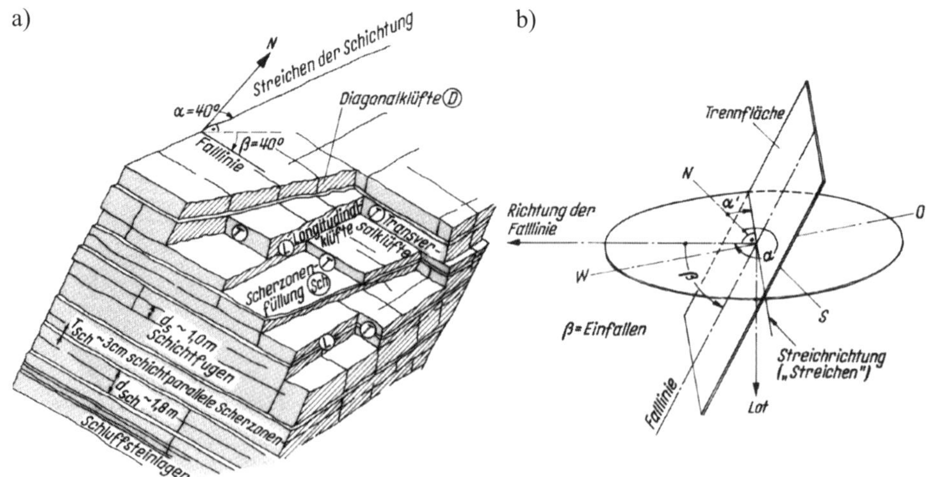

Abb. 2.8: *a) Beispiel für ein Gefügemodell, nach* Wittke/Erichsen (2001)*; b) Definition Fallwinkel β und Streichwinkel α*

3 Wasser im Untergrund

3.1 Physikalische Eigenschaften des Wassers

Die allgemeinen Eigenschaften des Wassers wie z. B. chemischer Aufbau, Leitfähigkeit, Wasserhärte usw. können *D'Ans/Lax (1992)* entnommen werden.

Die Dichte ρ_w (Wichte γ_w) des Wassers ist abhängig von der Temperatur und bei +4 °C am größten. Für baupraktische Zwecke kann näherungsweise für normales Süßwasser von

$$\rho_w = 1 \left[\frac{t}{m^3}\right] \text{ bzw. } \gamma_w = 10 \left[\frac{kN}{m^3}\right] \tag{3.1}$$

ausgegangen werden.

Bei Meerwasser ist die Dichte abhängig vom Salzgehalt. Z. B. beträgt sie für einen Salzgehalt von 3,5 %

$$\rho_w = 1,026 \left[\frac{t}{m^3}\right] \tag{3.2}$$

Aufgrund von molekularen Anziehungskräften der Wasserteilchen untereinander bzw. gegenüber anderen Medien (außer Luft), wirken i. d. R. Oberflächenspannungen. Die Oberflächenspannung zwischen der Grenzfläche Wasser-Luft beträgt bei einer Temperatur von 20 °C

$$\sigma = 0,073 \left[\frac{N}{m^2}\right] \tag{3.3}$$

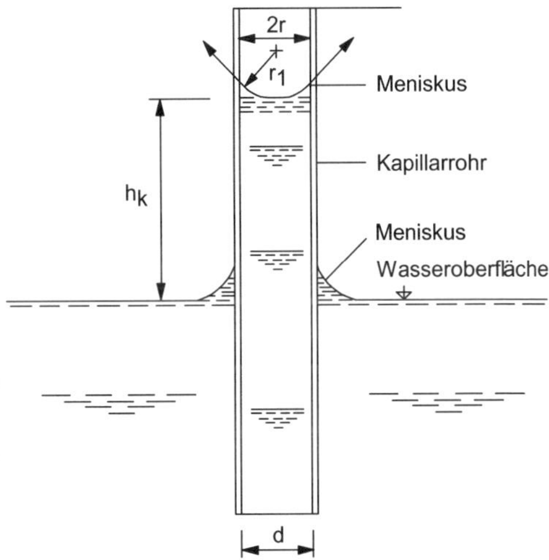

Abb. 3.1: *Prinzip der kapillaren Steighöhe*

Infolge von Oberflächen- bzw. Grenzflächenspannungen wölbt sich die Wasseroberfläche im Nahbereich eines festen Körpers nach oben (Meniskus), siehe Abb. 3.1.

In einem Röhrchen mit sehr kleinem Durchmesser wird die Wassersäule infolge dieser wirkenden Spannungen σ so weit über die normale Wasseroberfläche gezogen bis das Gewicht der Wassersäule und die aus der Spannung resultierende Kraft im Gleichgewicht sind. Die kapillare Steighöhe ist näherungsweise:

$$h_k \approx \frac{0,3}{d} \, [cm] \tag{3.4}$$

Die kapillare Steighöhe von Böden ist somit abhängig von der Größe und der Verteilung der Poren. Für praktische Fälle ist zu unterscheiden:

- *Passive kapillare Steighöhe* h_{kp}: das ist die Höhe, auf der das Kapillarwasser bei sinkendem Wasserspiegel gehalten wird. Nach *Schulze/Muhs (1967)* und *v. Soos (2001)* sind folgende Größenordnungen zu erwarten:

Mittel- bis Grobkies	$h_{kp} \approx 0,05\ m$
Kiessand	$h_{kp} \leq 0,2\ m$
Grobsand bzw. schluffiger Kies	$h_{kp} \leq 0,5\ m$
Fein- bis Mittelsand	$h_{kp} \leq 1,5\ m$
Schluff	$h_{kp} \leq 15\ m$
Ton	$h_{kp} \leq 50\ m$

- *Aktive kapillare Steighöhe* h_{ka}: Höhe, zu der das Wasser von unten aufsteigt. h_{ka} ist im Allgemeinen geringer als h_{kp} und stark abhängig vom Wassersättigungsgrad der Poren des Bodens. Bei feuchten Böden ist sie geringer als bei trockenen Böden.

Eine weitere wichtige physikalische Eigenschaft des Wassers ist seine Zähigkeit (Viskosität). Für eine Wassertemperatur von 20 °C gilt:

$$\eta = 1 \left[\frac{N \cdot s}{m^2}\right] = 10 \text{ Poise} \, [P] \tag{3.5}$$

Weitere Hinweise siehe z. B. *Kézdi (1969)*.

3.2 Erscheinungsformen des Wassers im Untergrund

Die nicht feste Phase des Bodens (Poren), siehe 2.4, kann Wasser gemäß Abb. 3.2 nach *Zunker (1930)* in folgenden Formen auftreten:

- *Sickerwasser,* welches von der Geländeoberfläche in den Untergrund versickert. Wenn sich dieses Wasser auf einer undurchlässigen Schicht staut, spricht man von *Schichtwasser.*

- *Haftwasser,* das infolge von Oberflächenspannungen auf den Körnern haftet, welches insbesondere in den Porenwinkeln ausgeprägt ist (Porenwinkelwasser).

- *Absorbiertes Wasser* an der Mineralkörneroberfläche. Man nennt dieses Wasser auch hygroskopisch gebundenes Wasser.

- *Kapillarwasser:* Der Kapillarwasserbereich wird auch als Kapillarsaum bezeichnet. In diesem Bereich werden Zugspannungen an den Menisken, siehe 3.1, als Druck auf die Bodenkörner übertragen. Man spricht dort von Kapillardruck $\sigma_k = \gamma_w \cdot h_k$ als Zusatzspannungen auf den Boden.

- *Grundwasser*, das die Hohlräume des Untergrunds zusammenhängend ausfüllt. Echtes Grundwasser „trägt sich selbst", siehe 6.2.

Im Festgestein (Fels) wird das Grundwasser als Bergwasser bezeichnet. Da der Fels i. d. R. keine ausgeprägten Poren aufweist, kommt das Wasser hier im Trennflächengefüge (Klüfte, Schichten, Spalten) als *Kluft-*, *Schicht-* oder *Spaltwasser* vor. Das freie Grund- und Bergwasser kann durch ein Beobachtungsrohr (Pegel, Piezometerrohr) festgestellt werden. Ein durchlässiger Untergrundbereich wird auch als *Grundwasserleiter*, ein weniger durchlässiger als *Wasserstauer* bezeichnet. Durch wechselnde Lagerung von durchlässigen und undurchlässigen Schichten können sich mehrere übereinanderliegende Grundwasserleiter (Grundwasserstockwerke) ergeben, vgl. Abb. 3.3.

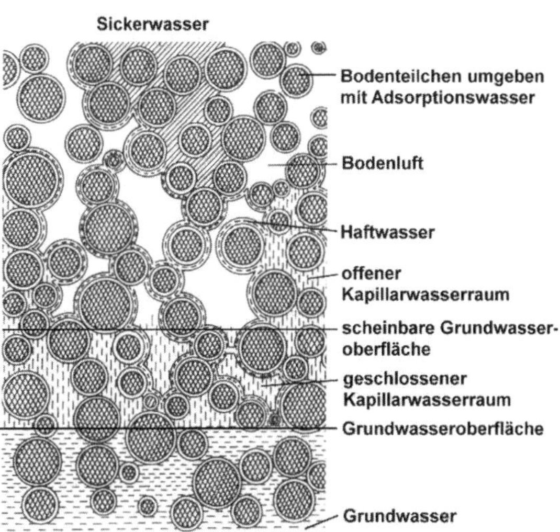

Abb. 3.2: *Erscheinungsformen des Wassers in einem Porengrundwasserleiter, nach* Hölting (1996)

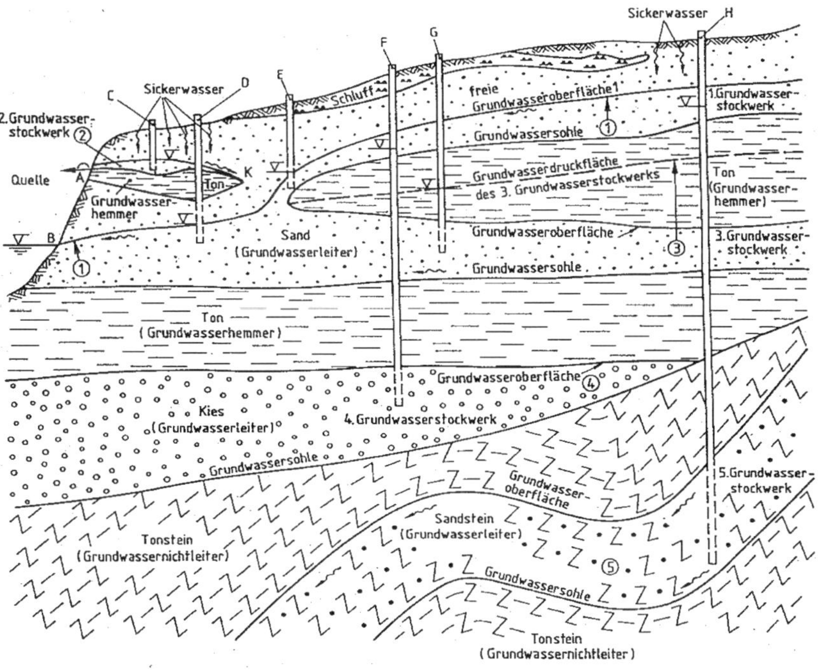

Abb. 3.3: *Vorkommen von Grundwasser in mehreren Stockwerken, aus DIN 4021*

Gespanntes Grundwasser ist vorhanden, wenn das Wasser von unten gegen eine wasserstauende Schicht drückt. Des Weiteren ist zu beachten, dass offene Gewässer häufig in Verbindung mit dem Grundwasserhorizont stehen bzw. zwischen beiden eine Wechselwirkung vorhanden ist.

3.3 Grundlagen der Wasserströmung im Untergrund

3.3.1 Grundgleichungen

Für die Wasserströmung im Untergrund werden folgende Grundgleichungen aus der Hydromechanik benötigt:

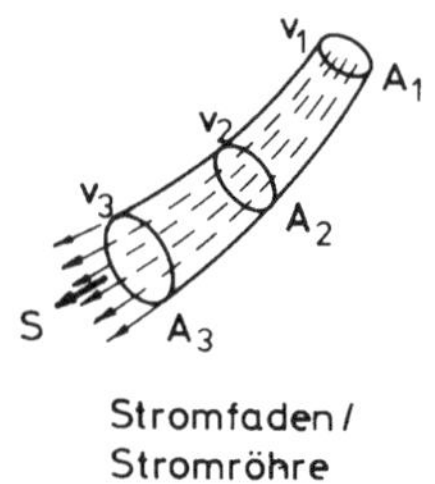

Abb. 3.4: *Stromfaden bzw. Stromröhre und Kontinuitätsgleichung*

a) Kontinuitätsgleichung

$$Q = v_i \cdot A_i = \text{ const. } [\text{m}^3] \tag{3.6a}$$

$$Q = v_1 \cdot A_1 = v_3 \cdot A_3 \tag{3.6b}$$

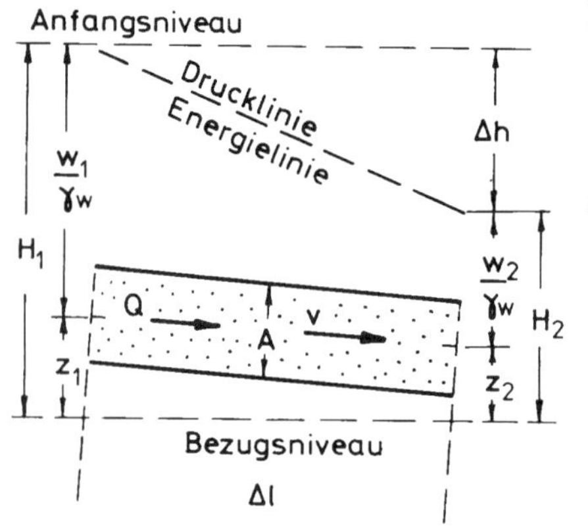

Abb. 3.5: *Systemskizze und Bernoulli'sche Gleichung*

b) *Bernoulli*'sche Gleichung:

$$z_1 + \frac{w_1}{\gamma_w} + \frac{v_1^2}{2g} = z_2 + \frac{w_2}{\gamma_w} + \frac{v_2^2}{2g} + \Delta h \tag{3.7}$$

mit:

$H_{1,2}$:	Energiehöhe, Potenzial
$\frac{w_{1,2}}{\gamma_w}$:	Druckhöhe
$\frac{v^2}{2g}$:	Geschwindigkeitshöhe
z :	geodätische Höhe
Δh :	Druckdifferenz (Verlusthöhe infolge Reibung)
Δl :	durchströmte Länge

Dabei wird in der Bodenmechanik i. d. R. die Geschwindigkeitshöhe $v^2/2g \longrightarrow 0$ gesetzt.

3.3.2 Hydraulischer Gradient und Strömungskraft

Der Quotient nach Abb. 3.5 aus Druckdifferenz $\Delta h = H_1 - H_2$ und durchströmter Länge Δl wird mit

$$i = \frac{\Delta h}{\Delta l} \text{ [-]} \tag{3.8}$$

als *hydraulischer Gradient* (hydraulisches Gefälle) bezeichnet.

Wenn $i > 0$ ist, wirkt eine Druckdifferenz (Potenzialdifferenz). Das Wasser beginnt zu strömen, mit dem Ziel einen Druckausgleich zu erreichen. Die auf das Korngerüst wirkende Strömungskraft

$$f_s = i \cdot \gamma_w \tag{3.9}$$

ist eine Massenkraft, die in der Fließrichtung des Wassers dabei infolge des Strömungswiderstands vom Wasser an das Korngerüst des Bodens abgegeben wird. Bei senkrechter Strömung führt die Strömungskraft zur Änderung der Wichte des durchströmten Bodens (oftmals auch als „effektive Wichte" bezeichnet), um

$$f_s = \Delta\gamma' = \pm i \cdot \gamma_w \tag{3.10}$$

auf

- Strömung von oben nach unten:

$$\gamma^* = \gamma' + i \cdot \gamma_w \tag{3.11}$$

- Strömung von unten nach oben:

$$\gamma^* = \gamma' - i \cdot \gamma_w \tag{3.12}$$

3.3.3 Filtergeschwindigkeiten und *Darcy*'sches Filtergesetz

Es sind zwei Geschwindigkeiten im durchströmten Korngerüst zu unterscheiden:

- Wahre Geschwindigkeit v_q: die wirkliche Geschwindigkeit, mit der das Wasser durch die Porenräume fließt (Porenströmung), d. h. $v_q = Q/A_{Poren}$.
- Filtergeschwindigkeit v: fiktive Geschwindigkeit, mit der das Wasser durch den gesamten Durchflussquerschnitt (Porenräume und Festsubstanz) fließt (Filterströmung), d. h. $v = Q/A$.

Mit dem *Durchlässigkeitsbeiwert* k [m/s] (Filtergeschwindigkeit eines Bodens mit $i = 1$) und dem vorhandenen i wurde experimentell das Gesetz von *Darcy* für die Filtergeschwindigkeit

$$v = k \cdot i \text{ [m/s]} \tag{3.13}$$

abgeleitet. Dabei ist zu beachten, dass diese lineare Beziehung nur für einen bestimmten, aber häufig in der Praxis vorliegenden Bereich (laminare Strömung) gültig ist. Abb. 3.6 zeigt schematisch den Gültigkeitsbereich von Gl. (3.13), wobei dieser nach *Gabener (1984)* für bindige Böden wie folgt erweitert werden kann:

$$v = k \cdot (i - i_0) \tag{3.14}$$

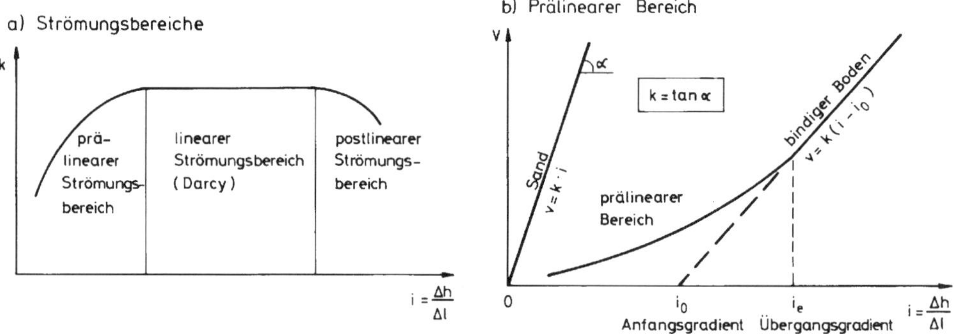

Abb. 3.6: *Bereiche der Filterströmung*

Größenordnungen der Übergangsgradienten und Anfangsgradienten sind in Tab. 3.1 zusammengestellt.

Tab. 3.1: *Übergangs- und Anfangsgradienten, aus* Gabener (1984)

Bodenart	Übergangsgradient	Anfangsgradient
Tonböden	$5 \leq i_e \leq 12$	$0,4 \leq i_0 \leq 3,7$
Schluffe	$2 \leq i_e \leq 9$	$0,3 \leq i_0 \leq 1,7$
Grobschluffe	$0 \leq i_e \leq 3$	$0 \leq i_0 \leq 0,5$

Wegen in der Regel vorhandener unterschiedlicher physikalischer Eigenschaften des Bodens in horizontaler und vertikaler Richtung (Anisotropie) gilt häufig:

$$k_h \cong 10 \cdot k_v \tag{3.15}$$

Insgesamt gibt es folgende Einschränkungen für die Gültigkeit des *Darcy*-Gesetzes:

- *Sättigungsgrad des Bodens:* Vorausgesetzt wird vollständige Wassersättigung. Bei Teilsättigung gilt das Gesetz von *Darcy* in der vorliegenden Form nicht. Hinweise dazu siehe *Kézdi (1969)*.

- *Viskosität:* Das Gesetz von *Darcy* gilt für alle *Newton´*schen Flüssigkeiten. Mit der Viskosität einer Flüssigkeit ändert sich ihr Fließverhalten im Boden, d. h. sie fließt schneller oder langsamer als Wasser bei gleicher Beschaffenheit des Bodens und gleichem Gradienten.

- *Laminarer Bereich:* Das Gesetz von *Darcy* gilt nur für den linearen Strömungsfall, der auch als laminare Strömung bezeichnet wird. Abb. 3.6 zeigt dazu die Zusammenhänge.
- *Inkompressibel:* Die betrachtete Flüssigkeit wird als inkompressibel angenommen.
- *Einphasiger Fluss:* Das *Darcy*-Gesetz gilt ohne Modifikation grundsätzlich nur für einphasigen Fluss, also nicht für ein Gemisch zweier Flüssigkeiten. Als Beispiel sei auf ein Öl-Wasser-Gemisch verwiesen. Hierfür müsste die Gleichung wesentlich erweitert werden.

Für den allgemeinen räumlichen Fall (anisotroper, inhomogener Bodenkörper) kann Gl. (3.13) dreidimensional unter Verwendung eines räumlichen Koordinatensystems wie folgt beschrieben werden:

$$\{v\} = [k] \cdot \{i\} \tag{3.16a}$$

$$\text{mit: } \{v\} = \begin{Bmatrix} v_x \\ v_y \\ v_z \end{Bmatrix} \; ; \; [k] = \begin{bmatrix} k_{xx} & k_{xy} & k_{xz} \\ k_{yx} & k_{yy} & k_{yz} \\ k_{zx} & k_{zy} & k_{zz} \end{bmatrix} \text{ und } \{i\} = \begin{Bmatrix} i_x \\ i_y \\ i_z \end{Bmatrix}$$

$\{v\}$ resultierende Geschwindigkeit als Vektor der Einzelgeschwindigkeiten dargestellt [m/s]

$\{i\}$ hydraulisches Gefälle des Gesamtsystems [-]

In der Regel sind im Untergrund verschiedene Durchlässigkeiten in x-, y- und z-Richtung vorhanden (Anisotropie). Die Strömung erfolgt in Richtung fallender Standrohrspiegelhöhen. Aus Gl. (3.16a) ergibt sich dann für das dreidimensionale Kontinuum:

$$v_x = -k_x \cdot \frac{\partial h}{\partial x} \tag{3.16b}$$

$$v_y = -k_y \cdot \frac{\partial h}{\partial y} \tag{3.16c}$$

$$v_z = -k_z \cdot \frac{\partial h}{\partial z} \tag{3.16d}$$

3.4 Erweiterung auf geschichtete Böden

3.4.1 Begriffe

Die Strömung im Untergrund wird bei geschichteten Böden von den Kenngrößen der jeweiligen Schichten und deren Abfolge beeinflusst. Dabei sind:

$k_1, k_2, k_3, ..., k_n$	Durchlässigkeit der jeweiligen Schicht
$d_1, d_2, d_3, ..., d_n$	Dicke der jeweiligen Schicht
$q_1, q_2, q_3, ..., q_n$	Durchfluss durch die betrachtete Schicht
$i_1, i_2, i_3, ..., i_n$	hydraulisches Gefälle in der jeweiligen Schicht

3.4.2 Vertikale Strömung

Für vertikale Strömungen gilt, dass die Schicht mit der geringsten Durchlässigkeit (auch wenn sie nur sehr dünn ist) den k-Wert des gesamten Schichtensystems maßgeblich beeinflusst. Es wird davon ausgegangen, dass bei rein vertikaler Durchströmung eines gleichbleibenden Querschnitts der Durchfluss und die Fließgeschwindigkeit in jeder Schicht gleich groß sein muss (Abb. 3.7).

$$q = q_1 = q_2 = q_3 = q_{const.} \tag{3.17}$$

mit

$$\begin{aligned} q &= \text{const.} \\ v &= \text{const.} \\ i &\neq \text{const.} \end{aligned}$$

Daraus ergibt sich

$$\begin{aligned} v &= k_{1z} \cdot i_1 = k_{2z} \cdot i_2 = k_{3z} \cdot i_3 = ... = k_{nz} \cdot i_n \\ i \cdot H &= i_1 \cdot H_1 + i_2 \cdot H_2 + i_3 \cdot H_3 + ... + i_n \cdot H_n \end{aligned}$$

Der resultierende k-Wert für vertikale Strömung ist

$$k_z = \frac{H}{\frac{H_1}{k_{z1}} + \frac{H_2}{k_{z2}} + \frac{H_3}{k_{z3}} + ... + \frac{H_n}{k_{zn}}} \tag{3.18}$$

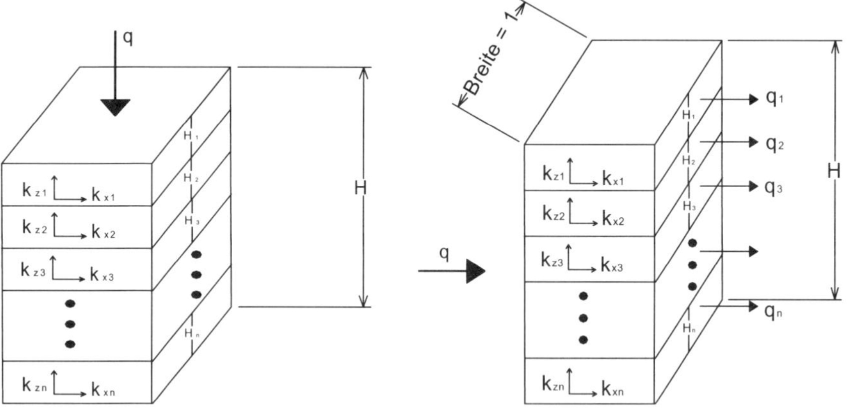

Abb. 3.7: *Vertikale und horizontale Strömung in geschichteten Böden, nach* Das (1997)

3.4.3 Horizontale Strömung

Für horizontale Strömungen kann nicht davon ausgegangen werden, dass der Durchfluss der jeweiligen Schichten gleich groß ist. Vielmehr bemisst er sich aus der Durchlässigkeit der jeweiligen Schicht und des darin abgebauten hydraulischen Gefälles. Die Schichten wirken weitestgehend unabhängig voneinander (Abb. 3.7). Es gilt

$$q = q_{x1} + q_{x2} + q_{x3} + ... + q_{xn} \tag{3.19}$$

mit

$$q_{x1} = k_{x1} \cdot i \cdot H_1$$
$$q_{x2} = k_{x2} \cdot i \cdot H_2$$
$$q_{x3} = k_{x3} \cdot i \cdot H_3$$

und der sich daraus ergebende horizontale Durchlässigkeitsbeiwert für das betrachtete Schichtensystem

$$k_x = \frac{1}{H} \cdot (k_{x1} \cdot H_1 + k_{x2} \cdot H_2 + k_{x3} \cdot H_3 + ... + k_{xn} \cdot H_n) \tag{3.20}$$

3.4.4 Variationsmöglichkeiten der Untergrunddurchlässigkeiten

Aus den allgemeinen Betrachtungen ergeben sich folgende Bedingungen nach Tab. 3.2 für mögliche Untergrunddurchlässigkeiten im 2D-Fall.

Tab. 3.2: *Möglichkeiten der Untergrunddurchlässigkeiten im 2D-Fall*

homogen, isotrop:	$\underbrace{k_{x1} = k_{x2} \quad k_{z1} = k_{z2}}_{homogen}$	$\underbrace{k_x = k_{z1} \quad k_x = k_{z2}}_{isotrop}$	Es gilt: $k_{x1}, k_{x2}, ...$ horizontale Durchlässigkeitsbeiwerte in den jeweiligen Schichten $k_{z1}, k_{z2}, ...$ vertikale Durchlässigkeitsbeiwerte in den jeweiligen Schichten
homogen, anisotrop:	$\underbrace{k_{x1} = k_{x2} \quad k_{z1} = k_{z2}}_{homogen}$	$\underbrace{k_{x1} \neq k_{z1} \quad k_{x2} \neq k_{z2}}_{anisotrop}$	
heterogen, isotrop:	$\underbrace{k_{x1} \neq k_{x2} \quad k_{z1} \neq k_{z2}}_{heterogen}$	$\underbrace{k_x = k_{z1} \quad k_x = k_{z2}}_{isotrop}$	
heterogen, anisotrop:	$\underbrace{k_{x1} \neq k_{x2} \quad k_{z1} \neq k_{z2}}_{heterogen}$	$\underbrace{k_{x1} \neq k_{z1} \quad k_{x2} \neq k_{z2}}_{anisotrop}$	

3.5 Potenzialtheorie

Bei der Wasserströmung im Untergrund wird aufgrund von Reibung zwischen Wasser und Boden Energie bzw. Potenzial abgebaut. Die mechanische Beschreibung dieses Vorgangs wird als Potenzialtheorie bezeichnet und ist nachfolgend hergeleitet. Grundlage der Ableitung ist die Kontinuitätsgleichung und das Gesetz von *Darcy* im räumlichen Fall mit

$$\{q\} = [A] \cdot \{v\} \tag{3.21a}$$
$$\{v\} = [k] \cdot \{i\} \tag{3.21b}$$

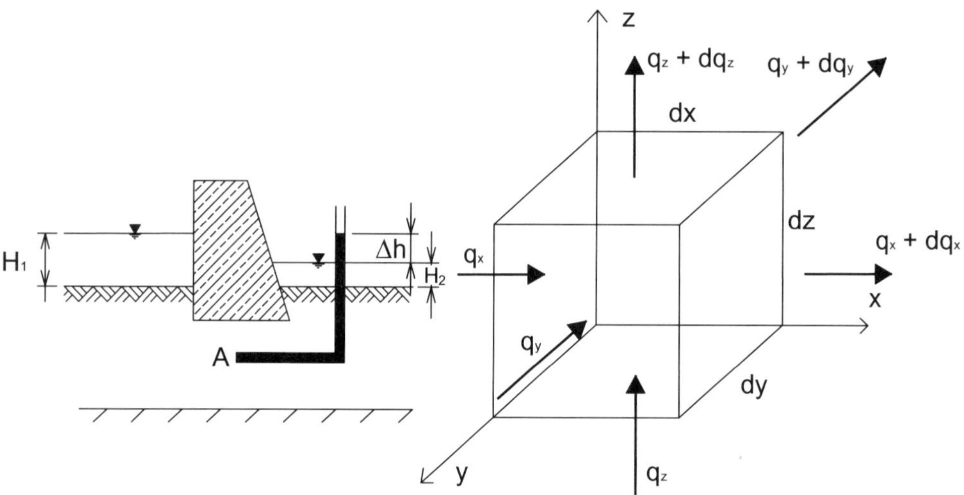

Abb. 3.8: *Strömungsbetrachtung am Element A, nach* Das (1997)

Es gilt:

$$q_x = k_x \cdot i_x \cdot A_x = k_x \cdot \frac{\partial h}{\partial x} dy\ dz \tag{3.22a}$$
$$q_y = k_y \cdot i_y \cdot A_y = k_y \cdot \frac{\partial h}{\partial y} dx\ dz \tag{3.22b}$$
$$q_z = k_z \cdot i_z \cdot A_z = k_z \cdot \frac{\partial h}{\partial z} dx\ dy \tag{3.22c}$$

$$q_x + dq_x = k_x \cdot (i_x + di_x) \cdot A_x = k_x \cdot \left(\frac{\partial h}{\partial x} + \frac{\partial^2 h}{\partial x^2} \right) dy\ dz \tag{3.23a}$$
$$q_y + dq_y = k_y \cdot (i_y + di_y) \cdot A_y = k_y \cdot \left(\frac{\partial h}{\partial y} + \frac{\partial^2 h}{\partial y^2} \right) dx\ dz \tag{3.23b}$$
$$q_z + dq_z = k_z \cdot (i_z + di_z) \cdot A_z = k_z \cdot \left(\frac{\partial h}{\partial z} + \frac{\partial^2 h}{\partial z^2} \right) dx\ dy \tag{3.23c}$$

Bei stetigem Durchfluss ergibt sich dann:

$$q_x + q_y + q_z = (q_x + dq_x) + (q_y + dq_y) + (q_z + dq_z) \Rightarrow dq_x + dq_y + dq_z = 0 \tag{3.24}$$
$$k_x \cdot \frac{\partial^2 h}{\partial x^2} + k_y \cdot \frac{\partial^2 h}{\partial y^2} + k_z \cdot \frac{\partial^2 h}{\partial z^2} = 0 \tag{3.25}$$

Zur Vereinfachung wird daher nachfolgend nur die zweidimensionale Strömung ($q_y = 0$ bzw. $dq_y = 0$) weiter betrachtet. Die Strömung senkrecht zur Darstellungsebene geht nicht weiter mit ein.

Für den ebenen Fall und einen homogenen Boden ergibt sich dann

$$k_x \cdot \frac{\partial^2 h}{\partial x^2} + k_z \cdot \frac{\partial^2 h}{\partial z^2} = 0 \tag{3.26}$$

Für isotropen Untergrund gilt $k_x = k_y = k_z = k$. Damit ergibt sich

$$\frac{\partial^2 h}{\partial x^2} + \frac{\partial^2 h}{\partial z^2} = 0 \quad \textit{Laplace}\text{'sche Differenzialgleichung} \tag{3.27}$$

Sie sagt aus, dass eine Veränderung des hydraulischen Gefälles in horizontaler Richtung der negativen Veränderung des hydraulischen Gefälles in vertikaler Richtung entspricht.

Weiterhin wird von der Funktion

$$\Phi_{(\mathrm{x,z})} = -k \cdot h \tag{3.28}$$

ausgegangen.

$$\left.\begin{aligned} \tfrac{\partial \Phi}{\partial x} &= v_x = -k \cdot \tfrac{\partial h}{\partial x} \\ \tfrac{\partial \Phi}{\partial z} &= v_z = -k \cdot \tfrac{\partial h}{\partial z} \end{aligned}\right\}$$

in *Laplace*'sche Gleichung eingesetzt ergibt die Grundgleichung der Potenzialtheorie:

$$\frac{\partial^2 \Phi}{\partial x^2} + \frac{\partial^2 \Phi}{\partial z^2} = \nabla \Phi = 0 \tag{3.29}$$

Damit wird ausgesagt, dass am betrachteten Punkt A die Veränderung des Potenzials in x-Richtung gleich der negativen Veränderung des Potenzials in z-Richtung ist.

Nach Integration der Gleichung in z- und x-Richtung ergibt sich

$$\begin{aligned} \Phi_{(x,z)} &= -k \cdot h_{(x,z)} + F_{1(z)} \\ \Phi_{(x,z)} &= -k \cdot h_{(x,z)} + F_{2(x)} \\ F_{1(z)} &= F_{2(x)} = \text{ const.} \end{aligned}$$

$F_{1(z)}$ und $F_{2(x)}$ sind ebenfalls voneinander unabhängige Werte und müssen, damit die Kontinuitätsbedingung erfüllt ist, gleich sein. Daraus ergibt sich $F_{1(z)} = F_{2(x)} = \text{const.}$

$$\Phi_{(\mathrm{x,z})} = -k \cdot h_{(\mathrm{x,z})} + C \tag{3.30}$$

und gibt die Veränderung der Gesamtdruckhöhe im betrachteten Element A an. Für

$$\Phi_{(\mathrm{x,z})} = \text{const.} \tag{3.31}$$

bildet sich eine Kurvenschar. Da sich aus den o. g. Gleichungen ergibt, dass entlang jeder Kurve das Potenzial (Gesamtdruckhöhe des Wassers) gleich ist, wird jede Kurve als Äquipotenziallinie (kurz: *Potenziallinie*) bezeichnet. Weiterhin gilt, dass die Richtung des resultierenden hydraulischen Gradienten parallel zu den Potenziallinien der Funktion $\Psi_{(x,z)}$ ist.

$$\frac{\partial \Psi}{\partial z} = v_x \tag{3.32}$$

$$\frac{\partial \Psi}{\partial x} = -v_z \tag{3.33}$$

$$\frac{\partial \Phi}{\partial x} = \frac{\partial \Psi}{\partial z} \text{ und } -\frac{\partial \Phi}{\partial z} = \frac{\partial \Psi}{\partial x} \tag{3.34}$$

differenziert nach z und differenziert nach x ergibt

$$\frac{\partial^2 \Phi}{\partial x \partial z} - \frac{\partial^2 \Phi}{\partial x \partial z} = \frac{\partial^2 \Psi}{\partial x^2} + \frac{\partial^2 \Psi}{\partial z^2} = \nabla \Psi = 0 \tag{3.35}$$

und

$$\left(\frac{dz}{dx}\right)_\Psi = -\frac{\partial \Psi / \partial x}{\partial \Psi / \partial z} = \frac{v_z}{v_x} = \tan\alpha \tag{3.36}$$

$\Psi_{(x,z)}$ stellt eine Kurvenschar dar, wobei entlang jeder Kurve das Wasser strömt, sodass sie als *Stromlinie* bezeichnet wird.

Φ differenziert nach dz/dx ergibt

$$\left(\frac{dz}{dx}\right)_\Phi = \frac{-\partial \Phi / \partial x}{\partial \Phi / \partial z} = -\frac{v_x}{v_z} = -\frac{1}{\tan\alpha} = \tan(\alpha + 90°) \tag{3.37}$$

Für Äquipotenzial- und Stromlinien kann zusammenfassend gesagt werden, dass Φ (Potenziallinie) und Ψ (Stromlinie) senkrecht aufeinander stehen. Sind beide für ein Strömungsproblem bekannt, kann es grafisch oder numerisch und in einfachen Fällen auch analytisch gelöst werden.

Nachfolgend ist vereinfachend die grafische Lösungsmethode mithilfe eines Strömungsnetzes dargestellt. Mit der Methode des Strömungsnetzes können alle wichtigen Größen wie Potenzial, Wasserdruck, Geschwindigkeit des Wassers und durchsickernde Wassermenge ermittelt werden. In der Baupraxis liegen heute auch leistungsfähige numerische Programme zur Potenzialtheorie vor.

3.6 Näherungslösung der Potenzialtheorie mit Strömungsnetzen

Die Potenzialtheorie kann näherungsweise auch grafisch gelöst werden. Für diese Näherungslösung gelten die Randbedingungen nach Abb. 3.9 sowie die folgenden Punkte:

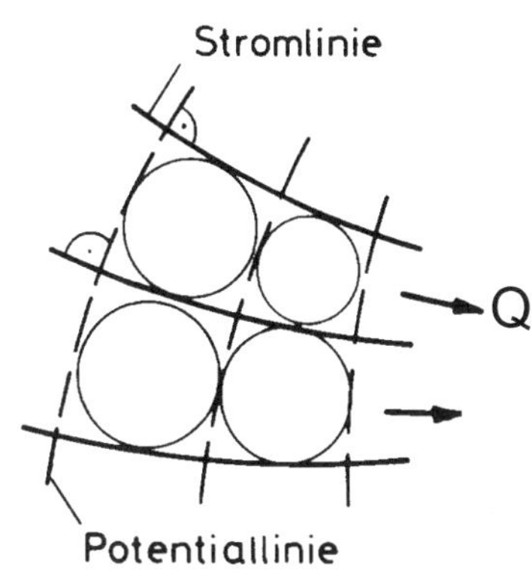

Abb. 3.9: *Konstruktionsvorschrift von Strom- und Potenziallinien*

- *Stromlinien* begrenzen eine Stromröhre.
- *Potenziallinien*, auch Äquipotenziallinien genannt, bestimmen die Punkte, in welcher die Druckhöhe über der Bezugsebene konstant ist. Für die Konstruktion von Strömungsnetzen gelten folgende Bedingungen:
- Die Potenzialdifferenz zwischen zwei Potenziallinien muss immer gleich sein.
- Strom- und Potenziallinien müssen näherungsweise Quadrate sein (prüfbar durch Kreise).

In Abb. 3.10 ist als Beispiel das Strömungsnetz mit ausgewählten Punkten im Bereich einer Spundwandbaugrube und in Abb. 3.11 unter einer Wehranlage dargestellt.

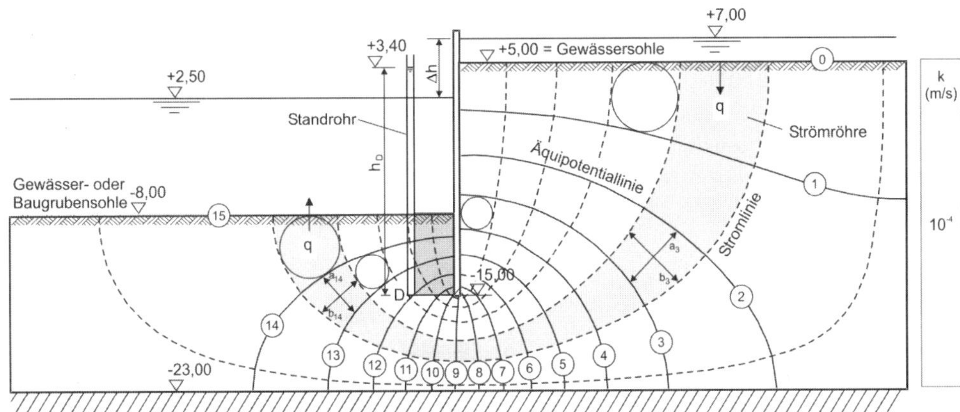

Abb. 3.10: *Beispiele für ein Strömungsnetz bei einer Spundwandbaugrube, aus* EAU (2012)

Das in Abb. 3.11 dargestellte Strömungsnetz zeigt 10 Potenzialsprünge von Punkt 1 nach 2. Beispielsweise ergibt sich die Potenzialhöhe bei Punkt 4 und 5 zu

$$H_4 = z_4 + \frac{w_4}{\gamma_w} = H_1 - \frac{4 \cdot \Delta \mathrm{h}}{10} = H_1 - 0,4 \cdot \Delta h = z_1 + h_1 - 0,4 \cdot \Delta h$$

$$H_5 = H_4$$

Der Wasserdruck ist z. B. in Punkt 4

$$H_4 = z_4 + w_4/\gamma_w \text{ und daraus } w_4 = \gamma_w \cdot (h_1 + z_1 - z_4 - 0,4 \cdot \Delta \mathrm{h})$$

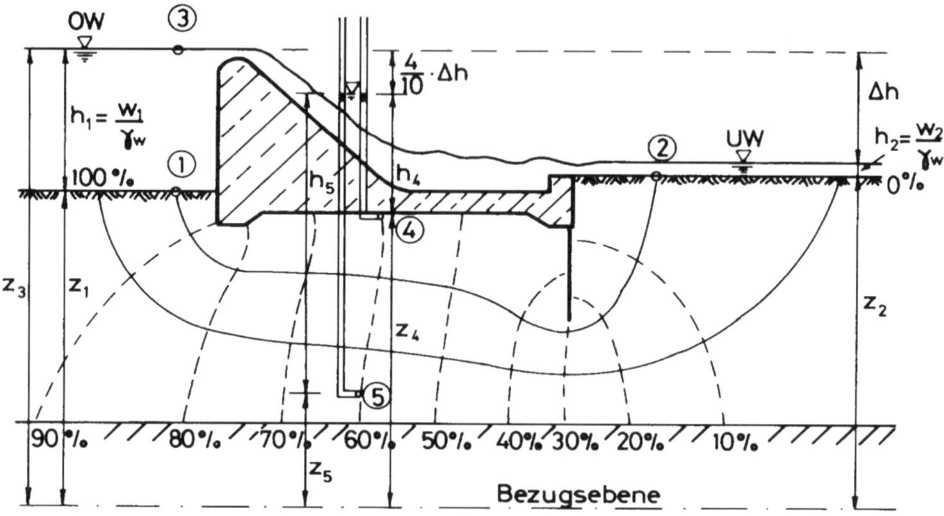

Abb. 3.11: *Beispiele für ein Strömungsnetz unter einer Wehranlage*

3.7 Wassermengenbestimmung aus dem Potenzialnetz

Bei n gegebenen Potenzialdifferenzen und m Stromröhren gilt je Stromröhre und Potenzialsprung (Abb. 3.12) nach der Kontinuitätsgleichung (3.6a)

$$\Delta Q = v_i \cdot A_i = \frac{\Delta h/n}{a} \cdot k \cdot a = \frac{\Delta h}{n} \cdot k \qquad (3.38)$$

Für alle Stromröhren ergibt sich daraus die Gesamtwassermenge, die den betrachteten Kontinuumsbereich durchströmt, zu

$$Q = \frac{\Delta h}{n} \cdot m \cdot k \qquad (3.39)$$

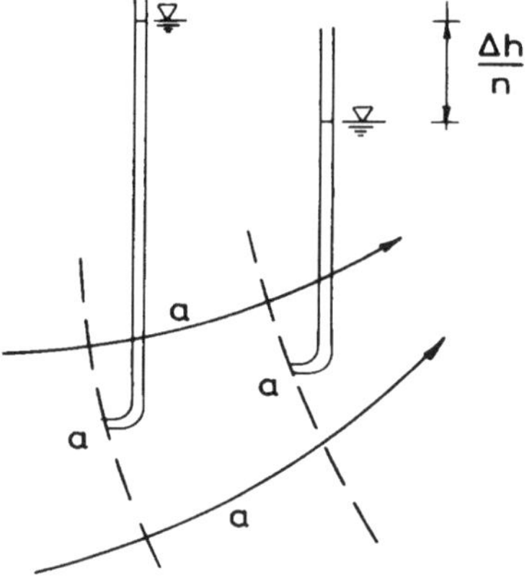

Abb. 3.12: *Verhältnisse je Potenzialsprung an einer Stromröhre*

3.8 Strom- und Potenziallinien bei Baugrundschichtung

Ist geschichteter Baugrund vorhanden, so sind für das Verfahren nach Kapitel 3.6 Modifikationen bezüglich der Strom- und Potenziallinien erforderlich, die nachfolgend beispielhaft an einem zweifach geschichteten Baugrund dargestellt sind.

Am Übergang zweier Bodenschichten nach Abb. 3.13 gilt für den Durchfluss Δq durch ein Bodenelement der Breite 1

$$\Delta \mathrm{q} = k_1 \cdot \frac{\Delta \mathrm{h}}{l_1} \cdot (b_1 \cdot 1) = k_2 \cdot \frac{\Delta \mathrm{h}}{l_2} \cdot (b_2 \cdot 1) \Rightarrow \frac{k_1}{k_2} = \frac{b_2/l_2}{b_1/l_1} \tag{3.40}$$

Weiterhin gilt

$$l_1 = \overline{AB} \cdot \sin\theta_1 = \overline{AB} \cdot \cos\alpha_1 \tag{3.41}$$
$$l_2 = \overline{AB} \cdot \sin\theta_2 = \overline{AB} \cdot \cos\alpha_2 \tag{3.42}$$
$$b_1 = \overline{AC} \cdot \cos\theta_1 = \overline{AC} \cdot \sin\alpha_1 \tag{3.43}$$
$$b_2 = \overline{AC} \cdot \cos\theta_2 = \overline{AC} \cdot \sin\alpha_2 \tag{3.44}$$

Mit Gln. (3.41) und (3.43) folgt

$$\frac{b_1}{l_1} = \frac{\cos\theta_1}{\sin\theta_1} = \frac{\sin\alpha_1}{\cos\alpha_2} \Rightarrow \frac{b_1}{l_1} = \frac{1}{\tan\theta_1} = \tan\alpha_1 \tag{3.45}$$

und mit Gln. (3.42) und (3.44)

$$\frac{b_2}{l_2} = \frac{\cos\theta_2}{\sin\theta_2} = \frac{\sin\alpha_2}{\cos\alpha_2} \Rightarrow \frac{b_2}{l_2} = \frac{1}{\tan\theta_2} = \tan\alpha_2 \tag{3.46}$$

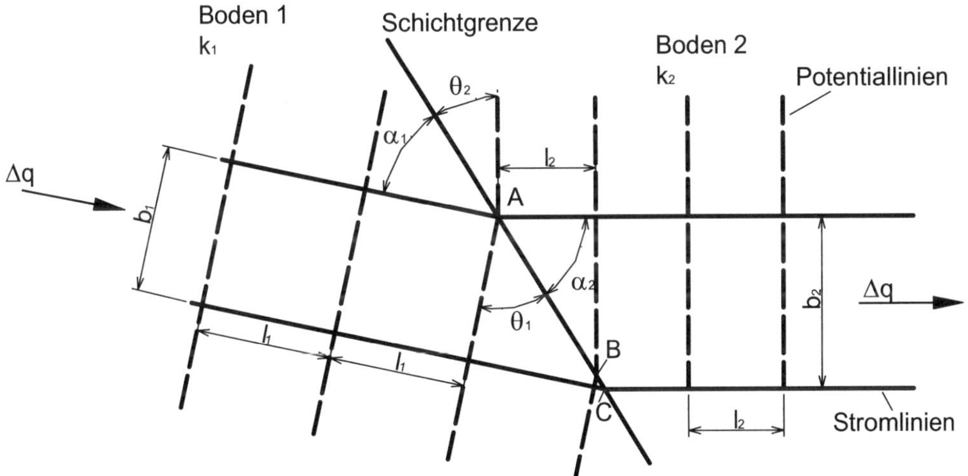

Abb. 3.13: *Übergangsbedingung an einer Schichtgrenze, nach* Das (1997)

Setzt man in Gl. (3.40) die Gln. (3.45) und (3.46) ein, so folgt

$$\frac{k_1}{k_2} = \frac{\tan\theta_1}{\tan\theta_2} = \frac{\tan\alpha_2}{\tan\alpha_1} \tag{3.47}$$

Mit der Gl. (3.47) können die Strom- und Potenziallinien bei inhomogener Baugrundschichtung konstruiert werden, wobei nach Abb. 3.14 zwei Fälle zu unterscheiden sind.

- Wenn $k_1 > k_2$ gilt, können in der Bodenschicht 1 die Abstände zwischen den Strömungs- und Potenziallinien identisch gewählt werden ($l_1 = b_1$). In Bodenschicht 2 ist bei der Konstruktion der Strömungs- und Potenziallinien dann Gl. (3.40) bzw. $k_1/k_2 = b_2/l_2$ einzuhalten. Der Abstand der Potenziallinien verringert sich somit in Bodenschicht 2 gegenüber Bodenschicht 1.
- Wenn $k_1 < k_2$ gilt, können in der Bodenschicht 1 die Abstände zwischen den Strömungs- und Potenziallinien identisch gewählt werden ($l_1 = b_1$). In Bodenschicht 2 ist bei der Konstruktion der Strömungs- und Potenziallinien dann Gl. (3.40) bzw. $k_1/k_2 = b_2/l_2$ einzuhalten. Der Abstand der Strömungslinien verringert sich somit in Bodenschicht 2 gegenüber Bodenschicht 1.

Abb 3.15 enthält ein Beispiel für ein Strömungsnetz für einen zweifach geschichteten Baugrund. Für $k_1/k_2 = 2$ folgt somit nach Gl. (3.40) für das Verhältnis $b_2/l_2 = 2$.

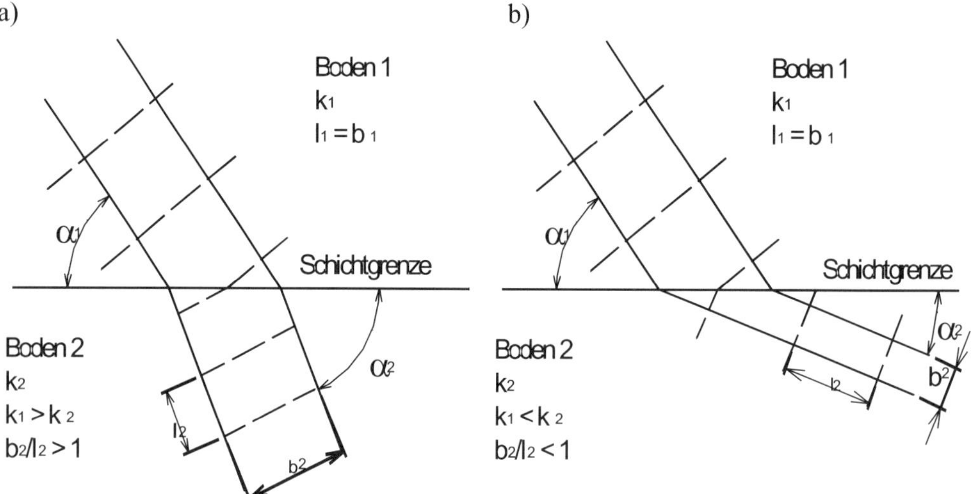

Abb. 3.14: *Strömungs- und Potenziallinien an der Schichtgrenze zweier Böden unterschiedlicher Durchlässigkeit: a) $k_1 > k_2$, b) $k_1 < k_2$; nach* Das (1997)

Ein weiteres Beispiel ist in Abb. 3.15 dargestellt.

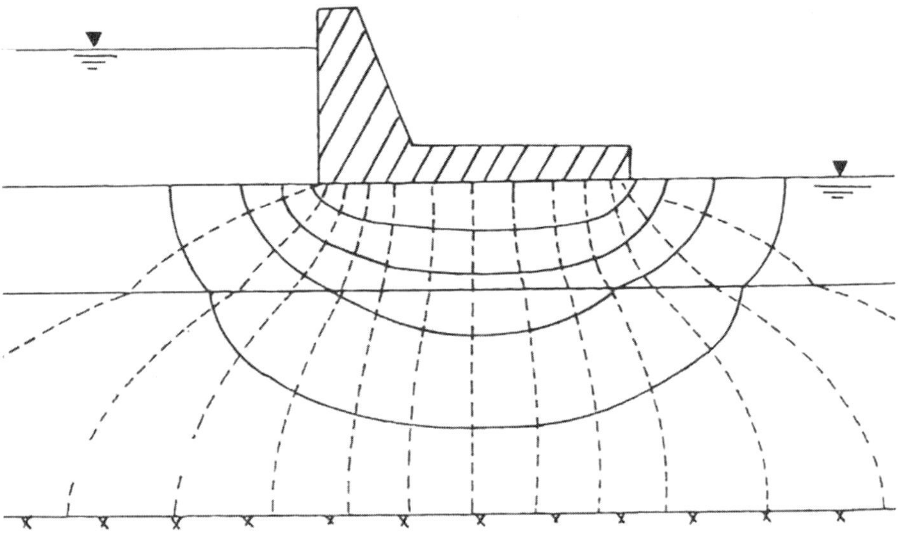

Abb. 3.15: *Beispiel für ein Strömungsnetz unter einem Wehr bei zweifach geschichtetem Baugrund, nach* Das (1997)

3.9 Zahlenbeispiele siehe Anhang B-3

4 Untersuchungen von Boden und Fels als Baugrund und Baustoff (Baugrunderkundung)

4.1 Normen und rechtliche Einordnung der Baugrunderkundung

Bei der Baugrunduntersuchung sind als übergeordnete Regelwerke die Normen

- DIN EN 1997-2:2010-10: Eurocode 7: Entwurf, Berechnung und Bemessung in der Geotechnik – Teil 2: Erkundung und Untersuchung des Baugrunds
- DIN EN 1997-2/NA:2010-12: Nationaler Anhang
- DIN 4020:2010-12: Geotechnische Untersuchungen für bautechnische Zwecke – Ergänzende Regelungen zu DIN EN 1997-2

zu berücksichtigen. Diese Normen sind im *Handbuch Eurocode 7-2 (2011)* in fortlaufend lesbarer Form zusammengefasst.

Des Weiteren wird im *Handbuch Eurocode 7-2 (2011)* insbesondere noch auf die

- DIN EN ISO 14688-1: Geotechnische Erkundung und Untersuchung – Benennung, Beschreibung und Klassifizierung von Boden – Teil 1: Benennung und Beschreibung
- DIN EN ISO 14688-2: Geotechnische Erkundung und Untersuchung – Benennung, Beschreibung und Klassifizierung von Boden – Teil 2: Grundlagen für Bodenklassifizierungen
- DIN EN ISO 14689-1: Geotechnische Erkundung und Untersuchung – Benennung, Beschreibung und Klassifizierung von Fels – Teil 1: Benennung und Beschreibung
- DIN EN ISO 22475-1: Geotechnische Erkundung und Untersuchung – Aufschluss- und Probenentnahmeverfahren und Grundwassermessungen – Teil 1: Technische Grundlagen der Ausführung
- DIN 4023: Baugrund- und Wasserbohrungen; Zeichnerische Darstellung der Ergebnisse

verwiesen, wobei die Benennung und Beschreibung von Boden und Fels nach *Handbuch Eurocode 7-2 (2011)* nach den o. g. Normen erfolgen sollte. Allerdings ist trotz der Veröffentlichung der DIN EN ISO 14688-1 seit 2003 national weiterhin die Verwendung der

- DIN 4022-1:1987-09: Benennung und Beschreibung von Boden und Fels

gebräuchlich und verbreitet, auch wenn diese zurückgezogen wurde. Dieser Widerspruch muss zunächst akzeptiert werden, da auch auf die im *Handbuch Eurocode 7-2 (2011)* verwiesene DIN 4023 noch die Bezeichnungen nach DIN 4022 verwendet.

Des Weiteren sind noch folgende Regelwerke insbesondere im Hinblick auf die Bodenklassifizierung für die Bemessung, Ausschreibung und Bauausführung maßgebend:

- *Handbuch Eurocode 7-1 (2015)*
- DIN 18196: Erd- und Grundbau; Bodenklassifikation für bautechnische Zwecke
- DIN 18300: VOB, Verdingungsordnung für Bauleistungen, Teil C

Die Erkundung des Baugrundes und das Baugrundrisiko sind eng miteinander verbunden. Das Baugrundrisiko wird dabei wie folgt definiert (aus DIN 4020:2010-12):

> *„Ein in der Natur der Sache liegendes, unvermeidbares Restrisiko, das bei Inanspruchnahme des Baugrunds zu unvorhersehbaren Wirkungen bzw. Erschwernissen, z. B. Bauschäden oder Bauverzögerungen führen kann, obwohl derjenige, der den Baugrund zur Verfügung stellt, seiner Verpflichtung zur Untersuchung und Beschreibung der Baugrund- und Grundwasserverhältnisse nach den Regeln der Technik zuvor vollständig nachgekommen ist und obwohl der Bauausführende seiner eigenen Prüfungs- und Hinweispflicht Genüge getan hat.“*

Aufschlüsse sind eine Stichprobe, die für die zwischenliegenden Bereiche nur Wahrscheinlichkeitsaussagen zulassen, sodass das Restrisiko als Baugrundrisiko verbleibt. Das Baugrundrisiko verwirklicht sich dann, wenn der Auftragnehmer alle in seinem Verantwortungsbereich liegenden Aufgaben korrekt durchgeführt hat, aber z. B. eine Torfschicht zu Mehraufwendungen, Mängeln oder Schäden führen.

Das Baugrundrisiko kann gesetzlich den §§ 644 und 645 des Bürgerlichen Gesetzbuches (BGB) sowie strafrechtlich § 319 zugeordnet werden *(Stölben/Eitner 2011)*:

§ 644 BGB Gefahrtragung

> *Der Unternehmer trägt die Gefahr bis zur Abnahme des Werkes. Kommt der Besteller in Verzug der Annahme, so geht die Gefahr auf ihn über. Für den zufälligen Untergang und eine zufällige Verschlechterung des von dem Besteller gelieferten Stoffes ist der Unternehmer nicht verantwortlich.*

§ 645 BGB Verantwortlichkeit des Bestellers

> *(1) Ist das Werk vor der Abnahme infolge eines Mangels des von dem Besteller gelieferten Stoffes oder infolge einer von dem Besteller für die Ausführung erteilten Anweisung untergegangen, verschlechtert oder unausführbar geworden, ohne dass ein Umstand mitgewirkt hat, den der Unternehmer zu vertreten hat, so kann der Unternehmer einen der geleisteten Arbeit entsprechenden Teil der Vergütung und Ersatz der in der Vergütung nicht inbegriffenen Auslagen verlangen. Das Gleiche gilt, wenn der Vertrag in Gemäßheit des § 643 aufgehoben wird.*

> *(2) Eine weitergehende Haftung des Bestellers wegen Verschuldens bleibt unberührt.*

Strafgesetzbuch § 319 Baugefährdung

> *(1) Wer bei der Planung, Leitung oder Ausführung eines Baues oder des Abbruchs eines Bauwerks gegen die allgemein anerkannten Regeln der Technik verstößt und dadurch Leib oder Leben eines anderen Menschen gefährdet, wird mit Freiheitsstrafe bis zu fünf Jahren oder mit Geldstrafe bestraft.*
>
> *(2) Ebenso wird bestraft, wer in Ausübung eines Berufs oder Gewerbes bei der Planung, Leitung oder Ausführung eines Vorhabens, technische Einrichtungen in ein Bauwerk einzubauen oder eingebaute Einrichtungen dieser Art zu ändern, gegen die allgemein anerkannten Regeln der Technik verstößt und dadurch Leib oder Leben eines anderen Menschen gefährdet.*

Englert/Fuchs (2006) argumentieren im Zusammenhang mit der o. g. Bestimmung des Strafgesetzbuches wie folgt, wobei statt DIN 1054 nunmehr sinngemäß *Handbuch Eurocode 7-1 (2015)* und statt DIN 4020 *Handbuch Eurocode 7-2 (2011)* gilt:

> *Gerade diese Strafbestimmung führt zur wesentlichen Aussage für das gesamte Recht: Wer „anerkannte Regeln der Technik" missachtet und dadurch Leib und Leben von Menschen gefährdet, wird hart bestraft. Und so schließt sich ein erster kleiner Kreis: Die DIN 4020 ist eine von vielen Komplementärnormen der DIN 1054, die nicht nur bauaufsichtlich eingeführt, sondern für die Standsicherheit von Bauwerken von oberster Bedeutung ist. Da die vorgängige „regelgerechte" geotechnische Untersuchung nach DIN 4020 aber Voraussetzung für „richtiges Rechnen" und damit für die Einhaltung der anerkannten Regeln der Technik ist, erhält die DIN 4020 auf diesem Wege doch noch, wenn auch auf einem Umweg, einen quasi bauaufsichtlich mit eingeführten Status. Dies wird jedoch von vielen Auftraggebern und deren (technischen und juristischen) Beratern – ebenso wie von den zuständigen Behörden nur allzu leicht übersehen! Das Strafurteil ist dann nicht mehr weit – denn es genügt die abstrakte Gefährdung von Menschen, eine Vollendung ist nicht nötig!"*

Dieses ergänzend werden in *Schlammer et al. (2016)* die möglichen strafrechtlichen Konsequenzen für den Bauingenieur und seinen Berechnungsleistungen im Rahmen der unternehmensinternen Produktentwicklung unabhängig der jeweiligen Fachrichtung aufgezeigt.

4.2 Begriffe

Nachfolgend sind zunächst übliche und gebräuchliche Begriffe im Zusammenhang mit der Baugrundbeschreibung definiert:

- *Boden* (Lockergestein) ist nach DIN EN ISO 14688 ein Gemisch mineralischer Bestandteile in Form einer Ablagerung, aber fallweise organischen Ursprungs, das mit geringem mechanischem Aufwand separiert werden kann, und das unterschiedliche Anteile von Wasser und Luft (fallweise anderen Gasen) enthält. Der Begriff wird jedoch auch für Auffüllungen, umgelagerten Boden oder anthropogenes Material verwendet, die ein ähnliches Verhalten aufweisen, z. B. zerkleinertes Gestein, Hochofenschlacken, Flugaschen. Im bautechnischen Sinne ist Boden die Anhäufung anorganischer und organischer verschiedenkörniger Feststoffe, deren Festigkeitseigenschaften nicht durch mineralische Bindung der Teilchen (z. B. Körner) bestimmt sind, siehe 2.4.

- *Fels* (Festgestein) ist nach DIN EN ISO 14689 eine natürliche Ansammlung von Mineralen, die konsolidiert, verkittet oder in anderer Form verbunden sind und ein Gestein von größerer Druckfestigkeit oder Steifigkeit bilden als Boden. Im bautechnischen Sinne ist Fels jener Teil der Erdkruste, in dem die Festigkeitseigenschaften durch die Art des Gesteins (mineralische Bindung der Teilchen) sowie durch Systeme von Trennflächen bestimmt sind. Trennflächen sind Schichtflächen, Kluftflächen, Schieferungs- und Störungsflächen, siehe 2.5. Diese Trennflächen bestimmen je nach ihrer Art, Ausbildung, Stellung, Häufigkeit und Erstreckung sowie der Füllung oder dem Belag der Trennflächen wesentlich die Festigkeit und das Verformungsverhalten sowie die Wasserdurchlässigkeit von Fels.
- *Gestein* ist ein mineralisch gebundener natürlicher Festkörper, der nicht durch Trennflächen zerteilt ist.
- *Gebirge* ist Fels einschließlich Trennflächen und Verwitterungsprofile.
- *Baugrund* ist der Boden oder Fels, in dem Bauwerke gegründet oder eingebettet werden oder der durch Baumaßnahmen beeinflusst wird. Im Hohlraumbau (Tunnelbau) wird synonym für die Benennung *Baugrund* die Benennung *Gebirge* verwendet.
- *Baustoff* ist ein Boden oder ein Fels, der zur Errichtung von Erd- oder Felsbauwerken oder Bauteilen verwendet wird.
- *Homogenbereich* ist ein begrenzter Bereich von Boden oder Fels, dessen Eigenschaften eine definierte Streuung aufweisen und sich von den Eigenschaften der angrenzenden Bereiche abheben.
- *Schicht* im bautechnischen Sinne ist ein durch zwei ausgedehnte Flächen begrenzter Homogenbereich.

4.3 Klassifizierung und Einordnung der Bodenarten

4.3.1 Allgemeines

Bei der Klassifizierung und Einordnung der Bodenarten ist zu unterscheiden zwischen den Regelungen nach DIN EN ISO 14688 bzw. DIN 4022 (zur nationalen Anwendung siehe Hinweise in 4.1) für die Baugrundaufschlüsse sowie den Regelungen nach DIN 18196, wenn der Boden als Baustoff verwendet werden soll. Eine dritte Unterscheidung erfolgt als Grundlage für die Ausschreibung und Ausführung von Bauleistungen sowie abrechnungstechnisch nach VOB Teil C (DIN 18300).

Weiterhin sind auch noch die im *Handbuch Eurocode 7-1 (2015)* enthaltenen Einteilungsmerkmale bezüglich „nichtbindige“ und „bindige“ Böden zu unterscheiden.

4.3.2 Klassifizierung nach DIN EN ISO 14688 und DIN 4022

Die DIN EN ISO 14688 stellt die Grundprinzipien für die Benennung und Beschreibung sowie Klassifizierung von Böden auf der Basis der Eigenschaften dar, die gewöhnlicherweise für Böden im Bauingenieurwesen verwendet werden.

Diese Grundprinzipien sind überwiegend eher allgemeinen Charakters und größtenteils auch mit der gebräuchlichen Klassifizierung nach DIN 4022 vereinbar. Ungewöhnlich ist allerdings die Verwendung von Kurzzeichen auf Basis der englischen Bezeichnungen, die sich bislang im deutschsprachigen Raum nicht durchgesetzt hat.

Nachfolgend sind daher die Kurzbezeichnungen nach DIN EN ISO 14688 aufgeführt, im Folgenden werden dann aber überwiegend die weiterhin üblichen Kurzzeichen und Benennungen der mittlerweile zurückgezogenen DIN 4022 verwendet.

Bei der Benennung von Bodenarten spricht man auch davon, den Boden „anzusprechen". Diese Einordnung und Benennung der Böden erfolgt zunächst nach manuellen oder visuellen Methoden, die ebenfalls in DIN EN ISO 14688 bzw. DIN 4022 beschrieben sind. Dabei liegen für die Bodenarten entsprechende Unterscheidungsmerkmale vor, die im Allgemeinen eine hinreichend zutreffende Einordnung ermöglichen. Eine Klassifizierung, die durch Korngrößenanteile, Konsistenzgrenzen oder organische Anteile festgelegt sind, können nur aufgrund von Versuchen im Laboratorium vorgenommen werden. Nach DIN EN ISO 14688-2 wird unter Klassifizierung eine Einordnung von Boden in verschiedene Gruppen aufgrund festgelegter Merkmale und Kriterien sowie nach ihrer Entstehung verstanden.

Zusätzlich zum Benennen der Bodenart sind durch ergänzendes Beschreiben die Zustandsform, besondere stoffliche Beimengungen sowie sonstige Merkmale der Probe, z. B. Kalkgehalt, Kornform, Kornrauigkeit, Geruch, ortsübliche Bezeichnung sowie die geologische Zuordnung, anzugeben.

Die Korngröße stellt dabei die Grundlage für die Benennung mineralischer Böden dar, bei der Kornfraktionen verwendet werden, um das bodenmechanische Verhalten zu unterscheiden. In Tab. 4.1 sind die Benennung und die Kurzzeichen der Böden aufgelistet, die für die einzelnen Kornfraktionen und ihre Untergruppen, entsprechend dem jeweiligen Korngrößenbereich, verwendet werden. Ergänzend finden sich in DIN EN ISO 14688 Diagramme zur Benennung, Beschreibung und Klassifizierung.

Nach DIN EN ISO 14688 bzw. DIN 4022 bestehen zusammengesetzte Bodenarten aus Haupt- und Nebenanteilen. Sie werden mit einem Substantiv für den Hauptanteil und mit einem oder mehreren Adjektiven für die Nebenanteile benannt, z. B. Kies, sandig oder Ton, kiesig, siehe auch Tab. 4.1.

Als Kurzzeichen für die Nebenanteile sind nach DIN 4022 Kleinbuchstaben zu verwenden, die vor den Kurzzeichen der Hauptanteile gesetzt werden. Hauptanteil ist entweder der Masseanteil, der am stärksten vertreten ist, oder jener, der die bestimmenden Eigenschaften des Bodens prägt. Nebenanteile sind Masseanteile, die die bestimmenden Eigenschaften des Bodens zwar nicht prägen, aber beeinflussen können.

Tab. 4.1: Korngrößenbereiche, nach DIN 4022 und DIN EN ISO 14688

Bereich/Benennung		Kurzzeichen[1)]	Korngrößenbereich	
Grobkornbereich (Siebkorn)	Blöcke	Y / Bo	über 200	
	Steine	X / Co	über 63 bis 200	
	Kieskorn	G / Gr	über 2 bis 63	
	Grobkies	gG / CGr	über 20	bis 63
	Mittelkies	mG / MGr	über 6,3	bis 20
	Feinkies	fG / FGr	über 2,0	bis 6,3
	Sandkorn	S / Sa	über 0,06 bis 2,0	
	Grobsand	gS / CSa	über 0,6	bis 2,0
	Mittelsand	mS / MSa	über 0,2	bis 0,6
	Feinsand	fS / FSa	über 0,06	bis 0,2
Feinkornbereich (Schlämmkorn)	Schluffkorn	U / Si	über 0,002 bis 0,06	
	Grobschluff	gU / CSi	über 0,02	bis 0,06
	Mittelschluff	mU / MSi	über 0,006	bis 0,02
	Feinschluff	fU / FSi	über 0,002	bis 0,006
	Tonkorn (Feinstes)	T / Cl	unter 0,002	

[1)] Kurzzeichen nach DIN 4022 / Kurzzeichen nach DIN EN ISO 14688

Sind grobkörnige Nebenanteile in besonders geringem oder besonders starkem Umfang vorhanden, so wird dem Adjektiv ebenfalls das Beiwort „schwach“ oder „stark“ vorangesetzt. Die Einordnung erfolgt nach den Masseanteilen als „schwach“ bei weniger als 15 % und als „stark“ bei mehr als 30 %, z. B. Kies, stark sandig; Schluff, stark feinsandig, mittelsandig; Grobsand, mittelsandig, schwach kiesig.

Bei feinkörnigen Nebenanteilen wird dem Adjektiv „tonig“ oder „schluffig“ das Beiwort „schwach“ oder „stark“ dann vorangesetzt, wenn grobkörnige oder gemischtkörnige Böden vorliegen, deren Verhalten nicht vom Feinkornanteil geprägt wird, z. B. Kies, sandig, schwach schluffig; Sand, stark tonig, schwach feinkiesig.

In der Kurzzeichenschreibweise wird das Beiwort „schwach“ durch ein „'“ und das Beiwort „stark“ durch ein „-“ ausgedrückt (z. B. schwach feinkiesig = fg' bzw. stark feinkiesig = $\overline{\text{fg}}$). Bei feinkörnigen und gemischtkörnigen Böden, deren Verhalten vom Feinkornanteil geprägt ist, wird auch das Vorhandensein feinkörniger Nebenanteile aufgrund der plastischen Eigenschaften als Schluff oder Ton beurteilt.

Ein Ton ist „schluffig“ und ein Schluff „tonig“, wenn ihre Plastizitätszahlen I_P im Plastizitätsdiagramm (Abb. 4.1) weniger als 3 % über oder unter der A-Linie liegen.

Sind bei grobkörnigen Böden zwei Korngrößenbereiche mit etwa gleichen Massenanteilen zwischen 40 bis 60 % vertreten, so sind deren Substantive durch ein „und“ zu verbinden, z. B. Kies und Sand; Fein- und Mittelsand.

Die Benennung von Böden mit organischen Bestandteilen richtet sich nach der Art, dem Anteil, dem Zersetzungsgrad und den Entstehungsbedingungen dieser Bestandteile.

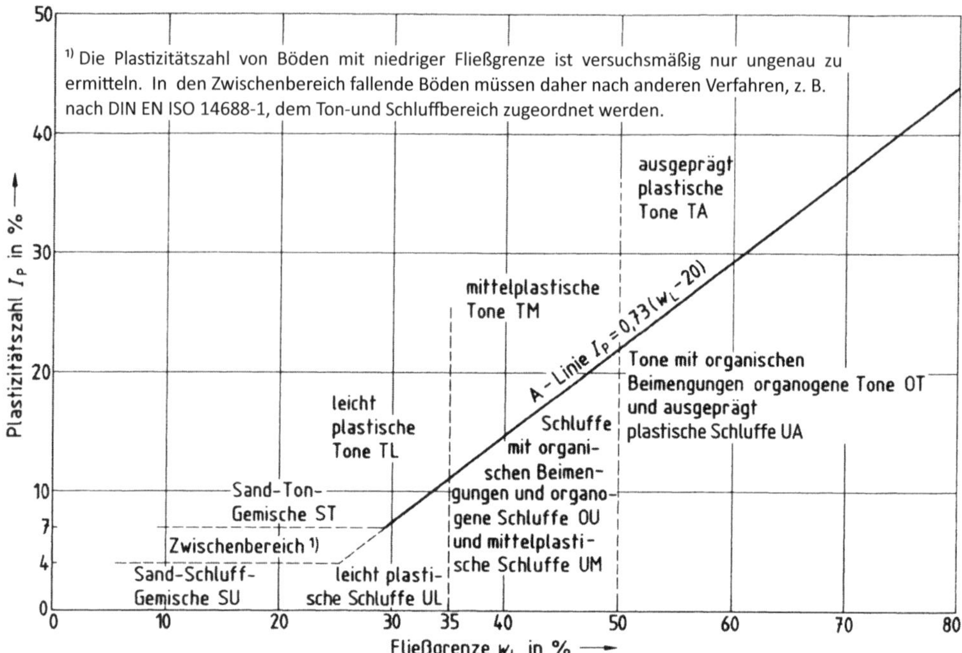

Abb. 4.1: *Plastizitätsdiagramm nach Casagrande zur Benennung von feinkörnigen Böden mit Bodengruppeneinteilung nach DIN 18196*

Bei organischen Bodenarten mit mineralischen Anteilen werden diese durch die o. g. Adjektive zum Ausdruck gebracht, z. B. Mudde, tonig; Mudde, stark sandig; Torf, schwach feinsandig. Treten organische Bestandteile als Beimengungen auf, so werden die Adjektive „torfig“, „humos“ oder als Sammelbegriff „organisch“ verwendet.

Geringe Anteile sind durch das Adjektiv „schwach“, hohe Anteile durch „stark“ zu kennzeichnen. Die humushaltige oberste Bodenschicht wird auch als Oberboden (Mutterboden) bezeichnet.

In DIN 4022 sind visuelle und manuelle Verfahren zur Bestimmung von Bodenarten enthalten, die Kornbestimmungen durch Vergleich mit bekannten Dingen ermöglichen, siehe hierzu Tab. 4.2.

Tab. 4.2: *Optische Zuordnung der einzelnen Kornfraktionen nach DIN 4020*

Kornfraktion		Zuordnung
Kieskornbereich 2,0 mm bis 60 mm	Grobkies	kleiner als Hühnerei, größer als Haselnuss
	Mittelkies	kleiner als Haselnuss, größer als Erbse
	Feinkies	kleiner als Erbse, größer als Streichholzkopf
Sandkornbereich 0,06 mm bis 2,0 mm	Grobsand	kleiner als Streichholzkopf, größer als Grieß
	Mittelsand	gleich Grieß
	Feinsand	kleiner als Grieß, jedoch Einzelkorn erkennbar

Durch die in Tab. 4.3 zusammengestellten Handversuche lassen sich ebenfalls Rückschlüsse auf die Benennung von feinkörnigen Böden schließen.

Tab. 4.3: *Versuche zur Abschätzung der Benennung bei feinkörnigen Böden*

Trocken-festigkeit	Schüttel-versuch	Knetversuch	Schneide-versuch	Reibeversuch	Benennung
	Wasser-austritt	Plastizität	Aussehen		
gering	schnell	leicht	stumpf	weich, mehlig	Si
mittel	langsam	mittel	glatt, matt		siCl, clSi
groß	kein	ausgeprägt	speckig	seifig	Cl

- *Trockenfestigkeit:* Getrocknete Kugel mit einem Durchmesser von ca. 0,5 cm wird zwischen den Fingern zerdrückt. Bei Tonen kann die Probe nicht per Fingerdruck zerstört werden, bei Schluff reicht ein geringer Druck.
- *Schüttelversuch:* Eine breiige bis weiche Probe wird in der Hand geschüttelt. Wasser tritt aus (glänzende Oberfläche) und verschwindet wieder bei leichtem Druck mit dem Finger auf die Probe. Die Geschwindigkeit gibt einen Hinweis auf die Bodenart.
- *Knetversuch:* Ausrollen der Probe zu ca. 3 mm dicken Rollen. Lässt sich der Vorgang wiederholen, so handelt es sich um ein ausgeprägt plastisches Material. Ist dieses nur wenige Male oder gar nicht möglich, so handelt es sich um ein gering plastisches Material. Alternativ kann auch eine Kugel mit einem Durchmesser von ca. 1 cm geformt werden. Mit zunehmender Plastizität lässt sich die Kugel häufiger zerdrücken und neu formen.
- *Schneideversuch:* Eine erdfeuchte Kugel wird mit einem Messer durchschnitten. Glänzendes Aussehen der Schnittfläche deutet auf Ton hin. Bei Schluff ist die Oberfläche eher stumpf.
- *Reibeversuch:* Etwas Probematerial wird unter Wasser zwischen den Fingern gerieben. Tonige Böden fühlen sich seifig, Schluffe mehlig an.

Im Gegensatz zum Boden gibt es für Fels keine einfachen und im Feld feststellbaren Unterscheidungsmerkmale, dabei muss die geologische Situation berücksichtigt werden. Die Gesteinsarten werden nach DIN EN ISO 14689 nach

a) der genetischen Einheit (sedimentär, metamorph, magmatisch)

b) der geologischen Struktur (geschichtet, geschiefert, massig)

c) der Korngröße

d) der mineralogischen Zusammensetzung

e) Poren- und Hohlraumanteil

benannt. Eine Übersicht über verschiedene Gesteine findet sich sowohl in DIN EN ISO 14689 als auch in DIN 4022. Bautechnisch ist des Weiteren oft der Grad der Verwitterung maßgebend. Die Verwitterung von Fels sollte mit Bezeichnungen der Verteilung und relativen Anteile von frischem Fels und verfärbtem, verwittertem oder zersetztem Fels und den Auswirkungen der Verwitterung auf Trennflächen beschrieben werden.

Tab. 4.4: *Verwitterungsstufen von Fels, nach DIN EN ISO 14689*

Bezeichnung	Beschreibung	Stufe
frisch	Kein sichtbares Zeichen von Verwitterung des Gesteins; möglicherweise leichte Verfärbung an den Hauptoberflächen oder Trennflächen.	0
schwach verwittert	Verfärbung weist auf Verwitterung des Gesteins und der Oberflächen der Trennflächen hin.	1
mäßig verwittert	Weniger als die Hälfte des Gesteins ist verwittert oder zersetzt. Frisches oder verfärbtes Gestein liegt entweder als ein zusammenhängendes Steinskelett oder als Steinkerne vor.	2
stark verwittert	Mehr als die Hälfte des Gesteins ist zersetzt oder zerfallen. Frisches oder verfärbtes Gestein liegt entweder als ein zusammenhängendes Steinskelett oder als Steinkerne vor.	3
vollständig verwittert	Das gesamte Gestein ist zu Boden zersetzt und/oder zerfallen. Die ursprüngliche Gebirgsstruktur ist größtenteils noch unversehrt.	4
zersetzt	Das gesamte Gestein ist zu Boden umgewandelt. Die Gebirgsstruktur und die Gesteinstextur sind aufgelöst. Das Gesteinsvolumen ist stark verändert, aber der Boden hat sich nicht wesentlich bewegt.	5

Die Verwitterung führt gegebenenfalls zur Umwandlung des Fels in Boden und das Verwitterungsprofil ist mit Bezeichnungen von drei Grundeinheiten zu beschreiben: Fels, Fels und Boden (veränderlich fester Fels), Boden.

4.3.3 Klassifizierung nach DIN 18196

Gegenüber der Benennung nach DIN EN 14688 bzw. DIN 4022, bei der das bodenmechanische Verhalten der Böden im Vordergrund steht, fasst die DIN 18196 die Bodenarten in der Bodenklassifikation für bautechnische Zwecke zu Bodengruppen mit annähernd gleichem stofflichen Aufbau und ähnlichen bodenphysikalischen Eigenschaften in größeren Gruppen zusammen.

Innerhalb einer Gruppe kann die jeweilige Beschaffenheit je nach Wassergehalt oder Lagerungsdichte unterschiedlich sein. Der Vorteil dieses Klassifikationsschemas liegt darin, dass für Erdbauarbeiten Leistungsbeschreibung, Angebot und Abrechnung präzisiert und vereinfacht werden sowie für bestimmte Güteanforderungen, wie z. B. Frostschutzschichten, Planumsschutzschichten, Dammschüttmaterial, Bauwerkshinterfüllungen usw., eine eindeutige Zuordnung möglich ist. Nachteile sind abweichende Bezeichnungen gegenüber DIN EN 14688 bzw. DIN 4022.

Die Einordnung wird nach DIN 18196 allein nach der stofflichen Zusammensetzung und unabhängig vom Wassergehalt und der Dichte des Bodens vorgenommen. Dabei werden folgende Merkmale des Bodens als Klassifikationsgrundlage verwendet:

a) Korngrößenverteilung für grobkörnige und gemischtkörnige Böden

Für die Zuordnung der Böden nach Tab. 4.5 sind die Kenngrößen Ungleichförmigkeitszahl C_U (teilweise findet sich in der Literatur noch die veraltete Bezeichnung U) und die Krümmungszahl C_C erforderlich.

$$C_U = \frac{d_{60}}{d_{10}} \tag{4.1a}$$

$$C_C = \frac{(d_{30})^2}{d_{10} \cdot d_{60}} \tag{4.1b}$$

Darin bedeuten d_{10}, d_{30} und d_{60} die Korngrößen, die den Ordinaten 10, 30 bzw. 60 % Massenanteile der Körnungslinien entsprechen. Die entsprechenden Zuordnungen enthält Tab. 4.5.

b) Plastische Eigenschaften feinkörniger Böden

Die feinkörnigen Böden (Schluffe und Tone) werden nach ihren plastischen Eigenschaften klassifiziert. Die plastischen Eigenschaften können durch die Konsistenzgrenzen (Zustandsgrenzen) nach 5.5.5 beschrieben werden.

Dabei wird w_L als Fließgrenze, d. h. Wassergehalt des Bodens am Übergang von der flüssigen in die breiige (plastische) Zustandsform, und w_P als Ausrollgrenze, d. h. Wassergehalt am Übergang von der steifen (plastischen) zur halbfesten Zustandsform, bezeichnet.

Die Plastizitätszahl I_P ist die Differenz zwischen Fließ- und Ausrollgrenze nach Gl. (4.2), siehe auch Abb. 4.1 und Tab. 4.5.

$$I_P = w_L - w_P \tag{4.2}$$

c) Organische Beimengungen

Die organische Substanz des Bodens besteht z. T. aus noch nicht völlig zersetzten, pflanzlichen oder tierischen Rückständen. Der Anteil der organischen Substanz am Aufbau eines Bodens kann sehr unterschiedlich sein. Während er bei Torfböden und einigen Mudden praktisch die gesamte Trockensubstanz ausmachen kann, beträgt er in vielen organogenen Bodenarten, die unter Mitwirkung von Organismen entstanden sind, nur wenige Prozente. Dennoch beeinflusst er die physikalischen Eigenschaften (i. d. R. negativ) dieser Bodenarten sehr, und zwar liegen im Plastizitätsdiagramm nach Abb. 4.1 alle organischen Schluffe und Tone unterhalb der A-Linie.

Im Vergleich zur DIN 18196 sind in DIN EN ISO 14688-2 abweichende C_U und C_C Werte zur Beschreibung der Form der Körnungslinie genannt. Tab. 4.6 ergänzt daher die Tab. 4.5 hinsichtlich dieser Parameter.

Tab. 4.5: *Klassifizierungsabkürzungen und -bezeichnungen nach DIN 18196*

Hauptgruppen nach Hauptbestandteilen

Hauptbestandteile	Kurzzeichen	Massenanteile des Korns
Kieskorn (Grant)	G	$d \leq 2$ mm bis 60 %
Sandkorn	S	$d \leq 2$ mm über 60 %

Unterteilung grobkörniger Böden in Abhängigkeit von C_U und C_C

Benennung	Kurzzeichen	C_U	C_C
enggestuft	E	< 6	beliebig
weitgestuft	W	≥ 6	1 bis 3
intermittierend gestuft	I	≥ 6	< 1 oder > 3

Unterteilung gemischtkörniger Böden nach dem Massenanteil des Feinkorns

Benennung	Kurzzeichen	Massenanteil des Feinkorns $\leq 0{,}06$ mm
Schluff oder Ton (gering)	U oder T	5 bis 15 %
Schluff oder Ton (hoch)	$\overline{U}$ oder $\overline{T}$	über 15 bis 40 %
Anmerkung: Statt des Querbalkens über $\overline{U}$ oder $\overline{T}$ darf auch das nachgestellte * Symbol benutzt werden: U^* oder T^*		

Bezeichnung des charakteristischen plastischen Verhaltens

Hauptbestandteile	Kurzzeichen	w_L: Massenanteil
leicht plastisch	L	kleiner 35 %
mittelplastisch	M	35 bis 50 %
ausgeprägt plastisch	A	über 50 %

Tab. 4.6: *Unterteilung grobkörniger Böden in Abhängigkeit von C_U und C_C nach DIN EN ISO 14688-2*

Benennung	C_U	C_C
gleichmäßig gestuft	< 3	< 1
enggestuft	3 bis 6	< 1
mäßig gestuft	6 bis 15	< 1
weitgestuft	> 15	1 bis 3
intermittierend gestuft	> 15	$< 0{,}5$

Die nachfolgende Tab. 4.7 aus DIN 18196 enthält eine umfassende Bodenklassifizierung und Gruppeneinteilung der Böden für bautechnische Zwecke. Dargestellt sind nur die Spalten 1 bis 9 aus DIN 18196. Nicht dargestellt sind die Spalten 8 bis 21, die Hinweise für bautechnische Eigenschaften und Eignungen wie z. B. Scherfestigkeit, Verdichtungsfähigkeit, Frostempfindlichkeit etc. liefern.

Tab. 4.7: *Bodenklassifikation für bautechnische Zwecke, aus DIN 18196*

Sp	1	2	3	4	5	6	7	8			9
	Definition und Benennung							Erkennungsmerkmale (u.a. für Zeilen 15 bis 22)			
Zeile	Hauptgruppen	Korngrößen Massenanteil / Korndurchmesser ≤ 0,063 mm	Korngrößen Massenanteil / Korndurchmesser ≤ 2 mm	Lage zur A-Linie (siehe Bild1)	Gruppen		Kurzzeichen [b] Gruppensymbol	Trockenfestigkeit	Reaktion beim Schüttelversuch	Plastizität beim Knetversuch	Beispiele
1	grobkörnige Böden	kleiner 5 %	bis 60 %	-	Kies (Grant)	enggestufte Kiese	GE	steile Körnungslinie infolge Vorherrschens eines Korngrößenbereichs			Fluss- und Strandkies
2						weitgestufte Kies-Sand-Gemische	GW	über mehrere Korngrößenbereiche kontinuierlich verlaufende Körnungslinie			Terassenschotter
3						intermittierend gestufte Kies-Sand-Gemische	GI	meist treppenartig verlaufende Körnungslinie infolge Fehlens eines oder mehrerer Korngrößenbereiche			vulkanische Schlacken
4			über 60 %	-	Sand	enggestufte Sande	SE	steile Körnungslinie infolge Vorherrschens eines Korngrößenbereichs			Dünen- und Flugsand, Fließsand, Berliner Sand, Beckensand, Tertiärsand
5						weitgestufte Sand-Kies-Gemische	SW	über mehrere Korngrößenbereiche kontinuierlich verlaufende Körnungslinie			Moränensand, Terassensand
6						intermittierend gestufte Sand-Kies-Gemische	SI	meist treppenartig verlaufende Körnungslinie infolge Fehlens eines oder mehrerer Korngrößenbereiche			Granitgrus
7	gemischtkörnige Böden	5 % bis 40 %	bis 60%	-	Kies-Schluff-Gemische	5% bis 15% ≤ 0,063 mm	GU	weit oder intermittierend gestufte Körnungslinie, Feinkornanteil ist schluffig			Moränenkies
8						über 15% bis 40% ≤ 0,063 mm	GU*				Verwitterungskies
9					Kies-Ton-Gemische	5% bis 15% ≤ 0,063 mm	GT	weit oder intermittierend gestufte Körnungslinie, Feinkornanteil ist tonig			Hangschutt
10						über 15% bis 40% ≤ 0,063 mm	GT*				Geschiebelehm
11			über 60%	-	Sand-Schluff-Gemische	5% bis 15% ≤ 0,063 mm	SU	weit oder intermittierend gestufte Körnungslinie, Feinkornanteil ist schluffig			Tertiärsand
12						über 15% bis 40% ≤ 0,063 mm	SU*				Auelehm, Sandlöss
13					Sand-Ton-Gemische	5% bis 15% ≤ 0,063 mm	ST	weit oder intermittierend gestufte Körnungslinie, Feinkornanteil ist tonig			Terassensand, Schleichsand
14						über 15% bis 40 % ≤ 0,063 mm	ST*				Geschiebelehm und -mergel
15	feinkörnige Böden	über 40 %	-	$I_P \leq 4\%$ oder unterhalb der A-Linie	Schluff	leicht plastische Schluffe $w_L < 35\%$	UL	niedrige	schnelle	keine bis leichte	Löss, Hochflutlehm
16						mittelplastische Schluffe $35\% \leq w_L \leq 50\%$	UM	niedrige bis mittlere	langsame	leichte bis mittlere	Seeton, Beckenschluff
17						ausgeprägte plastische Schluffe $w_L > 50\%$	UA	hohe	keine bis langsame	mittlere bis ausgeprägte	vulkanische Böden, Bimsböden

Fortsetzung Tab. 4.7

Sp	1	2	3	4	5	6	7	8			9
	Definition und Benennung							Erkennungsmerkmale (u.a. für Zeilen 15 bis 22)			
Zeile	Hauptgruppen	Korn- Korn- ≤ 0,063 mm	≤ 2 mm	Lage zur A-Linie (siehe Bild1)		Gruppen	Kurzzeichen [b] Gruppensymbol	Trocken-festigkeit	Reaktion beim Schüttel-versuch	Plastizität beim Knet-versuch	Beispiele
18	feinkörnige Böden	über 40 %	-	$I_P \geq 7\%$ und oberhalb der A-Linie	Ton	leicht plastische Tone $w_L < 35\%$	TL	mittlere bis hohe	keine bis langsame	leichte	Geschiebe-mergel, Bänderton
19						mittelplastische Tone $35\% \leq w_L \leq 50\%$	TM	hohe	keine	mittlere	Lösslehm, Seeton, Beckenton, Keuperton
20						ausgeprägt plastische Tone $w_L > 50\%$	TA	sehr hohe	keine	ausgeprägte	Tarras, Lauenburger Ton, Beckenton
21	organogene[c] und Böden mit organischen Beimengungen	über 40%	-	$I_P \geq 7\%$ und unterhalb der A-Linie	nicht brenn- oder nicht schwelbar	Schluffe mit organischen Beimengungen und organogene[c] Schluffe $35\% \leq w_L \leq 50\%$	OU	mittlere	langsame bis sehr schnelle	mittlere	Seekreide, Kieselgur, Mutterboden
22						Tone mit organischen Beimengungen und organogene[c] Tone $w_L > 50\%$	OT	hohe	keine	ausgeprägte	Schlick, Klei, tertiäre Kohletone
23		bis 40%		-		grob- bis gemischtkörnige Böden mit Beimengungen humoser Art	OH	Beimengungen pflanzlicher Art, meist dunkle Färbung, Modergeruch, Glühverlust bis etwa 20% Massenanteil			Mutterboden, Paläoboden
24						grob- bis gemischtkörnige Böden mit kalkigen, kieseligen Bildungen	OK	Beimengungen nicht pflanzlicher Art, meist helle Färbung, leichtes Gewicht,			Kalk-Tuffsand, Wiesenkalk
25	organische Böden	-		-	brenn- oder schwelbar	nicht bis mäßig zersetzte Torfe (Humus)	HN	an Ort und Stelle aufge-wachsene	Zersetzungsgrad 1 bis 5 nach DIN 19682-12, faserig,		Niedermoor-, Hochmoor-, Bruchwaldtorf
26						zersetzte Torfe	HZ		Zersetzungsgrad 6 bis 10		
27						Schlamme als Sammelbegriff für Faulschlamm, Mudde, Gyttja, Dy und Sapropel	F	unter Wasser abgesetzte (sedimentäre) Schlamme aus Pflanzenresten, Kot und Mikroorganismen, oft von Sand, Ton und			Mudde, Faulschlamm
28	Auffüllung	-		-	Auffüllung aus natürlichen Böden (jeweiliges		[ ]	-			-
29					Auffüllung aus Fremdstoffen[d]		[ ]	-			Müll, Schlacke, Bauschutt, Industrieabfall

4.3.4 Klassifizierung nach VOB-Normen

Der Hauptausschuss Tiefbau (HAT) hat vorgegeben, dass die Baugrundeigenschaften in der Verdingungsordnung für Bauleistungen Teil C (VOB/C) für den Erdbau und Spezialtiefbau eindeutiger und umfassender beschrieben werden sollen. Das Konzept zur Vereinheitlichung der Boden- und Felsklassen mit den Normen VOB/C ATV DIN 18300 (Erdarbeiten), DIN 18301 (Bohrarbeiten), DIN 18304 (Ramm-, Rüttel- und Pressarbeiten), DIN 18311 (Nassbaggerarbeiten), DIN 18313 (Schlitzwandarbeiten) und weitere zu veröffentlichende ATV-Spezialtiefbaunormen sieht letztlich den Wegfall der in der Vergangenheit verwendeten Boden- und Felsklassen und als Ersatz eine Einteilung in Homogenbereiche vor. Ein Homogenbereich ist ein begrenzter Bereich von Boden oder Fels, dessen bautechnische Eigenschaften eine definierte Streuung aufweisen und sich von den Eigenschaften der abgrenzenden Bereiche abheben. Den Schwerpunkt der Beurteilung bilden damit die vorhandenen bautechnischen Eigenschaften mit den wahrscheinlichen, aber auch möglichen Streubreiten der boden- bzw. felsmechanischen Parametern je Homogenbereich. Dabei ist vorgesehen, die Streubreiten möglichst in Labor- und Feldversuchen zu ermitteln. Die hierfür maßgeblichen Kenngrößen sind:

- Bodengruppe nach DIN 18196,
- Korngrößenverteilungen (möglichst unter Angabe von Kornbändern),
- Dichte und besonders die Lagerungsdichte nichtbindiger Böden,
- Festigkeit und Konsistenz bindiger Böden,
- organische Bestandteile und
- für Fels Verwitterungsgrad und Trennflächengefüge.

Die Homogenbereiche können den Baugrundschichten entsprechen, es können aber auch mehrere Baugrundschichten zu einem Homogenbereich zusammengefasst werden. Die Anzahl der Homogenbereiche kann damit nicht größer sein als diejenige der Baugrundschichten.

Die Homogenbereiche sind vom Sachverständigen für Geotechnik möglichst bereits bei der Bearbeitung des Geotechnischen Berichtes (Baugrund- und Gründungsgutachtens) anzugeben. Dabei sind die Bodenkenngrößen der Homogenbereiche nicht den charakteristischen Bodenkenngrößen gleichzusetzen. Die charakteristischen Bodenkenngrößen sind erforderlich für die geotechnischen Standsicherheitsnachweise (s. Kapitel 13), wobei dafür i. d. R. keine Spannbreiten angegeben werden. Dagegen können für die Verfahren des Erd- und Spezialtiefbaus auch die obere oder untere Grenzen eines Kennwertes maßgebend sein.

Nach Merkblatt der Bundesanstalt für Wasserbau *BAW (2017)* sollte die Darstellung der Homogenbereiche im Geotechnischen Bericht als Anlage enthalten sein und in einheitlicher Form erfolgen. Folgende Teile sind dabei inhaltlich zu berücksichtigen:

- Zusammenstellung aller Parameter mit Bandbreiten und Körnungsbändern für jede Schicht,

- Angabe des Regelwerks, nach dem die Parameter zu überprüfen sind, sofern die VOB/C mehrere Möglichkeiten zulässt,
- Verfahrensabhängige Zusammenfassung der Schichten zu Homogenbereichen in einer Tabelle.

Beispielhafte Darstellungen zur Zusammenfassung der Homogenbereiche als Anhang des Geotechnischen Berichts sind *BAW (2017)* zu entnehmen.

Mit der Anzahl der Homogenbereiche bei einer Baumaßnahme steigt auch der Aufwand für die Bauüberwachung und die Abrechnung. Daher sollten so wenige Homogenbereiche wie möglich, aber so viele wie technisch notwendig festgelegt werden, *Kayser (2014)*. Bei der Abgrenzung von Homogenbereichen untereinander ist darauf zu achten, dass die Abgrenzung auf der Baustelle mit einfachen Mitteln, z. B. durch visuelle Bodenansprache vornehmbar ist. Nur so ist ein zutreffendes Aufmaß der erbrachten Leistung möglich. Weitere Hinweise zur neuen Vorgehensweise mit Homogenbereichen siehe auch *Borchert/Große (2010)*, *Kayser (2014)* oder *Fuchs/Haugwitz (2017)*.

4.3.5 Klassifizierung nach *Handbuch Eurocode 7-1 (2015)*

Im *Handbuch Eurocode 7-1 (2015)* wird der Baugrund nach seinem unterschiedlichen Verhalten unter der Belastung durch Bauwerke unterteilt. Da sich in den nachfolgenden Kapiteln, insbesondere Kapitel 20 (Band 2), häufig auf die Einteilung in nichtbindige und bindige Böden bezogen wird, ist sie nachfolgend wiedergegeben.

Nichtbindige Böden:

a) Böden wie Sand, Kies, Steine und ihre Mischungen werden als nichtbindig bezeichnet, wenn der Massenanteil der Bestandteile mit Korngrößen $< 0,06$ mm weniger als 5 % beträgt. Dem entsprechen die grobkörnigen Böden der Bodengruppen GE, GW, GI, SE, SW und SI nach DIN 18196, siehe Tab. 4.5.

b) Zu den nichtbindigen Böden zählen in der Regel auch gemischtkörnige Böden mit einem Massenanteil der Bestandteile mit Korngrößen $< 0,06$ mm von 5 bis 15 %. Dem entsprechen die Böden der Bodengruppen GU, GT, SU und ST nach DIN 18196. In Zweifelsfällen siehe d).

c) In Ausnahmefällen kann es angebracht sein, auch einen gemischtkörnigen Boden der Bodengruppen GU*, GT*, SU* und ST* nach DIN 18196 den nichtbindigen Böden zuzuordnen. Hierzu siehe d).

d) Die gemischtkörnigen Böden nach b) bzw. nach c) werden in Anlehnung an DIN 4022 den nichtbindigen Böden zugeordnet, wenn der Feinkorn-Massenanteil das plastische Verhalten des Bodens nicht bestimmt.

Bindige Böden:

a) Tone, tonige Schluffe und Schluffe sowie ihre Mischungen mit nichtbindigen Böden werden als bindig bezeichnet, wenn der Massenanteil der Bestandteile mit Korngrößen $< 0,06$ mm größer ist als 40 %. Dem entsprechen die feinkörnigen Böden der

Bodengruppen UL, UM und UA sowie TL, TM und TA nach DIN 18196, siehe Tab. 4.5.

b) Zu den bindigen Böden zählen in der Regel auch gemischtkörnige Böden mit einem Massenanteil der Bestandteile mit Korngrößen unter 0,06 mm von 15 bis 40 %. Dem entsprechen die Böden der Bodengruppen GU*, GT*, SU* und ST* nach DIN 18196. Hierzu siehe d).

c) In Ausnahmefällen kann es angebracht sein, auch einen gemischtkörnigen Boden der Bodengruppen GU, GT, SU und ST nach DIN 18196 den bindigen Böden zuzuordnen. In Zweifelsfällen siehe d).

d) Die gemischtkörnigen Böden nach b) bzw. nach c) werden den bindigen Böden zugeordnet, wenn der Feinkorn-Massenanteil das Verhalten des Bodens bestimmt.

4.4 Zeichnerische Darstellung der Baugrunderkundungsergebnisse

Die zeichnerische Darstellung der Erkundungsergebnisse ist in DIN 4023 geregelt. Die Norm soll sicherstellen, dass Boden- und Felsarten nach Art und Beschaffenheit einheitlich gekennzeichnet und dass die Bohr- und Schürfergebnisse einschließlich der Wasserverhältnisse einheitlich dargestellt werden. Abb. 4.2 zeigt hierfür Beispiele.

Ergänzend finden sich in DIN 4023 die Kurzzeichen, Signaturen und Farbkennzeichnungen für Bodenarten und Fels.

4.5 Beschreibung der wichtigsten Bodenarten

Die nachfolgenden Bezeichnungen für häufige Bodenarten sind teilweise ortsübliche ingenieurgeologische Bezeichnungsweisen und können bei den Darstellungen nach DIN 4023 hinter die Kurzzeichen in Klammern gesetzt werden.

- *Bänderton:* mehr oder weniger regelmäßig feingeschichteter (cm-Bereich der Schichtung) Ton, in eiszeitlichen Gletscherseen abgelagert, in wechselnder Farbgebung. Im Ton sind häufig Zwischenlagen von Schluff und Feinsand vorhanden.

- *Beckenton, Beckenschluff:* eiszeitliche, im Schmelzwasserbecken vor den Gletschern abgelagerte Tone und Schluffe. Die Beckentone jüngerer Eiszeiten stehen häufig in weicher Konsistenz an und können gründungstechnisch schwierig sein.

- *Seeton:* regionale Bezeichnungsweise von häufig sensitiven Tonen und Schluffen, die im Bodensee- und Chiemseeraum anzutreffen sind.

- *Flinz:* tertiäre, glimmerhaltige Schluff-Ton-Gemische, die z. B. im Münchener Raum häufig unter den quartären Kiesen (Terrassenschotter) anzutreffen sind.

- *Lehm:* früher gebrauchte Bezeichnung für Gemische aus Schluff, Feinsand und Ton in gelblich bis brauner Färbung.

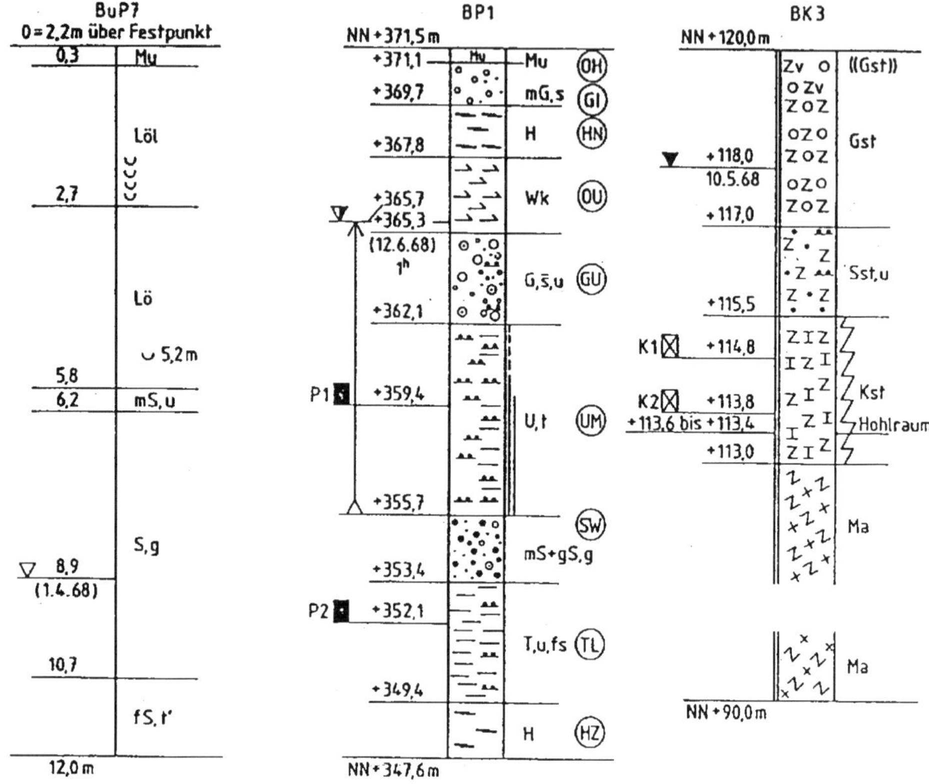

***Abb. 4.2:** Beispiele für die Darstellung von Bohrprofilen, aus DIN 4023*

- *Auelehm:* mit Sand durchsetzte Ton- bzw. Schluffablagerungen in Talauen; oftmals mit leichten organischen Beimengungen.
- *Klei:* junger, meist sehr fetter (großer Tonanteil), weicher Ton, der im Küstengebiet und in den Flussmarschen von Ems, Weser und Elbe ansteht. Klei weist organische Bestandteile auf, die teilweise als faserige Pflanzenreste (Schilf) zu erkennen sind. Wassergehalte bis über 100 %, weiche Konsistenz, gründungstechnisch schwierig.
- *Torf:* Torf besteht aus pflanzlichen Stoffen, die je nach Lagerungsbedingungen unterschiedlich stark zersetzt sein können. Wassergehalt bis 1000 % möglich.
- *Gyttja:* Sediment, dass sich im nährstoffreichen Wasser absetzt und sich mehr oder weniger aus den zersetzten Überresten von Pflanzen und Tieren zusammensetzt. Geologisch betrachtet kann es der Mudde (organischer Boden mit mineralischen Beimengungen) zugeordnet werden.
- *Löß/Lößlehm:* äolisches, ungeschichtetes Sediment in poröser Struktur, das hauptsächlich aus Schluff (Grobschluff) und Feinsand besteht. Löß enthält Kalk, welches zu einer gewissen Standfestigkeit (senkrechte Böschungen) führt. Bei Belastungen können Probleme durch die poröse Struktur des Lösses auftreten, die dann zusammenbricht („kollabieren“). Lößlehm ist entkalkter Löß.

- *Mergel:* Gemische aus Ton und Schluff mit höherem Kalkanteil (etwa zwischen 25 bis 50 %). Je nach Kalkgehalt (abnehmend) unterscheidet man z. B. zwischen Mergel, Mergelton, Tonmergel, Ton.

- *Geschiebemergel:* Von Gletschern zusammengeschobenes (daher der Name) Sediment, das aus einem unsortierten Gemisch aller Korngrößen von der Ton- bis zur Steinfraktion besteht. Schluff und Sand bilden massenmäßig die Hauptgemengeanteile. Geschiebemergel aus den verschiedenen Eiszeiten können erhebliche Unterschiede in ihrer Zusammensetzung und ihren bodenmechanischen Eigenschaften aufweisen. Er gilt aber als guter Baugrund. Große Steineinlagerungen (Findlinge) oder wassergefüllte Feinsandlinsen können Probleme bei Bauausführungen im Geschiebemergel hervorrufen. Geschiebemergel ist ein eiszeitlich hoch vorbelasteter Boden mit Kalkgehalt. Durch Entkalkung entsteht aus Geschiebemergel der Geschiebelehm.

- *Kreide:* Kreidegestein besteht im Wesentlichen aus Calciumcarbonat und zählt daher zu den Kalksteinen. Kreide kommt insbesondere mit großen Mächtigkeiten im Ostseeraum vor, ist jedoch auch vereinzelt in Westdeutschland (Raum Aachen) anzutreffen.

- *Fließsand:* wassergesättigter, gleichkörniger Feinsand. Der Name „Fließsand“ ist darauf zurückzuführen, dass diese Sandschichten beim Anschneiden (z. B. Baugrubenaushub) instabil werden und zum Fließen neigen.

- *Gehängelehm:* stark sandiger, steiniger, mit Tonsteinstücken durchsetzter Schluff.

- *Hangschutt:* grobstückiger Felsschutt mit vereinzelt verlehmten Zonen.

- *Letten:* zusammenfassende Bezeichnung für fette, meist bunte Tone halbfester Konsistenz, z. B. Lettenkeuper, Feuerletten, mit Tendenz zu felsartigem Verhalten.

4.6 Geotechnische Erkundungen und Untersuchungen für bautechnische Zwecke nach *Handbuch EC 7-2 (2011)*

4.6.1 Allgemeines

Art und Umfang der notwendigen geotechnischen Erkundungen und Untersuchungen (Baugrunduntersuchungen) sind im *Handbuch Eurocode 7-2 (2011)* detailliert geregelt. Dabei bezeichnen geotechnische Erkundungen die zur bautechnischen Beschreibung und Beurteilung von Boden und Fels notwendigen ingenieurgeologischen, hydrogeologischen, geophysikalischen, bodenmechanischen, felsmechanischen, umwelttechnischen und chemischen Untersuchungen.

Die grundsätzlichen Phasen der Baugrunduntersuchungen für die geotechnische Bemessung, den geotechnischen Entwurf und die Bauwerksnutzung enthält Abb. 4.3.

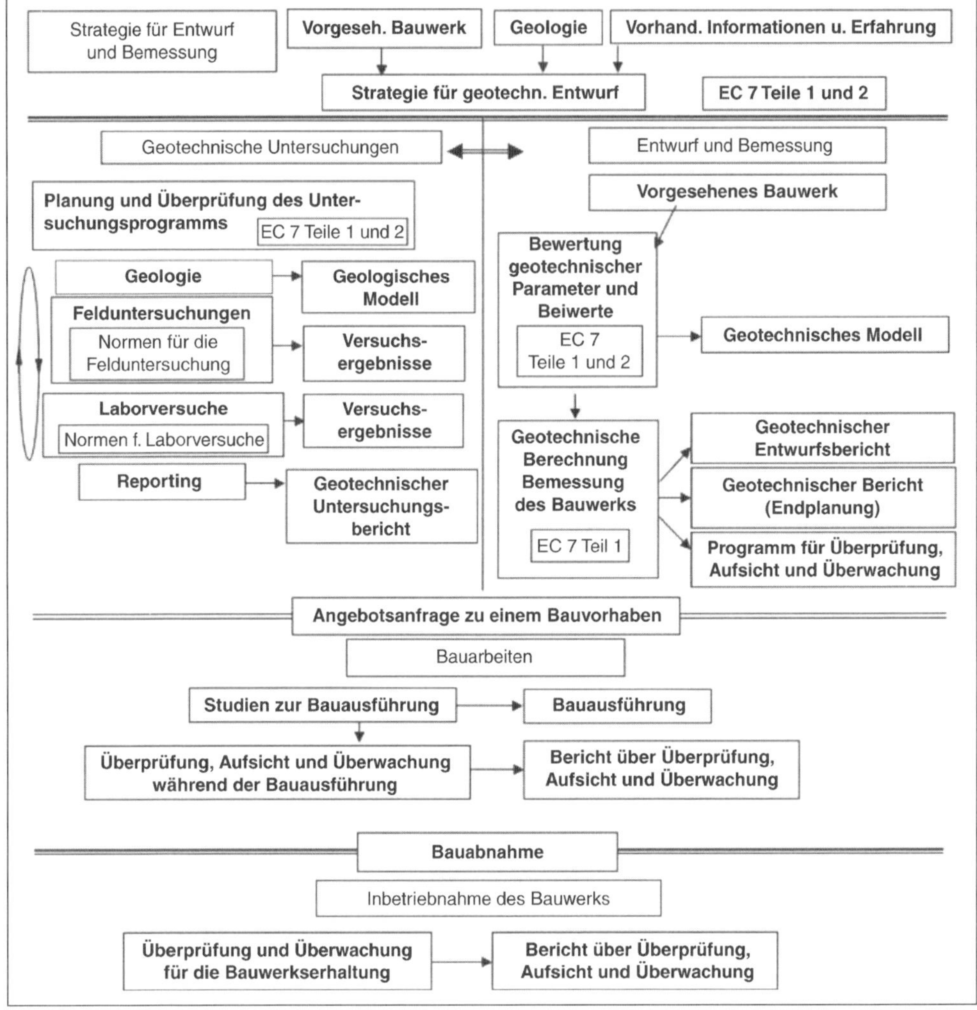

Abb. 4.3: *Phasen der Baugrunduntersuchungen für die geotechnische Bemessung, den geotechnischen Entwurf und die Bauwerksnutzung, aus* Handbuch Eurocode 7-2 (2011)

4.6.2 Aufgabenstellung bei geotechnischen Untersuchungen

a) Boden und Fels als Baugrund

Die geotechnische Untersuchung von Boden und Fels als Baugrund hat die Beschreibung aller für die jeweilige Baumaßnahme maßgebenden Baugrundeigenschaften zu ermöglichen und die erforderlichen Bodenkenngrößen zu liefern oder zu überprüfen. Mit den Ergebnissen der geotechnischen Untersuchungen müssen die charakteristischen Werte der Baugrundkenngrößen festgelegt und die Sicherheitsnachweise im Erd- und Grundbau nach *Handbuch Eurocode 7-1 (2015)* geführt werden können.

b) Boden und Fels als Baustoff

Bei der geotechnischen Untersuchung von Boden und Fels als Baustoff sollen alle notwendigen Informationen zusammengetragen werden, z. B. die Homogenbereiche, die Eignung für die beabsichtigte Verwendung, die Ausdehnung des Vorkommens, die Möglichkeiten der Gewinnung und Aufbereitung, usw.

c) Grundwasserverhältnisse

Bei der Untersuchung der Grundwasserverhältnisse soll die Tiefenlage, Mächtigkeit, Ausdehnung und Durchlässigkeit wasserführender Schichten sowie ggf. die Fließrichtung und -geschwindigkeit und im Fels darüber hinaus die Trennflächensysteme festgestellt werden. Weiterhin die Höhenlage und Grundwasseroberfläche oder -druckfläche der Grundwasserstockwerke und deren zeitabhängige Veränderungen, chemische Beschaffenheit und ggf. Porenwasserüberdrücke in nicht auskonsolidierten weichen Bodenbereichen, soweit erforderlich.

Baugrunduntersuchungen sollten normalerweise in Etappen abhängig von den Fragen durchgeführt werden, die sich während der Planung, des Entwurfs und der Baudurchführung des aktuellen Projektes ergeben:

- Voruntersuchungen für Lage und Vorentwurf für das Bauwerk,
- Hauptuntersuchungen,
- Kontrolluntersuchungen und baubegleitende Messungen.

4.6.3 Art und Umfang der geotechnischen Untersuchungen

Bei Festlegung von Art und Umfang der geotechnischen Untersuchungen sind die baulichen und geologischen Randbedingungen zu beachten, wobei die sogenannten geotechnischen Kategorien den Untersuchungsaufwand abhängig von der Schwierigkeit von baulicher Anlage und Baugrund maßgeblich beeinflussen.

Hierzu werden drei Geotechnische Kategorien gebildet. Die Einstufung der Baumaßnahme ist vor Beginn der geotechnischen Untersuchungen festzulegen. Maßgebend für die Einstufung ist jenes Einflussmerkmal, das die höchste Geotechnische Kategorie ergibt. Die Einstufung ist später aufgrund der Ergebnisse der geotechnischen Untersuchungen zu überprüfen und ggf. zu berichtigen. Die Geotechnischen Kategorien mit Merkmalen und detaillierten Beispielen finden sich auch im *Handbuch Eurocode 7-1 (2015)* und *Handbuch Eurocode 7-2 (2011)*, siehe auch Anhang A-6. Folgende Abstufung wird dabei vorgenommen:

- Die Geotechnische Kategorie GK 1 umfasst Baumaßnahmen mit geringem Schwierigkeitsgrad im Hinblick auf Bauwerke und Baugrund.
- Die Geotechnische Kategorie GK 2 umfasst Baumaßnahmen mit mittlerem Schwierigkeitsgrad.
- Die Geotechnische Kategorie GK 3 umfasst Baumaßnahmen mit hohem Schwierigkeitsgrad.

Bei Baumaßnahmen der Geotechnischen Kategorie GK 2 oder GK 3 ist ein Sachverständiger für Geotechnik (siehe Kapitel 1.2) einzuschalten. Dieser unterstützt die Planung von Bauwerken und Bauteilen im Erd- und Grundbau und weist deren Standsicherheit und Gebrauchstauglichkeit nach. Dafür muss er die erforderlichen Erkundungen und geotechnischen Untersuchungen sowie Messungen planen. Der Sachverständige für Geotechnik hat die fachgerechte Ausführung der Aufschlüsse sowie der Feld- und Laboruntersuchungen zu überwachen, die aus dem Aufschluss und Untersuchungsbefund sich ergebenden Folgerungen für Planung und Konstruktion zu ziehen und die Wechselwirkung zwischen den angetroffenen Baugrundverhältnissen einerseits und der Planung, Konstruktion und Bauausführung andererseits dem Bauherrn sowie gegebenenfalls dem Entwurfsverfasser und den Fachplanern benachbarter Fachgebiete darzulegen. Er hat bei Baumaßnahmen der Geotechnischen Kategorie GK 2 oder GK 3 die Geotechnischen Berichte zu erstellen.

Zur genauen Definition der Geotechnischen Kategorien und der damit verbundenen Folgerungen für die geotechnischen Untersuchungen und Nachweise siehe 13.7.2.

Im *Handbuch Eurocode 7-2 (2011)* finden sich auch detaillierte Angaben zur Anordnung und Tiefe der Untersuchungspunkte im Gelände, z. B. Bohrungen.

- Luftaufnahmen:
  - z. B. in schlecht zugänglichen Gebieten zur Erfassung der Oberflächenbeschaffenheit, zur Erkundung von Rutschungen oder geologischen Störungen etc.
- Direkte Aufschlüsse:
  a) vorgegebene und einsehbare Aufschlüsse (z. B. an Flanken von Flussläufen, Anschnitten);
  b) Schürfe, Untersuchungsschächte und -stollen;
  c) Bohrungen; dabei ist das Bohrverfahren in Abhängigkeit der zu beantwortenden Fragestellung und den Boden- und Felsverhältnissen nach DIN EN ISO 22475-1 zu wählen.
- Indirekte Aufschlüsse:
  a) Sondierungen (nach DIN EN ISO 22476 bzw. der teilweise bereits zurückgezogenen Normenreihe DIN 4094-1); Anmerkung: Zur Beurteilung der Lagerungsdichte sind Ramm- und Drucksondierungen ergänzend zu den direkten Aufschlüssen erforderlich. Zur quantitativen Auswertung der Sondierergebnisse müssen die jeweils durchfahrenen Bodenarten durch direkte Aufschlüsse (Schlüsselbohrungen) bekannt sein.
  b) Geophysikalische Verfahren; Anmerkung: Geophysikalische Verfahren dürfen in Hauptuntersuchungen grundsätzlich nur in Verbindung mit direkten Aufschlüssen für die Baugrunderkundung eingesetzt werden.
- Laborversuche:
  - An Boden- sowie an Gesteins- und Felsproben entsprechend den Versuchs-Normen der Reihe DIN EN ISO 17892-1 bis DIN EN ISO 17892-12 sowie teil-

weise der Normen DIN 18121 bis DIN 18137, wobei hiervon bereits die meisten zurückgezogen und durch die erstgenannte Normenreihe ersetzt worden sind. Die für Laborversuche verwendeten Bodenproben (Bohr-, Schürf- oder Sonderproben) müssen die dem Untersuchungszweck entsprechende Güteklasse nach *Handbuch Eurocode 7-2 (2011)* bzw. Tab. 4.8 aufweisen.

  - An Wasserproben: z. B. zur Bestimmung der Aggressivität gegenüber Bauteilen (Beton, Stahl) nach DIN 4030.

- Feldversuche:
  - In Böden: z. B. zur Ermittlung der Lagerungsdichte bei grobkörnigen Böden; zur Ermittlung der Festigkeit und Verformungseigenschaften bei fein- und gemischtkörnigen Böden; zur Bestimmung der Durchlässigkeit von Böden.
  - In Fels: z. B. zur Untersuchung der Festigkeits- und Verformungseigenschaften.
- Messtechnische Verfahren:
  - Messungen von Verformungen, Kräften, Spannungen und Erschütterungen baubegleitend und zur Überwachung von Baugrund und Bauwerk nach der Bauausführung.
- Probebelastungen:
  - dienen der Untersuchung des Tragverhaltens von Gründungselementen. Unterschieden werden Grundsatz- (bei Prüfung neuer Systeme), Eignungs- (Eignung eines bewährten Verfahrens unter Baugrund- und Baustellenbedingungen) und Kontrollprüfungen (zur Kontrolle, ob die vorausgesetzte Tragfähigkeit des Bauteils vorhanden ist).
- Probeschüttungen:
  - dienen der Untersuchung des Verhaltens des Baugrundes unter einer Auflast. Ferner zur Untersuchung der Einbau- und Verdichtungsmöglichkeiten von Boden und Fels sowie des Setzungsverhaltens, der Lagerungsdichte und der Durchlässigkeit einer Schüttung.

4.7 Baugrunderkundung durch Bohrungen und Schürfe

4.7.1 Allgemeines

Der Baugrund wird durch Felduntersuchungen erkundet. Man unterscheidet zwischen direkten und indirekten Aufschlussverfahren. Bei direkten Verfahren wird der anstehende Baugrund in Teilbereichen freigelegt oder in verhältnismäßig geringen Mengen an die Geländeoberfläche befördert, sodass er durch Inaugenscheinnahme beurteilt werden kann. Die Entnahme von Bodenproben für weitergehende Versuche ist möglich. Je nach Güteklassen der Proben (siehe Tab. 4.8) können durch einfache manuelle Versuche oder ergänzende Laborversuche genauere Kenntnisse über den Baugrund gewonnen werden.

Nach *Handbuch Eurocode 7-2 (2011)* sind drei Kategorien von Verfahren für die Probenentnahme (DIN EN ISO 22475-1) abhängig von der gewünschten Güteklasse der Proben (Tab. 5.5) zu unterscheiden:

- Verfahren der Probenentnahme nach Kategorie A: Proben der Güteklassen 1 bis 5 können gewonnen werden,
- Verfahren der Probenentnahme nach Kategorie B: Proben der Güteklassen 3 bis 5 können gewonnen werden,
- Verfahren der Probenentnahme nach Kategorie C: nur Proben der Güteklasse 5 können gewonnen werden.

Proben der Güteklassen 1 oder 2 können nur mit Probenentnahmeverfahren der Kategorie A erhalten werden. Bei Proben der Güteklasse 1 oder 2 ist die Zielsetzung die Bodenstruktur während der Probeentnahme oder durch die Probenbehandlung nicht oder nur wenig zu stören. Der Wassergehalt und die Porenzahl des Bodens entsprechen dem Zustand in-situ. Die Bestandteile und die chemische Zusammensetzung des Bodens sind nicht verändert.

Beim Einsatz von Probenentnahmeverfahren nach der Kategorie B ist das Ziel, Proben zu gewinnen, die alle Bestandteile des anstehenden Bodens mit ihren ursprünglichen Anteilen enthalten und in denen der Boden seinen natürlichen Wassergehalt aufweist. Damit können die Schichtenfolge oder die Bestandteile des Bodens bestimmt werden. Die Struktur des Bodens wird aber gestört.

Beim Einsatz von Probenentnahmeverfahren nach der Kategorie C wird die Struktur des Bodens völlig verändert. Auch die Zuordnung der Schichtung ist nur bedingt möglich und die Wassergehaltsbestimmung kann beeinflusst sein.

Die Güte der Bodenproben wird dadurch gekennzeichnet, dass bestimmte bodenphysikalische Eigenschaften einwandfrei ermittelt werden können. Die hierfür typischen Merkmale werden gemäß Tab 4.8 in fünf Güteklassen eingeteilt. Güteklasse 1, bei der im Unterschied zur Güteklasse 2 das Korngefüge unverändert ist, kennzeichnet die weitgehend ungestörte Probe, Güteklasse 5 dagegen die auch in der Kornzusammensetzung völlig gestörte Probe.

Im *Handbuch Eurocode 7-2 (2011)* und DIN EN ISO 22475-1 sind detaillierte Angaben über die Probenentnahmegeräte, die zugeordneten Kategorien und die damit erreichbaren Güteklassen der Proben angegeben. Dies ist nach *Stölben/Eitner (2011)* dem Umstand geschuldet, dass das *Handbuch Eurocode 7-2 (2011)* Festlegungen zur Auswertung und zur Interpretation der Versuchsergebnisse enthält.

So gibt es für jeden Versuch ein eigenes Kapitel, das den Zweck des jeweiligen Versuches und die besonderen Anforderungen an diesen beschreibt. Darüber hinaus werden Verfahren zur Auswertung der Versuchsergebnisse und Beispiele zur Anwendung der Ergebnisse und abgeleiteten Werte gegeben.

Bei indirekten Aufschlussverfahren wie z. B. Sondierungen oder geophysikalische Untersuchungen ist keine Bodenprobenentnahme möglich. Diese Verfahren liefern in der Regel Hilfsgrößen, mit denen auf die Baugrundschichtung und auf bestimmte Baugrund- und Festigkeitseigenschaften geschlossen werden kann.

Tab. 4.8: Güteklassen für Bodenproben für Laborversuche und erforderliche Kategorien der Probennahme, aus Handbuch Eurocode 7-2 (2011)

Bodeneigenschaften/Güteklasse	**1**	**2**	**3**	**4**	**5**
Bodeneigenschaften, die unverändert sind:					
Korngrößenverteilung	*	*	*	*	
Wassergehalt	*	*	*		
Dichte, Lagerungsdichte, Durchlässigkeit	*	*			
Zusammendrückbarkeit, Scherfestigkeit	*				
Eigenschaften, die bestimmt werden können:					
Schichtenfolge	*	*	*	*	*
Schichtgrenzen, grobe Einteilung	*	*	*	*	
Schichtgrenzen, feine Unterteilung	*	*			
Konsistenzgrenzen, Korndichte, organische Bestandteile	*	*	*	*	
Wassergehalt	*	*	*		
Dichte, Lagerungsdichte, Porosität, Durchlässigkeit	*	*			
Zusammendrückbarkeit, Scherfestigkeit	*				
Kategorie der Probeentnahme entsprechend EN ISO 22475-1	**A**				
			B		
					C

4.7.2 Schürfgruben und Schürfschlitze

Im oberflächennahen Bereich ergeben Schürfgruben oder Schürfschlitze einen aussagekräftigen punkt- oder linienförmigen Aufschluss. Dabei ist Bodenart und Schichtenverlauf an der Wandung der Schürfe direkt erkennbar. Im Schurf sind die Entnahme von Sonder- und Schürfproben (Güteklassen 1 bis 5) sowie ggf. in-situ-Versuche (z. B. Plattendruckversuch, Großscherversuch usw.) möglich. Folgende Mindestabmessungen sollten eingehalten werden: Breite $\geq$ 0,75 m, Länge $\geq$ 1,50 m in der Sohle für Probenentnahme und Versuche, Abböschungen oder Verbau im nicht standfesten Untergrund bei Tiefen $\geq$ 1,25 m.

4.7.3 Bohrungen

Durch Bohrungen kann der Untergrund je nach Bohrverfahren bis in nahezu beliebige Tiefe erkundet werden. Die Beurteilung der Untergrundverhältnisse erfolgt dabei anhand des Bohrgutes, der entnommenen Bodenproben sowie weiterer Besonderheiten, z. B. Bohrwiderstände bzw. Bohrhindernisse, Wasserstände usw.

Die Bohrverfahren und Geräte sind in DIN EN ISO 22475-1 hinsichtlich ihrer Eignung für die verschiedenen Bodenarten und mit den bei einwandfreier Anwendung erreichbaren Güteklassen der Bodenproben sowie Bohrverfahren im Fels zusammengestellt.

Man unterscheidet je nach Probengewinnung folgende Bohrverfahren:

- Verfahren mit durchgehender Gewinnung gekernter Bodenproben (Bohrwerkzeuge: Kernrohre),
- Verfahren mit durchgehender Gewinnung nicht gekernter Bodenproben (Bohrwerkzeuge: Schappen, Schnecken, Greifer, Kiespumpe usw.),
- Verfahren mit Gewinnung unvollständiger Bodenproben (Bohrwerkzeuge: Meißel, Spüllanzen, Ventilbohrer),
- Verfahren mit Gewinnung geringer Probemengen mittels Kleingeräten (Bohrwerkzeuge: Kernvorsätze, Sondierstangen mit Nut o. Ä.).

Tabellen mit detaillierten Angaben zu den Bohrverfahren und erreichbaren Entnahmekategorien/Güteklassen der Proben in Böden und Fels enthält DIN EN ISO 22475-1.

Zusätzlich zur Probengewinnung können im Bohrloch, wenn erforderlich, Messungen und bodenmechanische Versuche ausgeführt werden, z. B. Bohrlochrammsondierungen (BDP) oder Seitendrucksondierungen.

Die Bohrlöcher können auch als Pegelbrunnen zur Grundwasserstandbeobachtung über längere Zeiträume ausgebaut werden, siehe auch DIN EN ISO 22475-1.

Die häufig national eingesetzten Bohrverfahren zur Baugrunderkundung, die Probendurchmesser, die jeweilig mögliche Güteklasse der Probe und die Vor- und Nachteile der Verfahren enthalten Tab. 4.9.

4.8 Geophysikalische Erkundungsmethoden

Bei geophysikalischen Erkundungsmethoden werden physikalische Messparameter (z. B. Potenzialfelder oder Wellengeschwindigkeiten) aufgezeichnet, deren Ausbreitung von den Eigenschaften und Strukturen im Baugrund beeinflusst werden. Im Gegensatz zu direkten Aufschlüssen wie Bohrungen, Sondierungen und Schürfen, die nur eine stichpunktartige Erkundung darstellen, liefern geophysikalische Messmethoden weitaus großräumigere bzw. flächendeckende Erkenntnisse.

Es ist darauf hinzuweisen, dass geophysikalische Verfahren keine eindeutigen Ergebnisse liefern und immer interpretiert bzw. kalibriert werden müssen, was grundsätzlich auch direkte Aufschlüsse erfordert. Geophysikalische Verfahren können somit in der Regel nicht als vollständiger Ersatz von direkten Aufschlüssen angesehen werden. Des Weiteren ist das Auflösungsvermögen von geophysikalischen Messungen stark abhängig vom Verfahren und von den vorliegenden Untergrundverhältnissen. Ergebnisse geophysikalischer Messungen führen daher sehr häufig zu Mehrdeutigkeiten, die bewertet werden müssen und nur durch eine Kombination verschiedener, aufeinander abgestimmter Verfahren eingeschränkt werden können.

Tab. 4.9: *Zusammenstellung der Bohrverfahren zur Baugrunderkundung, nach der älteren Norm DIN 4021*

Verfahren	Durchmesser [mm]	Erreichbare Güteklasse der Bohrproben	Vorteile	Nachteile
Handbohrung	15 – 80	5 oder schlechter	schnell, kostengünstig	max. Einsatztiefe 2 m
Kleinramm-bohrung	35 – 80	max. 2 in bindigen Böden, 2-3 in rolligen Böden	schnell, kostengünstig, geringe Platz-anforderungen	Kernverluste durch Stauchungen
Rammkern-bohrung	80 – 300	2 in bindigen, 2-3 in rolligen Böden	gute Kerne auch im Grundwasser	Vermischung der Probe beim Auspressen
Rotationskern-bohrung	65 – 200	bestenfalls 4 oberhalb des Grundwassers, 5 im Grundwasser	kostengünstig, große Probenmengen	Störung der Probe, Entmischung rolliger Böden
Greifer-bohrung	400 – 2500	3 über Grundwasser, 4-5 im Grundwasser	große Durchmesser, große Proben-mengen, auch gröbstes Material	ungenaue Profile, Störung der Probe, Entmischung im Grundwasser
Schlauchkern-bohrung	80 – 200	1-2	exakte Profile, kein Luft- und Wasserzutritt zum Proben-material	aufwendig, anfällig gegen Störkörper

Geophysikalische Verfahren werden sowohl von der Oberfläche als auch aus Bohrungen angewendet. Ein Überblick über die Verfahren und Anwendungsempfehlungen ist in Tab. 4.10 dargestellt. Aus Bohrlöchern werden insbesondere seismische Verfahren eingesetzt (bei Anwendung in einem Bohrloch als sog. Downhole-Seismik, bei Anwendung zwischen zwei Bohrlöchern als sog. Cross-Hole-Seismik).

Tab. 4.10: *Überblick über geophysikalische Verfahren und Anwendungsempfehlungen (Oberflächenverfahren), aus* FGSV-558 (2007)

		Seismik	Geoelektrik	Elektro-magnetik	Bodenradar	Gravimetrie	Magnetik	Cereskop	Deflexions-messungen	Hydrostst. Setzungs-messung	Konvergenz-mssung	Luftbild	Radiarinter-ferometrie
1	Aufbau des Baugrundes	+++	++		+							+	
2	Stoff-bestand												
3a	Dichte	++			+	+++			+				
3b	Wasser-gehalt		+	+	+								
4	Grund-wasser	+	++		+							+	
5	Trenn-flächen	+++			+							+	
6	Fahrbahn-dämme	+++	++		++				+			+	
7	Bewegungs-flächen	++						+++		+	++	++	+++
8	Hohlräume	+++	++		+	+			+				
9	Wenig tragfähiger Untergrund	+++	+++		+					+++		++	
10	Verborgene Bauwerke			++	++	+	++					++	
11	Auffüllung	+++	++	++	+	+	++					++	
12	Subsidenz							+++		+++		+	+++

(Im Rahmen der verfahrensspezifischen Messgenauigkeiten bedeuten:
+: eingeschränkt geeignet; ++: gut geeignet; +++: sehr gut geeignet)

4.9 Baugrunderkundung durch Sondierungen

4.9.1 Sondierverfahren und Ergebnisinterpretation

Die Sondierungen als indirekte Erkundungsverfahren dienen sowohl der Baugrunderkundung in Verbindung mit Bohraufschlüssen zur Feststellung von markantem Schichtwechsel (z. B. Torf oder weicher Ton über Sand) als auch der Untersuchung der bodenphysikalischen Eigenschaften der anstehenden Böden. Bei der Bewertung der Sondierungsergebnisse hinsichtlich der bodenphysikalischen Eigenschaften liegt das Schwergewicht auf der Anwendung bei nichtbindigen Böden. Für bindige Böden liegen derzeit weniger abgesicherte Bewertungskriterien vor.

Im Erdbau werden u. a. Sondierungen zur Überprüfung der Lagerungsdichten, siehe 5.5.4, und damit zum Nachweis der Tragfähigkeit von eingebauten Bodenschichten durchgeführt.

Es sind im Wesentlichen vier Gruppen von Sondierverfahren zu unterscheiden:

- Rammsondierungen,
- Drucksondierungen,

- Flügelsondierungen,
- Bohrlochsondierungen.

Unter Sondierungen versteht man das Eintreiben von verhältnismäßig dünnen Stahlstäben in den Baugrund. Aufgrund des Widerstands im Boden kann auf die Tiefenlage des tragfähigen Baugrunds, deren Gleichmäßigkeit und Festigkeitseigenschaften geschlossen werden.

Zahlenmäßige Zusammenhänge zwischen Sondierwiderständen und Bodenkenngrößen, soweit sie als gesichert gelten können, sind z. B. in DIN EN ISO 22476-1, *Handbuch Eurocode 7-2 (2011)*, *Schulze/Muhs (1967)*, *Gebreselassie et al. (2003)*, *Melzer et al. (2017)* oder *Lunne et al. (2014)* enthalten. Ergänzend finden sich dazu ausgewählte Zusammenhänge in 11.3. Die Interpretation der Sondierergebnisse ist i. d. R. Aufgabe der Sachverständigen für Geotechnik (Baugrundgutachter).

Zu den Sondierverfahren liegen die folgenden Normen vor. Hierbei ist zu beachten, dass einige der bisher gültigen nationalen Normen durch DIN EN ISO-Normen bereits ersetzt wurden bzw. noch ersetzt werden.

DIN EN ISO 22476-1	Geotechnische Erkundung und Untersuchung – Felduntersuchungen – Teil 1: Drucksondierungen mit elektrischen Messwertaufnehmern und Messeinrichtungen für den Porenwasserdruck Diese Norm hat DIN 4094-1 ersetzt.
DIN 4094-2	Baugrund, Erkundung durch Sondierungen Teil 2: Bohrlochrammsondierungen (BDP)
DIN 4094-4	Baugrund, Felduntersuchungen Teil 4: Flügelscherversuche Diese Norm sollte ursprünglich durch die DIN EN ISO 22476-9 ersetzt werden. Letztgenannte wurde jedoch bereits im September 2016 wieder zurückgezogen, sodass Erstgenannte weiterhin Gültigkeit hat.
DIN EN ISO 22476-2	Geotechnische Erkundung und Untersuchung – Felduntersuchungen – Teil 2: Rammsondierungen
DIN EN ISO 22476-3	Geotechnische Erkundung und Untersuchung – Felduntersuchungen – Teil 3: Standard Penetration Test (SPT) Diese Norm hat DIN 4094-3 ersetzt.

Des Weiteren werden im *Handbuch Eurocode 7-2 (2011)* noch weitere Sondierverfahren behandelt, die in Deutschland allerdings i. d. R. nicht oder nur selten gebräuchlich sind. Diese sind in folgenden Normen geregelt:

DIN EN ISO 22476-4	Geotechnische Erkundung und Untersuchung – Felduntersuchungen – Teil 4: Pressiometerversuch nach *Ménard*
DIN EN ISO 22476-5	Geotechnische Erkundung und Untersuchung – Felduntersuchungen – Teil 5: Versuch mit dem flexiblen Dilatometer
DIN EN ISO 22476-6	Geotechnische Erkundung und Untersuchung – Felduntersuchungen – Teil 6: Versuch mit dem selbstbohrenden Pressiometer
DIN EN ISO 22476-7	Geotechnische Erkundung und Untersuchung – Felduntersuchungen – Teil 7: Seitendruckversuch
DIN EN ISO 22476-8	Geotechnische Erkundung und Untersuchung – Felduntersuchungen – Teil 8: Versuch mit dem Verdrängungspressiometer
DIN EN ISO 22476-10	Geotechnische Erkundung und Untersuchung – Felduntersuchungen – Teil 10: Gewichtssondierungen
DIN EN ISO 22476-11	Geotechnische Erkundung und Untersuchung – Felduntersuchungen – Teil 11: Flachdilatometerversuch
DIN EN ISO 22476-12	Geotechnische Erkundung und Untersuchung – Felduntersuchungen – Teil 12: Drucksondierungen mit mechanischen Messwertaufnehmern

4.9.2 Rammsondierungen

In DIN EN ISO 22476-2 werden fünf unterschiedliche Verfahren geregelt, die einen weiten Bereich der spezifischen Rammenergie je Schlag umfassen: DPL, DPM, DPH, DPSH-A und DPSH-B.

- Leichte Rammsondierung (DPL): Verfahren stellt die untere Grenze der Bandbreite an Fallmassen der Rammsonden dar. Schlagzahl: N_{10L}.
- Mittelschwere Rammsondierung (DPM): Verfahren entspricht der mittleren Fallmasse im Vergleich zu den anderen Rammsonden. Schlagzahl: N_{10M}.
- Schwere Rammsondierung (DPH): Verfahren, das der mittleren bis sehr schweren Fallmasse der Rammsonden entspricht. Schlagzahl: N_{10H}.
- Überschwere Rammsondierung (DPSH-A und DPSH-B): Verfahren, die dem oberen Ende der möglichen Fallmassen entsprechen und den Abmessungen des SPT angenähert sind. Schlagzahl: N_{10SA} oder N_{20SA}, N_{10SB} oder N_{20SB}.

Die Sonden werden durch einen Rammbär mit gleichbleibender Fallhöhe in den Untergrund gerammt, wobei die Eindringtiefe und die Schlagzahl festgestellt werden. Die Sonden können auf einer Arbeitsebene oder im Bohrloch eingesetzt werden. Um einen ungünstigen Einfluss auf das Sondierergebnis auszuschließen, ist beim Einsatz der Sondiergeräte auf einen ausreichend großen Abstand zu Bauwerkskanten, Pfählen, Bohrungen usw. zu achten.

Die gerätebedingten Maße und empfohlenen Einsatzbereiche sind Tab. 4.11 und Abb. 4.4 zu entnehmen.

Tab. 4.11: *Abmessungen und Massen der Rammsondiergeräte, aus DIN EN ISO 22476-2*

Geräte für Rammsondierungen	Symbol	Einheit	DPL (leicht)	DPM (mittel)	DPH (schwer)	DPSH (superschwer)	
						DPSH-A	DPSH-B
Rammvorrichtung							
Rammbärmasse, neu	m	kg	10 ± 0,1	30 ± 0,3	50 ± 0,5	63,5 ± 0,5	63,5 ± 0,5
Fallhöhe	h	mm	500 ± 10	500 ± 10	500 ± 10	500 ± 10	750 ± 20
Amboss						A1⟩	
Durchmesser	d	mm	$50 < d < D_h$[a]	$50 < d < D_h$[a]	$50 < d < 0{,}5\ D_h$[a]	$50 < d < 0{,}5\ D_h$[a]	$50 < d < 0{,}5\ D_h$[a]
Masse (max.) (einschließlich Führungsstange)	m	kg	6	18	18	18 ⟨A1	30
90°-Sondenspitze							
Nennquerschnittsfläche	A	cm²	10	15	15	16	20
Spitzendurchmesser, neu	D	mm	35,7 ± 0,3	43,7 ± 0,3	43,7 ± 0,3	45,0± 0,3	50,5 ± 0,5
Spitzendurchmesser, abgenutzt (min.)		mm	34	42	42	43	49
Mantellänge (mm)	L	mm	35,7 ± 1	43,7 ± 1	43,7 ± 1	90,0 ± 2[b]	51 ± 2
Höhe des Kegels		mm	17,9 ± 0,1	21,9 ± 0,1	21,9 ± 0,1	22,5 ± 0,1	25,3 ± 0,4
max. zulässiger Verschleiß an der Sondenspitze		mm	3	4	4	5	5
Gestänge [c]							
Masse (max.)	m	kg/m	3	6	6	6	8
Außendurchmesser (max.)	d_a	mm	22	32	32	32	35
A1⟩ gestrichener Text							⟨A1
spezifische Arbeit je Schlag	mgh/A	kJ/m²	A1⟩ 49	98	164	195	234 ⟨A1

[a] D_h Durchmesser des Rammbären, bei rechteckiger Ausbildung wird die kleinere Länge als Durchmesser angenommen.

[b] Nur für verlorene Sondenspitze.

[c] Die maximale Gestängelänge darf 2 m nicht überschreiten.

A1⟩ gestrichener Text ⟨A1

ANMERKUNG Die angegebenen Toleranzen sind Herstellungstoleranzen.

In der Regel werden bei der DPL, DPM und DPH die Schläge je 10 cm Eindringung (N_{10}) und bei der Bohrlochrammsondierung die Schlagzahlen je 30 cm Eindringung (N_{30}) ermittelt. Bei Rammsondierungen sollte eine Schlagfolge von 15 bis 30 Schlägen je Minute eingehalten werden. In grobkörnigen Böden darf die Schlagfolge auf maximal 60 Schläge je Minute heraufgesetzt werden. Ein Beispiel für ein Sondierergebnis zeigt Abb. 4.7.

Die Auswahl der zweckmäßigsten Rammsonde richtet sich in erster Linie nach den zu erwartenden Baugrundverhältnissen und der erforderlichen Untersuchungstiefe. Eine allgemein gültige Angabe zu den möglichen Sondiertiefen der einzelnen Sonden ist nicht möglich, da diese entscheidend von der Festigkeit des Baugrunds abhängen. Mit der leichten Rammsonde (DPL) können bei nicht zu festen Böden Sondiertiefen bis etwa 8 m erreicht werden.

Bei größeren Tiefen wird der Einfluss der Mantelreibung zu groß. Die schwere Rammsonde (DPH) kommt bei festen Böden und großer Rammtiefe zum Einsatz.

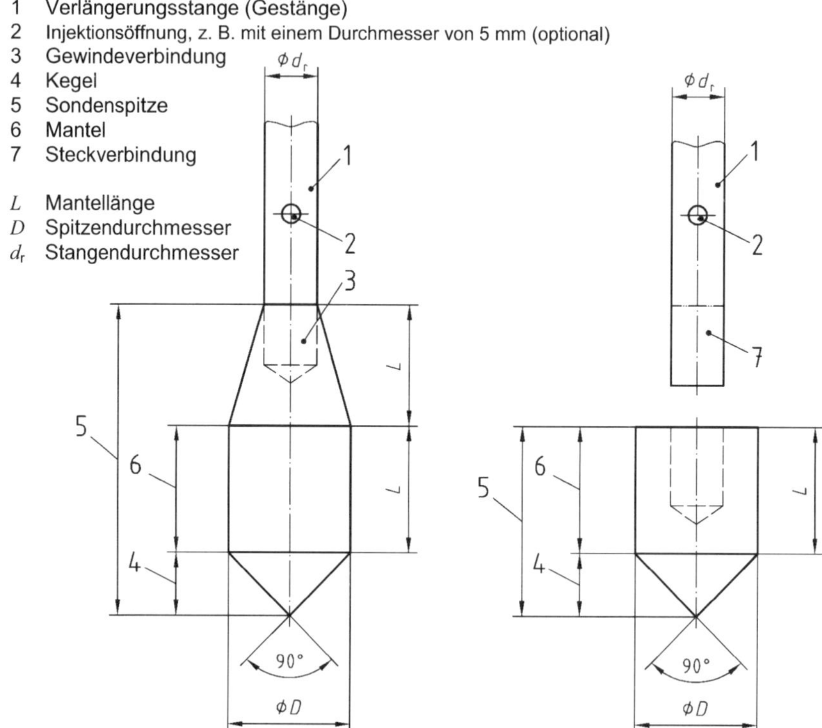

Abb. 4.4: *Bezeichnungen der Abmessungen und Form der Spitzen von Rammsonden, aus DIN EN ISO 22476-2*

Die Auswertung der Ergebnisse der Rammsondierungen erfordert viel Erfahrung und kann nur im Zusammenhang mit den anstehenden Bodenarten gesehen werden. Unter sonst gleichen Verhältnissen gelten folgende Einflüsse auf die Sondierergebnisse, nach *Floss (2011b)*:

- Mit wachsender Lagerungsdichte nichtbindiger Böden steigt der Eindringwiderstand überlinear an.
- Böden mit eckigem und rauem Korn ergeben einen größeren Eindringwiderstand als Böden mit rundem und glattem Korn.
- Eingelagerte Steine können den Eindringwiderstand beträchtlich erhöhen.
- Verkittung erhöht den Eindringwiderstand.
- Feinbestandteile setzen den Eindringwiderstand herab.
- Der Eindringwiderstand in bindige Böden und in Torfen wird vorwiegend durch ihre Zustandsform, Plastizität und Struktur beeinflusst, die durch die geologische Vorgeschichte bestimmt sind. Geringe Widerstände können sich auch durch Lockerzonen

und Hohlräume ergeben. Vor allem bei weichen, bindigen und organischen Böden hat die Mantelreibung an der Sondierstange einen großen Einfluss auf den Eindringwiderstand, die bei gleichbleibender Bodenbeschaffenheit mit der Tiefe stark zunimmt.

- Bis zu einer bestimmten Grenztiefe nimmt bei gleicher Lagerungsdichte der Eindringwiderstand mit der Tiefe stark zu.
- Sondierungen in nichtbindigen Böden ergeben in geringen Tiefen im Grundwasser i. Allg. geringere Eindringwiderstände als über dem Grundwasserspiegel. Bindige Böden sind auch oberhalb des Grundwassers nahezu wassergesättigt. Ein Einfluss des Grundwasserspiegels auf den Sondierwiderstand zeichnet sich daher i. d. R. nicht ab.

4.9.3 Drucksondierungen

Das Ziel der Drucksondierung (Cone Penetration Test CPT bzw. CPTU) ist die Ermittlung des Widerstands, den der Boden oder weiche Fels gegen eine Spitze und durch die örtliche Reibung an der Mantelfläche gegen das Eindringen der Sonde ausübt.

Bei der Drucksondierung wird eine Drucksonde unter Verwendung von Verlängerungsstangen senkrecht in den Boden eingedrückt.

Die Sonde ist mit einer gleichmäßigen Eindringgeschwindigkeit in den Boden einzudrücken. Sie besteht aus einem Kegel und, je nach Zweck, einem zylindrischen Mantel oder Reibungsmantel.

Drucksonden gibt es mit einem Sondierspitzenquerschnitt von 10 oder 15 cm^2. Sie werden durch eine statische Last mit einer gleichbleibenden Geschwindigkeit von $\leq$ 2 cm/s in den Boden gedrückt.

Folgende Werte können gemessen werden:

- Sondierwiderstand q_c,
- lokale Mantelreibung f_s,
- Porenwasserdruck u (nur CPTU).

Um einen ungünstigen Einfluss auf das Sondierergebnis auszuschließen, ist beim Einsatz der Sondiergeräte auf einen ausreichend großen Abstand zu Bauwerkskanten, Pfählen, Bohrungen usw. zu achten.

Abb. 4.5 zeigt den Querschnitt einer Drucksondenspitze mit den entsprechenden Messelementen.

Die maximal mögliche Sondiertiefe ist abhängig von der zulässigen Tragkraft der Spitze und der Bodenart:

- etwa 30 bis 40 m in organischen Böden,
- 25 m in Sand-, Schluff- und Tonböden,
- 20 bis 30 m in Sand-Kiesgemischen,

- 15 m in dicht gelagerten Sanden.

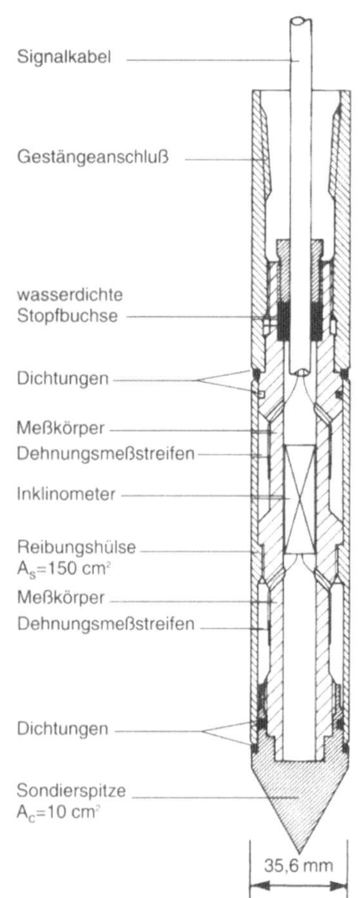

Abb. 4.5: *Querschnitt einer elektrischen Drucksondenspitze*

Zur Erreichung größerer Sondiertiefen kann die Mantelreibung durch einen oberhalb der Spitze angeordneten Reibungsverminderer ausgeschaltet werden.

Die Anwendung der Drucksonde ist auf Böden ohne Grobkiesanteile und Steine beschränkt. Aus diesem Grunde wird sie in Norddeutschland häufig und in Süddeutschland nur wenig eingesetzt.

Aus den Ergebnissen der Drucksondierung kann wie bei Rammsondierungen unmittelbar auf das Festigkeitsverhalten der (besonders nichtbindigen) Böden geschlossen werden. Die Ergebnisse einer Drucksondierung sind beispielhaft in Abb. 4.7 dargestellt.

4.9.4 Flügelsondierungen

Mit der Flügelsonde (FVT) wird die Scherfestigkeit des undränierten Bodens (Anfangsscherfestigkeit c_u) weicher feinkörniger Böden bestimmt. Hierzu erfolgt die Messung des Widerstands gegen das Drehen eines Flügels.

Der Flügelscherversuch ist mit einem rechtwinkligen Flügel auszuführen, der aus vier Schneiden besteht, die um 90° gegeneinander versetzt sind, und der bis zu der gewünschten Tiefe eingedrückt und anschließend gedreht wird.

Um abgeleitete Werte für die Kohäsion des undränierten Bodens aus Ergebnissen von Flügelscherversuchen zu erhalten, muss das Versuchsergebnis unter Ansatz eines Korrekturfaktors μ korrigiert werden. Die bekannten Korrekturfaktoren finden sich im *Handbuch Eurocode 7-2 (2011)* sowie *EAB (2012)*, *EA-Pfähle (2012)* und *EAU (2012)* in Abhängigkeit von der Fließgrenze, der Plastizitätszahl, der wirksamen Vertikalspannung oder dem Konsolidierungsgrad.

Das Messprinzip ist in Abb. 4.6 angegeben. Die Wahl der Flügelsonde richtet sich nach der Konsistenz des Bodens. Größere Flügel werden in weichen Böden eingesetzt, während steife Böden den Einsatz kleiner Flügel erfordern. Die Messung der undränierten Scherfestigkeit kann durch das Vorhandensein von Beimengungen an Steinen, Muscheln o. Ä. verfälscht werden.

Bodenschichten können durch Vorbohrung durchörtert werden, wenn sie zu dicht gelagert sind bzw. wenn sie nicht untersucht werden sollen.

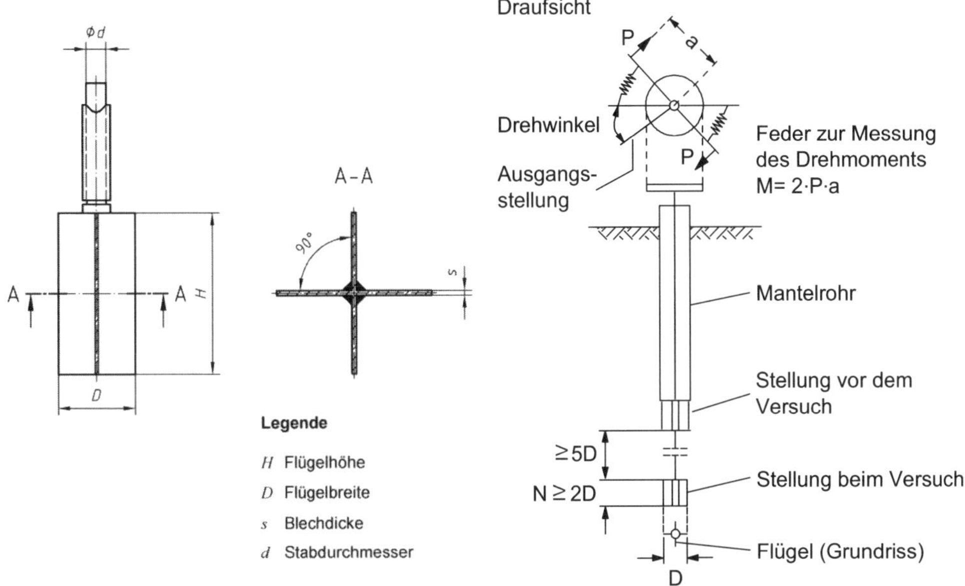

Abb. 4.6: *Flügel der Flügelsonde, nach DIN 4094-4 und Messprinzip, nach* Melzer et al. (2017)

Der Flügel wird dabei bis zur vorgesehenen Untersuchungstiefe mit einer gleichmäßigen Geschwindigkeit $\leq$ 2 cm/s in den Boden eingedrückt, wobei die Oberkante des Flügels mindestens 0,3 m unterhalb der Bohrlochsohle liegen sollte, um mögliche Störungen der Sohle auszuschließen. Der Flügel darf dabei nicht durch Schläge, Vibration oder Drehung eingetrieben werden. Anschließend wird er bis zum Abscheren des zylindrischen Bodenkörpers mit einer konstanten Drehgeschwindigkeit gedreht, die je nach Bodenart

- 0,5°/s bei weichen Böden bzw. geringer Sensitivität oder
- 0,1°/s bis 0,2°/s bei Böden mit hoher Sensitivität

betragen sollte.

Wenn die Mantelreibung nicht durch ein Schutzrohr ausgeschaltet wird, muss ihr Einfluss auf das Drehmoment gesondert ermittelt werden.

Wird der Flügel nochmals weiter eingedrückt, so muss zur vorangegangenen Untersuchungstiefe ein vertikaler Abstand von mindestens 0,5 m eingehalten werden. Auf dem Planum sollte bei der Sondierung benachbarter Untersuchungsstellen ein Abstand untereinander von mindestens 2 m eingehalten werden.

4.10 Beispiel der Darstellung einer Baugrunduntersuchung

In Abb. 4.7 ist ein Beispiel zur Darstellung von Baugrunduntersuchungsergebnissen mit unterschiedlichen Verfahren vergleichend dargestellt.

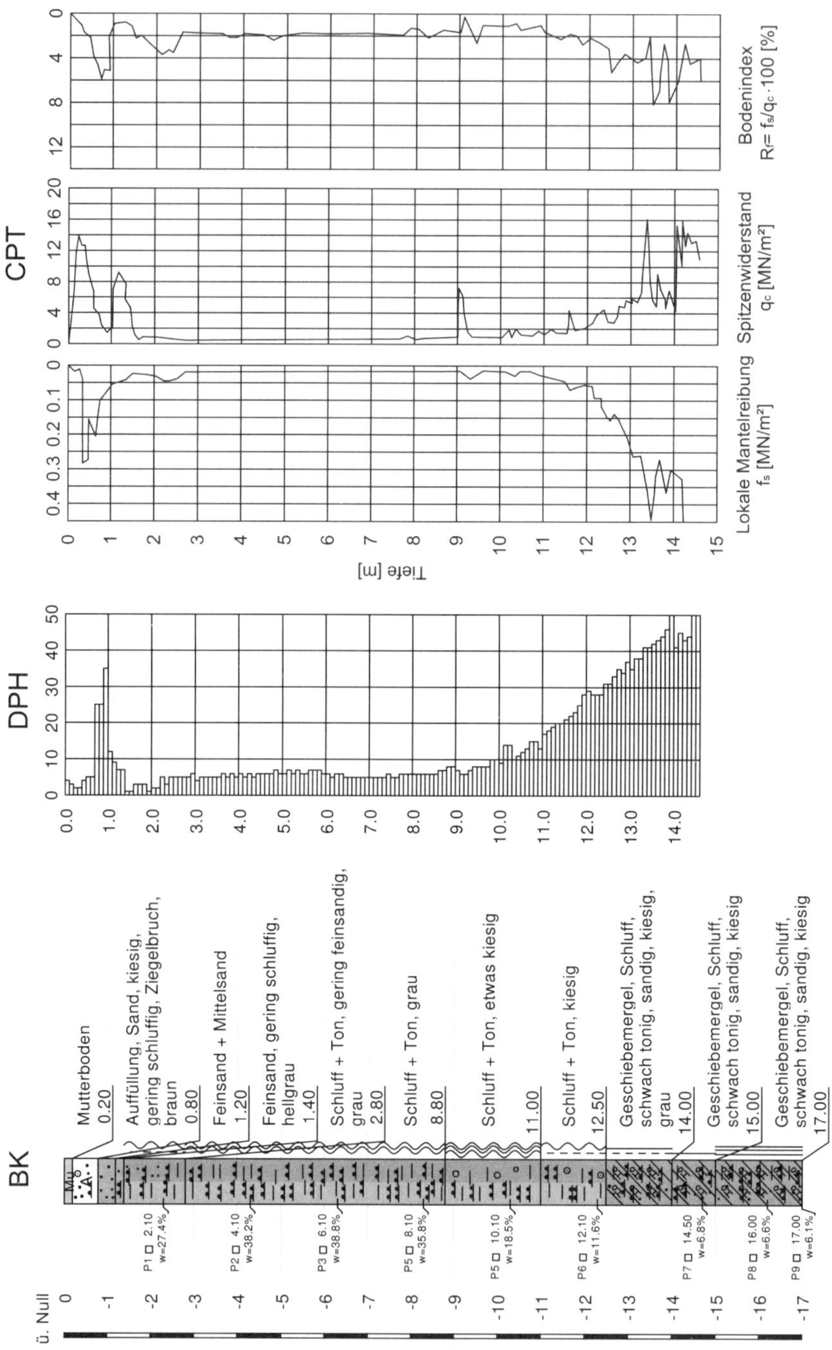

Abb. 4.7: *Beispiel einer Baugrunduntersuchung mit unterschiedlichen Verfahren*

4.11 Zahlenbeispiele siehe Anhang B-4

5 Einführung in das geotechnische Feld- und Laborversuchswesen

5.1 Allgemeines

Zur Feststellung der im Zusammenhang mit Baumaßnahmen erforderlichen Kenntnis der bodenphysikalischen Eigenschaften (bodenmechanische Kenngrößen) werden Feld- (z. B. Sondierungen nach Abschnitt 4.9) und Laborversuche durchgeführt. Diese Versuche können rein beschreibende Zustandsgrößen (z. B. Kornverteilung, Wassergehalt, Lagerungsdichte, Konsistenz usw.) oder das Verhalten der Böden bei mechanischen Belastungen (z. B. das Verformungs- oder Scherfestigkeitsverhalten) liefern. Darüber hinaus sind auch die geohydraulischen Eigenschaften (z. B. Durchlässigkeit) der Böden von Bedeutung.

Im Folgenden sind die Definitionen zu den Eigenschaften der Böden zusammengestellt und die dazugehörige generelle Versuchstechnik beschrieben. Eine ausführliche Darstellung des bodenmechanischen und erdbautechnischen Versuchswesens findet sich in den Prüfnormen DIN EN ISO 17892-1 bis DIN EN ISO 17892-12 und ergänzend im *Handbuch Eurocode 7-2 (2011)* sowie in *Schulze/Muhs (1967)* und *v. Soos/Engel (2017)*. Die vorabgenannte Normenreihe ersetzt sukzessive die bisher verwendete Normenreihe DIN 18121 bis DIN 18137.

Handbuch Eurocode 7-2 (2011) enthält insbesondere in den Anhängen umfangreiche tabellarische Zusammenstellungen zu den Feld- und Laborversuchen an Bodenproben mit detaillierten Hinweisen, welche bodenmechanischen Kenngrößen damit erreicht werden und wozu die Ergebnisse in der geotechnischen Praxis Verwendung finden. Nachfolgend sind als Einführung zunächst nur die beschreibenden und geohydraulischen Kenngrößen und Versuche behandelt. Weitergehende Versuchstechniken zum Verformungs- und Scherfestigkeitsverhalten siehe auch Kapitel 9.

5.2 Bodenproben für Laborversuche

Nach *v. Soos/Engel (2017)* müssen im Labor zu untersuchende Proben (Laborproben) folgenden Kriterien genügen:

- Sie müssen die jeweils zu bestimmenden Eigenschaften möglichst unverfälscht wiedergeben. Die hierfür typischen Merkmale werden in 5 Güteklassen eingeteilt, siehe 4.7.1, Tab. 4.8. Die Erfüllung der vorstehend bzw. in 4.7.1 aufgeführten Forderungen sind nicht nur eine Frage der Bohr- und Entnahmetechnik, des Transports, der

Verpackung und Lagerung sowie der Bearbeitung im Labor, sondern sind auch von der Bodenart abhängig. Es sind z. B. mit den üblichen Entnahmetechniken an feinkornarmen Kiesen keine Proben zu gewinnen, die die Dichte des natürlichen Bodens unverfälscht aufweisen würden.

- Die Probenmengen und die Abmessungen der Proben müssen ausreichend für das Ausführen aller notwendigen Versuche sein. Die für einzelne Versuche notwendige Probenmenge ist dabei vom Größtkorn des Bodens, von den Abmessungen der Versuchsgeräte oder von den erforderlichen Prüfkörperabmessungen abhängig. Einen Überblick über notwendige Probemengen für die unterschiedlichen Laborversuche ist in *v. Soos/Engel (2017)* angegeben.

5.3 Durchführen und Auswerten von Laborversuchen

Um sicherzustellen, dass verschiedene Versuchsdurchführungen zu vergleichbaren Versuchsergebnissen gelangen, ist eine Vereinheitlichung der Versuchsdurchführungen und der Versuchsauswertungen notwendig. Dazu dienen die Versuchsnormen DIN EN ISO 17892-1 bis DIN EN ISO 17892-12 bzw. teilweise noch DIN 18121 bis DIN 18137. Genannte Normen werden durch technische Prüfvorschriften für Boden und Fels der FGSV (TP BF-StB) sowie Empfehlungen der DGGT usw. ergänzt.

Die Versuchsnormen definieren Begriffe, legen Art, Abmessungen (Toleranzen) und Anforderungen (Fehlergrenzen) für die zu verwendenden Versuchsgeräte, die Anforderungen an die Bodenproben (Bodenart, Größtkorn, Mindestprobenmenge), die Verfahren der Versuchsdurchführung und die Versuchsauswertung fest.

Trotz einheitlicher Versuchs- und Gerätebeschreibungen streuen die Versuchsergebnisse. Streuungen bei gleichen Durchführenden (Wiederholungsstreuungen) sind meist kleiner als Streuungen unterschiedlicher Labors (Vergleichsstreuungen).

5.4 Versuche zur Klassifizierung und Einordnung der Böden

5.4.1 Korngrößenverteilung

Die Kornfraktionen Ton, Schluff, Sand, Kies und Steine sind in 4.3.2 definiert und werden in Form von Körnungslinien dargestellt (Abb. 5.1).

Die Körnungslinie gibt die Massengewichtsanteile der in einer Bodenart vorhandenen Korngrößengruppen an. Sie wird je nach der Größe der Bodenkörner durch Sieben, Sedimentation (Schlämmen) oder durch kombinierte Siebung und Sedimentation bestimmt.

Die ermittelten Massengewichtsanteile der einzelnen Korngrößen werden als Summenkurve grafisch in Form der Körnungslinie aufgetragen. In Abb. 5.1 sind mit den unterschiedlichen Verfahren ermittelte Körnungslinien dargestellt. Die Verfahren sind in DIN EN ISO 17892-4 geregelt.

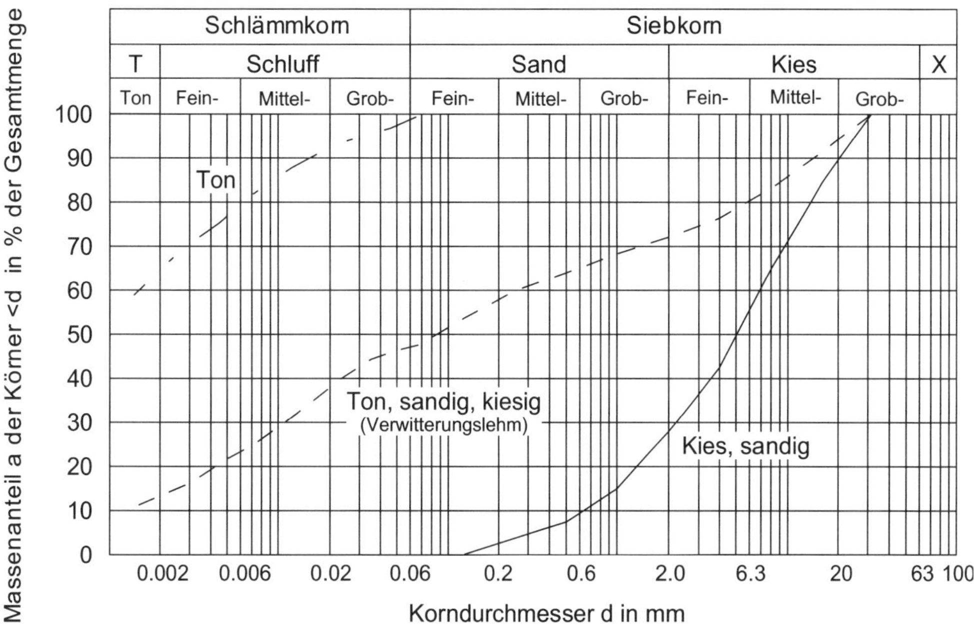

Abb. 5.1: *Darstellung von Körnungslinien*

Aus der Körnungslinie können die beschreibenden Parameter Ungleichförmigkeitszahl (C_U, (siehe Gl. (4.1a) in 4.3.3) und empirisch die Durchlässigkeit k des Bodens (siehe Anhang A-5.1) abgeleitet werden.

a) Siebung

Trockensiebung oder Nasssiebung sind für Korngrößen $d > 0{,}063$ mm möglich. Eine Trockensiebung ist nur für Böden, die ausschließlich aus Siebkorn (> 0,063 mm) zusammengesetzt sind, anwendbar. Enthält die Bodenprobe hingegen auch Schlämmkorn, so ist die Nasssiebung anzuwenden, d.h., während der Siebung wird der Siebturm von Wasser durchflossen. Somit wird ein Anheften des Schlämmkorns an den Sieben vermieden.

b) Sedimentation (Schlämmanalyse)

Die Sedimentation wird für feinkörnige Böden mit $d < 0{,}125$ mm durchgeführt. Die Bodenprobe wird hierfür in einen Standzylinder unter Zusatz eines das Zusammenballen der Teilchen (Koagulation) verhindernden Chemikals zu einer Suspension aufgerührt. In Ruhestellung verändern sich durch das je nach Korngröße unterschiedliche schnelle Absinken der Körner zeitlich die Verteilung der Korngröße und damit auch die Verteilung der Dichte in der Suspension über die gesamte Höhe des Standzylinders.

Zum Messen dieser Veränderung und zur Ermittlung der Massenanteile der Korngrößen ist das Aräometerverfahren gebräuchlich. Bei diesem Verfahren wird die Dichte der Suspension mit einem geeichten Aräometer in bestimmten Zeitabständen gemessen. Aus den Dichten und den Eintauchtiefen des Aräometers wird die Korngrößenverteilung berechnet. Der Zusammenhang zwischen Korngröße, Dichte und Sinkgeschwindigkeit wird dabei durch das Gesetz von Stoke angegeben.

Die Auswertung der Schlämmanalyse erfolgt mittels Formeln nach DIN EN ISO 17892-4. Ergänzend hat sich die grafische Auswertung mittels Nomogramm nach der mittlerweile zurückgezogenen DIN 18123 bewährt. Zur Auswertung ist dort neben der Meniskuskorrektur C_m (Skaleneinteilung des Aräometers gilt für einen ebenen Wasserspiegel) ein Korrekturfaktor für die Temperatur C_T zu berücksichtigen. Die Temperaturkorrektur berücksichtigt die Temperaturabhängigkeit der Dichte.

c) Kombinierte Analyse
Die kombinierte Analyse aus Siebung und Sedimentation wird bei gemischtkörnigen Böden mit Körnungen unter und über 0,063 mm verwendet. In der Regel wird zuerst die Sedimentation durchgeführt. Dazu wird die gesamte Bodenprobe durch das Sieb mit 0,125 mm gewaschen. Der Durchgang wird für die Sedimentation aufbereitet. Der Rückstand wird getrocknet und einer Siebanalyse unterzogen.

5.4.2 Korndichte

Die Korndichte ist in 2.4, Gl. (2.2) definiert und stellt einen Hilfswert zur Ermittlung der Kornverteilung bei der Sedimentation sowie der Bestimmung weiterer bodenmechanischer Kenngrößen dar. Die Versuchsdurchführung ist in DIN EN ISO 17892-3 (Kapillarpyknometer) für feinkörnige Böden bzw. Mischböden und in DIN 18124 (Weithalspyknometer) für grobkörnige Böden geregelt. Die Korndichten von Böden liegen in der Regel zwischen etwa

$\rho_s = 2{,}65\ \mathrm{t/m^3}$ (Quarzkorn; nichtbindige Böden) und

$\rho_s = 2{,}70\ \mathrm{t/m^3}$ (stark bindige Böden).

5.4.3 Organische Anteile

Die organischen Anteile von Böden werden durch den Glühverlust bestimmt. Die Beschreibung der Versuchsdurchführung findet sich in DIN 18128. Die Bodenprobe wird in einem Trockenofen bei 105 °C bis zur Massenkonstanz getrocknet und anschließend in einem Muffelofen bei 550 °C 20 min vorgeglüht, gewogen und anschließend bis zur Massenkonstanz geglüht. I. d. R. neigen Böden mit organischen Anteilen (Pflanzenreste usw.) dazu, ihr Volumen unter Last stark zu verkleinern (Setzungen). Sie können auch am Geruch (faulig) bzw. häufig an einer dunklen Färbung erkannt werden, siehe hierzu die Einteilung der DIN 4022 in Tab. 5.1. Der Glühverlust ist definiert als

$$V_{gl} = \frac{m_d - m_{gl}}{m_d} \tag{5.1}$$

mit m_{gl}: verglühte Masse.

Wenn nach DIN EN ISO 14688-2 Böden mit organischen Bestandteilen nach ihrem organischen Anteil klassifiziert werden, muss zwischen organischen Böden (Torf/Humus/Gyttja/Dy, siehe DIN EN ISO 14688-1) und mineralischen Böden mit organischem Anteil (siehe Tab. 5.2 unterschieden werden.

Tab. 5.1: *Bezeichnung des Glühverlustwertes (organischer bzw. humoser Anteil), nach DIN 4022*

Bezeichnung	sandige Böden		tonige Böden	
	Humusgehalt Gew.-%	Farbe	Humusgehalt Gew.-%	Farbe
humusarm	≤ 1	deutlich grau	≤ 2	Mineralfarbe
schwach humos	> 1 bis 2	tief grau	> 2 bis 5	Mineralfarbe
humos	> 2 bis 5	tief grau	> 5 bis 10	tief grau
stark humos	> 5 bis 10	schwarz	> 10 bis 15	schwarz
sehr stark humos	> 10 bis 15	schwarz	> 15 bis 20	schwarz

Tab. 5.2: *Klassifizierung von Böden mit Korngrößen $\leq 2mm$ mit organischen Bestandteilen, nach DIN EN ISO 14688-2*

Bezeichnung	Organischer Anteil in % der Trockenmasse
schwach organisch	2 bis 6
mäßig organisch	6 bis 20
stark organisch	> 20
Torf/Gyttja/Dy/Humus	–

Nach DIN 1054 werden nichtbindige und bindige Böden als organogen bezeichnet, wenn der Massenanteil der organischen Beimengungen tierischer oder pflanzlicher Herkunft bei nichtbindigen Böden mehr als 3 % und bei bindigen Böden mehr als 5 % beträgt.

5.4.4 Kalkgehalt

Der Kalkgehalt [$CaCO_3$] von Böden wird nach DIN 18129 bestimmt und ist wie folgt definiert:

$$V_{ca} = \frac{m_{ca}}{m_d} \tag{5.2}$$

Wird ein karbonathaltiger Boden mit Säure in Kontakt gebracht entsteht Wasser, Salz und CO_2. Die Bestimmung des Kalkgehaltes erfolgt mit einem Gasometer über die Ermittlung der CO_2- Menge. Der Kalkgehalt kann bei Böden zu Verkittungsvorgängen (diagenetische Stabilisierung) führen, beeinflusst aber sonst die physikalischen Eigenschaften wenig.

5.5 Versuche zur Zustandsbeschreibung von Böden

5.5.1 Dichte

Die in der Bodenmechanik üblichen Dichtebezeichnungen wurden bereits in 2.4, Gln. (2.2) bis (2.5) definiert. Die Dichtebestimmung ist in DIN EN ISO 17892-2 (Labormethoden) und DIN 18125-2 (Feldmethoden, siehe auch 5.9.3) geregelt.

5.5.2 Porenanteil und Porenziffer

Der Porenanteil n ist das Verhältnis des Porenvolumens zum gesamten Bodenvolumen und lässt sich an einem Bodenelement mit der Kantenlänge 1 gemäß Abb. 5.2 darstellen.

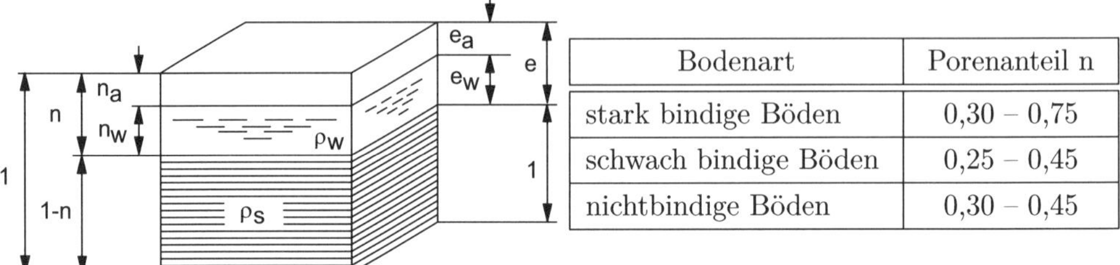

Bodenart	Porenanteil n
stark bindige Böden	0,30 – 0,75
schwach bindige Böden	0,25 – 0,45
nichtbindige Böden	0,30 – 0,45

Abb. 5.2: *Definition von Porenanteil und Porenziffer, nach* v. Soos/Engel (2017)

Im englischen Sprachraum wird anstelle des Porenanteils n die Porenziffer e verwendet. Diese geht ebenfalls aus Abb. 5.2 hervor. Porenanteil und Porenziffer lassen sich aus anderen bekannten Kenngrößen i. Allg. errechnen, siehe 5.5.5. Aufgrund der europäischen Harmonisierung der Normung findet sich in DIN EN ISO 14688-2 ebenfalls nur noch die Porenziffer und nicht mehr der Porenanteil.

5.5.3 Wassergehalt

Der Wassergehalt einer Bodenprobe wird nach DIN EN ISO 17892-1 und DIN 18121-2 bestimmt und wurde bereits in 2.4, Gl. (2.6), definiert. Der Wassergehalt dient zur vergleichenden Bewertung bindiger Böden und ist ein Hilfswert zur Bestimmung der Konsistenz (siehe 5.5.5). Die natürlichen Wassergehalte schwanken in weiten Grenzen und liegen häufig in folgenden Größenordnungen:

erdfeuchter Sand	$w =$ 2 bis 10 %
Schluff	$w =$ 20 bis 30 %
Ton	$w =$ 50 bis 60 %
organische Böden	$w =$ 50 bis 1000 %

5.5.4 Lagerungsdichte

Die Grenzen der Lagerungsdichte nichtbindiger Böden – lockerste Lagerung bzw. dichteste Lagerung – werden durch die in Abb. 5.3 dargestellte Schemazeichnung am Kugelmodell (Körner) erläutert.

Aus den Grenzwerten n_{max} (Porenanteil bei lockerster Lagerung) und n_{min} (Porenanteil bei dichtester Lagerung) ergibt sich die Lagerungsdichte nach Gl. (5.3):

$$D = \frac{n_{max} - n}{n_{max} - n_{min}} = \frac{\rho_d - \min\rho_d}{\max\rho_d - \min\rho_d} \tag{5.3}$$

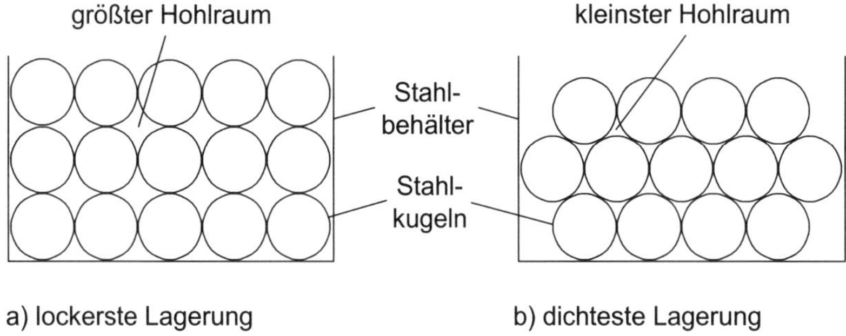

Abb. 5.3: *a) Lockerste und b) dichteste Lagerung am Kugelmodell*

Nach DIN EN ISO 14688-2 wird die bezogene Lagerungsdichte I_D nach Gl. (5.4) verwendet:

$$I_D = \frac{e_{max} - e}{e_{max} - e_{min}} = \frac{\max\rho_d \cdot (\rho_d - \min\rho_d)}{\rho_d \cdot (\max\rho_d - \min\rho_d)} \tag{5.4}$$

Die Zahlenwerte von D und I_D stimmen nur für die Grenzwerte 0 und 1 überein.

Die Umrechnung von D nach I_D bzw. umgekehrt kann mit Gl. (5.5) erfolgen.

$$D = \frac{I_D \cdot (1 + e_{min})}{1 + e} \tag{5.5}$$

Die Dichtebestimmungen bei lockerster und dichtester Lagerung sind in DIN 18126 geregelt.

Die Lagerungsdichte wird – ohne Rücksicht auf Korngrößenverteilung oder Ungleichförmigkeitsgrad des Bodens – wie in Tab. 5.3 angegeben, benannt.

Tab. 5.3: *Benennung der Lagerungsdichten*

Benennung	D [-]	I_D [-]
sehr locker	0 – 0,15	0 – 0,15
locker	0,15 – 0,30	0,15 – 0,35
mitteldicht	0,30 – 0,50	0,35 – 0,65
dicht	0,50 – 0,80	0,65 – 0,85
sehr dicht	> 0,80	> 0,85

5.5.5 Bestimmung der Zustandsgrenzen bindiger Böden

Die Zustandsform bindiger Böden ist vom Wassergehalt abhängig. Seine Verformbarkeit (Plastizität) wird mit abnehmendem Wassergehalt geringer, sein Zusammenhalt (Konsistenz) und seine Festigkeit größer. Die Plastizitätszahl I_P und die Konsistenzzahl I_C dienen der Einordnung eines bindigen Bodens zu seinem Zustand. Dies sind keine physikalischen Größen.

Zur Kennzeichnung dienen die Zustandsgrenzen nach *Atterberg*. Fließgrenze w_L und Ausrollgrenze w_P wurden bereits in 4.3.3 beschrieben und sind in DIN EN ISO 17892-12 definiert. Die Ermittlung der Schrumpfgrenze w_S erfolgt nach DIN 18122-2.

Unter der Schrumpfgrenze w_s wird der Wassergehalt verstanden, von dem ab das Volumen der Probe bei weiterer Austrocknung nicht mehr abnimmt, DIN 18122-2.

Der Gesamtzusammenhang ist in Abb. 5.4 und Tab. 5.4 aufgezeigt.

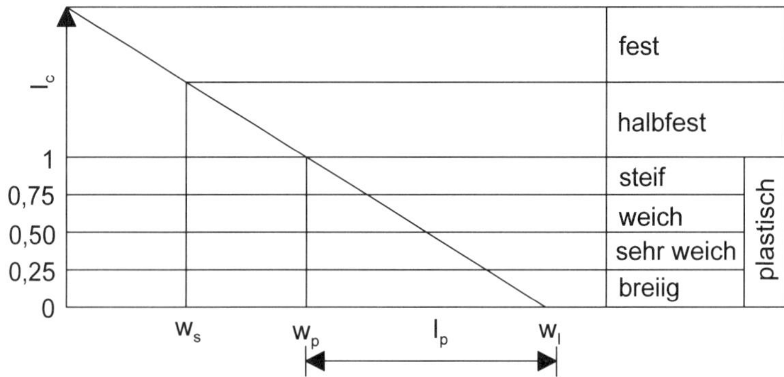

Abb. 5.4: *Zusammenhang zwischen Wassergehalt und Konsistenz*

Tab. 5.4: *Zusammenhang Konsistenzzahl I_C, Benennung und Verhalten des Bodens*

Konsistenzzahl I_C [-]	Benennung [-]	Verhalten des Bodens in der Hand oder im ungestörten Zustand
$< 0{,}00$	flüssig	fließt aus der Hand
0,00 - 0,25	breiig	quilt beim Pressen in der Faust zwischen den Fingern durch
0,25 - 0,50	sehr weich	Faust lässt sich leicht eindrücken
0,50 - 0,75	weich	lässt sich leicht kneten; Daumen lässt sich eindrücken
0,75 - 1,00	steif	schwer knetbar; 3 mm dicke Walzen herstellbar; Daumendruck hinterlässt Spuren
$> 1{,}00$	halbfest	bröckelt und reißt beim Ausrollen; Klumpen formbar; mit Fingernagel kratzbar

Die daraus abgeleiteten Kenngrößen sind (siehe auch 4.3.3):

$$I_P = w_L - w_P \qquad \text{Plastizitätszahl} \tag{5.6}$$

$$I_C = \frac{w_L - w}{I_P} \qquad \text{Konsistenzzahl} \tag{5.7}$$

Aus der Plastizitätszahl I_P und der Fließgrenze w_L können bindige Böden nach dem Plastizitätsdiagramm von *Casagrande* (4.3.2, Abb. 4.1) klassifiziert werden.

5.5.6 Sättigungsgrad

Der Sättigungsgrad (Sättigungszahl) ist definiert durch das Verhältnis des mit Wasser gefüllten Porenanteils n_w zum Gesamtporenanteil n

$$S_r = \frac{n_w}{n} = \frac{e_w}{e} = \frac{w \cdot \rho_s}{e \cdot \rho_w} \tag{5.8}$$

und kann rechnerisch aus bekannten Größen ermittelt werden (siehe auch 5.6).

5.6 Rechnerische Beziehungen zwischen Bodenkenngrößen

In Tab. 5.5 sind die rechnerischen Beziehungen zwischen den Bodenkenngrößen angegeben. Danach lassen sich benötigte Kenngrößen ohne Versuchsaufwand rechnerisch bestimmen, wenn bestimmte andere Kenngrößen bekannt sind.

5.7 Geohydraulische Eigenschaften von Böden

In Kapitel 3 sind die hydromechanischen Grundlagen von Strömungsvorgängen des Wassers im Boden behandelt. Dabei wurde zur Beschreibung der geohydraulischen Eigenschaften der Durchlässigkeitsbeiwert k (wird auch mit k_f bezeichnet) definiert, siehe 3.3.3, Gl. (3.13).

Versuchstechnisch kann der k-Wert im Feld durch Pumpversuche nach DIN 18130-2 oder im Labor an Bodenproben nach DIN EN ISO 17892-11 bestimmt werden. In letzteren Versuchen geht es im Wesentlichen darum, eine Bodenprobe mit einem konstanten oder veränderlichen hydraulischen Gradienten zu durchströmen. Abb. 5.5 zeigt als Beispiel eine Versuchsanordnung.

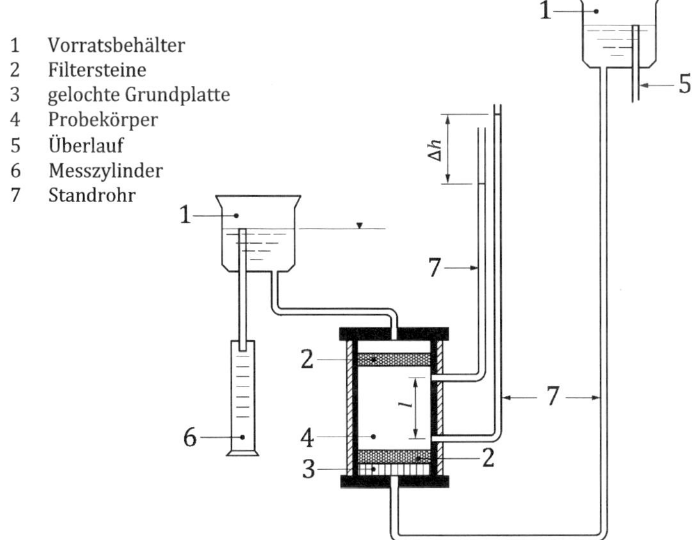

Abb. 5.5: *Beispiel eines Versuchsaufbaus für einen Versuch mit konstanter Druckhöhe in einem zylindrischen Permeameter mit starrer Wand, aus DIN EN ISO 17892-11*

Tab. 5.5: *Rechnerische Beziehungen zwischen Bodenkenngrößen, aus* v. Soos/Engel (2017)

		Vorgegebene Kenngrößen sind ρ_s und ρ_w [a)]			
	bekannt / gesucht	allgemeingültig			
		n	e	ρ_d, w	ρ, w
allgemeingültig	Porenanteil n	n	$\frac{e}{1+e}$	$1-\frac{\rho_d}{\rho_s}$	$1-\frac{\rho}{(1+w)\rho_s}$
	Porenzahl e	$\frac{n}{1-n}$	e	$\frac{\rho_s}{\rho_d}-1$	$(1+w)\frac{\rho_s}{\rho}-1$
	Sättigungszahl S_r	$\frac{n_w}{n}$	$\frac{e_w}{e}$	$\frac{w\rho_d\rho_s}{\rho_w(\rho_s-\rho_d)}$	$\frac{w\rho\rho_s}{\rho_w[(1+w)\rho_s-\rho]}$
	Trockendichte ρ_d	$(1-n)\rho_s$	$\frac{\rho_s}{1+e}$	ρ_d	$\frac{\rho}{1+w}$
	Korndichte ρ_s [b)]	$\frac{\rho_{sat}-n\rho_w}{1-n}$	$\rho_{sat}+e(\rho_{sat}-\rho_w)$	$\frac{\rho_d\rho_w}{\rho_w-w\rho_d}$	$\frac{\rho\rho_w}{\rho-(1+w)(\rho_{sat}-\rho_w)}$
gesättigt	Wassergehalt w	$\frac{n}{1-n}\frac{\rho_w}{\rho_s}$	$e\frac{\rho_w}{\rho_s}$	$\rho_w\left(\frac{1}{\rho_d}-\frac{1}{\rho_s}\right)$	$\rho_w\left(\frac{1+w}{\rho}-\frac{1}{\rho_s}\right)$
	Dichte bei Sättigung ρ_{sat}	$(1-n)\rho_s+n\rho_w$	$\frac{\rho_s+e\rho_w}{1+e}$	$\left(1-\frac{\rho_d}{\rho_s}\right)\rho_w+\rho_d$	$\rho_w+\frac{\rho}{1+w}\left(1-\frac{\rho_w}{\rho_{sat}}\right)$
teilgesättigt	Wassergehalt w	–	–	w	w
	wassergefüllter Porenanteil n_w	–	–	$w\frac{\rho_d}{\rho_w}$	$\frac{w}{1+w}\frac{\rho}{\rho_w}$
	wassergefüllte Porenanzahl e_w	–	–	$w\frac{\rho_s}{\rho_w}$	$w\frac{\rho_s}{\rho_w}$
	Dichte des Bodens ρ	–	–	$(1+w)\rho_d$	ρ

a) Für praktische Berechnungen genügt es $\rho_w = 1{,}0\,g/cm^3$ zu setzen.
b) In dieser Zeile werden statt ρ_s die Kenngrößen ρ_{sat}, ρ_d oder ρ als bekannt vorausgesetzt.
c) Die Formeln dieser Spalte sind nur für den Wassergehalt des gesättigten Bodens $w = w_{sat}$ gültig.

Für nichtbindige Böden in verschiedenen Lagerungsdichten kann der *k*-Wert auch näherungsweise aus der Kornverteilung abgeleitet werden, siehe Anhang A-5.1.

Fortsetzung Tab 5.5

	gesucht \ bekannt	Vorgegebene Kenngrößen sind ρ_s und ρ_w [a]					
		gesättigt ($S_r = 1{,}0, n_a = 0$)		teilgesättigt			
		w [c]	ρ_{sat}	w n_a Luftporenanteil	w	n_w n	e_w e
allgemeingültig	Porenanteil n	$\frac{w_{sat}\rho_s}{w_{sat}\rho_s+\rho_w}$	$\frac{\rho_s-\rho_{sat}}{\rho_s-\rho_w}$	$\frac{w\rho_s+n_a\rho_w}{w\rho_s+\rho_w}$	$\frac{w\rho_s}{w\rho_s+S_r\rho_w}$	n	$\frac{e}{1+e}$
	Porenzahl e	$w_{sat}\frac{\rho_s}{\rho_w}$	$\frac{\rho_s-\rho_{sat}}{\rho_{sat}-\rho_w}$	$\frac{w\rho_s+n_a\rho_w}{(1-n_a)\rho_w}$	$\frac{w\rho_s}{S_r\rho_w}$	$\frac{n}{1-n}$	e
	Sättigungszahl S_r	1	1	$\frac{(1-n_a)w\rho_w}{w\rho_s+n_a\rho_w}$	$\frac{w}{w_{sat}}$	$\frac{n_w}{n}$	$\frac{e_w}{e}$
	Trockendichte ρ_d	$\frac{\rho_w\rho_s}{w_{sat}\rho_s+\rho_w}$	$\frac{\rho_{sat}-\rho_w}{\rho_s-\rho_w}\rho_s$	$\frac{(1-n_a)\rho_s\rho_w}{w\rho_s+\rho_w}$	$\frac{S_r\rho_s\rho_w}{w\rho_s+S_r\rho_w}$	$(1-n)\rho_s$	$\frac{\rho_s}{1+e}$
	Korndichte ρ_S [b]	$\frac{\rho_{sat}\rho_w}{\rho_w-w_{sat}(\rho_{sat}-\rho_w)}$	$\frac{\rho_{sat}\rho_w}{\rho_{sat}-(1+w)(\rho_{sat}-\rho_w)}$	$\frac{\rho\rho_w}{(1+w)(1-n_a)\rho_w-w\rho}$	$\frac{S_r\rho\rho_w}{(1+w)S_r\rho_w-w\rho}$	$\frac{\rho-n_w\rho_w}{1-n}$	$(1+e)\rho-e_w\rho_w$
gesättigt	Wassergehalt w	w	$\frac{\rho_s-\rho_{sat}}{\rho_{sat}-\rho_w}\frac{\rho_w}{\rho_s}$	$w+\frac{n_a(w\rho_s+\rho_w)}{(1-n_a)\rho_s}$	$\frac{w}{S_r}$	$\frac{n}{1-n}\frac{\rho_w}{\rho_s}$	$e\frac{\rho_w}{\rho_s}$
	Dichte bei Sättigung ρ_{sat}	$\frac{(1+w_{sat})\rho_s\rho_w}{w_{sat}\rho_s+\rho_w}$	ρ_{sat}	$\frac{(1+w)(1-n_a)\rho_s\rho_w}{w\cdot\rho_s+\rho_w}+n_a\rho_w$	$\frac{(S_r+w)\rho_s\rho_w}{w\rho_s+S_r\rho_w}$	$(1-n)\rho_s+n\rho_w$	$\frac{\rho_s+e\rho_w}{1+e}$
teilgesättigt	Wassergehalt w	–	–	w	w	$\frac{n_w}{1-n}\frac{\rho_w}{\rho_s}$	$e_w\frac{\rho_w}{\rho_s}$
	wassergefüllter Porenanteil n_w	–	–	$\frac{w\rho_s(1-n_a)}{w\rho_s+\rho_w}$	$\frac{S_r w\rho_s}{w\rho_s+S_r\rho_w}$	n_w	$\frac{e_w}{1+e}$
	wassergefüllter Porenanzahl e_w	–	–	$w\frac{\rho_s}{\rho_w}$	$w\frac{\rho_s}{\rho_w}$	$\frac{n_w}{1-n}$	e_w
	Dichte des Bodens ρ	–	–	$\frac{(1+w)(1-n_a)\rho_s\rho_w}{w\rho_s+\rho_w}$	$\frac{(1+w)S_r\rho_s\rho_w}{w\rho_s+S_r\rho_w}$	$(1-n)\rho_s+n_w\rho$	$\frac{\rho_s+e_w\rho_w}{1+e}$

a) Für praktische Berechnungen genügt es $\rho_w = 1{,}0\,g/cm^3$ zu setzen.
b) In dieser Zeile werden statt ρ_s die Kenngrößen ρ_{sat}, ρ_d oder ρ als bekannt vorausgesetzt.
c) Die Formeln dieser Spalte sind nur für den Wassergehalt des gesättigten Bodens $w = w_{sat}$ gültig.

Erfahrungswerte über die Größenordnung der k-Werte unterschiedlicher Böden enthält Tab. 5.6.

Tab. 5.6: *Durchlässigkeitsbeiwerte unterschiedlicher Böden*

Bodenart	k [m/s]
Sand	10^{-3} bis 10^{-5}
Kies, sandig	10^{-2} bis 10^{-4}
Kies-Sand-Schluffgemische	10^{-5} bis 10^{-7}
Schluff	10^{-6} bis 10^{-9}
Ton	10^{-8} bis 10^{-12}

5.8 Bodenmechanische Kenngrößen zur Festigkeit und Verformung

Als Grundlage für die Nachweise der Tragfähigkeit und Gebrauchstauglichkeit (s. Kapitel 13) werden Bodenkenngrößen zur Baugrundverformung und Festigkeit benötigt, siehe auch Kapitel 8 bis 10.

- *Verformungskenngrößen*
  Es ist in der Bodenmechanik zu unterscheiden zwischen den Kenngrößen Elastizitätsmodul E, Steifemodul E_S, Setzungsmodul E_m, Rechenmodul E^* als Grundlage für Setzungsberechnungen nach Kapitel 7 bis 10 sowie dem Verformungsmodul E_V als Grundlage für die erdbautechnische Qualitätssicherung nach 5.9.5.

- *Kenngrößen zur Festigkeit des Bodens*
  Für Standsicherheitsberechnungen (Tragfähigkeit) und Erddruckberechnungen sind der Reibungswinkel φ und die Kohäsion c erforderlich. Dabei unterscheidet man zwischen den effektiven Scherparametern φ' und c' für Endstandsicherheitsberechnungen und den Scherparametern des undränierten Bodens φ_u und c_u für die Anfangsstandsicherheit, siehe auch 9.2.

5.9 Konventionelle erdbautechnische Prüfverfahren

5.9.1 Allgemeines

Wenn der Boden als Baustoff verwendet wird, wie z. B. im Erdbau für Dammschüttungen, Frostschutzschichten usw., müssen Qualitätsanforderungen eingehalten werden. Diese beziehen sich im Wesentlichen auf das Tragverhalten und auf eine gute Verdichtung des Erdstoffs. Darüber hinaus ist auch die Zusammensetzung der verwendeten Materialien gemäß DIN 18196 von Bedeutung, siehe 4.3.4.

Im Folgenden werden die wichtigsten konventionellen erdbautechnischen Prüfverfahren zur Verdichtung und zum Tragverhalten von abzunehmenden Bodenschichten behandelt. Hinsichtlich der Kornzusammensetzung und der Zustandsform siehe 5.4.1 und 5.5.5. Umfangreiche Hinweise zu den erdbautechnischen Prüfverfahren finden sich auch in *Floss (2011a)*.

In Ergänzung bzw. Erweiterung der konventionellen Prüfverfahren werden in der Erdbaupraxis auch die sogenannte *Flächendeckende Dynamische Verdichtungskontrolle* (FDVK) mit einer flächendeckenden Prüftechnik verwendet, siehe z. B. das Merkblatt *FGSV 547 (2014)*.

Bezüglich der einzuhaltenden Prüfgrößen im Erd-, Straßen- und Eisenbahnbau sowie deren Leistungs- und Aussagefähigkeit, siehe z. B. *ZTV E-StB 17 (2017)* und *Ril 836 (2013)*.

5.9.2 Proctorversuch

Beim Proctorversuch wird die Trockendichte des zu prüfenden Bodens in Abhängigkeit vom Wassergehalt unter einer definierten Verdichtungsarbeit bestimmt. Der Versuch dient der Abschätzung der auf Baustellen erreichbaren Verdichtung eines einzubauenden Bodens und ist der Bezugswert für eine Verdichtungskontrolle, siehe 5.9.5. Das Ergebnis lässt auch erkennen, bei welchen Wassergehalten sich günstig verdichten lässt, um eine bestimmte Verdichtung zu erreichen.

Der Versuch ist in DIN 18127 genormt. Über die Auftragung der Trockendichten für unterschiedliche Wassergehalte wird die Proctordichte ρ_{pr} und der optimale Wassergehalt w_{pr} bestimmt (Abb. 5.6). Der Kurvenverlauf links vom optimalen Wassergehalt wird als trockener und der Kurvenverlauf rechts davon als nasser Ast bezeichnet.

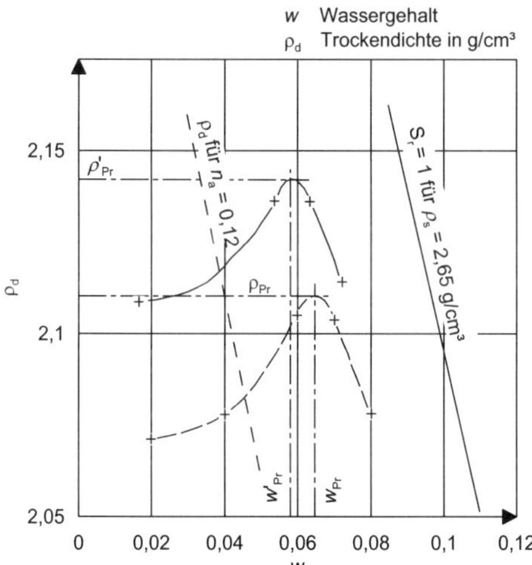

Abb. 5.6: *Ergebnisdarstellung eines Proctorversuchs (ρ_{Pr} und w_{Pr}) sowie ergänzend ein Ergebnis mit Berücksichtigung eines Überkornanteils (ρ'_{Pr} und w'_{Pr}), aus DIN 18127*

Weiterhin kann durch Auftragung der Trockendichte ρ_d bei vollständiger Sättigung $S_r = 1{,}0$ der Luftporengehalt der Probe ermittelt werden. Dieser ergibt sich als horizontaler Abstand der Proctorkuve von der Geraden für $S_r = 1{,}0$.

Für die Trockendichte gilt

$$\rho_d = \frac{\rho_s}{1 + \frac{w \cdot \rho_s}{\rho_w \cdot S_r}} \tag{5.9}$$

und für den Luftporenanteil n_a

$$n_a = 1 - \rho_d \cdot \left(\frac{1}{\rho_s} + \frac{w}{\rho_s} \right) \tag{5.10}$$

Bei grob- und gemischtkörnigen Böden werden die Körner, die größer als 31,5 mm bzw. 63 mm sind, von der Probe abgetrennt. Dieses Überkorn ist dann bei der Auswertung zu berücksichtigen, siehe DIN 18127.

Des Weiteren wird zwischen der Proctordichte ρ_{Pr} und der modifizierten Proctordichte mod.ρ_{Pr} differenziert, die sich bei Verwendung einer volumenbezogenen Verdichtungsarbeit von $W = 0{,}6$ MNm/m^3 bzw. von $W = 2{,}7$ MNm/m^3 ergibt.

Die Größe der Proctordichte ρ_{Pr}, dargestellt durch die Lage der Proctorkurve im $\rho_d - w$ Diagramm, ist eine charakteristische Bodenkenngröße für die Verdichtbarkeit und damit Eignung als Schüttmaterial. Allgemein kann die folgende Eignung angenommen werden:

gute Eignung	$\rho_{Pr} > 2{,}0$
mittlere Eignung	$\rho_{Pr} = 1{,}7$ - $2{,}0$
schlechte Eignung	$\rho_{Pr} < 1{,}7$.

Eine Auswertung der erreichbaren Trockendichten für unterschiedliche Bodenarten ist in Abb. 5.7 zusammengestellt.

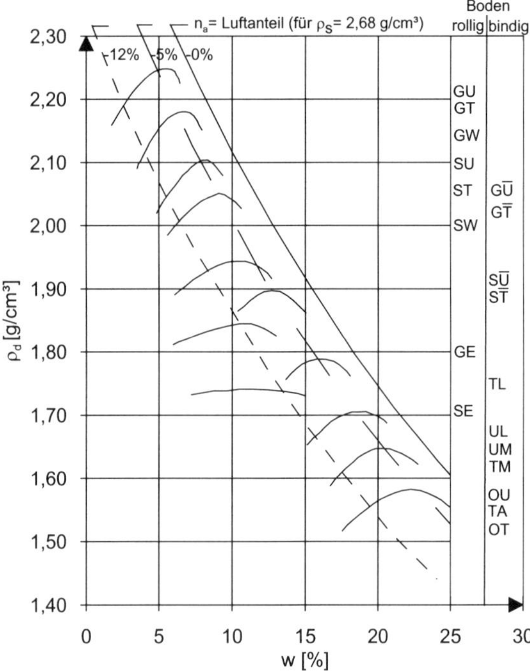

Abb. 5.7: *Zusammenstellung der erreichbaren Proctordichten ρ_{Pr} für unterschiedliche Bodenarten, aus* Türke (1999)

5.9.3 Bestimmung der Trockendichte des Bodens im Feld

Die Bestimmung der Trockendichte des Bodens im Feld als Prüfgröße ist in DIN 18125-2 geregelt. Dabei sind Masse und zugehöriges Volumen des Bodens sowie der Wassergehalt zu bestimmen und die Dichte ρ und die Trockendichte ρ_d zu errechnen:

$$\rho = \frac{m}{V} \tag{5.11}$$

$$\rho_d = \frac{m_d}{V} = \frac{\rho}{1+w} \tag{5.12}$$

Üblich sind das Ausstechzylinderverfahren oder das Ballonverfahren (Abb. 5.8). Des Weiteren kann die Trockendichte auch mit verschiedenen Ersatzverfahren (z. B. Sand-, Gips-

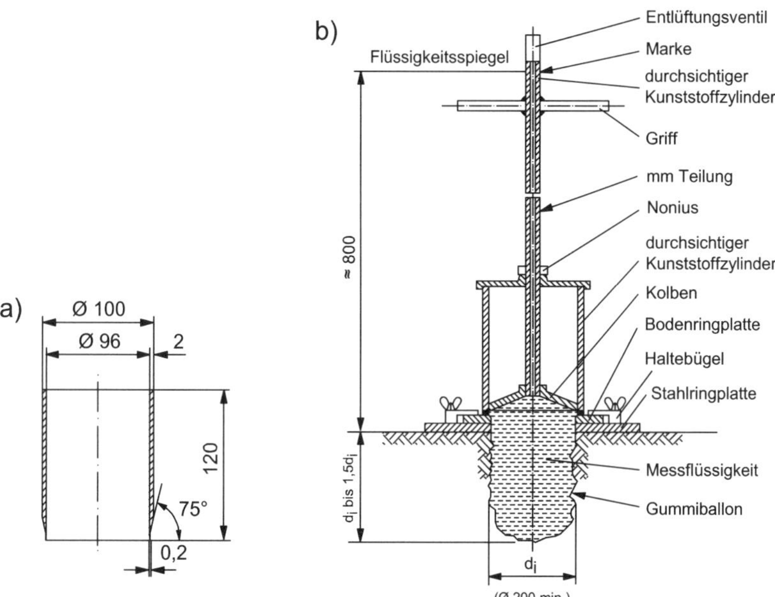

Abb. 5.8: *Dichtebestimmung im Feld:*
a) Ausstechzylinder
b) Ballonverfahren mit Densitometer

oder auch Flüssigkeitsersatzverfahren) bestimmt werden. Ergänzende Hinweise zu diesen Verfahren sind *Melzer et al. (2017)* zu entnehmen.

5.9.4 Verdichtungsgrad D_{Pr}

Die nach den Erdbauvorschriften einzuhaltende Prüfgröße ist der Verdichtungsgrad, der wie folgt definiert ist:

$$D_{pr} = \frac{\rho_d}{\rho_{pr}} \tag{5.13}$$

Häufig geforderte Verdichtungsgrade sind $D_{pr} = 0{,}95$, $D_{pr} = 0{,}97$ oder $D_{pr} = 1{,}0$, siehe z. B. *ZTV E-StB 17 (2017)* und *Ril 836 (2013)*.

5.9.5 Plattendruckversuch

Generell wird der Plattendruckversuch bei Erdarbeiten zur Kontrolle der Tragfähigkeit des Baugrundes eingesetzt. Er kann als statischer oder als dynamischer Plattendruckversuch durchgeführt werden.

Der statische Plattendruckversuch ist in DIN 18134 geregelt. Dabei wird eine auf das Planum aufgelegte kreisförmige Platte stufenweise be- und entlastet. Die auftretenden Setzungen, die sich im Gegensatz zum Kompressionsversuch bei unbehinderter Seitendehnung einstellen können, werden gemessen. Die Auftragung der Setzungen in Abhängigkeit von den aufgebrachten Lasten ergeben die Druck-Setzungslinien, aus deren Neigungen die

Verformungsmoduln E_{v1} (Erstbelastung) und E_{v2} (Wiederbelastung) abgeleitet werden. Der Verformungsmodul lässt Rückschlüsse auf das elastische und plastische Verhalten des Bodens zu und ermöglicht eine Beurteilung der Tragfähigkeit und Verformbarkeit des Bodens. Dabei ist zu berücksichtigen, dass der Tiefeneinflussbereich der Platte etwa das 1,5-fache des Plattendurchmessers beträgt. Die Plattendurchmesser sind 300 (überwiegend), 600 oder 762 mm. Der Kornanteil größer 1/4 des Plattendurchmessers in der zu prüfenden Schicht muss vernachlässigbar klein sein. Die Last wird durch eine hydraulische Presse in Verbindung mit einer Zentriereinrichtung auf die Lastplatte aufgebracht und auf den Boden übertragen. Als Widerlager dient i. d. R. ein beladenes Fahrzeug.

Abb. 5.9 zeigt beispielhaft ein Versuchsergebnis. Die Verformungsmoduln sind die Steigungen der Sekanten an den Erst- und Wiederbelastungskurven. Die Berechnung der Verformungsmoduln kann vereinfacht nach Gl. (5.14) erfolgen.

$$E_v = 1,5 \cdot r \cdot \frac{\Delta\sigma}{\Delta s} \quad \left[\frac{\text{MN}}{\text{m}^2}\right] \tag{5.14}$$

$$\Delta\sigma = 0,7 \cdot \sigma_{1max} - 0,3 \cdot \sigma_{1max}$$

mit σ_{1max}: maximale Spannung der Erstbelastung in [MN/m²]
Δs: Setzungsdifferenz, die zu $\Delta\sigma$ gehört in [mm]
r: Plattenradius in [mm]

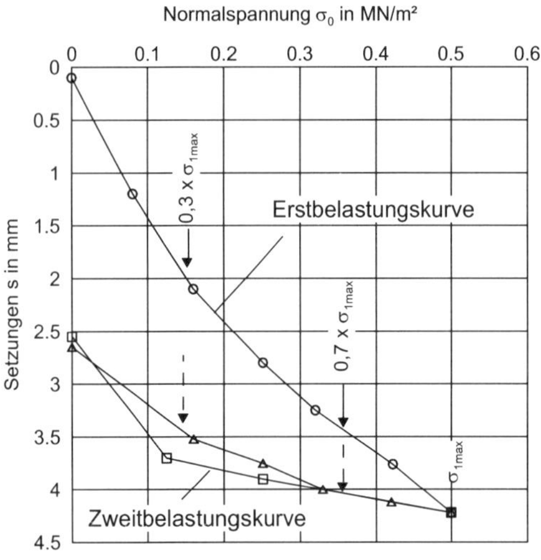

Abb. 5.9: *Druck-Setzungslinie des Plattendruckversuchs*

Der Erstbelastungsmodul E_{v1} wird mit der Erstbelastungskurve, der Wiederbelastungsmodul E_{v2} mit der Zweitbelastungskurve bestimmt. Dazu wird die Spannungsdifferenz $\Delta\sigma$ verwendet, die immer aus der Maximalspannung der Erstbelastung abgeleitet wird. Vereinfachend kann man die zugehörige Setzungsdifferenz Δs aus der zeichnerischen Darstellung der Druck-Setzungslinie ablesen.

Das genauere Berechnungsverfahren nach DIN 18134 gleicht subjektive Einflüsse bei der Auswertung infolge schwankender Messwerte aus. Es wird eine mathematische, die Schwankung ausgleichende, auf den Messwerten basierende Kurve (Polynom 2. Grades) formuliert, die das durchschnittliche Setzungsverhalten am besten beschreibt. Die allgemeine Gleichung für die Setzung s in Abhängigkeit von den Spannungen σ lautet:

$$s = a_0 + a_1 \cdot \sigma + a_2 \cdot \sigma^2 \tag{5.15}$$

Zur Ermittlung der Konstanten a_0, a_1 und a_2 siehe DIN 18134. Sind die Konstanten ermittelt, können die Setzungen nach Gl. (5.15) wie folgt bestimmt werden:

$$s_{(\text{bei } \sigma = 0{,}7\cdot\sigma_{1\text{max}})} = a_0 + a_1 \cdot (0,7 \cdot \sigma_{1\text{max}}) + a_2 \cdot (0,7 \cdot \sigma_{1\text{max}})^2$$
$$s_{(\text{bei } \sigma = 0{,}3\cdot\sigma_{1\text{max}})} = a_0 + a_1 \cdot (0,3 \cdot \sigma_{1\text{max}}) + a_2 \cdot (0,3 \cdot \sigma_{1\text{max}})^2$$

Daraus lässt sich die Setzungsdifferenz Δs berechnen:

$$\Delta \text{s} = s_{(\text{bei } \sigma = 0{,}7\cdot\sigma_{1\text{max}})} - s_{(\text{bei } \sigma = 0{,}3\cdot\sigma_{1\text{max}})} = a_1 \cdot 0,4 \cdot \sigma_{1max} + a_2 \cdot 0,4 \cdot \sigma_{1max}^2$$

Die zugehörige Spannungsdifferenz $\Delta\sigma$ beträgt:

$$\Delta\sigma = 0,7 \cdot \sigma_{1max} - 0,3 \cdot \sigma_{1max} = 0,4 \cdot \sigma_{1max}$$

Setzt man diese Beziehung in die Definition für den Verformungsmodul nach Gl. (5.14) ein, ergibt sich:

$$E_V = 1,5 \cdot r \cdot \frac{\Delta\sigma}{\Delta s} = 1,5 \cdot r \cdot \frac{0,4 \cdot \sigma_{1max}}{a_1 \cdot 0,4 \cdot \sigma_{1max} + a_2 \cdot 0,4 \cdot \sigma_{1max}^2}$$
$$E_V = 1,5 \cdot r \cdot \frac{1}{a_1 + a_2 \cdot \sigma_{1max}} \tag{5.16}$$

Für die Prüfung einer Bodenschicht sind der E_{v2}-Wert und das Verhältnis E_{v2}/E_{v1} von Bedeutung. Die einzuhaltenden E_{v2}-Werte liegen im Erdbau, z. B. *ZTV E-StB 17 (2017)* und *Ril 836 (2013)*, zwischen 45 und 120 MN/m^2. Mit dem Plattendruckversuch kann auch der Bettungsmodul k_s ermittelt werden, der u. a. für die Dimensionierung von Straßen- und Flugplatzbefestigungen benötigt wird. Hierzu wird bei der Versuchsdurchführung die Lastplatte mit einem Durchmesser von 762 mm eingesetzt und die mittlere Normalspannung σ_0 gemessen, die der Setzung s^* der Lastplatte von 1,25 mm entspricht. Der Bettungsmodul k_s ergibt sich nach DIN 18134 zu:

$$k_s = \frac{\sigma_0}{s^*} \quad \left[\frac{\text{MN}}{\text{m}^3}\right] \tag{5.17}$$

Der dynamische Plattendruckversuch ist nicht normativ geregelt, wird jedoch teilweise von Straßenbauverwaltungen in zusätzlichen technischen Vertragsbedingungen wie z. B. der für Erdarbeiten *ZTV E-StB 17 (2017)* anerkannt. Bei dem Versuch wird ein Gewicht auf eine Platte fallengelassen. Die Reaktion des Bodens wird mithilfe eines Beschleunigungssensors in der Lastplatte aufgezeichnet. Als Ergebnis lässt sich der dynamische Verformungsmodul E_{vd} ermitteln. Der Versuch dient vor allem der Eigenkontrolle im Straßen- und Wegebau. Im Vergleich zum zeitlich aufwendigeren statischen Plattendruckversuch streuen die Ergebnisse des dynamischen Plattendruckversuches teilweise erheblich und dürfen keinesfalls mit den Verformungsmoduln E_{v1} oder E_{v2} gleichgesetzt werden. Hier ist zunächst eine Kalibrierung mit statischen Plattendruckversuchen durchzuführen. Weitere Hinweise enthält *FGSV TP BF-StB (2012)*.

5.10 Zahlenbeispiele siehe Anhang B-5.

6 Spannungszustände in der Bodenmechanik

6.1 Allgemeines

Als Grundlage für das Spannungs-Dehnungs-Verhalten des Untergrundes definiert die Bodenmechanik verschiedene Spannungszustände. Dabei ist zu beachten, dass der Boden kein homogenes Kontinuum darstellt, sondern aufgrund seiner Struktur, siehe 2.4, inhomogen ist und ein stark nichtlineares Materialverhalten (Abb. 7.12) aufweist. Für viele praktische Aufgaben in Bodenmechanik und Grundbau ist es aber ausreichend, den Untergrund zunächst näherungsweise als linear-elastischen isotropen Halbraum (Kontinuum) zu behandeln, siehe 6.3 und 8.2.

Im Folgenden sind die in der Bodenmechanik maßgeblichen Spannungszustände und deren Ursachen behandelt. In Kapitel 7 erfolgt dann eine Anbindung an die Elastizitätstheorie der technischen Mechanik bis hin zur Definition von Bruchzuständen (Grenzzuständen) im Boden.

6.2 Definition von totalen, effektiven und Porenwasserdruckspannungen

Das von *Terzaghi (1943)* eingeführte Prinzip der totalen, effektiven und neutralen Spannungen (Porenwasserdruckspannungen) ist die wesentliche Grundlage zum Verständnis der Bodenmechanik.

Der Boden ist nach 2.4 ein Dreiphasensystem bestehend aus Körnern (Feststoff), Wasser und Luft. Körner und Wasser sind im praktisch vorkommenden Spannungsbereich nahezu inkompressibel. Kompression erfolgt nur durch Annähern der Körner zueinander. Dabei kommt es zur Zusammendrückung der Luft und Auspressen des Porenwassers. Das Porenwasser erhält, z. B. infolge einer äußeren auf den Baugrund wirkenden Last, einen lokalen Überdruck und strömt dann in Gebiete niederen Drucks ab. Man nennt dieses Abströmen Konsolidieren; ein Boden in diesem Zustand konsolidiert (Konsolidationstheorie, siehe Kapitel 10).

Bei den Ruhedruckspannungen im Boden (6.3) und den Zusatzspannungen (z. B. infolge Bauwerkslasten nach 8.2) ist zu unterscheiden zwischen den totalen, neutralen und effektiven Spannungsanteilen.

- *Totale Spannungen σ:* Gesamtspannung σ in einer Schnittführung in der Tiefe z. Die totalen Spannungen treten über die gesamte Fläche des betrachteten Elementes auf;

nicht berücksichtigt wird, dass die Berührungsflächen der einzelnen Bodenteilchen nur einen Bruchteil der gesamten Fläche ausmachen.

- *Neutrale Spannungen* u = *Porenwasserdruck:* Der Porenwasserdruck u (teilweise auch als w bezeichnet, z. B. als Wasserdruck auf eine Wand) bei wassergesättigten Böden setzt sich im Allgemeinen aus zwei Anteilen zusammen:

$$u = u_0 \pm \Delta u \tag{6.1}$$

mit

u_0: *hydrostatischer Porenwasserdruck:* dieser stationäre Anteil ermittelt sich bei freiem Grundwasserspiegel aus $u_0 = \gamma_w \cdot z_w$ (Tiefe unter GW-Spiegel) und bei gespanntem Grundwasser aus $u_0 = \gamma_w \cdot h$ (piezometrische Höhe).

Δu: *Porenwasserüber- bzw. -unterdruck:* Dieser instationäre Anteil entsteht als Überdruck (positiv) z. B. durch die o. g. zusätzliche Kompression infolge Oberflächenlasten oder Verdichtungsmaßnahmen usw., als Unterdruck (negativ) z. B. durch Auflockerung (Volumenvergrößerung = Extension) infolge Entlastung und klingt mit der Zeit durch Abströmen des Porenwassers ab. Die Geschwindigkeit dieses Vorganges ist abhängig von der Durchlässigkeit des Bodens (siehe 10).

Der gesamte Porenwasserdruck u kann durch die Steighöhe im Piezometerrohr (Beobachtungsrohr, z. B. Pegel), d. h. als der geodätische Höhenunterschied zwischen der Lage des untersuchten Punktes im Baugrund und der des freien Wasserspiegels im Steigrohr (siehe 3.3), deutlich gemacht werden.

- *Effektive Spannungen* σ' = gedachte mittlere Korn-zu-Kornspannungen: Diese sind definiert als

$$\{\sigma'\} = \{\sigma\} - \{u\} \tag{6.2}$$

Die effektive Spannung setzt sich nach Gl. (6.2) demnach aus der totalen Spannung abzüglich des Porenwasserdruckes zusammen. Dies gilt für alle drei Koordinatenrichtungen.

$$\sigma'_z = \sigma_z - u \tag{6.3a}$$
$$\sigma'_x = \sigma_x - u \tag{6.3b}$$
$$\sigma'_y = \sigma_y - u \tag{6.3c}$$

Für trockenen Boden ($u = 0$) und nach Abschluss der Konsolidation oberhalb des Grundwasserspiegels entsprechen die effektiven Spannungen σ' den totalen Spannungen σ.

6.3 Ruhedruckspannungen im elastisch-isotropen Halbraum – Primärspannungen

Ausgehend von der Idealisierung, dass die Baugrundoberfläche horizontal verläuft und unendlich ausgedehnt ist, wird im Folgenden von einem elastisch-isotropen Halbraum gesprochen, d. h. die Baugrundoberfläche ist die Oberfläche des Halbraums, die mechanischen Eigenschaften des Halbraums (Boden) sind linear-elastisch und isotrop. Diese Modellvorstellungen treffen die wirklichen Verhältnisse (elasto-plastische Baugrundeigenschaften, Anisotropie usw.) nur sehr ungenau, haben sich aber als Rechenvereinfachung für praktische Belange durchgesetzt. Die tatsächlichen Kontaktspannungen im Boden zwischen den Einzelkörnern sind unstetig verteilt und können nicht angegeben werden. Unter dem Begriff der Spannungen im Baugrund wird eine fiktive Spannung in einer Tiefe z bezogen auf eine Baugrundflächeneinheit (nicht Kornkontaktfläche) verstanden. Diese Spannung $\sigma_z(z)$ wird als gleichmäßig verteilt angenommen.

Wird zunächst von einer konstanten Wichte γ ausgegangen, so lassen sich im Halbraum die wirkenden Spannungen (Ruhedruck) gemäß Abb. 6.1 und Gl. (6.4) angeben.

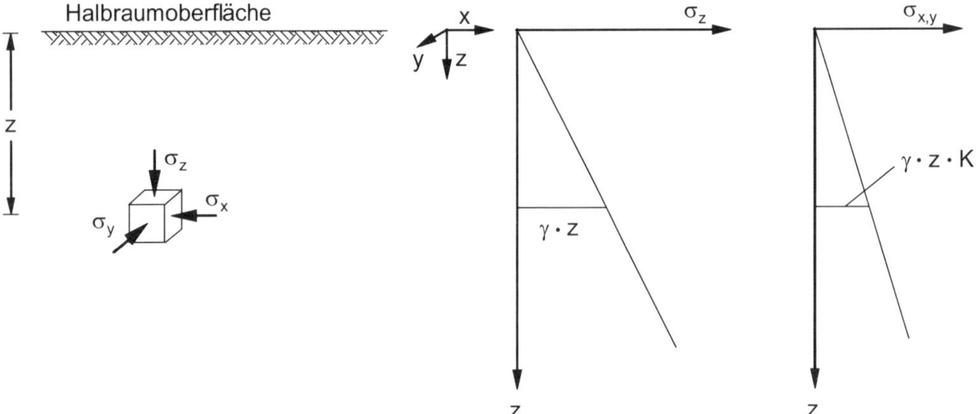

Abb. 6.1: *Ruhedruckspannungen im elastisch-isotropen Halbraum*

$$\sigma_z = \gamma \cdot z \tag{6.4a}$$

$$\sigma_y = \sigma_x = K_0 \cdot \sigma_z \tag{6.4b}$$

$$\epsilon_x = \epsilon_y = \epsilon_z = 0 \qquad \text{Ruhedruckzustand} \tag{6.4c}$$

Mit Gl. (6.4c) kann aus der Elastizitätstheorie (7.1) der Ruhedruckbeiwert K_0 entsprechend Gl. (6.5) berechnet werden.

$$K_0 = \frac{\nu}{1-\nu} \qquad \nu: \text{ Poissonzahl nach 7.1} \tag{6.5}$$

Der Ruhedruckbeiwert gibt den Zusammenhang zwischen der vertikalen Spannung σ_z und den horizontalen Spannungskomponenten σ_x bzw. σ_y an. Für $\nu = 0,5$ ergibt sich aus Gl. (6.5) $K_0 = 1$ (volumenkonstantes bzw. inkompressibles Material), für $\nu = 0,33$ ist $K_0 = 0,5$. Weitere Hinweise zur praktischen Ermittlung des Ruhedruckbeiwertes siehe

12.6.6. Im Folgenden sind die vertikalen Eigengewichtsspannungen σ_z im Baugrund ohne äußere Zusatzlast (siehe 8.2) behandelt. Die zugehörigen horizontalen Spannungskomponenten σ_x und σ_y ergeben sich dabei nach Gl. (6.4a) (Ruhedruck). Im Zusammenhang mit Setzungsberechnungen von Bauwerken (siehe 8.3) werden die vertikalen Eigengewichtsspannungen σ_z auch als Überlagerungsspannungen $\sigma_{ü}$ bezeichnet.

Für trockenen oder erdfeuchten Baugrund ergibt sich die vertikale Eigengewichtsspannung σ_z am Bodenelement nach Abb. 6.2a) mit Gl. (6.6).

$$\sigma_z = \gamma_1 \cdot z_1 + \gamma_2 \cdot z_2 + \gamma_3 \cdot z_3 \tag{6.6a}$$

$$\sigma_z = \Sigma \gamma_i \cdot z_i \tag{6.6b}$$

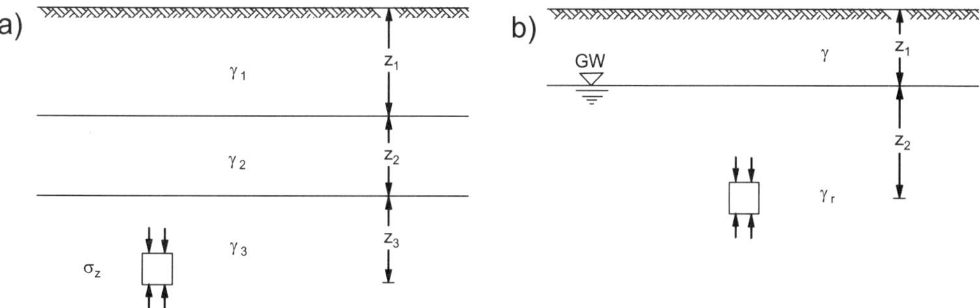

Abb. 6.2: *Ermittlung von Eigengewichtsspannungen a) ohne Grundwasser b) mit Grundwasser*

Bei der Ermittlung der Eigengewichtsspannungen im Baugrund mit Grundwasser ist die Lösung zunächst nicht eindeutig, es sind zwei Arten von Spannungen möglich, siehe Abb. 6.2b).

a) Die totalen Spannungen σ_z durch Schnittführung in der Tiefe z mit

$$\Sigma V = 0 : \sigma_z = \gamma \cdot z_1 + \gamma_r \cdot z_2 \tag{6.7}$$

wobei γ_r: Wichte des wassergesättigten Bodens

b) Die effektiven Spannungen σ'_z nach 6.2 als mittlere Korn-zu-Kornspannung.

Die gesuchte Spannung σ_z lässt sich dabei mit dem Gedankenmodell nach Abb. 6.3 über die Kraft G ermitteln.

$$\sigma'_z = \frac{G}{A} \tag{6.8}$$

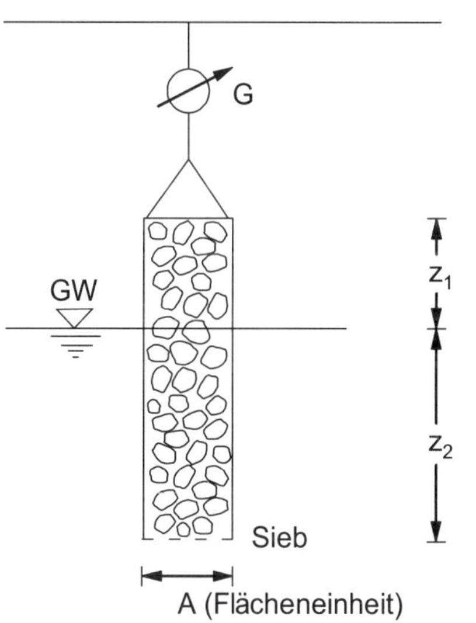

Abb. 6.3: *Gedankenmodell zur Bodenspannung unter Wasser*

Wird das Sieb als Gedankenmodell geschlossen, so ändert sich die Kraft G nicht, es wird jedoch deutlich, dass der Wasserdruck von unten entlastend wirkt.

$$\sigma'_z = \gamma \cdot z_1 + \gamma_r \cdot z_2 - u \tag{6.9}$$

hier $u = u_0 = \gamma_w \cdot z_2$.

Die effektiven Spannungen lassen sich also nach Gl. (6.2) berechnen, indem von den totalen Spannungen der entsprechende Wasserdruck abgezogen wird, sodass unter Berücksichtigung der Gl. (6.9) für die effektiven Spannungen sich wieder

$$\sigma'_z = \sigma_z - u \tag{6.10}$$

ergibt.

Das Wasser trägt sich selbst, zusätzlich erhält jedes Einzelkorn Auftrieb. Durch Umformen folgt

$$\sigma'_z = \gamma \cdot z_1 + (\gamma_r - \gamma_w) \cdot z_2$$

und daraus

$$\sigma'_z = \gamma \cdot z_1 + \gamma' \cdot z_2$$

Damit liegen zwei gleichwertige Methoden vor, die sich in der Aussage nicht unterscheiden, um die effektiven Spannungen zu berechnen. Die Methode nach Gl. (6.10) und die Methode nach der Gl. (6.11)

$$\sigma'_z = \Sigma \gamma_i \cdot z_i \qquad \text{mit } \gamma_i = \gamma'_i \text{ unter GW} \tag{6.11}$$

Die Rechnung mit der schematisch angewandten Formel nach Gl. (6.11) kann für den Fall von mehreren Grundwasserstockwerken jedoch nicht angewendet werden. Dafür muss in γ'_i noch ein stationärer Strömungsdruck berücksichtigt werden (siehe 3.3.2), wobei mit der effektiven Wichte $\gamma^* = \gamma \pm i \cdot \gamma_w$ nach den Gln. (3.11) und (3.12) gerechnet werden muss.

Den Eigengewichts- bzw. Primärspannungszustand im Untergrund bei Vorhandensein von Grundwasser zeigt beispielhaft Abb. 6.4.

Somit ist der Zusammenhang zwischen σ'_x und σ'_z nach Gl. (6.4)

$$\sigma'_x = \sigma_x - u = K_0 \cdot \sigma'_z \tag{6.12}$$

Der Ruhedruckzustand bezieht sich immer auf effektive Spannungen. Für den Primärspannungszustand gilt für horizontale Geländeoberflächen in der Regel

$$\sigma_z = \sigma_1 \text{ und } \sigma_x = \sigma_3 \tag{6.13}$$

mit σ_1: größte Hauptspannung und σ_3: kleinste Hauptspannung, siehe auch 7.1 und 7.2.

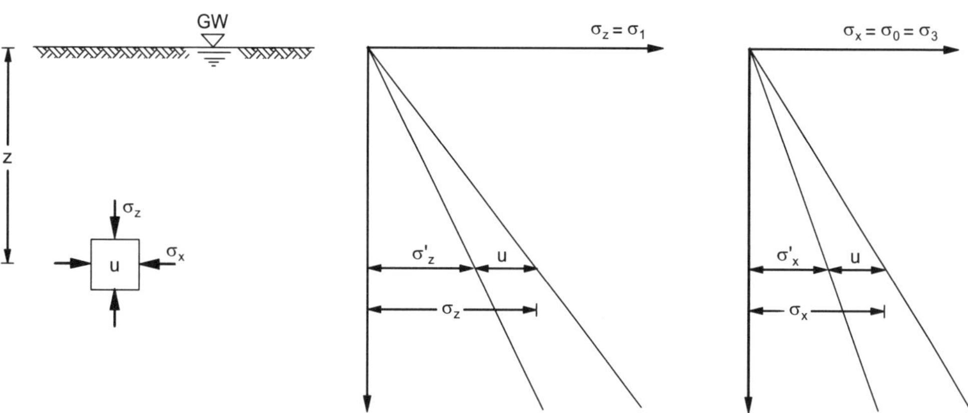

Abb. 6.4: *Totale σ, effektive σ' und Porenwasserdruckspannungen u, hier im Ruhedruckzustand*

6.4 Zahlenbeispiele siehe Anhang B-6.

7 Elastizitätstheorie und Grenzzustände im Boden

7.1 Elastizitätstheorie

Die Grundlagen der Elastizitätstheorie finden sich in der Technischen Mechanik, siehe z. B. *Gross et al. (2014)*. Im Folgenden werden die wichtigsten Ergebnisse noch mal zusammengestellt.

Wird ein Würfelelement aus einem zusammenhängenden elastischen Medium (Kontinuum) entsprechend Abb. 7.1 herausgeschnitten, so wirken an den Schnittufern die dargestellten Normal- und Schubspannungen.

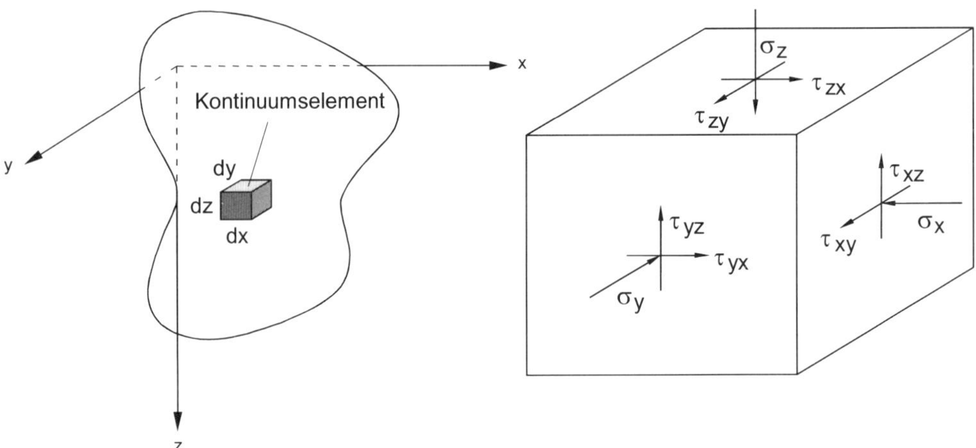

Abb. 7.1: *Koordinatenspannungen am Kontinuumselement*

Die Komponenten der Koordinatenspannungen lassen sich als Matrix (Spannungstensor) entsprechend Gl. (7.1) darstellen.

$$S = \begin{bmatrix} \sigma_x & \tau_{xy} & \tau_{xz} \\ \tau_{yx} & \sigma_y & \tau_{yz} \\ \tau_{zx} & \tau_{zy} & \sigma_z \end{bmatrix} \tag{7.1}$$

Unter Ansatz der Gleichgewichts- und Verträglichkeitsbedingungen und Annahme eines linear-elastisch isotropen Stoffverhaltens lässt sich daraus eine Matrizengleichung ableiten, die den Zusammenhang zwischen den Verzerrungs- (Dehnungen ε, Gleitungen γ) und den Spannungskomponenten beschreibt.

$$\{\varepsilon\} = [C] \cdot \{\sigma\} \tag{7.2}$$

Dabei ist die dreidimensionale elastisch-isotrope Nachgiebigkeitsmatrix

$$[C] = \begin{bmatrix} \frac{1}{E} & -\frac{\nu}{E} & -\frac{\nu}{E} & 0 & 0 & 0 \\ -\frac{\nu}{E} & \frac{1}{E} & -\frac{\nu}{E} & 0 & 0 & 0 \\ -\frac{\nu}{E} & -\frac{\nu}{E} & \frac{1}{E} & 0 & 0 & 0 \\ 0 & 0 & 0 & \frac{2(1+\nu)}{E} & 0 & 0 \\ 0 & 0 & 0 & 0 & \frac{2(1+\nu)}{E} & 0 \\ 0 & 0 & 0 & 0 & 0 & \frac{2(1+\nu)}{E} \end{bmatrix} \tag{7.3}$$

Ausgeschrieben ergibt das

$$\varepsilon_x = \frac{\sigma_x}{E} - \frac{\nu}{E} \cdot (\sigma_y + \sigma_z)\,; \; \varepsilon_y = \frac{\sigma_y}{E} - \frac{\nu}{E} \cdot (\sigma_z + \sigma_x); \; \varepsilon_z = \frac{\sigma_z}{E} - \frac{\nu}{E} \cdot (\sigma_x + \sigma_y) \tag{7.4}$$

$$\gamma_{xy} = \frac{2 \cdot (1+\nu)}{E} \cdot \tau_{xy}\,; \; \gamma_{yz} = \frac{2 \cdot (1+\nu)}{E} \cdot \tau_{yz}\,; \; \gamma_{zx} = \frac{2 \cdot (1+\nu)}{E} \cdot \tau_{zx}$$

Die Gl. (7.2) lässt sich mit der „Stoffmatrix“ $[D] = [C]^{-1}$ beschreiben zu

$$\{\sigma\} = [D] \cdot \{\varepsilon\} \tag{7.5}$$

Die elastischen Stoffkenngrößen sind darin

- Elastizitätsmodul E (*Young*scher Modul), z. B.:

  Beton: $E = 30\,500$ MN/m^2 (C 25/30)

  Stahl: $E = 210\,000$ MN/m^2

  Böden etwa $E \approx 1$ bis 100 MN/m^2 (Steifemodul E_s siehe 8.3.1 und 9.1)

- Querdehnzahl (Querkontraktionszahl, Poissonzahl): $\nu = \varepsilon_{quer}/\varepsilon_{längs}$, z. B.:

  Beton: $\nu = 0{,}2$

  Stahl: $\nu = 0{,}3$

  volumenkonstantes Material: $\nu = 0{,}5$

  behinderte Seitendehnung: $\nu = 0$

Die Gl. (7.3) lässt sich auch mit zwei anderen elastischen Kenngrößen darstellen, siehe *Love (1944)*. Diese Kenngrößen sind

- Kompressionsmodul K
- Schubmodul G

Zwischen den Kenngrößen bestehen die Zusammenhänge nach Gl. (7.6), die besonders für numerische Berechnungsverfahren nach Kapitel 16, z. B. Methode der finiten Elemente von Bedeutung sind.

$$K = \frac{E}{3(1-2\nu)}\,;\; G = \frac{E}{2(1+\nu)}\,;\; E = \frac{9 \cdot G \cdot K}{3 \cdot K + G}\,;\; \nu = \frac{3 \cdot K - 2 \cdot G}{6 \cdot K + 2 \cdot G} \tag{7.6}$$

Ausgehend von dem Tensor der Koordinatenspannungen in Gl. (7.1) lassen sich von einem solchen Spannungszustand im Raum 3 orthogonale Flächen finden (Anschauung: durch Drehung des Würfels im Raum), an dem keine Schubspannungskomponenten wirken, sondern nur noch Normalspannungen vorhanden sind. Diese Normalspannungen werden dann als Hauptspannungen bezeichnet, wobei σ_1 die größte, σ_2 die mittlere und σ_3 die kleinste Hauptspannung darstellt. Sonderfälle des dreidimensionalen Spannungszustandes können der *Ebene Verformungs- (Verzerrungs-) zustand* nach Abb. 7.2a oder der *Ebene Spannungszustand* nach Abb. 7.2b sein.

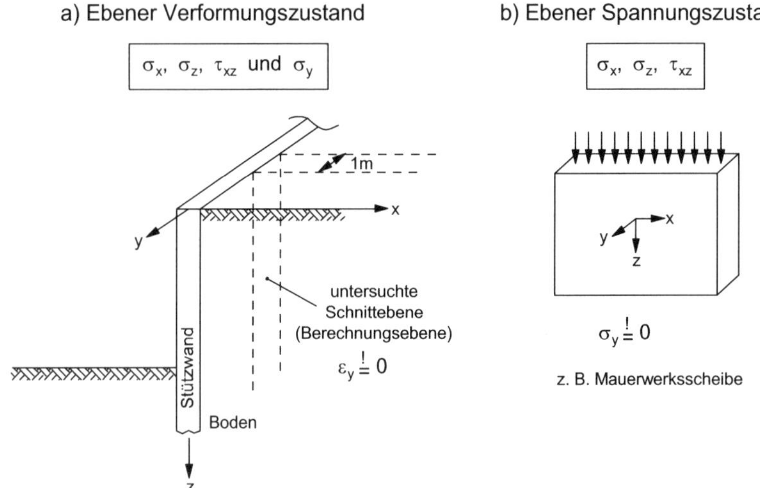

Abb. 7.2: *Ebener Verformungs- und ebener Spannungszustand*

Unter der Annahme des ebenen Verformungszustandes mit

$$\varepsilon_y = \gamma_{yx} = \gamma_{yz} = 0$$

führt dies für isotrope und homogene Materialien zu

$$\tau_{yx} = \tau_{xy} = 0\,;\; \tau_{yz} = \tau_{zy} = 0\,;\; \sigma_y \neq 0$$

sodass es genügt, vom Spannungstensor S nach Gl. (7.1) nur den ebenen (planaren) Anteil

$$S = \begin{bmatrix} \sigma_x & \tau_{xz} \\ \tau_{zx} & \sigma_z \end{bmatrix} \tag{7.7}$$

zu betrachten. Die Normalspannung $\sigma_y \neq 0$ wird dabei gesondert betrachtet. Ebenso führt unter Annahme des ebenen Spannungszustandes

$$\sigma_y = \tau_{yx} = \tau_{xy} = 0$$

dies für isotrope, homogene Materialien zu

$$\gamma_{yx} = \gamma_{yz} = 0\,; \;\; \varepsilon_y \neq 0$$

Bei Berechnungsaufgaben im Baugrund ist häufig näherungsweise der ebene Verformungszustand nach Abb. 7.2a vorhanden.

7.2 *Mohr*'sche Darstellung der Spannungen

Wird aus dem Volumenelement nach Abb. 7.1 nur eine Schnittebene betrachtet, hier z. B. x-z-Ebene, und wird entsprechend Abb. 7.3 eine dreieckförmige Bodenscheibe angenommen, so ist von Bedeutung, welche mathematischen Beziehungen zwischen den Koordinatenspannungen und der Normalspannung σ sowie der Schubspannung τ auf der betrachteten Ebene a-b wirken.

In der Boden- und Felsmechanik wird entgegen der allgemein üblichen Vorgehensweise Druckspannung als positiv angenommen. Die Vorzeichenvereinbarung für die Schubspannungen sind in Abb. 7.3 eingetragen.

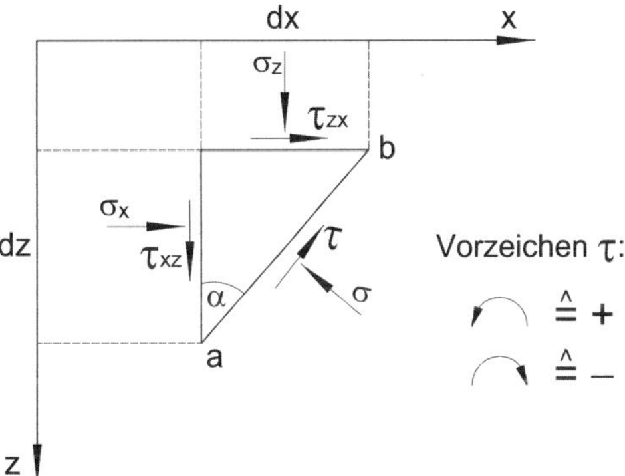

Abb. 7.3: *Spannungen an Schnittebenen beim ebenen Verformungszustand*

Unter Ansatz der Gleichgewichtsbedingungen $\Sigma H = 0$, $\Sigma V = 0$ sowie mehrerer Umformungen ergibt sich für die gesuchten Größen σ und τ:

$$\sigma = \frac{\sigma_x + \sigma_z}{2} + \frac{\sigma_x - \sigma_z}{2} \cdot \cos 2\alpha + \tau_{xz} \cdot \sin 2\alpha \tag{7.8a}$$

$$\tau = -\frac{\sigma_x - \sigma_z}{2} \cdot \sin 2\alpha + \tau_{xz} \cdot \cos 2\alpha \tag{7.8b}$$

Soll nun der Winkel α gesucht werden, für den auf der Ebene a-b eine Hauptspannung eintritt, dann ist in Gl. (7.8b) $\tau = 0$ zu setzen und es ergibt sich

$$\tan 2\alpha = \frac{2\tau_{xz}}{\sigma_x - \sigma_z} \tag{7.9}$$

Aus den Gln. (7.8a) und (7.9) ergeben sich dann nach Gl. (7.10) die beiden Hauptspannungen σ_1 und σ_3.

$$\sigma_{1,3} = \frac{\sigma_x + \sigma_z}{2} \pm \sqrt{\left(\frac{\sigma_x - \sigma_z}{2}\right)^2 + \tau_{xz}^2} \tag{7.10}$$

Für den Fall, dass in Abb. 7.3 das Koordinatensystem parallel zu den Richtungen der Hauptspannungen σ_1 und σ_3 gewählt wird, ergeben sich aus den Gleichgewichtsbedingungen analog zu Gl. (7.8) für die Spannungen auf die Ebene a-b:

$$\sigma = \frac{\sigma_1 + \sigma_3}{2} + \frac{\sigma_1 - \sigma_3}{2} \cdot \cos 2\alpha\,; \quad \tau = \frac{\sigma_1 - \sigma_3}{2} \cdot \sin 2\alpha \tag{7.11}$$

Mit den Abkürzungen

$$\sigma_M = \frac{\sigma_1 + \sigma_3}{2} = p\,; \quad R = \frac{\sigma_1 - \sigma_3}{2} = q \tag{7.12}$$

ergibt sich aus der Gl. (7.11) bei Elimination von α die Kreisgleichung

$$(\sigma - \sigma_M)^2 + \tau^2 = R^2 \tag{7.13}$$

die nach *Mohr (1882)* entsprechend Abb. 7.4 grafisch dargestellt werden kann.

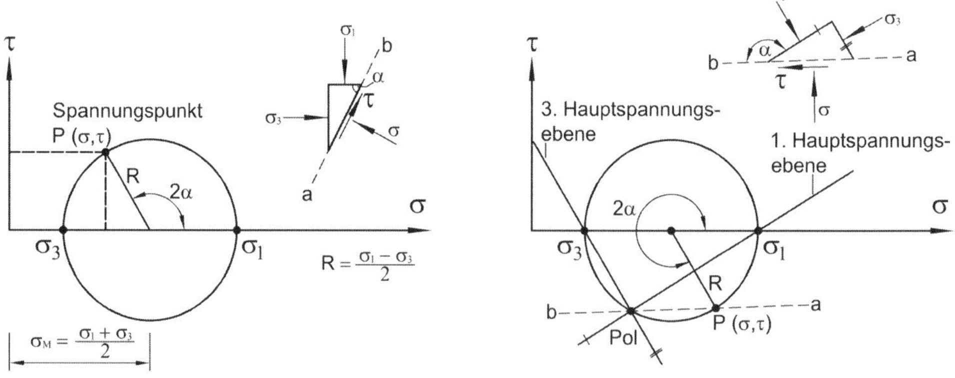

Abb. 7.4: *Beispiel von Spannungszuständen in der Mohr'schen Darstellung*

In Abb. 7.5 sind ausgewählte Spannungszustände dargestellt, die z. B. im Untergrund bei bestimmten Belastungsrandbedingungen eintreten können.

Zur Beschreibung von zeitlich hintereinanderliegenden Beanspruchungen eines Elements wird in der Boden- und Felsmechanik häufig auch eine Darstellung in Form von Spannungspfaden im p-q-Koordinatensystem nach *Lambe/Whitman (1969)* verwendet (siehe Gl. (7.12) und Abb. 7.6). Ausgehend von einem Spannungszustand σ_1, σ_3 sind die in Abb. 7.7 gezeigten Spannungspfadrichtungen infolge eines zusätzlichen Spannungsinkrements $\Delta\sigma_i$ möglich.

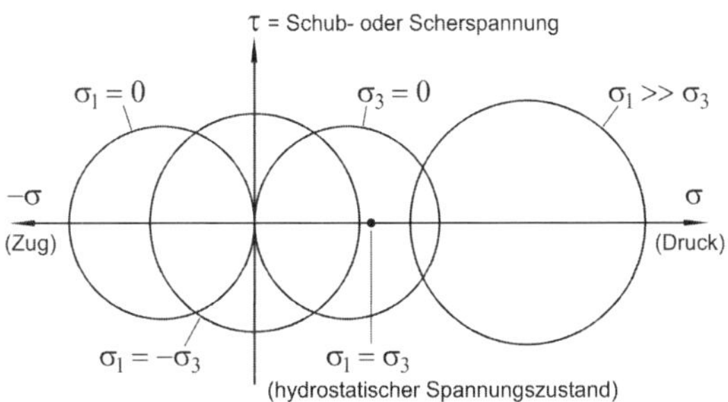

Abb. 7.5: *Ausgewählte Spannungszustände in der Mohr'schen Darstellung*

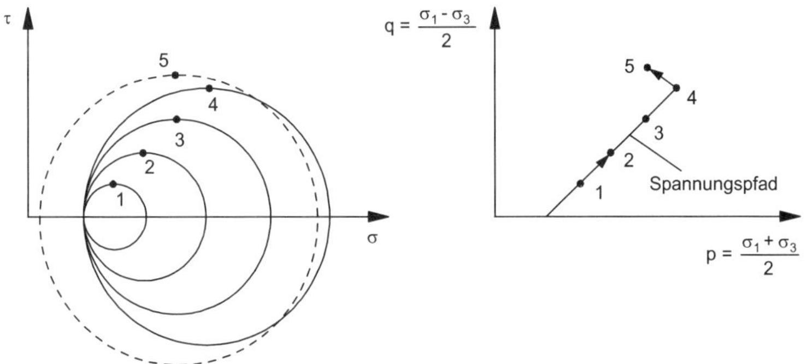

Abb. 7.6: *a) Mohr'sche Darstellung und b) Spannungspfaddarstellung für zeitlich hintereinanderliegende Beanspruchungszustände von Bodenelementen*

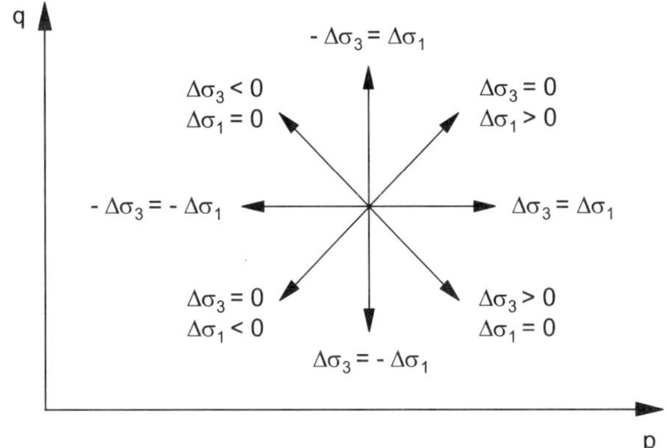

Abb. 7.7: *Deutung von Spannungspfaden, nach* v. Soos/Engel (2017)

Betrachtet man nun den Spannungszustand an einem Bodenelement entsprechend Abb. 7.8 bei einer Transformation auf die unter α geneigten Fläche, so gilt

$$\sigma_1 = \sigma_1' + u\,; \;\; \sigma_3 = \sigma_3' + u\,; \;\; \sigma_\alpha = \sigma_\alpha' + u \tag{7.14}$$

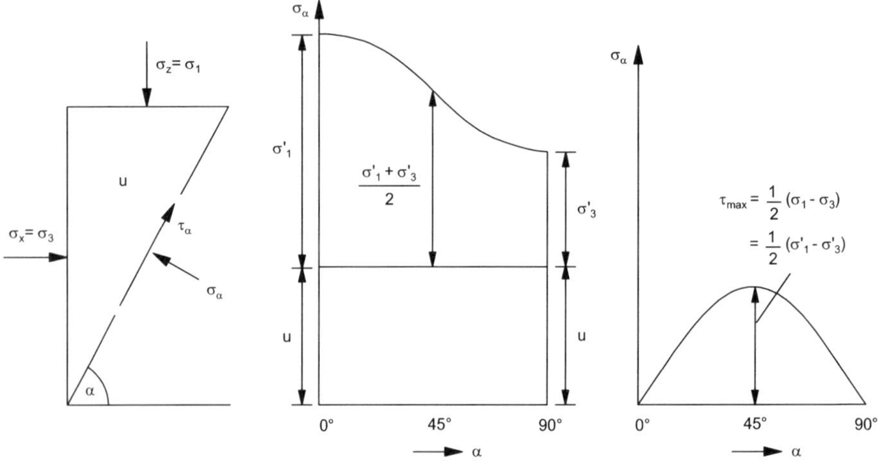

Abb. 7.8: *Spannungen in der unter α geneigten Ebene im Boden unter Berücksichtigung des Porenwasserdrucks u, nach* Lang et al. (2011)

Da Wasser nahezu keine Schubspannungen überträgt ist demgegenüber

$$\tau_\alpha = \tau_\alpha' \tag{7.15}$$

Aus den Darstellungen der Abb. 7.8 und 7.9 geht auch hervor, dass nur die effektiven Spannungen (also mittlere Korn-zu-Kornspannungen) Reibung übertragen können und damit Scherfestigkeit im Boden vorhanden ist, siehe auch 7.3.

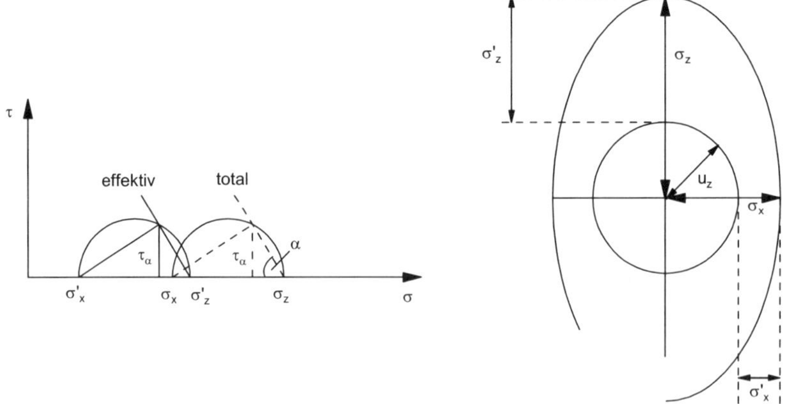

Abb. 7.9: *Darstellung von totalen, effektiven Spannungen und Porenwasserdrücken im Mohr'schen Spannungskreis und in der Spannungsellipse, nach* Lang et al. (2011)

7.3 Grenzzustände (Bruchzustände)

Die Elastizitätstheorie setzt voraus, dass das betrachtete Kontinuum, z. B. Boden, ausreichend weit von einem Bruchzustand entfernt ist. Dies ist auch Voraussetzung für die Berechnung von Verformungen (Setzungen) im Baugrund (Gebrauchszustand), siehe Abb. 7.12.

Boden und Fels (mit Trennflächen) sind im Gegensatz z. B. zu Stahl sehr empfindlich gegen Zug- und Scherbeanspruchungen. Druckspannungen können gut aufgenommen werden, d. h., der hydrostatische Spannungszustand ($\sigma_1 = \sigma_3$) kann vom Baugrund am besten aufgenommen werden (nur Kompression) (Abb. 7.10a). Wachsen auf ein Bodenelement hingegen die Schub-(Scher-)spannungen nach Abb. 7.6a bzw. die Deviatorspannungen nach Abb. 7.6b an, so kann dieser Spannungszuwachs irgendwann nicht mehr aufgenommen werden. Der Boden gerät in den *Bruchzustand.* Man spricht auch von Grenzzuständen (Abb. 7.10b). Die in Abb. 7.10b schematisch dargestellte Scherfuge wird auch als Gleitfuge, Gleitfläche oder Bruchfläche bezeichnet.

Es gibt nun Spannungszustände, die gerade die Bruchbedingung erfüllen (Abb. 7.11a), sodass diese Spannungskreise durch eine einhüllende Kurve dargestellt werden können.

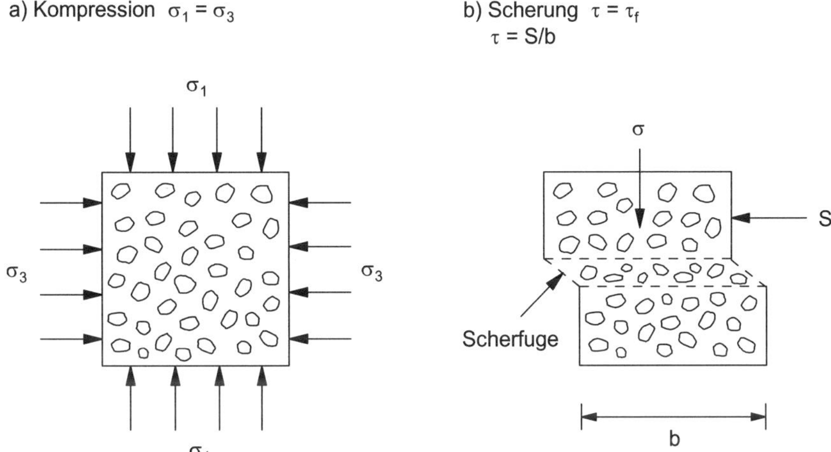

Abb. 7.10: *Beanspruchungsarten einer Bodenprobe*

Wird die Hüllkurve nach Abb. 7.11a durch eine Gerade linearisiert, so lässt sich daraus eine Geradengleichung nach Abb. 7.11b formulieren, die als *Mohr-Coulomb'sche Bruchbedingung* bezeichnet wird, siehe Gl. (7.16).

$$\tau_f = \sigma' \cdot \tan\varphi' + c' \tag{7.16}$$

mit

$\sigma' \cdot \tan\varphi'$:	Reibungsanteil
φ':	effektiver Reibungswinkel
c':	effektive Kohäsion

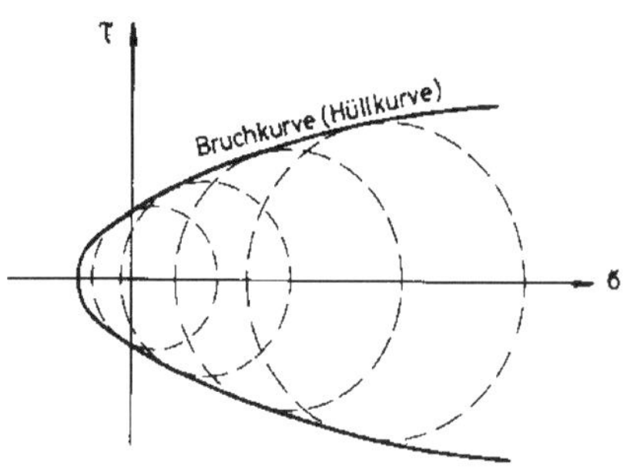

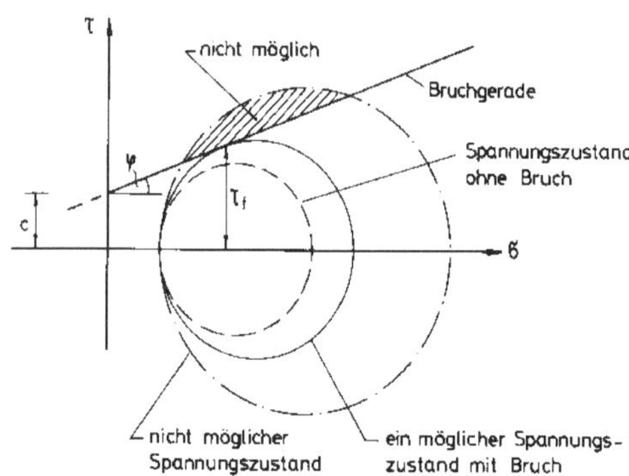

Abb. 7.11: *Bruchbedingung und Zustände im Boden*

Der Reibungsanteil ist abhängig von der effektiven Normalspannung zwischen den Körnern. Der Kohäsionsanteil ist davon unabhängig und abhängig von Faktoren wie Wassergehalt, molekularen Anziehungskräften, Bodenstrukturabhängigkeit usw.

Das typische Spannungs-Dehnungs-(Stauchungs-) Verhalten eines Bodens zeigt schematisch Abb. 7.12.

Daraus geht hervor, dass der Boden nach Erreichen von Spannungszuständen, die die Bruchbedingung nach Gl. (7.16) erfüllen, keine zusätzlichen Spannungen mehr aufnehmen kann, sondern sich diesen Spannungen durch plastische Dehnungen (Stauchungen, Setzungen) entzieht.

Dieser Vorgang lässt sich auch durch die Plastizitätstheorie beschreiben.

Es muss aber einschränkend darauf hingewiesen werden, dass eine allgemeine mechanische Formulierung des Stoffverhaltens von Boden oder Fels nach wie vor nur eingeschränkt möglich ist. Eine Übersicht der verfügbaren Stoffgesetze ist in *Kolymbas/Herle (2017)* gegeben.

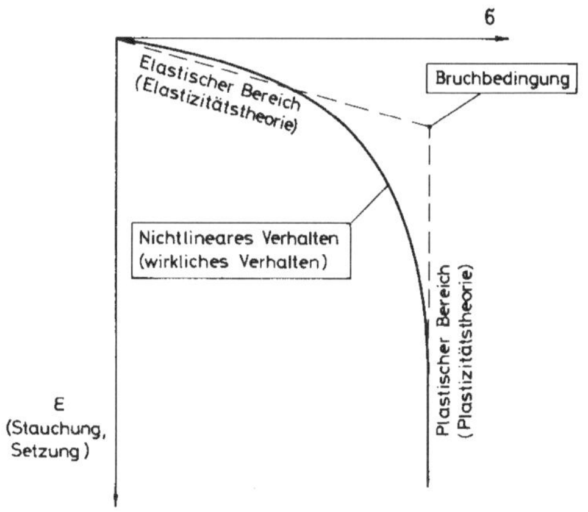

Abb. 7.12: *Spannungs-Dehnungs-(Stauchungs-) Verhalten eines Bodens (idealisiert)*

Für die Berechnung von Bruchzuständen in der Boden- und Felsmechanik wird häufig die Gl. (7.16) zugrunde gelegt, die für baupraktische Fälle hinreichend genaue Ergebnisse liefert.

In Abb. 7.13 und Gl. (7.17) ist die *Mohr-Coulomb*'sche Bruchbedingung (Fließgrenze) nach Gl. (7.16) unter Zuhilfenahme von Hauptspannungen (ebener Verformungszustand) formuliert.

$$\text{Bruchbedingung für nichtbindige Böden:} \sin\varphi = \frac{\sigma_{1f} - \sigma_{3f}}{\sigma_{1f} + \sigma_{3f}} \tag{7.17a}$$

$$\text{Bruchbedingung für bindige Böden:} \sin\varphi = \frac{\frac{\sigma_{1f}-\sigma_{3f}}{2}}{c \cdot \cot\varphi + \frac{\sigma_{1f}+\sigma_{3f}}{2}} \tag{7.17b}$$

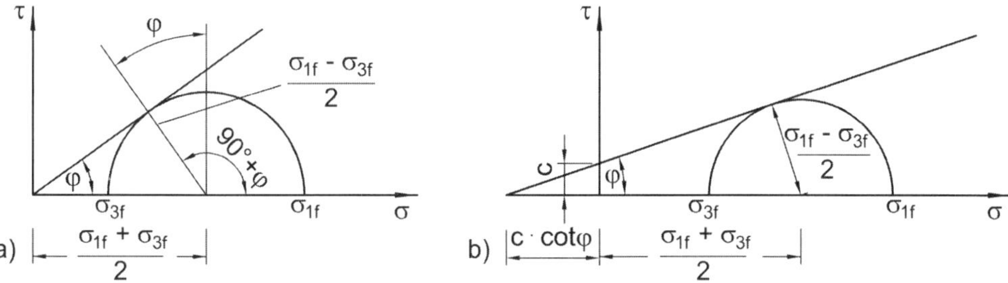

Abb. 7.13: *Mohr-Coulomb'sche Bruchbedingung definiert mit Hauptspannungen für a) nichtbindige Böden und b) bindige Böden*

7.4 Grenzzustände der Gebrauchstauglichkeit und Tragfähigkeit

Die in 7.1 bis 7.3 dargestellten Spannungszustände werden in der Bodenmechanik und im Grundbau dazu verwendet, um z. B. Baugrundverformungen unter Bauwerken (Setzungsberechnungen nach 8.3) oder die Tragfähigkeit von Fundamenten (z. B. Grundbruchnachweis nach 17.7.3, Band 2) auszuführen. Man spricht bezüglich dieser oder weiterer Nachweise bei Grundbauwerken von den Nachweisen im Grenzzustand der Gebrauchstauglichkeit und Tragfähigkeit, siehe auch Kapitel 13.

Bruchzustände im Boden werden z. B. auch beim aktiven und passiven Erddruck (siehe auch Kapitel 12) zugrunde gelegt.

7.5 Zahlenbeispiele siehe Anhang B-7.

8 Zusatzspannungen und Setzungsberechnungen

8.1 Modellvorstellungen

Als Grundlage für praktische Spannungs- und Setzungsberechnungen (z. B. auch für die Bemessung eines Gründungskörpers) und damit Untersuchung des Verformungsverhaltens des Baugrunds unter einer Zusatzlast (z. B. Bauwerkslast), wird von dem Modell des elastisch-isotropen Halbraums ausgegangen.

Der vorhandene dreidimensionale Raum wird dabei in zwei Teile geteilt, da sonst der Baugrund keine endlichen und begrenzten Abmessungen aufweisen würde. Der obere ist leer (Luft) und der untere (Baugrund) ein vollelastisches und homogenes, gewichtsloses Medium mit isotropen Eigenschaften.

Diese gravierenden Vereinfachungen gegenüber den tatsächlichen Verhältnissen sind notwendig, um die Elastizitätstheorie auf die zu lösende Fragestellung mit vertretbarem Aufwand anwenden zu können.

8.2 Ermittlung von Zusatzspannungen aus Bauwerkslasten

Ausgehend von einer Einzellast auf der Halbraumoberfläche hat *Boussinesq* im Jahr 1884 Formeln abgeleitet, die die Spannungsausbreitung im Untergrund beschreiben. Modifizierungen dieser Ansätze wurden von *Fröhlich (1934)* durchgeführt. Die Ableitungen und weitere Hinweise können z. B. *Kézdi (1969)* und *Poulos (2001)* entnommen werden.

Durch Integration der Einflüsse mehrerer Einzellasten lassen sich Formeln für beliebige Belastungen der Halbraumoberfläche angeben.

Die Abb. 8.1 bis 8.3 erläutern die bei der Spannungsausbreitung im Untergrund zugrunde liegenden Modellvorstellungen.

Nachfolgend sind die wichtigsten Formeln und Diagramme für die Berechnung von Zusatzspannungen zusammengestellt. In den Spannungsformeln nach Gl. (8.1) bis (8.4) ist n der Konzentrationsfaktor nach *Fröhlich (1934)*, der die Form der Isobaren beeinflusst. *Fröhlich (1934)* gibt für stark bindige Böden $n = 3$ und für nichtbindige Böden etwa $n = 5$ bis 7 an. Es haben sich aber die nachfolgend empfohlenen Werte für den Konzentrationsfaktor n zunehmend durchgesetzt:

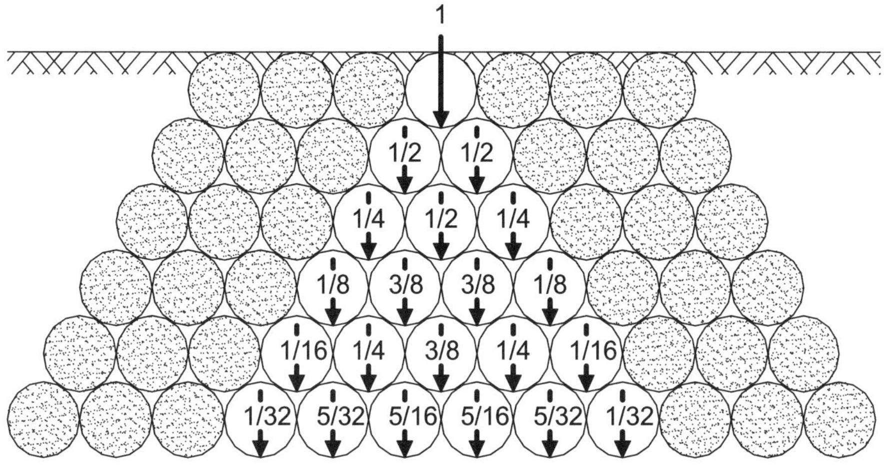

Abb. 8.1: *Abtragung einer Einzellast im Kugelmodell*

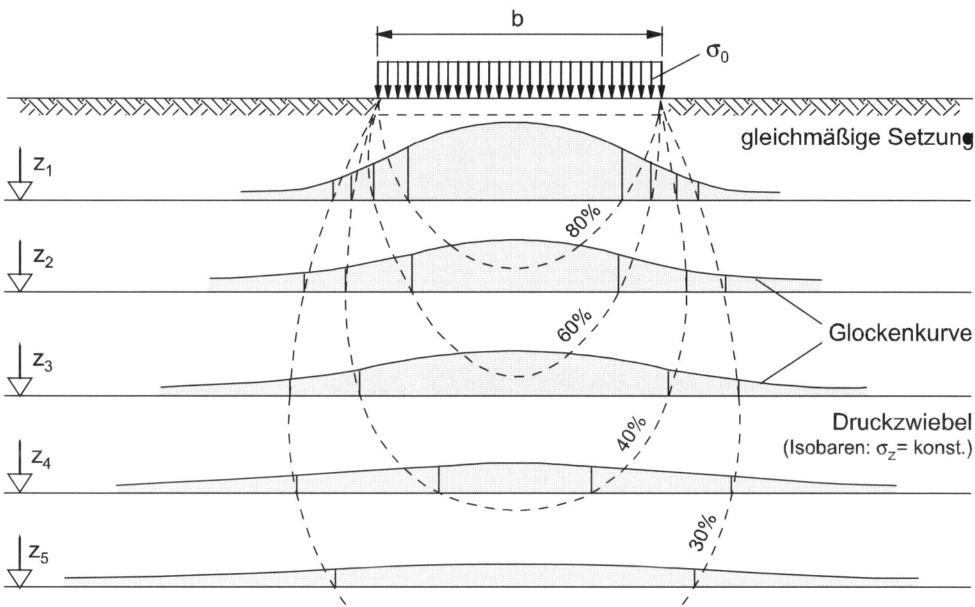

Abb. 8.2: *Linien gleicher Vertikalspannungen σ_z und Vertikalspannungen in waagerechten Ebenen*

- Wenn die Baugrundsteifigkeit nach allen Richtungen gleich ist (isotroper Fall), kann $n = 3$ angesetzt werden. Das ist annähernd bei vorbelasteten (überkonsolidierten) bindigen Böden der Fall.
- Bei allen anderen Fällen kann näherungsweise $n = 4$ angenommen werden. Dies entspricht einer mit der Tiefe linear zunehmenden Baugrundsteifigkeit.

Für $n = 3$ stimmen die Formeln von *Fröhlich* mit den Lösungen von *Boussinesq* überein.

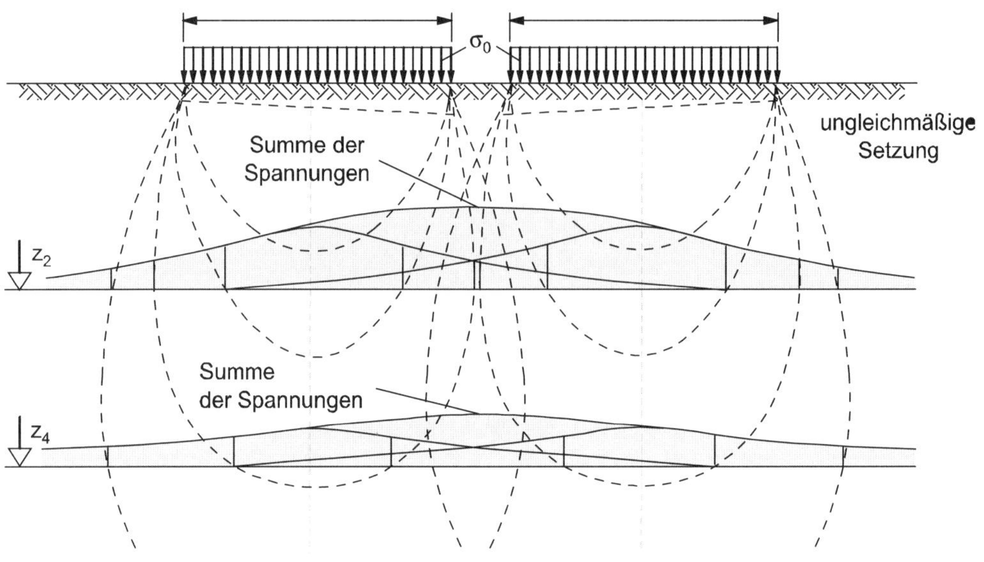

Abb. 8.3: *Gegenseitige Beeinflussung (Überlagerung) von Lastflächen*

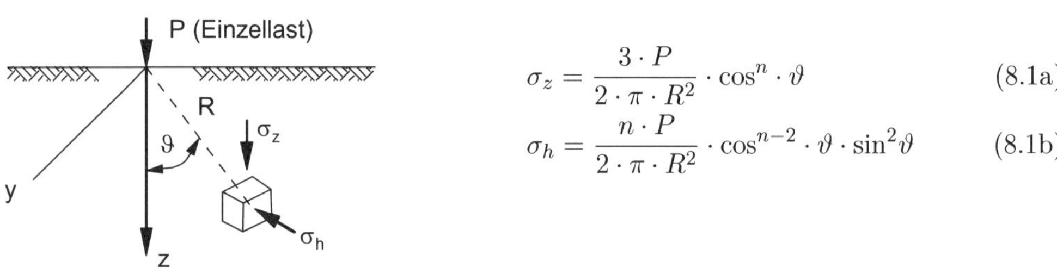

$$\sigma_z = \frac{3 \cdot P}{2 \cdot \pi \cdot R^2} \cdot \cos^n \cdot \vartheta \qquad (8.1a)$$

$$\sigma_h = \frac{n \cdot P}{2 \cdot \pi \cdot R^2} \cdot \cos^{n-2} \cdot \vartheta \cdot \sin^2\vartheta \qquad (8.1b)$$

(räumliche Darstellung)

(nachfolgend ebene Darstellung)

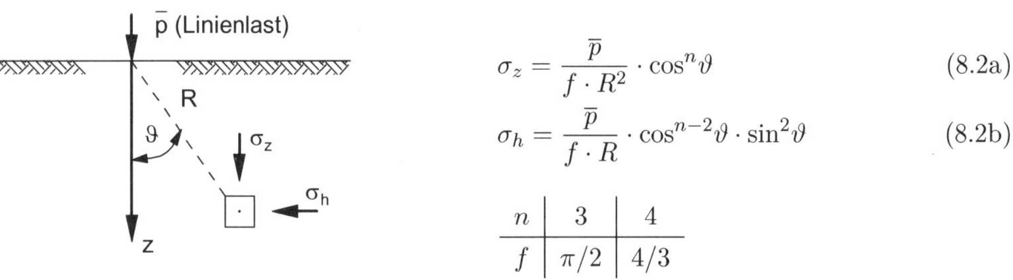

$$\sigma_z = \frac{\overline{p}}{f \cdot R^2} \cdot \cos^n\vartheta \qquad (8.2a)$$

$$\sigma_h = \frac{\overline{p}}{f \cdot R} \cdot \cos^{n-2}\vartheta \cdot \sin^2\vartheta \qquad (8.2b)$$

n	3	4
f	$\pi/2$	$4/3$

Abb. 8.4 *Teil 1: Spannungsformeln (Näherungslösungen) für unterschiedliche Lasten nach* Fröhlich (1934)

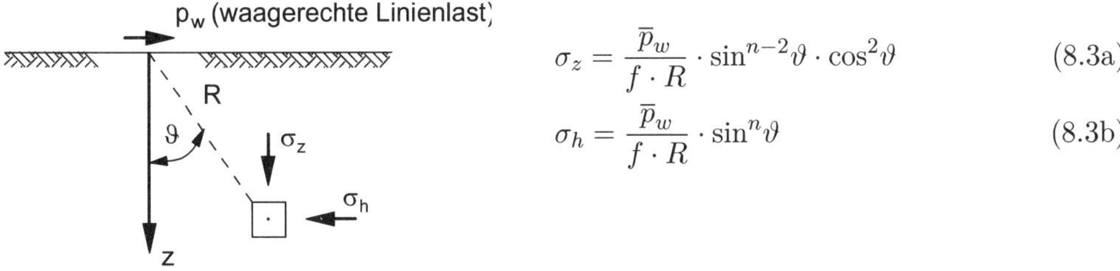

$$\sigma_z = \frac{\overline{p}_w}{f \cdot R} \cdot \sin^{n-2}\vartheta \cdot \cos^2\vartheta \tag{8.3a}$$

$$\sigma_h = \frac{\overline{p}_w}{f \cdot R} \cdot \sin^n\vartheta \tag{8.3b}$$

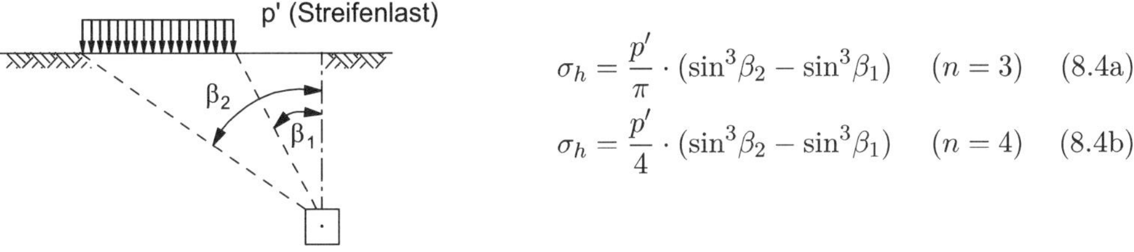

$$\sigma_h = \frac{p'}{\pi} \cdot (\sin^3\beta_2 - \sin^3\beta_1) \quad (n = 3) \tag{8.4a}$$

$$\sigma_h = \frac{p'}{4} \cdot (\sin^3\beta_2 - \sin^3\beta_1) \quad (n = 4) \tag{8.4b}$$

Abb. 8.4: *Teil 2: Spannungsformeln (Näherungslösungen) für unterschiedliche Lasten nach* Fröhlich (1934)

Bei den nachfolgenden Formeln und Nomogrammen zum Verlauf der die Halbraumoberfläche belastenden Zusatzspannung über die Tiefe z wird die „schlaffe“ Last auf die Halbraumoberfläche (Zusatzspannung) mit unterschiedlichen Abkürzungen bezeichnet. Dies ist historisch begründet und wurde nachfolgend nicht bereinigt.

Folgende Abkürzungen finden sich in der Literatur:

$$\sigma_{z0} = \sigma_0 = p = q \tag{8.5}$$

Dabei werden für die Spannungsgrößen nach Gl. (8.5) auch unterschiedliche Begriffe in der Literatur wie „Bodenpressung“, „Sohlspannungen“, „vertikale Sohldruckbeanspruchung“ (*Handbuch Eurocode 7-1*) oder „lotrechte effektive Zusatzspannung in der Tiefe z = 0“ nach DIN 4019 (Setzungsberechnungen) verwendet. Im *Handbuch Eurocode 7-1 (2015)* sind diese Größen im Zusammenhang mit dem vereinfachten Nachweis für Regelfälle (siehe auch 17.11, Band 2) nach Gl. (8.5) wie folgt bezeichnet:

$\sigma_{E,d}$: Bemessungswert der Sohldruckspannung (8.6a)

$\sigma_{R,d}$: Bemessungswert des Sohldruckwiderstandes (8.6b)

Weiterhin sind bei der aktuellen Normung in der Geotechnik, siehe z. B. *EAB (2012)*, die Spannungen bzw. Belastungen neben Stützbauwerken oder Baugrubenwänden mit p aus ständigen und q aus veränderlichen Einwirkungen festgelegt worden.

Anmerkung: Insofern sind nachfolgend die nicht bereinigten Abkürzungen aus dem Sinnzusammenhang anzuwenden.

Unabhängig von den nicht vereinheitlichten Abkürzungen sind für die Spannungs- und Setzungsberechnungen im Baugrund nach DIN 4019 immer charakteristische Zusatzspannungen zu verwenden.

Für die Ermittlung der Spannung σ_z in der Tiefe z unter dem Eckpunkt einer rechteckförmigen, „schlaffen“ Belastung q lautet die häufig angewendete Spannungsformel nach *Steinbrenner (1934)*:

$$\sigma_z = \frac{\sigma_{z0}}{2\pi} \cdot \left[\arctan \frac{a \cdot b}{z \cdot \sqrt{a^2+b^2+z^2}} + \frac{a \cdot b \cdot z}{\sqrt{a^2+b^2+z^2}} \cdot \left(\frac{1}{a^2+z^2} + \frac{1}{b^2+z^2} \right) \right] \quad (8.7)$$

$$\sigma_z = \sigma_{z0} \cdot i_R \quad \text{mit} \quad i_R = f\left(\frac{z}{b}, \frac{a}{b}\right) \quad (8.8)$$

Vereinfacht kann die Spannung σ_z in der Tiefe z unter dem Eckpunkt der Belastung auch durch Ablesung über den Spannungseinflussbeiwert i_R aus dem Nomogramm in Abb. 8.5 ermittelt werden.

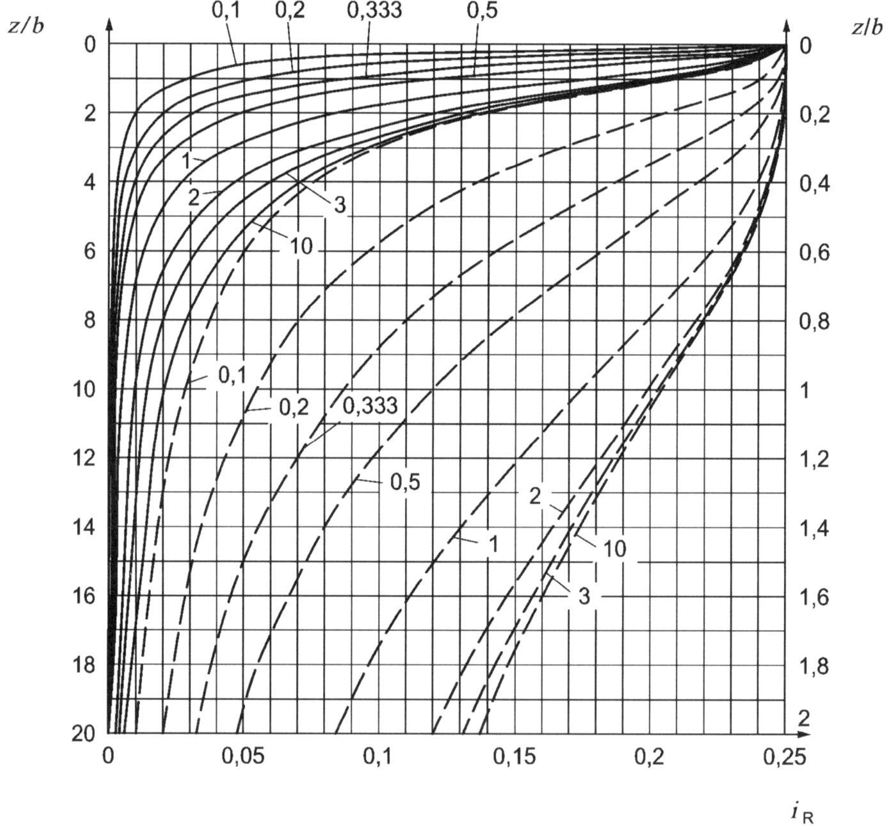

Abb. 8.5: *Spannungseinflussbeiwert i_R nach Steinbrenner zur Ermittlung der Spannungen unter dem Eckpunkt einer gleichförmigen, lotrechten Rechtecklast für verschiedene Werte a/b, aus DIN 4019 (Anmerkung: Die linke Ordinate ist für die durchgezogenen Linien, die rechte Ordinate für die gestrichelten Linien zu benutzen.)*

Auch Spannungen σ_z innerhalb oder außerhalb der schlaffen Belastung σ_{z0} können mithilfe des Ansatzes von *Steinbrenner* ermittelt werden. Hierfür ist eine Lastflächenaufteilung in Unterflächen vorzunehmen und die einzelnen Ergebnisse zu *superpositionieren.* z. B. ergibt sich nach Abb. 8.6 die Spannung unterhalb des Punktes S durch Superposition der Teilflächen 1, 2 und 3 bzw. durch Superposition der Teilflächen 1 minus 2.

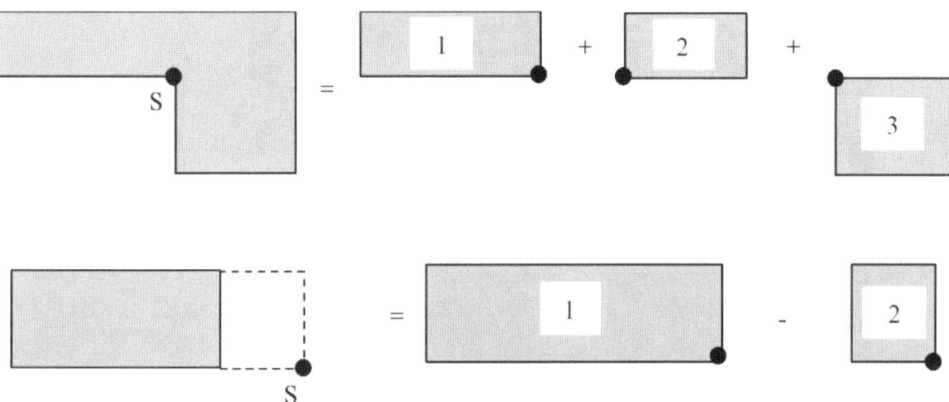

Abb. 8.6: *Lastflächenaufteilung zur Anwendung von Abb. 8.5 auf unterschiedliche Punkte S unter bzw. neben der Lastfläche*

Als *kennzeichnender Punkt* wird der Ort einer Grundrissfläche bezeichnet, in dem die gleichmäßigen Setzungen eines starren Fundamentes (starre Lastfläche) mit denen des vollkommen schlaffen Fundamentes (schlaffe Lastfläche) übereinstimmen, siehe Abb. 8.7b und 8.12. Die lotrechten Spannungen σ_z in der Tiefe z unterhalb des kennzeichnenden Punktes können nach Gl. (8.9) oder vereinfacht mithilfe des Nomogramms von *Kany (1974)* ermittelt werden (Abb. 8.7).

$$\sigma_z = \frac{\sigma_{z0}}{2\pi} \cdot \sum_{n=1}^{n=4} \left[\arctan \frac{a_n \cdot b_n}{z \cdot \sqrt{a_n^2 + b_n^2 + z^2}} + \frac{a_n \cdot b_n \cdot z}{\sqrt{a_n^2 + b_n^2 + z^2}} \cdot \left(\frac{1}{a_n^2 + z^2} + \frac{1}{b_n^2 + z^2} \right) \right] \tag{8.9}$$

$$\sigma_z = \sigma_{z0} \cdot i_k \text{ mit } i_k = f\left(\frac{z}{b}, \frac{a}{b}\right) \tag{8.10}$$

Sohldruckverteilungen für starre und schlaffe Lasten unter Fundamenten siehe Kapitel 17 und *DIN-Fachbericht 130.* Für kreisförmige sowie dreieckförmige auf rechteckiger Grundfläche schlaffe Lastflächen können die Nomogramme nach Abb. 8.8 bis 8.10 verwendet werden. Weitere Spannungsformeln finden sich z. B. in *DIN-Fachbericht 130.*

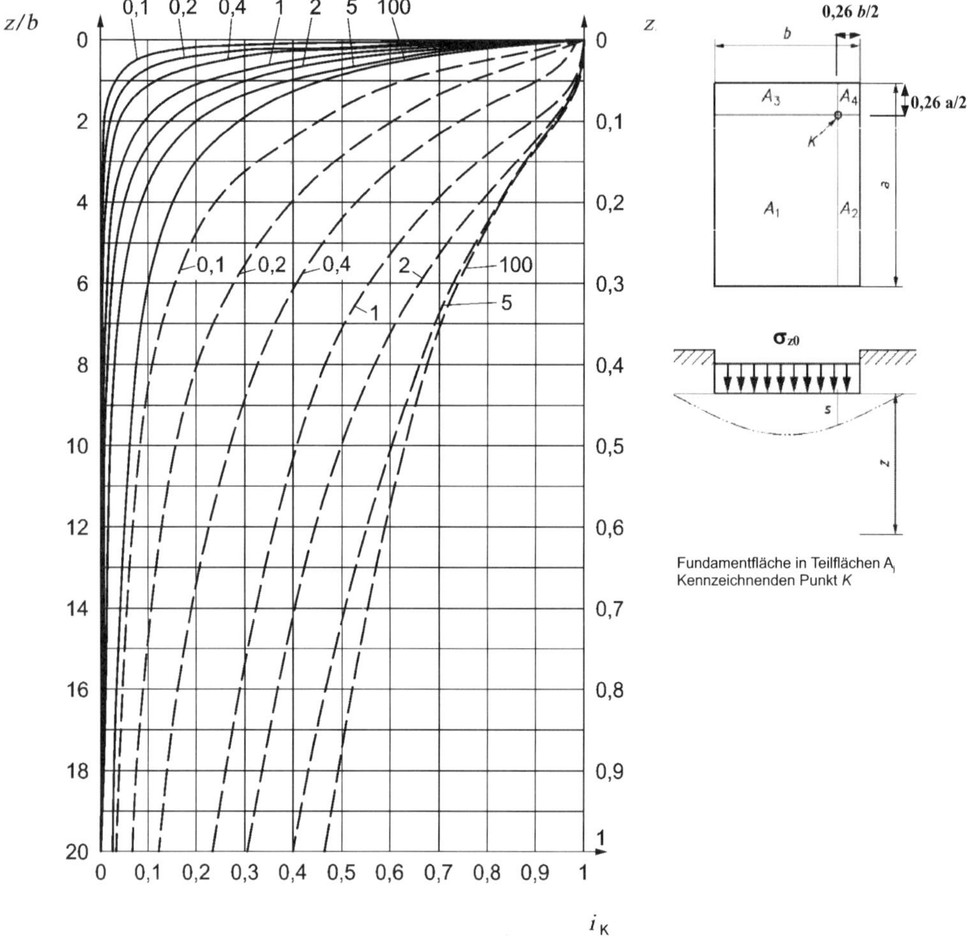

Abb. 8.7: *Spannungseinflussbeiwert i_k für den kennzeichnenden Punkt K eines rechteckförmigen, starren oder schlaffen Fundamentes nach* Kany (1974), *aus DIN 4019 (Anmerkung: Die linke Ordinate ist für die durchgezogenen Linien, die rechte Ordinate für die gestrichelten Linien zu benutzen.)*

8.3 Verfahren zur Setzungsberechnung

8.3.1 Grundlagen

Setzungsberechnungen dienen neben dem Grundbruchnachweis (siehe Band 2, Kapitel 17) der Ermittlung von zulässigen aufnehmbaren charakteristischen Sohldruckbeanspruchungen der Fundamente bzw. weisen die Verträglichkeit der Verformungen unter einem Bauwerk im Gebrauchszustand (SLS) nach. Zu den Gebrauchstauglichkeitsnachweisen von Flachgründungen siehe auch *Handbuch Eurocode 7-1 (2015)* und *Kempfert/Fischer (2009)*.

Die Ergebnisse von Setzungsberechnungen können von dem wirklichen Verhalten der Gründung erheblich abweichen, weil die Vorabbestimmung des Zusammendrückungsverhaltens eines Baugrundes aufgrund der vorhandenen Inhomogenitäten bzw. der versuchsmäßigen

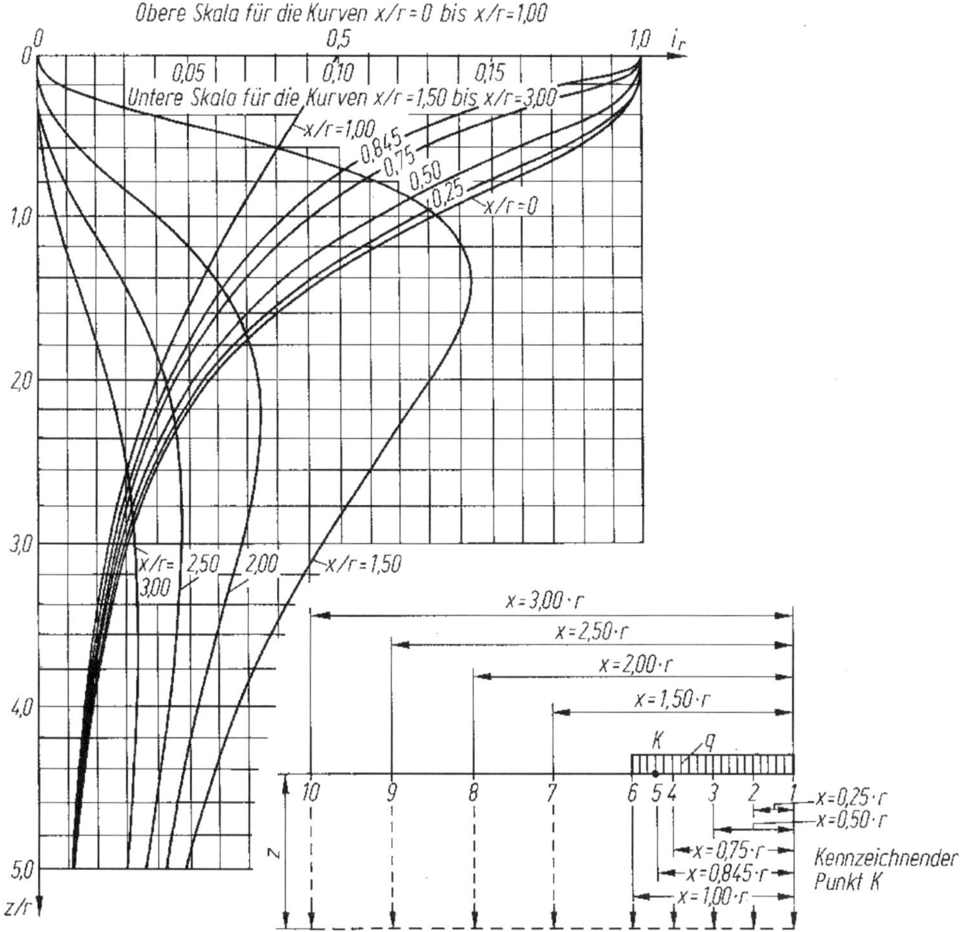

Abb. 8.8: *Spannungseinflussbeiwerte i_r zur Ermittlung von σ_z in der Tiefe z für verschiedene Punkte x/r und den kennzeichnenden Punkt K unterhalb eines kreisförmigen schlaffen Fundamentes (kreisförmigen Flächenlast q), aus* Graßhoff (1954)

Unzulänglichkeiten schwierig ist. Die Ergebnisse der Berechnung können somit nur als Anhaltswerte der zu erwartenden Größenordnungen der Setzungen aufgefasst werden.

Setzungsberechnungen sind in DIN 4019 geregelt. Ergänzungen finden sich auch in *DIN-Fachbericht 130* und *EVB (1993)*. Bezüglich der Sicherheitsnachweise im Grundbau und den damit verbundenen Anforderungen an die Setzungsberechnung von Bauwerken siehe Kapitel 13. Es handelt sich hierbei um den Nachweis im Grenzzustand der Gebrauchstauglichkeit (SLS).

Im Zusammenhang mit Setzungsberechnungen sind folgende Punkte zu beachten.

a) Rechenmodul E^*

Für die Berechnung von Verformungen und hier speziell von Setzungen des Baugrundes unter einer Last nach der Elastizitätstheorie ist der Elastizitätsmodul erforderlich.

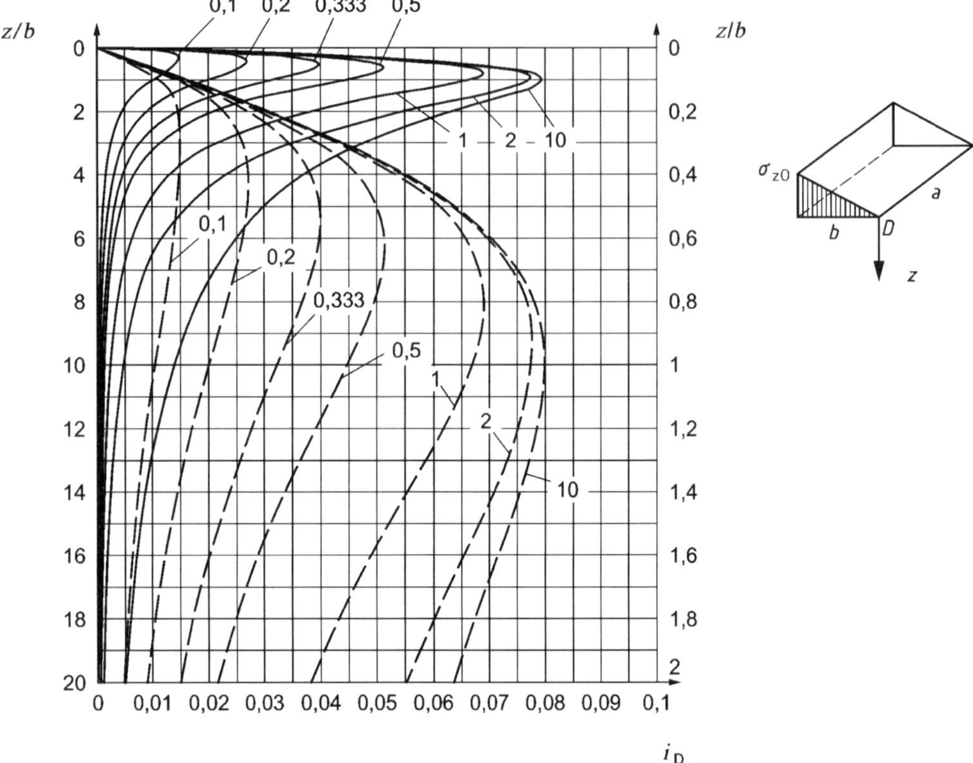

Abb. 8.9: *Spannungseinflussbeiwert i_D zur Ermittlung der Spannung σ_z in der Tiefe z unterhalb des Eckpunktes D eines schlaffen Fundamentes (schlaffe Lastfläche) bei einer dreieckförmigen Belastung auf rechteckiger Grundfläche für verschiedene Werte a/b, nach* Jelinek (1949), *aus DIN 4019 (Anmerkung: Die linke Ordinate ist für die durchgezogenen Linien, die rechte Ordinate für die gestrichelten Linien zu benutzen.)*

In der Bodenmechanik wird labormäßig (eindimensionaler Kompressionsversuch, siehe 9.1), ein Elastizitätsmodul mit behinderter Seitendehnung ($\nu = 0$ bestimmt, der als Steifemodul E_s bezeichnet wird. Dieser Steifemodul darf der Berechnung zugrunde gelegt werden, wenn entsprechende Erfahrungen vorliegen $E^* \approx E_s$. Wenn unter vergleichbaren Verhältnissen Erfahrungen aus Setzungsmessungen vorliegen, so kann man daraus einen pauschalen mittleren Zusammendrückungsmodul zurückrechnen, der alle Einflüsse enthält. Dieser Zusammendrückungsmodul E_m liefert für die rechnerisch zu prognostizierenden Setzungen bessere Ergebnisse. Es gilt dann $E^* = E_m$.

Bei den nachfolgenden Setzungsberechnungen wird als Steifigkeitsparameter in den Formeln nur der Rechenmodul E^* verwendet. Es wird dabei davon ausgegangen, dass der charakteristische Rechenmodul durch entsprechende Erfahrungen bestimmt bzw. aus dem Steifemodul von Kompressionsversuchen gewichtet festgelegt wurde.

Nach DIN 4019 sind als maßgebende Kenngrößen für die Zusammendrückbarkeit des Baugrunds vorsichtige Schätzwerte des Mittelwerts oder Grenzwerte jeweils für den betreffenden Boden- und Spannungsbereich zu wählen. Bei großer Schwankungsbreite bzw. geringer Datenbasis sollten für die Kenngrößen jeweils ein oberer und unterer Wert verwendet werden, um maximale und minimale Verformungen abzuschätzen.

b) Spannungsanteile

Bei den Setzungsberechnungen sind die Spannungsanteile „Überlagerungsspannungen infolge Bodeneigenlast“ nach 6.3, „Spannungen infolge Baugrubenaushub“ und „Zusatzspannungen infolge Bauwerkslasten“ (nach 8.2) zu unterscheiden, siehe Abb. 8.10.

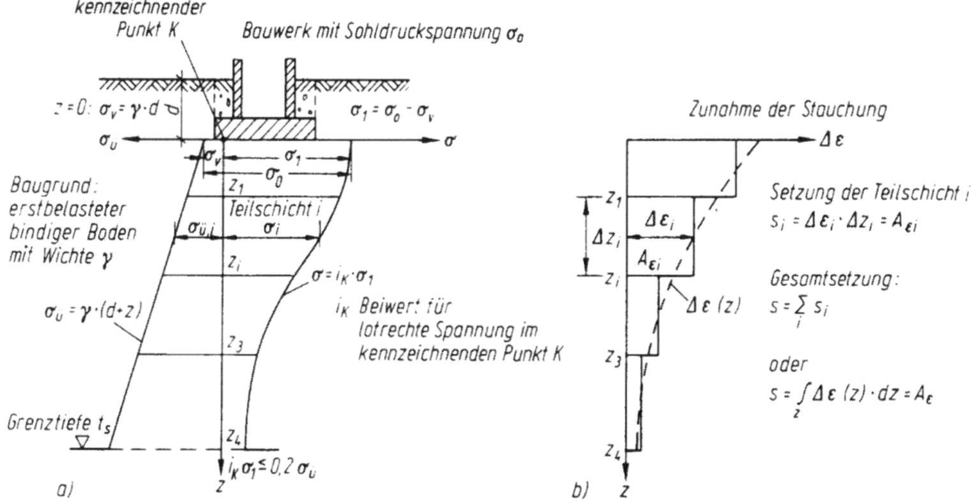

Abb. 8.10: *Festlegungen zur Setzungsberechnung nach DIN 4019 bzw.* EVB (1993)*; a) Spannungsverteilung unter dem Fundament, b) Verteilung der lotrechten Stauchungszuwächse (bezogene Setzungen) und Lamellenunterteilung*

c) Grenztiefe

Die Setzungseinflüsse reichen nur in eine endliche Tiefe unter das Bauwerk. Die Mächtigkeit der zusammendrückbaren Schicht kann näherungsweise dort begrenzt werden, wo die lotrechte Gesamtspannung den Überlagerungsdruck um 20 % überschreitet (Abb. 8.10). Dies ist gewöhnlich in einer Tiefe $z = b$ bis $z = 2b$ der Fall. Für weiche Böden siehe *Soumaya/Kempfert (2006)*.

Beginnt bereits oberhalb der Grenztiefe ein praktisch unnachgiebiger Untergrund (z. B. Fels), so ist schon hier die Grenztiefe festzusetzen. Bei sehr großen Einbindetiefen der Gründung mit entsprechend großer Aushubentlastung sind besondere Überlegungen zur Grenztiefe notwendig, siehe DIN 4019 bzw. *EVB (1993)*.

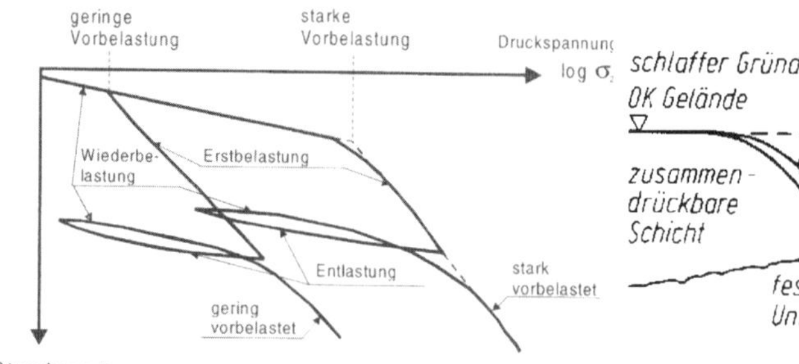

Abb. 8.11: *Darstellung der Ergebnisse von Kompressionsversuchen (9.1.2) zur Ermittlung des Steifemoduls (gering vorbelasteter und stark vorbelasteter Boden), aus DIN-Fachbericht 130 (2003)*

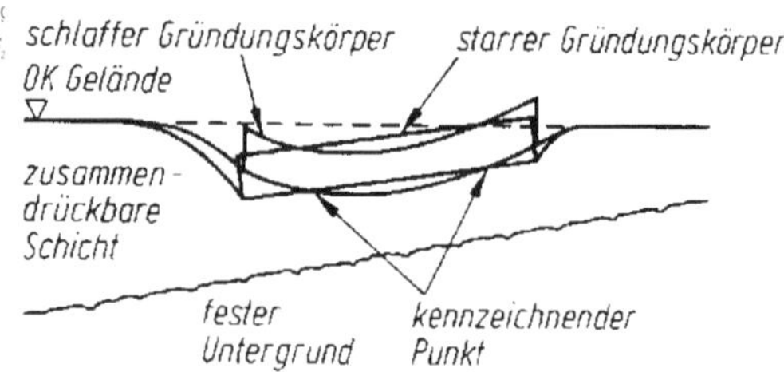

Abb. 8.12: *Unterschiedliches Setzungsverhalten einer starren bzw. einer schlaffen Last sowie Verkantung infolge veränderlicher Dicke der zusammendrückbaren Schicht und „kennzeichnenden Punkt"*

d) Ent- und Wiederbelastungsvorgänge

Bei der Wahl der Baugrundsteifigkeit (E_m , E^*) müssen auch die natürlichen Belastungsvorgänge (Abb. 8.11) des anstehenden Untergrundes berücksichtigt werden.

Beispielsweise ist für einen eiszeitlich vorbelasteten Boden, z. B. Geschiebemergel, der Modul der Wiederbelastung in die Berechnung einzuführen, siehe 9.1.

e) Starre Gründungskörper und „kennzeichnender Punkt"

Bei nahezu starren Gründungskörpern (Abb. 8.12) kann die einheitliche Setzung aller Punkte mithilfe einer der folgenden Annahmen berechnet werden.

- Als der 0,75-fache Wert der Setzungen des Flächenmittelpunktes eines biegeweichen (schlaffen) Gründungskörpers (grobe Näherung).

- Für den „kennzeichnenden Punkt" der Grundrissfläche eines biegeweichen Gründungskörpers.

- Aus Tabellen bzw. Diagrammen für starre Gründungskörper, z. B. Abb. 8.7.

f) Setzungsanteile und Zeitsetzung

Gemäß Abb. 8.13 ist bei den Setzungsanteilen im Boden infolge Bauwerkslasten zu unterscheiden zwischen Sofortsetzungen s_0, Konsolidationssetzungen (Primärsetzungen) s_1 und Kriechsetzungen (Sekundärsetzungen) s_2. Die Gesamtsetzung s ergibt sich nach Gl. (8.11).

$$s = s_{ges} = s_0 + s_1 + s_2 \tag{8.11}$$

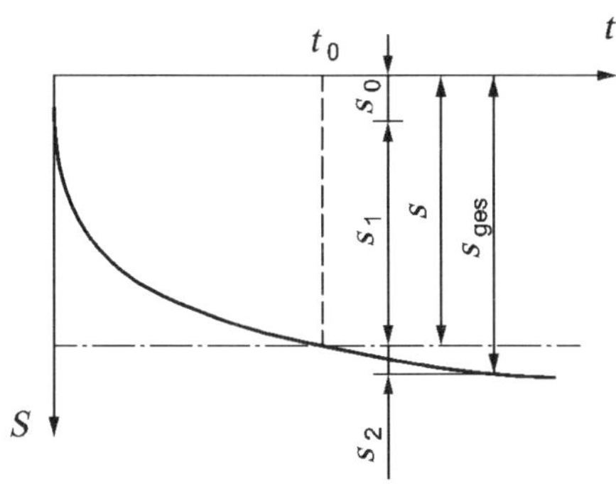

s_{ges} Gesamtsetzung
s Summe aus s_0 und s_1
s_0 Sofortsetzung
s_1 Konsolidationssetzung
s_2 Kriechsetzung
t Zeit seit der Aufbringung der Belastung
t_0 Zeit bis zur vollständigen Konsolidation

Abb. 8.13: *Zeitabhängige Setzungsanteile, aus DIN 4019*

Zeitsetzungsvorgänge im bindigen Boden können nach der Konsolidationstheorie (s. Kapitel 10) oder einem einfachen Modellgesetz nach Gl. (8.12) abgeschätzt werden.

$$t_2 = t_1 \cdot \left(\frac{h_2^2}{h_1^2} \right) \tag{8.12}$$

Hierin bedeuten t_1 die im Kompressionsversuch (siehe 9.1) für die Setzung bestimmte Zeit, h_1 die Probenhöhe des Versuchskörpers im Labor und h_2 die Dicke der setzungserzeugenden bindigen Bodenschicht in der Natur. Dabei wird davon ausgegangen, dass eine Schichtentwässerung nach oben und unten (zweiseitig) erfolgen kann. Bei einseitiger Entwässerung ist für h_2 die doppelte Schichtmächtigkeit einzusetzen; t_2 ist die Zeit, nach der die Bauwerkssetzungen bei bindigen Bodenschichten abgeklungen sind. Man spricht auch davon, dass der Boden unter der Last dann auskonsolidiert ist.

8.3.2 Setzungsermittlung mithilfe vertikaler Spannungen im Boden

Bei diesem Verfahren wird analog zu Abb. 8.10 vorgegangen. Die vertikalen Zusatzspannungen infolge Bauwerkslasten werden nach 8.2 ermittelt. Die Setzungen ergeben sich aus der elastisch-isotropen Stoffmatrix nach den Grundlagen der Elastizitätstheorie, reduziert für den einaxialen Spannungszustand (*Hooke*'sches Gesetz) entsprechend Gl. (8.13).

$$\varepsilon_z = s' = \frac{s}{d} = \frac{\sigma_z}{E^*} \tag{8.13a}$$

$$s = \frac{\sigma_z \cdot d}{E^*} \tag{8.13b}$$

mit

s: Setzungen

s': bezogene Setzungen ($= \varepsilon_z$)

σ_z: Zusatzspannungen

d: Schichtdicke

E^*: Setzungs- bzw. Zusammendrückungsmodul, z. B. $E^* = E_m$ bzw. $E^* \approx E_s$

Die Berechnungsgleichung für die teilschichtweise Berechnung der Setzungsanteile s_i lautet

$$s_i = \frac{\sigma_i \cdot d_i}{E_{mi}} \approx \frac{\sigma_i \cdot d_i}{E_{si}} \tag{8.14a}$$

$$s = \sum s_i \tag{8.14b}$$

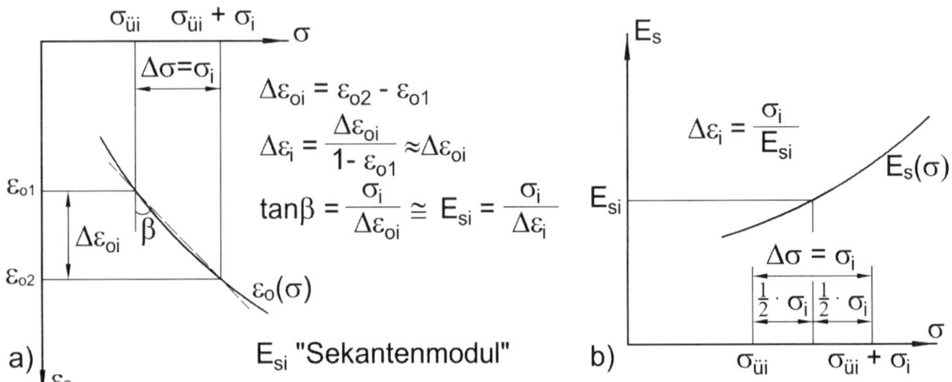

Abb. 8.14: *Modulbestimmung aus dem a) Druck-Stauchungsdiagramm; b) Druck-Steifemoduldiagramm, aus* EVB (1993)

Die Zusammenhänge in Gl. (8.14) zeigt Abb. 8.10a. In Abb. 8.14a ist dargestellt, wie ein spannungsabhängiger Steifemodul E_{si} aus dem KD-Versuch (eindimensionaler Kompressionsversuch) für die maßgeblichen Teilschichten ermittelt werden kann, siehe auch 9.1. Des Weiteren kann bei Gl. (8.14) berücksichtigt werden, ob Erst- oder Wiederbelastungszustände vorliegen, siehe ebenfalls 9.1 und Abb. 8.11.

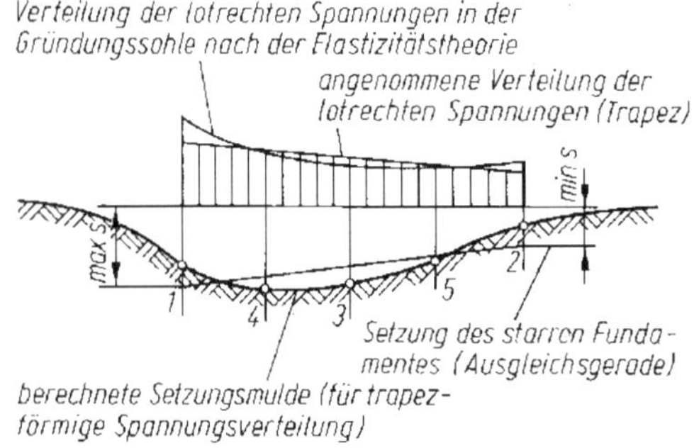

Abb. 8.15: *Ausgleich der Setzungsmulde bei ausmittig belastetem Fundament, aus* EVB (1993)

In Abb. 8.11b ist zusätzlich noch ein Verfahren angegeben, bei dem aus den Stauchungsraten $\Delta\varepsilon_1 = s_i$ (bezogenen Setzung) der Teilschicht i die Setzung unmittelbar aus der Spannungsverteilung bzw. dem Druck-Stauchungsdiagramm bestimmt werden kann. Setzungsberechnungen für lotrechte ausmittige Lasten können ebenfalls mit dem Verfahren nach Gl. (8.14) durchgeführt werden, wobei entsprechend Abb. 8.15 die Setzungsmulde auszugleichen ist.

8.3.3 Setzungen und Verkantungen mithilfe von geschlossenen Formeln

In *Kany (1974)* ist das Verfahren nach 8.3.2 auf starre Gründungskörper in geschlossenen Formeln entsprechend Gl. (8.15) zusammengefasst worden.

$$s = \frac{\sigma_0 \cdot b}{E^*} \cdot f \tag{8.15}$$

mit

σ_0: mittlere Sohlspannung unter dem Bauwerk (ggf. unter Abzug der Aushubentlastung)

b: kleinste Seitenlänge der Gründungsfläche

f: Setzungsbeiwert nach Nomogramm Abb. 8.16 mit $f = f_k$ für starre Fundamente

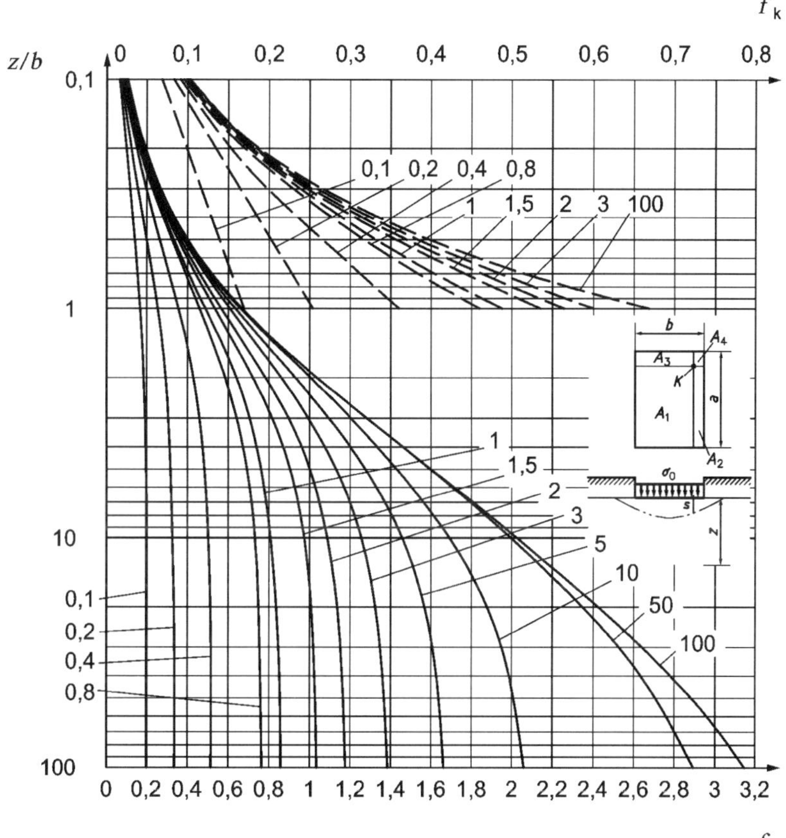

Abb. 8.16: *Setzungsbeiwerte f_k nach* Kany (1974) *für die Berechnung der Setzungen unter dem kennzeichnenden Punkt K eines mittig belasteten starren Rechteckfundamentes für verschiedene Werte a/b, aus DIN 4019 (Anmerkung: Die untere Abszisse gilt für die durchgezogenen Linien, die obere Abszisse für die gestrichelten Linien.)*

Für geschichteten Baugrund kann die Setzung in den einzelnen Schichten wie folgt ermittelt werden:

$$s = \sigma_0 \cdot b \left(\frac{f_1}{E_1^*} \right) + \sum_{i=2}^{n} \frac{f_i - f_{i-1}}{E_i^*} \tag{8.16}$$

mit

n: Anzahl der Bodenschichten

i: Schichtnummer, beginnend mit der obersten Schicht

f_i: Setzungsbeiwerte der Schichten i

E_i^*: Rechenmodul der Schichten i

Die Setzungsbeiwerte f für die Gln. (8.15) und (8.16) sind jeweils bis zur Grenztiefe oder bis zum Beginn einer nicht mehr zusammendrückbaren Schicht (z. B. Fels) zu bestimmen.

In *Kany (1974)* ist ein ähnliches Verfahren auch für die Abschätzung der Verkantung eines starren Gründungskörpers angegeben, siehe Abb. 8.17 sowie Gln. (8.17) und (8.18).

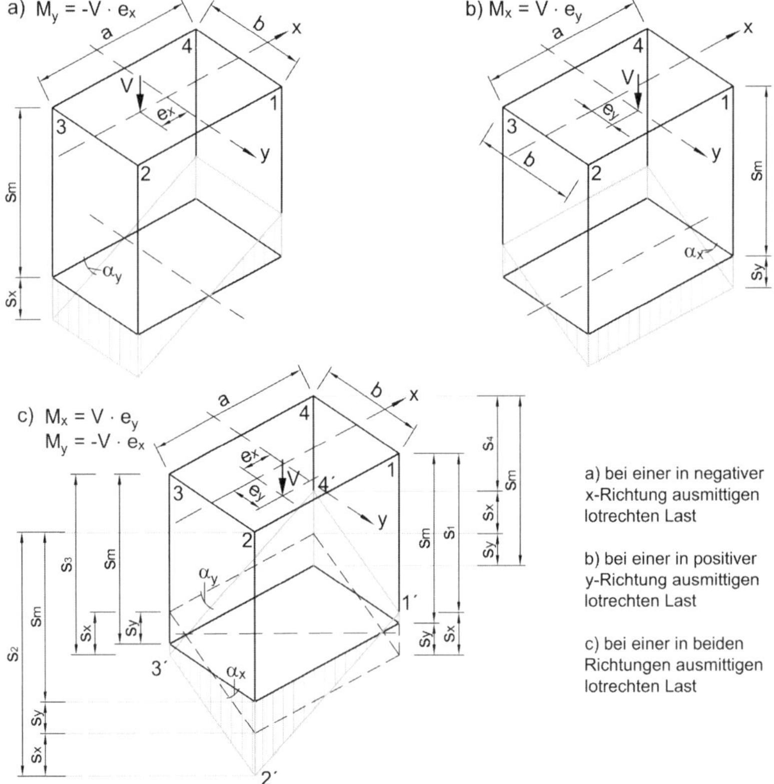

Abb. 8.17: *Setzungen (Verkantungen) unter den Eckpunkten eines starren Gründungskörpers, nach* Kany (1974)

Die Verkantungsbeiwerte f_x und f_y sind aus dem Beiwert f_a und Abb. 8.18 entsprechend der Momentenbelastung und geometrischen Randbedingungen des Fundamentes zu ermitteln.

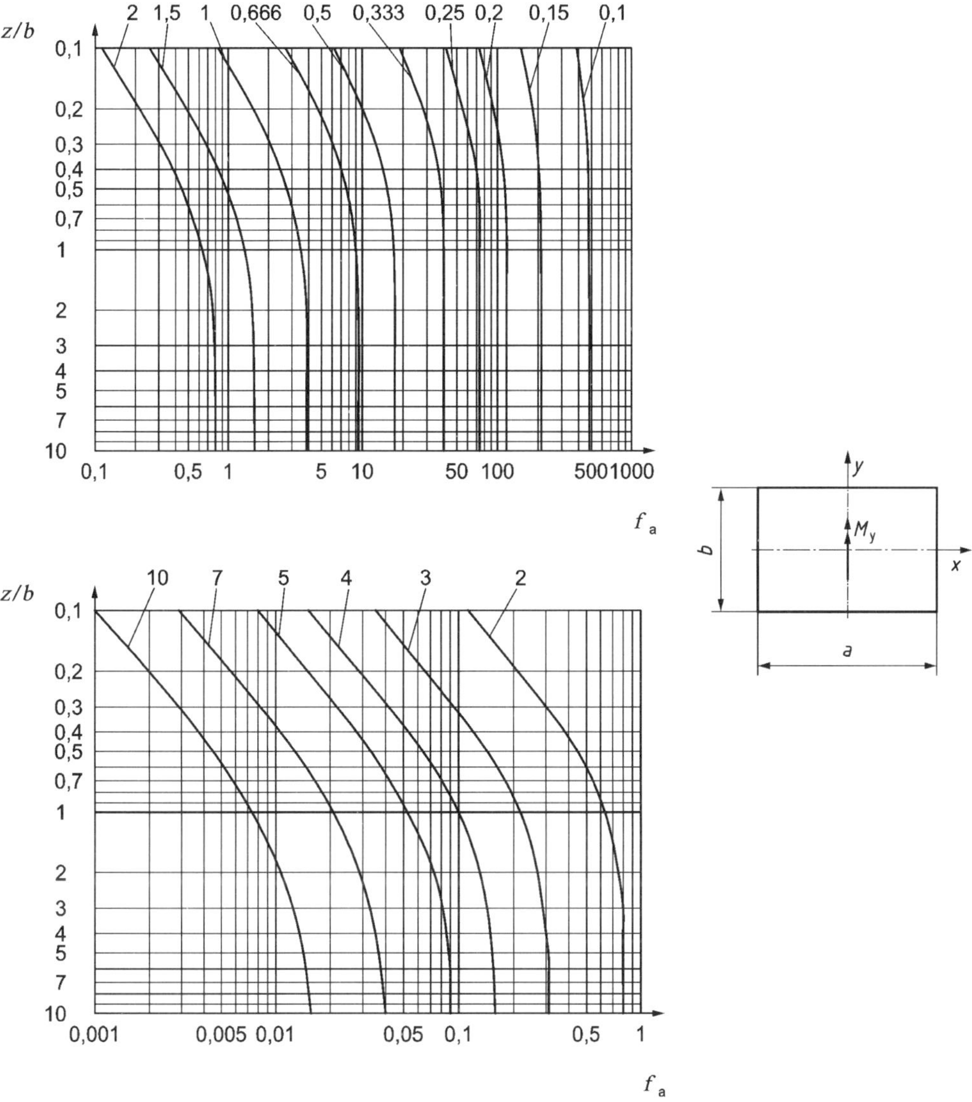

Abb. 8.18: *Beiwert f_a für die Berechnung der Verkantung eines in Richtung der Seite a durch ein Moment M_y belasteten, rechteckigen, starren Fundaments für die Poissonzahl $\nu = 0$ nach* Kany (1974) *für verschiedene Werte a/b, aus DIN 4019*

$$s_1 = s_m - s_x + s_y \tag{8.17a}$$
$$s_2 = s_m + s_x + s_y \tag{8.17b}$$
$$s_3 = s_m + s_x - s_y \tag{8.17c}$$
$$s_4 = s_m - s_x - s_y \tag{8.17d}$$

mit

$s_m = s$ nach Gl.(8.15)

$$s_x = \frac{a}{2} \cdot \tan\alpha_y \qquad \text{mit} \qquad \tan\alpha_y = \frac{M_y}{b^3 \cdot E^*} \cdot f_x \tag{8.18a}$$
$$s_y = \frac{b}{2} \cdot \tan\alpha_x \qquad \text{mit} \qquad \tan\alpha_x = \frac{M_x}{a^3 \cdot E^*} \cdot f_y \tag{8.18b}$$

8.4 Zahlenbeispiele siehe Anhang B-8.

9 Verformungs- und Scherfestigkeitsverhalten

9.1 Verformungsverhalten von Böden

9.1.1 Kenngrößen

Wie in Kapitel 7 und 8 ausgeführt, wird für die Beschreibung des Verformungsverhaltens von Böden i. d. R. die Elastizitätstheorie zugrunde gelegt. Dabei ist der Elastizitätsmodul E als elastische Stoffkenngröße (Verformungsparameter) anzusetzen, siehe 7.1. In der Bodenmechanik werden aufgrund der Belastungsrandbedingungen (Abb. 9.1) bzw. der zur Verfügung stehenden Versuchstechniken folgende elastische Stoffkenngrößen verwendet:

- Anfangselastizitätsmodul E_u aus dem einaxialen Druckversuch (Zylinderdruckversuch), siehe 9.2.3. E_u ist ein Elastizitätsmodul ohne behinderte Seitendehnung ($\nu > 0$).
- Steifemodul E_s aus dem eindimensionalen Kompressionsversuch nach 9.1.2. E_s ist ein Elastizitätsmodul mit behinderter Seitendehnung ($\nu = 0$).
- Verformungsmodul E_v aus dem Plattendruckversuch nach 5.9.5. E_v ist ein Elastizitätsmodul mit teilweise behinderter Seitendehnung ($\nu > 0$).
- Mittlerer Setzungs- bzw. Zusammendrückungsmodul E_m ($\nu > 0$) zurückgerechnet aus Setzungsmessungen bei vergleichbaren bzw. unter Wichtung der Randbedingungen, siehe DIN 4019.
- Rechenmodul E^*, der als Rechenwert nach DIN 4019 für Setzungsberechnungen verwendet wird.

Es gilt im Allgemeinen:

$$E_s > E_v > E_u \tag{9.1}$$

Der Zusammenhang der elastischen Stoffkenngrößen der Elastizitätstheorie E und ν nach 7.1 und derjenigen aus den bodenmechanischen Versuchstechniken sind folgend dargestellt.

$$E = \frac{1 - \nu - 2 \cdot \nu^2}{1 - \nu} \cdot E_s = \left(1 - \frac{2 \cdot \nu^2}{1 - \nu}\right) \cdot E_s \tag{9.2a}$$

$$E_v = \frac{1 - \nu - 2 \cdot \nu^2}{(1 - \nu) \cdot (1 - \nu^2)} \cdot E_s \tag{9.2b}$$

$$E_v = \frac{1}{1 - \nu^2} \cdot E \tag{9.2c}$$

$$G = \frac{1 - \nu - 2 \cdot \nu^2}{2 \cdot (1 - \nu^2)} \cdot E_s \tag{9.2d}$$

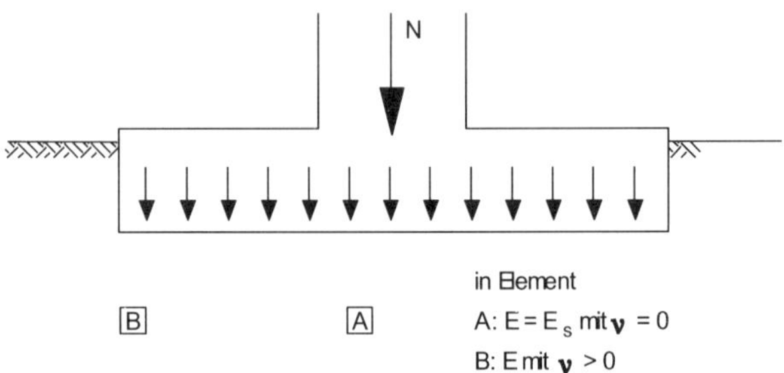

Abb. 9.1: *Modellvorstellung zur Belastung von Bodenelementen unter einem Fundament (ν: Querdehnzahl)*

Wie in 8.3 aufgeführt, wird bei bodenmechanischen Verformungsberechnungen ein Rechenmodul E^* zugrunde gelegt, der näherungsweise aus dem Steifemodul E_s bzw. aus einem mittleren Setzungs- bzw. Zusammendrückungsmodul E_m abgeleitet ist. Darüber hinaus wird das *Hooke*'sche Gesetz (einaxialer Spannungszustand) verwendet.

Für weiterreichende Untersuchungen kann es im Einzelfall auch sinnvoll sein, die Verformungsparameter aus Triaxialversuchen zu bestimmen, siehe 9.2.3 bzw. *Vermeer/Schanz (1995)*.

9.1.2 Eindimensionaler Kompressionsversuch (KD-Versuch)

Der Kompressionsversuch wird im sogenannten Ödometergerät (KD-Gerät) durchgeführt, wobei eine zylindrische Probe vertikal belastet und ggf. auch entlastet wird. Die infolge von Belastungsänderungen, Konsolidations- und Schwellungsvorgängen auftretenden axialen Verformungen werden dabei gemessen. Radiale Verformungen werden verhindert. Der Versuch zur Bestimmung des Verformungsverhaltens ist in DIN EN ISO 17892-5 geregelt.

Die Probenkörper haben i. d. R. 7 bis 10 cm Durchmesser und 1,4 bis 2,0 cm Höhe, Verhältnis von Höhe zu Durchmesser von etwa 1:5. Die Last wird über eine Kopfplatte in Stufen aufgebracht. Dadurch wird der Probe ein einaxialer Verformungszustand aufgezwungen, wobei die Querdehnung durch den Einbau der Probe in einem starren Ring verhindert wird. Dieser labormäßige Zustand ist in der Natur vergleichbar bei ausgedehnten Flächenlasten bzw. im Zentrum unter Fundamenten (Abb. 9.1) gegeben. Bei begrenzten Lastflächen und setzungsempfindlichen Böden (z. B. Dämme auf weichem Untergrund) kann es zu volumenkonstanten Schubverformungen kommen, die durch den Kompressionsversuch nicht zutreffend simuliert werden. Abb. 9.2 zeigt beispielhaft verschiedene Ödometerzellen.

Gemessen wird aus jeder Laststufe das Abklingen der Zeitsetzung (Abb. 9.3) bis zum Erreichen der Endsetzung Δh (Konsolidation). Durch Bezug auf die Ausgangshöhe h_a der Probe erhält man die prozentuale Setzung s', die „bezogene Setzung" genannt wird und eine Stauchung ε darstellt.

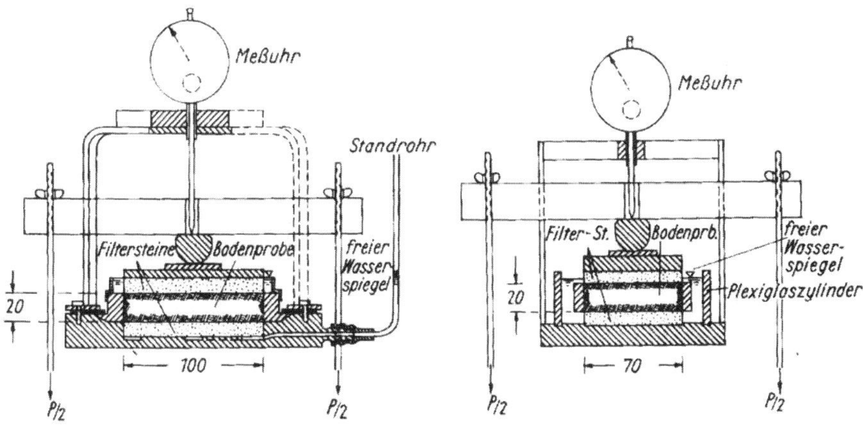

Abb. 9.2: *Ödometerzelle: a) mit festem Ring, b) mit schwebendem Ring; aus* v. Soos (2001)

Trägt man für den Endzustand einer jeden Belastungsstufe die hierfür bezogene Setzung $\varepsilon = s' = \Delta h / h_a$ oder die Porenzahl e in Abhängigkeit von der Belastungsspannung auf, so ergibt sich ein Druck-Setzungs-Diagramm bzw. das Druck-Porenzahl-Diagramm. Dieser Vorgang ist in 9.3 schematisch dargestellt.

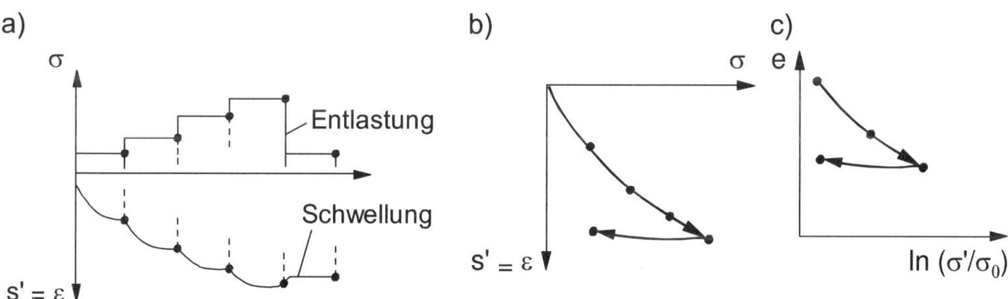

Abb. 9.3: *a) Last (Druck)-Zeit- und Zeit-Setzungs-Diagramm; b) Druck-Setzungs-Diagramm; c) Druck-Porenzahl-Diagramm (σ_0: beliebige Bezugsspannung, z. B. $\sigma_0 = 1\ bar = 100\ kN/m^2$)*

Je nach Bodenart können Ent- oder Wiederbelastungsstufen eingeschaltet werden, die die natürlichen Belastungszustände des Baugrunds nachfahren können, siehe auch Abb. 8.11. Als Beispiel zeigt Abb. 9.4 ein Versuchsergebnis an einem weichen Seeton mit Erstbelastung, Entlastung und Wiederbelastung. Der Steifemodul E_s ergibt sich als Neigung der Sekante über den betrachteten Lastbereich.

$$E_s = \frac{\Delta\sigma'}{\Delta s'} \tag{9.3}$$

Häufig werden maßgebliche Steifemoduln für Spannungsbereiche angegeben, z. B. E_{si} für $\sigma_i = 50 - 100\,kN/m^2$, $100 - 200\,kN/m^2$, $200 - 400\,kN/m^2$ usw., siehe auch Abb. 9.4. Ggf. empfiehlt sich, auch aus diesen Ergebnissen ein Druck-Steifemodul-Diagramm aufzutragen, aus dem der Steifemodul spannungsabhängig unmittelbar für Setzungsberechnungen entnommen werden kann, wobei der maßgebliche Steifemodul aus dem Druck-Setzungs-Diagramm im Spannungsbereich (Sekantenmodul)

$$\sigma_{\text{ü}} + \Delta\sigma_z \tag{9.4}$$

oder aus dem Druck-Steifemodul-Diagramm für eine Spannung

$$\sigma_{\text{ü}} + 0,5 \cdot \Delta\sigma \tag{9.5}$$

mit $\sigma_{\text{ü}} = \gamma \cdot (d + z_i)$ bzw. bei nicht zu großer Aushubtiefe $\Delta\sigma = \Delta\sigma'_z$ - $\gamma \cdot d$ (mit d: Aushubtiefe, z_i: Laufordinate ab Gründungssohle) zu ermitteln ist. Der Steifemodul wächst mit σ an. Die Berücksichtigung dieser Spannungsabhängigkeit kann durch die empirische Beziehung von *Ohde (1939)* erfasst werden.

$$E_s = v_e \cdot \sigma_{at} \cdot \left(\frac{\sigma_z}{\sigma_{at}}\right)^{w_e} \tag{9.6}$$

mit v_e: Steifebeiwert; w_e: Steifeexponent; σ_{at}: atmosphärischer Druck

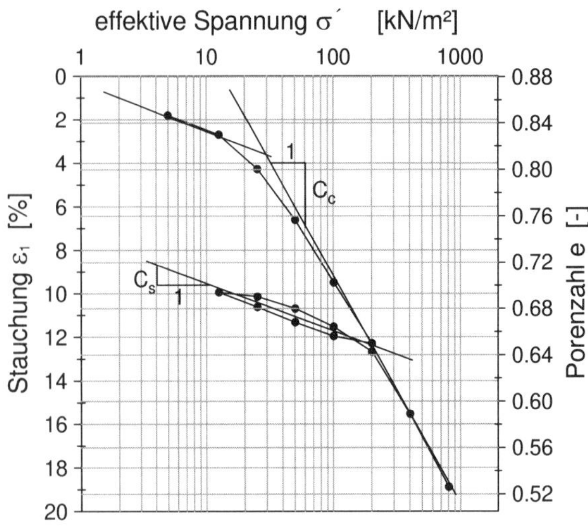

Spannungsbereich [kN/m²]	Steifemodul E_s [MN/m²]
50 - 100	1,8
100 - 200	3,6
200- 400	7,6
400 - 800	12,0
Spannungsbereich [kN/m²]	**Entlastungsmodul [MN/m²]**
200 - 100	30,2
100 - 50	8,0
50 - 25	3,6
25 - 12,5	1,2
Spannungsbereich [kN/m²]	**Wiederbelastungs-modul [MN/m²]**
12,5 - 25	6,2
25 - 50	4,6
50 - 100	6,0
100 - 200	8,7

$C_C \approx 0.2001$, $\lambda \approx 0.0870$ (Erstbelastung)

$C_S \approx 0.0406$, $\kappa \approx 0.0171$ (Entlastung/Wiederbelastung)

Abb. 9.4: *Beispiel einer Drucksetzungslinie im halblogarithmischen Maßstab*

Neben der vorstehend beschriebenen Darstellung kann auch eine Behandlung nach Abb. 9.3c über das Druck-Porenzahl-Diagramm erfolgen, was *Terzaghi (1925)* vorgeschlagen hat. Die dabei anzuwendenden Gleichungen sind nachfolgend zusammengestellt. Dafür wird zunächst die Bezugs- bzw. Anfangsporenzahl e_0 der im KD-Gerät untersuchten Probe benötigt. Das Spannungs-Verformungs-Verhalten wird mit der Funktion

$$e = f(\sigma'_z) \tag{9.7}$$

beschrieben, wobei σ'_z die effektive vertikale Spannung und e die Porenzahl ist. Wenn ein Boden erstbelastet (normalkonsolidiert) ist, d. h., dass er niemals einer höheren Belastung als der momentan vorherrschenden ausgesetzt war (Abb. 9.5), so lässt sich die Porenzahländerung durch einen linearen Zusammenhang mit σ'_{z0} (zu e_0 gehörige Bezugsspannung) wiedergeben.

$$e = e_0 - C_c \cdot \ln\left(\frac{\sigma'_z}{\sigma'_{z0}}\right) \tag{9.8}$$

Die Tangentenneigung an das Druck-Porenzahl-Diagramm wird *Kompressionsbeiwert* C_c genannt und ergibt sich zu

$$C_c = -\frac{de}{d\ln\dfrac{\sigma'_z}{\sigma'_{z0}}} \tag{9.9}$$

Aus C_c lässt sich der Steifemodul wie folgt ermitteln

$$E_s = \frac{\sigma' \cdot (1+e)}{C_c} \tag{9.10}$$

Für die exakte Ermittlung ist in die obige Gleichung $\sigma' = (\sigma'_z - \sigma'_{z0})/\ln(\sigma'_z/\sigma'_{z0})$ einzusetzen, wobei oftmals auch $\sigma' = (\sigma'_{z0} + \sigma'_z)/2$ ausreichend genau ist. Der Reziprokwert des Steifemoduls wird als Verdichtungszahl $m_v = 1/E_s$ bezeichnet.

Bei Entlastung schwillt die Probe. Die zugehörige Porenzahländerung lässt sich in Analogie wie folgt ausdrücken:

$$e = e_{zp} - C_s \cdot \ln\left(\frac{\sigma'_z}{\sigma'_{zp}}\right) \tag{9.11}$$

Hierin ist C_s der Schwellbeiwert und σ'_p die maximale Überlagerungsspannung, d. h. der größte effektive Druck, dem der Boden zuvor ausgesetzt war (Abb. 9.5).

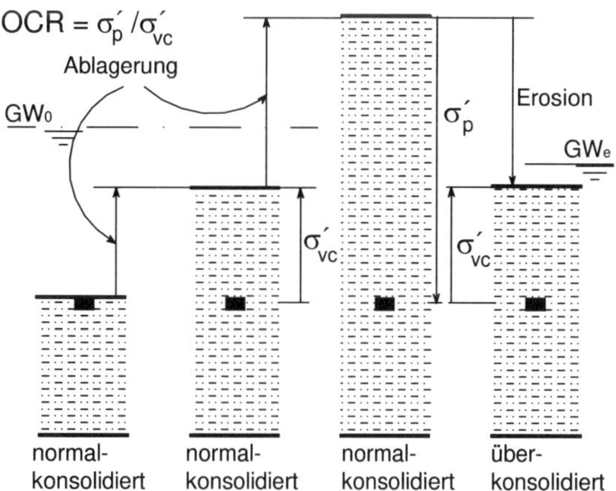

Abb. 9.5: *Entstehung einer Bodenschicht*

Haben geologisch oder bautechnisch Entlastungen stattgefunden, so bezeichnet man den Boden als überkonsolidiert, d. h. der Boden war einem größeren Druck als dem derzeit vorliegenden ausgesetzt. Das Konsolidierungsverhältnis OCR (over consolidation ratio) beträgt

$$OCR = \frac{\text{frühere maximale Überlagerungsspannung}}{\text{heutige Überlagerungsspannung}} = \frac{\sigma'_p}{\sigma'_{vc}} \tag{9.12}$$

Aus dem Drucksetzungsdiagramm lässt sich die Vorkonsolidierungsspannung σ'_p ermitteln. *Casagrande (1936)* hat dafür das in Abb. 9.6 beispielhaft dargestellte Verfahren vorgeschlagen. Wird ein Boden erneut belastet, so liegt eine Wiederbelastung vor, solange σ' kleiner ist als σ'_p. Die Tangentenneigung heißt *Wiederbelastungsbeiwert* C_r. Da das Ent- und Wiederbelastungsverhalten nahezu elastisch ist, können C_s und C_r näherungsweise gleichgesetzt werden.

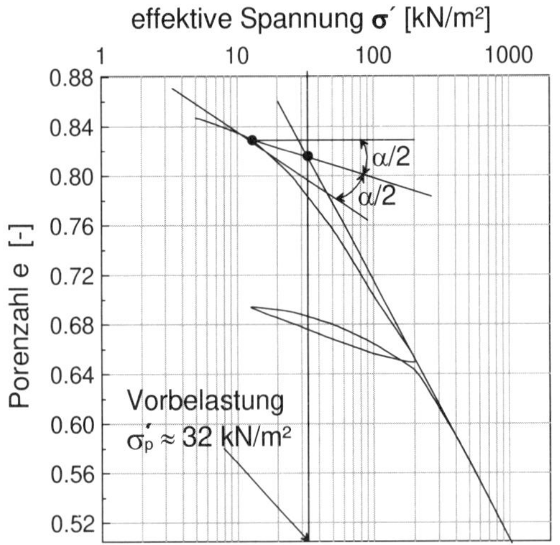

Abb. 9.6: *Bestimmung der Vorkonsolidierungsspannung nach dem Casagrande-Verfahren*

Die Kurven bei Entlastung und Wiederbelastung weisen keinen linearen Verlauf auf, sondern haben eine hysteretische Form, weshalb die mittleren Tangentenneigungen geringfügig vom Spannungsverhältnis abhängig sind. Das steife Verhalten der Probe bei Wiederbelastung geht dann beim Überschreiten von σ'_p erneut in ein weicheres Verhalten auf dem Erstbelastungsast über. Die Druck-Porenzahllinie nähert sich der Erstbelastungsgeraden in der logarithmischen Darstellung immer mehr an.

9.2 Festigkeitsverhalten von Böden (Scherfestigkeit)

9.2.1 Grundlagen und Begriffe

Die Scherfestigkeit eines Bodens beschreibt einen Grenzzustand im Boden, siehe 7.3, und ist einer der wichtigsten Kenngrößen zur Beurteilung der Tragfähigkeit des Baugrunds. Die ermittelten Scherparameter φ' und c' ggf. c_u finden Eingang in die erdstatischen Berechnungen im Bruchzustand, wie z. B. Grundbruchuntersuchungen, Erddruckberechnungen, Geländebruchuntersuchungen usw. Es liegen zu diesem Themengebiet die Versuchsnormen DIN EN ISO 17892-7, DIN EN ISO 17892-8, DIN EN ISO 17892-9 und DIN EN ISO 17892-10 vor.

Grundlage der nachfolgenden Ausführungen ist die *Mohr-Coulomb*'sche Bruchbedingung nach Gl. (7.16) siehe 7.3, die nachfolgend nochmals wiedergegeben ist.

$$\begin{aligned} \tau_f &= \sigma' \cdot \tan\varphi' + c' \quad \text{(Endzustand)} \\ \tau_f &= \sigma \cdot \tan\varphi_u + c_u \quad \text{(Anfangszustand)} \end{aligned} \tag{9.13}$$

Im Zusammenhang mit der Scherfestigkeit finden sich zahlreiche Begriffe in der Literatur, z. B. *Das (1997)*, *Lambe/Whitman (1969)*, wobei nachfolgend die wichtigsten zusammengestellt sind.

- *Deviatorspannung*: Darstellungsparameter für Spannungszustände im Triaxialversuch. Sie stellt den Abstand $\bar{q}$ eines räumlichen Spannungspunktes, der nur Hauptspannungen aufweist, von der Geraden $\sigma_1 = \sigma_2 = \sigma_3$ bzw. $\sigma'_1 = \sigma'_2 = \sigma'_3$ dar. Für den Sonderfall $\sigma_2 = \sigma_3$ gilt

$$\bar{q} = \sqrt{2/3} \cdot |\sigma_1 - \sigma_3| \tag{9.14}$$

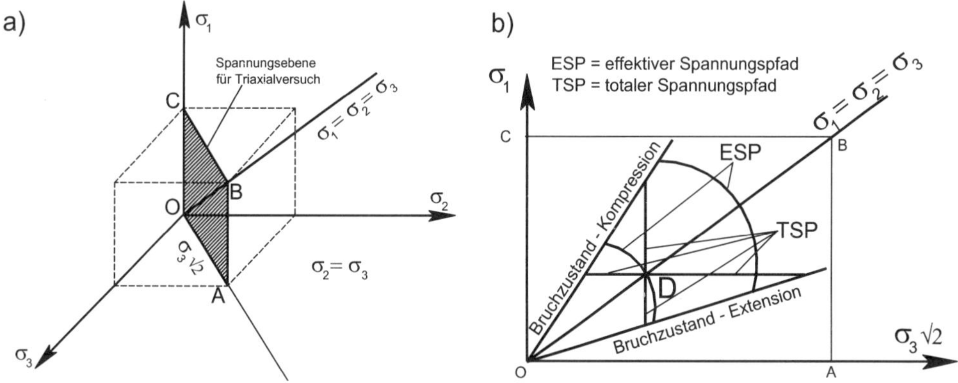

Abb. 9.7: *Darstellung der linearen Grenzbedingung für zylindersymmetrische Beanspruchung: a) im räumlichen und b) im $\sqrt{2}$-Koordinatensystem*

- *Isotrope Spannung*: wirkt allseitig auf die Probe und berechnet sich wie folgt:

$$p = \frac{\sigma_1 + \sigma_2 + \sigma_3}{3} \tag{9.15a}$$

$$p' = \frac{\sigma'_1 + \sigma'_2 + \sigma'_3}{3} \tag{9.15b}$$

- *Grenzbedingung*: Durch die Grenzbedingung werden die aufnehmbaren Spannungen eines Bodenkörpers als Funktion der Spannungskomponenten beschrieben (Abb. 9.7). In wassergesättigten Böden kann die Grenzbedingung in Abhängigkeit von den totalen als auch den effektiven Spannungen angegeben werden. Man spricht dann von der totalen bzw. der effektiven Grenzbedingung.

- *Kritischer Grenzzustand*: Zustand, bei dem bei gleichbleibender effektiver Spannung volumenkonstante Formänderungen stattfinden. In diesem Zustand entspricht die Porenzahl e der kritischen Porenzahl e_{kr}; dies ist die Porenzahl bei großer Scherverformung.

- *Dilatanz*: Auflockerung eines Bodens bei Scherbeanspruchung ohne Verhinderung von Volumenveränderung. Die Auflockerung geht mit einer Volumenzunahme einher.

- *Kontraktanz*: Verdichten eines Bodens bei Scherbeanspruchung ohne Verhinderung von Volumenänderungen. Die Verdichtung bedeutet eine Volumenabnahme.

- *Verfestigung*: Zunahme des Scherwiderstandes durch die Verformung des Bodens.

- *Entfestigung*: Abnahme des Scherwiderstandes bei Fortsetzung der Gestaltänderung nach Erreichen eines Grenzzustandes.

- *Reibungswinkel* φ: Winkel der Geraden in einem $\tau - \sigma$ bzw. $\tau' - \sigma'$ Diagramm, die eine Grenzbedingung darstellt (Abb. 9.8). Der Reibungswinkel ist abhängig von der Porenzahl, der Art des Grenzzustandes und der Definition der dargestellten Grenzbedingung.

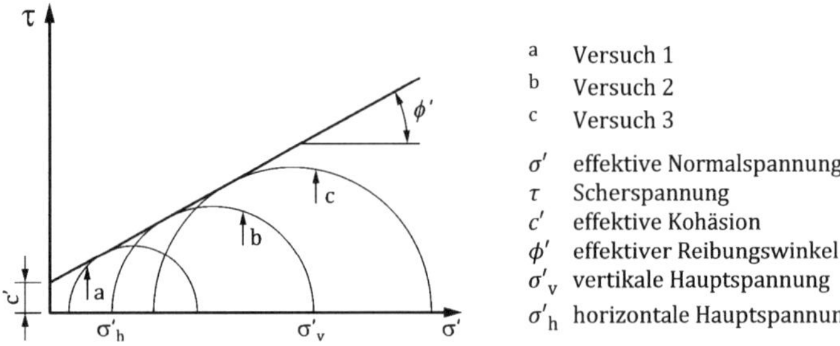

Abb. 9.8: *Grenzbedingung nach Mohr-Coulomb im $\tau' - \sigma'$ Diagramm, aus DIN EN ISO 17892-9*

- *Kohäsion* c: der Ordinatenabschnitt der Geraden, die eine Grenzbedingung im $\tau - \sigma -$ bzw. $\tau' - \sigma'$-Diagramm darstellt (Abb. 9.8). Die Kohäsion ist abhängig von der Porenzahl. Des Weiteren kann auch Verkittung, Gefügefestigkeit und Kapillarspannung von Einfluss auf den Ordinatenabschnitt sein.

- *Kapillarkohäsion* c_c: infolge von Kapillarspannungen auftretende Kohäsion. Tritt nur bei unvollständiger Wassersättigung auf und verschwindet bei vollständiger Wassersättigung bzw. bei Austrocknung von nicht bindigen Böden; auch *scheinbare Kohäsion* genannt.

Neben Gl. (9.13) kann die *Mohr-Coulomb*'sche Bruchbedingung (Grenzbedingung) auch in Hauptspannungen formuliert werden. Die Beziehung lautet in Abhängigkeit von den effektiven Spannungen Gl. (9.16a) und und für totale Spannungen Gl. (9.16b)

$$\frac{\sigma_1 - \sigma_3}{\sigma_1' + \sigma_3'} = \frac{2 \cdot c' \cdot \cos\varphi'}{\sigma_1 + \sigma_3} + \sin\varphi' \tag{9.16a}$$

$$\frac{\sigma_1 + \sigma_3}{\sigma_1 - \sigma_3} = \frac{2 \cdot c_u \cdot \cos\varphi_u}{\sigma_1 + \sigma_3} + \sin\varphi_u. \tag{9.16b}$$

9.2.2 Bedeutung von totalen, effektiven und Porenwasserdruckspannungen für die Scherfestigkeit

Wie bereits in 9.2.1 ausgeführt, ist der Reibungsanteil der Scherfestigkeit abhängig von der effektiven Normalspannung, Gl. (9.13).

Die daraus abzuleitende Vorgehensweise bei der praktischen Beurteilung der Scherfestigkeit ist schematisch auf der Grundlage von Abb. 9.9 dargestellt.

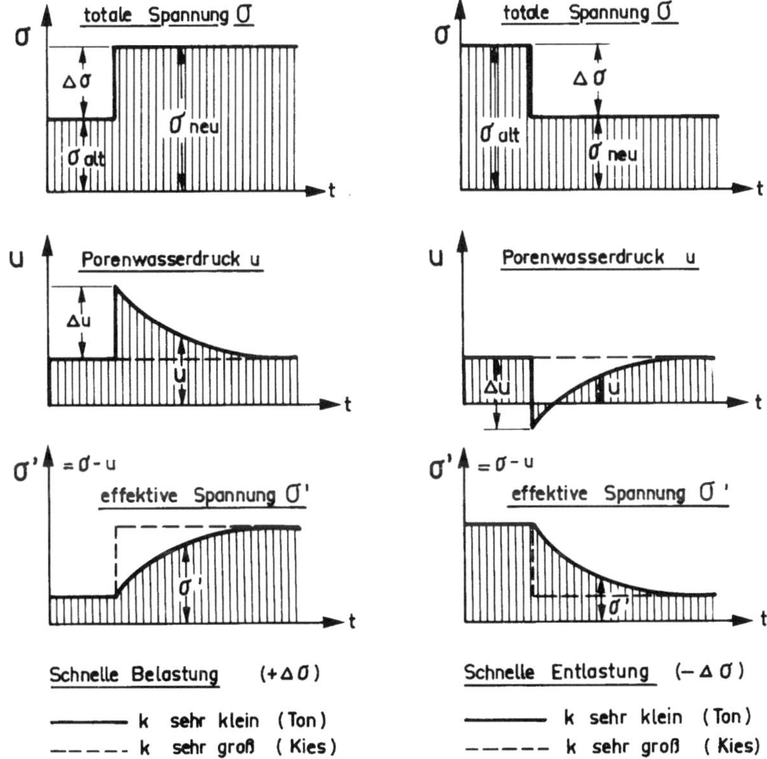

Abb. 9.9: *Darstellung der Spannungsanteile bei Laständerungen in Abhängigkeit von der Zeit und Bodenart*

Bei der schnellen Belastung eines nahezu wassergesättigten, bindigen Bodens werden die zusätzlichen Spannungen $\Delta\sigma$ zunächst nicht auf das Korngerüst des Bodens übertragen, sondern vom Porenwasser aufgenommen. Dies gilt bei wenig durchlässigen Böden (k klein). Ein bereits vorhandener Porenwasserdruck u erhöht sich zunächst um Δu, um die Größe der zusätzlich aufgebrachten Spannungen $\Delta\sigma = \Delta u$. Erst beim Abfließen des gespannten Porenwassers (Porenwasserüberdruck) baut sich Δu ab und die zusätzlich aufgebrachte Spannung $\Delta\sigma$ wird vom Korngerüst im Boden aufgenommen. Dies führt zu einer zeitabhängigen Zunahme der effektiven Spannungen σ'.

Der umgekehrte Vorgang tritt bei einer Entlastung des wassergesättigten, bindigen Bodens ein. Der Boden kann nicht der Entlastung entsprechend schnell schwellen.

Bei nichtbindigen Böden (bei Sand und Kies ist k sehr groß) werden die zusätzlich auftretenden Spannungen $\Delta\sigma$ im Boden unmittelbar auf das Korngerüst übertragen. Es treten i. Allg. keine bzw. nur geringe Porenwasserüberdrücke auf, die sich jedoch sehr schnell abbauen. Abb. 9.10 zeigt den Einfluss der Porenwasserdrücke auf den Spannungsverlauf für normal- und überkonsolidierte Böden mit Scherbeanspruchung.

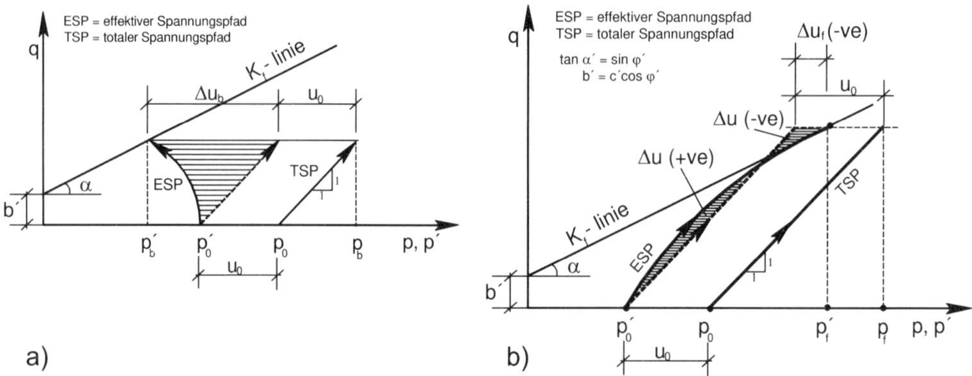

Abb. 9.10: *Effektive und totale Spannungspfade und der Einfluss des Porenwasserdruckes auf den Spannungsverlauf für einen undränierten Triaxialversuch: a) normalkonsolidiert und b) überkonsolidiert*

Insbesondere für weniger durchlässige Böden (nahezu wassergesättigte bindige Böden) ist dieser Sachverhalt von besonderer Bedeutung. Für geotechnische Standsicherheitsberechnungen, z. B. Geländebruchnachweis, Grundbruchnachweis usw., ist dann zu unterscheiden zwischen dem Anfangszustand ($t = 0$) und einem Endzustand ($t = \infty$) nach Abschluss der Konsolidation. Die Zusammenhänge ergeben sich in der Mohr-Coulomb'schen Bruchbedingung wie folgt:

- *Anfangsscherfestigkeit* (nur nahezu wassergesättigte bindige Böden), Gl. (9.17a):

$$\tau_f = (\sigma - u) \cdot \tan\varphi' + c' \tag{9.17a}$$

$$\tau_f = \sigma \cdot \tan\varphi_u + c_u \tag{9.17b}$$

Da die Bestimmung des Porenwasserdrucks u mit Unsicherheiten behaftet ist, kann gegenüber Gl. (9.17a) auch eine andere Form gewählt werden, siehe Gl. (9.17b). φ_u und $c_u$werden, wie bereits ausgeführt, als Scherparameter des undränierten Bodens bzw. undränierte Kohäsion (Anfangsscherfestigkeit) bezeichnet. Häufig ergibt sich $\varphi_u \approx 0$, sodass $c_u = \tau_f$ die Gesamtscherfestigkeit darstellt, unter der der Boden bis unmittelbar vor Aufbringung der Zusatzbelastung bisher konsolidiert war.

- *Endscherfestigkeit* (für alle Böden):
  Es sind nur noch effektive Spannungen wirksam und die Scherfestigkeit aus der *Mohr-Coulomb*'schen Bruchbedingung mit φ' und c' wird nach Gl. (9.13) bestimmt. Bei nichtbindigen Böden tritt auch bei schneller Belastung kein oder nur sehr geringer Porenwasserüberdruck auf, sodass hierfür i. d. R. nur der Endzustand maßgebend ist.

9.2.3 Laborversuche zur Ermittlung der Scherparameter

Versuchsarten

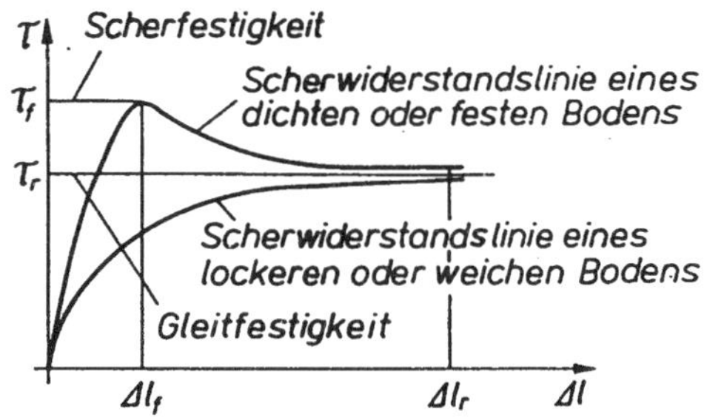

Abb. 9.11: *Scherverschiebungsdiagramm verschiedener Böden*

Abb. 9.11 zeigt das Scherverschiebungsverhalten verschiedener Böden und die daraus abzuleitende Scherfestigkeit. Danach kann bei dicht gelagerten nichtbindigen bzw. festen bindigen Böden die Scherfestigkeit nach größeren Scherwegen auf die Restfestigkeit (Gleitfestigkeit) abfallen. Zur detaillierten Ermittlung der Scherparameter siehe *Schulze/Muhs (1967)*, *v. Soos/Engel (2017)*, *Terzaghi (1943)* und DIN EN ISO 17892-7 bis DIN EN ISO 17892-10.

Nachfolgend sind die wichtigsten Geräte und Versuchstechniken zusammengefasst.

- *Dränierter Versuch (CID oder CAD-Versuch)*: Bei diesem Versuch kann der Probekörper unbehindert Porenwasser aufnehmen oder abgeben. Durch langsame Versuchsdurchführung wird gewährleistet, dass innerhalb der Probe kein Porenwasserüberdruck wirksam ist. Dieser Versuch kann im Triaxial-, Biaxial- und im Rahmenschergerät ausgeführt werden. Es wird weiterhin zwischen einem isotrop konsolidierten, dränierten Versuch (CID-Versuch) und einem anisotrop konsolidierten, dränierten Versuch (CAD-Versuch) unterschieden.

- *Konsolidierter, undränierter Versuch (CIU oder CAU-Versuch)*: Zunächst werden die Proben gesättigt und danach konsolidiert. Voraussetzung für diese Versuchsart ist die Porenwasserdruckmessung, sodass aus den aufgebrachten totalen Spannungen mit dem gemessenen Porenwasserdruck die effektiven Spannungen errechnet werden können. Der Austritt und die Aufnahme von Porenwasser werden bei diesem Versuch während des Abscherens verhindert. Hierfür sind Triaxial- und Biaxialgeräte mit Porenwasserdruckmesseinrichtung geeignet. Es wird zwischen isotrop konsolidiertem, undräniertem Versuch (CIU-Versuch) und anisotrop konsolidiertem, undräniertem Versuch (CAU-Versuch) unterschieden. Die Versuchszeiten sind relativ kurz. Diese Versuche stellen die Standardversuche dar.

- *Unkonsolidierter, undränierter Versuch (UU-Versuch)*: Der Wassergehalt der Probe bleibt während des gesamten Versuches gleich. Die Probe wird mit verschiedenen

Seitendrücken unkonsolidiert belastet und abgeschert. Daraus ergeben sich die totalen Spannungen für einen Grenzzustand mit weitgehend konstantem Wassergehalt und schneller Abscherung.

Direkter Scherversuch

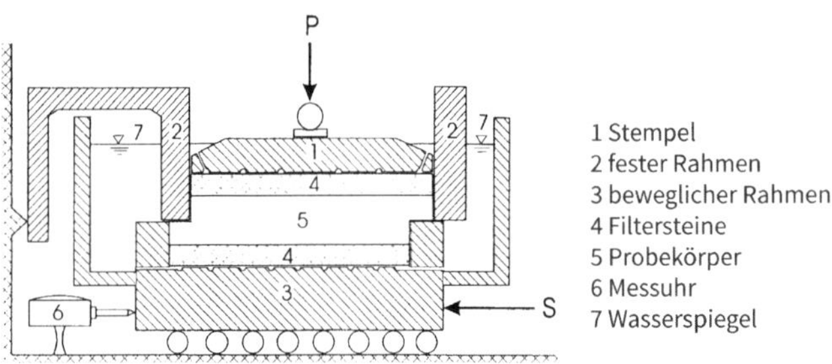

Abb. 9.12: *Rahmenschergerät, aus* v. Soos/Engel (2017)

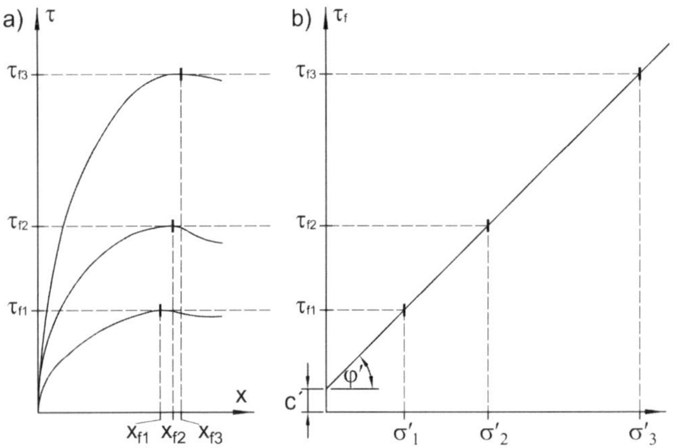

Abb. 9.13: *Ergebnis eines Rahmenscherversuchs: a) Scherwegdiagramm b) Schergerade*

Der direkte Scherversuch wird auch als Rahmenscherversuch, Kastenscherversuch, einaxialer Scherversuch usw. bezeichnet. Es können runde oder quadratische Proben mit beliebigen Abmessungen geprüft werden. Abb. 9.12 zeigt einen Schnitt durch eine typische Bauart des Rahmenschergeräts. Des Weiteren sind teilweise auch Kreisringschergeräte im Einsatz, bei denen die Scherkraft durch Drehen des oberen Rahmens um die Mittelachse erzeugt wird. Der Vorteil liegt darin, dass die beanspruchte Querschnittsfläche unverändert bleibt. Details sind *v. Soos/Engel (2017)* oder DIN EN ISO 17892-10 zu entnehmen. Der Versuch besteht aus mindestens 3 Einzelversuchen mit unterschiedlicher Auflastspannung (Normalspannung), wobei die Abschergeschwindigkeit so langsam gewählt wird, dass keine wesentlichen Porenwasserüberdrücke auftreten können. Abb. 9.13 zeigt ein typisches Versuchsergebnis.

Triaxialversuch

Beim Triaxialversuch werden zylindrische Bodenproben, die mit einer Gummihülle überzogen sind, mit einem allseitigen Flüssigkeitsdruck ($\sigma_1 = \sigma_2 = \sigma_3$) belastet und durch Erhöhung der senkrechten Belastung σ_1 zum Bruch gebracht. Eine Triaxialzelle zeigt Abb. 9.14. Die Versuche sind in DIN EN ISO 17892-8 und DIN EN ISO 17892-9 geregelt.

Zur Ermittlung der Scherparameter φ und c werden i. d. R. 3 Einzelversuche mit verschiedenen Seitendrücken $\sigma_2 = \sigma_3$ bis zum Bruch durchgeführt. Mit den Einzelergebnissen werden im *Mohr*'schen Diagramm Spannungskreise gezeichnet. Die Tangente an den Kreisen ergibt die Schergerade, aus der die Kohäsion c und der Reibungswinkel φ abgelesen wird.

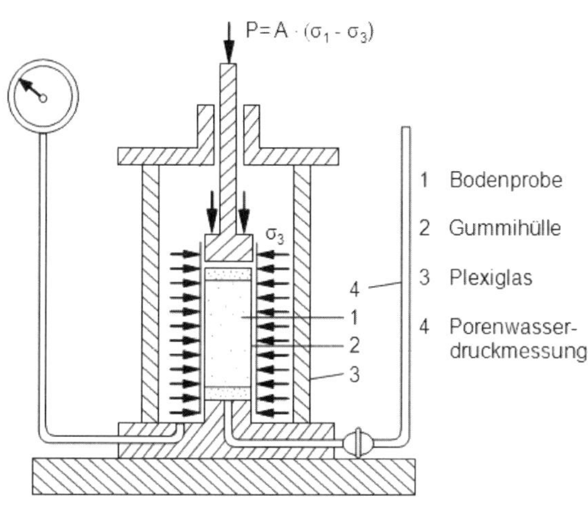

Abb. 9.14: *Triaxialzelle*

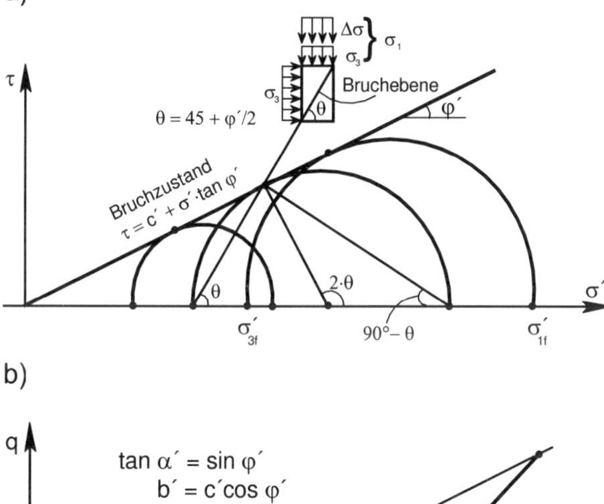

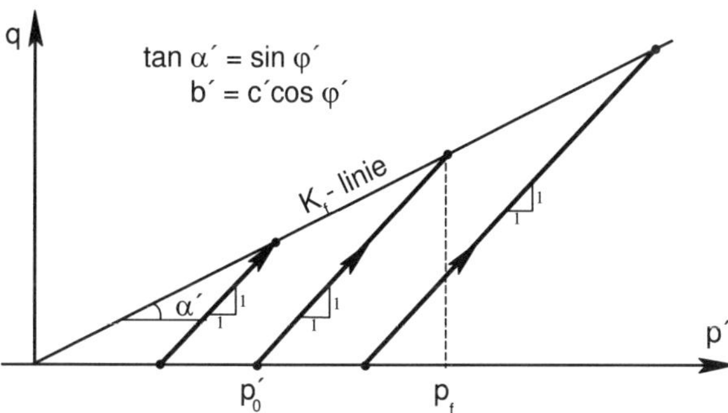

Abb. 9.15: *Konsolidierter, dränierter Versuch (CID oder CAD-Versuch) bei nichtbindigen Böden: a) Mohr'sche Spannungskreisdarstellung, b) Spannungspfad*

Porenwasserdruckmessungen sind nahezu bei allen Triaxialgeräten möglich, ebenfalls der Einbau von ungestörten und gestörten Bodenproben.

Übliche Probendurchmesser sind 3,8 cm, 5 cm und 10 cm je nach Bodenart und Gehalt an Grobkorn. Höhe der Proben h sind ungefähr 2,0 bis 2,5-Fache des Probendurchmessers. Sofern eine Endflächenschmierung der Proben erfolgt, kann Probenhöhe und Durchmesser gleich gewählt werden, welches auch zu homogenen Probenbelastungen führt.

Folgende Versuchstechniken sind zu unterscheiden:

- *CID oder CAD-Versuch* ($\Delta u = 0$) bei nichtbindigen Böden:
  Eine Kohäsion c' ist bei Sand oder Kies nicht vorhanden. Werden geringe c' Werte erzielt, so handelt es sich z. B. bei feuchtem Sand um eine *scheinbare Kohäsion* infolge Kapillarspannungen. Bei hoher Lagerungsdichte D kann die Scherlinie leicht gekrümmt sein (Abb. 9.15).

- *CID oder CAD-Versuch* bzw. *CIU oder CAU-Versuch* bei bindigen Böden:
  CID oder CAD-Versuch ($\Delta u = 0$): Kein Porenwasserüberdruck, lange Abscherzeiten. Anwendung evtl. bei schluffigen Sanden und Schluffen mit geringer Plastizität I_p.

CIU oder CAU-Versuch ($\Delta u \neq 0$): Porenwasserdruckmessung sind erforderlich und die Abscherzeiten sind erheblich verkürzt. Die Anwendung erfolgt bei allen bindigen Böden (Wassersättigung erforderlich), vgl. Abb. 9.16.

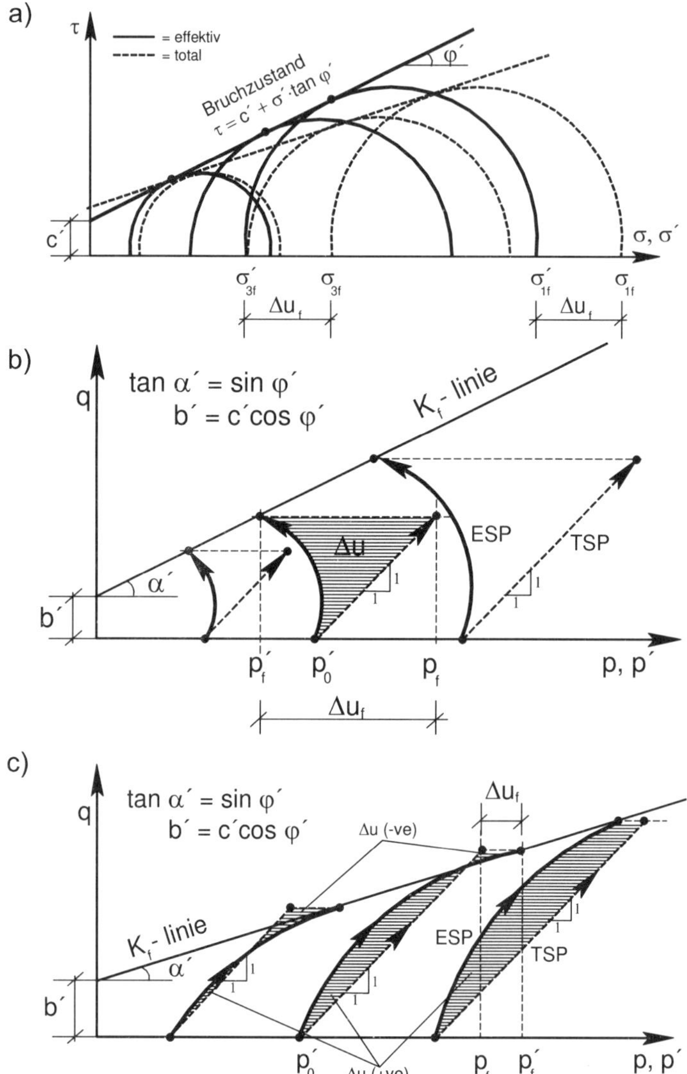

Abb. 9.16: *Konsolidierter, undränierter Versuch (CAU oder CIU-Versuch): a) effektive und totale Mohr'sche Spannungskreise, b) effektive (ESP) und totale (TSP) Spannungspfade für normalkonsolidierten Boden, c) effektive und totale Spannungspfade für überkonsolidierten Boden*

Werden zwei gleich normalkonsolidierte Bodenproben im Triaxialversuch betrachtet, wobei die eine unter undränierten und die andere unter dränierten Randbedingungen abgeschert werden, so scheint unabhängig von den Entwässerungsrandbedingungen beim Versuch der Spannungszustand beim Versagen auf einer gleichen Linie im p-q-System (Abb. 9.17a) oder im e-p-System (Abb. 9.17d) zu liegen. Diese Linie wird als *Critical State Line CSL* bezeichnet.

Beim dränierten Versuch bleibt der Porenwasserüberdruck null (Abb. 9.17c) und es gibt immer eine Volumenabnahme (Abb. 9.17e). Im Gegensatz dazu baut sich beim undränierten Versuch ein Porenwasserdruck auf und ist während des Versagens positiv (Abb. 9.17c), aber das Volumen der Probe bleibt konstant (Abb. 9.17e).

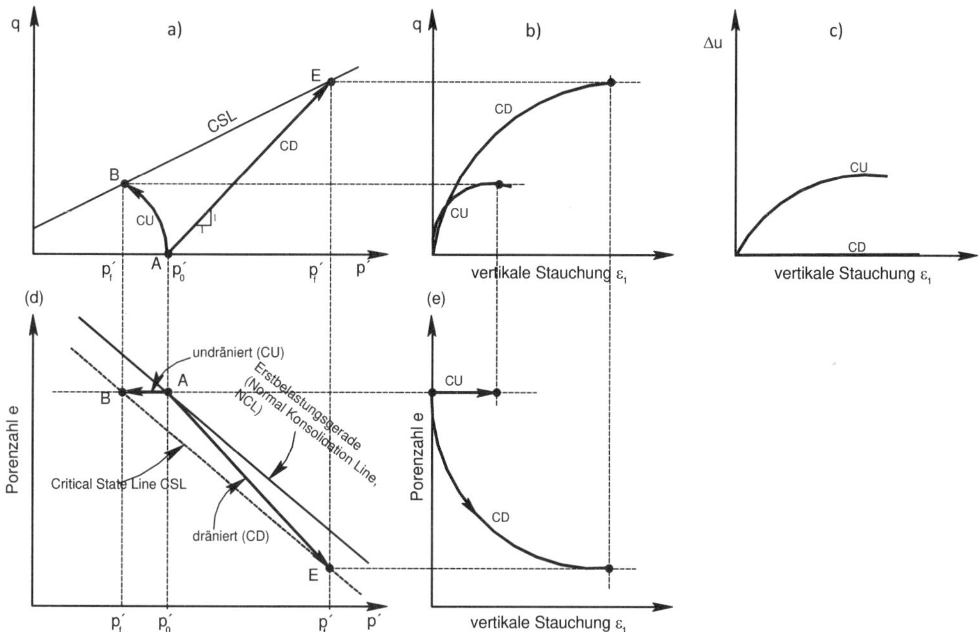

Abb. 9.17: *Vergleichende Darstellung eines dränierten und undränierten Triaxialversuches mit normalkonsolidiertem Boden: a) Spannungspfad, b) Spannungs-Verformungsverhalten, c) Porenwasserüberdruck-Stauchungsdiagramm, d) Spannungs-Volumenänderungsverhalten und e) Volumenänderungs-Verformungsverhalten*

Zum Vergleich enthält Abb. 9.18 die qualitativen Ergebnisse einer überkonsolidierten bindigen Probe. Unter den undränierten Randbedingungen bleibt das Volumen der Probe konstant (Abb. 9.18d und 9.18e) und der Porenwasserdruck baut sich langsam auf. Nach Erreichen der Maximumwerte baut er sich wieder ab und ist beim Versagen negativ (Abb. 9.18c). Unter dränierten Randbedingungen wird das Volumen der Probe bis zum Erreichen der maximalen Festigkeit verringert. Danach wächst das Volumen infolge der Scherdilatanz an, bis die Restscherfestigkeit erreicht wird (Abb. 9.18e). Unabhängig von den Entwässerungsrandbedingungen im Versuch und der Vorbelastungsgeschichte liegt der Spannungszustand beim Versagen aber wieder auf der *Critical State Line, CSL*.

- *UU-Versuch* ($\Delta u \neq 0$) bei wassergesättigten bindigen Böden: Keine Veränderung des Wassergehalts während des Versuchs. Die Spannungen werden vom Porenwasser aufgenommen. Aus den totalen Spannungen σ können c_u und φ_u abgeleitet werden. Bei wassergesättigten Tonen ergibt sich i. d. R. $\varphi_u \approx 0$, bei nicht wassergesättigten Böden $\varphi_u > 0$. Die Belastungs- und Abscherzeiten sind kurz.

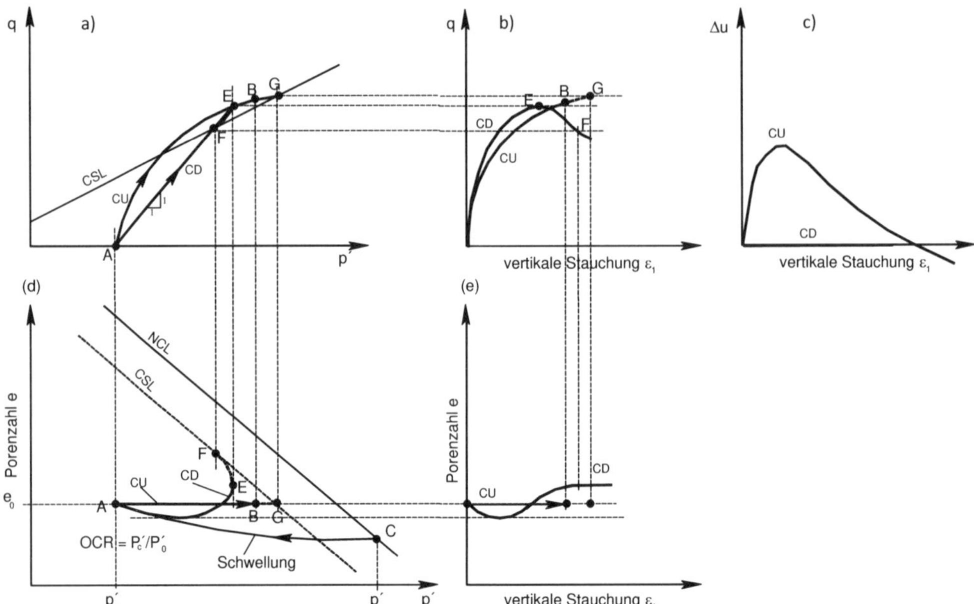

Abb. 9.18: *Vergleichende Darstellung eines dränierten und undränierten Triaxialversuches mit überkonsolidiertem Boden: a) Spannungpfade, b) Spannungs-Verformungsverhalten, c) Porenwasserüberdruck-Verformungsdiagramm, d) Spannungs-Volumenänderungsverhalten und e) Volumenänderungs-Verformungsverhalten*

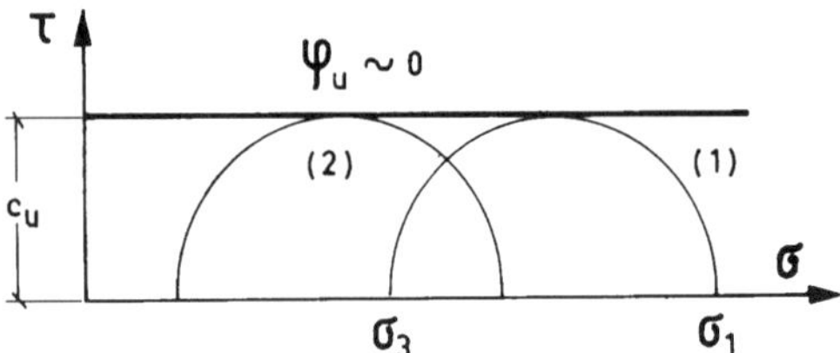

Abb. 9.19: *Unkonsolidierter, undränierter Versuch (UU-Versuch)*

Einaxialer Druckversuch

Beim einaxialen Druckversuch werden Probekörper gemäß DIN EN ISO 17892-7 bei einer unbehinderten Seitendehnung axial gestaucht. Der Versuch entspricht einem UU-Versuch ohne Zelldruck ($\sigma_3 = 0$), da das Probenmaterial in der Prüfmaschine nicht entwässern kann. Die einaxiale Druckfestigkeit (*Zylinderdruckfestigkeit*) wird an zylindrischen Proben bei einer konstanten Verformungsgeschwindigkeit bestimmt und ist der maximale Wert der beim Versuch gemessenen einaxialen Druckspannung σ, die über die aufgebrachte Kraft und dem Querschnitt der Probe ermittelt werden kann.

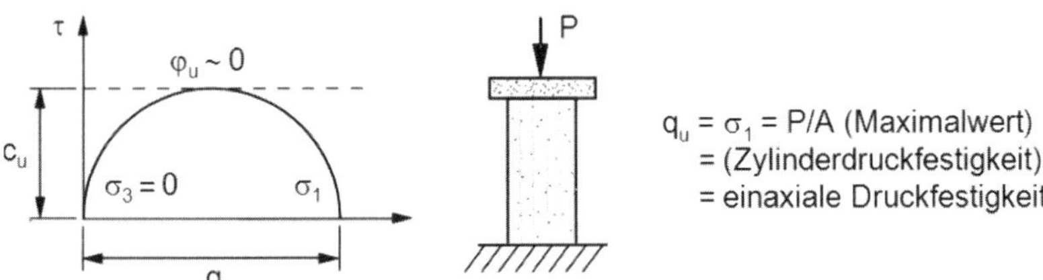

Abb. 9.20: *Einaxialer Druckversuch*

Aus dem einaxialen Druckversuch kann entsprechend Abb. 9.20 die Scherfestigkeit des undränierten Bodens c_u wie folgt abgeschätzt werden:

$$c_u = 0,5 \cdot q_u \tag{9.18}$$

9.3 Zahlenbeispiele siehe Anhang B-9.

10 Konsolidationstheorie

10.1 Einleitung

Wird auf eine bindige Bodenschicht eine großflächige Belastung aufgebracht, so geht der Boden von einem Ausgangszustand zu einem durch die Spannungsänderung notwendigen neuen Gleichgewichtszustand über und es tritt eine zeitabhängige Verformung des Bodens auf. Wie schon in 8.3.1 erläutert, wird die Axialverformung in Abhängigkeit von der Zeit in drei Anteile zerlegt, für die die Begriffe Sofortsetzung, Primärsetzung (Konsolidationssetzung) und Sekundärsetzung (Kriechsetzung) verwendet werden (siehe auch Abb. 8.13).

- Die Sofortsetzung s_0 ist die unmittelbar nach der Spannungserhöhung auftretende Axialverformung infolge Kompression der Porenluft und ggf. volumenkonstanter Schubverformungen bei weichen, wassergesättigten Böden. Diese ist i. d. R. gering und wird bei baupraktischen Fragestellungen meistens vernachlässigt.

- Beim plötzlichen Aufbringen von zusätzlichen Spannungen $\Delta\sigma$ auf einen bindigen Boden werden im Porenwasser Zusatzspannungen Δu erzeugt, die als Porenwasserüberdruck Δu bezeichnet werden. Die Primärsetzung s_1 entsteht durch ein Abströmen des nicht gebundenen Porenwassers infolge des Druckanstiegs im Porenwasser und der damit verbundenen Reduktion des Porenanteils. Eine geringe Durchlässigkeit des Bodens verhindert ein schnelles Austreten des Porenwassers und verzögert die Umlagerung der Belastungsspannungen vom Porenwasser auf das Korngerüst. Dieser Vorgang wird im üblichen bodenmechanischen Sprachgebrauch als Primärkonsolidation bezeichnet und kann im eindimensionalen Fall mit der Konsolidierungstheorie von *Terzaghi (1925)* beschrieben werden. Die Primärkonsolidierung wird als beendet angesehen, wenn der Porenwasserüberdruck im Boden weitgehend abgeklungen ist ($\sigma = \sigma'$) bzw. die effektiven Spannungen konstant bleiben. In diesem Fall werden dann alle Spannungen wieder über das Korngerüst abgetragen.

- Der Anteil der Sekundärsetzung s_2 an der Gesamtsetzung ist stark von der Bodenart abhängig. Diese zeitabhängige Verformung des Bodens unter konstanter Last, nach dem Abklingen des messbaren Porenwasserüberdruckes, wird auch Sekundärkonsolidation genannt. Hierbei wird u. a. gebundenes (kein freies) Porenwasser durch Kriechbewegungen der einzelnen Bodenteilchen ausgepresst. Da Wasser ausfließt, muss aus physikalischen Gründen auch in der Sekundärphase ein geringer Porenwasserüberdruck vorhanden sein.

Der gesamte zeitliche Verfestigungsvorgang des Bodens unter einer Auflast wird als Konsolidierung verstanden. Ursprünglich wurde nach *Terzaghi* nur das Abklingen des Porenwasserüberdrucks während der Primärphase als Merkmal der Konsolidationssetzung angesehen. Erst in *Buisman (1936)* wird auf die Sekundärsetzungen hingewiesen. Zwischen Primär- und Sekundärkonsolidation ist eine strenge physikalische Trennung eigentlich nicht möglich, da beide Vorgänge, über die Probenhöhe betrachtet, für eine gewisse Zeitdauer parallel ablaufen. Der Anteil der Sekundärsetzungen während der Primärphase kann jedoch näherungsweise vernachlässigt werden. Anerkannte Verfahren zur Trennung wurden von *Casagrande/Fadum (1940)* und *Taylor (1942)* entwickelt. Siehe hierzu auch *Soumaya (2005)* und *Kempfert/Gebreselassie (2006)*.

10.2 Größe des Porenwasserüberdrucks bei Spannungsänderung

Der Hauptanteil an der Axialverformung ist i. d. R. durch den während der Primärphase auftretenden Verlust von freiem Porenwasser infolge des nach einer Spannungsänderung auftretenden Porenwasserüberdruckes bedingt.

Der Zusammenhang zwischen dem Porenwasserüberdruck Δu und den Zusatzspannungen $\Delta\sigma$ kann dabei nach *Skempton (1954)* durch den Porenwasserdruckkoeffizienten B ausgedrückt werden.

$$\Delta u = B \cdot \Delta\sigma \tag{10.1}$$

Die Größe des Porenwasserdruckkoeffizienten B hängt dabei u. a. vom Sättigungsgrad, der Kompressibilität des Porenwassers im Vergleich zum Korngerüst sowie der Durchlässigkeitsbeiwert und der Geschwindigkeit der Belastungsänderung ab.

Bei einer hohen Belastungsgeschwindigkeit und kleinem Durchlässigkeitsbeiwert der Porenwasserdruckkoeffizienten gilt $B \approx 1,0$, da die Kompressibilität des Porenwassers im Vergleich zu der des Korngerüstes sehr klein ist.

Bei einem anisotropen Spannungszuwachs ist zusätzlich der Porenwasserüberdruckparameter A zu berücksichtigen, der sich bei einer Zerlegung in einen allseitigen Spannungszuwachs Δu_a und einen axialen Spannungszuwachs Δu_d entsprechend Abb. 10.1 wie folgt ergibt:

$$\Delta u_a = \Delta\sigma_3 \tag{10.2}$$

$$\Delta u_d = A \cdot (\Delta\sigma_1 - \Delta\sigma_3) \tag{10.3}$$

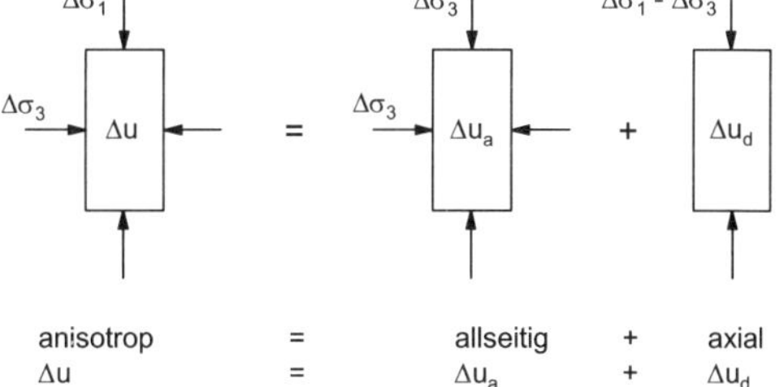

Abb. 10.1: *Bei anisotropem Spannungszuwachs induzierte Porenwasserüberdrücke; nach* Lang et al. (2003)

Somit ergibt sich nach *Skempton (1954)* die folgende allgemeine Beziehung, mit der die Änderung des Porenwasserüberdruckes infolge einer Änderung des totalen Spannungszustandes erfasst werden kann.

$$\Delta u = B \cdot [\Delta\sigma_3 + A(\Delta\sigma_1 - \Delta\sigma_2)] \tag{10.4}$$

Im eindimensionalen Verformungszustand (z. B. eindimensionaler Kompressions- bzw. Konsolidationsversuch) werden die seitlichen Verformungen des Bodenelements vernachlässigt und es wird vorausgesetzt, dass das Verhältnis der effektiven Vertikal- zu den Horizontalspannungen durch den konstanten Faktor K_0 ausgedrückt werden kann.

In diesem Fall und bei der gebräuchlichen Annahme von $B \approx 1,0$ gilt für den Porenwasserüberdruck bei plötzlicher Lastaufbringung die Beziehung $\Delta u = \Delta\sigma$. Somit kann i. . R. vorausgesetzt werden, dass eine zusätzlich aufgebrachte Spannung $\Delta\sigma$ unmittelbar beim Aufbringen (zum Zeitpunkt $t = 0$) vollständig in Porenwasserüberdruck Δu übergeht. Demzufolge ist zum Zeitpunkt $t = 0$ der Zuwachs an effektiven Spannungen $\Delta\sigma' = 0$, d. h., direkt bei Belastung treten keine Volumenänderungen oder Änderungen der Scherfestigkeit auf.

10.3 Eindimensionale Konsolidationstheorie

10.3.1 Allgemeines

Zur Erklärung der Vorgänge und der Gesetze der zeitlichen Veränderung der neutralen bzw. effektiven Spannungen dient das Federtopfmodell von *Terzaghi* nach Abb. 10.2. In einem zylindrischen, wassergefüllten Behälter befindet sich eine Reihe von fein perforierten Platten, die durch Federn verbunden sind. Im Augenblick einer Belastung auf die oberste Platte verändert sich die Länge der Federn zunächst nicht, da das Wasser durch die Öffnungen nicht schlagartig entweichen kann.

Das Wasser trägt also zuerst die gesamte Belastung, in den Piezometerröhren steigt das Wasser bis zur Höhe $h = p/\gamma_w$. Nach einer gewissen Zeit wird ein Teil des Wassers aus den oberen Fächern durch die Öffnungen ausgepresst, die Federn verkürzen sich etwas und nehmen je nach Federsteifigkeit einen Teil der Belastung auf. Der verminderte Wasserdruck wird in den Piezometerröhren durch die Punkte einer Kurve (Isochrone) für t_1 angezeigt. Nach einer Zeit t_2 erhält man die Punkte der Linie t_2 usw.

Nach einer längeren Zeit entsteht dann ein Ruhezustand, die Spannung im Wasser ist wieder null, die ganze Belastung wird von den Federn getragen. Die Zeit, die zum Eintritt einer gewissen Zusammendrückung benötigt wird, hängt offenbar davon ab, wie schnell das Wasser durch die Öffnungen ausströmen kann, d. h. wie fein diese sind. In der Analogie entsprechen die Federn dem Korngerüst, das Wasser entspricht dem Porenwasser, die Anzahl und Größe der Öffnungen drücken die Durchlässigkeit des Bodens aus und die Federsteifigkeit entspricht der Zusammendrückbarkeit des Bodens.

10.3.2 Herleitung der Differenzialgleichung für die eindimensionale Konsolidation nach *Terzaghi*

Zur Beschreibung des zeitlichen Verlaufs der Setzungen s_1 bindiger, wassergesättigter Böden hat *Terzaghi (1925)* die sogenannte *eindimensionale Konsolidationstheorie* abgeleitet, wobei ein eindimensionaler Konsolidierungszustand dann vorliegt, wenn die infolge einer

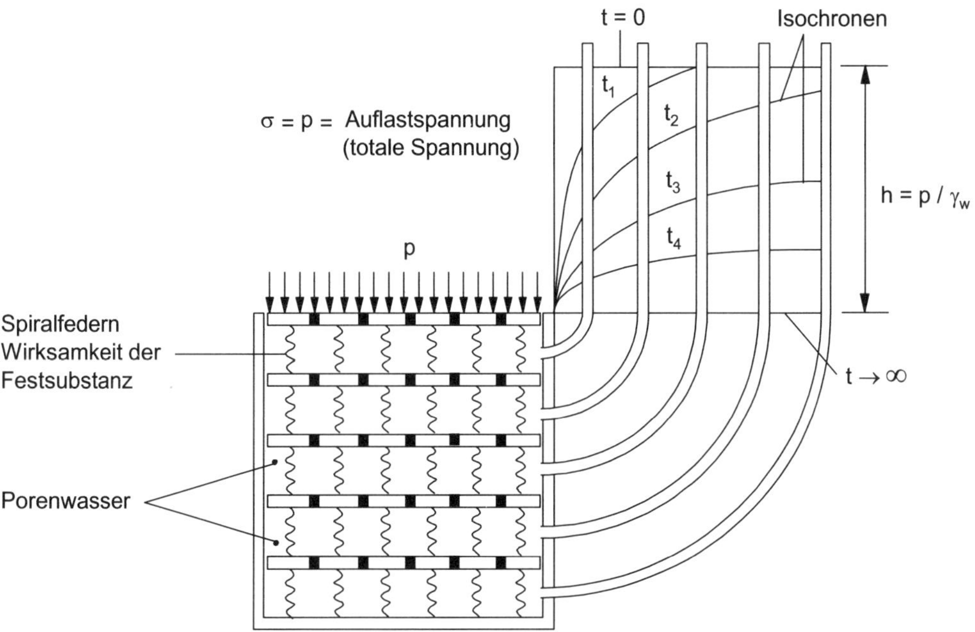

Abb. 10.2: *Federtopfmodell nach Terzaghi zum Konsolidationsvorgang*

Belastung auftretende Porenwasserströmung nur in einer Richtung stattfindet, der Boden also auch nur in dieser Richtung verformt wird. In der Realität tritt dieser Zustand näherungsweise unter Bauwerken mit einer ausgedehnten Gründungsfläche auf, wenn die totale Spannung σ im Boden infolge der Auflast ausreichend weit vom Bruch- bzw. Grenzzustand (7.3) entfernt ist.

Nachfolgend wird die Herleitung der Differenzialgleichung erläutert, welche auf der Annahme beruht, dass die Volumenänderung des Bodens gleich der ausgeströmten Wassermenge ist (Gesetz der Massenerhaltung), wohingegen Festsubstanz und Wasser selbst inkompressibel sind, dies bedeutet auch, dass sich zum Zeitpunkt der Lastaufbringung die Zusatzspannungen vollständig in einen Porenwasserüberdruck umsetzen.

Des Weiteren wird vorausgesetzt, dass eine homogene bindige Schicht mit vollkommener Wassersättigung vorliegt und dass der Steifemodul E_s und die Durchlässigkeit k des Bodens während der Konsolidation konstant sind.

Die Porenwasserströmung gehorcht dem *Darcy*'schen Filtergesetz:

$$v = k \cdot i \qquad (10.5)$$

Aus dem Porenwasserüberdruckgefälle $(\partial\Delta u/\partial z)$ und der Wichte des Porenwassers γ_w errechnet sich der hydraulische Gradient i zu:

$$i = -1/\gamma_w \cdot \partial\Delta u/\partial z \qquad (10.6)$$

Eingesetzt in die Gl. (10.5) ergibt sich für die Filtergeschwindigkeit:

$$v = -\frac{k}{\gamma_w} \cdot \frac{\partial(\Delta u)}{\partial z} \tag{10.7}$$

Aus der Forderung nach der Erhaltung der Masse folgt, dass die Volumenänderung des Bodens pro Zeiteinheit gleich der ausgeströmten Wassermenge ist.

Durch eine Flächeneinheit fließt pro Zeiteinheit folgende Wassermenge:

$$q = A \cdot v = -\frac{k}{\gamma_w} \cdot \frac{\partial(\Delta u)}{\partial z} \tag{10.8}$$

Durch eine Ebene, die um dz höher liegt, fließt dann

$$q + dq = -\frac{k}{\gamma_w} \cdot \left(\frac{\partial(\Delta u)}{\partial z} + \frac{\partial}{\partial z} \cdot \frac{\partial(\Delta u)}{\partial z} dz \right) \tag{10.9}$$

Die aus einer Einheit des Rauminhaltes ausgepresste Wassermenge beträgt also:

$$\frac{dq}{\partial z} = -\frac{k}{\gamma_w} \cdot \frac{\partial^2(\Delta u)}{\partial z^2} \tag{10.10}$$

Die Abnahme des Volumens je Zeiteinheit ergibt sich unter Zugrundelegung einer Bezugsporenzahl e_0 zu:

$$\frac{\partial \varepsilon}{\partial t} = -\frac{\partial e/(1+e_0)}{\partial t} \tag{10.11}$$

Aus der Forderung nach Masseerhaltung folgt also:

$$\frac{k}{\gamma_w} \cdot \frac{\partial^2(\Delta u)}{\partial z^2} = \frac{\partial e/(1+e_0)}{\partial t} \qquad \text{bzw.} \qquad \frac{k \cdot (1+e_0)}{\gamma_w} \cdot \frac{\partial^2(\Delta u)}{\partial z^2} = \frac{\partial e}{\partial t} \tag{10.12}$$

Der Zusammenhang zwischen der totalen Spannung σ, der effektiven Spannung σ' und dem Porenwasserüberdruck Δu ergibt sich aus der allgemeinen Gleichgewichtsbedingung, auch Gesetz der wirksamen Spannung genannt, siehe auch 6.2:

$$\sigma = \sigma' + \Delta u \tag{10.13}$$

Da vorausgesetzt wird, dass die totalen Spannungen konstant bleiben, ergibt sich die Ableitung nach der Zeit zu:

$$\frac{\partial \sigma'}{\partial t} = \frac{\partial(\Delta u)}{\partial t} \tag{10.14}$$

Nach der linearen Elastizitätstheorie lässt sich die Porenzahländerung infolge einer Belastungsänderung unter Zuhilfenahme der Definition des Steifemoduls wie folgt beschreiben:

$$E_s = \partial\sigma'/\partial\varepsilon \qquad \text{bzw.} \qquad E_s = \frac{\partial \sigma'}{[\partial e/(1+e_0)]} \qquad \text{bzw.} \qquad \partial e = \frac{\partial \sigma'}{E_s}(1+e_0) \tag{10.15}$$

Unter Berücksichtigung der Gleichgewichtsbedingung (10.14) kann man nun auch schreiben:

$$\partial e = \frac{\partial \Delta u}{E_s}(1 + e_0) \tag{10.16}$$

Diese Bedingung wird in die Gl. (10.12) eingesetzt und es ergibt sich die klassische Differenzialgleichung für die eindimensionale Konsolidation:

$$\frac{\partial \Delta u}{\partial t} = \frac{k \cdot E_s}{\gamma_w} \cdot \frac{\partial^2(\Delta u)}{\partial z^2} \tag{10.17}$$

Der Ausdruck

$$c_v = \frac{k \cdot E_s}{\gamma_w}$$

wird Konsolidationsbeiwert genannt und von *Terzaghi* als konstant angenommen.

10.3.3 Lösung der Differenzialgleichung der eindimensionalen Konsolidationstheorie

Die Differenzialgleichung der eindimensionalen Konsolidationstheorie lässt sich für verschiedene Randbedingungen mit *Fourier*-Reihen geschlossen lösen. Der längste Entwässerungsweg wird dabei mit H bezeichnet.

Für den Fall einer beidseitigen Entwässerung, d. h., wenn die angenommene bindige Bodenschicht an ihrer Unter- und Oberseite entwässern kann, entspricht H der halben Schichtdicke. In diesem Fall ergibt sich für den Porenwasserdruck u in Abhängigkeit eines Anfangsporenwasserüberdruckes Δu_i in einer Tiefe z zum Zeitpunkt t folgende Lösung unter der Annahme, dass der Porenwasserüberdruck unmittelbar nach der Lastaufbringung dem von der Tiefe abhängigen Anfangsporenwasserüberdruck entspricht ($\Delta u_{(t=0)} = \Delta u_i$).

$$\Delta u = \sum_{n=1}^{n=\infty} \left(\frac{1}{H} \int_0^{2H} \Delta u_i \cdot \sin \frac{n \cdot \pi \cdot z}{2 \cdot H} dz \right) \sin \frac{n \cdot \pi \cdot z}{2 \cdot H} \cdot \exp \left(\frac{-n^2 \cdot \pi^2 \cdot T_v}{4} \right) \tag{10.18}$$

mit

$$T_v = \frac{c_v \cdot t}{H^2}$$

Für eine gegebene Zeit ist der Verfestigungsgrad (Konsolidierungsgrad) U_c für einen Punkt in einer Tiefe z wie folgt definiert.

$$U_c(z) = \frac{\text{abgebauter Porenwasserüberdruck}}{\text{Anfangsporenwasserüberdruck}} = \frac{\Delta u_i - \Delta u}{\Delta u_i} = \frac{\sigma'}{\Delta u_i} \tag{10.19}$$

Lösungen für diese Gleichung für verschiedene Randbedingungen und Verteilungen des Anfangsporenwasserüberdruckes Δu_i sind als Isochronen, d. h. die Veränderung des Konsolidierungsgrades mit der Tiefe für verschiedene Zeitfaktoren, in der Literatur zu finden. In Abb. 10.3 ist beispielhaft der Verfestigungsgrad für den Fall eines konstanten Anfangsporenwasserüberdruckes über die Schichthöhe dargestellt.

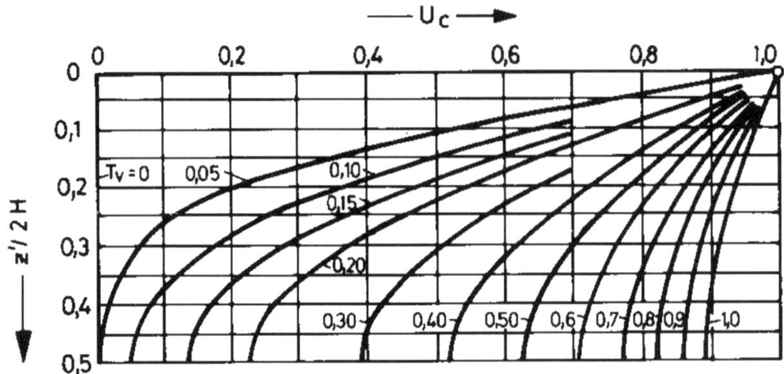

Abb. 10.3: *Verfestigungsgrad über die halbe Schichtdicke H abhängig von T_v*

In den meisten Fällen interessiert aber nur der durchschnittliche Verfestigungsgrad U_m, da dieser näherungsweise gleichbedeutend mit dem Verhältnis der eingetretenen Setzung zur maximalen Konsolidationssetzung s_∞ ist, siehe Gl. (10.20).

$$U_m = \frac{\frac{1}{H_t} \cdot \int_0^{H_t} \Delta u_i \, dz - \frac{1}{H_t} \cdot \int_0^{H_t} \Delta u \, dz}{\frac{1}{H_t} \cdot \int_0^{H_t} \Delta u_i \, dz} = \frac{s_t}{s_\infty} \tag{10.20}$$

Diese Gleichung kann gelöst werden, indem für den Porenwasserdruck Δu zum Zeitpunkt t die Gl. (10.18) eingesetzt wird. Für einen konstanten Wert des Anfangsporenwasserüberdruckes über die Schichthöhe und zweiseitige Entwässerung ergibt sich

$$U_m = 1 - \sum_{m=0}^{m=\infty} \frac{2}{M^2} \exp(-M^2 \cdot T_v) \qquad \text{mit } M = n \cdot \pi/2 \tag{10.21}$$

Für die praktische Umsetzung hat Terzaghi die folgenden Ausdrücke abgeleitet, um die Funktion der Gl. (10.21) anzunähern (mit U_m in %):

$$\begin{aligned} &\text{Für } U_m = 0 \text{ bis } 53\% : && T_v = \pi/4 \cdot (U/100)^2 \\ &\text{Für } U_m = 53 \text{ bis } 100\% : && T_v = 1,781 - 0,933 \cdot [\log(100 - U)] \end{aligned} \tag{10.22}$$

Des Weiteren wurde von *Sivaram/Swamee (1977)* eine Annäherungsfunktion wie folgt angegeben:

$$T_v = \frac{(\pi/4) \cdot (U_m/100)^2}{[1 - (U_m/100)^{5,6}]^{0,357}} \tag{10.23}$$

Bei Anwendung der Gl. (10.23) ergibt sich ein Fehler kleiner 1 % für 0 % $< U_m <$ 90 % und ein Fehler kleiner 3 % für 90 % $< U_m <$ 100 %.

Bei einer zweiseitigen Entwässerung und konstantem Wert des Anfangsporenwasserüberdruckes kann der zeitliche Verlauf des Verfestigungsgrades auch der grafischen Darstellung in Abb. 10.4 entnommen werden, wobei auch Lösungen im Fall von verschiedenen Durchlässigkeitskoeffizienten k für die Schichthälften enthalten sind.

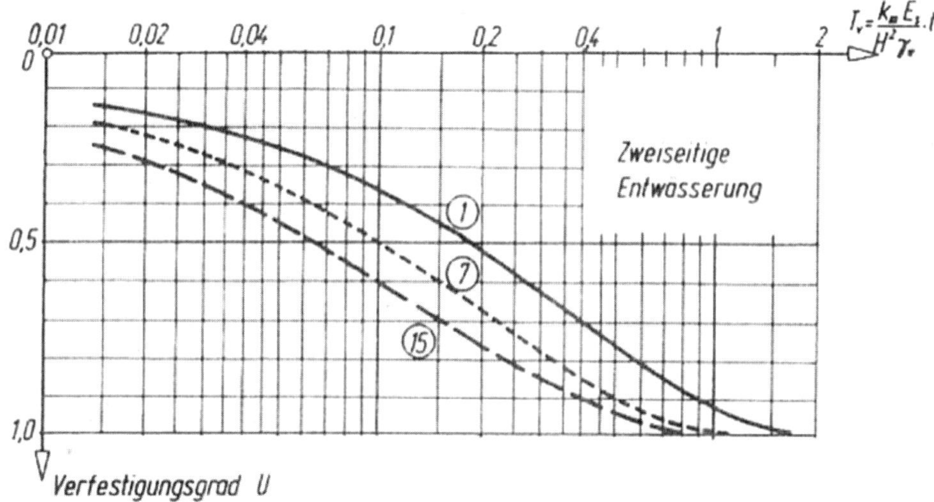

Abb. 10.4: *Theoretischer mittlerer zeitlicher Verlauf der Primärsetzungen (1: Durchlässigkeitskoeffizient k = konstant, 7: eine Schichthälfte 7-mal durchlässiger als die andere, 15: eine Schichthälfte 15-mal durchlässiger als die andere), aus* Gußmann (1980)

Für andere Verteilungsformen des Anfangsporenwasserüberdruckes existieren ebenfalls Lösungen, die z. B. in *Das (1997)* zusammengestellt sind. Wie in Abb. 10.4 zu erkennen, liefert die theoretische Lösung, dass bei konstanter Durchlässigkeit und beidseitiger Entwässerung erst bei Zeitfaktoren $T_v > 1,0$ die Konsolidation abgeschlossen ist. Für praktische Untersuchungen bei den Randbedingungen wird in der Praxis auch das in Abb. 10.5 enthaltene Diagramm für U_m verwendet, d. h. näherungsweise wird $U_m = 1$ für $T_v = 1$ gesetzt, was auf Erfahrungen aus Setzungsmessungen an Straßendämmen beruht.

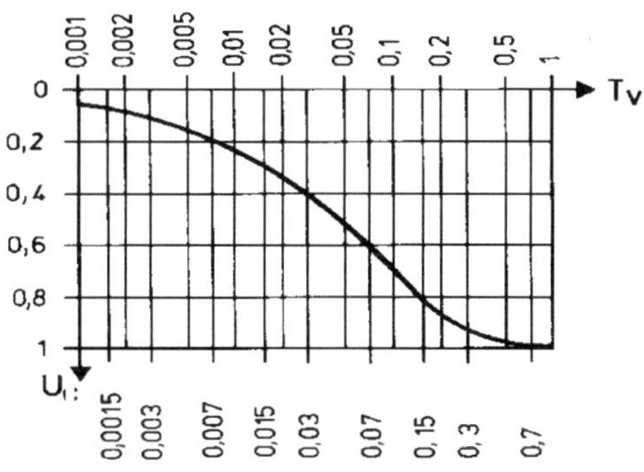

Abb. 10.5: *Dimensionsloser mittlerer zeitlicher Verlauf der Primärsetzungen, abgeleitet aus Setzungsmessungen an Straßendämmen, nach* FGSV-542 (2010)

10.3.4 Zeitabhängige Belastung

Bisher wurde angenommen, dass die Belastung $\Delta\sigma$ plötzlich aufgebracht wurde, d. h. zeitunabhängig war. In der Realität trifft dies jedoch nicht immer zu.

Olson (1977) hat eine mathematische Lösung für eine lineare Belastungszunahme während eines Zeitraumes t_c unter Berücksichtigung einer zweiseitigen Entwässerung erstellt:

$$
\begin{aligned}
&\text{für } T_v \leq T_c: \quad U_m = \frac{T_v}{T_c}\left\{1 - \frac{2}{T_v}\sum_{m=0}^{m=\infty}\frac{1}{M^4}\left[1 - \exp(-M^2 \cdot T_v)\right]\right\} \\
&\text{für } T_v > T_c: \quad U_m = 1 - \frac{2}{T_c}\sum_{m=0}^{m=\infty}\frac{1}{M^4}\left[\exp(-M^2 \cdot T_c) - 1\right]\exp(-M^2 \cdot T_c)
\end{aligned}
\tag{10.24}
$$

mit

$$T_c = c_v \cdot t_c / h^2$$

Die Veränderung des durchschnittlichen Verfestigungsgrades U_m in Abhängigkeit des Zeitfaktors T_v unter zeitabhängiger Belastung und unter der Voraussetzung einer beidseitigen Entwässerung der konsolidierenden Bodenschicht ist für verschiedene T_c in Abb. 10.6 dargestellt.

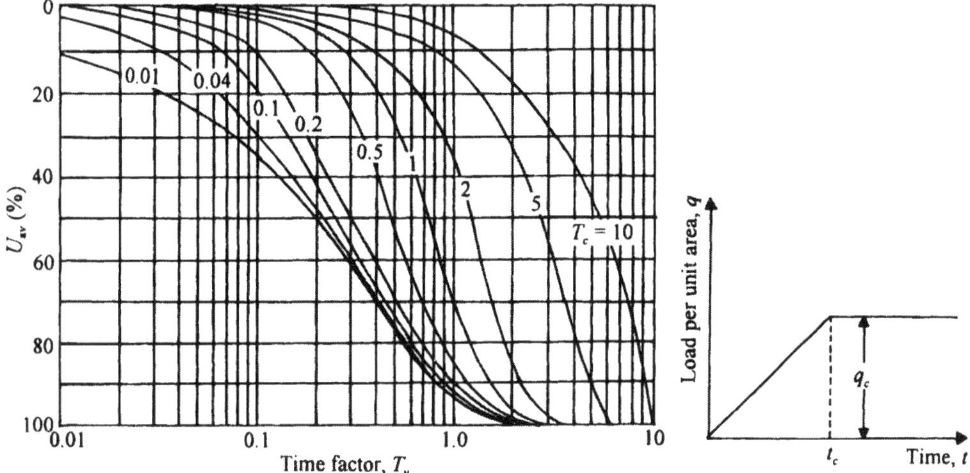

Abb. 10.6: *Verfestigungsgrad für zeitabhängige Belastungen, aus* Das (1983)

10.4 Mehrdimensionale Konsolidationstheorie

Die eindimensionale Konsolidationstheorie setzt voraus, dass eine Porenwasserströmung nur vertikal nach unten bzw. nach oben stattfinden kann. Eine gute Wiedergabe der Verhältnisse in der Realität durch die eindimensionale Konsolidationstheorie hängt somit von der Bedingung ab, dass die Dicke der auskonsolidierenden Schicht klein gegenüber der flächenhaften Ausdehnung der Lastfläche ist. Ist diese Bedingung nicht erfüllt, so findet neben der Porenwasserströmung in vertikaler Richtung auch eine in horizontaler Richtung statt. Die Konsolidation ist dann zwei- oder dreidimensional, und die Konsolidationszeiten können sich erheblich von denen des eindimensionalen Falles unterscheiden.

Die Differenzialgleichungen der zwei- und dreidimensionalen Konsolidationstheorie können im Allgemeinen nur mithilfe von numerischen Verfahren gelöst werden. Für spezielle Randbedingungen ist in Sonderfällen jedoch eine geschlossene Lösung möglich. In der Ingenieurpraxis können in den wichtigen Fällen der Konsolidation unter Kreis- und Streifenfundamenten auch Diagramme verwendet werden, siehe *Gußmann (1980)*.

10.5 Konsolidationsbeschleunigung durch Vertikaldränagen

10.5.1 Wirkungsweise

Wie aus den vorstehenden Erläuterungen ersichtlich ist, ist die Konsolidationsgeschwindigkeit (gleich Abklingen der Setzungen) eine Funktion der Länge des Entwässerungsweges. Damit entsteht, wenn der Dränabstand geringer als die Schichtdicke ist, beim Einbau von Vertikaldränagen durch die Verkürzung des Entwässerungsweges eine Beschleunigung der Konsolidierungssetzungen. Die zusammendrückbaren Schichten entwässern dabei unter der Auflast (z. B. Damm) zu den Dräns hin.

Vertikaldräns sind somit besonders dann geeignet, wenn gering durchlässige, kompressible Schichten in großer Mächtigkeit anstehen. Bei Böden mit ausgeprägten Sekundärsetzungen, z. B. Torfen, ist allerdings zu beachten, dass Vertikaldräns nur die Primärsetzungen beschleunigen. Des Weiteren zeigen Erfahrungen, dass bei der Ausführung von Vertikaldränagen insgesamt etwas größere Setzungsbeträge eintreten.

10.5.2 Arten und Einbau von Vertikaldränagen

Es sind unterschiedliche Vertikaldränarten bekannt, wie z. B. Sanddräns, Schottersäulen, geokunststoffummantelte Säulen oder Kunststoffdräns (Streifendräns). Die Anordnung der Vertikaldränagen findet i. d. R. als gleichseitige Dreiecksraster statt.

Die oft verwendeten Streifendräns sind vorgefertigte bandförmige Dräns, die aus einem Kunststoffkern und einer Filterhülle aus Geotextil bestehen. Der Dränkern ist so ausgebildet, dass durch ihn das Wasser abfließen kann. Streifendräns sind sehr flexibel und passen sich den auftretenden Bodenverformungen leicht an.

Streifendräns werden i. d. R. mit Spezialmaschinen (sog. *Stitcher*) eingebaut. Eine hohle Stahllanze, siehe Abb. 10.7, in derem Inneren der Drän geführt wird, wird in den Boden gedrückt oder gerüttelt. Der Drän wird im Boden verankert und die Stahllanze gezogen.

Der mögliche Zufluss zum Drän ist dabei abhängig von der horizontalen Durchlässigkeit des Bodens, der Länge des Entwässerungsweges (Dränabstand), der Wassereintrittsfläche am Drän (Dränumfang) und vom hydraulischen Gefälle (Auflast). Die Durchlässigkeit des Dränfilters ist so zu wählen, dass in Abhängigkeit vom Dränabstand und bei Berücksichtigung von eingelagerten, stärker durchlässigen Schichten eine rückstaufreie Entwässerung des Bodens möglich ist. Der Dränkern muss ebenfalls so ausgebildet sein, dass alles in ihn eintretende Wasser rückstaufrei in die vorgegebenen Entwässerungsschichten gelangen kann. Weiterhin muss eine ausreichende Vorflut sichergestellt sein. Weitere Details hinsichtlich Ausführung können DIN EN 15237 entnommen werden.

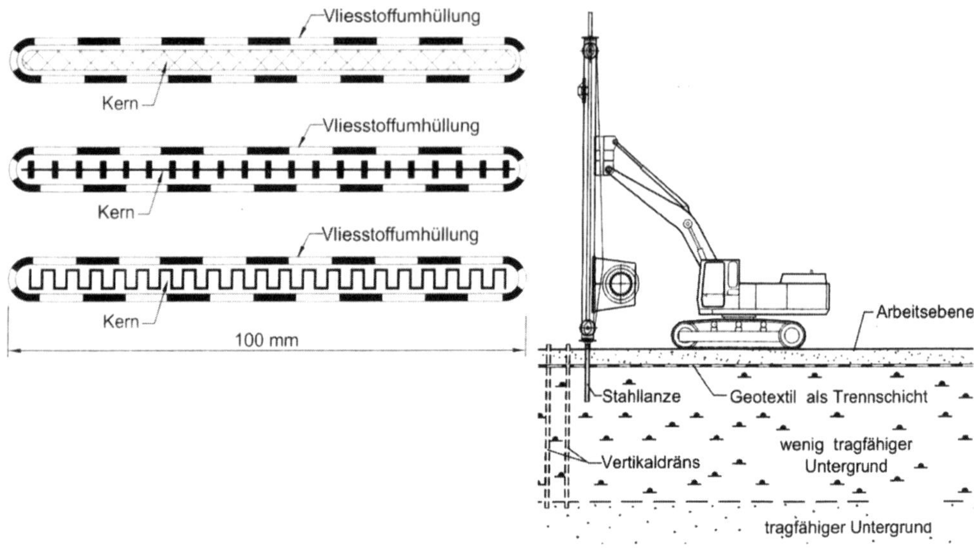

Abb. 10.7: *Querschnitte von Streifendräns und Einbau, nach* FGSV-542 (2010)

10.5.3 Berechnung des Konsolidationsvorgangs bei Vertikaldränagen

Für die Betrachtung des Konsolidationsvorgangs beim Einsatz von Vertikaldränagen bedient man sich eines einfachen geometrischen Modells, ausgehend von einer Einzelsäule mit ihrem Einflussbereich in einem als unendlich angenommenen Raster. Der Einflussbereich wird hierbei in einen flächengleichen Kreis mit dem Durchmesser D_e umgewandelt und man erhält ein rotationssymmetrisches Modell, siehe Abb. 10.8. Es wird angenommen, dass eine Entwässerung nur in horizontaler und nicht in vertikaler Richtung stattfindet.

Für die Berechnung des Konsolidationsvorganges kann die Grundgleichung der Konsolidationstheorie nach *Terzaghi* für die eindimensionale Konsolidation für den Fall eines radialen Zuflusses in folgende Gleichung umgesetzt werden:

$$\frac{\partial \Delta u}{\partial t} = C_{vr} \left(\frac{\partial^2 \Delta u}{\partial r^2} + \frac{1}{r} \frac{\partial \Delta u}{\partial r} \right) \tag{10.25}$$

mit

Δu :	Porenwasserüberdruck
r :	radiale Entfernung vom betrachteten Punkt zum Zentrum der Dränage
C_{vr} :	horizontaler Konsolidationsbeiwert
t :	Zeit

Die erste vollständige Lösung für die Berechnung eines durch Vertikaldränagen beschleunigten Konsolidationsvorganges wurde dabei von *Barron (1948)* für zwei Grundvoraussetzungen vorgestellt.

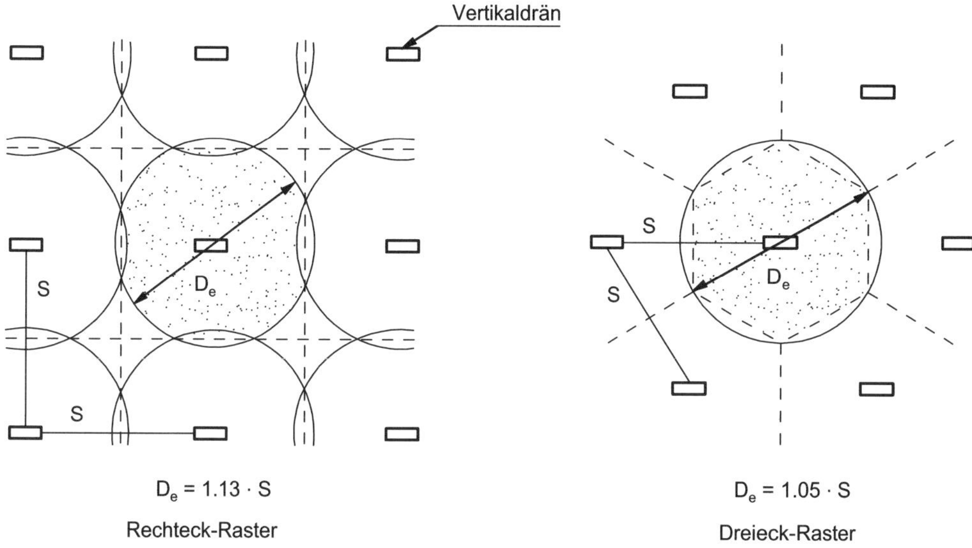

Abb. 10.8: *Dränraster und Einflussbereich einer Vertikaldränage, nach Bergado et al. 1994*

a) Freie Verformung (free strain) des Bodens um den Drän, bei diesem Fall wird angenommen, dass keine Spannungsumlagerungen stattfinden und dass die Scherdeformationen den Konsolidationsvorgang nicht beeinflussen.

b) Einheitliche Verformung (equal strain), hierbei wird angenommen, dass die Last jeweils so umgelagert wird, dass alle vertikalen Verformungen gleich sind. Dies kann erwartet werden, wenn der Radius des Einflussbereiches klein gegenüber der Schichtdicke ist.

Im Regelfall werden bei der Berechnung der Konsolidationsbeschleunigung durch Vertikaldränagen diejenigen Lösungen verwendet, welche unter der Voraussetzung einer einheitlichen Verformung abgeleitet wurden.

Unter der Voraussetzung einer konstanten Oberflächensetzung und nur horizontalem Abströmen des Porenwassers lässt sich die Beschleunigung der Konsolidation in geschlossener Form wie folgt berechnen. Der Porenwasserüberdruck zu einer beliebigen Zeit t und Entfernung r wird in Abhängigkeit des Dränradius r_w dabei durch die Gl. (10.26) definiert.

$$u = \frac{4\Delta u_{av}}{d_e^2 F(n)} \left[r_e^2 \cdot \ln\left(\frac{r}{r_w}\right) - \frac{r^2 - r_w^2}{2} \right] \tag{10.26}$$

mit

$$F(n) = \frac{n^2}{n^2-1} \cdot \ln(n) - \frac{3n^2-1}{4n^2} \quad \text{mit } n = r_e/r_w$$

$$\Delta u_{av} = \Delta u_i \cdot e^{\lambda} \qquad \text{wobei} \qquad \lambda = -8T_r/F(n)$$

$$T_r = C_{vr} \cdot t/d_e^2$$

Der mittlere Verfestigungsgrad (Konsolidierungsgrad) ergibt sich damit zu:

$$U_m = 1 - \exp\left[\frac{-8 \cdot T_r}{F(n)}\right] \tag{10.27}$$

Für den Fall eines Streifendräns muss aus dessen geometrischen Abmessungen (a: Breite und b: Dicke) ein Ersatzradius bzw. Ersatzdurchmesser für den Drän errechnet werden. Hierfür kann z. B. folgende Beziehung verwendet werden.

$$d_w = 2 \cdot r_w = 2\frac{(a+b)}{\pi} \tag{10.28}$$

Weiterhin wird von *Barron (1948)* auch der Fall einer durch den Einbau entstehenden gestörten Zone um den Drän (*smear zone*), der eine geringere Durchlässigkeit aufweist als der übrige Boden, betrachtet.

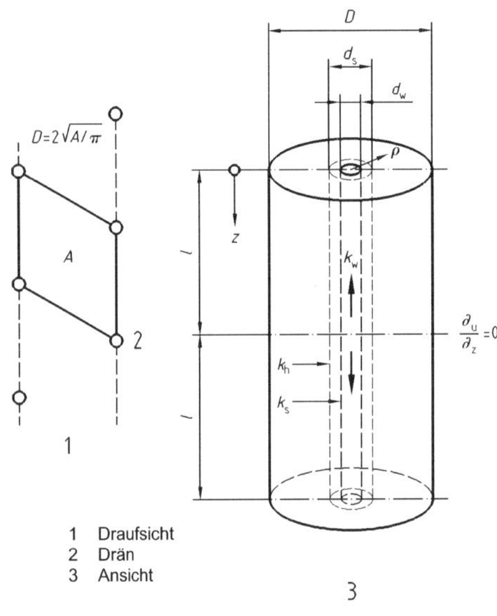

Abb. 10.9: *Berechnungsmodell mit Definition der gestörten Zone (smear zone), aus DIN EN 15237*

Hierbei zeigt sich, dass die Dicke dieser gestörten Zone d_s und das Verhältnis der ungestörten horizontalen Durchlässigkeit k_h zur Durchlässigkeit innerhalb der gestörten Zone k_s maßgebenden Einfluss auf den Konsolidationsvorgang haben. Die gestörte Zone ist in Abb. 10.9 im Grundriss und Querschnitt durch das rotationssymmetrische Modell einer Einzelsäule mit Einflussbereich dargestellt.

Des Weiteren wurde von *Hansbo (1960)* festgestellt, dass die Strömungsgeschwindigkeit bei kleinen Druckgradienten nicht mehr mit einer linearen Gleichung beschrieben werden kann, wodurch insbesondere beim Einsatz von vorgefertigten Streifendräns mit einer begrenzten Entwässerungskapazität die Einbeziehung eines nicht-linearen Filtergesetzes für eine genaue Beschreibung des Konsolidationsvorgangs erforderlich ist.

Diese Modifikationen drücken sich durch die Erweiterung von $F(n)$ in den oben gegebenen Formeln von *Barron (1948)* aus. Für den mittleren Verfestigungsgrad U_m ergibt sich:

$$U_m = 1 - \exp\left[\frac{-8 \cdot T_r}{F}\right] \tag{10.29}$$

wobei F sich aus der Addition von drei Faktoren ergibt:

$$F = F(n) + F_s + F_r \tag{10.30}$$

Der Faktor $F(n)$ bleibt unverändert. Der Faktor F_s berücksichtigt den Einfluss der gestörten Zone, wobei die Abschätzung des Durchmessers der gestörten Zone anhand von verschiedenen Erfahrungswerten erfolgen muss, siehe auch *Bergado et al. (1994)*.

$$F_s = \left(\frac{k_h}{k_s} - 1\right) \ln \frac{r_s}{r_w} \tag{10.31}$$

Der Faktor F_r kompensiert die Voraussetzung einer Entwässerung entlang der Vertikalachse des Dräns nach dem *Darcy*'schen Gesetz. Er ist abhängig von der jeweiligen Distanz zum Dränkopf z und der Länge des Entwässerungsweges im Drän (Länge des Dräns L bei einseitiger Entwässerung bzw. die Hälfte der Länge des Dräns bei beidseitiger Entwässerung) und wird als Dränwiderstandsfaktor F_r bezeichnet.

$$F_r = \pi \cdot z \cdot (L - z) \cdot \frac{k_h}{q_w} \tag{10.32}$$

Als dränspezifische Konstante geht in Gl. (10.32) die Entwässerungskapazität q_w des Dräns (bei einem hydraulischen Gradienten von 1) ein, welche jeweils vom Material und der Art des Dräns, aber auch vom seitlichen Druck abhängig ist und letztlich durch spezifische Versuche des Herstellers ermittelt wird, vgl. DIN EN 15237.

In Abb. 10.10 ist der mittlere Verfestigungsgrad U_m in Abhängigkeit des Zeitfaktors T_r für die beiden Fälle *freie Verformbarkeit* und *einheitliche Verformung* dargestellt.

Man erkennt, dass für Raster mit $n = r_e/r_w > 5$ beide Fälle näherungsweise dieselben Ergebnisse liefern.

Einen größeren Einfluss hat in der Realität der Effekt, dass neben der horizontalen bzw. radialen Entwässerung zum Drän auch eine vertikale Entwässerung in die über- bzw. unterlagernden durchlässigeren Schichten stattfindet.

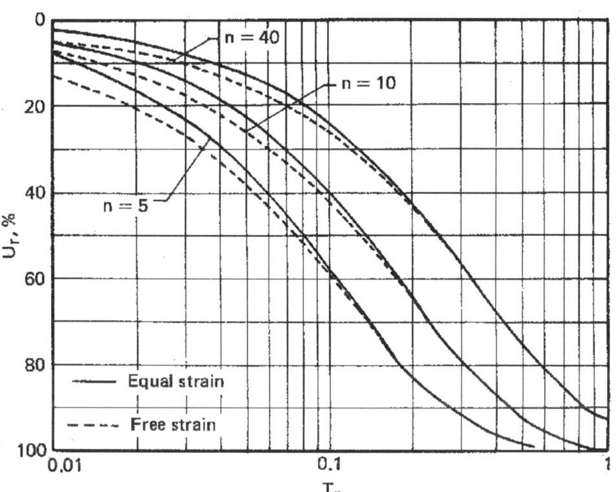

Abb. 10.10: *Verfestigungsgrad U_m (= U_r) in Abhängigkeit des Zeitfaktors T_r (ohne Berücksichtigung einer gestörten Zone), aus* Bergado et al. (1994)

Zur Erfassung einer gleichzeitigen Entwässerung in beiden Richtungen hat *Carillo (1942)* folgende Näherung zur Ermittlung des mittleren Verfestigungsgrades veröffentlicht:

$$U_m = 1 - (1 - U_{m,v}) \cdot (1 - U_{m,r}) \tag{10.33}$$

mit

U_m : mittlerer Verfestigungsgrad bei gleichzeitiger Erfassung der vertikalen und radialen Entwässerung

$U_{m,v}$: berechneter Verfestigungsgrad unter Annahme einer ausschließlich vertikalen Konsolidation

$U_{m,r}$: berechneter Verfestigungsgrad unter Berücksichtigung des Vertikaldräns und Annahme einer ausschließlich radialen Konsolidation

Die zusätzliche Berücksichtigung einer mit der Zeit anwachsenden Oberflächenlast auf einem mit Vertikaldränagen verbesserten Baugrund ist nach *Feuerlein (1965)* möglich.

10.6 Sekundärkonsolidation

Nach Abschluss der Primärkonsolidation findet unter einer konstanten Last weiterhin eine Abnahme des Porenvolumens und somit eine Zunahme der Verformungen statt, die Verformungen werden Sekundärsetzungen oder Kriechsetzungen, der Vorgang Sekundärkonsolidation genannt.

Die Größenordnung dieser zeitabhängigen Verformung nach dem Abklingen des Porenwasserüberdrucks ist von der Bodenart abhängig. Eine allseitig anerkannte Erklärung für dieses Verhalten wurde bislang noch nicht gegeben, die gebräuchlichste Auffassung besteht darin, dass dieses Verhalten in einem bindigen Boden mit einer Um- und Neuordnung von Tonteilchen erklärt werden kann, d. h., dass die mit adsorbiertem Wasser umgebenden Bodenteilchen langsam nach rheologischen Gesetzen aufeinander gleiten. Nach dieser Vorstellung treten beim Überschreiten einer bestimmten, unbekannten wirksamen Spannung bereits Sekundärsetzungen auf, unabhängig davon ob der Porenwasserüberdruck bereits abgebaut ist oder nicht.

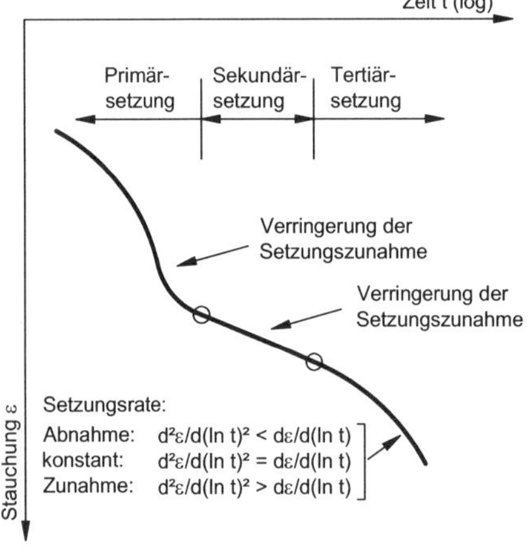

Abb. 10.11: *Primäre, sekundäre und tertiäre Konsolidation bei Torf, nach* Haan (1994)

Die Sekundärsetzungen werden im Allgemeinen jedoch erst dann dominant, wenn die Primärphase abgeschlossen ist. Des Weiteren wurde in *Haan (1994)*, *Edil et al. (1994)* und *Haan/Edil (1994)* zusätzlich darauf verwiesen, dass Böden mit sehr hohen organischen Anteilen wie Torf, im Anschluss an die Sekundärkonsolidation einer tertiären Konsolidation unterliegen können, vgl. Abb. 10.11.

Das Phänomen der Sekundärkonsolidation wurde erstmals von *Buisman (1936)* beschrieben, welcher festgestellt hat, dass die Sekundärkonsolidierung für viele bindige Bodenarten dadurch besonders gekennzeichnet ist, dass die dabei auftretenden Setzungen proportional zum Logarithmus der Zeit sind.

Die Steigung der Geraden im ($\lg t$)-Setzungsdiagramm des Ödometerversuches wird i. Allg. als Maß für die Sekundärverformung verwendet und Kriechbeiwert genannt.

$$C'_\alpha = \frac{\Delta h / h_0}{\log(t/t_p)} \tag{10.34}$$

Hierbei entspricht h_0 der ursprünglichen Höhe und t_p der Primärkonsolidierungszeit. In der Literatur wird auch oft ein Kriechbeiwert anhand der Veränderung der Porenzahl Δe über die Zeit definiert.

$$C_\alpha = \frac{\Delta e}{\log(t/t_p)} \tag{10.35}$$

Somit lässt sich C'_α auch als Funktion von C_α ausdrücken (e_0: Anfangsporenzahl).

$$C'_\alpha = \frac{C_\alpha}{1 + e_0} \tag{10.36}$$

Die Kriechsetzung $s_k(t)$ zu einem bestimmten Zeitpunkt ergibt sich dann wie folgt:

$$s_k(t) = C'_\alpha \cdot \log(t/t_p) \cdot h_0 \tag{10.37}$$

Es sei darauf hingewiesen, dass die o. g. Kriechbeiwerte auch oft auf den natürlichen statt dem dekadischen Logarithmus bezogen werden. Insofern ist die jeweilige Definition zu beachten, um die Konsistenz der Setzungsberechnung zu gewährleisten.

Der Kriechbeiwert C_α ist umso größer, je plastischer ein Boden ist oder je mehr organische Bestandteile er besitzt. Zwischenzeitlich ist bekannt, dass C_α auch eine Funktion der Größe der Belastungsänderung ist, welche die Deformation erzeugt, und dass dieser durch verschiedene Maßnahmen, wie z. B. eine Überbelastung beeinflusst werden kann, siehe z. B. *Soumaya (2005)*. Hinsichtlich der Beziehung zwischen Kriechverformung und der Belastung bestehen jedoch verschiedene Beschreibungen, insbesondere bei der Analyse des Verformungsverhaltens von stark organischen Böden wie Torf. Die Ansätze reichen von einer linearen Beziehung bis hin zu einer exponentiellen Funktion zwischen der Kriechrate und der wirksamen Spannung, vgl. z. B. *Edil et al. (1994)* und *Haan/Edil (1994)*.

Anhand dieses Aspektes ist zu fordern, dass bei der Durchführung eines Laborversuches zur Prognose der Kriecherscheinungen der in situ zu erwartende Spannungszustand zu berücksichtigen ist, d. h., der verwendete Kriechbeiwert sollte unter Zugrundelegung des tatsächlichen Spannungsniveaus bestimmt werden.

In *Bjerrum (1967)* wird in diesem Zusammenhang das Kriechen bzw. die Alterung von bindigen Böden durch das sogenannte „Delayed Compression"-Konzept beschrieben, vgl. Abb. 10.12.

Danach sind die zu verschiedenen Zeiten gehörenden Druck-Porenzahl-Kurven parallel zueinander, und der Abstand der Kurven ist linear vom Logarithmus des Zeitverhältnisses abhängig. Wenn ein normalkonsolidierter Boden einen langen Zeitraum unter einer konstanten wirksamen Spannung σ'_0 gestanden hat, so hat er in dieser Zeit Sekundärsetzungen bzw. Kriechsetzungen erfahren.

Wird dieser Boden dann mit einer Zusatzspannung belastet, so stellt sich eine Spannungs-Verformungslinie ein, die der eines teilweise vorbelasteten Bodens entspricht. Die Größe der kritischen Spannung, die einer scheinbaren Vorbelastung entspricht, hängt von dem Zeitraum ab, während der Boden unter konstanter Spannung Sekundärsetzungen erfahren hat. Wegen der abnehmenden Porenzahl nimmt die zugehörige äquivalente Spannung σ'_e dabei nach *Hvorslev (1960)* auf der Erstbelastungsgeraden zu.

$$\sigma'_e = (t/t_p)^{C_\alpha/C_c} \cdot \sigma'_0 \tag{10.38}$$

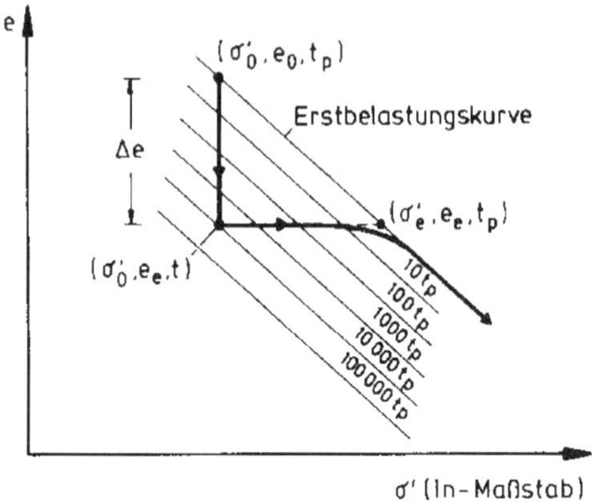

Abb. 10.12: *Alterung von bindigen Böden nach dem „Delayed Compression"-Konzept, aus* Quast (1977)

10.7 Bestimmung des Zeit-Setzungsverhaltens im Laborversuch

Wie in 8.3.1 erläutert, können Zeit-Setzungsvorgänge in bindigen Böden nach einem einfachen Modellgesetz, siehe Gl. (8.12), abgeschätzt oder nach der Konsolidationstheorie berechnet werden.

Für Berechnungen nach der Konsolidationstheorie muss dabei der Konsolidierungsbeiwert c_v zuvor im Laborversuch bestimmt werden. Im Normalfall wird der Konsolidierungsbeiwert bzw. die Durchlässigkeit und der Steifemodul mithilfe des Kompressions- oder Ödometerversuches mit sich jeweils verdoppelnden Laststufen bestimmt.

Um den Konsolidierungsbeiwert zu ermitteln, ist es dabei notwendig, die Primär- von den Sekundärsetzungen zu trennen und den Zeitpunkt festzulegen, welcher ca. 100 % der Primärsetzungen repräsentiert. Hierbei stellen die Verfahren von *Casagrande/Fadum (1940)* und von *Taylor (1942)* die gebräuchlichsten dar.

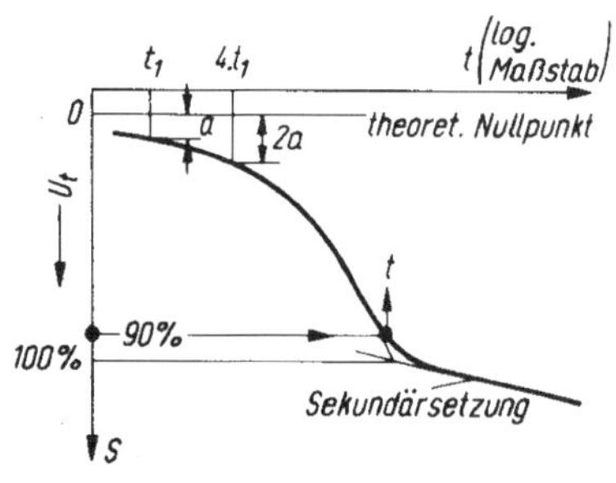

Abb. 10.13: *Verfahren von Casagrande, aus* Gußmann (1980)

Das Verfahren von *Casagrande* setzt eine S-Form der Zeit-Setzungslinie bei Verwendung eines logarithmischen Zeitmaßstabes voraus. Der Beginn der Konsolidationssetzung ($U_t = 0$ % für $\Delta\sigma = \Delta u$) ist in der Darstellung zu finden, indem für zwei Punkte der Zeit-Setzungslinie im oberen Bereich zum Zeitpunkt t_1 und $4 \cdot t_1$ die Differenz der Setzungen oberhalb vom Punkt zum Zeitpunkt t_1 angetragen wird.

Eine Parallele zur Abszisse ergibt dann den Beginn der Konsolidationssetzung $U = 0$. Das Ende der Konsolidierungssetzungen ($U_t = 100$ % für $\Delta u \approx 0$) ergibt sich durch den Schnittpunkt von Wendetangente und Endtangente.

Nach dem Verfahren von *Taylor* wird der zeitliche Setzungsverlauf einer Laststufe mit $\sqrt{t}$ als Abszisse dargestellt. Die Tangente an den frühen Bereich der Kurve ergibt einen Schnittpunkt auf der Abszisse. Dieser Wert wird mit 1,15 multipliziert und mithilfe des neu erhaltenen Punktes wird eine Gerade gezeichnet, welche die Zeit-Setzungskurve schneidet. Dieser Schnittpunkt ist gleichbedeutend mit dem Punkt $U_t = 0,9$ im $\sqrt{t}$-Maßstab.

Allerdings ist festzustellen, dass jedes Verfahren nur in bestimmten Fällen, in Abhängigkeit der Form der Zeit-Setzungslinie anwendbar ist.

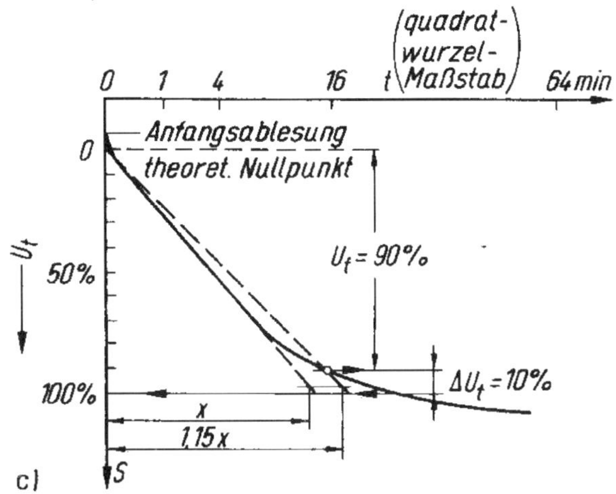

Abb. 10.14: *Das Verfahren von Taylor, aus* Gußmann (1980)

Der Konsolidierungsbeiwert kann dann jeweils unter Ansatz der entsprechenden Zeitfaktoren und Verfestigungsgrade abgeleitet werden. So ergibt sich nach der eindimensionalen Konsolidationstheorie der Wert von T_v für U_m = 90 % zu 0,848 bzw. für U_m =50 % zu 0,197, wodurch sich folgende Zusammenhänge ergeben:

$$c_v = \frac{k \cdot E_s}{\gamma_w} = \frac{h^2}{4} \cdot \frac{T_v}{t} = \frac{h^2}{4} \cdot \frac{0,197}{t_{50}} \quad \text{oder} \quad c_v = \frac{h^2}{4} \cdot \frac{0,848}{t_{90}} \tag{10.39}$$

mit h: Probenhöhe

Generell ist festzustellen, dass die Trennung zwischen Primär- und Sekundärkonsolidation am besten dadurch gelingt, indem der Porenwasserdruck gemessen wird und als Ende der Primärkonsolidation der Zeitpunkt festgelegt wird, bei dem der Porenwasserüberdruck bis auf einen geringen Wert abgesunken ist, d. h. Δu fast 0 ist (z. B. noch ca. 5 % von $\Delta\sigma$). Durch Messungen dieser Art wurde von verschiedenen Verfassern festgestellt, dass die Trennung nach *Casagrande* im Allgemeinen bessere Ergebnisse liefert als bei der Anwendung des Verfahrens nach *Taylor*, beide Verfahren jedoch i. d. R. einen zu frühen Zeitpunkt für den Beginn der Sekundärsetzungen liefern. Aus diesem Grund wurde von *Quast (1977)* auch vorgeschlagen, als Ende der Primärkonsolidation den Zeitpunkt festzulegen, in dem die Zeit-Setzungslinie augenscheinlich in eine Gerade übergeht. Weitere Hinweise hierzu mit Versuchsergebnissen finden sich in *Soumaya (2005).*

10.8 Zahlenbeispiele siehe Anhang B-10.

11 Bodenkenngrößen aus Erfahrungswerten und Korrelationen

11.1 Erfahrungswerte für Bodenkenngrößen

11.1.1 Allgemeines

Nachfolgend sind Erfahrungswerte für Bodenkenngrößen aus unterschiedlichen Quellen zusammengestellt, die i. d. R. auf der sicheren Seite liegen.

Diese Angaben sollten in der Praxis i. Allg. nur für Vorentwürfe verwendet werden. Die endgültigen Berechnungen sollten auf der Grundlage von projektbezogenen geotechnischen Feld- und Laboruntersuchungen und deren Bewertung durch einen Sachverständigen für Geotechnik durchgeführt werden. In DIN 1055-2 finden sich ebenfalls Erfahrungswerte, die allerdings recht konservativ sind.

Weitere Angaben finden sich in Anhang A-4.

11.1.2 Erfahrungswerte für Bodenkenngrößen aus *EAU (2012)*

In der *EAU (2012)* werden Erfahrungswerte für Bodenkenngrößen genannt, die mit dem Technischen Jahresbericht 2017 überarbeitet worden sind, siehe *Grabe (2017)*. Dabei wurden auch international verbreitete Erfahrungswerte für die aufgeführten Bodenarten berücksichtigt. Ferner wurden DIN 1054 folgend für die gemischtkörnigen Bodengruppen GU, GT, SU, ST und $G\overline{U}$, $G\overline{T}$, $S\overline{U}$ und $S\overline{T}$ separate Erfahrungswerte für bindige und nichtbindige Böden aufgenommen.

Bei bindigen Böden bestimmt der Feinkorn-Massenanteil das Verhalten des Bodens, nicht aber bei nichtbindigen Böden. Da die Zahlenwerte der Parameter im Einzelfall auch über oder unter dem angegebenen Wertebereich liegen können, wurde der Begriff Erfahrungswert gegen Anhaltswert ersetzt, siehe *Grabe (2017)*. Bei bindigen Böden sollte der Kennwert für die Zusammendrückbarkeit aus Versuchen bestimmt werden, da diese Böden die Entnahme von ungestörten Proben erlauben.

Tab. 11.1: *Erfahrungswerte von Bodenkenngrößen aus* EAU (2012) *und überarbeitet nach* Grabe (2017); *die Bodengruppen GU, GT, SU, ST und $G\overline{U}$, $G\overline{T}$, $S\overline{U}$, $S\overline{T}$ sind in dieser Tabelle den nichtbindigen Böden entsprechend DIN 1054 A 3.1.2 zuzuordnen*

Nr.	**Bodenart**	**Bodengruppe nach DIN 18196**[1]	**Sondierspitzenwiderstand**	**Wichte**		**Zusammendrückbarkeit**[2] **Erstbelastung**[3] $E_S = v_e \sigma_{at} (\sigma / \sigma_{at})^{w_e}$		**Scherparameter des entwässerten Bodens**	**Durchlässigkeitsbeiwert**
			q_c	γ_k	γ'_k	v_e	w_e	φ'_k	k_k
			MN/m²	**kN/m³**	**kN/m³**			**Grad**	**m/s**
1	Kies, eng gestuft	GE $C_U < 6$	< 7,5 7,5–15 > 15	16,0 17,0 18,0	8,5 9,5 10,5	400 bis 900	0,6 bis 0,4	30,0–32,5 32,5–37,5 35,0–40, 0	2×10^{-1} bis 1×10^{-2}
2	Kies, weit oder intermittierend gestuft	GW, GI $6 \leq C_U \leq 15$	< 7,5 7,5–15 > 15	16,5 18,0 19,5	9,0 10,0 11,5	400 bis 1.100	0,7 bis 0,5	30,0–32,5 32,5–37,5 35,0–40,0	1×10^{-2} bis 1×10^{-6}
3	Kies, weit oder intermittierend gestuft	GW, GI $C_U > 15$	< 7,5 7,5–15 > 15	17,0 19,0 21,0	9,0 10,5 12,0	400 bis 1.200	0,7 bis 0,5	30,0–32,5 32,5–37,5 35,0–40,0	1×10^{-2} bis 1×10^{-6}
4	Kies-Schluff/Ton-Gemische Anteil $d < 0{,}06$ mm ist < 15 %	GU, GT	< 7,5 7,5–15 > 15	17,0 19,0 21,0	9,0 10,5 12,0	400 bis 1.200	0,7 bis 0,5	27,5–32,5 32,5–37,5 35,0–40,0	1×10^{-5} bis 1×10^{-6}
5	Kies-Schluff/Ton-Gemische Anteil $d < 0{,}06$ mm ist > 15 %	$G\overline{U}$, $G\overline{T}$	< 7,5 7,5–15 > 15	16,5 18,0 19,5	8,5 9,5 10,0	150 bis 400	0,9 bis 0,7	27,5–32,5 32,5–37,5 35,0–40,0	1×10^{-7} bis 1×10^{-11}
6	Sand, eng gestuft, Grobsand	SE $C_U < 6$	< 7,5 7,5–15 > 15	16,0 17,0 18,0	8,5 9,5 10,5	200 bis 700	0,75 bis 0,55	30,0–32,5 32,5–37,5 35,0–40,0	5×10^{-3} bis 1×10^{-4}
7	Sand, eng gestuft, Feinsand	SE $C_U < 6$	< 7,5 7,5–15 > 15	16,0 17,0 18,0	8,5 9,5 10,5	150 bis 500	0,75 bis 0,60	30,0–32,5 32,5–37,5 35,0–40,0	1×10^{-4} bis 2×10^{-5}
8	Sand, weit oder intermittierend gestuft	SW, SI $6 \leq C_U \leq 15$	< 7,5 7,5–15 > 15	16,5 18,0 19,5	9,0 10,0 11,5	200 bis 600	0,70 bis 0,55	30,0–32,5 32,5–37,5 35,0–40,0	5×10^{-4} bis 2×10^{-5}
9	Sand, weit oder intermittierend gestuft	SW, SI $C_U > 15$	< 7,5 7,5–15 > 15	17,0 19,0 21,0	9,0 10,5 12,0	200 bis 600	0,70 bis 0,55	30,0–32,5 32,5–37,5 35,0–40,0	1×10^{-4} bis 1×10^{-5}
10	Sand-Schluff/Ton-Gemische Anteil $d < 0{,}06$ mm ist < 15 %	SU, ST	< 7,5 7,5–15 > 15	16,0 17,0 18,0	8,5 9,5 10,5	150 bis 500	0,80 bis 0,65	27,5–32,5 32,5–37,5 35,0–40,0	2×10^{-5} bis 5×10^{-7}
11	Sand-Schluff/Ton-Gemische Anteil $d < 0{,}06$ mm ist > 15 %	$S\overline{U}$, $S\overline{T}$	< 7,5 7,5–15 > 15	16,5 18,0 19,5	9,0 10,0 11,5	50 bis 250	0,9 bis 0,75	27,5–32,5 32,5–37,5 35,0–40,0	2×10^{-6} bis 1×10^{-9}

[1] Kennbuchstaben für die Haupt- und Nebenbestandteile:

F Mudde
G Kies
H Torf (Humus)
O organische Beimengungen
S Sand
T Ton
U Schluff

Zersetzungsgrad von Torfen:

N nicht bis kaum zersetzter Torf
Z zersetzter Torf

Kennbuchstaben für kennzeichnende bodenphysikalische Eigenschaften:

Korngrößenverteilung:

W weit gestufte Korngrößenverteilung
E eng gestufte Korngrößenverteilung
I intermittierend gestufte Korngrößenverteilung

Plastische Eigenschaften:

L leicht plastisch
M mittel plastisch
A ausgeprägt plastisch

Formelzeichen:

C_U Ungleichförmigkeitszahl

Tab. 11.2: *Fortsetzung Tab. 11.1: Erfahrungswerte von Bodenkenngrößen aus* EAU (2012) *und überarbeitet nach* Grabe (2017)*; die Bodengruppen GU, GT, SU, ST und $G\overline{U}$, $G\overline{T}$, $S\overline{U}$, $S\overline{T}$ sind in dieser Tabelle den bindigen Böden entsprechend DIN 1054 A 3.1.3 zuzuordnen*

Nr.	Bodenart	Bodengruppe nach DIN 18196[1)]	Konsistenz im Ausgangszustand nach DIN EN 14688-1	Wichte		Zusammendrückbarkeit[2)] Erstbelastung[3)] $E_S = v_e \sigma_{at} (\sigma/\sigma_{at})^{w_e}$		Scherparameter des entwässerten Bodens		Durchlässigkeitsbeiwert
				γ_k	γ'_k	v_e	w_e	φ'_k	c'_k	k_k
				kN/m³	kN/m³			Grad	kN/m²	m/s
1	Kies-Schluff/Ton-Gemische Anteil $d < 0{,}06$ mm ist < 15 %	GU, GT	weich steif halbfest	19,0 20,0 21,0	10,5 11,5 12	300 bis 1.000	0,7 bis 0,5	27,5 bis 35,0	0 0 0	1×10^{-5} bis 1×10^{-7}
2	Kies-Schluff/Ton-Gemische Anteil $d < 0{,}06$ mm ist > 15 %	$G\overline{U}$, $G\overline{T}$	weich steif halbfest	19,0 20,5 22,0	10,0 11,0 12,0	50 bis 200	0,8 bis 0,6	25,0 bis 30,0	0 5 10	1×10^{-6} bis 1×10^{-10}
3	Sand-Schluff/Ton-Gemische Anteil $d < 0{,}06$ mm ist < 15 %	SU, ST	weich steif halbfest	19,0 20,0 21,0	10,5 11,5 12	120 bis 400	0,7 bis 0,6	27,5 bis 35,0	0 0 0	2×10^{-5} bis 5×10^{-7}
4	Sand-Schluff/Ton-Gemische Anteil $d < 0{,}06$ mm ist > 15 %	$S\overline{U}$, $S\overline{T}$	weich steif halbfest	19,0 20,5 21,5	9,0 10,0 11,0	40 bis 120	0,8 bis 0,6	25,0 bis 30,0	0 5 10	2×10^{-6} bis 1×10^{-9}
5	anorganische bindige Böden mit leicht plastischen Eigenschaften ($w_L < 35$ %)	UL	weich steif halbfest	18,0 19,0 20,0	9,0 10,0 11,0	40 bis 110	0,80 bis 0,60	27,5 bis 32,5	0 2–5 5–10	1×10^{-5} bis 1×10^{-7}
6	anorganische bindige Böden mit mittel-plastischen Eigenschaften (35 % < w_L < 50 %)	UM	weich steif halbfest	17,5 18,5 19,5	8,5 9,5 10,5	30 bis 70	0,90 bis 0,70	25,0 bis 30,0	0 5–10 10–15	2×10^{-6} bis 1×10^{-9}
7	anorganische bindige Böden mit leicht plastischen Eigenschaften ($w_L < 35$ %)	TL	weich steif halbfest	20,0 21,0 22,0	10,0 11,0 12,0	20 bis 50	1,0 bis 0,90	25,0 bis 30,0	0 5–10 10–15	1×10^{-7} bis 2×10^{-9}
8	anorganische bindige Böden mit mittel-plastischen Eigenschaften (35 % < w_L < 50 %)	TM	weich steif halbfest	19,0 20,0 21,0	9,0 10,0 11,0	10 bis 30	1,0 bis 0,95	22,5 bis 27,5	5–10 10–15 15–20	5×10^{-8} bis 1×10^{-10}
9	anorganische bindige Böden mit stark plastischen Eigenschaften (50 % < w_L)	TA	weich steif halbfest	18,0 19,0 20,0	8,0 9,0 10,0	6 bis 20	1,0 1,0 1,0	20,0 bis 25,0	5–15 10–20 15–25	1×10^{-9} bis 1×10^{-11}

2) Die Erhöhung von v_e ist stets mit einer Erniedrigung von w_e gekoppelt!
Formelzeichen:
v_e: Steifebeiwert, empirischer Parameter
w_e: empirisch gefundener Parameter
σ: Belastung in kN/m²
σ_{at}: Atmosphärendruck (= 100 kN/m²)

3) v_e-Werte bei Wiederbelastung bis zum 10-Fachen höher, w_e-Werte gehen gegen 1.

Tab. 11.3: Fortsetzung Tab. 11.1: Erfahrungswerte von Bodenkenngrößen aus EAU (2012) *und überarbeitet nach* Grabe (2017) *für organische Böden*

Nr.	Bodenart	Bodengruppe nach DIN 18196[1]	Konsistenz im Ausgangszustand nach DIN EN 14688-1	Wichte		Zusammendrückbarkeit[2] Erstbelastung[3] $E_S = v_e\sigma_{at}(\sigma/\sigma_{at})^{w_e}$		Scherparameter des entwässerten Bodens		Durchlässigkeitsbeiwert
				γ_k	γ'_k	v_e	w_e	φ'_k	c'_k	k_k
				kN/m³	kN/m³			Grad	kN/m²	m/s
1	organischer Schluff, organischer Ton	OU und OT	breiig weich steif	14,0 15,5 17,0	4,0 5,5 7,0	[5] 5 20	[5] 1,00 0,85	17,5 bis 22,5	0 2–5 5–10	1×10^{-9} bis 1×10^{-11}
2	Torf [5]	HN, HZ	breiig weich steif halbfest	10,5 11,0 12,0 13,0	0,5 1,0 2,0 3,0	[6]	[6]	[6]	[6]	1×10^{-5} bis 1×10^{-8}
3	Mudde [6] Faulschlamm	F	breiig weich	12,5 16,0	2,5 6,0	4 15	1,0 0,9	[7]	0	1×10^{-7} 1×10^{-9}

[5] Für die Zusammendrückbarkeit von organischen Böden mit breiiger Konsistenz können keine Anhaltswerte angegeben werden.

[6] Die Beiwerte der Zusammendrückbarkeit und die Scherparameter von Torf streuen so stark, dass eine Angabe von Anhaltswerten nicht möglich ist.

[7] Der wirksame Reibungswinkel von vollständig konsolidierter Mudde kann sehr hohe Werte annehmen, maßgebend ist aber stets der dem tatsächlichen Konsolidierungsgrad entsprechende Wert, der nur durch Laborversuche zuverlässig bestimmt werden kann.

11.1.3 Erfahrungswerte für Bodenkenngrößen aus *EAB (2012)*

Bodenkenngrößen nichtbindiger Böden

Bei Anwendung der Werte für die Wichte nichtbindiger Böden nach Tab. 11.4 ist Folgendes zu beachten:

- Die angegebenen Erfahrungswerte für die Wichte sind charakteristische Mittelwerte.
- Beim Nachweis der Sicherheit gegen Aufschwimmen, der Sicherheit gegen hydraulischen Grundbruch und der Sicherheit gegen Abheben sind die angegebenen Wichten
  - um 1,0 kN/m^3 im Fall eines erdfeuchten Bodens,
  - um 0,5 kN/m^3 im Fall eines wassergesättigten oder unter Auftrieb stehenden Bodens

  zu vermindern. Man erhält dann die unteren charakteristischen Werte der Wichte.

Tab. 11.4: *Erfahrungswerte der Wichte nichtbindiger Böden*

Bodenart	Kurzzeichen nach DIN 18196	Lagerung	Wichte erdfeucht γ_k [kN/m³]	Wichte gesättigt $\gamma_{r,k}$ [kN/m³]	Wichte unter Auftrieb γ'_k [kN/m³]
Kies, Sand eng gestuft	GE, SE mit $U < 6$	locker	16,0	18,5	8,5
		mitteldicht	17,0	19,5	9,5
		dicht	18,0	20,5	10,5
Kies, Sand weit oder intermittierend gestuft	GW, GI, SW, SI mit $6 \leq U \leq 15$	locker	16,5	19,0	9,0
		mitteldicht	18,0	20,5	10,5
		dicht	19,5	22,0	12,0
Kies, Sand weit oder intermittierend gestuft	GW, GI, SW, SI mit $U > 15$	locker	17,0	19,5	9,5
		mitteldicht	19,0	21,5	11,5
		dicht	21,0	23,5	13,5

Bei Anwendung der Erfahrungswerte der Scherfestigkeit nichtbindiger Böden nach Tab. 11.5 ist Folgendes zu beachten:

- Die für den Reibungswinkel φ'_k und für die Kapillarkohäsion $c_{c,k}$ angegebenen Erfahrungswerte sind vorsichtige Schätzwerte des Mittelwertes im Sinne von DIN 1054. Sie gelten für runde und abgerundete Kornformen.

- Sofern nachweislich kantige Körner überwiegen, dürfen die angegebenen Werte für den Reibungswinkel um 2,5° erhöht werden.

- Die Anwendung der angegebenen Bandbreiten für die Werte der Scherfestigkeit setzt voraus, dass der Entwurfsverfasser bzw. der Fachplaner über Sachkunde und Erfahrung in der Geotechnik verfügt. Andernfalls dürfen nur die jeweils kleinsten Werte verwendet werden.

- Die für die Kapillarkohäsion $c_{c,k}$ angegebenen Erfahrungswerte sind wie folgt anzuwenden:

  – Die unteren Werte gelten für einen Sättigungsgrad $5\ \% \leq S_r \leq 40\ \%$ und lockere Lagerung.

  – Die oberen Werte gelten für einen Sättigungsgrad $40\ \% \leq S_r \leq 60\ \%$ und dichte Lagerung.

Tab. 11.5: *Erfahrungswerte der Scherfestigkeit nichtbindiger Böden*

Reibungswinkel			
Bodenart	Kurzzeichen nach DIN 18196	Festigkeit	Reibungswinkel φ'_k [°]
Kies, Sand eng, weit oder intermittierend gestuft	GE, SE, GI SE, SW, SI	locker mitteldicht dicht	30,0 – 32,5 32,5 – 37,5 35,0 – 40,0

Kapillarkohäsion		
Bodenart	Bezeichnung nach DIN 4022 - 1	Kapillarkohäsion $c_{c,k}$ [kN/m²]
sandiger Kies	G,s	0 – 2
Grobsand	gS	1 – 4
Mittelsand	mS	3 – 6
Feinsand	fS	5 – 8

Gegebenenfalls darf zwischen den Werten interpoliert werden.

Die Kapillarkohäsion darf nur berücksichtigt werden, sofern sie nicht durch Austrocknen oder durch Überfluten des Baugrunds, infolge Ansteigens des Grundwasserspiegels oder infolge Wasserzulaufs von oben während der Bauzeit verloren gehen kann.

Bodenkenngrößen bindiger Böden

Bei Anwendung der Erfahrungswerte der Wichte bindiger Böden nach Tab. 11.6 ist Folgendes zu beachten:

- Die angegebenen Erfahrungswerte für die Wichte sind charakteristische Mittelwerte.
- Bei bindigen Böden mit besonders flacher Kornverteilungslinie, z. B. bei Geschiebemergel und -lehm, deren Korngrößen von Ton oder Schluff bis zu Sand oder Kies reichen (gemischtkörnige Böden der Bodengruppen GU, GT, SU und ST bzw. GU*, GT*, SU* und ST* nach DIN 18196), sind die angegebenen Erfahrungswerte der Wichte um 1,0 kN/m^3 zu erhöhen.
- Beim Nachweis der Sicherheit gegen Aufschwimmen, der Sicherheit gegen hydraulischen Grundbruch und der Sicherheit gegen Abheben sind die angegebenen Wichten
  - um 1,0 kN/m^3 im Fall eines erdfeuchten Bodens,
  - um 0,5 kN/m^3 im Fall eines wassergesättigten oder unter Auftrieb stehenden Bodens

  zu vermindern. Man erhält dann die unteren charakteristischen Werte der Wichte.

Tab. 11.6: *Erfahrungswerte der Wichte bindiger Böden*

Bodenart	Kurzzeichen nach DIN 18196	Zustandsform	Wichte		
			erdfeucht γ_k [kN/m³]	gesättigt $\gamma_{r,k}$ [kN/m³]	unter Auftrieb γ'_k [kN/m³]
Schluffböden					
Leicht plastische Schluffe ($w_L < 35$ %)	UL	weich	17,5	19,0	9,0
		steif	18,5	20,0	10,0
		halbfest	19,5	21,0	11,0
Mittelplastische Schluffe (35% ≤ w_L ≤ 50 %)	UM	weich	16,5	18,5	8,5
		steif	18,0	19,5	9,5
		halbfest	19,5	20,5	10,5
Tonböden					
Leicht plastische Tone ($w_L < 35$ %)	TL	weich	19,0	19,0	9,0
		steif	20,0	20,0	10,0
		halbfest	21,0	21,0	11,0
Mittelplastische Tone (35 % ≤ w_L ≤ 50 %)	TM	weich	18,5	18,5	8,5
		steif	19,5	19,5	9,5
		halbfest	20,5	20,5	10,5
Ausgeprägt plastische Tone ($w_L > 50$ %)	TA	weich	17,5	17,5	7,5
		steif	18,5	18,5	8,5
		halbfest	19,5	19,5	9,5
organische Böden					
Organischer Schluff Organischer Ton	OU und OT	breiig	14,0	14,0	4,0
		weich	15,5	15,5	5,5
		steif	17,0	17,0	7,0

Bei Anwendung der Erfahrungswerte der Scherfestigkeit bindiger Böden nach Tab. 11.7 und 11.8 ist Folgendes zu beachten:

- Die für die Scherfestigkeit angegebenen Erfahrungswerte sind vorsichtige Schätzwerte des Mittelwertes im Sinne von *Handbuch Eurocode 7-1 (2015)*.
- Als Scherfestigkeit im unkonsolidierten Zustand sind in der Tabelle nur charakteristische Werte für $c_{u,k}$ angegeben. Der zugehörige Reibungswinkel ist mit $\varphi_u = 0$ anzunehmen.
- Die Anwendung der für die Kohäsion c'_k des konsolidierten bzw. dränierten Bodens und der für die Scherfestigkeit $c_{u,k}$ des undränierten Bodens angegebenen Erfahrungswerte ist nur zulässig, wenn ausgeschlossen ist oder wenn verhindert wird, dass sich die Zustandsform ungünstig ändert.

- Die Anwendung der angegebenen Bandbreiten für die Werte der Scherfestigkeit setzt voraus, dass der Entwurfsverfasser bzw. der Fachplaner über Sachkunde und Erfahrung in der Geotechnik verfügt. Andernfalls dürfen nur die jeweils kleinsten Werte verwendet werden.

Tab. 11.7: *Erfahrungswerte der Scherfestigkeit bindiger Böden*

Bodenart	Kurzzeichen nach DIN 18196	Zustandsform	Scherfestigkeit		
			Reibung	Kohäsion	
			φ'_k [°]	c'_k [kN/m²]	$c_{u,k}$ [kN/m²]
Schluffböden					
Leicht plastische Schluffe ($w_L < 35$ %)	UL	weich steif halbfest	27,5 – 32,5	0 2 – 5 5 – 10	5 – 60 20 – 150 50 – 300
Mittelplastische Schluffe (35 % $\leq w_L \leq$ 50 %)	UM	weich steif halbfest	22,5 – 30,0	0 5 – 10 10 – 15	5 – 60 20 – 150 50 – 300
Tonböden					
Leicht plastische Tone ($w_L < 35$ %)	TL	weich steif halbfest	22,5 – 30,0	0 – 5 5 – 10 10 – 15	5 – 60 20 – 150 50 – 300
Mittelplastische Tone (35 % $\leq w_L \leq$ 50 %)	TM	weich steif halbfest	17,5 – 27,5	5 – 10 10 – 15 15 – 20	5 – 60 20 – 150 50 – 300
Ausgeprägt plastische Tone ($w_L > 50$ %)	TA	weich steif halbfest	15,0 – 25,0	5 – 15 10 – 20 15 – 25	5 – 60 20 – 150 50 – 300
organische Böden					
Organischer Schluff Organischer Ton	OU und OT	breiig weich steif	17,5 – 22,5	0 2 – 5 5 – 10	2 – 20 5 – 60 20 – 150

Tab. 11.8: *Bestimmung der Zustandsform (Konsistenz) aus der Scherfestigkeit $c_{u,k}$ eines ungestörten Bodens*

Scherfestigkeit $c_{u,k}$ des undränierten Bodens [kN/m²]	Zustandsform (Konsistenz)
25 bis 60	weich
60 bis 150	steif
150 bis 300	halbfest
> 300	fest

11.2 Korrelationen zwischen Bodenkenngrößen

Aufgrund von vergleichenden Untersuchungen an Bodenproben sind in der Literatur zahlreiche Beziehungen genannt, aus denen mit Kenntnis einer einfachen Bodenkenngröße z. B. höherwertigere Kenngrößen abgeschätzt werden können. Weitere Hinweise und Korrelationen siehe z. B. *v. Soos/Engel (2017)*, *Handbuch Eurocode 7-2 (2011)* und Anhang A-5.

11.3 Ableitung von Bodenkenngrößen aus Sondierungen

Aus Sondierergebnissen können die Lagerungsdichte nichtbindiger Böden und die Zustandsform bindiger Böden sowie in gewissem Umfang die Zusammendrückbarkeit und Scherfestigkeit abgeleitet werden.

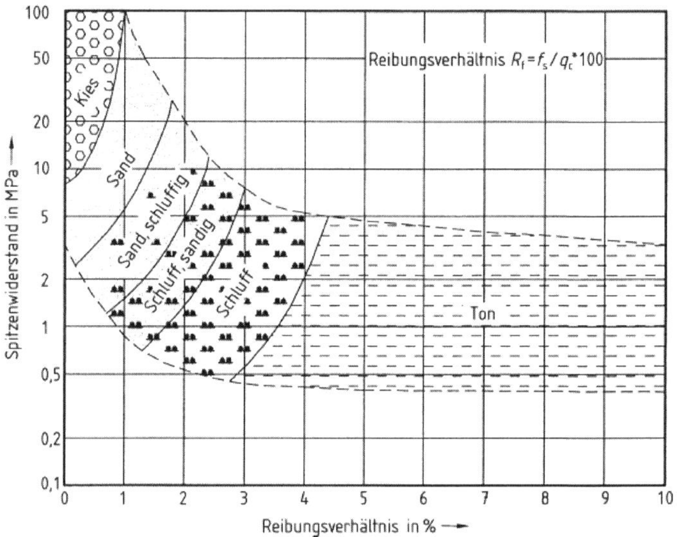

Abb. 11.1: *Bestimmung der Bodenart aus Spitzenwiderstand q_c der Drucksonde und Reibungsverhältnis R_f zur Unterstützung der Festlegung der Schichtenfolge, aus DIN 4094-1*

Da Sondierergebnisse insgesamt einer Vielzahl von Einflussgrößen unterliegen, deren Auswirkungen nicht ohne Weiteres im Einzelfall bestimmbar sind, können einfache, allgemein gültige Auswerteregeln allerdings nicht angegeben werden.

Nachfolgend werden aber weitverbreitete Beziehungen dargestellt, die bei nachweisbar vergleichbaren Bodenverhältnissen reproduzierbare Aussagen zulassen. Dadurch finden diese in der Praxis eine weit verbreitete Anwendung, dies gilt insbesondere für die Beziehungen nach der bereits zurückgezogenen DIN 4094-1. Es sei jedoch darauf hingewiesen, dass diese Beziehungen nur für die jeweils dargestellten Bodenarten gelten. Ergänzende Informationen zur Korrelation anderer Bodenkenngrößen basierend auf Drucksondierergebnissen können *Lunne et al. (2014)* entnommen werden.

Während Rammsondierungen dabei i. d. R. nur zur Ermittlung der Lagerungsdichte verwendet werden, können durch die Auswertung von Drucksondierungen durch die differenziertere Aufzeichnung der Bodenwiderstände im Allgemeinen auch weitere Informationen über den Baugrund erhalten werden.

In Abb. 11.1 ist zunächst die Möglichkeit der Festlegung der Schichtenfolge in Abhängigkeit von Spitzenwiderstand und Reibungsverhältnis dargestellt.

Des Weiteren zeigt Abb. 11.2 auch die Möglichkeit der Abschätzung des Reibungswinkels von nichtbindigen Böden in direkter Abhängigkeit des Spitzenwiderstandes der Drucksonde.

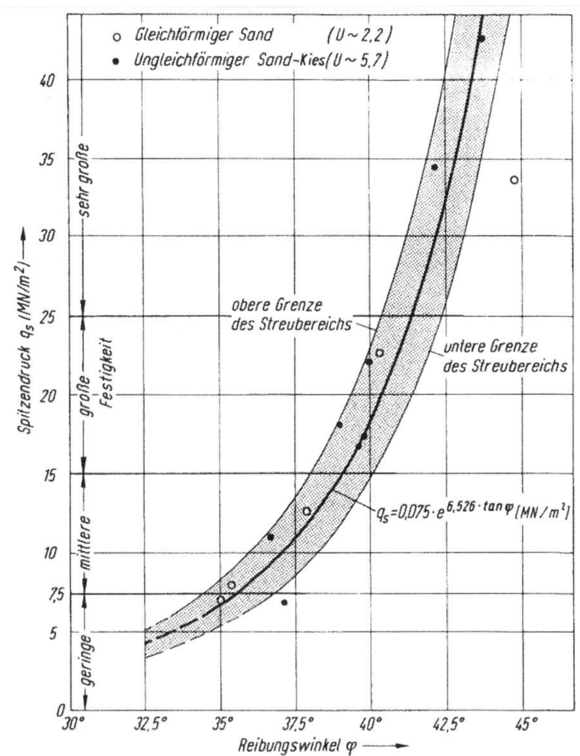

Abb. 11.2: *Beziehung zwischen Spitzenwiderstand q_c der Drucksonde und Reibungswinkel φ, aus* Weiß (1990)

Abb. 11.3 enthält die Beziehung zwischen dem Spitzenwiderstand der Drucksonde und der Lagerungsdichte nichtbindiger Böden aus der DIN 4094-1.

Analog finden sich nach Abb. 11.4 aus *Handbuch Eurocode 7-2 (2011)* und der bereits zurückgezogenen DIN 4094-3 Beziehungen zwischen der Lagerungsdichte und den Ergebnissen von Rammsondierungen für die dort angegebenen nichtbindigen Bodenarten.

Diese Beziehungen zur Ableitung der Lagerungsdichte werden in der Praxis am häufigsten bei der Auswertung von Sondierergebnissen verwendet und gelten allgemein als abgesichert. Ergänzend findet sich in *Vrettos/Papamichael (2018)* hierzu eine aktuelle Bewertung sowie auch unterschiedliche Angaben zur Korrelation der Schlagzahlen von Rammsondierungen und Spitzenwiderstand von Drucksondierungen. Im *Handbuch Eurocode 7-1 (2015)* lassen sich für den aufnehmbaren Sohldruck für Flachgründungen bei Regelfällen ebenfalls Beziehungen zwischen Lagerungsdichten und Spitzenwiderstand der Drucksonde ableiten, vgl. Tab. 11.9.

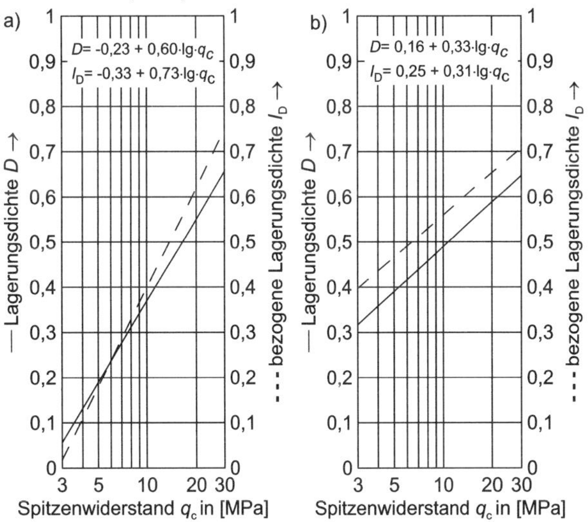

Abb. 11.3: *Beziehung zwischen Spitzendruck q_c und Lagerungsdichte D bzw. bezogene Lagerungsdichte I_D für a) SE und b) SW, GW; aus* Handbuch Eurocode 7-2 (2011)

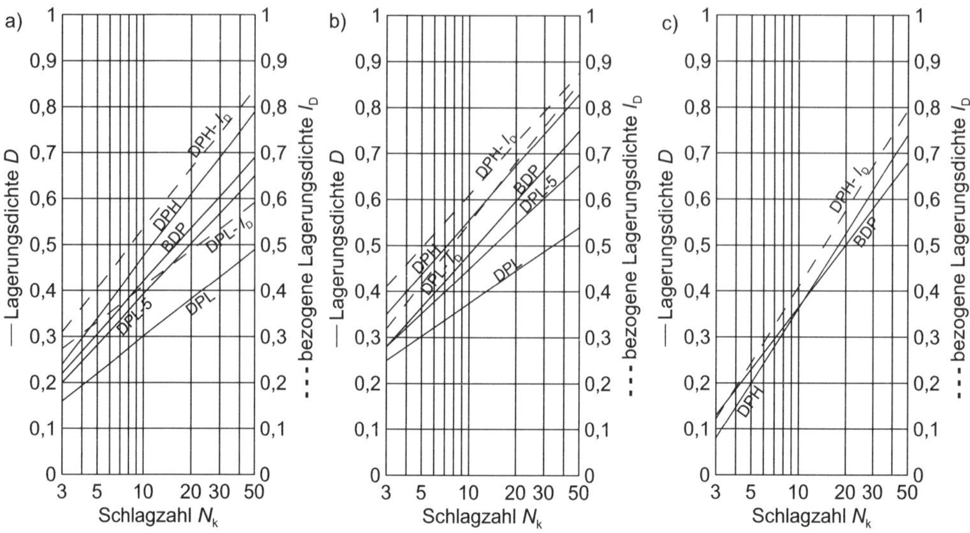

Abb. 11.4: *Beziehung zwischen Spitzendruck q_c und Lagerungsdichte D bzw. bezogene Lagerungsdichte I_D für a) SE über dem Grundwasser, b) SE im Grundwasser und c) SW, GW über dem Grundwasser; aus* Handbuch Eurocode 7-2 (2011)

Anmerkung: Die Zahlenwerte für die Lagerungsdichte D und die bezogene Lagerungsdichte I_D nach Abb. 11.3 und Abb. 11.4 sind nur bei maximaler und minimaler Verdichtung identisch ($D = I_D = 0$ und $D = I_D = 1$).

Tab. 11.9: *Lagerungsdichten D und Spitzenwiderstand der Drucksonde q_c, in Anlehnung an* Handbuch Eurocode 7-1 (2015)

Lagerung	Lagerungsdichte D		Spitzenwiderstand q_c [MN/m²]
	$U \leq 3$	$U \geq 3$	
Sehr locker	$D < 0{,}15$	$D < 0{,}20$	$q_c < 5{,}0$
Locker	$0{,}15 \leq D < 0{,}30$	$0{,}20 \leq D < 0{,}45$	$5{,}0 \leq q_c < 7{,}5$
Mitteldicht	$0{,}30 \leq D < 0{,}50$	$0{,}45 \leq D < 0{,}65$	$7{,}5 \leq q_c < 15$
Dicht	$0{,}50 \leq D < 0{,}75$	$0{,}65 \leq D < 0{,}90$	$15 \leq q_c < 25$
Sehr dicht	$0{,}75 \leq D$	$0{,}90 \leq D$	$q_c > 25$

Im Rahmen der Prüfung von Verdichtungskenngrößen werden auch häufig die Angaben in *Floss (2011b)* verwendet, die in Tab. 11.10 dargestellt sind.

Ergänzend finden sich auch in *ZTV-Lsw (1997)* nach Tab. 11.11 und in der *EAU (2012)* nach Tab. 11.1 Angaben über die Zusammendrückbarkeit und Scherfestigkeit von Böden in Abhängigkeit von Sondierergebnissen.

Tab. 11.10: *Sondierwiderstand und Verdichtungs- sowie Festigkeitskenngrößen von Sand, aus* Floss (2011b)

Lagerungsdichte	sehr locker	locker	mitteldicht	dicht	sehr dicht
bez. Lagerungsdichte: I_D	< 0,15	0,15 - 0,35	0,35 - 0,65	0,65 - 0,85	0,85 - 1,00
SPT: (n_k/30cm)	< 4	4 - 10	10 - 30	30 - 50	> 50
Drucksonde: q_c [MN/m^2]	< 5	5 - 10	10 - 15	15 - 20	> 20
leichte Rammsonde: N_{10}	< 10	10 - 20	20 - 30	30 - 40	> 40
schwere Rammsonde: N_{10}	< 5	5 - 10	10 - 15	15 - 20	> 20
Trockenwichte: γ_d [kN/m^3]	< 14	14 - 16	16 - 18	18 - 20	> 20
Steifemodul: E_S [MN/m^2]	15 - 30	30 - 50	50 - 80	80 - 100	> 100
Reibungswinkel: φ [°]	< 30	30 - 32,5	32,5 - 35	35 - 37,5	> 37,5

Tab. 11.11: *Sondierwiderstand und Verdichtungs- sowie Festigkeitskenngrößen unterschiedlicher Böden, aus* ZTV-Lsw (1997)

Boden	Bodengruppe nach DIN 18196	boden-mechanische Bezeichnung	Lagerungs-dichte, Konsistenz	Ver-dichtungs-grad	Spitzen-widerstand	Schlagzahlen N_{10} der Rammsonden			Charakteristische Werte der Bodenkenngrößen		
						DPL	DPM	DPH	Wichte	Reibungswinkel	Kohäsion
					q_c	-	-	-	γ_d	φ'	c'
-	-	-	-	[%]	[MN/m^2]	-	-	-	[kN/m^2]	[°]	[kN/m^2]
A	grobkörnige Böden GW, GI, GE, SW, SI, SE	Sande, Kiese	mitteldicht	97	≥7,5	≥16	≥11	≥ 6	19	35	0
B	gemischtkönige Böden GU, $G\bar{U}$, GT,$G\bar{T}$ SU, $S\bar{U}$, ST, $S\bar{T}$	Gemische aus Sanden, Kiesen Schluffen, Tonen	mitteldicht bzw. steif	97	≥7,5	≥13	≥10	≥ 6	20	30	5
C	feinkörnige Böden UL, UM, TL	Schluffe, Tone	steif	97	≥ 5	≥10	≥ 8	≥ 5	19	25	10

Für die Anwendung bei der Bemessung von Pfahlgründungen auf der Grundlage von Erfahrungswerten, siehe auch Kapitel 20, finden sich Zusammenhänge zwischen Sondierwiderständen und Lagerungsdichten in der *EA-Pfähle (2012)*.

Weitere Beispiele für Beziehungen zwischen Sondierspitzenwiderständen und Scherparametern finden sich u. a. in *Weiß (1990)*, *Gebreselassie et al. (2003)*, *Mayne (2007)* oder *Lunne et al. (2014)*.

12 Erd- und Wasserdruck

12.1 Einführung

An den Berührungsflächen zwischen Baugrund und Bauwerk (z. B. Stützwand, Tunnel, Widerlager usw.) sind Normal- und Schubspannungen vorhanden. Der Begriff *Erddruck* bezeichnet hierbei allgemein die Kraftwirkung (Integration der Druckspannungsfläche), die in den Berührungsflächen zwischen Bauwerk und dem angrenzenden Boden mit Ausnahme der Sohlflächen wirkt. Diese Berührungsflächen werden im Weiteren als Wände bezeichnet.

Größe, Verteilung und Richtung des Erddrucks werden beeinflusst durch

- die physikalischen Eigenschaften des Bodens,
- die Bewegung der stützenden Wand,
- die Reibung zwischen Wand und Boden,
- die Gestalt des gestützten Erdkörpers und dessen Oberfläche sowie
- Auflasten auf der Geländeoberfläche.

Die Ermittlung des Erddrucks auf Stützwände ist eine statisch unbestimmte Aufgabe, die nur gelöst werden kann, wenn die Formänderungen der Wand und des Bodens bekannt sind oder als bekannt angenommen werden.

Die Bodenmechanik geht daher von vereinfachten Annahmen aus und bietet statisch bestimmte Näherungen an, die für baupraktische Zwecke ausreichen. Der Ansatz und die Ermittlung des Erddrucks sind in der DIN 4085 geregelt.

Für die Berechnung des Erddrucks sind zahlreiche grafische und analytische Lösungen bekannt.

Die erste analytische Lösung eines Erddruckproblems stammt von *Coulomb*. Diese im Jahre 1775 veröffentlichte und damit älteste Erddrucktheorie galt in ihrer ursprünglichen Form nur für den Fall der senkrechten Wand, der waagerechten Geländeoberfläche und des senkrecht auf der Flächennormalen der Wand angreifenden Erddrucks.

Der *Coulomb*'sche Ansatz wurde in der heute bekannten Form von *Müller-Breslau (1946)* auf den allgemeinen Anwendungsfall erweitert.

Neben dieser Linienbruchtheorie wurde unabhängig davon eine Flächentheorie für den Erddruck *Rankine (1880)* entwickelt. Dabei ist der gesamte Gleitkörper in einem plastischen Grenzzustand. Die beiden unterschiedlichen Bruchvorstellungen zeigt Abb. 12.1.

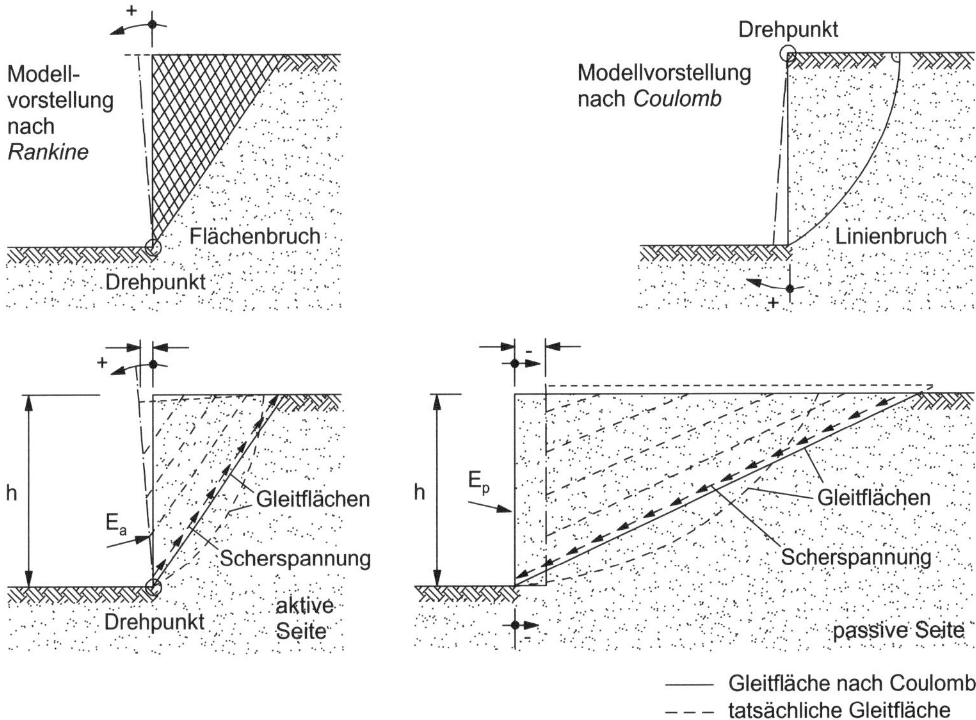

Abb. 12.1: *Beispiele von Bruchmechanismen und Gleitflächenformen*

Da bei der praktischen Berechnungsaufgabe von einer unendlich langen Wand ausgegangen werden kann, wird hieraus eine Scheibe von 1 m Dicke herausgeschnitten und die Berechnung am ebenen Verformungszustand (7.1) durchgeführt. Eine Übersicht zur historischen Entwicklung der unterschiedlichen Erddrucktheorien ist in *Hettler/Kurrer (2019)* gegeben.

12.2 Begriffe und Bezeichnungen

Nach DIN 4085 sind folgende Begriffe zu unterscheiden:

Erddruck e: resultierende effektive Spannung aus der effektiven Normalspannung und der Schubspannung, auf eine Wand. Unter dem Oberbegriff Erddruck werden der aktive Erddruck, der passive Erddruck (Erdwiderstand) und der Erdruhedruck sowie alle Zwischenwerte zusammengefasst.

Erddruckkraft E: die Resultierende des Erddrucks *e*.

Aktiver Erddruck e_a: kleinstmöglicher Erddruck, der sich infolge von Bodeneigenlast, Auflasten und sonstigen Einwirkungen auf eine Wand einstellt, wenn durch Bewegung von

Wand und Boden Entspannungen im Boden bis zur vollständigen Mobilisierung (Ausnutzung) der Scherfestigkeit auftreten.

Erdruhedruck e_0*:* Erddruck im ungestörten gewachsenen Boden (keine Relativbewegung zwischen Boden und Wand).

Passiver Erddruck e_p*:* größtmöglicher Erddruck bis zur vollständigen Ausnutzung der Scherfestigkeit, der sich infolge Bodeneigenlast, Auflasten und sonstigen Einwirkungen auf eine Wand einstellt, wenn sich diese im erforderlichen Maße gegen das Erdreich bewegt (negativer Drehsinn).

Erdwiderstand E_p*:* Resultierende des passiven Erddrucks e_p.

Erhöhter aktiver Erddruck e'_a*:* Erddruck, der wegen nicht ausreichender Wandbewegung größer als der aktive Erddruck, aber kleiner als der Erdruhedruck ist.

Verminderter passiver Erddruck e'_p*:* Erddruck, der bei nicht ausreichender Wandbewegung kleiner als der passive Erddruck, aber größer als der Erdruhedruck ist.

In Abb. 12.2 sind die definierten Erddruckzustände als Erddruckkraft abhängig vom Verschiebungszustand der Wand dargestellt. Daraus wird deutlich, dass jeder beliebige Erddruckzustand durch eine entsprechende Wandverschiebung erzeugbar ist.

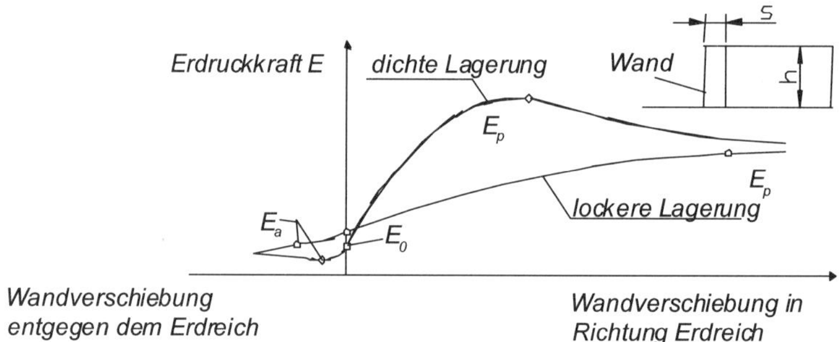

Abb. 12.2: *Zusammenhang zwischen Erddruckkraft und Wandbewegung nach DIN 4085*

Verdichtungserddruck e_v*:* Erddruck, der sich zusätzlich zum aktiven Erddruck bzw. Erdruhedruck einstellt, wenn ein Hinterfüllungsboden lagenweise eingebracht oder verdichtet wird.

Erddruckneigungswinkel δ*:* Richtungswinkel zwischen der angreifenden Erddruckkraft und der Flächennormalen auf die belastete Wand. Diese Neigung der Erddruckkraft resultiert aus einer Relativverschiebung zwischen Wand und Boden und ist abhängig von der Wandbeschaffenheit (rau, glatt usw.). Der Maximalwert wird als *Wandreibungswinkel* bezeichnet.

Grundformen der Wandbewegungen: Nach Lage des Drehpunktes der Wand sind die folgenden Grundformen zu unterscheiden:

- Drehung um den Fußpunkt,
- parallele Bewegung (Drehpunkt liegt im Unendlichen),

- Drehung um den Kopfpunkt und
- ggf. Durchbiegung der Wand.

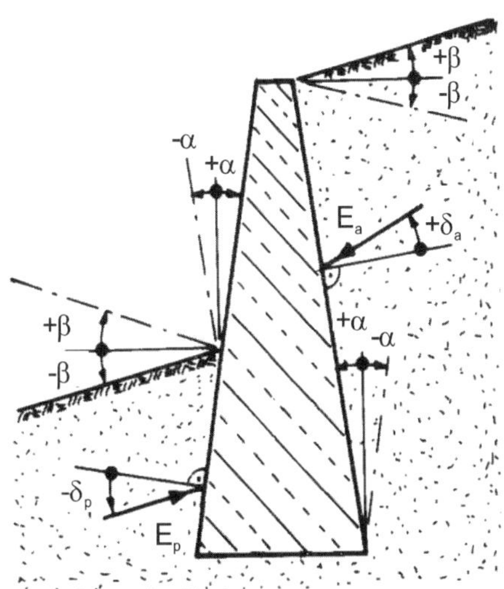

Abb. 12.3: *Vorzeichenregeln zur Erddruckberechnung nach DIN 4085*

Diese Grundformen sind theoretische Grenzfälle, die in der Praxis i. d. R. nur in kombinierter Form vorkommen. Die Lage des Drehpunktes ist für die Erddruckverteilung entscheidend. Vorzeichenregeln und Abkürzungen zur Berechnung des aktiven und passiven Erddrucks sind in Abb. 12.3 in Anlehnung an DIN 4085 festgelegt.

Hinweis: Nach dem Teilsicherheitskonzept, siehe Kapitel 13, wird zwischen charakteristischen Größen und Bemessungsgrößen unterschieden, gekennzeichnet durch die Indizes k und d. In diesem Abschnitt wird darauf nicht weiter eingegangen. Im Folgenden sind zunächst alle Werte charakteristische Größen, ohne dass diese mit dem Index k gekennzeichnet sind. Des Weiteren sind in den folgenden Formeln zunächst für ϕ bzw. c immer die effektiven Scherparameter ϕ' bzw. c' und nur für Sonderfälle die undränierten Parameter ϕ_u bzw. c_u gemeint. Bei den Spannungsangaben σ (hier vereinfachte Schreibweise) ist je nach Ansatz zwischen effektiven Spannungen σ' (Regelfall) und totalen Spannungen σ zu unterscheiden.

12.3 Erddrucktheorie nach *Coulomb* mit ebenen Gleitflächen

12.3.1 Annahmen

Die Erddrucktheorie nach *Coulomb (1775)* geht von folgenden Annahmen aus:

- Die Wand dreht sich in ausreichendem Maße um den Fußpunkt.
- Es bildet sich eine ebene Gleitfläche, auf welcher der entstehende Gleitkeil als starrer Körper (Monolith) infolge seiner Eigenlast abrutschen will (Linienbruch).
- In der Gleitfläche wirkt die *Mohr-Coulomb*'sche Bruchbedingung nach Gl. (7.16).
- Die Größe der Scherfestigkeit in der Gleitfläche ist von der Gleitbewegung unabhängig.
- Die maximale Scherfestigkeit τ_f wird in allen Teilen der Gleitfläche gleichzeitig erreicht.
- Es stellt sich diejenige Gleitfuge ein, bei welcher die Erddruckkraft ihren Größtwert erreicht.

- Es gilt $\alpha = \beta = \delta = 0$, der Boden ist kohäsionslos ($c = 0$).

12.3.2 Aktiver Erddruck

Aus dem Krafteck in Abb. 12.4 ergibt sich der aktive Erddruck zu:

$$E_a = G \cdot \tan(\vartheta_a - \varphi)$$

mit

$$G = \frac{1}{2} \cdot \gamma \cdot b \cdot h$$
$$b = h \cdot \cot \vartheta_a$$
$$E_a = \frac{1}{2} \cdot \gamma \cdot h^2 \cdot \cot \vartheta_a \cdot \cot(\vartheta_a - \varphi)$$
$$E_a = \frac{1}{2} \cdot \gamma \cdot h^2 \cdot K_a \qquad (12.1)$$

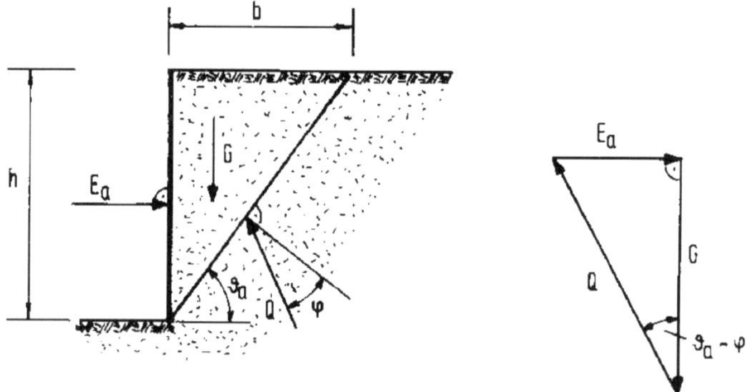

Abb. 12.4: *Gleitkeil und Krafteck für den aktiven Erddruck*

Nach den zuvor genannten Annahmen stellt sich diejenige Gleitfuge ein, bei der die Erddruckkraft $E = E_{max}$ wird. Auf analytischem Wege ergibt sich K_a über die Bedingung

$$\frac{dE_a}{d\vartheta_a} = \frac{1}{2} \cdot \gamma \cdot h^2 \cdot \frac{\sin \vartheta_a \cdot \cos \vartheta_a - \sin(\vartheta_a - \varphi) \cdot \cos(\vartheta_a - \varphi)}{\cos^2(\vartheta_a - \varphi) \cdot \sin^2 \vartheta_a} = 0$$

mit der Lösung

$$\vartheta_a = 45° + \frac{\varphi}{2} \qquad (12.2)$$

zum Erddruckbeiwert

$$K_a = \cot \vartheta_a \cdot \tan(\vartheta_a - \varphi) = \cot\left(45° - \frac{\varphi}{2}\right) \cdot \tan\left(45° + \frac{\varphi}{2}\right)$$

$$K_a = \left[\frac{1}{\tan(45° + \frac{\varphi}{2})}\right] \cdot \tan\left(45° - \frac{\varphi}{2}\right) = \tan\left(45° - \frac{\varphi}{2}\right) \cdot \tan\left(45° - \frac{\varphi}{2}\right)$$

$$K_a = \tan^2\left(45° - \frac{\varphi}{2}\right) \tag{12.3}$$

Vergleichend ist die grafische Methode zum Auffinden der maßgebenden Gleitfläche und der maximalen Erddruckkraft E_a in Abb. 12.5 dargestellt. Auf dieser Grundform basieren zahlreiche grafische Erddruckverfahren, z. B. *Culmann*-Verfahren, siehe DIN 4085.

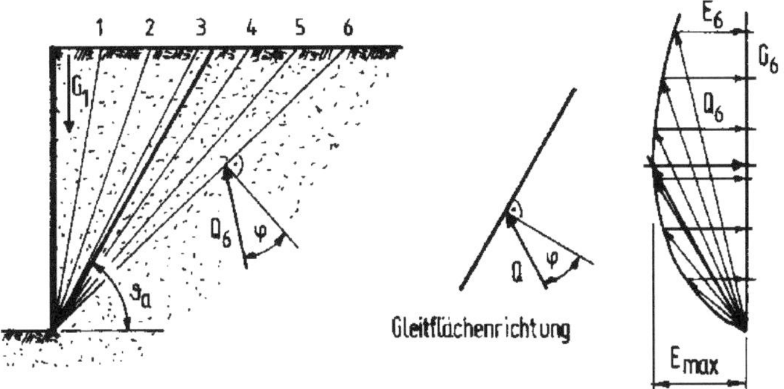

Abb. 12.5: *Grafische Ermittlung von* $E_{max}(\alpha = \beta = \delta = 0; c = 0)$

12.3.3 Passiver Erddruck

In gleicher Weise wie der aktive Erddruck kann aus Abb. 12.6 der passive Erddruck (Erdwiderstand) abgeleitet werden.

$$E_p = \frac{1}{2} \cdot \gamma \cdot h^2 \cdot K_p \tag{12.4}$$

$$\vartheta_p = 45° - \frac{\varphi}{2} \tag{12.5}$$

$$K_p = \tan^2\left(45° + \frac{\varphi}{2}\right) \tag{12.6}$$

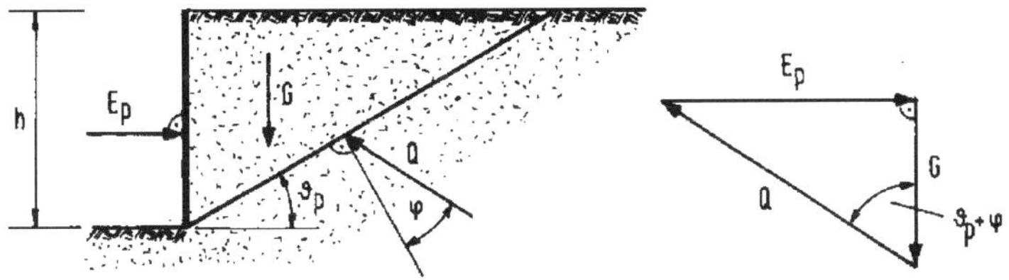

Abb. 12.6: *Gleitkeil und Krafteck für den passiven Erddruck*

12.4 Aktiver und passiver Grenzzustand im Halbraum – Flächenbruch- bzw. Zonenbruchtheorie nach *Rankine*

Ausgehend von der Spannungsverteilung im elastisch isotropen Halbraum unter Bodeneigenlast und Ansatz der *Mohr-Coulomb*'schen Bruchbedingung nach Gl. (7.16) wurde von *Rankine (1880)* eine Flächenbruchtheorie abgeleitet. Dabei befinden sich alle Punkte des Halbraums in einem plastischen Grenzzustand (Flächenbruch). Diese Randbedingungen können z. B. wirken, wenn zwei Stützmauern, die einen Bodenbereich entsprechend Abb. 12.7 einfassen, gegeneinander (Stauchung) bzw. voneinander weg (Dehnung) bewegt werden.

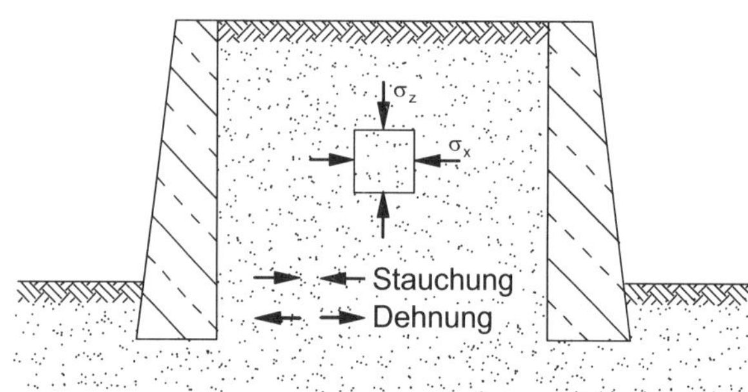

Abb. 12.7: *Erddrucktheorie von Rankine (Beispiel und Modellvorstellung zu den Randbedingungen)*

Bei der horizontalen Verschiebung einer vertikalen Ebene im Halbraum, z. B. Stützmauer in Abb. 12.7, bleiben die vertikalen Spannungen $\sigma_z = \gamma \cdot z$ unverändert von der Größe und Richtung der Verschiebung. Die horizontalen Spannungen σ_x verändern sich so weit, bis der Bruchzustand mit $\tau = \tau_f$ erreicht ist. Gemäß 6.3 und 7 sind hier σ_z, σ_x gleichzeitig Hauptspannungen σ_1, σ_3.

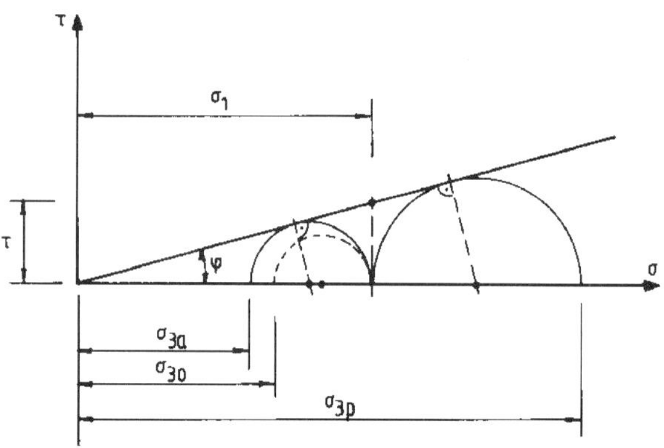

Abb. 12.8: *Mohr'sche Spannungskreise bei ideeller Ausdehnung und Stauchung, nach* Kezdi (1962)

Das Ziel der Berechnungen ist die Ermittlung des Verhältnisses zwischen σ_z und σ_x für den aktiven und den passiven Grenzzustand. Der Quotient wird entsprechend 12.3.2 und 12.3.3 Erddruckbeiwert K_a (aktiver Erddruckbeiwert) bzw. Erdwiderstandsbeiwert K_p (passiver Erddruckbeiwert) genannt.

Im aktiven Grenzzustand erreicht das Verhältnis der Spannungen $\sigma_x/\sigma_z = K_a$ seinen Kleinstwert. Dieses Verhältnis ändert sich nicht, auch wenn sich der Boden im Halbraum weiter ausdehnt. Im Boden entstehen Scharen von ebenen Gleitflächen. Der Boden ist voll plastisch (plastifiziert). Mit Abb. 12.8 ergibt sich die Grenzbedingung, siehe auch 7.3.

$$\sin\varphi = \frac{\frac{1}{2}\cdot(\sigma_z - \sigma_x)}{\frac{1}{2}\cdot(\sigma_z + \sigma_x)}$$

$$\sigma_z \cdot \sin\varphi + \sigma_x \cdot \sin\varphi = \sigma_z - \sigma_x$$

$$\sigma_x \cdot (1 + \sin\varphi) = \sigma_z \cdot (1 - \sin\varphi)$$

$$K_a = \frac{\sigma_x}{\sigma_z} = \frac{1 - \sin\varphi}{1 + \sin\varphi}$$

$$K_a = \tan^2(45° - \frac{\varphi}{2}) \qquad (12.7)$$

$$e_a = \sigma_x = K_a \cdot \sigma_z \qquad (12.8)$$

Im *passiven Grenzzustand* erreicht das Verhältnis der Hauptspannungen $\sigma_x/\sigma_z = K_p$ seinen Größtwert. Jetzt ist σ_x die größere Hauptspannung. Es entstehen Scharen ebener Gleitflächen. Der Boden ist voll plastisch. Die Grenzbedingung lautet nach Abb. 12.8.

$$\sin\varphi = \frac{\frac{1}{2}\cdot(\sigma_x - \sigma_z)}{\frac{1}{2}\cdot(\sigma_x + \sigma_z)}$$

$$\sigma_x \cdot \sin\varphi + \sigma_z \cdot \sin\varphi = \sigma_x - \sigma_z$$

$$\sigma_x \cdot (1 - \sin\varphi) = \sigma_z \cdot (1 + \sin\varphi)$$

$$K_p = \frac{\sigma_x}{\sigma_z} = \frac{1 + \sin\varphi}{1 - \sin\varphi} = \frac{1}{K_a}$$

$$K_p = \tan^2(45° + \frac{\varphi}{2}) \qquad (12.9)$$

$$e_p = \sigma_x = K_p \cdot \sigma_z \qquad (12.10)$$

Analog lassen sich auch für einen kohäsiven Boden mit K_a nach Gl. (12.7) bzw. K_p nach Gl. (12.9) Erddruckspannungen bestimmen.

$$e_a = \sigma_x = \sigma_z \cdot K_a - 2 \cdot c \cdot \sqrt{K_a} \qquad (12.11)$$

$$e_p = \sigma_x = \sigma_z \cdot K_p + 2 \cdot c \cdot \sqrt{K_p} \qquad (12.12)$$

Die Anbindung an die Bezeichnungen nach DIN 4085 sind K_a (*Coulomb/Rankine*) $= K_{agh}$ (DIN 4085) bzw. $K_p = K_{pgh}$ sowie $2 \cdot \sqrt{K_{agh}} = K_{ach}$ bzw. $2 \cdot \sqrt{K_{pgh}} = K_{pch}$. Die Richtung der Gleitflächen ergibt sich nach Abb. 12.9 und 12.10.

Qualitativ lässt sich die Beziehung zwischen der Richtung der Gleitflächen und der Erddruckkraft nach Abb. 12.10 darstellen.

Beim passiven Erddruck wird also vorgabegemäß der Kleinstwert (i. d. R. Widerstand) und beim aktiven Erddruck der Größtwert (i. d. R. Einwirkung) gesucht.

Bei einer geneigten Geländeoberfläche erhält man nach *Rankine* eine lineare Horizontalspannungsverteilung sowie ebenfalls eine linear verteilte Schubspannung für alle Vertikalschnitte (Abb. 12.11).

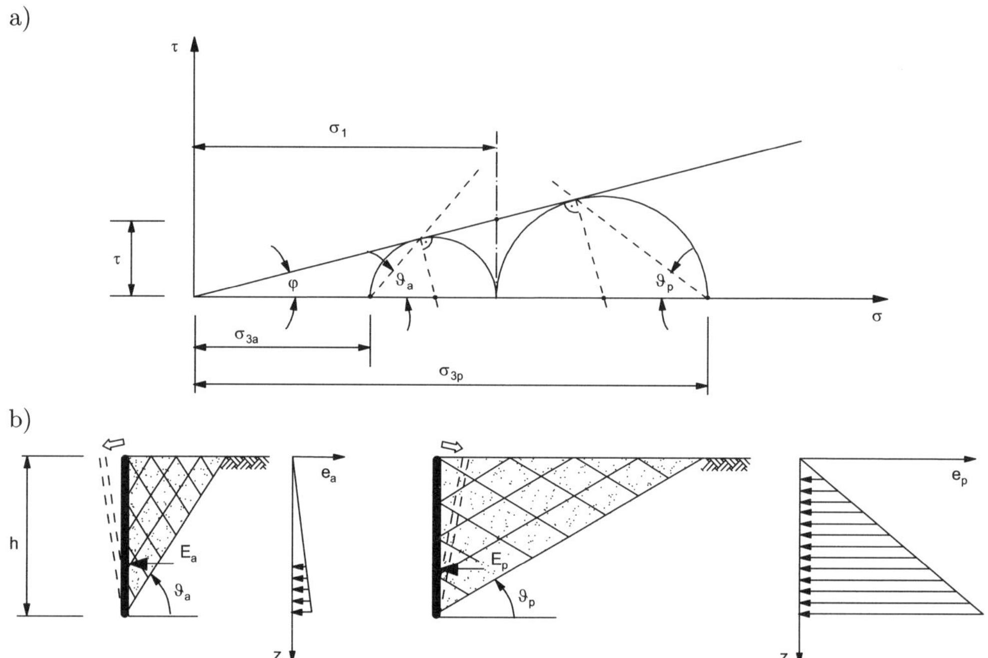

Abb. 12.9: *a) Ermittlung der Gleitflächenrichtung am Mohr'schen Spannungskreis, b) Gleitflächenscharen und Erddruck nach Rankine für den aktiven und passiven Grenzfall*

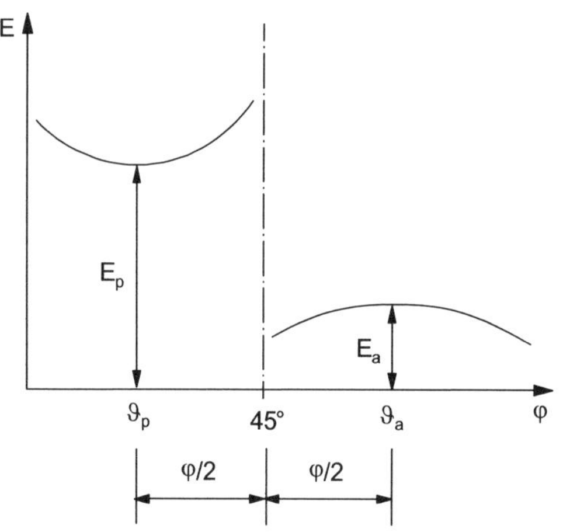

Abb. 12.10: *Beziehung zwischen Gleitflächenrichtung und resultierender Erddruckkraft*

Aus Gleichgewichtsgründen gilt $\tan\beta = \tau_{zx}/\sigma_x$. Dies bedeutet, dass in einem Vertikalschnitt im Boden ($c = 0$) die Erddruckkraft E_a bzw. E_p immer parallel zur Geländeoberfläche verläuft. Dieser Umstand wird *Rankine'scher Sonderfall* genannt. Es gilt

$$K_a = \tan^2\left(45^\circ - \frac{\kappa}{2}\right) \cdot \cos\beta \quad (12.13)$$

$$K_p = \tan^2\left(45^\circ + \frac{\kappa}{2}\right) \cdot \cos\beta \quad (12.14)$$

mit

$$\cos\kappa = \frac{\cos\varphi}{\cos\beta} \quad (12.15)$$

Die Flächen- bzw. Zonenbruchtheorie wird auch als statische Methode der Erddruckermittlung bezeichnet. Unter Ansatz der Gleichgewichtsbedingungen in Verbindung mit den wirkenden Volumenkräften aus dem Bodeneigengewicht ergeben sich Differenzialgleichungen, die die Theorie von *Rankine* auf allgemeine Fälle erweitern, siehe *Sokolovski (1960)*.

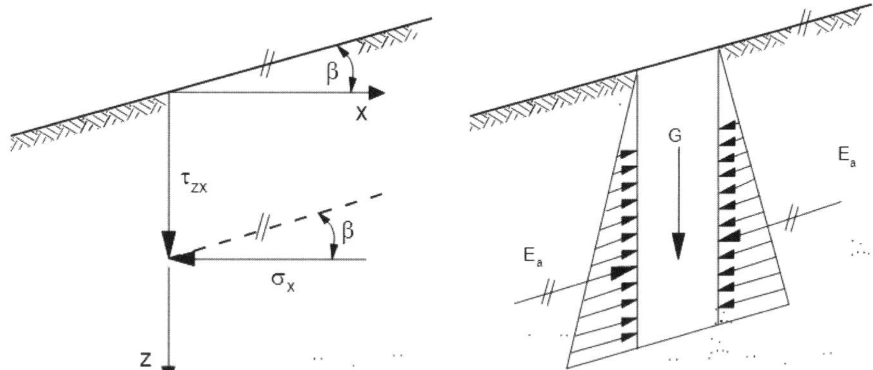

Abb. 12.11: *Rankine'scher Sonderfall*

Diese statische Methode (Grenzgleichgewichtsmethode) wird allerdings wegen des damit verbundenen numerischen Aufwands und wegen teilweise nicht erfüllter Randbedingungen seltener angewendet. In *Kempfert/Martinek (1988)* ist eine Anwendung dieser Methode für Streifenlasten beschrieben. Der Vorteil der statischen Verfahren zur Erddruckermittlung liegt darin, dass die Erddruckspannung und die Spannungsverteilung bekannt sind. Im unbelasteten Baugrund ohne Kohäsion ist dies z. B. die dreieckförmige Erddruckverteilung. Weitere Methoden zur Ermittlung des Erddrucks sind in *Hettler/Kurrer (2019)* zusammengefasst.

Im Folgenden wird der Begriff der „freien Standhöhe" h_0 eines bindigen Bodens abgeleitet. Aus Gl. (12.11) ergibt sich, dass bis zu einer Tiefe z_0 für die Bedingung $e_a(z_0) = 0$ Zugspannungen auftreten müssen.

$$z_0 = \frac{2 \cdot c}{\gamma \cdot \sqrt{K_a}} \tag{12.16}$$

Aus Gl. (12.11) ergibt sich eine Erddruckkraft (Integration der Erddruckspannung) auf eine Wandhöhe h von

$$E_a = 0,5 \cdot \gamma \cdot h^2 \cdot K_a - 2 \cdot c \cdot h \cdot \sqrt{K_a} \tag{12.17}$$

Wird nun in Gl. (12.17) $E_a = 0$ gesetzt, ergibt sich die „freie Standhöhe" eines kohäsiven Bodens zu

$$h_0 = \frac{4 \cdot c}{\gamma \cdot \sqrt{K_a}} \tag{12.18}$$

Ein Boden kann also um h_0 senkrecht abgegraben werden, ohne dass ein Nachbrechen erfolgt. Dabei ist allerdings zu beachten, dass die Kohäsion c infolge äußerer Einflüsse, z. B. Niederschläge usw., abnehmen kann.

12.5 Bewertung der Theorien von *Coulomb* und *Rankine*

Für die hier genannten Randbedingungen ($\alpha = \beta = \delta = 0; c = 0$) stimmt die *Coulomb*'sche Erddrucktheorie mit den Ansätzen nach *Rankine* überein. Es ist jedoch zu beachten, dass *Coulomb* und *Rankine* von völlig verschiedenen Voraussetzungen ausgegangen sind. *Coulomb* betrachtet Verschiebungen eines starren Körpers auf einer einzelnen Gleitfuge (Linienbruch). Er erhält die Größe der Erddruckresultierenden als Kraft, jedoch keine Aussage über die Verteilung der Spannungen an der Vorderkante des Erdkörpers. *Rankine* dagegen setzt einen völlig plastischen Boden voraus und erhält dann eine lineare Spannungsverteilung entlang eines senkrechten Schnittes (z. B. an der Wand). Anstelle einer einzelnen Gleitfuge ergibt sich bei *Rankine* eine Schar von Gleitflächen, die gegen die Horizontale geneigt sind.

12.6 Praktische Erddruckberechnung

12.6.1 Allgemeines

Für die praktische Erddruckberechnung wird im Folgenden weitgehend von den Regelungen der DIN 4085 ausgegangen, die die *Coulomb*'sche Erddrucktheorie (ebene Gleitflächen) unter Berücksichtigung der Erweiterungen von *Müller-Breslau (1946)* verwendet. Dabei kann eine geneigte Geländeoberfläche und eine geneigte Wand ($\alpha \neq \beta \neq 0$) sowie Schubspannungen auf der Rückseite der Wand zugelassen werden, sodass der resultierende Erddruck mit der Wandnormalen den Erddruckneigungswinkel δ einschließt. Für die Berechnung des passiven Erddruckes werden nach der DIN 4085 bzw. *EAB (2012)* im Allgemeinen gekrümmte oder entsprechend abschnittsweise ebene zusammengesetzte Gleitflächen zugrunde gelegt.

Im Folgenden sind teilweise in den Erddruckgleichungen Mehrfachindizierungen vorgenommen, z. B. bedeutet $E_{agh,pgh}$ aktive Erddruckkraft E_{agh} oder passive Erddruckkraft E_{pgh}.

Grundsätzlich ermittelt sich die aktive Erddruckspannung e_a und die passive Erddruckspannung e_p nach DIN 4085 aus den Anteilen aus Bodeneigengewicht $e_{ag,pg}$, großflächigen Gleichlasten $e_{ap,pp}$ und Kohäsion $e_{ac,pc}$ nach Gl. (12.19). Die Horizontal- $e_{ah,ph}$ und Vertikalkomponente $e_{av,pv}$ des Erddrucks $e_{a,p}$ ergibt sich nach Gln. (12.20) und (12.21).

$$e_{a,p} = e_{ag,pg} + e_{ap,pp} + e_{ac,pc} \tag{12.19}$$

$$e_{ah,ph} = e_{a,p} \cdot \cos(\alpha + \delta_{a,p}) \tag{12.20}$$

$$e_{av,pv} = e_{ah,ph} \cdot \tan(\alpha + \delta_{a,p}) \tag{12.21}$$

12.6.2 Ansatz des Erddruckneigungswinkels

Der Erddruckneigungswinkel ist die Kenngröße für die Reibung zwischen Boden und Wand, die wirkt, wenn der Gleitkeil abrutscht. Der Erddruckneigungswinkel wird definiert als der Winkel zwischen der Richtung der Erddruckkraft und der Flächennormalen der belasteten Wandseite. Reibungskräfte können nur übertragen werden, wenn die Wand ausreichend rau ist, der Boden nicht zu weich ist und keine plastische Dichtungsschicht zwischen Boden und Wand die Übertragung von Schubkräften behindert. Des Weiteren wird differenziert, ob *gekrümmte Gleitflächen* oder *ebene Gleitflächen* angesetzt werden. Die volle Wandreibung darf nur bei gekrümmten Gleitflächen angesetzt werden. Ebene Gleitflächen dürfen nach DIN 4085 beim aktiven Erddruck unabhängig vom Reibungswinkel φ' zugrunde gelegt werden, beim passiven Erddruck nur für $\varphi'_k \leq 35°$.

Die Berechnung des passiven Erdwiderstands liefert beim Abweichen vom Sonderfall ($\alpha = \beta = \delta_p = 0$) insbesondere bei hohen Reibungswinkel und bei negativen Erddruckneigungswinkeln mit $|\delta_p| \geq \varphi/2$ zu große Werte. Deshalb sind in diesen Fällen die Erddruckbeiwerte auf der Grundlage von Theorien mit gekrümmten Gleitflächen oder mit zusammengesetzten Bruchkörpern zu ermitteln.

Tangential zur Wand wirkende Teilkräfte des Erddrucks können an die Wand nur abgegeben werden, wenn ihre Ableitung in den Untergrund sichergestellt ist. Welcher Betrag an Reibungskräften mobilisiert werden kann, hängt von der Relativbewegung zwischen Wand und Hinterfüllung ab.

In Tab. 12.1 sind die Wandreibungswinkel δ nach DIN 4085 für gekrümmte und ebene Gleitflächen in Abhängigkeit der Beschaffenheit der Wandfläche gegenübergestellt. Ergänzende Informationen finden sich auch in *EAU (2012)* und *EAB (2012)*.

Tab. 12.1: *Maximaler Wandreibungswinkel δ aus DIN 4085*

Beschaffenheit der Wandfläche	Wandreibungswinkel δ	
	gekrümmte Gleitflächen	ebene Gleitflächen
verzahnt: z. B. Ortbeton oder wellenförmige Spundwände	φ'_k	$\frac{2}{3} \cdot \varphi'_k$
rau: z. B. unbehandelte Oberflächen von Stahl, Beton, Holz oder Mauerwerk	$\leq 27{,}5°$ $\leq \varphi'_k - 2{,}5°$	$\frac{2}{3} \cdot \varphi'_k$
weniger rau: z. B. Wandabdeckungen aus verwitterungsfesten, plastisch nicht verformbaren Kunststoffplatten	$\frac{1}{2} \cdot \varphi'_k$	$\frac{1}{2} \cdot \varphi'_k$
glatt: z. B. stark schmierige Hinterfüllung oder Dichtungsschicht, die keine Schubkräfte übertragen kann.	0	0

12.6.3 Erddruck infolge Bodeneigengewicht mit ebenen Gleitflächen

Die rechnerische Größe der aktiven Erddruckkraft E_{agh} und passiven Erddruckkraft E_{pgh} infolge Bodeneigengewicht mit ebenen Gleitflächen ergibt sich zu

$$E_{agh,pgh} = \frac{1}{2} \cdot \gamma \cdot h^2 \cdot K_{agh,pgh} \tag{12.22}$$

$$K_{agh} = \left[\frac{\cos(\varphi - \alpha)}{\cos\alpha \cdot \left(1 + \sqrt{\frac{\sin(\varphi+\delta_a)\cdot\sin(\varphi-\beta)}{\cos(\alpha-\beta)\cdot\cos(\alpha+\delta_a)}}\right)} \right]^2 \tag{12.23}$$

$$K_{pgh} = \left[\frac{\cos(\varphi + \alpha)}{\cos\alpha \cdot \left(1 - \sqrt{\frac{\sin(\varphi-\delta_p)\cdot\sin(\varphi+\beta)}{\cos(\alpha-\beta)\cdot\cos(\alpha+\delta_p)}}\right)} \right]^2 \tag{12.24}$$

$$E_{ag,pg} = \frac{E_{agh,pgh}}{\cos(\alpha + \delta_{a,p})} \; ; \; E_{agv,pgv} = E_{agh,pgh} \cdot \tan(\alpha + \delta_{a,p}) \tag{12.25}$$

Der aktive Erddruckbeiwert K_{agh} nach Gl. (12.23) ist in Abb. 12.12 für einfache Randbedingungen dargestellt. Der sich bei der Betrachtung des Grenzzustandes ergebende Gleitflächenwinkel ϑ_{ag} beträgt:

$$\vartheta_{ag} = \varphi + \arctan\left[\frac{\cos(\varphi - \alpha)}{\sin(\varphi - \alpha) + \sqrt{\frac{\sin(\varphi+\delta_a)\cdot\cos(\alpha-\beta)}{\sin(\varphi-\beta)\cdot\cos(\alpha+\delta_a)}}} \right] \tag{12.26}$$

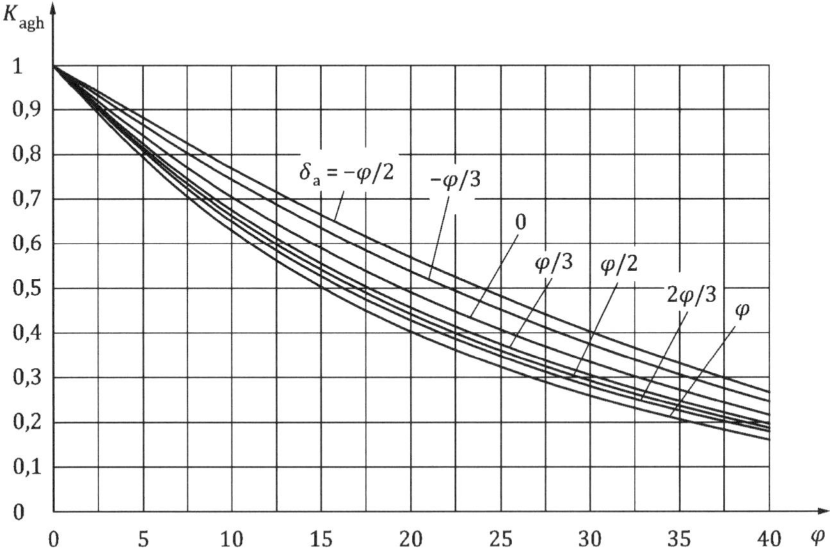

Abb. 12.12: *Erddruckbeiwerte K_{agh} und $K_{aph} = K_{agh}$ für ebene Gleitflächen bei $\alpha = \beta = 0$ nach Gl. (12.23), aus DIN 4085*

Für den Sonderfall $\alpha = \beta = \delta = 0$ nimmt der Erddruckbeiwert K entsprechend 12.3 und 12.4 die nachstehende Form an. Man spricht dabei auch vom „*Rankine*'schen Sonderfall“:

$$K_{ag,pg} = K_{agh,pgh} = \tan^2\left(45° \pm \frac{\varphi'}{2}\right) \tag{12.27}$$

Die Verteilung der Erddruckkraft infolge Bodeneigengewicht als Ordinate der Spannungsfläche (Erddruck) ist über die Wandhöhe h mit

$$e_{agh,pgh} = \gamma \cdot h \cdot K_{agh,pgh} \text{ bzw. } e_{agh,pgh}(z) = \gamma \cdot z \cdot K_{agh,pgh} \tag{12.28}$$

dreieckförmig verteilt (Abb. 12.13).

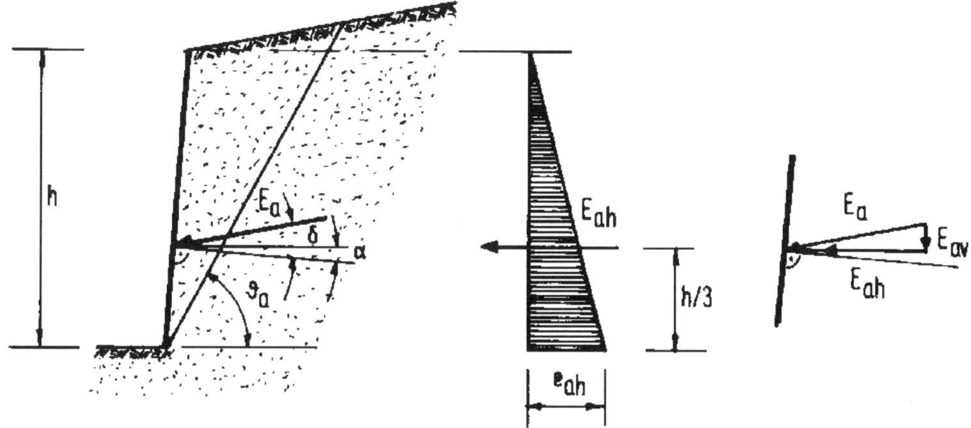

Abb. 12.13: *Ansatz der aktiven Erddruckkraft im Fall* $\alpha \neq \beta \neq \delta \neq 0$

Die maßgebliche Form der Gleitfläche wird durch mehrere Einflüsse bestimmt. Es werden Kurven verwendet, die sich mathematisch einfach beschreiben lassen. Als Näherungen für die Gleitflächenform werden die Ebene, der Kreisbogen, die logarithmische Spirale, Kombinationen dieser Formen und gebrochene Gleitflächen verwendet.

Insbesondere beim passiven Erddruck kann für bestimmte Fälle eine Anwendung von Gleitflächen notwendig werden, die von einer ebenen Form abweichen, da sonst ein rechnerisch zu großer passiver Erddruck (unsichere Seite) ermittelt wird *(EAB 2012)*, siehe auch 12.6.5.

Angaben zu den erforderlichen Bewegungen der Wand, um den aktiven bzw. passiven Erddruck zu aktivieren, finden sich in DIN 4085.

12.6.4 Erddruck infolge Kohäsion

Früher war als Erddruckbeiwert infolge Kohäsion der Ansatz nach *Rankine (1880)* entsprechend Gl. (12.11) und (12.12) üblich, der nur für $\alpha = \beta = \delta = 0$ gilt.

$$K_{ach,pch} = 2 \cdot \sqrt{K_{agh,pgh}} \tag{12.29}$$

DIN 4085 verwendet zur Erfassung des Kohäsionseinflusses bei ebenen Gleitflächen Erddruckbeiwerte infolge Kohäsion, die auf einen Ansatz von *Ohde (1956)* zurückgehen. Danach ergibt sich die Größe der Erddruckkraft infolge Kohäsion für den allgemeinen Fall ($\alpha \neq \beta \neq \delta \neq 0$) zu

$$E_{\text{ach,pch}} = \mp h \cdot c \cdot K_{\text{ach,pch}} \tag{12.30}$$

$$K_{\text{ach}} = \frac{2 \cdot \cos(\alpha - \beta) \cdot \cos\varphi \cdot \cos(\alpha + \delta_a)}{[1 + \sin(\varphi + \alpha + \delta_a - \beta)] \cdot \cos\alpha} \tag{12.31}$$

$$K_{\text{pch}} = \frac{2 \cdot \cos(\alpha - \beta) \cdot \cos\varphi \cdot \cos(\alpha + \delta_p)}{[1 - \sin(\varphi - \alpha - \delta_p + \beta)] \cdot \cos\alpha} \tag{12.32}$$

$$E_{\text{ac,pc}} = \frac{E_{\text{ach,pch}}}{\cos(\alpha + \delta_{\text{a,p}})} \; ; \; E_{\text{acv,pcv}} = E_{\text{ach,pch}} \cdot \tan(\alpha + \delta_{\text{a,p}}) \tag{12.33}$$

Die Verteilung der Erddruckkraft infolge Kohäsion als Ordinate der Spannungsfläche (Erddruck) ist über die Wandhöhe h mit

$$e_{\text{ach,pch}} = \mp c \cdot K_{\text{ach,pch}} \tag{12.34}$$

konstant verteilt (Abb. 12.15). Der Kohäsionsanteil wirkt vermindernd beim aktiven und erhöhend beim passiven Erddruck. Der Erddruckanteil infolge Kohäsion und der Erddruckanteil aus dem Bodeneigengewicht dürfen gemäß Abb. 12.15 überlagert werden. Dabei ist der Mindesterddruck nach 12.6.6 zu beachten.

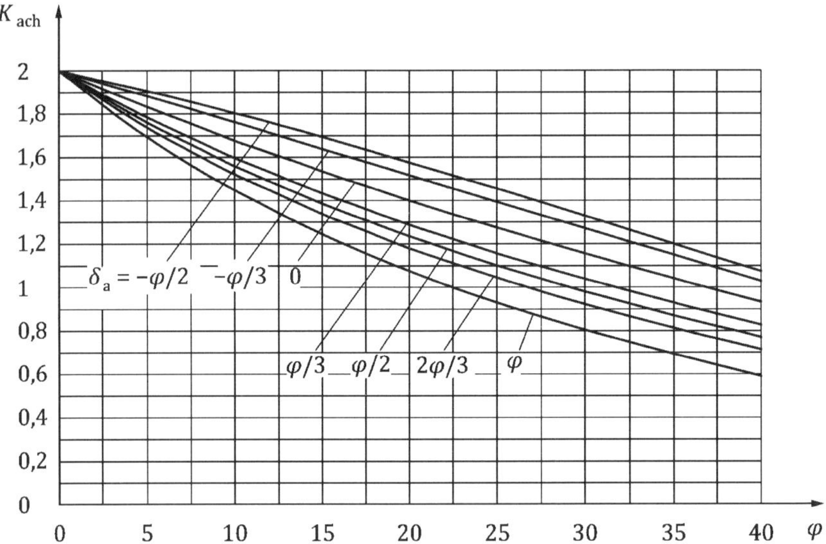

Abb. 12.14: *Erddruckbeiwerte K_{ach} für ebene Gleitflächen bei $\alpha = \beta = 0$ nach Gl. (12.31), aus DIN 4085*

12.6.5 Passiver Erddruck mit gekrümmten Gleitflächen

Wie bereits in 12.6.2 ausgeführt, kann die Ermittlung des passiven Erddrucks mit ebenen Gleitflächen zu einer deutlichen Überschätzung des Erdwiderstandes führen. Daher wird

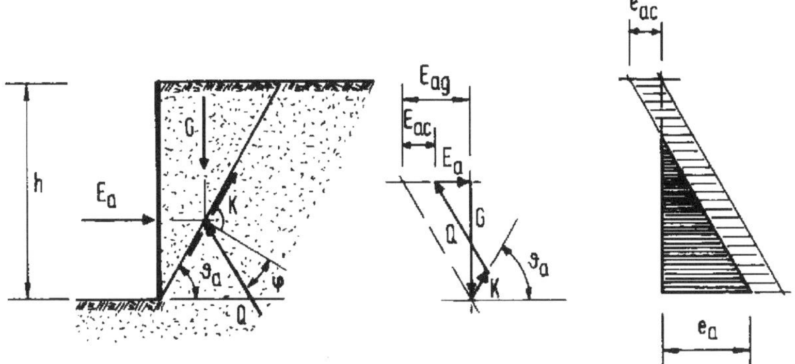

Abb. 12.15: *Ansatz der Erddruckkräfte und -spannungen infolge Kohäsion und Überlagerung*

in DIN 4085 empfohlen die passiven Erddruckbeiwerte K_{pgh} und K_{pch} bevorzugt mit gekrümmten Gleitflächen zu bestimmen, wobei dort ein Verfahren von *Sokolovski (1960)* und *Pregl (2002)* (Abb. 12.16 und Abb. 12.17) zur Anwendung kommt. Für andere als in Abb. 12.16 und Abb. 12.17 genannten Fälle können die Beiwerte mit den Formeln nach Anhang A-2 ermittelt werden.

Weitere Hinweise siehe DIN 4085. Ergänzend finden sich in DIN 4085 Beiblatt 1 detaillierte Berechnungsbeispiele.

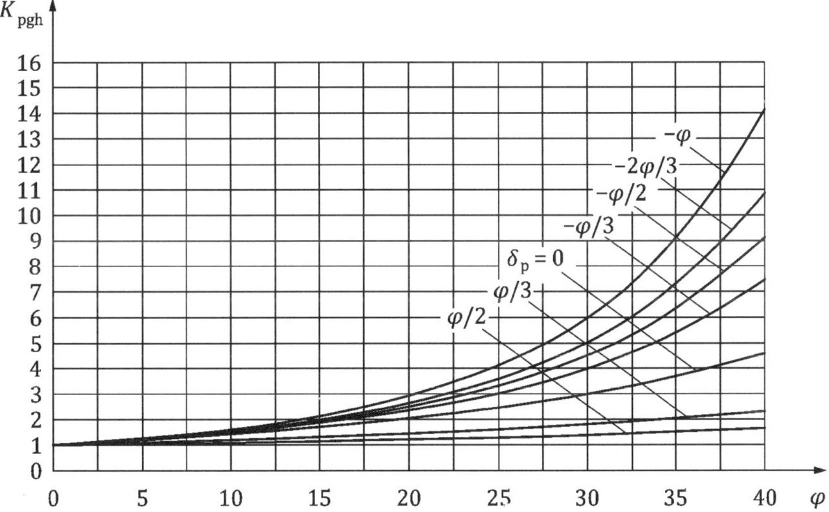

Abb. 12.16: *Erddruckbeiwerte K_{pgh} für gekrümmte Gleitflächen bei $\alpha = \beta = 0$, aus DIN 4085*

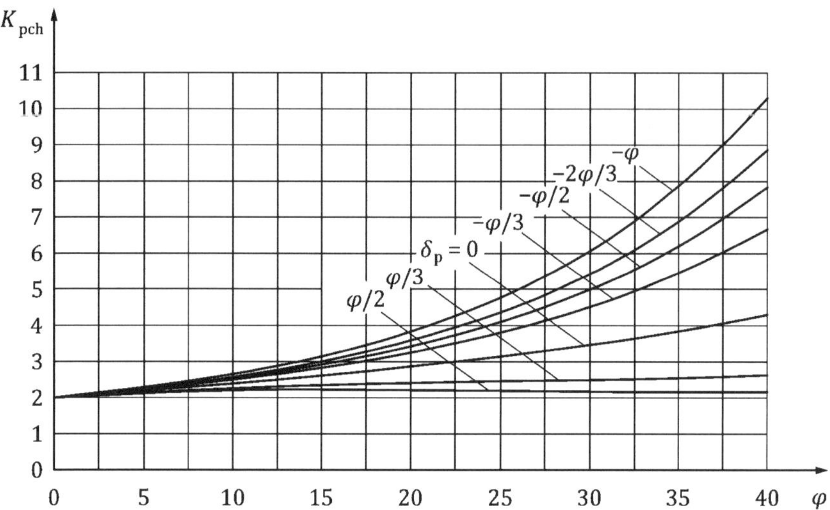

Abb. 12.17: *Erddruckbeiwerte K_{pch} für gekrümmte Gleitflächen bei $\alpha = \beta = 0$, aus DIN 4085*

12.6.6 Mindesterddruck

Wird beim Ansatz des aktiven Erddruckes der Einfluss der Kohäsion berücksichtigt, so kann der Erddruck im oberflächennahen Bereich sehr klein oder sogar negativ werden, siehe Abb. 12.18. Daher ist zu überprüfen, ob ein Mindesterddruck erreicht wird, der wenigstens anzusetzen ist.

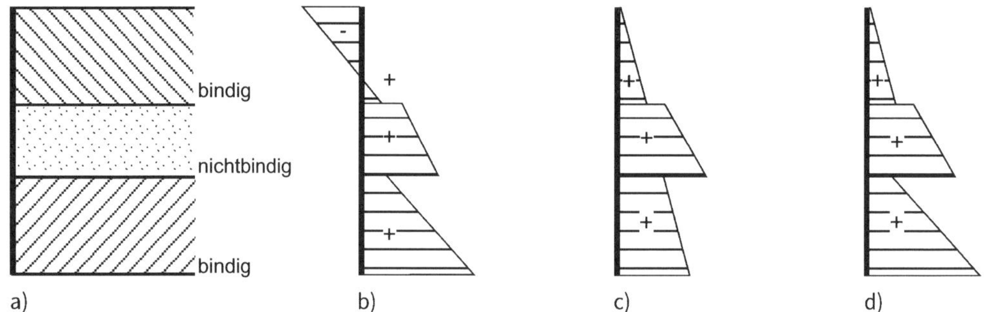

Abb. 12.18: *Ermittlung der Gesamtlast des aktiven Erddrucks bei teilweise bindig Bodenschichten nach* EAB (2012). *a) Bodenschichtung, b) Erddruck mit charakteristischen Scherfestigkeiten, c) Erddruck in den bindigen Schichten mit Ersatzreibungswinkel, d) Mindesterddruck*

Für den Ansatz des Mindesterddruckes gibt es geringfügig abweichende Regelungen zwischen DIN 4085 und *EAB (2012)*, die nachfolgend erläutert werden und bei den jeweiligen Nachweisen zu beachten sind.

a) Nach DIN 4085:

Der Mindesterddruck entspricht dem Erddruck, der sich bei Annahme einer Scherfestigkeit entsprechend $\varphi' = 40°$ und $c' = 0$ infolge der Bodeneigenlast bei Beibehaltung der geometrischen Größen α, β und δ_a/φ ergibt. Der Erddruckbeiwert für den Mindesterddruck ist

$$K^*_{\text{agh}} = K_{\text{agh}}(\varphi' = 40°) \tag{12.35}$$

Maßgebend ist die größere Erddruckresultierende, die sich aus der Mindesterddruckbetrachtung mit Gl. (12.35) und dem Ansatz mit den charakteristischen Bodenkenngrößen φ' und c' ergibt. Die Untersuchung ist bei geschichtetem Baugrund für alle kohäsiven Schichten separat durchzuführen. Auch tiefer liegende Schichten sind zu überprüfen.

b) Nach *EAB (2012)*:

Nach *EAB (2012)* ist der Erddruck aus Auflasten zusätzlich zum Mindesterddruck aus Bodeneigengewicht mit anzusetzen. In DIN 4085 gibt es hierzu keine Regelung, wodurch die Auslegungen nach *EAB (2012)* etwas strenger sind und eine höhere Sicherheit liefern, siehe *Hettler/Kurrer (2019)*.

Bei Baugrubenwänden, die sich um den Fußpunkt oder um einen tiefer gelegenen Punkt drehen, ist die Erddruckkraft bei durchgehend bindigem Boden nach *EAB (2012)* auf zwei Wegen zu ermitteln:

- Mit den charakteristischen Scherfestigkeiten, wobei die infolge Kohäsion entstehenden rechnerischen Zugspannungen nicht berücksichtigt werden dürfen.
- Mit dem Ersatzreibungswinkel $\varphi'_{\text{Ers,k}} = 40°$.

Maßgebend ist als Mindesterddruck die größere Erddruckkraft.

Bei geschichtetem Boden ist wie folgt vorzugehen:

- Die Erddruckkoordinate der nichtbindigen Schichten ist stets mit den charakteristischen Scherfestigkeiten zu ermitteln. Sie sind maßgebend für die Ermittlung der Erddruckkraft der betreffenden Schicht.
- Die Erddruckkoordinaten der bindigen Schichten sind entsprechend den Angaben für eine durchgehende bindige Schicht sowohl mit den charakteristischen Scherfestigkeiten als auch mit dem Ersatzreibungswinkel $\varphi'_{\text{Ers,k}}$ zu ermitteln.

Maßgebend ist die größere Erddruckkraft der jeweiligen Schicht. Die Gesamtlast ergibt sich aus der Addition der maßgebenden Erddruckkräfte der einzelnen Schichten. Weitergehende Regelungen bei Baugruben siehe *EAB (2012)* und Kapitel 18 (Band 2).

12.6.7 Erdruhedruck

Nach DIN 4085 ist der Erdruhedruck bei sehr biegesteifen Bauteilen anzusetzen, die ohne nennenswerte Änderung des Spannungszustandes in den anstehenden Boden eingebracht worden sind und deren Verbindung mit benachbarten oder stützenden Bauteilen oder mit dem Untergrund so starr ist, dass eine Bewegung in Erddruckrichtung nicht oder nur vernachlässigbar auftreten kann.

Bei waagerechter Geländeoberfläche gilt

$$E_{0g} = E_{0gh} = \frac{1}{2} \cdot \gamma \cdot h^2 \cdot K_{0g} \tag{12.36}$$

wobei für erstverdichteten Boden der Erdruhedruck nach Gl. (12.37) verwendet wird.

$$K_{0g} = 1 - sin\varphi \tag{12.37}$$

Die Kohäsion des Bodens bleibt dabei außer Ansatz.

Für die mit der Tiefe z zunehmende Erddruckspannung gilt

$$e_0 = \sigma_x = \sigma_z \cdot K_0 = \gamma \cdot z \cdot K_0 \tag{12.38}$$

Die Richtung des Erdruhedrucks auf unnachgiebige Wände in ansteigendem Gelände kann parallel zur Geländeoberfläche angenommen werden. Dabei dürfen die entsprechenden zulässigen Neigungswinkel des Erddruckes nicht überschritten werden.

Für ein unter $\beta = \varphi$ geneigtes Gelände erhält man dann bei $\delta = \beta$ als Ruhedruckbeiwert:

$$K_{0gh,\beta=\varphi} = cos^2\varphi \tag{12.39}$$

In Fällen einer Geländeneigung $0 < \beta < \varphi$ kann näherungsweise in Abhängigkeit von β geradlinig zwischen den Gl. (12.37) und (12.39) interpoliert werden.

Bei einer geneigten Wand wird der wirkende resultierende Erdruhedruck e_0 in eine auf die Wand wirkende Normalkomponente $e_{0,n}$ und eine Schubkomponente $e_{0,t}$ aufgeteilt. Der Erddruckneigungswinkel δ_0 ergibt sich aus dem Verhältnis von $e_{0,n}$ und $e_{0,t}$.

$$e_{0,n} = \gamma \cdot z \cdot \left[\frac{1 + K_{og}}{2} - \frac{1 - K_{og}}{2} \cdot \cos 2\alpha\right] \tag{12.40}$$

$$e_{0,t} = \gamma \cdot z \cdot \frac{1 - K_{og}}{2} \cdot \sin 2\alpha \tag{12.41}$$

$$\delta_0 = \arctan\left(\frac{e_{0,t}}{e_{0,n}}\right) \tag{12.42}$$

12.6.8 Erddruck infolge Nutzlasten auf der Geländeoberfläche

Neben dem Erddruckanteil aus Bodeneigengewicht kann der Erddruck aus vertikalen Nutzlasten oder Auflasten an der Geländeoberfläche erhöht werden. Bei Auflasten muss unterschieden werden zwischen ständigen charakteristischen Einwirkungen p_k, wie z. B. das Eigenwicht aus Nachbarbebauung und veränderlichen Einwirkungen q_k, wie z. B. Verkehrslasten.

Nach *Handbuch Eurocode 7-1 (2015)* und *EAB (2012)* ist für die Ermittlung des Erddruckes aus einer unbegrenzten lotrechten Flächenlast zu unterscheiden zwischen

- einem Lastanteil $p_k \leq 10$ kN/m^2, der den ständigen Einwirkungen zugerechnet wird, und

- einem Lastanteil q_k, der über $p_k = 10$ kN/m^2 hinausgeht und den veränderlichen Einwirkungen zugerechnet wird.

Folgende Nutz- bzw. Auflastanteile sind zu unterscheiden.

a) Gleichmäßig verteilte Nutzlast

Die Nutzlast p erhöht das Gewicht des Erddruckkeils und kann näherungsweise wie folgt berücksichtigt werden:

$$E_{\text{aph,pph}} = p \cdot h \cdot K_{\text{aph,pph}} \tag{12.43}$$

bzw.

$$E_{0\text{p}} = p \cdot h \cdot K_0 \tag{12.44}$$

Die Verteilung der Erddruckkraft als Ordinate der Spannungsfläche ist über die Wandhöhe h mit

$$e_{\text{aph,pph}} = p \cdot K_{\text{aph,pph}} \tag{12.45}$$

bzw.

$$e_{0\text{p}} = p \cdot K_0 \tag{12.46}$$

konstant verteilt (Abb. 12.19a). Die Erddruckbeiwerte sind dabei mit den Erddruckbeiwerten aus Bodenlast gleichzusetzen $K_{aph,pph} = K_{agh,pgh}$.

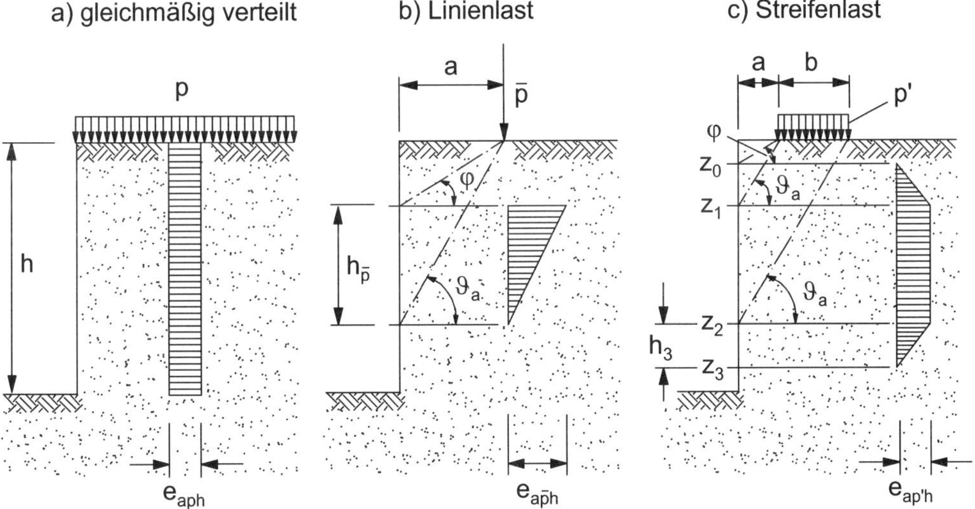

***Abb. 12.19:** Erddruck infolge Nutz- und Auflasten*

b) Linienlasten im aktiven Erddruckfall

Der Einfluss von Linienlasten kann näherungsweise mit $\delta_a = 0$ wie folgt berücksichtigt werden (Abb. 12.19b)

$$E_{\mathrm{a\overline{p}h}} = \overline{p} \cdot K_{\mathrm{a\overline{p}h}} \tag{12.47}$$

$$K_{\mathrm{a\overline{p}h}} = \tan\left(45^\circ - \frac{\varphi'}{2}\right) \tag{12.48}$$

$$e_{\mathrm{a\overline{p}h}} = \frac{2 \cdot E_{\mathrm{a\overline{p}h}}}{h_{\overline{\mathrm{p}}}} \tag{12.49}$$

Weitere Hinweise dazu siehe *Hettler et al. (2018).*

c) Streifenlasten im aktiven Erddruckfall

Streifenlasten werden häufig mit den Gleichungen (12.42) bis (12.44) für Linienlasten mit

$$\overline{p} = b \cdot p' \tag{12.50}$$

berechnet. Dabei kann auch anstelle des Dreiecks besser ein Rechteck über den gleichen Einflussbereich angesetzt werden.

In *Kempfert/Martinek (1988)* ist ein auf *Ohde (1956)* zurückgehendes Näherungsverfahren nach Abb. 12.19c empfohlen.

$$e_{\mathrm{ap}'h} = p' \cdot K_{\mathrm{aph}} \tag{12.51}$$

mit

$$z_0 = a \cdot \tan\varphi$$
$$z_1 = a \cdot \tan\vartheta_a$$
$$z_2 = (a+b) \cdot \tan\vartheta_a$$
$$h_3 = \frac{p'}{\gamma} \text{ oder } h_3 = \frac{(a+b)}{2} \qquad \text{(Maximalwert ist maßgebend)}$$

Weitergehende Hinweise und Berechnungsvorschläge siehe DIN 4085, DIN 4085 Beiblatt 1, *EAB (2012), Hettler et al. (2018)* und *Hettler/Kurrer (2019).*

12.6.9 Erddruck bei geschichtetem Boden

In geschichtetem Boden gelten für die einzelnen Schichten unterschiedliche Bodenkenngrößen. An jeder Schichtgrenze treten zwei Erddruckspannungen auf, eine für die obere und eine für die untere Schicht. Das Eigengewicht der oberen Schichten wirkt auf die darunterliegende Schicht wie eine Auflast. Die Erddruckberechnung für diesen Fall erfolgt am zweckmäßigsten schichtweise (Schicht i) über die Erddruckspannung $e_{ah,i}$ bzw. $e_{ph,i}$. Auf diese Weise entstehen aneinandergereihte Spannungsflächen in Form von Dreiecken und Trapezen. Das Spannungsbild infolge Erddruck zeigt in den Schichtgrenzen

- Knicke, wenn die Wichten benachbarter Schichten verschieden sind
- Sprünge, wenn die Reibungswinkel (ggf. auch Kohäsion) benachbarter Schichten verschieden sind.

Die Erddruckspannungslinie ist umso flacher, je größer die Wichte ist. Die Berechnung der Ordinaten der Spannungsfläche bzw. der Erddruckkräfte wird am zweckmäßigsten übersichtlich in Form einer Tabelle ausgeführt.

Das Verfahren enthält die Annahme, dass sich in jeder Schicht jeweils derjenige Gleitwinkel einstellt, der den Extremwert des Erddrucks in dieser Schicht erbringt. Tatsächlich wird sich bei einer Schichtenfolge von Böden, die ein ähnliches Formänderungsverhalten aufweisen, eine mittlere Gleitfläche einstellen. Das Ergebnis liegt somit auf der sicheren Seite, siehe auch DIN 4085.

12.6.10 Erddruck bei gebrochener Geländelinie bzw. geknickter Wand

Für den Fall der gebrochenen Geländeoberfläche wird häufig ein Näherungsverfahren nach *Jenne (1960)* verwendet. Danach errechnet man für jede Geländeneigung den Erddruck so, als ob ein durchgehendes Gelände dieser Neigung vorhanden wäre, siehe Abb. 12.20. Entsprechendes gilt auch für den Fall einer gebrochenen Wandrückenfläche (Abb. 12.21). Weitere Hinweise finden sich in DIN 4085.

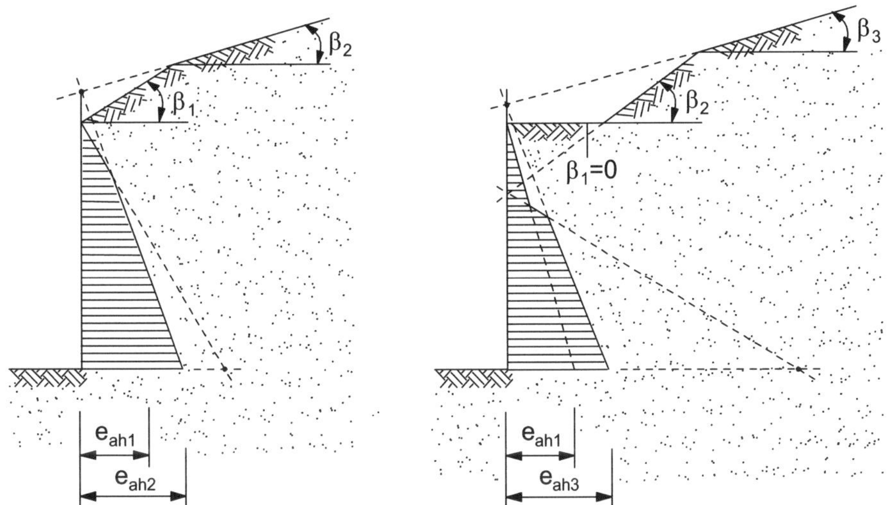

Abb. 12.20: *Erddruckspannungen bei gebrochener Geländelinie*

12.7 Erddruck bei wassergesättigten, bindigen Böden

Werden wassergesättigte, bindige Böden schnell belastet oder entlastet (schnelle Hinterfüllung, Aushub einer Baugrube usw.), sind die Veränderungen des Porenwasserdrucks bei der Ermittlung des Erddrucks zu berücksichtigen. Hierbei können Scherparameter, die aus dränierten oder undränierten Versuchen hervorgehen, verwendet werden.

Werden undränierte Scherparameter von normalkonsolidierten Böden ($c = c_u$ und $\varphi_u = 0$) angesetzt, addieren sich die Erddruckordinaten aus Bodeneigenlast und Kohäsion, wobei $K_{agh} = 1$ ist.

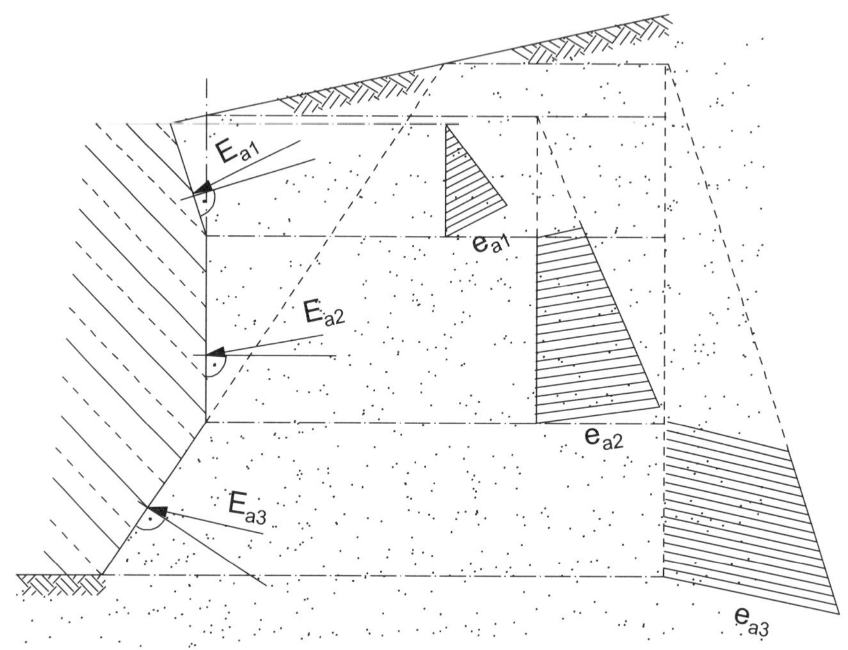

Abb. 12.21: *Erddruckspannungen bei gebrochener Wandrückenfläche*

Beim Ansatz von Scherparametern aus Versuchen mit dränierten Bodenproben (wirksame Scherparameter c' und φ') muss der Einfluss des Porenwasserüberdrucks bzw. -unterdrucks bei der Erddruckermittlung berücksichtigt werden. Weitere Hinweise finden sich in *EAB (2012)*.

12.8 Verdichtungserddruck

Verdichtungserddruck wird beim Hinterfüllen einer Wand mit bindigem oder nichtbindigem Boden wirksam, der lagenweise eingebracht wird. Es kommt dabei zum Anwachsen des Erddrucks über den aktiven Erddruck bzw. den Erdruhedruck aus Bodeneigengewicht hinaus. Nach DIN 4085 ist hierbei zwischen einer Intensivverdichtung und einer leichten Verdichtung mit Vibrationsplatten zu unterscheiden. Werte für den Verdichtungserddruck e_{vh} sind in DIN 4085 zusammengestellt.

12.9 Räumlicher Erddruck

Auf Wandflächen, die im Grundriss begrenzt sind (kurze Wände) ist der räumliche Erddruck nach DIN 4085 anzusetzen. Dabei ist im aktiven Grenzzustand der räumliche Erddruck kleiner als der ebene. Im passiven Grenzzustand ist es genau umgekehrt.

Der Einfluss des räumlichen Spannungszustandes im Boden wird in dem in Anhang A-3 angeführten Berechnungsverfahren durch die Einführung von Formbeiwerten berücksichtigt.

12.10 Hydrostatischer Wasserdruck

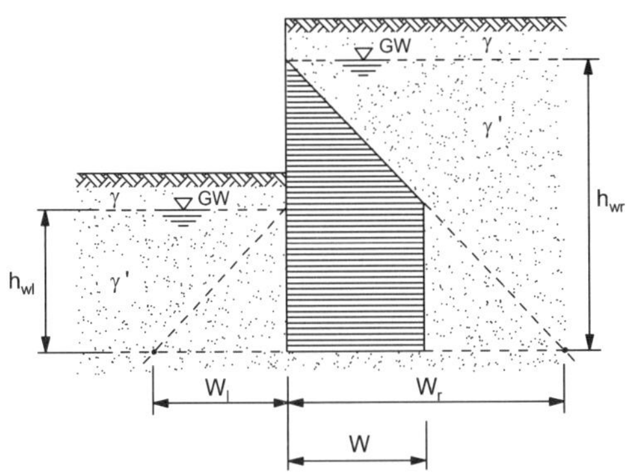

Abb. 12.22: Hydrostatischer Wasserdruckansatz

Steht vor und hinter der Wand offenes Wasser oder Grundwasser mit unterschiedlichen Wasserspiegeln an, so wirkt auf die Wand von der Seite des höheren Wasserspiegels ein Wasserdruck. Die Wasserdruckspannung $w(u_0)$ als hydrostatischer Wasserdruck ergibt sich gemäß Abb. 12.22 aus dem Unterschied h_W der Wasserspiegelhöhen zu

$$w = h_w \cdot \gamma_w \tag{12.52}$$

$$w = (h_{wl} - h_{wr}) \cdot \gamma_w \tag{12.53}$$

Der hydrostatische Wasserdruckansatz trifft nur zu, wenn keine Umströmung z. B. der Wand stattfindet. Durch die Annahme, dass keine Strömung stattfindet, wird der Wasserdruck w etwas zu groß angesetzt, liegt i. d. R. somit jedoch auf der sicheren Seite. Auf der Erdwiderstandsseite wird durch die von unten nach oben gerichtete Strömung die Wichte des Bodens vermindert (siehe 3.3.2). Dadurch wird der Erdwiderstand in Wirklichkeit kleiner und liegt somit auf der unsicheren Seite.

12.11 Berücksichtigung der Wasserströmung

Kommt es zu einer Durchströmung des Untergrundes infolge Wasserdruckdifferenz, muss dies sowohl in der Berechnung des Erddruckes als auch im Wasserdruckansatz berücksichtigt werden.

Dabei sind zwei mögliche Kombinationen verwendbar:

- Vereinfachter Ansatz nach der linearisierten Theorie (Abb. 12.23) zur Berücksichtigung der Wasserströmung, siehe z. B. *EAB (2012)* bzw. Kapitel 23 (Band 2) oder

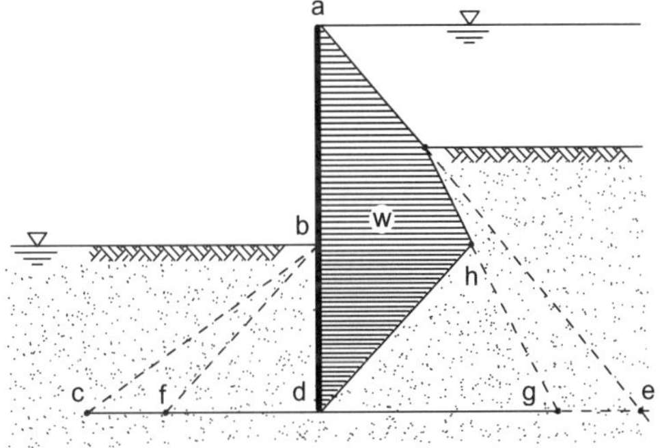

Abb. 12.23: Näherungsansatz des Wasserdrucks unter Berücksichtigung der Wandumströmung

- Genauerer Wasserdruckansatz unter Berücksichtigung der Wasserströmung aus einem Strömungsnetz (Potenzialtheorie) nach Kapitel 3.5 und Ermittlung des Erddrucks mit effektiven Wichten nach 3.3.2 und Gl. (3.11) und (3.12).

12.12 Maßgebliche Wasserspiegelhöhen

Als Grundlage für Standsicherheitsberechnungen sind maßgebliche charakteristische Wasserspiegelhöhen und daraus Bemessungswasserspiegel abzuleiten, siehe dazu auch 13.7.4 bzw. Band 2. Nach *Handbuch Eurocode 7-1 (2015)* gelten folgende Hinweise:

Der höchste für die Bemessung maßgebende Wasserstand kann z. B. im Einzelfall sein:

- der während der voraussichtlichen Nutzungs- bzw. Lebensdauer zu erwartende höchste Wasserstand,
- der in einem vorgegebenen Zeitraum, z. B. während der Bauzeit, zu erwartende höchste Wasserstand,
- der Wasserstand, bei dem das Wasser die Oberkante des Bauwerks überströmen kann,
- der durch eine Entwässerungseinrichtung vorgegebene Grundwasserspiegel,
- ein vertraglich vereinbarter Wasserstand, bei dessen Auftreten das Bauwerk bzw. die Baugrube planmäßig geflutet wird.

Der niedrigste für die Bemessung maßgebende Wasserstand kann z. B. im Einzelfall sein:

- der während der voraussichtlichen Nutzungs- bzw. Lebensdauer zu erwartende niedrigste Wasserstand,
- der in einem vorgegebenen Zeitraum, z. B. während der Bauzeit, zu erwartende niedrigste Wasserstand,
- ein vertraglich vereinbarter Wasserstand, der durch eine Grundwasserabsenkung erzielt werden soll.

12.13 Zahlenbeispiele siehe Anhang B-12.

13 Sicherheitsnachweise in der Geotechnik nach Eurocode EC 7-1 / DIN 1054:2010-12

13.1 Stand der nationalen und europäischen Normen

13.1.1 Allgemeines

Im Zuge der Vereinheitlichung europäischer Normen für den Bausektor werden seit 1989 europäische Regelwerke erarbeitet, welche für die beteiligten Nationen verbindliche Standards festlegen.

Dabei ist zu unterscheiden zwischen

- Bemessungsnormen,
- Ausführungsnormen und
- Bauprodukten.

Bei den früheren nationalen Normen in der Geotechnik waren i. d. R. Berechnung, Bemessung und Ausführung in einer Norm zusammengefasst, z. B. DIN 4014 (Bohrpfähle). Nun liegt zwischen Bemessung und Ausführung eine klare Trennung vor.

Von besonderer Bedeutung für die praktische Handhabung und Umsetzung des Konzeptes ist der Umstand, dass die vorliegenden europäischen Bemessungsnormen teilweise sehr unverbindlich und inhomogen sind und damit eine unmittelbare Anwendung nur bedingt möglich ist bzw. erschwert wird. Gleichzeitig wurde mit den neuen Normen ab 2010 vom Globalsicherheits- auf das Teilsicherheitskonzept umgestellt.

In 2012 wurden die bemessungsrelevanten Eurocodes für den konstruktiven Ingenieurbau bauaufsichtlich eingeführt, wobei eine nationale Ergänzung, Spezifizierung und Präzisierung durch Festlegungen im nationalen Anhang und in nationalen Ergänzungsnormen (z. B. DIN SPEC) vorgenommen sind.

Mit der Harmonisierung der europäischen Baunormen mussten die nationalen Normen an die Eurocodes angepasst und mit ihnen verbunden werden, denn die Richtlinien der Europäischen Union über das öffentliche Beschaffungswesen sehen vor, dass im Bauwesen in ganz Europa in allen öffentlichen Ausschreibungen und Verträgen die Eurocodes zugrunde zu legen sind. Bei der praktischen Umsetzung der Harmonisierung der nationalen und europäischen Normen gelten dabei folgende Grundsätze:

- die Eurocodes sind von allen Mitgliedsstaaten einzuführen,
- nationale Normen sind weiterhin zulässig, sie dürfen aber weder europäischen Normen widersprechen noch mit ihnen konkurrieren, und
- nationale Normen, für die es europäische Normen gibt, sind nach einer Übergangsfrist zurückzuziehen.

Eine allgemeine Übersicht zur Entstehung von Normen kann *Klein et al. (2008)* entnommen werden.

13.1.2 Geotechnische Normen zur Berechnung und Bemessung

In Deutschland liegen zur Bemessung in der Geotechnik als neuester Stand vor dem Hintergrund der Umstellung auf Eurocodes folgende Normen vor:

- DIN EN 1997-1:2009-09: Eurocode 7: Entwurf, Berechnung und Bemessung in der Geotechnik – Teil 1: Allgemeine Regeln,
- DIN 1054:2010-12: Baugrund – Sicherheitsnachweise im Erd- und Grundbau – Ergänzende Regelungen zu DIN EN 1997-1:2010,
- DIN 1054:2012-08: Baugrund – Sicherheitsnachweise im Erd- und Grundbau – Ergänzende Regelungen zu DIN EN 1997-1:2010; Änderung A1:2012,
- DIN 1054:2015-11: Baugrund – Sicherheitsnachweise im Erd- und Grundbau – Ergänzende Regelungen zu DIN EN 1997-1; Änderung 2,
- DIN EN 1997-1/NA:2010-12: Nationaler Anhang – National festgelegte Parameter – Eurocode 7: Entwurf, Berechnung und Bemessung in der Geotechnik – Teil 1: Allgemeine Regeln.

Ergänzend sind gemäß Tab. 13.1 Berechnungsnormen aufgeführt, die i. d. R. für die Nachweise nach DIN EN 1997-1/DIN 1054 national anzuwendenden geotechnischen Berechnungsverfahren behandeln.

Tab. 13.1: *Zusammenstellung der nationalen geotechnischen Berechnungsnormen*

Bezeichnung	Titel
DIN 1055-2	Lastannahmen für Bauten; Bodenkenngrößen, Wichte, Reibungswinkel, Kohäsion, Neigungswinkel des Erddruckes
DIN 4017	Baugrund – Berechnung des Grundbruchwiderstands unter Flachgründungen
DIN 4019	Baugrund – Setzungsberechnungen
DIN-Fachbericht 130	Wechselwirkung Baugrund/Bauwerk bei Flachgründungen
DIN 4084	Baugrund – Geländebruchberechnungen
DIN 4085	Baugrund – Berechnung des Erddrucks
DIN 4093	Bemessung von verfestigten Bodenkörpern
DIN 4126	Nachweis der Standsicherheit von Schlitzwänden

Damit liegt folgende Normenhierarchie für die Bemessung im Bauwesen vor, siehe Abb. 13.1. An der Spitze der europäischen Baunormen stehen die *DIN EN 1990: Eurocode: Grundlagen der Tragwerksplanung* und *DIN EN 1991: Eurocode 1: Einwirkungen auf Bauwerke* mit mehreren Teilen und Anhängen. Sie sind Grundlage für die Bemessung im gesamten Bauwesen Europas. Auf diese beiden Grundnormen beziehen sich alle anderen Eurocodes. Die Nationalen Anhänge stellen die Verbindung zwischen den Eurocodes und den nationalen Normen her, wie z. B. der DIN 4084 und weiteren Berechnungsnormen sowie der technischen Regelwerke *EAU (2012)*, *EAB (2012)*, *EBGEO (2010)* oder der *EA-Pfähle (2012)* bzw. Merkblättern.

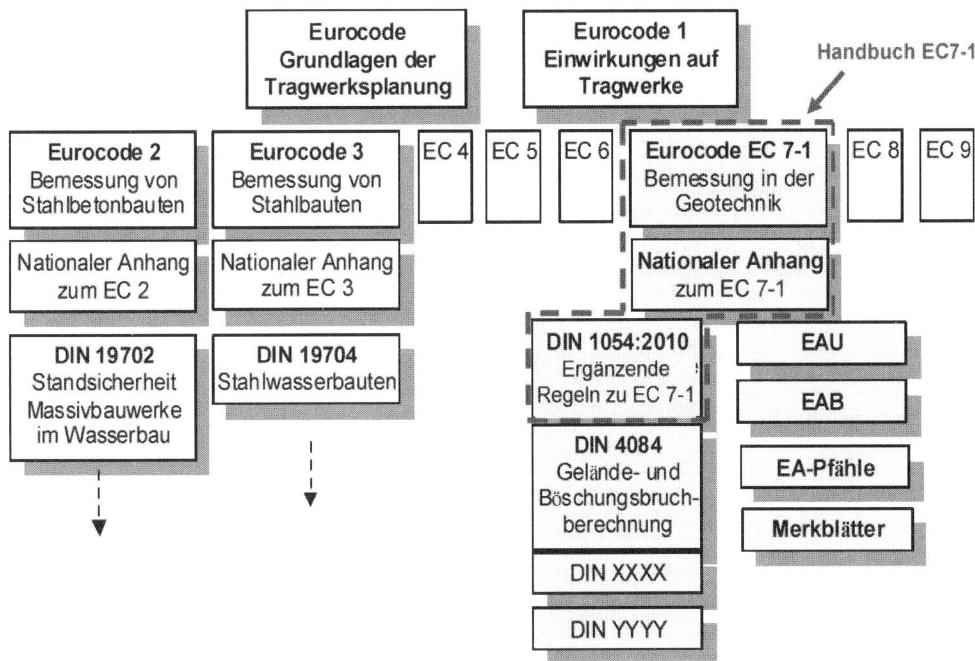

Abb. 13.1: *Europäische Hierarchie der Bemessungsnormen*

In Verbindung mit Eurocode EC 7-1 sollte immer auch Eurocode EC 7-2 und DIN 4020 bei der Baugrunduntersuchung angewendet werden, siehe Kapitel 4 und 5.

13.1.3 Normenhandbuch EC 7-1

Die drei Normen DIN EN 1997-1, der Nationale Anhang und die DIN 1054:2010 sind jeweils für sich alles andere als anwenderfreundlich, denn der Nutzer muss bei der Arbeit immer zwischen drei Papieren hin- und herblättern. Deshalb hat man sich entschlossen, zusätzlich alle drei Normen zusammenzufassen. Die Zusammenfassung eines Eurocodes mit dem Nationalen Anhang und den ergänzenden deutschen Normen wird *Normenhandbuch* genannt. Solche Normenhandbücher liegen auch für die anderen Fachbereiche des Bauingenieurwesens vor.

Die Zusammenfassung der drei Normen sieht so aus, dass in den Text der grundlegenden DIN EN 1997-1 (Eurocode EC 7-1) an den entsprechenden Stellen die Festlegungen des

Nationalen Anhangs und die ergänzenden deutschen Regelungen (DIN 1054) eingefügt sind. Durch entsprechende Kennzeichnungen wird dabei deutlich, welche Regelung aus welcher Norm stammt. Damit sind diese drei Normen im *Handbuch Eurocode 7-1 (2015)* in lesbarer Form zusammengefasst.

13.1.4 Europäische Ausführungsnormen für geotechnische und Spezialtiefbauverfahren

Die folgenden europäischen Normen nach Tab. 13.2 regeln die Herstellungs- und Ausführungsbedingungen für geotechnische und Spezialtiefbauverfahren.

Tab. 13.2: *Zusammenstellung der europäischen Ausführungsnormen*

Bezeichnung	Titel
DIN EN 1536	Bohrpfähle
DIN EN 1537	Verpressanker
DIN EN 1538	Schlitzwände
DIN EN 12063	Spundwandkonstruktionen
DIN EN 12699	Verdrängungspfähle
DIN EN 12715	Injektionen
DIN EN 12716	Düsenstrahlverfahren
DIN EN 14199	Mikropfähle
DIN EN 14475	Bewehrte Schüttkörper
DIN EN 14490	Bodenvernagelung
DIN EN 14679	Tiefreichende Bodenstabilisierung
DIN EN 14731	Tiefenrüttelverfahren
DIN EN 15237	Vertikaldräns

Diese Normen verweisen bezüglich der Berechnung und Bemessung jeweils i. d. R. auf die DIN EN 1997-1 (EC 7-1).

Die bauaufsichtlichen und normativen Verweise sind jeweils in nationalen DIN SPEC's (Specification) zu diesen Ausführungsnormen geregelt.

Weitere nationale geotechnische Ausführungsnormen siehe Tab. 13.3.

Tab. 13.3: *Weitere nationale geotechnische Normen*

Bezeichnung	Titel
DIN 4095	Dränung zum Schutz baulicher Anlagen
DIN 4123	Ausschachtungen, Gründungen und Unterfangungen im Bereich bestehender Gebäude
DIN 4124	Baugruben und Gräben

13.2 Berechnungsmodelle

Grundlage eines jeden Sicherheitsnachweises ist zunächst die Entwicklung eines Berechnungsmodells. In der Geotechnik ist dabei zu unterscheiden zwischen dem Berechnungsmodell der Baugrundschichtung mit entsprechenden Festlegungen für die Bodenkenngrößen und dem eigentlichen mechanischen Modell des zugeordneten Tragmechanismus (z. B. Grundbruch). Hinzukommen noch geometrische Größen, wie z. B. die Fundament- oder Stützwandabmessung. Diese Modelle setzen insbesondere in der Geotechnik erhebliche Idealisierungen voraus. Dies wird deutlich, wenn man sich vergegenwärtigt, dass der Berechnung Bodenschichten mit gleichbleibenden Eigenschaften und Mächtigkeiten zugrunde gelegt werden, was bekanntlich in der Natur kaum anzutreffen ist, siehe auch *v. Soos/Engel (2017)*.

Insbesondere bei der Festlegung des Baugrundmodells und der Bodenkenngrößen ist die Erfahrung eines Sachverständigen für Geotechnik (Bodengutachter) i. d. R. unerlässlich, siehe auch *Handbuch Eurocode 7-1 (2015)* und 1.2.

13.3 Grundidee zum Sicherheitskonzept mit Teilsicherheitsbeiwerten

Im Zuge der europäischen Harmonisierung der bautechnischen Regelwerke und der Abstimmung der einzelnen Fachrichtungen untereinander wurde zunächst versucht, die für das gesamte Bauwesen durch die in *GruSiBau (1981)* festgelegten Grundsätze eines neuen Sicherheitskonzeptes auch für die Geotechnik anzuwenden. Dabei baut das neue Konzept bewusst auf dem Streuen der Einwirkungen und der Widerstände auf. Man spricht hierbei auch von dem Sicherheitskonzept auf probabilistischer Grundlage. Einwirkungen (z. B. Lasten) und Widerstände (z. B. Baugrundreaktionen) sind so aufeinander abzustimmen, dass eine festgelegte Versagenswahrscheinlichkeit nicht überschritten wird und damit ein sicheres Überleben der Baukonstruktion gewährleistet ist. Grundlage ist die für die jeweilige Nachweisart zu formulierende Grenzzustandsgleichung. In der für den jeweiligen Nachweis gültigen Grenzzustandsgleichung sind die streuenden (stochastischen) und damit unsicheren und die feststehenden (deterministischen) Größen miteinander verknüpft.

Es war zunächst vorgesehen, Teilsicherheitsbeiwerte nicht empirisch wie bisher im Grundbau üblich, sondern gemäß den Grundsätzen nach *GruSiBau (1981)* auf probabilistischer Grundlage abzuleiten. Das erforderliche Sicherheitsniveau für ein Bauwerk oder Bauteil wird dadurch erreicht, dass man alle Einflussgrößen genau analysiert und jeder Einflussgröße entsprechend ihrer statistischen Streuung und entsprechend der möglichen Genauigkeit ihrer Ermittlung eigene Teilsicherheitsbeiwerte zuordnet.

Abb. 13.2 zeigt das Prinzip des Konzeptes an einem einfachen Beispiel. Es gibt eine Einwirkung S, deren Größe normalverteilt um den Mittelpunkt m_S mit der Standardabweichung σ_S streut. Der ebenfalls als normalverteilt angenommene Widerstand R des Bauteils, dieser Beanspruchung widerstehend, hat den Mittelwert m_R und die Standardabweichung σ_R. Die Verteilung des Abstandes der streuenden Größen R und S, also deren Differenz Z, ist dann ebenfalls normalverteilt mit dem Mittelwert $m_Z = m_R - m_S$ und mit der Standardabweichung $\sigma_z = \sqrt{\sigma_R^2 + \sigma_S^2}$. Die Fläche unterhalb dieser Verteilungsfunktion mit Werten $Z < 0$ definiert die Versagenswahrscheinlichkeit. Gleichwertig zur Versagenswahrscheinlichkeit kann als Maß der Sicherheit auch angegeben werden, wie groß der Mittelwert m_z als Vielfaches von σ_Z ist: $m_Z = \beta \cdot \sigma_Z$ oder $\beta = m_Z/\sigma_Z$. Der Zusammenhang zwischen der Versagenswahrscheinlichkeit p_f und dem Wert β ist in Abb. 13.2 angegeben.

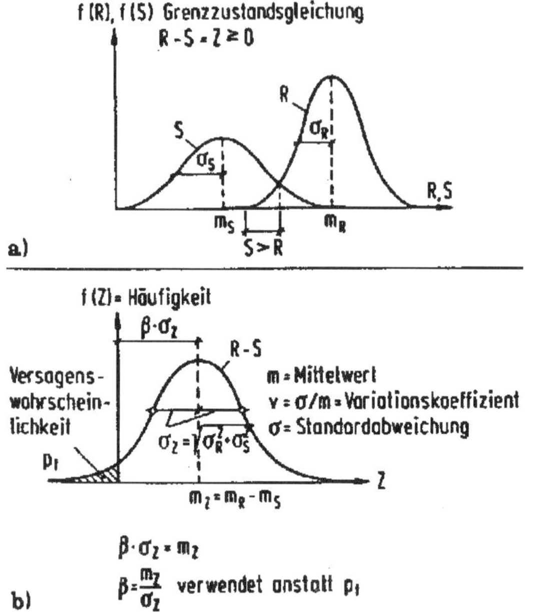

Versagenswahr-scheinlichkeit p_f	Zugehöriger Wert β
$1 \cdot 10^{-10}$	5,2
$1 \cdot 10^{-6}$	**4,7**
$1 \cdot 10^{-5}$	4,2
$1 \cdot 10^{-3}$	3,0
$1 \cdot 10^{-2}$	2,0

Abb. 13.2: *Versagenswahrscheinlichkeit nach der zunächst vorgesehenen probabilistischen Methode*

Im Bauwesen wird häufig davon ausgegangen, dass eine Versagenswahrscheinlichkeit von etwa $1 \cdot 10^{-6}$ im Regelfall akzeptierbar ist, dass also von 1 Million gleichartigen und gleichartig belasteten Bauteilen eines versagt.

Bei bekannter Streuung (bzw. Standardabweichung) der Beanspruchung σ_S und bekannter Streuung des Widerstandes σ_R ist auch σ_Z bekannt. Um ein angestrebtes Sicherheitsniveau mit einer kleinen Überschneidung zwischen der Verteilung der Beanspruchungen und der Verteilung der Widerstände zu erreichen, muss man nur den Wert β mit σ_Z multiplizieren und erhält den erforderlichen Abstand der Mittelwerte $m_Z = m_R - m_S$. Dieser kann bei der Dimensionierung von Bauteilen sowohl durch Ansatz erhöhter Einwirkungen, aus denen die Beanspruchungen resultieren, als auch durch Ansatz abgeminderter Widerstände und mit einer Kombination beider Ansätze erreicht werden. Dazu werden die Einwirkungen oder die Beanspruchungen durch Multiplikation mit Teilsicherheitsbeiwerten γ_F erhöht, die Widerstände durch Division mit anderen Teilsicherheitsbeiwerten γ_R vermindert. Es wurde allerdings von vielen Geotechnik-Ingenieuren bezweifelt, ob diese Vorgehensweise für den Baugrund wegen der großen Streubreite überhaupt sinnvoll und möglich ist. Darüber hinaus liegen nicht nur zwei, sondern eine Vielzahl von streuenden Größen vor. Zwischenzeitlich wurde so vorgegangen, dass die neuen Teilsicherheitsbeiwerte durch Vergleichsberechnungen mit dem bisherigen Sicherheitskonzept bei Vorgabe von etwa gleichen Ergebnissen „kalibriert“ und abgeleitet wurden.

Begründungen zu der jetzt gewählten pragmatischen Vorgehensweise insbesondere in DIN 1054 sowie weitere Hinweise zum Thema finden sich z. B. in *Weißenbach (2001)* und *Ziegler (2017)*.

13.4 Anwendungshinweise und Grundgleichungen

Folgende Punkte zur Anwendung des Teilsicherheitskonzeptes in der Geotechnik sind zu beachten.

- *Konstruktiver Ingenieurbau:* saubere Trennung von Einwirkungen und Widerständen möglich.
- *Geotechnik:* Problem, dass bei vielen Konstruktionen (z. B. Baugruben) der Boden sowohl als Einwirkung (z. B. Erddruck) als auch als Widerstand (z. B. Wandfußauflager = Erdwiderstand) wirkt.

Als Einwirkungen können vorliegen:

- Nicht nur angreifende Lasten, sondern z. B. auch aufgezwungene oder behinderte Verformungen und Bewegungen (Zwangsbeanspruchungen).

Auf der Grundlage des *Handbuch Eurocode 7-1 (2015)*:

- ständige, veränderliche Einwirkungen,
- direkte, indirekte Einwirkungen,
- statische, vorwiegend ruhende Einwirkungen,
- örtlich veränderliche, zeitlich unveränderliche Einwirkungen,
- dynamische, quasi-statische, quasi-ständige Einwirkungen,
- außergewöhnliche, seismische Einwirkungen,
- freie, voneinander abhängige, voneinander unabhängige Einwirkungen.

Beanspruchungen und andere Auswirkungen von Einwirkungen sind:

- für bestimmte Nachweise (z. B. Auftrieb) nur Einwirkungen,
- für die Bemessung werden nur die Folgen der Einwirkungen (die Beanspruchungen) benötigt,
- Beispiele:

  Schnittgrößen, z. B. Normalkraft, Querkraft, Biegemoment,

  Spannungen, z. B. Druck-, Zug-, Biegespannung, Schub- oder Vergleichsspannung.

- Weitere wichtige Auswirkungen von Einwirkungen:

  Schwingungsbeanspruchung, Erschütterung,

  Lageveränderungen des Bauwerkes, z. B. Verschiebungen, Setzungen, Verdrehungen.

Widerstände sind:

- In der Geotechnik liegen zwei Arten vor:

  Scherfestigkeit,

  Bodenwiderstände.

- Im Vergleich zu den Definitionen der Materialfestigkeit des Baugrundes (Scherfestigkeit) mit anderen Baustoffen ist zu beachten:

  Baustoffe: Materialfestigkeit im Allgemeinen ist ein bestimmtes Quantil der angenommenen statistischen Verteilung, z. B. 95%-Quantil.
  Es gilt das Modell der Kette mit dem schwächsten Glied.

  Baugrund: „Vorsichtiger Schätzwert des Mittelwertes", weil nicht die Scherfestigkeit in einem Punkt der Gleitfläche maßgebend ist, sondern die Gesamtscherfestigkeit in der Gleitfläche.
  Es gilt das Modell der parallel geschalteten, duktilen Widerstände in Form von Federn, die sich bei Überbeanspruchung plastisch dehnen.

Bei Einwirkungen, Beanspruchungen und Widerständen wird zwischen charakteristischen Werten (Index k) und Bemessungswerten (Index d) unterschieden. Für die charakteristischen Werte gilt Folgendes:

- Der charakteristische Wert F_k einer Einwirkung ist der Wert, von dem angenommen wird, dass er mit einer vorgegebenen Wahrscheinlichkeit nicht über- oder unterschritten wird.

- Ansatz von charakteristischen Einwirkungen auf ein statisches System liefert charakteristische Beanspruchungen bzw. charakteristische Schnittgrößen E_k („E" von „effects").

- Auch bei Widerständen geht man zunächst vom charakteristischen Wert aus. Das Ergebnis der Multiplikation des Widerstandsmomentes W_y mit der charakteristischen Materialfestigkeit $f_{y,k}$ ergibt den charakteristischen Bauteilwiderstand

  $$R_k = W_y \cdot f_{y,k}$$

  Die charakteristischen Bodenwiderstände, z. B. Erdwiderstand, Grundbruchwiderstand und Gleitwiderstand ergeben sich unter Zugrundelegung der charakteristischen Scherfestigkeit (φ_k, c_k).

Eine Gegenüberstellung der charakteristischen Größen der Einwirkungen bzw. Beanspruchungen und der Widerstände liefert ein labiles Gleichgewicht. Daher ist mit Bemessungswerten wie folgt zu rechnen:

- Vergrößerung der charakteristischen Einwirkungen bzw. Beanspruchungen durch Multiplikation mit einem Teilsicherheitsbeiwert γ_F

$$E_d = E_k \cdot \gamma_F \tag{13.1}$$

- Abminderung der charakteristischen Widerstände R_k mit dem Teilsicherheitsbeiwert γ_R

$$R_d = \frac{R_k}{\gamma_R} \tag{13.2}$$

Zusammenfassend ergibt sich als wesentliches Grundprinzip bei der Anwendung des Teilsicherheitskonzeptes in der Geotechnik:

a) Rechnen „mit charakteristischen Größen so lange wie möglich" und erst spät Einfügen von Teilsicherheitsbeiwerten (anders als im allgemeinen konstruktiven Ingenieurbau).

b) Erst danach Aufstellung der Grenzzustandsgleichungen mit Bemessungswerten.

$$\sum E_d \leq \sum R_d \tag{13.3}$$

13.5 Bemessungswerte von Einwirkungen mit Kombinationsbeiwerten

DIN EN 1990 enthält allgemeine Kombinationsregeln zur Ermittlung der Bemessungswerte von Einwirkungen, die bisher in der Geotechnik nicht weiter berücksichtigt wurden, was im Zuge der Anwendung vom *Handbuch Eurocode 7-1 (2015)* nicht mehr möglich ist. Da in der deutschen Geotechnik so weit wie möglich das Konzept verfolgt wird, bei einer erdstatischen Berechnung zunächst alle Beanspruchungen als charakteristische Werte zu ermitteln, und erst am Ende von Berechnungen mithilfe der Teilsicherheitsbeiwerte daraus Bemessungswerte zu errechnen (Nachweisverfahren 2*), muss auch die Anwendung der Kombinationsregeln mit Kombinationsbeiwerten darauf abgestellt werden.

Im Regelfall, bei vorausgesetzter Gültigkeit des Superpositionsprinzips, können auf Grundlage der charakteristischen Einwirkungen G_k (ständige Einwirkungen), P_k (Einwirkungen aus Vorspannung) und Q_k (veränderliche Einwirkungen) die entsprechenden Beanspruchungen E einzeln errechnet und der Bemessungswert E_d der Gesamtbeanspruchung unter Anwendung der Kombinationsregeln mit den Kombinationsbeiwerten $\psi_{0,i}$ weiterhin am Ende einer Berechnung ermittelt werden – beispielhaft für die Bemessungssituationen

BS-P und BS-T entsprechend Gl. (13.4).

$$E_d = \sum_{j \geq 1} \gamma_{G,j} \cdot E\left(G_{k,j}\right) + \gamma_P \cdot E\left(P_k\right) + \gamma_{Q,1} \cdot E\left(Q_{k,1}\right) + \sum_{i>1} \gamma_{Q,i} \cdot \psi_{0,i} \cdot E\left(Q_{k,i}\right) \tag{13.4}$$

In Fällen, bei denen das Superpositionsprinzip nicht gilt, müssen Bemessungswerte der Beanspruchungen E_d aus den Bemessungswerten der Einwirkungen, die nach den Regeln der DIN EN 1990 aus charakteristischen Einwirkungen verknüpft mit Teilsicherheitsbeiwerten γ und Kombinationsbeiwerten ψ entstehen, ermittelt werden – z. B. wieder für die Bemessungssituationen BS-P und BS-T nach der formalen Gl. (13.5).

$$E_d = E\left(\sum_{j \geq 1} \gamma_{G,j} \cdot G_{k,j} \text{ "+" } \gamma_P \cdot P_k \text{ "+" } \gamma_{Q,1} \cdot Q_{k,1} \text{ "+" } \sum_{i>1} \gamma_{Q,i} \cdot \psi_{0,i} \cdot Q_{k,i}\right) \tag{13.5}$$

Hierin bedeutet „+“ *in Verbindung mit.* Um den maßgebenden Wert der Bemessungsbeanspruchung festzustellen, müssen bei mehreren unabhängigen veränderlichen charakteristischen Einwirkungen $Q_{k,i}$ gegebenenfalls mehrere Kombinationen untersucht werden. Dabei ist fallweise jeweils eine der unabhängigen veränderlichen Einwirkungen als Leiteinwirkung $Q_{k,1}$ anzusetzen und die anderen unabhängigen veränderlichen Einwirkungen – dann als zugehörige Begleiteinwirkungen bezeichnet – können gleichzeitig je mit einem Kombinationswert $\psi_{0,i}$ abgemindert werden, dessen Größe von der Art der Einwirkung abhängig ist.

Bei den Bemessungssituationen BS-A und BS-E sind zum Teil keine Teilsicherheitsbeiwerte vorgesehen und es werden statt des Kombinationsbeiwerts ψ_0 für begleitende veränderliche Einwirkungen die kleineren Zahlenwerte der Kombinationsbeiwerte zum Festlegen des häufigen Werts der veränderlichen Leiteinwirkung ψ_1 bzw. des quasi-ständigen Werts einer veränderlichen Einwirkung ψ_2 verwendet, um die geringere Wahrscheinlichkeit der Gleichzeitigkeit mehrerer veränderlicher Einwirkungen im Fall des außergewöhnlichen Ereignisses bzw. Erdbebens zu berücksichtigen.

In DIN EN 1990 bzw. in der bereits zurückgezogenen DIN 1055-100 sind Kombinationsbeiwerte für den Hochbau festgelegt. Sie sollen auch für Anwendungen in der Geotechnik gelten. Für in den Tabellen für den Hochbau nicht erfasste sonstige veränderliche Einwirkungen sind die Kombinationsbeiwerte $\psi_0 = 0,8$, $\psi_1 = 0,7$ und $\psi_2 = 0,5$ zu verwenden.

Nach *Handbuch Eurocode 7-1 (2015)* darf vereinfacht für übliche geotechnische Situationen bei Vorhandensein von mehreren unabhängigen veränderlichen charakteristischen Einwirkungen $Q_{k,i}$ fallweise jeweils eine der unabhängigen Einwirkungen als Leiteinwirkung $Q_{k,1}$ angesetzt werden, sodass sich daraus die repräsentative veränderliche Einwirkung wie folgt ergibt.

$$Q_{rep} \text{ "=" } Q_{k,1} \text{ "+" } \sum \psi_{0,i} \cdot Q_{k,i} \tag{13.6}$$

Darin hat die Zeichenkombination „=“ die Bedeutung *ergibt sich aus.* Nach Vergleichsberechnungen, siehe *Ziegler (2011)*, hat sich gezeigt, dass bei Anwendungen in der Geotechnik meistens nur unwesentliche Abweichungen zwischen einer Bemessung ohne und einer Bemessung mit Berücksichtigung von Kombinationsbeiwerten vorliegt. Damit erscheint es zweckmäßig, für den überwiegenden Anwendungsbereich bei der Bildung der Bemessungswerte in der Geotechnik auf die Abminderung der veränderlichen Einwirkungen über Kombinationsbeiwerte Ψ_i zu verzichten und damit den Rechenaufwand zu begrenzen.

13.6 Nachweisverfahren, Grenzzustände und Grenzzustandsbedingungen

13.6.1 Grenzzustände in der Geotechnik

Wie im übrigen Konstruktiven Ingenieurbau gilt auch im Erd- und Grundbau (Geotechnik) folgende Unterscheidung:

- Grenzzustand der Tragfähigkeit: der *Grenzzustand der Tragfähigkeit* ist ein Zustand des Tragwerks, dessen Überschreitung unmittelbar zu einem rechnerischen Einsturz oder einer anderen Form des Versagens führt. Er wird im *Handbuch Eurocode 7-1 (2015)* als *ultimate limit state* (ULS) bezeichnet.

- Grenzzustand der Gebrauchstauglichkeit: der *Grenzzustand der Gebrauchstauglichkeit* ist ein Zustand des Tragwerks, bei dessen Überschreitung die für die Nutzung festgelegten Bedingungen nicht mehr erfüllt sind. Er wird im *Handbuch Eurocode 7-1 (2015)* als *serviceability limit state* (SLS) bezeichnet. Dies bedeutet i. d. R. den Nachweis, dass Setzungen und Verschiebungen mit dem Zweck des Bauwerkes verträglich sind und dieses wie geplant genutzt werden kann.

Im Hinblick auf die Nachweise der Sicherheit im Grenzzustand der Tragfähigkeit (ULS) bietet der Eurocode EC 7-1 drei Möglichkeiten an. Die für die Anwendung in Deutschland zuständigen ergänzenden Regelungen der DIN 1054 stützen sich bis auf eine Ausnahme auf das Nachweisverfahren 2 nach EC 7-1 in der Form, dass die Teilsicherheitsbeiwerte auf die Beanspruchungen und auf die Widerstände angewendet werden. Zur Unterscheidung zu der ebenfalls zugelassenen Variante, bei der die Teilsicherheitsbeiwerte nicht auf die Beanspruchungen, sondern auf die Einwirkungen angewendet werden, wird dieses Verfahren als Nachweisverfahren 2* bezeichnet, siehe auch DIN 1054:2010-12.

Eurocode EC 7-1 gliedert den Grenzzustand der Tragfähigkeit (ULS) in folgende Grenzzustände auf:

a) EQU: Gleichgewichtsverlust des als starrer Körper angesehenen Tragwerks oder des Baugrundes. Die Bezeichnung ist abgeleitet von *equilibrium.*

b) STR: Inneres Versagen oder sehr große Verformungen des Tragwerks oder seiner Bauteile, wobei die Festigkeit der Baustoffe für den Widerstand entscheidend ist. Die Bezeichnung ist abgeleitet von *structure failure.*

c) GEO: Versagen oder sehr große Verformung des Tragwerks oder des Baugrundes, wobei die Festigkeit des Bodens oder des Gesteins für den Widerstand entscheidend ist. Die Bezeichnung ist abgeleitet von *geotechnic failure*.

d) UPL: Gleichgewichtsverlust des Bauwerks oder Baugrundes infolge von Auftrieb oder Wasserdruck. Die Bezeichnung ist abgeleitet von *uplift*.

e) HYD: Hydraulischer Grundbruch, innere Erosion oder „Piping" im Boden, verursacht durch Strömungsgradienten. Die Bezeichnung ist abgeleitet von *hydraulic failure*.

In der Terminologie des *Handbuch Eurocode 7-1 (2015)* wird der Grenzzustand GEO aufgeteilt in GEO-2 und GEO-3:

a) GEO-2: Versagen oder sehr große Verformung des Baugrundes im Zusammenhang mit der Ermittlung der Schnittgrößen und der Abmessungen, d. h. bei der Inanspruchnahme der Scherfestigkeit beim Erdwiderstand, beim Gleitwiderstand, beim Grundbruchwiderstand und beim Nachweis der Standsicherheit in der tiefen Gleitfuge sowie bei Spitzendruck und Mantelreibung bei Pfahlgründungen. Der Grenzzustand GEO-2 beinhaltet das Nachweisverfahren 2* nach EC 7-1.

b) GEO-3: Versagen oder sehr große Verformung des Baugrundes im Zusammenhang mit dem Nachweis der Gesamtstandsicherheit, d. h. bei der Inanspruchnahme der Scherfestigkeit beim Nachweis der Sicherheit gegen Böschungsbruch und Geländebruch sowie in der Regel der Standsicherheit von konstruktiven Böschungssicherungen, auch unter Berücksichtigung konstruktiver Elemente, z. B. Anker oder Pfähle. Der Grenzzustand GEO-3 beinhaltet das Nachweisverfahren 3 nach EC 7-1.

Für den Grenzzustand der Tragfähigkeit sind in der Geotechnik somit drei Fälle zu unterscheiden.

13.6.2 Grenzzustand der Lagesicherheit

Die Grenzzustände EQU, UPL und HYD beschreiben den Verlust der Lagesicherheit. Das ist i. d. R. in der Geotechnik:

- Nachweis der Sicherheit gegen Umkippen (EQU),
- Nachweis der Sicherheit gegen Aufschwimmen (Auftrieb) oder Abheben (UPL), z. B. bei einer Zugpfahlgruppe und
- Nachweis der Sicherheit gegen hydraulischen Grundbruch (HYD).

Zu beachten ist, dass es beim Grenzzustand der Lagesicherheit nur Einwirkungen gibt und keine Widerstände. Maßgebend ist die Grenzzustandsbedingung

$$F_d = F_k \cdot \gamma_{dst} \leq G_k \cdot \gamma_{stb} = G_d \tag{13.7}$$

d. h. die destabilisierende charakteristische Einwirkung F_k, multipliziert mit dem Teilsicherheitsbeiwert $\gamma_{dst} \geq 1,0$, darf höchstens so groß werden wie die stabilisierende charakteristische Einwirkung G_k multipliziert mit dem Teilsicherheitsbeiwert $\gamma_{stb} \leq 1,0$.

13.6.3 Grenzzustand Versagen von Bauwerken, Bauteilen und Baugrund

Dieser Grenzzustand GEO-2 beschreibt in der Geotechnik zwei Formen:

- Nachweis der Standsicherheit von Bauwerken und der Tragfähigkeit von Bauteilen, die durch den Baugrund belastet bzw. durch den Baugrund gestützt werden und
- Nachweis, dass die Tragfähigkeit des Baugrundes nicht überschritten wird, z. B. in Form von Erdwiderständen, Grundbruchwiderstand oder Gleitwiderstand.

Dabei wird der Nachweis, dass die Tragfähigkeit des Baugrundes nicht überschritten wird, genauso geführt wie bei jedem anderen Baumaterial. Maßgebend ist die Grenzzustandsgleichung

$$E_d = E_k \cdot \gamma_F \leq R_k \cdot \gamma_R = R_d \tag{13.8}$$

d. h. die charakteristische Schnittgröße E_k aus Einwirkungen, multipliziert mit dem Teilsicherheitsbeiwert γ_F für Einwirkungen, darf höchstens so groß werden wie der charakteristische Widerstand R_k, dividiert durch den Teilsicherheitsbeiwert γ_R.

13.6.4 Grenzzustand der Gesamtstandsicherheit

Den Grenzzustand GEO-3 gibt es nur in der Geotechnik und nicht im sonstigen Konstruktiven Ingenieurbau. Er beschreibt den Verlust der Gesamtstandsicherheit und wird i. d. R. verwendet für den:

- Nachweis der Sicherheit gegen Böschungsbruch und
- Nachweis der Sicherheit gegen Geländebruch.

Maßgebend ist immer die Grenzzustandsgleichung

$$E_d \leq R_d \tag{13.9}$$

d. h. der Bemessungswiderstand E_d der Beanspruchungen darf höchstens so groß werden wie der Bemessungswert R_d des Widerstandes. Hierbei werden die geotechnischen Einwirkungen und Widerstände, z. B. Reibungskräfte, Erddruck und Erdwiderstand, mit den Bemessungswerten

$$\tan\varphi'_d = \tan\varphi'_k/\gamma_\varphi \quad \text{und} \quad c'_d = c'_k/\gamma_c \tag{13.10a}$$

$$\tan\varphi_{u,d} = \tan\varphi_{u,k}/\gamma_\varphi \quad \text{und} \quad c_{u,d} = c_{u,k}/\gamma_c \tag{13.10b}$$

der Scherfestigkeiten ermittelt, d. h. die Reibung $\tan\varphi_k$ und die Kohäsion c_k werden mit den Teilsicherheitsbeiwerten γ_φ und γ_c abgemindert.

13.7 Besondere Regelungen in der Geotechnik

13.7.1 Begriffsfestlegungen für Bauwerke

Aufgrund der unterschiedlichen Anforderungen an das Teilsicherheitskonzept in der Geotechnik, wurden folgende Unterscheidungen erforderlich, siehe *Weißenbach (2003)*.

Die erste Unterscheidung betrifft Gründungen und geotechnische Bauwerke:

- Bei den Gründungen handelt es sich im Wesentlichen um Flach- und Flächengründungen, Pfahlgründungen und Pfahl-Plattengründungen.
- Zu den geotechnischen Bauwerken zählen im Wesentlichen Stützkonstruktionen, Baugrubenkonstruktionen und Erdbauwerke.

Die Unterscheidung zwischen Gründungen und geotechnischen Bauwerken ist erforderlich, weil das gleichzeitige Auftreten von veränderlichen Lasten unterschiedlich behandelt wird.

- Bei den Gründungen werden die Einwirkungen aus dem aufgehenden Bauwerk nach den Regeln für Hochbauten bzw. für Ingenieurbauwerke festgelegt und miteinander kombiniert.
- Bei den geotechnischen Bauwerken dagegen werden zumindest die geotechnischen Einwirkungen nach eigenen Regeln ermittelt und miteinander kombiniert.

Eine weitere Unterscheidung betrifft Stützbauwerke und Konstruktive Böschungssicherungen:

- Stützbauwerke sind Stützkonstruktionen, die in der Lage sind, waagerechte und senkrechte Lasten aus dem angrenzenden Erdreich aufzunehmen und im Bereich der Fußeinbindung in den Boden abzutragen. Hierzu gehören insbesondere Gewichtsstützwände und wandartige Stützbauwerke.
- Konstruktive Böschungssicherungen dagegen sind Stützkonstruktionen, deren Außenhaut nicht in der Lage ist, im Fußbereich außer ihrem Eigengewicht weitere waagerechte oder senkrechte Lasten abzutragen. Hierzu gehören bewehrte Erde, vernagelte Wände und verankerte Böschungsabdeckungen.

Die Unterscheidung zwischen Stützbauwerken und Konstruktiven Böschungssicherungen ist erforderlich, weil unterschiedliche Berechnungsverfahren zugeordnet werden:

- Stützbauwerke werden dem Grenzzustand GEO-2 zugeordnet. Bei der Berechnung werden alle Schnittgrößen mit charakteristischen Einwirkungen ermittelt und erst unmittelbar vor Berechnung in Bemessungsschnittgrößen umgerechnet.
- Konstruktive Böschungssicherungen dagegen werden dem Grenzzustand GEO-3 zugeordnet. Bei der Berechnung wird in der Regel vorweg die Scherfestigkeit abgemindert und somit als Bemessungskenngröße eingeführt.

13.7.2 Geotechnische Kategorien

Nach *Handbuch Eurocode 7-1 (2015)* muss die Komplexität jeder Gründungsmaßnahme im Zusammenhang mit den damit verbundenen Risiken gesehen werden, um daraus Mindestanforderungen an Umfang und Qualität der geotechnischen Untersuchungen, der Berechnungen und der Bauüberwachung ableiten zu können.

Die Angaben zu den Geotechnischen Kategorien sind für das *Handbuch Eurocode 7-1 (2015)* und für das *Handbuch Eurocode 7-2 (2011)* gleichermaßen von Bedeutung. Im Anhang A-6 finden sich Beispiele für Merkmale zur Einstufung in die Geotechnischen Kategorien. Allgemein ist bei den drei Geotechnischen Kategorien (GK) Folgendes zu unterscheiden.

- Die Geotechnische Kategorie GK 1 umfasst Baumaßnahmen mit geringem Schwierigkeitsgrad im Hinblick auf Bauwerke und Baugrund. Bei Bauwerken der Geotechnischen Kategorie GK 1 können Standsicherheit und Gebrauchstauglichkeit mit vereinfachten Verfahren aufgrund von Erfahrungen nachgewiesen werden. Im Zweifelsfall sollte ein Sachverständiger für Geotechnik hinzugezogen werden.

- Die Geotechnische Kategorie GK 2 umfasst Baumaßnahmen mit mittlerem Schwierigkeitsgrad im Hinblick auf Bauwerke und Baugrund. Bauwerke der Geotechnischen Kategorie GK 2 erfordern eine ingenieurmäßige Bearbeitung und einen rechnerischen Nachweis der Standsicherheit und der Gebrauchstauglichkeit auf der Grundlage von geotechnischen Kenntnissen und Erfahrungen. Außerdem ist ein geotechnischer Entwurfsbericht zu erstellen. Ein Sachverständiger für Geotechnik ist zwingend einzuschalten.

- Die Geotechnische Kategorie GK 3 umfasst Baumaßnahmen mit hohem Schwierigkeitsgrad und somit Baumaßnahmen, die nicht in die Geotechnischen Kategorien GK 1 oder GK 2 eingeordnet werden können. Bauwerke oder Baumaßnahmen, bei denen die Beobachtungsmethode angewendet werden soll, sind, abgesehen von begründeten Ausnahmen, ebenfalls in die Geotechnische Kategorie GK 3 einzustufen. Bauwerke der Geotechnischen Kategorie GK 3 erfordern eine ingenieurmäßige Bearbeitung und einen rechnerischen Nachweis der Standsicherheit und der Gebrauchstauglichkeit auf der Grundlage von zusätzlichen Untersuchungen und von vertieften geotechnischen Kenntnissen und Erfahrungen in dem jeweiligen Spezialgebiet. Außerdem ist ein geotechnischer Entwurfsbericht zu erstellen.

Die Baumaßnahme ist zu Beginn der Planung in eine Geotechnische Kategorie einzuordnen. Die Einordnung in eine höhere Geotechnische Kategorie ist vorzunehmen, wenn spätere Befunde dies erfordern. Die Einordnung in eine niedrigere Geotechnische Kategorie darf vorgenommen werden, wenn spätere Befunde dies nahelegen. Es ist nicht notwendig, eine gesamte Baumaßnahme in ein und dieselbe Geotechnische Kategorie einzuordnen. Abstufungen zu einer niedrigeren Geotechnischen Kategorie dürfen für einzelne Bauphasen oder Bauabschnitte vorgenommen werden.

13.7.3 Bemessungssituationen bei geotechnischen Bauwerken

Folgende Bemessungssituationen werden unterschieden:

- Bei Gründungen erhält der Geotechnik-Ingenieur vom Tragwerksplaner i. d. R. die charakteristischen Schnittgrößen und die Bemessungsschnittgrößen für die kritischen Einwirkungskombinationen. Sie werden unterschieden nach:
  - ständigen Bemessungssituationen,
  - vorübergehenden Bemessungssituationen und
  - außergewöhnlichen Bemessungssituationen.
- Bei geotechnischen Bauwerken muss der Geotechnik-Ingenieur diese kritischen Kombinationen selber festlegen.

Das *Handbuch Eurocode 7-1 (2015)* verzichtet auf den in der Geotechnik zuvor jahrzehntelang gepflegten und anders als in DIN EN 1990 definierten Begriff *Lastfall*. Stattdessen wird nunmehr die Größe von Teilsicherheitsbeiwerten für die vier Bemessungssituationen BS-P, BS-T, BS-A und BS-E angegeben, welche den bisherigen Lastfällen weitgehend entsprechen. Inhaltlich sind die Bemessungssituationen etwa wie folgt zuzuordnen.

BS-P: Ständige (persistent) Situationen, die den üblichen Nutzungsbedingungen des Tragwerks entsprechen. Hierbei werden ständige und während der Funktionszeit des Bauwerks regelmäßig auftretende veränderliche Einwirkungen berücksichtigt.

BS-T: Vorübergehende (transient) Situationen, die sich auf zeitlich begrenzte Zustände beziehen, z. B.:

- Bauzustände bei der Herstellung eines Bauwerks,
- Bauzustände an einem bestehenden Bauwerk, z. B. bei Reparaturen oder infolge von Aufgrabungs- oder Unterfangungsarbeiten,
- Baumaßnahmen für vorübergehende Zwecke, z. B. Baugrubenböschungen und Baugrubenkonstruktionen, soweit z. B. für Steifen, Anker und Mikropfähle nichts anderes festgelegt ist.

BS-A: Situationen, die sich auf außergewöhnliche (accidental) Bedingungen des Tragwerks oder seiner Umgebung beziehen, z. B. auf Feuer oder Brand, Explosion, Anprall, extremes Hochwasser oder Ankerausfall, wird die Bemessungssituation BS-A zugeordnet. Hierbei werden neben den außergewöhnlichen Einwirkungen ständige und regelmäßig auftretende veränderliche Einwirkungen wie bei den Bemessungssituationen BS-P und BS-T berücksichtigt. Eine außergewöhnliche Situation ist auch dann gegeben, wenn gleichzeitig mehrere voneinander unabhängige seltene, z. B. ungewöhnlich große, planmäßig einmalig oder möglicherweise nie auftretende Einwirkungen zu berücksichtigen sind.

BS-E: Situation infolge von Erdbebenbeanspruchungen (earthquake).

13.7.4 Berücksichtigung von Wasserdruck

Für die Ermittlung des charakteristischen Wasserdruckes ist nach *Handbuch Eurocode 7-1 (2015)* sowohl der höchste als auch der niedrigste Wasserstand festzulegen. Beide Wasserstände können bei der Bemessung von Bauwerken oder Teilen von Bauwerken zu den maßgebenden Beanspruchungen beitragen. Ihre Festlegung richtet sich nach den Gegebenheiten des Einzelfalls. Es wird unterschieden in höchster und niedrigster für die Bemessung maßgebender Wasserstand, siehe 12.12.

Ein durch eine Entwässerungseinrichtung vorgegebener Grundwasserspiegel darf nur zugrunde gelegt werden, wenn Wartung und Kontrolle über die volle vorgesehene Nutzungs- bzw. Lebensdauer des Bauwerkes sichergestellt sind. Anderenfalls ist ein unplanmäßiger Anstieg des Wasserstandes zu berücksichtigen.

Der Wasserdruck beim festgelegten niedrigsten Wasserstand ist als ständige Einwirkung zu behandeln, der darüber hinausgehende Wasserdruck bei höheren Wasserständen entsprechend den örtlichen Gegebenheiten:

- als regelmäßig auftretende veränderliche Einwirkung im Sinne der Bemessungssituation BS-P,
- als vorübergehende oder planmäßig einmalige Einwirkung im Sinne der Bemessungssituation BS-T,
- gegebenenfalls auch als außergewöhnliche Einwirkung im Sinne der Bemessungssituation BS-A

nach 13.7.3. Bei der Ermittlung der Bemessungswerte der Beanspruchungen darf der veränderliche Anteil des Wasserdruckes unabhängig davon mit den Teilsicherheitsbeiwerten für ständige Einwirkungen nach *Handbuch Eurocode 7-1 (2015)* bzw. der Tab. 13.4 angesetzt werden.

13.8 Teilsicherheitsbeiwerte

Die national anzusetzenden Teilsicherheitsbeiwerte finden sich im *Handbuch Eurocode 7-1 (2015)* und sind in Tab. 13.4 bis 13.6 sowie im Band 2, Anhänge A8 – A10 wiedergegeben.

13.9 Berechnungsverfahren und Berechnungsabläufe

Ein wesentlicher Teil des *Handbuch Eurocode 7-1 (2015)* bezieht sich auf die Festlegungen zur Ermittlung der Bauwerksabmessungen und der Bemessungsschnittgrößen. Insbesondere werden die Teilsicherheitsbeiwerte für Einwirkungen nicht auf die charakteristischen Einwirkungen selbst, sondern auf die mit charakteristischen Einwirkungen ermittelten Beanspruchungen angewendet. Der Ablauf von Berechnung und Bemessung einer Konstruktion nach diesem Ansatz lässt sich am Beispiel einer einmal gestützten, im Boden frei aufgelagerten Wand wie folgt beschreiben (Abb. 13.3).

Die einzelnen Schritte lauten wie folgt:

- In einem ersten Schritt werden die charakteristischen Einwirkungen auf das gewählte statische System angesetzt und damit die charakteristischen Schnittgrößen ermittelt.
- In einem zweiten Schritt werden die charakteristischen Schnittgrößen mit den Teilsicherheitsbeiwerten für Einwirkungen in Bemessungsschnittgrößen umgerechnet.

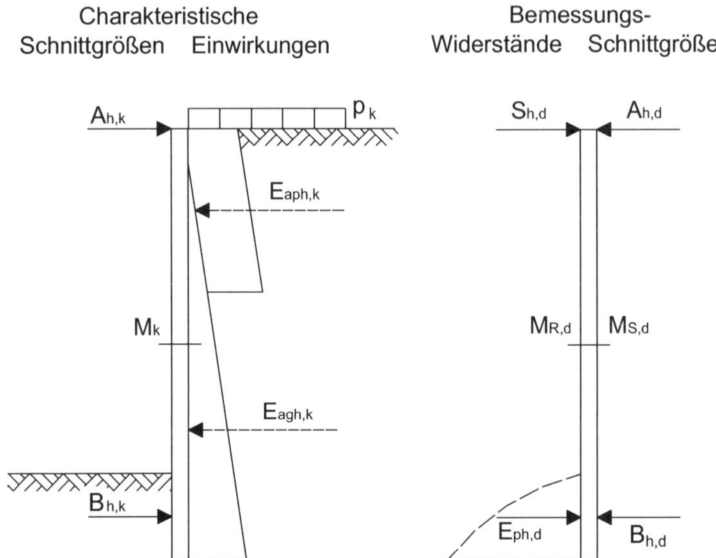

Abb. 13.3: *Beispiel für die Schnittgrößenermittlung und Bemessung nach* Handbuch Eurocode 7-1 (2015)

- In einem dritten Schritt werden die Bemessungsschnittgrößen den Bemessungswiderständen gegenübergestellt (Nachweis der Einhaltung der Grenzzustandsgleichung). Das gilt gleichermaßen für die Steifenkräfte, für das Biegemoment in der Wand und für das Erdauflager.

Als Vorteile dieses Verfahrens sind zu nennen:

- Mit dem Ansatz von charakteristischen Einwirkungen erhält man in sämtlichen untersuchten Querschnitten des Bauwerkes und seiner Einzelteile charakteristische Beanspruchungen, das sind die größten zu erwartenden Beanspruchungen. Sie geben das tatsächlich zu erwartende Tragverhalten des Bauwerkes und seiner Einzelteile wieder.

- Es wird unnötiges Aufschaukeln von Auswirkungen vermieden, z. B. die Zunahme der Exzentrizität bei der Bemessung von Fundamenten oder die Vergrößerung von Schnittgrößen bei statisch unbestimmten Systemen, bei denen bodenmechanisch bedingte Verformungen und Verschiebungen eine Rolle spielen.

- Es ist nur ein einziges Durchrechnen für den Grenzzustand GEO-2 und für den Grenzzustand der Gebrauchstauglichkeit erforderlich.

Dieses Verfahren geht davon aus, dass bei geotechnischen Bauwerken in der Regel eine linear-elastische Berechnung möglich ist. Bei nichtlinearen Systemen empfiehlt sich bei der Unterscheidung von Beanspruchungen infolge „ständiger“ und „veränderlicher“ Einwirkungen eine Vorgehensweise infolge „ständiger“ und „ständiger + veränderlicher“ Einwirkungen. Die Differenz ist dann die Beanspruchung infolge „veränderlicher“ Einwirkungen. Damit können auch nichtlineare Effekte berücksichtigt werden.

Tab. 13.4: *Teilsicherheitsbeiwerte γ_F[1) bzw. γ_E[1) für Einwirkungen und Beanspruchungen aus* Handbuch Eurocode 7-1 (2015)

Einwirkung bzw Einwirkungen	Formel-zeichen	Bemessungssituation		
		BS-P	BS-T	BS-A
HYD und UPL: Grenzzustand des Versagens durch hydraulischen Grundbruch und Aufschwimmen				
Destabilisierende ständige Einwirkungen[a]	$\gamma_{G,dst}$	1,05	1,05	1,00
Stabilisierende ständige Einwirkungen	$\gamma_{G,stb}$	0,95	0,95	0,95
Destabilisierende veränderliche Einwirkungen	$\gamma_{Q,dst}$	1,50	1,30	1,00
Stabilisierende veränderliche Einwirkungen	$\gamma_{Q,stb}$	0	0	0
Strömungskraft bei günstigem Untergrund	γ_H	1,45	1,45	1,25
Strömungskraft bei ungünstigem Untergrund	γ_H	1,90	1,90	1,45
EQU: Grenzzustand des Verlusts der Lagesicherheit				
Ungünstige ständige Einwirkungen	$\gamma_{G,dst}$	1,10	1,05	1,00
Günstige ständige Einwirkungen	$\gamma_{G,stb}$	0,90	0,90	0,95
Ungünstige veränderliche Einwirkungen	γ_Q	1,50	1,25	1,00
STR und GEO-2: Grenzzustand des Versagens von Bauwerken, Bauteilen und Baugrund				
Beanspruchungen aus ständigen Einwirkungen allgemein[a]	γ_G	1,35	1,20	1,10
Beanspruchungen aus günstigen ständigen Einwirkungen[b]	$\gamma_{G,inf}$	1,00	1,00	1,00
Beanspruchungen aus ständigen Einwirkungen aus Erdruhedruck	$\gamma_{G,E0}$	1,20	1,10	1,00
Beanspruchungen aus ungünstigen veränderlichen Einwirkungen	γ_Q	1,50	1,30	1,10
Beanspruchungen aus günstigen veränderlichen Einwirkungen	γ_Q	0	0	0
GEO-3: Grenzzustand des Versagens durch Verlust der Gesamtstandsicherheit				
Ständige Einwirkungen[a]	γ_G	1,00	1,00	1,00
Ungünstige veränderliche Einwirkungen	γ_Q	1,30	1,20	1,00
SLS: Grenzzustand der Gebrauchstauglichkeit				
$\gamma_G = 1,00$ für ständige Einwirkungen bzw. Beanspruchungen				
$\gamma_Q = 1,00$ für veränderliche Einwirkungen bzw. Beanspruchungen				
[a] einschließlich ständigem und veränderlichem Wasserdruck.				
[b] nur im Sonderfall von Zugpfählen.				

1) γ_F ist Oberbegriff für die jeweils auf den Einzelfall der Einwirkungen F und γ_E Oberbegriff für die jeweils auf den Einzelfall der Beanspruchungen E bezogenen Teilsicherheitsbeiwerte.

Anmerkung 1: Abweichend von DIN EN 1990 sind die Teilsicherheitsbeiwerte γ_G und γ_Q für Beanspruchungen aus ständigen und ungünstigen veränderlichen Einwirkungen für die Bemessungssituation BS-A von $\gamma_G = \gamma_Q = 1,00$ auf $\gamma_G = \gamma_Q = 1,10$ angehoben worden, um das bisher bewährte Sicherheitsniveau beizubehalten.

Anmerkung 2: Die Teilsicherheitsbeiwerte $\gamma_{G,E0}$ sind gegenüber den Teilsicherheitsbeiwerten γ_G herabgesetzt worden, weil der Erdruhedruck bereits bei geringen Entspannungsbewegungen auf einen geringeren Erddruck, im Grenzfall auf den wesentlich kleineren aktiven Erddruck absinkt.

Anmerkung 3: In der Bemessungssituation BS-E werden nach DIN EN 1990 keine Teilsicherheitsbeiwerte angesetzt.

Tab. 13.5: *Teilsicherheitsbeiwerte γ_M[2] für geotechnische Kenngrößen aus* Handbuch Eurocode 7-1 (2015)

Bodenkenngröße	Formelzeichen	Bemessungssituation		
		BS-P	BS-T	BS-A
HYD und UPL: Grenzzustand des Versagens durch hydraulischen Grundbruch und Aufschwimmen				
Reibungsbeiwert tan φ' des dränierten Bodens und Reibungsbeiwert tan φ_u des undränierten Bodens	$\gamma_{\varphi'}, \gamma_{\varphi_u}$	1,00	1,00	1,00
Kohäsion c' des dränierten Bodens und Scherfestigkeit c_u des undränierten Bodens	$\gamma_{c'}, \gamma_{c_u}$	1,00	1,00	1,00
GEO-2: Grenzzustand des Versagens von Bauwerken, Bauteilen und Baugrund				
Reibungsbeiwert tan φ' des dränierten Bodens und Reibungsbeiwert tan φ_u des undränierten Bodens	$\gamma_{\varphi'}, \gamma_{\varphi_u}$	1,00	1,00	1,00
Kohäsion c' des dränierten Bodens und Scherfestigkeit c_u des undränierten Bodens	$\gamma_{c'}, \gamma_{c_u}$	1,00	1,00	1,00
GEO-3: Grenzzustand des Versagens durch Verlust der Gesamtstandsicherheit				
Reibungsbeiwert tan φ' des dränierten Bodens und Reibungsbeiwert tan φ_u des undränierten Bodens	$\gamma_{\varphi'}, \gamma_{\varphi_u}$	1,25	1,15	1,10
Kohäsion c' des dränierten Bodens und Scherfestigkeit c_u des undränierten Bodens	$\gamma_{c'}, \gamma_{c_u}$	1,25	1,15	1,10

[2] γ_M ist ein Oberbegriff für die jeweils auf den Einzelfall der geotechnischen Kenngrößen bezogenen Teilsicherheitsbeiwerte.

Anmerkung: In der Bemessungssituation BS-E werden nach DIN EN 1990 keine Teilsicherheitsbeiwerte angesetzt.

Tab. 13.6: *Teilsicherheitsbeiwerte* γ_R[3)] *für Widerstände aus* Handbuch Eurocode 7-1 (2015)

Widerstand	Formelzeichen	Bemessungssituation		
		BS-P	BS-T	BS-A
STR und GEO-2: Grenzzustand des Versagens von Bauwerken, Bauteilen und Baugrund				
Bodenwiderstände				
Erdwiderstand und Grundbruchwiderstand	$\gamma_{R,e}, \gamma_{R,v}$	1,40	1,30	1,20
Gleitwiderstand	$\gamma_{R,h}$	1,10	1,10	1,10
Pfahlwiderstände aus statischen und dynamischen Pfahlprobebelastungen				
– Fußwiderstand	γ_b	1,10	1,10	1,10
– Mantelwiderstand (Druck)	γ_s	1,10	1,10	1,10
– Gesamtwiderstand (Druck)	γ_t	1,10	1,10	1,10
– Mantelwiderstand (Zug)	$\gamma_{s,t}$	1,15	1,15	1,15
Pfahlwiderstände auf der Grundlage von Erfahrungswerten				
– Druckpfähle	$\gamma_b, \gamma_s, \gamma_t$	1,40	1,40	1,40
– Zugpfähle (nur in Ausnahmefällen)	$\gamma_{s,t}$	1,50	1,50	1,50
Herausziehwiderstände				
– Boden- bzw. Felsnägel	γ_a	1,40	1,30	1,20
– Verpresskörper von Verpressankern	γ_a	1,10	1,10	1,10
– Flexible Bewehrungselemente	γ_a	1,40	1,30	1,20
GEO-3: Grenzzustand des Versagens durch Verlust der Gesamtstandsicherheit				
Scherfestigkeit siehe Tab. 13.5				
Herausziehwiderstände siehe STR und GEO-2				

[3)] γ_R ist ein Oberbegriff für die jeweils auf den Einzelfall des Widerstands bezogenen Teilsicherheitsbeiwerte.

Anmerkung 1: Der Teilsicherheitsbeiwert für den Materialwiderstand des Stahlzugglieds aus Spannstahl und Betonstahl ist für die Grenzzustände GEO-2 und GEO-3 in DIN EN 1992-1-1 mit $\gamma_M = 1,15$ angegeben.

Anmerkung 2: Der Teilsicherheitsbeiwert für den Materialwiderstand von flexiblen Bewehrungselementen ist für die Grenzzustände GEO-2 und GEO-3 in *EBGEO (2010)* angegeben.

Anmerkung 3: In der Bemessungssituation BS-E werden nach DIN EN 1992-1-1 keine Teilsicherheitsbeiwerte angesetzt.

14 Standsicherheit von Böschungen und Geländesprüngen

14.1 Begriffe und Definitionen

Natürlich entstandene (infolge geologischer Vorgänge) oder künstlich geschaffene (durch bauliche Maßnahmen) schräge Geländeoberflächen oder -sprünge werden als Böschungen bezeichnet, wobei Erstere auch Hänge genannt werden.

Eine Böschung ist standsicher, wenn sie unter den vorhandenen dauernd wirkenden und möglichen zusätzlich veränderlich wirkenden Einwirkungen keine bleibenden Scherverformungen erleidet. Ein Bruch wird dadurch ausgelöst, dass die Lasten, wie z. B. das Eigengewicht G des Bruchkörpers oder eine Oberflächenlast P nicht mehr mit den Reaktionskräften N (Normalkraft) und T (Tangentialkraft) längs einer ungünstigen Fuge im Gleichgewicht stehen. Der Nachweis der Gesamtstandsicherheit ist im *Handbuch Eurocode 7-1 (2015)* geregelt.

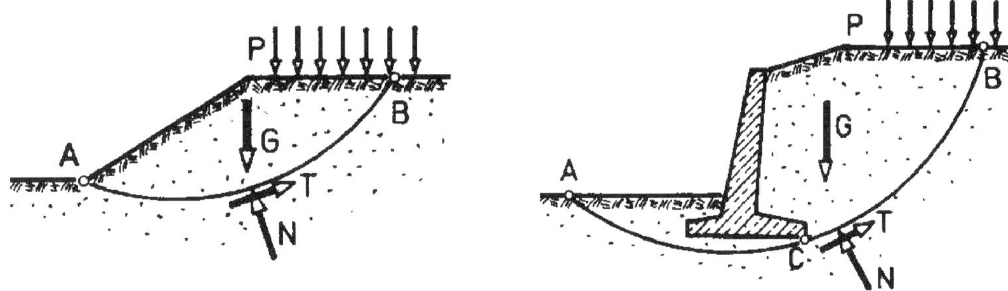

Abb. 14.1: *Böschungs- und Geländebruch*

14.2 Bruchkinematik und Berechnungsverfahren

Die Berechnungsverfahren zur Gesamtstandsicherheit sind in DIN 4084 und DIN 4084/A1 geregelt. Berechnungsbeispiele sind in DIN 4084 Beiblatt 1 enthalten. Für den Nachweis der Standsicherheit von Böschungen werden kinematisch mögliche Bruchformen untersucht. In der Regel genügt die Untersuchung von ebenen Bruchmechanismen aus einem oder mehrerer starrer Körper, die sich auf kreiszylindrischen oder ebenen Gleitflächen oder auf zylindrischen Gleitflächen mit veränderlicher Krümmung bewegen können, siehe Abb. 14.2.

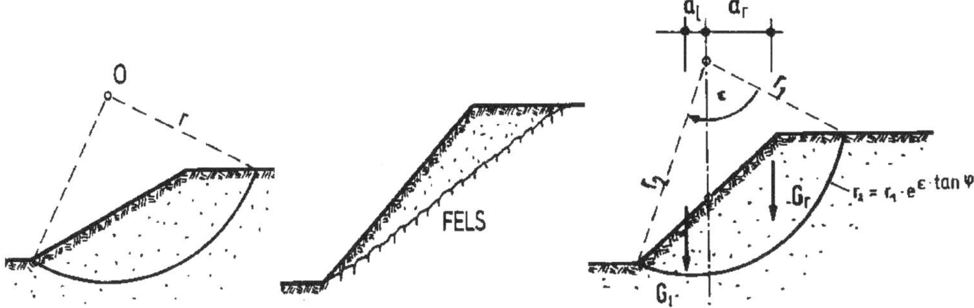

Abb. 14.2: *Kinematisch mögliche Bruchformen bei Böschungen mit kreisförmigen und ebenen Gleitflächen sowie logarithmischen Spiralen*

Bei Bruchmechanismen aus mehr als einem Bruchkörper können die Scherkräfte in den inneren Gleitflächen zwischen den Bruchkörpern berücksichtigt werden. Aus mehreren Bruchkörpern zusammengesetzte Bruchmechanismen kommen vor allem für den Standsicherheitsnachweis bei der Sanierung rutschender Hänge in Betracht, wenn die Lage der Gleitflächen aus Messungen bekannt ist sowie bei Geländesprüngen mit konstruktiven Elementen.

Soweit die Gleitflächen nicht festliegen, sind mehrere mögliche Bruchmechanismen zu untersuchen, um die kleinste und maßgebende Standsicherheit in Form der Ausnutzung der Scherfestigkeit der Böden zu finden. Abb. 14.3 zeigt Beispiele von zusammengesetzten Bruchmechanismen mit ebenen Gleitflächen. Bei zusammengesetzten Bruchmechanismen geht durch den Schnitt von zwei äußeren Gleitflächen jeweils eine innere Gleitfläche. Die eingezeichneten Pfeile geben die Richtung der Relativbewegungen an den Gleitflächen an.

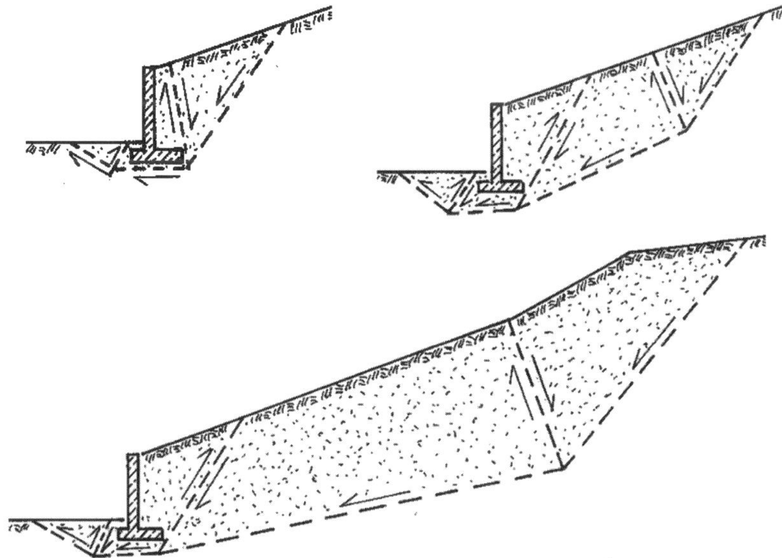

Abb. 14.3: *Formen zusammengesetzter Bruchmechanismen*

Aus den voranstehenden Ausführungen ergeben sich je nach angenommenem Bruchmechanismus und Ausbildung der Gleitlinien verschiedene Berechnungsverfahren, siehe DIN 4084:

- Lamellenfreie Verfahren mit einer kreisförmigen oder ebenen Gleitlinie (hier nicht behandelt, Details sind DIN 4084 und DIN 4084/A1 zu entnehmen),
- Lamellenverfahren,
- Blockgleitverfahren,
- Starrkörperbruchmechanismen,
- Methode der kinematischen Elemente (hier nicht behandelt),
- Janbu-Verfahren (hier nicht behandelt).

14.3 Sicherheitsdefinition und Grenzzustandsbedingung

Die in der DIN 4084 berücksichtigte Sicherheitsdefinition geht auf die *Fellenius-Regel* nach Gl. (14.1) zurück, nach der die Scherfestigkeit des Bodens nur um den Ausnutzungsgrad μ in Anspruch genommen wird, siehe auch Abb. 14.4. Die Fellenius-Regel besagt, in welchem Maß die Scherfestigkeit des Bodens abnehmen kann, bis die Böschung versagt.

$$\eta = \frac{1}{\mu} = \frac{\tau_f}{\tau_{mob}} = \frac{\text{vorhandene Scherfestigkeit}}{\text{mobilisierte Scherfestigkeit}} = \frac{\tan\varphi}{\tan\varphi_{mob}} \text{ bzw. } \frac{c}{c_{mob}} \tag{14.1a}$$

oder

$$\mu = \frac{\tau_{mob}}{\tau_f} = \frac{\tan\varphi_{mob}}{\tan\varphi} \text{ bzw. } \frac{c_{mob}}{c} \tag{14.1b}$$

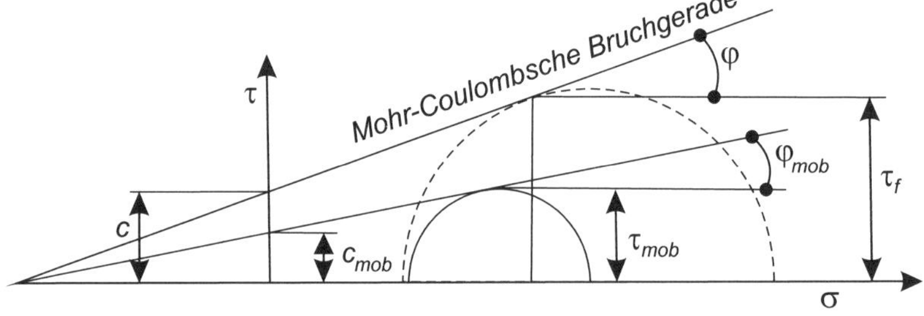

Abb. 14.4: *Mobilisierte Scherfestigkeit für die Fellenius-Regel*

Der Ausnutzungsgrad μ kann auch als das Verhältnis des für das Gleichgewicht erforderlichen Bemessungswiderstands für die untersuchte Situation zum Bemessungswert des vorhandenen maximal möglichen Widerstands definiert werden.

In der Gleichgewichtsbetrachtung werden die Kräfte aus Eigengewicht des Bruchkörpers und Wasserdruck, gegebenenfalls die Schnittkräfte aus konstruktiven Elementen (z. B. Pfähle, Anker), welche von einer Gleitfläche geschnitten werden, sowie sonstige äußere

Kräfte (Bauwerkslasten, Verkehrslasten) berücksichtigt. Die Scherkräfte in der Gleitfläche wirken auf den angrenzenden Bruchkörper entgegengesetzt zur Relativbewegung. Da die Gleichgewichtsbetrachtung bei proportionaler Änderung der Scherfestigkeit in allen Gleitflächen nicht explizit zum gesuchten Faktor führt, ist in der Regel ein iteratives Lösungsverfahren durchzuführen, bei welchem der Ausnutzungsgrad μ vorweg angenommen und schrittweise verbessert wird.

Beim derzeitigen Kenntnisstand ist eine genauere Berechnung des Spannungszustandes und der Verlauf der Bruchfigur noch nicht möglich. Es wird bei dem Standsicherheitsnachweis dagegen von einem starren Bruchkörper, in der Regel als kreisförmige Gleitfläche, ausgegangen, für den die angreifenden Kräfte und die Reaktionskräfte berechnet werden.

Der Nachweis der Standsicherheit von Böschungen und Geländesprüngen wird als Nachweis der Gesamtstandsicherheit nach *Handbuch Eurocode 7-1 (2015)* im Grenzzustand GEO-3 mit dem Nachweisverfahren 3 geführt. Hierbei werden bei der Berechnung die charakteristischen Scherparameter des Bodens direkt unter Ansatz der Teilsicherheitsbeiwerte reduziert und der Bemessungswiderstand E_d unter Ansatz der reduzierten Scherparameter (Bemessungswerte) berechnet. Für den ungünstigsten Bruchmechanismus müssen die Bemessungswerte der widerstehenden Kräfte R bzw. Momente R_M größer als die einwirkenden Kräfte E bzw. Momente E_M sein. Die Erfüllung der Grenzzustandsgleichung nach 13.6.4 mit dem Nachweis eines Ausnutzungsgrades μ als Quotient aus dem Bemessungswiderstand E_d der Beanspruchungen und dem Bemessungswert R_d des Widerstandes ergibt sich zu

$$E_d \leq R_d \quad \text{bzw.} \quad E_{M,d} \leq R_{M,d} \tag{14.2}$$

$$\frac{E_d}{R_d} = \mu \leq 1 \quad \text{bzw.} \quad \frac{E_{M,d}}{R_{M,d}} = \mu \leq 1 \tag{14.3}$$

Sollen über den Nachweis der Standsicherheit hinaus die Tragreserven eines Bruchmechanismus bewertet werden, so kann der Ausnutzungsgrad μ der Bemessungswiderstände ermittelt werden. Dazu ist rechnerisch das Gleichgewicht zwischen Einwirkungen und Widerständen herzustellen, wobei die Bemessungswerte der Widerstände mit dem Ausnutzungsgrad μ zu multiplizieren sind, sodass. Gl. (14.4) erfüllt ist.

$$\mu \cdot R_d = E_d \quad \text{oder} \quad \mu \cdot R_{M,d} = E_{M,d} \tag{14.4}$$

14.4 Bemessungswerte der Einwirkungen und Beanspruchungen

14.4.1 Eigengewichte

Als maßgebende Einwirkung ist zunächst die Eigenlast des Gleitkörpers einschließlich des Stützbauwerks unter Berücksichtigung des Grund- und Außenwasserspiegels sowie des nach 14.4.4 gewählten Ansatzes für die Wasserdrucklasten (γ, γ_r oder γ') zu berücksichtigen. Bezüglich γ_G siehe 13.8.

$$G_d = G_k \cdot \gamma_G \tag{14.5}$$

14.4.2 Lasten in oder auf dem Gleitkörper

Hierbei sind ruhende Auflasten g und veränderliche Lasten q, z. B. aus vertikalen Verkehrsbelastungen auf einem Damm, zu berücksichtigen. In der DIN 4084 werden alle sich aus Auflasten ergebenden Kräfte einheitlich mit P bezeichnet. Des Weiteren sieht die DIN 4084, im Unterschied z. B. zu den Regelungen für Baugruben, keine Differenzierung der veränderlichen Auflasten vor, d. h., auch bei großflächigen veränderlichen Auflasten unter 10 kN/m^2 ist der Teilsicherheitsbeiwert γ_Q maßgebend.

$$P_d = (p_k \cdot b_i) \cdot \gamma_G = P_k \cdot \gamma_G \tag{14.6a}$$

$$P_d = (q_k \cdot b_i) \cdot \gamma_Q = P_k \cdot \gamma_Q \tag{14.6b}$$

Veränderliche Lasten dürfen hierbei nur dann angesetzt werden, sofern sie ungünstig wirken. Bei Berechnungen mit dem Lamellenverfahren für kreisförmige Gleitflächen (siehe 14.6) kann davon ausgegangen werden, dass eine Auflast dann ungünstig wirkt, wenn der horizontale Abstand der Auflast zum Mittelpunkt des Gleitkreises größer als das Produkt aus dem Radius und dem Sinus des Reibungswinkels ($r \cdot \sin\varphi$) ist.

14.4.3 Kräfte von vorgespannten Zuggliedern

Festlegekräfte F_{A0} ($F_{A0,d} = F_{A0,k}$) von vorgespannten Zuggliedern werden als Einwirkung angesetzt, soweit sie nicht selbstspannend sind, aber entgegen der Gleitrichtung wirken ($\psi_a < 90°$), siehe 14.5.2.

14.4.4 Wasserdruck

Es sind alle Wasserdrucklasten auf die Gleitfläche bzw. Wasserdrücke auf die sonstigen Begrenzungsflächen der Gleitkörper anzusetzen, dabei sind alle möglichen ungünstigen Wasserstandsverhältnisse zu berücksichtigen. Des Weiteren sind ggf. bei Böschungen mit längerer Standzeit in kohäsiven Böden nach *Gußmann (1974)* Wasserdrücke anzusetzen, wenn sich Zugrisse mit Wasser füllen können, siehe DIN 4084.

Die DIN 4084 sieht im Wesentlichen den Ansatz von Wasserdrücken auf die Gleitfläche aus dem Porenwasserdruck u (Wasserdruckansatz b) nach Tab. 14.1 und Abb. 14.5) vor. Daneben ist aber auch die Erfassung des Wasserdrucks infolge Wasserspiegelunterschiede durch den Ansatz einer hydrostatischen Wasserdruckdifferenz sowie einer Strömungskraft gebräuchlich.

Die entsprechenden Bodenwichten zur Ermittlung der Eigenlasten der einzelnen Lamellen sind der Tab. 14.1 zu entnehmen.

Mit dem Ansatz der hydrostatischen Wasserdruckdifferenz wird die Wirkung des Wassers auf die Standsicherheit berücksichtigt. Der hydrostatische Wasserdruck wird gemäß Abb. 14.5a bis zum tiefsten Punkt der Gleitlinie angesetzt.

Betrachtet man den Ansatz Wasserdruck aus Potenzialströmung, so ist nach Tab. 14.1 für das Gewicht G_i der Lamellen das totale Gewicht (effektives und Wassergewicht) einzusetzen.

Tab. 14.1: *Ansatz der Bodenwichten zur Ermittlung der Eigenlasten der einzelnen Lamellen und der Wasserdrucklasten nach DIN 4084*

Wasserdruck-ansatz	G_i oberhalb der Sickerlinie	G_i unterhalb der Sickerlinie	u_{oi}	M_w
Abb. 14.5a)	Wichte γ	Wichte und Auftrieb γ'	0	M_w aus hydrostatischer Wasserdruck-differenz
Abb. 14.5b)	Wichte γ	wassergesättigte Wichte γ_r	u_{oi} aus Potenzial-strömung	0
Abb. 14.5c)	Wichte γ	wirksame Wichte γ^* bzw. (teilw.) Auftriebswichte γ'	0	M_w aus Strömungs-kraft

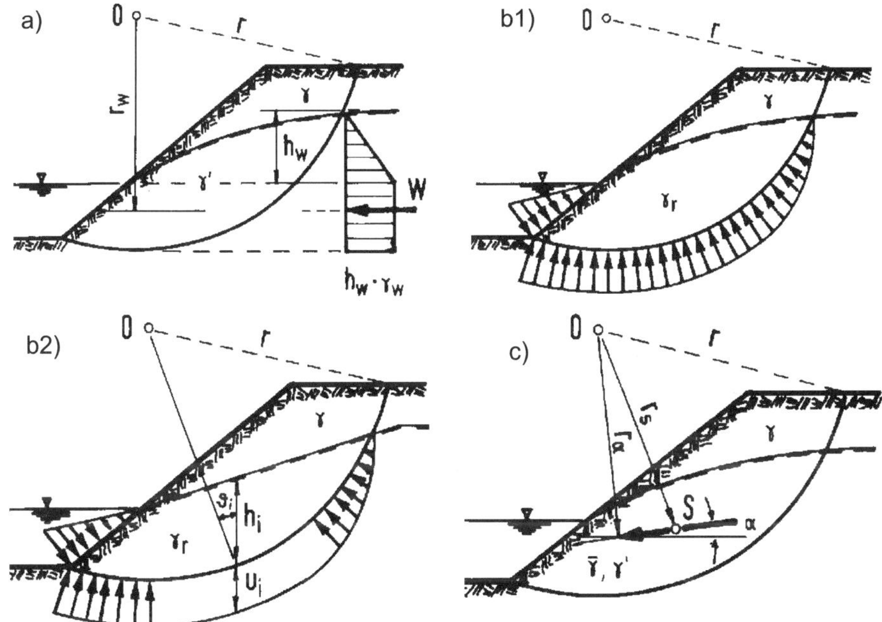

Abb. 14.5: *Wasserdruckansätze: a) hydrostatische Wasserdruckdifferenz, b1) Porenwasserdruck auf die Gleitfläche, b2) Näherungsansatz zu b1), c) Strömungskraft*

Unter den vereinfachten Bedingungen der geradlinig verlaufenden Spiegellinie und des hydrostatisch angesetzten Porenwasserdrucks gemäß Abb. 14.5b2 ergibt sich der Porenwasserdruck auf die Lamelle i näherungsweise zu:

$$u_{0,i} \approx h_i \cdot \gamma_w \tag{14.7}$$

Der Ansatz Wasserdruck durch Strömungskraft liefert gemäß Tab. 14.1 für die Anwendung des Lamellenverfahrens ein Moment infolge der auftretenden Strömungskraft, die im Schwerpunkt der durch Spiegellinie und Gleitkreis begrenzten Fläche angreift und mit dem Hebelarm r_α gemäß Abb. 14.5c um den Kreismittelpunkt 0 der Gleitfläche rotiert. Auf die Ermittlung der Strömungskraft S wird im Folgenden nicht weiter eingegangen, hierfür wird auf die Potenzialtheorie (3.5) verwiesen.

14.4.5 Porenwasserüberdruck infolge Konsolidation

Bei weitgehend wassergesättigten Böden können zusätzlich zu den Porenwasserdrücken u_i Porenwasserüberdrücke Δu_i (Kapitel 10) auftreten (Nachweis der Anfangsstandsicherheit), welches nach Gl. (14.8) berücksichtigt wird.

$$u_i = u_{0i} + \Delta u_i \tag{14.8}$$

Die Größenordnungen der anfänglichen Porenwasserüberdrücke Δu_i können durch Erfahrungswerte oder aufgrund von Messungen abgeschätzt werden.

Alternativ lässt sich der Standsicherheitsnachweis für den Anfangszustand bindiger Böden mit den totalen Spannungen unter Verwendung der undränierten Scherparameter (φ_u, c_u) führen, wobei die Porenwasserüberdrücke vernachlässigt werden.

Für genannten Fall ist dann jedoch auch der Endstandsicherheitsnachweis nach Abklingen der Porenwasserüberdrücke mit den effektiven Spannungen und Scherparametern vorzunehmen, der meistens höhere Sicherheiten liefert.

14.4.6 Sonstige Einwirkungen

Sonstige Einwirkungen können z. B. durch Erdbebenkräfte nach DIN EN 1998-1 (Eurocode EC 8), angreifend im Massenschwerpunkt des Gleitkörpers, entstehen.

14.5 Bemessungswerte der Widerstände

14.5.1 Scherfestigkeit des Bodens

Soll auf einer angenommenen Gleitfläche tatsächlich Gleiten auftreten, so muss sich der Boden längs dieser Fläche gerade noch im Bruchzustand befinden. Die Zusammenhänge sind in Abb. 14.6 dargestellt.

Besonders bei dicht gelagerten Sanden und überkonsolidierten bindigen Böden kann die maximale Scherfestigkeit (Bruch) auf die sogenannte Restscherfestigkeit (Abb. 14.7) abfallen.

Da der Bruchkörper in der Natur kein starrer Körper ist, sind die Scherwege überall in der Gleitfuge verschieden. Sie nehmen im Allgemeinen mit wachsender Entfernung von der Geländeoberfläche ab. Bei zunehmendem Scherweg wird also zunächst eine maximale Scherbeanspruchung mobilisiert, die bei weiterer Zunahme des Scherweges nicht mehr aufgenommen werden kann und in tiefere Bereiche mit kleinerem Scherweg umgelagert wird. Hier wiederholt sich dieser Vorgang, man spricht von einem progressiven Bruch.

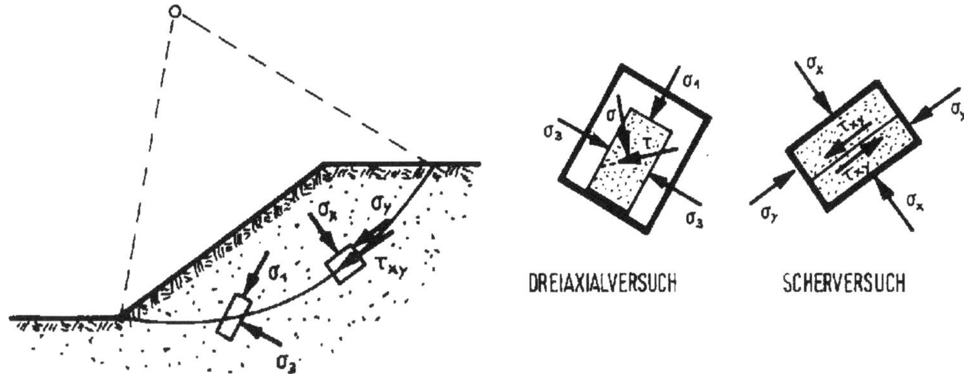

Abb. 14.6: *Vergleich der Bruchvorgänge auf der Gleitfläche einer Böschung und innerhalb einer Bodenprobe*

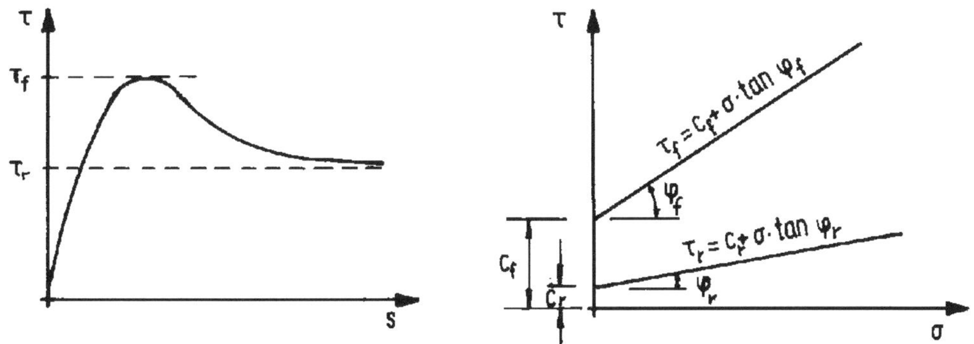

Abb. 14.7: *Maximale Scherfestigkeit (Peakwerte) und Restscherfestigkeit von dicht gelagerten nichtbindigen und überkonsolidierten bindigen Böden*

Bei dem üblichen vereinfachten Ansatz ist der lokale Ausnutzungsgrad der Scherfestigkeit infolge progressiver Brucherscheinungen in der Gleitfuge nicht bekannt. Man nimmt in den Berechnungen an, dass die Scherfestigkeit in der gesamten Fuge gleich mobilisiert ist, also $\mu_i = \mu = \text{const.}$

Die Scherfestigkeit lässt sich dann durch die effektiven Scherparameter in der *Mohr-Coulomb*'schen Bruchbedingung

$$\tau_f = \sigma' \cdot \tan\varphi' + c' \tag{14.9}$$

(siehe 9.2.1) berücksichtigen. D. h., die in 14.4 genannten Einwirkungen aus Eigengewicht und Auflasten sowie ggf. auch die Normalkomponente einer Festlegekraft gehen als Spannungen σ' multipliziert mit dem Reibungswinkel in den Reibungswiderstand des Bodens ein.

Bei Anwendung des Nachweisverfahrens 3 im Grenzzustand GEO-3 gilt in Bezug auf die erforderlichen Bemessungswerte des Reibungswinkels φ_d und der Kohäsion c_d mit γ_φ und

γ_c nach 13.8 die Gln. (14.10a) und (14.10b).

$$\varphi_d = \arctan\left(\tan\varphi_k/\gamma_\varphi\right) \tag{14.10a}$$

$$c_d = c_k/\gamma_c \tag{14.10b}$$

Bei oberflächennahen Gleitlinien in nichtbindigem Boden darf nach DIN 4084 von einem höheren Bemessungswert des Reibungswinkels als bei tief liegenden Gleitflächen ausgegangen werden. Die Erhöhung darf bis in eine Tiefe von 1 m normal zur Böschungsoberfläche 15 % betragen. Darunter geht sie bis in eine Tiefe von 2,5 m linear auf 0 % zurück. Dieser Ansatz hat den Hintergrund, bei der Berechnung zu vermeiden, dass sehr oberflächennahe Gleitlinien als ungünstigste Gleitlinien ausgewiesen werden, die sich aber in der Realität als nicht maßgebend erweisen. Dies betrifft insbesondere auch den Nachweis schon bestehender Dämme und Deiche, da hier oftmals nicht ausreichende Standsicherheiten berechnet werden können.

14.5.2 Zugglieder

Zugglieder sind nach DIN 4084 je nach Art und Wirkung in verschiedener Weise in den Standsicherheitsberechnungen zu berücksichtigen. Hierzu ist zwischen

- vorgespannten und nicht vorgespannten sowie
- selbstspannenden und nicht selbstspannenden

Zuggliedern zu unterscheiden.

Vorgespannte Zugglieder sind z. B. vorgespannte Verpressanker, nicht vorgespannte Zugglieder sind z. B. Zugpfähle, Verpresspfähle mit kleinem Durchmesser, verpresste Verdrängungspfähle, Bodennägel, Stahlbänder, Geokunststoffe und sonstige nicht vorgespannte Zugelemente.

Des Weiteren ist festzulegen, ob ein Zugglied selbstspannend oder nicht selbstspannend ist. Ein Zugglied gilt als selbstspannend, wenn der Winkel ψ_A $(= \vartheta_i + \alpha_A)$ mit ϑ_i nach Abb 14.8 maximal den entsprechenden Wert nach Tab. 14.2 erreicht.

Tab. 14.2: *Maximale Winkel ψ_A für selbstspannende Zugglieder*

Bodenart	ψ_A
locker gelagerter nichtbindiger Boden bzw. weicher bindiger Boden	75
steifer bindiger Boden	80
mitteldicht gelagerter Boden und halbfester bindiger Boden	85
dicht gelagerte nichtbindige Böden	90

Im Folgenden werden die Regelungen nach der DIN 4084 zum jeweiligen Ansatz der Zugkraft erläutert.

Anmerkung: Da beim Geländebruch Ankerkräfte nicht eindeutig den Widerständen oder den Einwirkungen zugeordnet werden können, wird in DIN 4084 als grundsätzliches Formelzeichen F_A eingeführt.

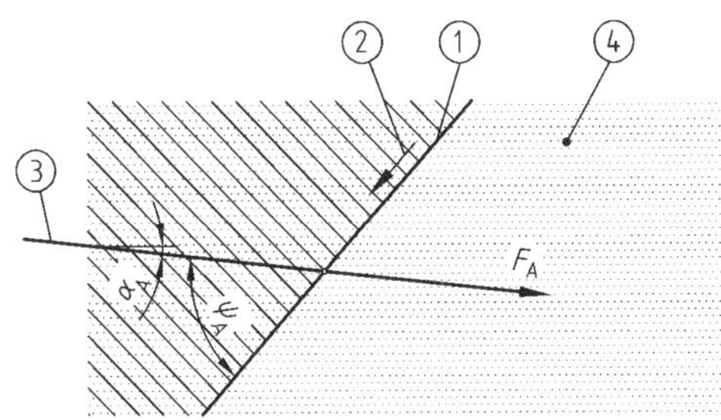

① Gleitlinie
② Bewegungsrichtung des Gleitkörpers
③ Zuggliedachse
④ Nicht bewegter Boden
α_A Neigungswinkel des Zuggliedes gegen die Horizontale

Abb. 14.8: *Winkel ψ_A zwischen Gleitrichtung des Bruchmechanismus und Ankerrichtung im Schnittpunkt der Gleitlinien mit dem Zugglied bzw. Anker, nach DIN 4084*

- Grundsätzlich darf als maximaler Bemessungswert nur die außerhalb des Gleitkörpers im nichtbewegten Boden aktivierbare Kraft (Herausziehwiderstand) angesetzt werden. Die Kräfte von Zuggliedern sind dabei am Schnittpunkt mit der Gleitlinie anzusetzen.

- Bei *selbstspannenden Zuggliedern* darf der Bemessungswert der Zugkraft aus dem Herausziehwiderstand mit den Teilsicherheitsbeiwerten nach DIN 1054 oder aus der Kraft des Stahlzuggliedes mit den Teilsicherheitsbeiwerten der entsprechenden Bauart (siehe ggf. die entsprechenden Bauartnormen) ermittelt werden. Der kleinere Wert ist maßgebend. Dieser Ansatz ist darin begründet, dass im Falle von auftretenden Brucherscheinungen das Zugglied aufgrund seiner Lage zur Gleitfläche durch die Bewegung des Körpers gedehnt und damit voll angespannt werden kann (selbstspannend) bis entweder das Material des Zuggliedes versagt oder das Zugglied aus dem Boden herausgezogen wird. Für ein Stahlzugglied (Anker) gilt somit für die anzusetzende Bemessungszugkraft

  $$F_{A,d} = F_{A,(Ra),k}/\gamma_A \tag{14.11}$$

  mit γ_A nach 13.8 für den Herausziehwiderstand des Verpresskörpers $F_{A,(Ra)}$, oder falls aus der aufnehmbaren Zugkraft $F_{A,(Rm)}$ im Stahl ein geringerer Wert folgt

  $$F_{A,d} = F_{A,(Rm),k}/\gamma_M \tag{14.12}$$

  mit γ_M nach 13.8 für den Widerstand eines Stahlzuggliedes.

  Für Boden- oder Felsnägel und flexible Bewehrungselemente wie z. B. Geogitter gilt für die anzusetzende Bemessungszugkraft

  $$F_{A,d} = F_{A,k}/\gamma_N \quad \text{(Nagel)} \tag{14.13}$$
  $$F_{A,d} = F_{A,k}/\gamma_B \quad \text{(flexibles Bewehrungselement)} \tag{14.14}$$

  mit γ_N bzw. γ_B nach 13.8 für den Herausziehwiderstand der Nägel oder Geogitter, sofern nicht der Materialwiderstand des jeweiligen Elementes nach der Bauartnorm maßgebend wird.

- Bei *nicht selbstspannenden Zuggliedern* dürfen nur die Kräfte angesetzt werden, die tatsächlich im Zugglied vor bzw. während des Gleitvorganges vorhanden sind.

Hieraus folgt, dass vorgespannte Zugglieder mit der Festlegekraft F_{A0} angesetzt werden können, sofern ein Winkel $\psi_A < 90°$ vorliegt.

$$F_{A,0,d} = F_{A,0,k} \tag{14.15}$$

Bei einer von nicht vorgespannten Zuggliedern gestützten Wand mit größeren Winkeln als die in Tab. 14.2 angegebenen Grenzwerte, ist zu untersuchen, ob diese aufgrund der Wandbewegungen *selbstspannend* wirken können. Dies kann sein, wenn sich die Wand im Fußbereich um einen unverschieblichen Punkt drehen kann. In diesem Fall ist die Zugkraft anzusetzen, die sich aus der Aufnahme der Bemessungswerte der Erd- und Wasserdrücke ergibt.

- Bei ungünstigen Randbedingungen und möglichen Bewegungen ist nicht auszuschließen, dass tatsächlich vorhandene Zugkräfte standsicherheitsvermindernd wirken (ggf. bei $\psi_A > 90°$). Hier sollte geprüft werden, ob eine ungünstig wirkende Kraft im Zugglied entstehen kann (z. B. durch die Vorspannung oder durch die Aufnahme des Erd- und Wasserdruckes bei einer rückverankerten Wand). Im Zweifelsfall sollte mit und ohne Zugglied gerechnet werden, wobei der ungünstigere Fall maßgebend ist.
- Sofern bei einem Zugglied mit einer Zugkraft gerechnet werden kann, darf im Reibungsboden in der geschnittenen Gleitlinie der durch die Normalkomponente der Zugkraft bewirkte Reibungswiderstand angesetzt werden. Für das Lamellenverfahren bedeutet diese Regelung z. B., dass neben einem Moment aus der Multiplikation der Tangentialkomponente der Ankerkraft mit dem Radius des Gleitkreises (= Hebelarm) auch der sich ergebende Reibungswiderstand im Boden entlang der Gleitfuge aus dem entsprechenden Anteil der Ankerkraft erhöht werden kann. Es ist allerdings zu beachten, dass in bindigen Böden zu überprüfen ist, ob sich durch die Einleitung der Ankerkraft im Bereich der Gleitlinie standsicherheitsvermindernde Porenwasserüberdrücke während der Konsolidation ergeben können.

Weitere Betrachtungen zu dieser Thematik sind in *Hörtkorn (2011)* zusammengestellt.

14.5.3 Äußere Kräfte und äußere Momente

Als zusätzliche äußere Kraft oder äußeres Moment kann z. B. der Scherwiderstand eines Konstruktionsteils R_s, das durch die Gleitfläche geschnitten wird, berücksichtigt werden. Generell gilt nach DIN 4084, dass sich Scherwiderstände von Bauteilen entweder nach der aufnehmbaren Schnittkraft im Bauteil oder nach der von diesen auf den Boden oberhalb oder unterhalb der Gleitlinie übertragbaren Kraft ergeben. Der kleinere Wert ist maßgebend und als Bemessungswert entgegen der Gleitrichtung an der Gleitlinie anzusetzen.

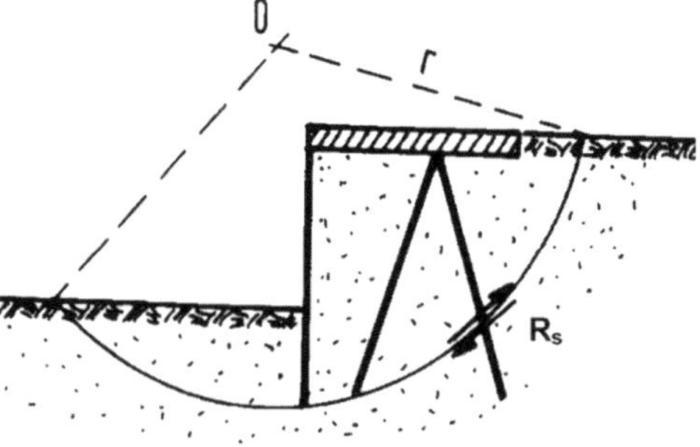

Abb. 14.9: *Widerstand R_s infolge der Scherkraft eines in der Gleitfläche geschnittenen konstruktiven Elementes*

14.6 Lamellenverfahren nach *Krey/Bishop* für kreisförmige Gleitflächen

14.6.1 Theoretische Grundlagen und Herleitung der Berechnungsformeln

Das Lamellenverfahren nach DIN 4084 ist ein iteratives Lösungsverfahren, bei welchem versuchsweise mehrere kreisförmige Gleitflächen durch den Boden gelegt werden und für jede einzelne der Ausnutzungsgrad bestimmt wird. Dabei ist der größte sich ergebende Ausnutzungsgrad μ der maßgebende.

Das Lamellenverfahren mit kreisförmiger Gleitfläche geht in seiner ursprünglichen Form auf *Hultin* zurück und wurde von *Krey (1926)* und *Fellenius (1927)* durch Einführen der *Fellenius-Regel* sowie durch Einbeziehen eines möglichen Porenwasserüberdrucks nach *Terzaghi (1951)* weiterentwickelt, womit es dem von *Bishop (1952)* eingeführten Verfahren entspricht. Das Lamellenverfahren nach *Krey/Bishop* arbeitet mit effektiven Spannungen σ'. Dabei ist die Berechnung mit totalen Spannungen jedoch als Sonderfall enthalten. Ergänzende Informationen zur Herleitung und Bewertung des im Folgenden vorgestellten Verfahrens finden sich in *Goldscheider (2018)*.

Die Ableitung des Verfahrens erfolgt nachfolgend in einzelnen Schritten, wobei zunächst der Gleitkörper, der von der angenommenen Gleitfläche und den Böschungskanten begrenzt ist sowie durch den Punkt 0 und den Radius r lagemäßig bestimmt wird, in einzelne Lamellen (ϑ_i) aufgeteilt wird und an jeder Lamelle die Reaktionskräfte ermittelt werden, siehe Abb. 14.10.

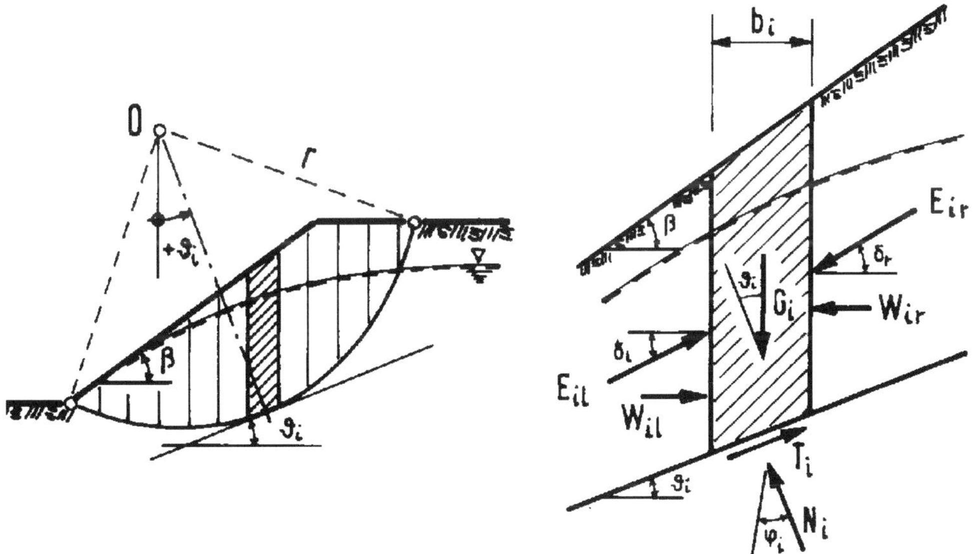

Abb. 14.10: *Lamellenverfahren nach Krey/Bishop, nach* Bishop (1952)

Bei der Ermittlung der unbekannten Reaktionskräfte geht man von der Vorstellung aus, dass der ebene Bruchkörper um den Kreismittelpunkt 0 rotiert. Die Reaktionskräfte müsen aus den drei Gleichgewichtsbedingungen für die Kräfte und für das Moment des ebenen Zustandes ermittelt werden.

Nach *Mohr-Coulomb* lautet die Bruchbedingung in der Gleitfuge für die Lamelle i (Abb. 14.10)

$$\tau_{f,i} = \sigma_i' \cdot \tan \varphi_i' + c_i' \qquad (14.16)$$

Die daraus aufnehmbare Scherkraft (widerstehende Kraft) in der Gleitfuge ergibt sich zu

$$T_{f,i} = N_i' \cdot \tan \varphi_i' + c_i' \cdot \frac{b_i}{\cos \vartheta_i} \qquad (14.17)$$

Wenn $\tau_{mob,i} < \tau_{f,i}$ ist, befindet sich die mobilisierte Scherkraft im Gleichgewichtszustand. Mithilfe der Fellenius-Regel nach Gl. (14.1) ergibt sich

$$T_{mob,i} = T_i = T_{f,i} \cdot \mu_i \qquad (14.18)$$

und für die effektiven Scherparameter in der *Mohr-Coulomb*'schen Bruchbedingung

$$\tan \varphi'_{mob,i} = \tan \varphi_i' \cdot \mu_i \qquad (14.19)$$

$$c'_{mob,i} = c_i \cdot \mu_i \qquad (14.20)$$

Falls ein Porenwasserüberdruck Δu_i infolge Konsolidation auftritt, muss dieser in der Gleitfuge abgeschätzt werden. Er verringert die Normalkraft N_i auf den effektiven Wert N_i'. Die Strömungskraft W_i hat keinen Einfluss auf N_i und damit auch nicht auf T_i.

Mit Gl. (14.19) und (14.20) ergibt sich die aufnehmbare Scherkraft zu

$$T_i = \mu \cdot \left(N_i' \cdot \tan \varphi_i' + c_i' \cdot \frac{b_i}{\cos \vartheta_i} \right) \qquad (14.21)$$

Mit der Vereinfachung, dass die Lamellenseitenkräfte (Erddruck, Abb. 14.10) vernachlässigt werden, da sie als innere Kräfte angesehen werden, lassen sich folgende Gleichgewichtsbedingungen formulieren

$$\Sigma V = 0 : \quad G_i - (b_i \cdot u_i) - (T_i \cdot \sin \vartheta_i) - (N_i \cdot \cos \vartheta_i) = 0 \qquad (14.22)$$

$$\Sigma T = 0 : \quad G_i \cdot \sin \vartheta_i - T_i = 0 \qquad (14.23)$$

Gl. (14.21) in die Gln. (14.22) und (14.23) eingesetzt, ergibt

$$G_i - (b_i \cdot u_i) - \mu \cdot \left(N_i' \cdot \tan \varphi_i' + c_i' \cdot \frac{b_i}{\cos \vartheta_i} \right) \cdot \sin \vartheta_i - N_i' \cdot \cos \vartheta_i = 0 \qquad (14.24)$$

$$G_i \cdot \sin \vartheta_i - \mu \cdot \left(N_i' \cdot \tan \varphi_i' + c_i' \cdot \frac{b_i}{\cos \vartheta_i} \right) = 0 \qquad (14.25)$$

Es verbleiben zwei Unbekannte, N_i' und μ.

Als weitere Vereinfachung werden nicht alle Gleichgewichtsbedingungen eingehalten, sondern nur die Gleichgewichtsbedingung $\sum M_0 = 0$.

Auf Gl. (14.25) angewendet und über alle Lamellen aufsummiert, ergibt sich

$$\sum M_0 = 0:$$
$$r \cdot \sum G_i \cdot \sin \vartheta_i$$
$$= \mu \cdot r \cdot \sum_i \left(N_i' \cdot \tan \varphi_i' + c_i' \cdot \frac{b_i}{\cos \vartheta_i} \right) \tag{14.26}$$

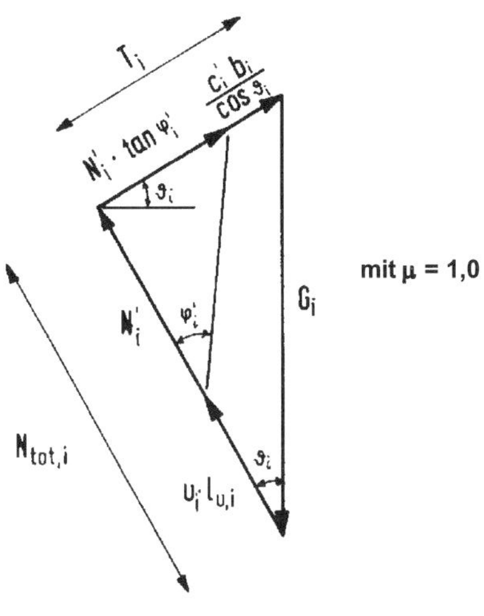

Abb. 14.11: *Krafteck der Lamelle i*

N_i' kann mit Gl. (14.24) eliminiert werden. Nach längerer Umrechnung ergibt sich

$$\mu = \frac{r \cdot \sum_i G_i \cdot \sin \vartheta_i}{r \cdot \sum_i \frac{(G_i - b_i \cdot u_i) \cdot \tan \varphi_i' + b_i \cdot c_i'}{\cos \vartheta_i + \mu \cdot \sin \vartheta_i \cdot \tan \varphi_i'}} \tag{14.27}$$

Da in Gl. (14.27) die Momentenbedingung zugrunde liegt, muss der Ausdruck im Nenner hinter dem Summenzeichen wiederum die vorhandene widerstehende tangentiale Kraft des Bodens in der Gleitfuge darstellen, die wieder mit T_i bezeichnet werden kann.

Bei der Berechnung mit effektiven Spannungen, wie abgeleitet, werden die Scherparameter $\varphi = \varphi'$ und $c = c'$ eingesetzt. Bei der Berechnung mit totalen Spannungen ist $\varphi = \varphi_u$ und $c = c_u$ einzusetzen. Im Sonderfall $\varphi_u = 0$ (wassergesättigter bindiger Boden) vereinfacht sich Gl. (14.21) zu

$$T_i = \frac{c_{u,i} \cdot b_i}{\cos \vartheta_i} \tag{14.28}$$

14.6.2 Bemessungswerte der Beanspruchungen im Lamellenverfahren

Die in 14.4 dargestellten Beanspruchungen werden im Zähler der Gl. (14.27) erfasst und schreiben sich wie folgt

$$E_{M,d} = r \cdot \sum_i (G_{d,i} + P_{d,i}) \cdot \sin \vartheta_i + \sum M_{s,d} \tag{14.29}$$

Werden vorhandene Zugglieder durch den Gleitkreis geschnitten, so werden diese wie folgt nach DIN 4084 berücksichtigt

$$E_{M,d} = r \cdot \sum_i \left((G_{d,i} + P_{d,i}) \cdot \sin \vartheta_i - F_{A0,d,i} \cdot \cos(\vartheta_i + a_{A0,i}) \right) + \sum M_{s,d} \tag{14.30}$$

mit

$G_{d,i}$: Eigengewicht der Lamelle nach 14.4.1
$P_{d,i}$: Bemessungswert der ungünstig wirkenden vertikalen Auflasten nach 14.4.2
ϑ_i : Neigung der Lamellensohle
r : Radius des Gleitkreises
$F_{A0,d,i}$: Bemessungswert der Festlegekraft vorgespannter Zugglieder (zum Ansatz vgl. die Regelung nach 14.5.2)
$\alpha_{A,i}$: Neigungswinkel des Zuggliedes gegen die Horizontale nach Abb. 14.8
$M_{s,d}$: Bemessungswert der einwirkenden Momente um den Mittelpunkt eines Gleitkreises, die nicht in G oder P enthalten sind.

14.6.3 Bemessungswerte der Widerstände im Lamellenverfahren

Der Nenner der Gl. (14.29) entspricht den Widerständen nach Gl. (14.31). Enthält ein zu untersuchender Bruchmechanismus konstruktive Elemente, so sind zusätzliche Widerstandsanteile in weiteren Termen nach DIN 4084 nach Gl. (14.32) zu berücksichtigen.

$$R_{M,d} = r \cdot \sum_i \frac{(G_{d,i} + P_{d,i} - u_{d,i} \cdot b_i) \cdot \tan \varphi_{d,i} + c_{d,i} \cdot b_i}{\cos \vartheta_i + \mu \cdot \tan \varphi_{d,i} \cdot \sin \vartheta_i} \tag{14.31}$$

$$R_{M,d} = r \cdot \sum_i \frac{(G_{d,i} + P_{d,i} + \mu \cdot F_{A,d,i} \cdot \sin \alpha_{A,i} + F_{A0,d,i} \cdot \sin \alpha_{A0,i} - u_{d,i} \cdot b_i) \cdot \tan \varphi_{d,i}}{\cos \vartheta_i + \mu \cdot \tan \varphi_{d,i} \cdot \sin \vartheta_i}$$
$$\frac{+c_{d,i} \cdot b_i + R_{S,d,i} \cdot \cos \vartheta_i}{\cos \vartheta_i + \mu \cdot \tan \varphi_{d,i} \cdot \sin \vartheta_i} + r \cdot \sum_i F_{A,d,i} \cdot \cos(\vartheta_i + \alpha_{A,i}) + \sum M_{R,d} \tag{14.32}$$

mit

r : Radius des Gleitkreises
$G_{d,i}$: Eigengewicht der Lamelle nach 14.4.1
$P_{d,i}$: Bemessungswert der ungünstig wirkenden vertikalen Auflasten nach 14.4.2
ϑ_i : Neigung der Lamellensohle
$F_{A,d}$: Bemessungswert der Kraft eines Zuggliedes nach 14.5.2 (wenn $F_{A0,d}$ nicht angesetzt wird, vgl. Tab. 14.2)
$F_{A0,d}$: Bemessungswert der Festlegekraft vorgespannter Zugglieder nach 14.5.2 (wenn $F_{A,d}$ nicht angesetzt wird, vgl. Tab. 14.2
$\alpha_{A,i}$: Neigungswinkel des Zuggliedes gegen die Horizontale nach Abb. 14.8
$u_{d,i}$: Porenwasserdruck nach 14.4.4
$\varphi_{d,i}$: Bemessungswert des Reibungswinkels nach 14.5.1
$c_{d,i}$: Bemessungswert der Kohäsion nach 14.5.1

$R_{S,d,i}$: Bemessungswert einer gedachten Zusatzkraft an einem Gleitkörper parallel zu dessen äußerer Gleitfläche, z. B. Scherwiderstand eines Konstruktionsteils $R_{s,d}$, das durch die Gleitfläche geschnitten wird

$M_{R,d}$: Bemessungswert der widerstehenden Momente aus Kräften, die weder in $F_{A,d}$ noch in $R_{S,d}$ enthalten sind

14.6.4 Lage der Gleitlinie

Die ungünstigste Lage der Gleitfläche geht bei massiven Stützbauwerken in der Regel durch den hinteren Fußpunkt, der insofern einen Zwangspunkt darstellt, dass Gleitflächen durch das Bauwerk hindurch nicht in Betracht gezogen werden brauchen. Bei Böschungen in einheitlichen Böden mit $\varphi > 5°$ geht die Gleitfläche gewöhnlich durch deren Fußpunkt (Abb. 14.1). Weitere Hinweise zur Lage der Gleitfläche siehe DIN 4084.

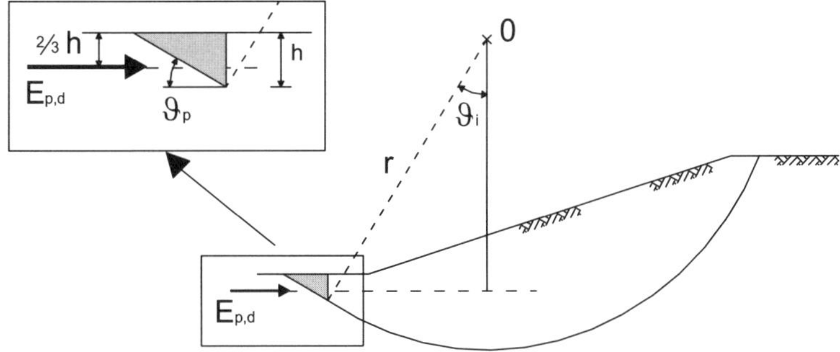

Abb. 14.12: *Ansatz des Erdwiderstands*

Bei sehr tief in den Boden einschneidenden Gleitflächen, insbesondere bei weichen bindigen Böden, kann es sein, dass der Randwinkel des Gleitkreises am Gleitflächenaustritt steiler wird, als es dem Gleitflächenwinkel für den Erdwiderstand ϑ_p entspricht (Abb. 14.12). In diesem Fall wird von der Stelle an, an der der Gleitflächenwinkel ϑ_i gleich dem Winkel ϑ_p ist, der Erdwiderstand unter Annahme eines Neigungswinkels des Erddruckes von $\delta_p = 0$ angesetzt, wobei dieser unter Ansatz der Bemessungswerte der Scherparameter für den Grenzzustand GEO-3 ermittelt wird. Für den Fall der Anfangsfestigkeit ($\varphi_u = 0$) ergibt sich $\vartheta_p = 45°$ und im Falle der Endfestigkeit $\vartheta_p = 45° - \varphi'/2$. Der Momentenanteil infolge E_p wird in Gl. (14.32) im Ausdruck $\sum M_{R,d}$ berücksichtigt. Alternativ zum Ansatz des Erdwiderstands E_p lässt sich der Erdwiderstandskeil durch eine oder mehrere Lamellen abbilden, deren Geometrie vom Gleitkreis abweicht.

14.7 Sonderfall

In nichtbindigen Böden ist die ungünstigste Gleitfläche eine Parallele zur Böschungsoberkante, wenn diese gerade verläuft und die Böschung weder durchströmt noch zusätzlich belastet wird. Der Ausnutzungsgrad (*Fellenius-Regel*) beträgt dann

$$\mu = \frac{\tan \varphi'_d}{\tan \beta_k} \tag{14.33}$$

14.8 Bestimmung des Böschungswinkels mithilfe von Nomogrammen

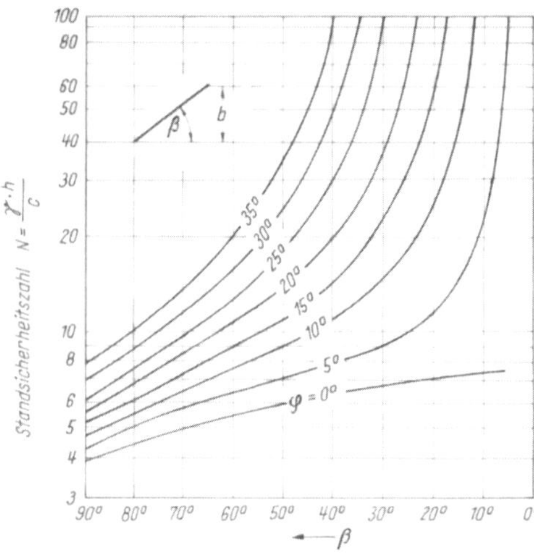

Abb. 14.13: *Nomogramm zur Bestimmung des Böschungswinkels, nach Taylor 1948*

Bei homogenen, bindigen Böden ohne Grundwasserströmung und gleichmäßig verteilten Auflasten kann die Böschungsneigung für verschiedene Bodenarten bzw. für eine gegebene Scherfestigkeit aus Abb. 14.13 abgelesen werden. Dabei ergibt sich der maximal mögliche Böschungswinkel β in Abhängigkeit von der Wichte und den Scherparametern. Zur Erfüllung der allgemeinen Grenzzustandsbedingung nach Gl. (14.2) sind für das Diagramm in Abb. 14.13 die Entwurfsparameter γ_d, c'_d und φ'_d als Bemessungswert zu verwenden. Eingangswert in das Nomogramm bildet die dimensionslose Standsicherheitszahl

$$N = \gamma \cdot \frac{h}{c} \tag{14.34}$$

Bei einer gleichmäßig verteilten Auflast p gilt in Gl. (14.34) anstelle von h

$$h' = h + \frac{p}{\gamma} \tag{14.35}$$

14.9 Blockgleitverfahren (Stützlinienverfahren)

Entgegen den Lamellen-Verfahren werden beim Blockgleitverfahren die Lamellenseitenkräfte gezielt berücksichtigt. Je nach Bodenschichtung werden etwa drei bis fünf Teilkörper mit senkrechten inneren Lamellengrenzen und geraden Gleitlinien betrachtet (Abb. 14.14). Die Richtungen der an den Lamellengrenzen anzusetzenden Erddruckkräften werden mithilfe von sog. *Stützlinien* (in Abb. 14.14 gestrichelt) festgelegt. Die Stützlinie zeigt an jeder Lamellengrenze die Orientierung der dort wirkenden Kräfte infolge Erddruckkraft an. Sie wird durch die Schnittpunkte der Gleitlinien mit der Geländeoberkante und zwischen der Mitte und dem unteren Drittelspunkt der Lamellengrenzen verlaufend angenommen.

Die Sicherheit gegen Geländebruch ist ausreichend, wenn mit den Bemessungswerten der Einwirkungen und Widerstände für jeden Bruchmechanismus durch Hinzufügen einer in antreibender Richtung wirkenden Zugkraft $\Delta T \geq 0$ Gleichgewicht hergestellt werden kann. Das Verfahren wird i. d. R. grafisch mithilfe des Kraftecks angewendet.

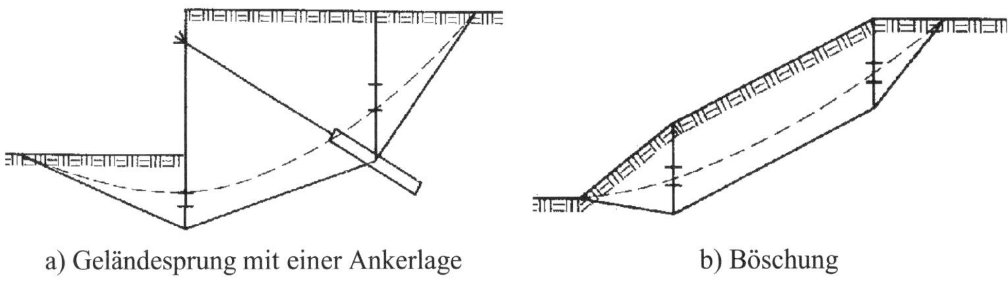

a) Geländesprung mit einer Ankerlage b) Böschung

Abb. 14.14: *Beispiele für Stützlinien beim Blockgleitverfahren*

Der Nachweis der Geländebruchsicherheit wird dann in der Form geführt, dass das Krafteck mit den einwirkenden und widerstehenden Kräften entweder geschlossen werden kann, oder zum Schließen des Kraftecks eine fiktive Zugkraft ΔT in antreibender Richtung erforderlich ist.

Ein Berechnungsgang ist in den folgenden Schritten durchzuführen:

- Wahl eines kinematisch möglichen Bruchmechanismus mit Teilgleitkörpern
- Ermittlung der an die Teilgleitkörper angreifenden Kräfte (Einwirkungen und Widerstände):

  Kohäsionskräfte C_i: nach Größe und Richtung

  Reaktionskräfte Q_i: nach Richtung

  Erddruckkräfte E_{ij}: nach Richtung

  Wasserdruckkräfte U_i bzw. U_{ij}: nach Größe und Richtung usw.
- Konstruktion des Kraftecks für den ersten Teilgleitkörper für alle daran angreifenden Kräfte
- Ergänzung des Kraftecks für die weiteren Teilgleitkörper
- Ermittlung des Gleichgewichtsfehlers ΔT
- Zum Schließen des Kraftecks ist eine haltende Kraft ΔT erforderlich. Ohne zusätzlichen Anker ist die Konstruktion nicht standsicher.

Es sei darauf hingewiesen, dass bei der Ermittlung der an die Teilgleitkörper angreifenden Kräfte (Einwirkungen und Widerstände) die charakteristischen Werte unter Berücksichtigung der entsprechenden Teilsicherheitsbeiwerte nach 13.8 in Bemessungswerte umzurechnen sind und dass bei der Konstruktion des Kraftecks ebenfalls der Bemessungswert des Reibungswinkels zu verwenden ist.

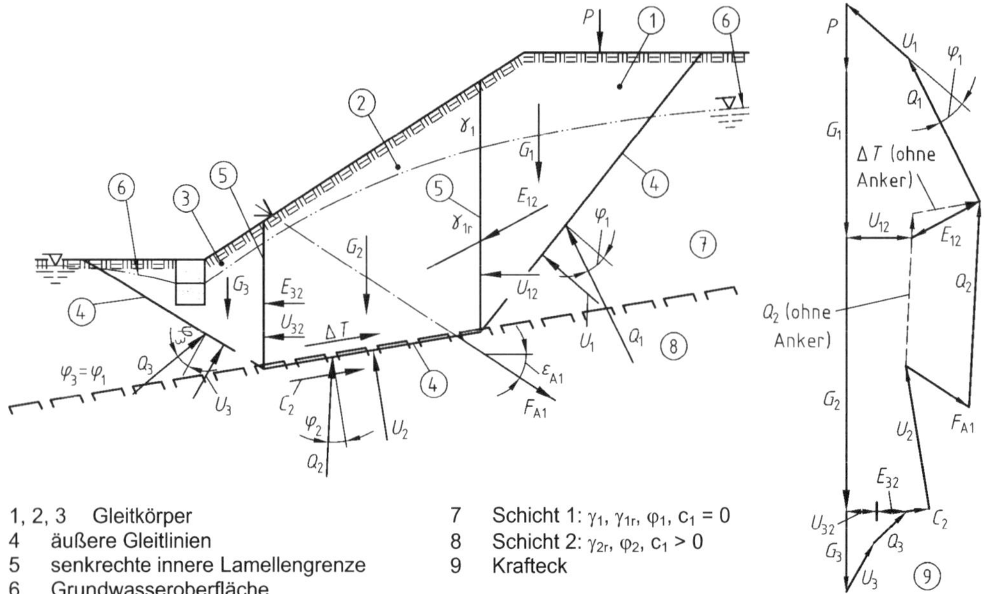

Abb. 14.15: *Beispiel für das Blockgleitverfahren, aus DIN 4084*

14.10 Verfahren mit inneren Gleitflächen

Verfahren mit inneren Gleitflächen, die auch als zusammengesetzte Bruchmechanismen bezeichnet werden, bestehen aus mehreren in sich starren Gleitkörpern, die auf je einer i. d. R. geraden äußeren Gleitlinie auf dem unbewegten Untergrund und mit einer bzw. zwei inneren (geraden) Gleitlinien relativ zu den angrenzenden Gleitkörpern abrutschen.

Durch den Schnittpunkt von zwei äußeren Gleitlinien geht dabei stets eine innere Gleitlinie. Bruchmechanismen, bei denen sich zwischen den Gleitkörpern senkrecht zu den Gleitlinien rechnerische Zugkräfte oder unendlich große Druckkräfte ergeben, sind auszuschließen. Dazu müssen die Winkel $\Delta\vartheta_i$ zwischen den äußeren und inneren Gleitlinien die Ungleichung (14.36) erfüllen.

$$\Delta\vartheta_j > \arctan(\mu \cdot \tan\varphi_i) + \arctan(\mu \cdot \varphi_{ij}) \quad \text{mit} \quad j = i + 1 \tag{14.36}$$

Abb. 14.16 zeigt einige Beispiele von zusammengesetzten Bruchmechanismen.

Zunächst sind aus den charakteristischen Einwirkungen und Widerständen bzw. aus den entsprechenden Scherparametern unter Berücksichtigung der entsprechenden Teilsicherheitsbeiwerte nach 13.8 die im Krafteck zu berücksichtigenden Bemessungswerte abzuleiten.

Zu jedem Gleitkörper werden anschließend die angreifenden Kräfte angeschrieben und in einem Krafteck für das Gesamtsystem berücksichtigt.

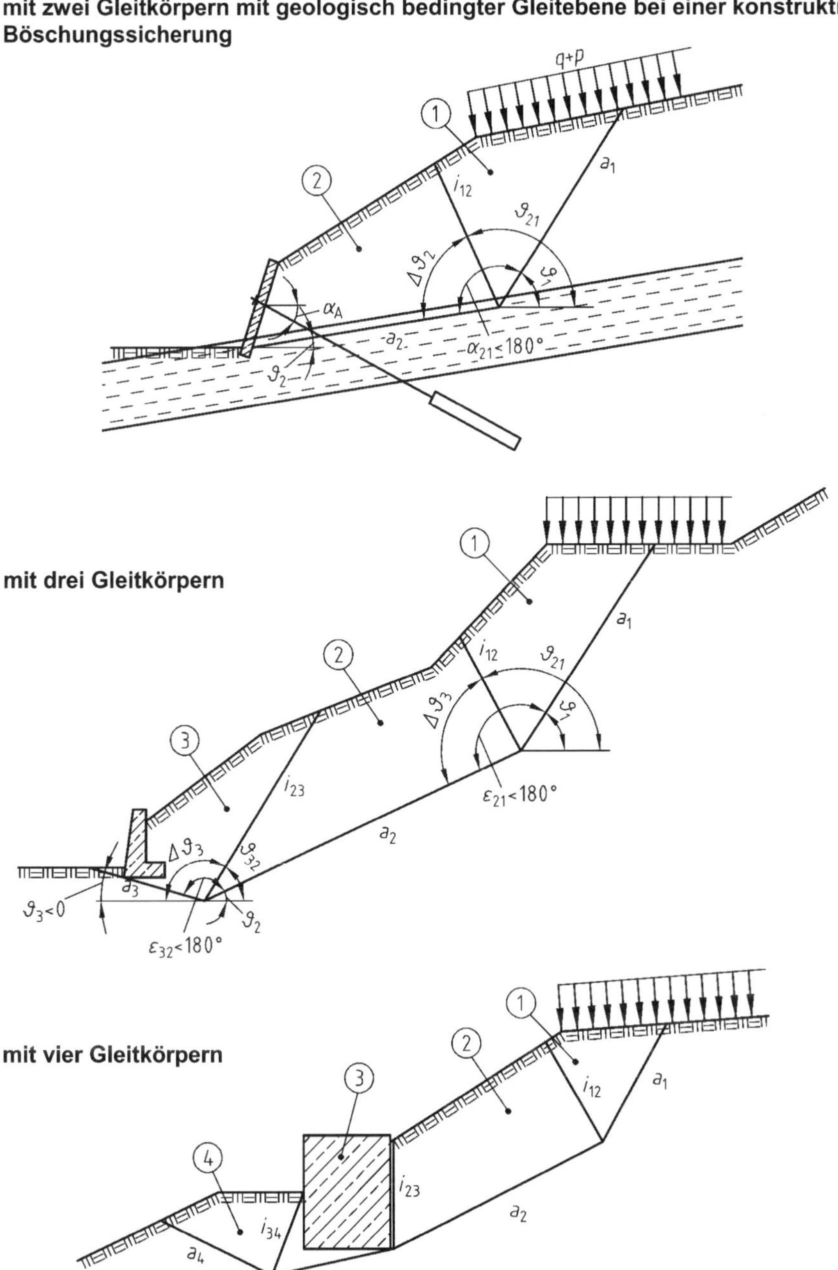

Abb. 14.16: *Beispiele zusammengesetzter Bruchmechanismen mit inneren (geraden) Gleitlinien, aus DIN 4084*

Die Sicherheit gegen Geländebruch ist ausreichend, wenn (ähnlich dem Blockgleitverfahren) mit den Bemessungswerten der Einwirkungen und Widerstände für jeden Bruchmechanismus durch Hinzufügen einer antreibenden Kraft $\Delta T \geq 0$ Gleichgewicht hergestellt werden kann. Abb. 14.17 verdeutlicht den Zusammenhang.

Hierbei hat es sich als zweckmäßig erwiesen, wenn die antreibende Kraft ΔT am größten Gleitkörper parallel zu dessen Gleitlinie angenommen wird.

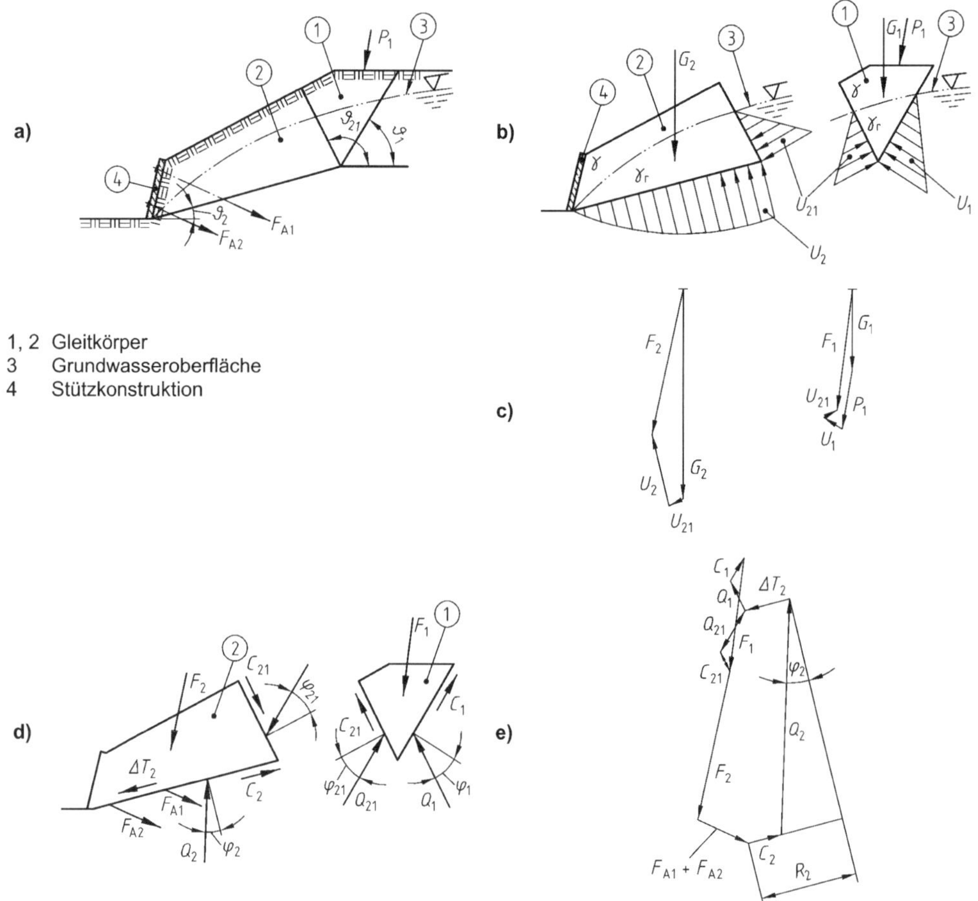

a) Bruchmechanismus
b) Ansatz der einwirkenden Größen an den Gleitkörpern: Eigenlasten der Gleitkörper, Porenwasserdruck, Nutzlasten
c) Kraftecke zur Bestimmung der Resultierenden F1 und F2 der einwirkenden Kräfte nach b); U1, U2, U21 Resultierende der Wasserdruckverteilungen u1, u2, u21
d) Resultierende der Lasten und Kräfte nach c), widerstehende Kräfte, Kräfte aus geschnittenen Zuggliedern und Zusatzkraft DT2 an den Gleitkörpern
e) Krafteck für das Gesamtsystem: es ergibt sich eine treibende Zusatzkraft DT2 > 0

Abb. 14.17: *Beispiel eines zusammengesetzten Bruchmechanismus mit zwei Gleitkörpern, aus DIN 4084*

Verläuft bei einem zusammengesetzten Bruchmechanismus eine Gleitlinie in zwei oder mehr Schichten mit verschiedenen Scherfestigkeiten, so werden zur Ermittlung der Scherkräfte in den einzelnen Schichten senkrechte Lamellenschnitte an den Schichtgrenzen eingeführt. Diese Lamellengrenzen sind aber keine Gleitlinien. Abb. 14.18 zeigt hierzu ein Beispiel.

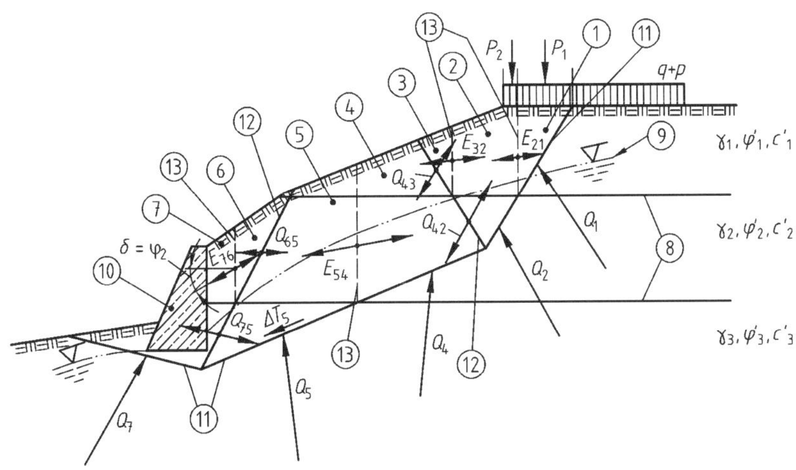

a) Bruchmechanismus mit Lamellenschnitten und Richtungen der Schnittkräfte; Kohäsionkräfte und Wasserdruckkräfte nicht eingezeichnet

1 bis 7 Lamellen, Teile von Gleitkörpern
8 Schichtgrenzen
9 Grundwasseroberfläche
10 Stützbauwerk
11 äußere Gleitlinie
12 innere Gleitlinie
13 senkrechte Lamellenschnitte

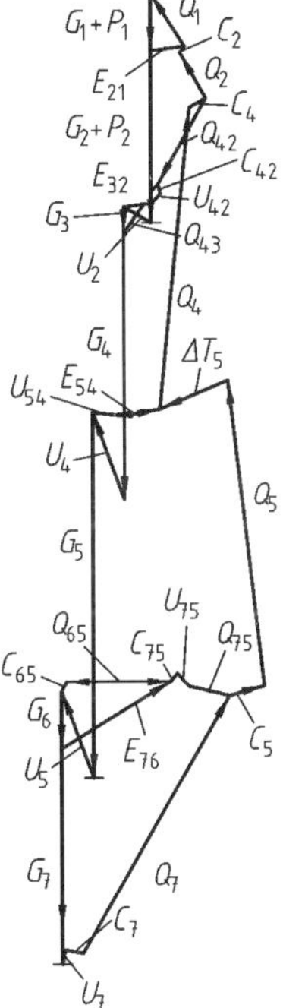

b) Kräftepolygon (für die Bemessungswerte); für Gleichgewicht ist eine treibende Zusatzkraft ΔT_5 erforderlich, d. h., der Bruchmechanismus ist ausreichend sicher.

Abb. 14.18: *Beispiel eines zusammengesetzten Bruchmechanismus für einen Geländesprung in geschichtetem Baugrund mit senkrechten Lamellenschnitten an den Schnittpunkten der Gleitlinien mit den Schichtgrenzen, aus DIN 4084*

An den Lamellenschnitten werden die unter einem Winkel δ geneigten Erddruckkräfte angesetzt, für die die Bedingung nach Gl. (14.37) einzuhalten ist,

$$\frac{\beta_m}{2} \leq \delta \leq \varphi_m \qquad (14.37)$$

wobei β_m der mittlere Böschungswinkel der beiden an dem Lamellenschnitt angrenzenden Gleitkörperabschnitte und φ_m der arithmetische Mittelwert der Reibungswinkel längs des Lamellenschnittes ist.

Das Krafteck kann durch eine treibende Zusatzkraft ΔT_5 geschlossen werden, d. h., der Mechanismus nach Abb. 14.18 ist standsicher.

14.11 Berechnung des Ausnutzungsgrades μ beim Verfahren Blockgleiten und zusammengesetzte Mechanismen

Um unterschiedliche Bruchmechanismen zu vergleichen, wird der Ausnutzungsgrad μ der Bemessungswiderstände berechnet.

Diese Berechnung wird außer bei rein kohäsiven Böden iterativ durchgeführt. Dazu wird ein Wert μ geschätzt, mit dem alle Bemessungswiderstände multipliziert werden. Nun wird geprüft, ob sich mit diesen abgeminderten Widerständen rechnerisch ein Grenzgleichgewicht zwischen allen auf die Gleitkörper einwirkenden Kräften, den widerstehenden Kräften und den Normalkräften in den Gleitlinien ergibt.

Um rechnerisches Gleichgewicht zu erhalten, wird eine Zusatzkraft ΔT_i am größten Gleitkörper i parallel zu dessen äußerer Gleitlinie angenommen und wie eine Reaktionskraft berücksichtigt.

Ergibt sich ΔT_i als treibende Kraft ($\Delta T_i > 0$), so ist μ beim nächsten Schritt zu vermindern, ergibt sich ΔT_i als haltende Kraft ($\Delta T_i < 0$), so ist μ zu erhöhen.

Ergibt sich aufgrund der Gleichgewichtsberechnung $\Delta T_i = 0$, so gilt rechnerisch Grenzgleichgewicht, und der angenommene Wert μ ist der Ausnutzungsgrad des Bemessungswiderstandes für den untersuchten Bruchmechanismus.

Die Iteration darf abgebrochen werden, wenn gilt

$$\left|\frac{\Delta T_i}{R_i}\right| \leq 0,03 \qquad (14.38)$$

Dabei ist R_i der gesamte rechnerische Widerstand des Bodens in der äußeren Gleitlinie des Gleitkörpers i, der sich für $\mu = 1$ ergibt.

14.12 Zahlenbeispiele siehe Anhang B-14.

15 Baugrundverbesserung und Stabilisierungssäulen

15.1 Einleitung

Baugrundverbesserungsverfahren haben i. d. R. zum Ziel, die Tragfähigkeit (Scherfestigkeit) des Baugrundes zu erhöhen und die Setzungen (Steifigkeit) zu verringern oder zu beschleunigen, sodass Bauwerke darauf flach gegründet werden können.

Einen Überblick mit den wesentlichen Verfahren zur Baugrundverbesserung und weiteren Literaturhinweisen enthält z. B. *Sondermann/Kirsch (2018)* und *Adam (2018)*.

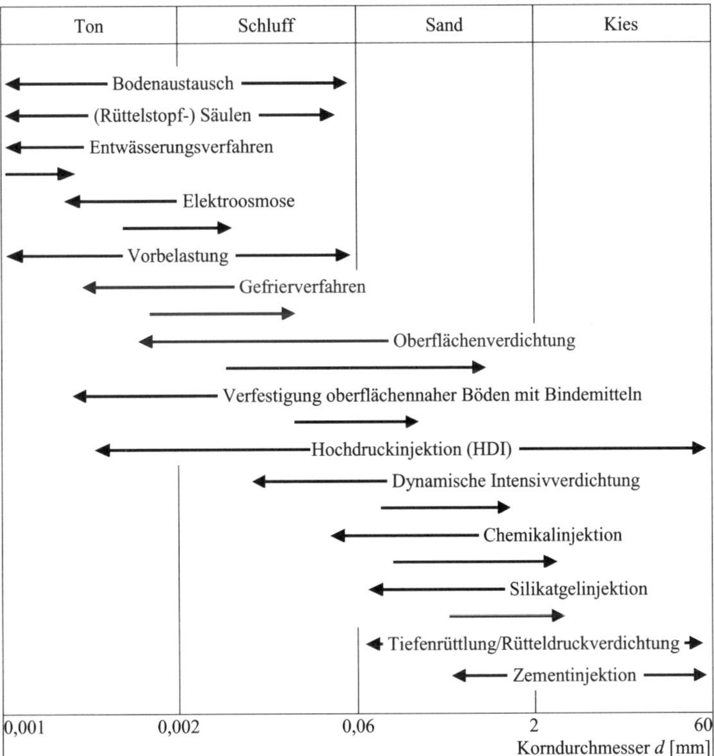

Abb. 15.1: *Übersicht über die Verfahren der Baugrundverbesserung für unterschiedliche Korngrößenbereiche anstehender Böden*

Abb. 15.1 zeigt schematisch geeignete Verfahren in Abhängigkeit von den im Untergrund vorhandenen Korngrößenbereichen des zu verbessernden Bodens. Eine nach anderen Gesichtspunkten gegliederte Systematik der Baugrundverbesserung enthält Tab. 15.1.

Tab. 15.1: *Übersicht zur Baugrundverbesserung nach Einbringung und Wirkung*

<table>
<tr><th colspan="6">Baugrundverbesserung</th></tr>
<tr><th>Austauschen</th><th colspan="2">Verdichten</th><th colspan="3">Bewehren</th></tr>
<tr><td rowspan="3">Bodenersatz,
Boden-
verdrängung</td><th rowspan="2">statische
Methoden</th><th rowspan="2">dynamische
Methoden</th><th rowspan="2">verdrängende
Wirkung</th><th colspan="2">ohne verdrängende Wirkung</th></tr>
<tr><th>mechanisches
Einbringen</th><th>hydraulisches
Einbringen</th></tr>
<tr><td>Vorbelastung
Vorbelastung mit Konsolidierungshilfe
Vakuum-konsolidation
Verdichtungs-injektion
Grundwasser-beeinflussung</td><td>Vibrationsver-dichtung:
-Tiefenrüttler
-Aufsatzrüttler
Stoßverdichtung:
-Fallplatte
-Sprengung
-Luft-Impulsver-fahren</td><td>Rüttelstopfver-dichtung
Sand-Verdich-tungspfähle
Kalk/Zement-Stabilisierungs-säulen
Geokunststoff-ummantelte Säulen (Verdrängungs-verfahren)
CSV-Säulen</td><td>MIP-Verfahren
FMI-Verfahren
Injektionen
Vereisungen
Geokunststoff-ummantelte Säulen (Bodenersatz-verfahren)</td><td>Düsenstrahl-verfahren</td></tr>
</table>

Bei der Baugrundverbesserung kann auch unterschieden werden in:

- Verfahren ohne Bodenaustausch (15.2),
- Verfahren mit vollständigem Bodenaustausch (15.3),
- Verfahren mit teilweisem Bodenaustausch (15.3),
- Verfahren zur Verbesserung des Tragverhaltens/ Tiefenrüttlung (ab 15.4).

Weiterführende Details zur Geräteauswahl einzelner Bauverfahren der in den folgenden Abschnitten beschriebenen Baugrundverbesserungsmaßnahmen können *Hudelmaier/Küfner (2008)* entnommen werden.

15.2 Verfahren ohne Bodenaustausch

15.2.1 Oberflächenverdichtung

Häufig genügt eine intensive Verdichtung der Baugrundoberfläche, um eine ausreichende Tragfähigkeit unter den Fundamenten zu erreichen, wobei allerdings nur eine geringe Tiefenwirkung vorhanden ist. Eine Übersicht geeigneter Verdichtungsgeräte in Abhängigkeit des Bodenmaterials ist in DIN EN 16907-3 und Tab. 15.2 gegeben.

Tab. 15.2: Übersicht über geeignete Verdichtungsgeräte für verschiedene Materialarten, aus DIN EN 16907-3

	Materialbezeichnung				
Verdichtungsgerätetyp	**Feinkörniger Boden (feuchter Zustand), Kreide**	**Feinkörniger Boden (trockener Zustand und Normalzustand), grobkörniger Boden (gut abgestuft)**	**Grobkörnige Böden**	**Brüchiger Fels**	**Fester Fels**
Glattmantelwalze (oder Rüttelwalze ohne Rüttelbetrieb)	geeignet	möglich	möglich	möglich	ungeeignet
Gitterradwalze	geeignet	möglich	ungeeignet	geeignet	ungeeignet
Stampffußwalze mit statischer Wirkungsweise	geeignet	geeignet	ungeeignet	möglich	ungeeignet
Gummiradwalze	geeignet	möglich	möglich	ungeeignet	ungeeignet
Stampffußwalze	geeignet	geeignet	möglich	möglich	ungeeignet
Rüttelwalze	geeignet	geeignet	geeignet	geeignet	geeignet
Rüttelplatte	ungeeignet	möglich	geeignet	möglich	möglich
Rüttelstampfer	geeignet	geeignet	möglich	ungeeignet	ungeeignet
Verdichter zur hochenergetischen Schlagverdichtung (HEIC)	ungeeignet	geeignet	geeignet	möglich	möglich
Impulsverdichter (RIC)	ungeeignet	geeignet	möglich	möglich	möglich

15.2.2 Vorbelastung

Bei diesem Verfahren werden die zu erwartenden Setzungen aus dem Bauwerk oder Verkehrslasten durch Überschütten (Vorbelastung) des setzungsempfindlichen Untergrunds vorweggenommen. Die Vorbelastung wird entweder vor Errichtung des endgültigen Bauwerks wieder entfernt oder planmäßig so aufgebracht, dass z. B. bei einem Damm (Abb. 15.2) nach Einwirkungszeit der Vorbelastung und weitgehend abgeklungenen Setzungen die endgültige Gradientenhöhe erreicht ist.

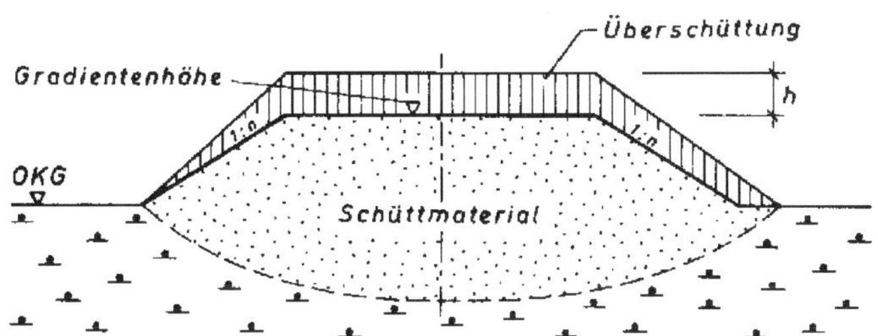

Abb. 15.2: *Vorbelastung zur Vorwegnahme der Setzungen aus Damm- und Verkehrslasten, aus Merkblatt über Straßenbau auf wenig tragfähigem Untergrund, nach* FGSV-542 (2010)

Abb. 15.3 zeigt die schematische Wirkungsweise von unterschiedlichen Vorbelastungsgrößen und Liegezeiten.

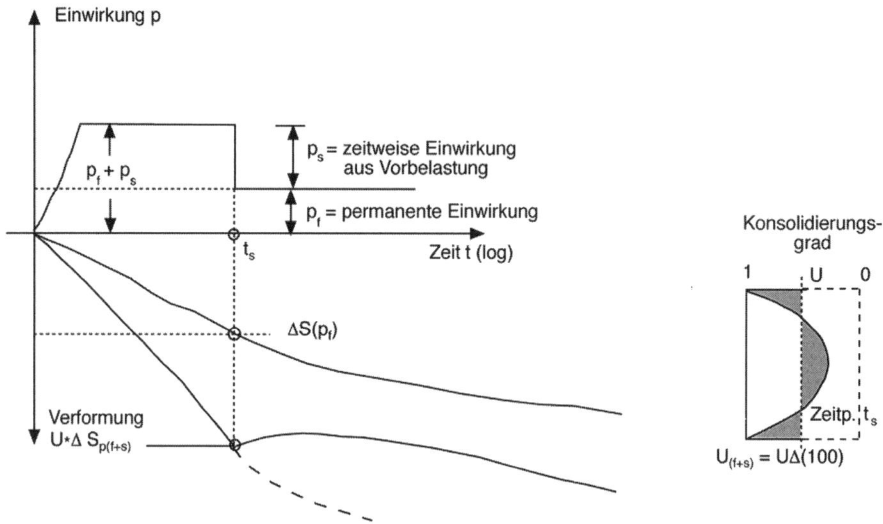

Abb. 15.3: *Wirkungsweise der Vorbelastung zur Baugrundverbesserung, aus* Sondermann/Kirsch (2018)

Die Planung und Ausführung von Vorbelastungen setzt detaillierte Setzungs- und Zeitsetzungsberechnungen voraus. Die Maßnahme selbst sollte durch Setzungsmessungen begleitet und dadurch die Wirksamkeit kontrolliert werden. Voraussetzung für die Ausführbarkeit von Vorbelastungen ist, dass die Grundbruch- bzw. Geländebruchsicherheit für den Anfangszustand gegeben ist. Eine Vorbelastung kann auch durch eine temporäre Grundwasserabsenkung oder durch Vakuum-Konsolidation erreicht werden.

15.2.3 Konsolidationsbeschleunigung durch Vertikaldränagen

Diese Baugrundverbesserungsmaßnahme ist in 10.5 behandelt.

15.2.4 Dynamische Intensivverdichtung

Angewendet wird die dynamische Intensivverdichtung (DYNIV) vor allem bei weichen, bindigen und teilweise auch organischen Böden, also bei Bodenarten, bei denen herkömmliche Verdichtungsverfahren versagen oder die Konsolidierungszeit mehrere Jahre beansprucht. Aber auch locker gelagerte Kiese und Sande sowie Steinschüttungen können verdichtet werden, wobei sogar unter Wasser gearbeitet werden kann. Ein besonderes Anwendungsgebiet ist die Verdichtung von Mülldeponien. Für die dynamische Intensivverdichtung selbst werden Bagger oder Raupenkräne verwendet, die Fallgewichte zwischen etwa 20 bis 200 t anheben und aus 20 bis 30 m Höhe im freien Fall ungebremst fallen lassen können, siehe Abb. 15.4.

Geschlagen wird je nach Bodenart und Schlagenergie punktförmig in einem Rastermaß von 4–15 m in mehreren Übergängen von je 8–15 Schlägen. Dabei entstehen Einschlagtrichter, deren Tiefe in sog. Rastersetzungskarten aufgezeichnet werden. Außerdem werden laufend Messungen mit der Seitendrucksonde durchgeführt, sodass Stellen, die geringe Festigkeit aufweisen und deshalb zusätzliche Verdichtungsarbeit erfordern, sicher erkannt werden. Durch die unterschiedliche Behandlung wird neben der Verdichtung eine weitgehende Homogenisierung des Untergrundes erreicht. Bei bindigen Böden werden zusätzlich Porenwasserdruckmessungen angeordnet, um das Abklingen des Porenwasserüberdrucks feststellen zu können. Danach richtet sich der Zeitpunkt des nächsten Überganges.

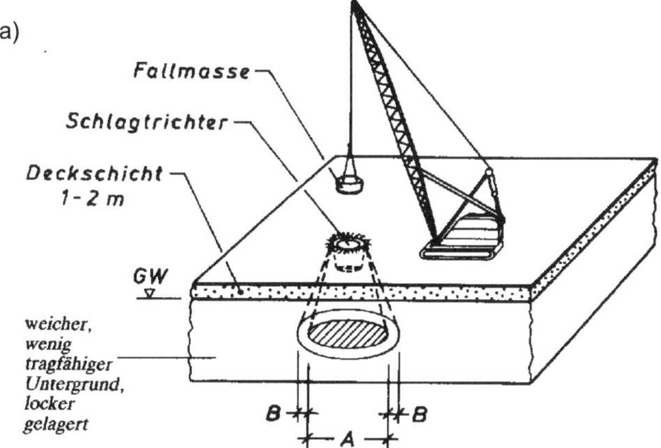

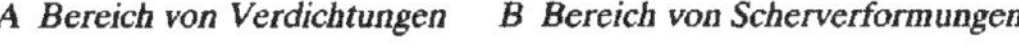

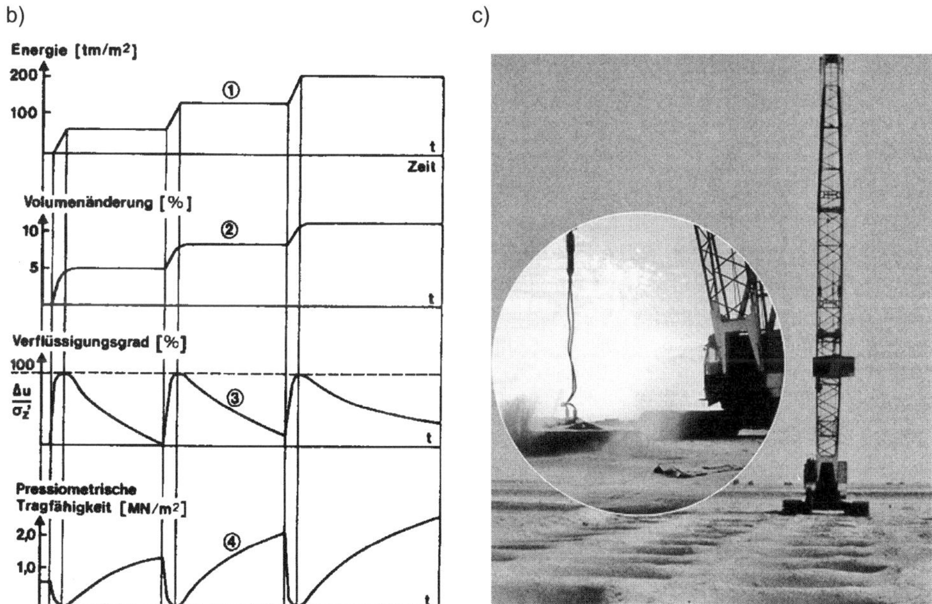

Abb. 15.4: *a) Schematische Darstellung der Arbeitsweise bei der dynamischen Intensivverdichtung; b) Wirkungsweise der dynamischen Intensivverdichtung; c) Trägergerät, Gewicht und Schlagtrichter aus* Sondermann/Kirsch (2018)

Gegenüber dem ungünstigen Ausgangszustand kann mit der DYNIV eine Verbesserung der undränierten Scherfestigkeit c_u des weichen Untergrunds oder des Steifemoduls E_s um einen Faktor 4 bis 10 erreicht werden. Die Wirkungsweise der dynamischen Intensivverdichtung besteht darin, dass durch den wiederholten Aufprall schwerer Massen aus großer Höhe im Untergrund eine Schockwirkung erzielt wird, die die Struktur des Bodens verändert. Während bei rolligen Böden das Korngerüst zertrümmert wird, baut sich in bindigen Böden ein Porenwasserüberdruck auf, der zunächst eine Verflüssigung und damit eine Verminderung der Tragfähigkeit bewirkt. Nach Abbau des Porenwasserüberdrucks im Boden und weiterer Schlageinwirkung tritt mit der zunehmenden Konsolidation eine Festigkeitserhöhung ein, siehe Abb. 15.4. Bei steigendem Tongehalt lässt die Wirkungsweise des Verfahrens nach, da der Abbau des Porenwasserdrucks Schwierigkeiten bereitet. Die Grenzen des Verfahrens liegen je nach Zusammensetzung der Tonminerale bei 20-30 % Tongehalt (Korndurchmesser $d \leq 0,002$ mm), wobei die Entspannungsmöglichkeit des Bodens ggf. durch Einbau von vertikalen Tiefendräns, siehe 10.5, erhöht werden kann. Die Tiefendräns müssen widerstandsfähig gegen Erschütterungen und Schubverformungen sein.

Die dynamische Intensivverdichtung ist auch unter den Namen *Fallplattenverdichtung* oder *Dynamic Compaction* bekannt.

15.2.5 Weitere Verfahren

Zur Baugrundverbesserung ohne Bodenaustausch lassen sich weitere Verfahren auflisten, die hier zunächst nicht weiter behandelt sind. Dazu gehören z. B. Vakuumkonsolidation, Kalksäulen, Verwendung von Geotextilien, Geogitterbewehrung, Spickpfähle usw.

15.3 Verfahren mit vollem oder teilweisem Bodenaustausch

15.3.1 Konventioneller Bodenaustausch

Das einfachste und sicherste Verfahren der Baugrundverbesserung ist der Bodenersatz. Dabei werden die wenig oder nicht tragfähigen Bodenschichten durch Bagger oder Raupen entfernt. Bei hohen Grundwasserständen ist eine Wasserhaltung erforderlich. Die Baugrube ist dann durch lagenweise eingebautes, verdichtetes Kies- oder Sandmaterial wieder aufzufüllen.

Besonders wirtschaftlich ist das Verfahren, wenn die auszutauschende Schicht eine geringe Mächtigkeit besitzt ($< 3m$) und eine Grundwasserabsenkung nicht erforderlich ist.

Zu beachten ist, dass durch die Spannungsausbreitung im Boden unter 45° bis 60° eine wesentlich größere Fläche ausgehoben werden muss, siehe Abb. 15.5.

Wenn nur ein Teil der gering tragfähigen Bodenschicht ausgetauscht wird, spricht man von dem sogenannten *Teilersatz*. Dieser bewirkt ebenfalls eine Lastverteilung und kann je nach Dicke der Pufferschicht die Setzungen vermindern.

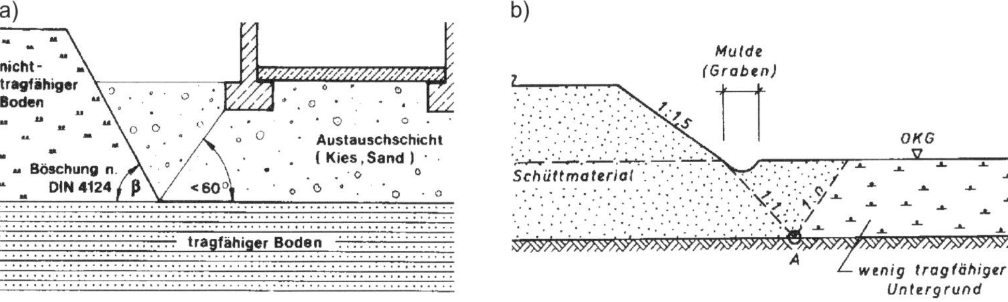

Abb. 15.5: *a) Bodenersatz unter einer Gebäudegründung; b) Bodenersatz unter einem Straßendamm, aus Merkblatt über Straßenbau auf wenig tragfähigem Untergrund, aus* FGSV-542 (2010)

15.3.2 Kasten-Bodenaustausch Verfahren

Abb. 15.6: *Kasten-Bodenaustausch Verfahren*

Beim Kasten-Bodenaustausch Verfahren werden zur Durchführung eines vollständigen Bodenaustausches Rüttelkästen durch den Weichboden bis in die ausreichend tragfähige unterliegende Bodenschicht einvibriert bzw. eingerüttelt. Nach Erreichen der ausreichend tragfähigen Bodenschicht wird der Weichboden durch einen Hydraulikbagger mit Greifer- oder Tieflöffelausrüstung ausgebaggert und unmittelbar folgend der Austauschboden eingefüllt. Durch die schnelle Arbeitsfolge wird verhindert, dass ein hydraulischer Grundbruch in den entleerten Kasten hinein erfolgen kann. Somit ist es möglich, auch bei hohem Grundwasserstand einen Bodenaustausch durchzuführen. Der eingefüllte Boden wird durch Vibration beim Heben des Kastens verdichtet.

15.3.3 Spülverfahren

Beim Spülverfahren wird der Boden aus einem i. d. R. nahegelegenen Abbaugebiet mittels Rohrleitung als Boden-Wasser-Gemisch antransportiert und vor Ort eingespült. Details hierzu sind der *EAU (2012)* zu entnehmen.

Das Spülverfahren setzt sich im Wesentlichen aus folgenden Arbeitsphasen zusammen:

- Lösen von Boden unter Wasser durch mechanische oder hydraulische Einwirkungen (durch die Schneidkopfeinrichtung bzw. Grundsaugeinrichtung eines Saugbaggers),
- Ansaugen des Boden-Wasser-Gemisches im Saugrohr durch die Pumpe des Baggers,
- Transport des Boden-Wasser-Gemisches durch Spülrohrleitungen zur Einbaustelle bzw. Ablagefläche,

- Einspülen des Boden-Wasser-Gemisches auf der Einbaustelle bzw. Ablagerfläche, wobei sich die Feststoffe sofort, die Schwebstoffe nach einer Beruhigungszeit ablagern,
- Rückführen des Wassers zur Entnahmestelle durch Rücklaufgräben oder Rohrleitungen.

Das Verfahren hat sich vor allem im Straßen- und Wasserbau in Norddeutschland als wirtschaftliche Methode der Baugrundverbesserung erwiesen, vgl. *Löwenberg/Dierssen (1978)*. Die Wirtschaftlichkeit ist gegeben, wenn i. d. R. folgende Voraussetzungen erfüllt sind:

- hoher Grundwasserstand,
- geeignete Bodenarten (enggestufte Sande, Torfe, Schlick),
- großer Massenbedarf bzw. Massenanfall (mind. 200.000 m^3),
- keine übergroßen Spülentfernungen (max. 7 km bei Sanden und 10 km bei Torf und Schlick),
- bestimmte Mindestdicken der abzubauenden Bodenschichten (Entnahmetiefe mind. 2,5 m unter dem Arbeitswasserstand),
- Vorhandensein ausreichend großer Ablagerungsflächen für nicht tragfähige Böden,
- ausreichend großes Baufeld ohne Grenzbebauung.

15.3.4 Nassbaggerung

Eine weitere Variante des Bodenersatzes ist im Küstenbereich das sogenannte Nassbaggerverfahren.

Der Aushub der nicht tragfähigen Bodenschichten erfolgt mit Eimerkettenbaggern oder Schneidkopf-Saugbaggern, siehe *EAU (2012)*.

Dabei sind maximale Aushubtiefen von 35 m möglich. Der Füllsand sollte aus Vorkommen mit Entfernungen kleiner als 10 km gewonnen werden. Die Baggergrube kann durch Verklappen oder Verspülen des Sandes bzw. durch beides gleichzeitig verfüllt werden. Der Sand sollte möglichst gleichmäßig eingebracht werden. Während dieses Vorganges sind ständig Lotungen durchzuführen und die Ergebnisse zu protokollieren.

15.3.5 Bodenverdrängung

Besonders im Straßenbau auf sehr weichem Boden kann ein Bodenaustausch durch Verdrängung wirtschaftlich sein.

15.4 Tiefenrüttlung

15.4.1 Anwendungsbereiche

Bei dem Verfahren der Tiefenrüttlung wird mit einem am Bagger hängenden Rüttelelement von der Geländeoberfläche aus eine Baugrundverbesserung vorgenommen. Es wird unterschieden zwischen dem Rütteldruck- und dem Rüttelstopfverfahren. Die Anwendungsbereiche der beiden Verfahren bezogen auf Korngrößenbereiche der anstehenden Böden finden sich in Abb. 15.1. Normativ sind diese Arbeiten in der DIN EN 14731 geregelt.

15.4.2 Rütteldruckverfahren

Bei der Rüttlung natürlich oder künstlich abgelagerter grobkörniger Böden wird die Reibung der Körner untereinander zeitweise aufgehoben. Dadurch werden sie unter dem zusätzlichen Einfluss der Schwerkraft umgelagert, und der Boden erhält eine höhere Dichte. Gegenüber dem Ausgangszustand wird der Porenanteil und damit die Zusammendrückbarkeit vermindert und die Scherfestigkeit erhöht. Geringere Setzungen und höhere Tragfähigkeit, z. B. Grundbruchsicherheit, sind die Folge. Außerdem wird das Tragverhalten des Bodens großräumig vergleichmäßigt.

Die durch die Erhöhung der Dichte des Bodens bewirkte Volumenverminderung führt zu einer Setzung der Geländeoberfläche, die zum Verdichtungspunkt hin trichterförmig zunimmt. Dies kann durch Zugabe von örtlich anstehendem oder angefahrenem Material ausgeglichen werden.

Bei der Rütteldruckverdichtung wird der Rüttler bis in die gewünschte Tiefe versenkt, wobei i. d. R. an seiner Spitze Wasser zugegeben wird. Die Wasserzugabe dient zur Aufhebung der scheinbaren Kohäsion und erleichtert dadurch das Versenken. Der Rüttler wird anschließend i. d. R. ohne Wasserzugabe an der Spitze stufenweise bei gleichzeitiger Verdichtung des umliegenden Bodens wieder gezogen. Dabei entsteht ein verdichteter Erdkörper.

Durch wiederholte Anwendung dieses Verfahrens an nebeneinanderliegenden Punkten kann der Untergrund in erforderlicher Ausdehnung verbessert werden. Der gegenseitige Abstand der Verdichtungspunkte beträgt bei den derzeit verwendeten Geräten etwa 1,5-3,0 m. Er hängt ab von:

- Bodenart (bei feinen Sanden z. B. geringerer Abstand als bei groben Sanden oder Kiesen),
- geforderter Lagerungsdichte,
- Art des Gerätes (Leistung, Frequenz, Amplitude).

Abb. 15.7 zeigt das Arbeitsverfahren sowie einen Tiefenrüttler und das Prinzip des Rüttelvorgangs.

Nach Abschluss der Rütteldruckverdichtung ist eine Nachverdichtung der oberen 50 cm mit Oberflächenrüttlern zweckmäßig.

Folgende Anwendungsgrenzen liegen für das Verfahren vor:

- Verdichtungstiefen zwischen etwa 3 und 25 m,
- geeignete Böden sind GW, GI, GE, SW, SI, SE, GU, SU, GT, ST (DIN 18196),
- Böden mit Steinen größer 100 mm Durchmesser können zu Schwierigkeiten führen, bei Blöcken mit Kantenlängen größer 0,5 m ist das Verfahren nicht mehr anwendbar.

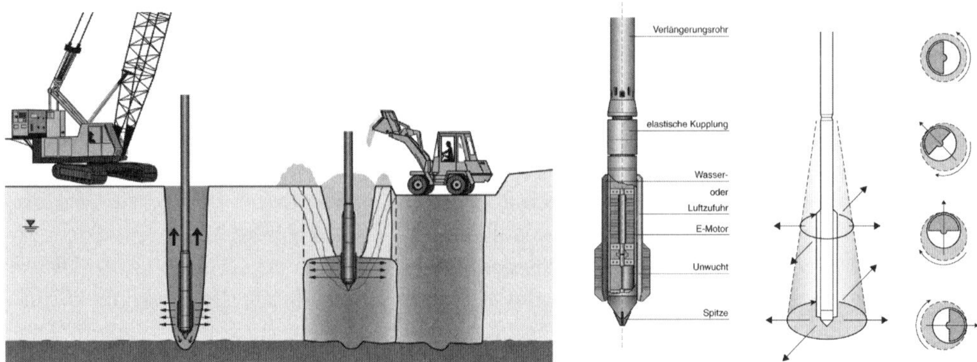

Abb. 15.7: *Arbeitsphasen des Rütteldruckverfahrens sowie ein Tiefenrüttler und Prinzipdarstellung des Rüttelvorgangs nach* Sondermann/Kirsch (2018)

Die Erschütterungsauswirkungen auf benachbarte Gebäude sind zu beachten. Ab einem Abstand von 10 m zwischen Rüttler und Gebäude sind i. d. R. keine schädlichen Erschütterungen mehr zu erwarten.

15.4.3 Rüttelstopfverfahren

Bei der Rüttelstopfverdichtung werden im Wesentlichen die gleichen Rüttler verwendet wie in 15.4.2 dargestellt. Die Frequenzen liegen aber mehr im oberen und die Wegamplituden im unteren Bereich. Die Rüttler können darüber hinaus mit Vorrichtungen versehen sein, die das Einbringen von großkörnigem Boden an der Rüttlerspitze ermöglichen (Materialschleusen). Vorrichtungen an den Tragegeräten zum Eindrücken des Rüttlers in den Boden sind oft vorteilhaft. In steifen Böden sind sie unerlässlich.

Die Rüttelstopfverdichtung eignet sich zur Verbesserung des Untergrundes oder künstlicher Aufschüttungen aus fein- und gemischtkörnigen Böden. Die Teilchen dieser feinkörnigen Böden können nicht mehr durch Schwingungen voneinander getrennt werden. Eine Bodenverbesserung wird erreicht, wenn es gelingt, den Boden mit dem Tiefenrüttler zu verdrängen oder auszuspülen, den entstandenen Hohlraum mit zugeführtem grobkörnigem Material aufzufüllen und dieses zu verdichten (Abb. 15.8).

Um das Eindringen oder ein rasches Einfahren in den Boden bis in die erforderliche Tiefe zu erleichtern, werden Rüttler und Aufsatzrohre mit entsprechend konstruierten Tragegeräten in den Boden gedrückt, wobei deren Gewicht ausgenutzt werden kann. Dabei kann an der Spitze des Rüttlers Druckluft oder Wasser zugegeben werden.

Die Zugabe des Füllmaterials – i. d. R. Kies oder Schotter – erfolgt entweder

- unmittelbar in das offene Loch, welches sich nach dem Absenken des Rüttlers auf Endtiefe und wieder vollständigem Herausziehen ergibt, falls dieses standfest ist, oder
- durch den Ringraum zwischen Boden und Rüttler oder
- durch besondere Rohre (Schleusen), die zur Spitze des Rüttlers führen.

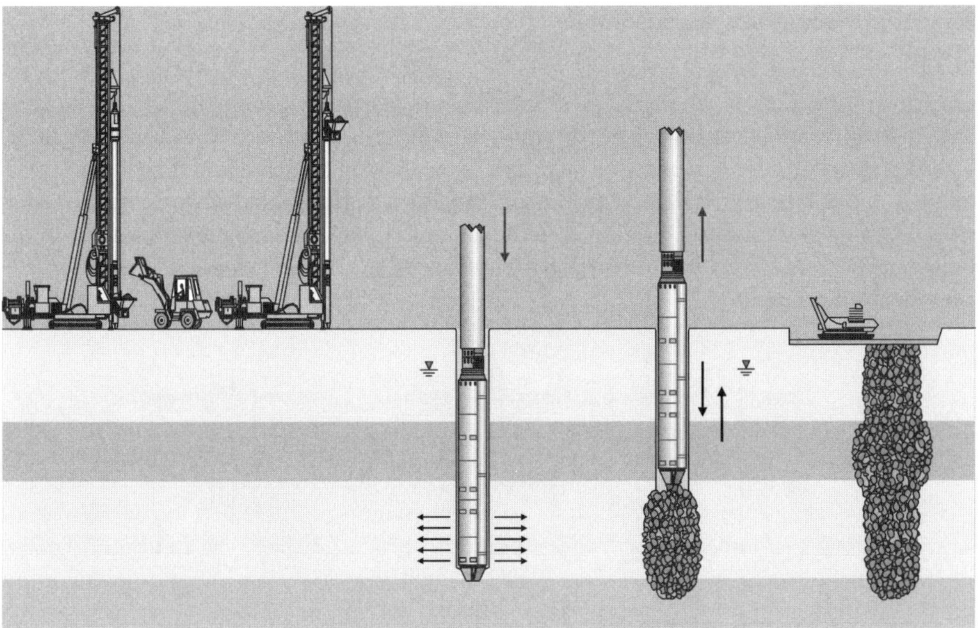

Abb. 15.8: *Verfahren der Rüttelstopfverdichtung, aus Prospekt Fa. Keller Grundbau*

Als Füllmaterial eignet sich sowohl kantiges als auch gerundetes Korn der Durchmesser von ungefähr 10 bis 100 mm mit ausreichender Eigenfestigkeit. Kantiges Korn ergibt eine größere Scherfestigkeit. Die Entwässerungswirkung der Säulen kann die Setzungen des Bodens beschleunigen. Als lastverteilende Schicht ist eine möglichst geotextilbewehrte Ausgleichsschicht aus grobkörnigem Material zwischen Bauwerkssohle und Rüttelstopfsäulen anzuordnen.

Die Anwendungsgrenze des Verfahrens liegt bei einer Scherfestigkeit des undränierten Bodens von etwa

$$15 \text{ bis } 25 \leq c_u \leq 50 \text{ bis } 70 \text{ kN/m}^2 \tag{15.1}$$

15.4.4 Berechnung und Bemessung von Rüttelstopfsäulen

Bei der Bemessung von Rüttelstopfverdichtungen werden i. d. R. zwei Grenzfälle unterschieden, die Einzelsäule unter einem Einzelfundament und das regelmäßige Säulenraster unter einer unendlich ausgedehnten starren oder schlaffen Platte. In der Praxis wird jedoch in der Regel keiner der beiden Fälle erreicht, sondern ein dazwischenliegender Zustand. Man kann deshalb nur durch Verwendung des jeweils näher liegenden Grenzfalls eine vereinfachte Bemessung mit Näherungscharakter durchführen.

Zur Bemessung und Berechnung von Rüttelstopfverdichtungen findet sich u. a. in *Soyez (1987)* und *Bergado et al. (1994)* eine Zusammenfassung von verschiedenen Verfahren.

Zur Bemessung von Einzelsäulen

Stopfsäulen können entweder einzeln oder als ganze Gruppe versagen. Als mögliche Versagensformen der Einzelsäule sind drei Bruchzustände denkbar, siehe Abb. 15.9. Diese sind das Ausbeulen infolge Stauchung (vor allem bei langen Säulen), der Scherbruch im Kopfbereich (einseitig oder symmetrisch) und das Versinken infolge Überwindung von Mantelreibung und Spitzendruck (bei „schwimmenden Säulen"). Nach dem Versagen einer Einzelsäule übernehmen zunächst – sofern vorhanden – die benachbarten Säulen die zusätzlichen Belastungen. Erst wenn alle Säulen einer Gruppe versagen, kommt es zum globalen Grund- oder Böschungsbruch.

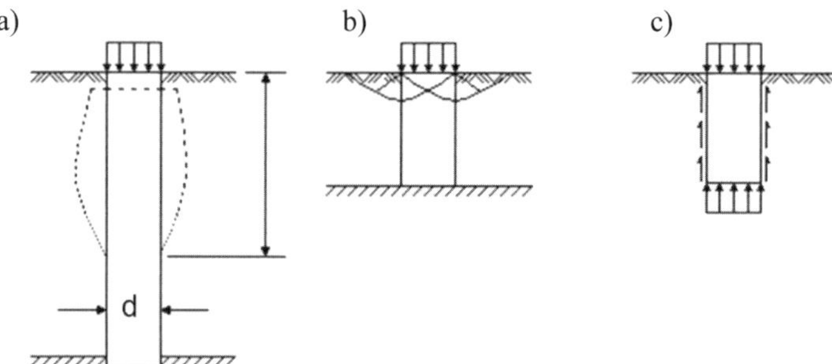

Abb. 15.9: *Versagensformen einer Stopfsäule in einer homogenen, weichen Bodenschicht: a) Bruch durch Stauchung (Ausbauchung), b) Scherbruch, c) Versinken*

a) Bruch durch Stauchung

Zur Herleitung wird ein Vergleich der Säule mit einer Probe gleichen Reibungswinkels und dränierten Säulenmaterials im Triaxialversuch herangezogen. Für die Spannungen in der Säule gilt folgende Beziehung:

$$\sigma'_{v,max} = K_{p,S} \cdot \sigma'_{h,max} \tag{15.2}$$

mit

$\sigma'_{v,max}$: maximale vertikale Effektivspannung auf der Säule

$\sigma'_{h,max}$: maximale horizontale Effektivspannung des Bodens

$K_{p,S}$: Erdwiderstandsbeiwert für den *Rankine*'schen Sonderfall

Die maximale horizontale Effektivspannung wird in der Regel mit der Grenzspannung in Abhängigkeit der undränierten Scherfestigkeit des Bodens c_u gleichgesetzt:

$$\sigma'_{h,max} = (\sigma'_{h,0} + u_0) + k \cdot c_u \tag{15.3}$$

mit

$\sigma'_{h,0}$: horizontale Effektivspannung des Bodens vor Säulenherstellung

u_0 : Porenwasserdruck vor Säulenherstellung

k : Einflussfaktor $\approx k = 1 + \ln\dfrac{E_B}{3 \cdot c_u}$ (E_B : Elastizitätsmodul des Bodens)

b) Bruch durch Scherversagen

Zu dieser Problematik hat man den Fall des axialsymmetrischen Bruches in einer kegelstumpfförmigen Fläche zentrisch zur Säulenachse untersucht. Dabei fand auch die vertikale Belastung auf den Boden um die Säule Berücksichtigung. Vernachlässigt wurden dagegen die Schubspannungen am Säulenmantel und die Tangentialspannungen. Für die vertikale Grenzbelastung der Säule ergibt sich:

$$\sigma'_{v,max} = c_u \cdot \left[\frac{\sigma}{c_u} + \frac{2}{\sin(2\delta)}\right] \cdot \left[1 + \frac{\tan\delta_s}{\tan\delta}\right] \cdot \tan^2\delta_s \tag{15.4}$$

mit

$$\delta_s = 45 + \frac{\varphi_s}{2}$$

Der Winkel der Kegelneigung kann mit etwa $\delta = 60°$ angenommen werden, wenn der Baugrund neben den Säulen nicht belastet ist, bei belastetem Baugrund können Winkel bis ca. 70° angesetzt werden, vgl. *Brauns (1980).*

c) Bruch durch Versinken einer schwimmenden Säule

Zur Vermeidung eines Versinkens einer schwimmenden Säule wird diese in der Regel als starrer Pfahl mit Spitzendruck und Mantelreibung angesehen. Als Grenzspitzendruck wird dabei üblicherweise $9 \cdot c_u$ angesetzt.

Zur Bemessung von Säulenrastern

Die beiden wesentlichen zu untersuchenden Aspekte sind die Setzungsverminderung in der kompressiblen Schicht und die Verbesserung der Tragfähigkeit des Systems. Voraussetzung ist, dass die Stopfsäulen die gesamte Weichschicht durchdringen und auf festem Untergrund stehen.

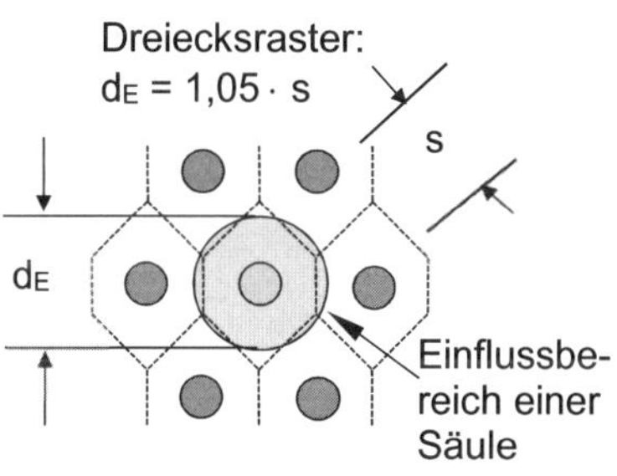

Abb. 15.10: *Säulenanordnung: Dreiecksraster*

Die Anordnung der Säulen kann i. d. R. entweder in dreieckförmigem, quadratischem oder sechseckförmigem Raster erfolgen, wobei alle drei Muster die Gemeinsamkeit besitzen, dass jeder Säule ein axialsymmetrischer Einflussbereich im Boden zugeordnet wird, siehe Abb. 15.10. Dreidimensional gesehen stellt dieser Bereich einen Zylinder (Einheitszelle) dar, dessen Durchmesser dem 1,05-fachen (Dreiecksraster), 1,13-fachen (Quadratraster) bzw. 1,29-fachen (Sechseckraster) Säulenabstand s im Raster entspricht.

Bei der Betrachtung der Setzungsverminderung werden in der Regel nur die Primärsetzungen (Konsolidierungssetzungen) behandelt, während die Sofort- und Sekundärsetzungen vernachlässigt werden bzw. unberücksichtigt bleiben. Bei sämtlichen Berechnungsansätzen wird nicht zwischen einem starren und einem schlaffen Bauwerk unterschieden, sondern stets von einer starren Sohle ausgegangen, da aufgrund numerischer Untersuchungen bei

Bauwerken mit üblichen geometrischen Verhältnissen nur geringe Unterschiede zwischen starrer und schlaffer Betrachtungsweise zu erwarten sind.

Bei der Betrachtung des Säulenrasters wird davon ausgegangen, dass die Setzungen der Oberflächen von Säule und Boden bei Belastung gleich sind, sodass die Säulen aufgrund ihrer größeren Steifigkeit einen großen Teil der Belastung aufnehmen und der sie umgebende Boden dadurch entlastet wird. Die Lastverteilung zwischen Säule und Boden ergibt sich aus der vertikalen Gleichgewichtsbedingung:

$$\sigma \cdot A_E = \sigma_S \cdot A_S + \sigma_B \cdot (A_E - A_S) \tag{15.5}$$

mit

σ : mittlere Spannung aus Bauwerksauflast

σ_S : Vertikalspannung auf die Säule

σ_B : Vertikalspannung auf den Boden

$A_E = d_e^2 \cdot \frac{\pi}{4}$ (Gesamtoberfläche der Einheitszelle)

$A_S = d^2 \cdot \frac{\pi}{4}$ (Säulenquerschnitt)

Die Wirksamkeit einer Rüttelstopfverdichtung wird ausgedrückt durch den Parameter β (Baugrundverbesserungsfaktor = Setzungsverminderung):

$$\beta = \frac{Setzung\ des\ unbehandelten\ Untergrundes}{Setzung\ des\ verbesserten\ Untergrundes} \tag{15.6}$$

Die Berechnungsmodelle für die Bemessung eines Säulenrasters befassen sich damit, die Spannungskonzentration n bzw. den Baugrundverbesserungsfaktor β in Abhängigkeit des Flächenverhältnisses $a_S = A_S/A_E$ zu bestimmen.

In Deutschland wird in der Regel das Bemessungsverfahren nach *Priebe (1976)* verwendet. Dieses Modell betrachtet den Boden um die Säule herum als dickwandige zylindrische Röhre. Unter der Voraussetzung, dass das Säulenmaterial inkompressibel ist, der Boden sich linear elastisch (Poissonzahl ν) mit über die Tiefe konstantem Elastizitätsmodul und konstanter Querdehnungszahl verhält und die Wichten von Boden und Säule gleich groß sind, sowie dass der äußere Mantel der Röhre keine radialen Verformungen erfährt, kann für β schließlich folgende Gleichung abgeleitet werden:

$$\beta = 1 + a_S \cdot \left[\frac{0,5 + f(\nu', a_S)}{K_{a,S} \cdot f(\nu', a_S)} - 1\right] \tag{15.7}$$

mit

$$f(\nu', a_S) = \frac{1 - \nu'^2}{1 - \nu' - 2 \cdot \nu'^2} \cdot \frac{(1 - 2 \cdot \nu') \cdot (1 - a_S)}{1 - 2\nu' + a_S} \tag{15.8}$$

Statt mit Gl. (15.7) kann β auch einfacher mit einem Diagramm nach Abb. 15.11 bestimmt werden. Des Weiteren hat *Priebe (1995)* noch einige Ergänzungen hinzugefügt, anhand derer in Form eines Tiefenbeiwerts die Kompressibilität des Säulenmaterials und der Überlagerungsdruck infolge der Eigengewichte von Säule und Boden berücksichtigt werden kann.

Neben dem Verfahren nach *Priebe (1995)* werden international auch eine Vielzahl von anderen Verfahren angewendet, vgl. auch *Soyez (1987)*, *Bergado et al. (1994)*.

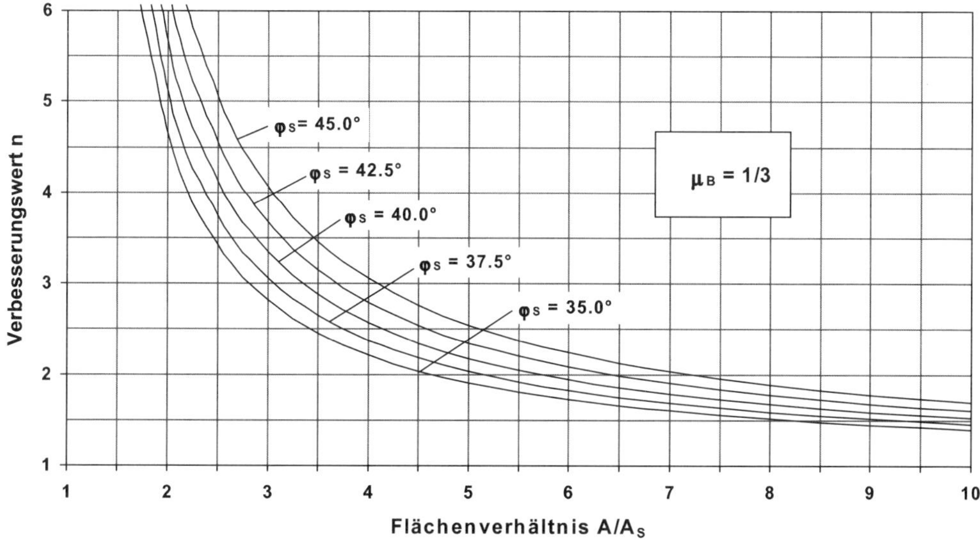

Abb. 15.11: *Bemessungsdiagramm, nach* Priebe (1995)

Neben der Setzungsreduktion wird durch die Stopfsäulen die Tragfähigkeit des Gesamtsystems erhöht. Um mit einem homogenen Material rechnen zu können, werden in *Di Maggio (1978)* und *Priebe (1995)* mittlere Bodenkenngrößen für den verbesserten Baugrund definiert:

$$\overline{\gamma} = \gamma_S \cdot a_S + \gamma_B \cdot (1 - a_S) \tag{15.9}$$

$$\overline{c} = (1 - m) \cdot c_B + m \cdot c_S \tag{15.10}$$

$$\tan \overline{\varphi} = (1 - m) \cdot \tan \varphi_B + m \cdot \tan \varphi_S \tag{15.11}$$

mit

$\overline{\gamma}, \overline{c}, \overline{\varphi}$: mittlere Bodenkenngrößen des verbesserten Bodens

φ_S, c_S : Reibungswinkel und Kohäsion der Säule

φ_B, c_B : Reibungswinkel und Kohäsion des Bodens

Für m setzt *Di Maggio (1978)* einfach a_S ein. *Priebe (1995)* plädiert dagegen für eine differenzierte Vorgehensweise, bei der m an die jeweilige Lastumlagerung bzw. die Vertikalspannung auf den Säulen σ_S angepasst wird:

$$a_S = m_{min} \leq m \leq m_{max} = \frac{A_S \cdot \sigma_S}{A_E \cdot \sigma} \tag{15.12}$$

mit

m_{min} : Lastanteil ohne Umlagerung

m_{max} : Lastanteil nach vollständiger Umlagerung

15.5 Geokunststoffummantelte Säulen

15.5.1 Verfahrensbeschreibung

Bei diesem, in sehr weichen und organischen Böden einsetzbaren Verfahren werden Säulen aus nichtbindigem Material bis in eine tragfähige Schicht hergestellt, die auf ihrer gesamten Länge mit einem hochzugfesten Geokunststoff ummantelt sind, vgl. *Raithel (1999)* und *EBGEO (2010)*. Im Unterschied zu nicht ummantelten Säulen können geokunststoffummantelte Säulen auch in sehr weichen Böden ($c_u < 15$ kN/m^2) eingesetzt werden.

Zur Herstellung wird das Bodenersatz- und das Verdrängungsverfahren verwendet. Während beim Bodenersatzverfahren eine nach unten offene Verrohrung eingebracht wird und danach der Bodenaushub im Rohr erfolgt, wird beim Verdrängungsverfahren ein durch Klappen geschlossenes Stahlrohr mit in der Regel kleinerem Durchmesser nach dem Verdrängungsprinzip eingebracht. Verfahrensvarianten liegen durch Säuleneinbringungen mit Tiefenrüttler vor. Allgemeine Details zum Einbauverfahren und Gerätetechnik können *Hudelmaier/Küfner (2008)* entnommen werden.

15.5.2 Bemessung

Die erforderliche Stützwirkung in der Weichschicht $\sigma_{h,B,ges}$, welche wesentlich von der Größe der Auflastspannung über der Weichschicht $\sigma_{v,B}$ bestimmt wird, wird durch die Geokunststoffummantelung $\sigma_{h,geo} = f(F_R)$ reduziert. Die vertikale Belastung $\sigma_{v,B}$ über der Weichschicht wird infolge einer Gewölbewirkung in der Überschüttung vermindert und die Auflastspannung über der Säule $\sigma_{v,S}$ erhöht. Die Berechnung und Bemessung erfolgt i. d. R. mit einem analytischen, rotationssymetrischen Berechnungsverfahren nach Abb 15.12 nach *Raithel (1999)*, *Raithel/Kempfert (2000)* und *EBGEO (2010)*.

Die Geokunststoffummantelung zeichnet sich hierbei durch ein linear-elastisches Materialverhalten aus, wobei sich die Ringzugkraft in eine Horizontalspannung umrechnen lässt, die dem Geokunststoff zugewiesen wird:

$$F_R = J \cdot \Delta r_{geo} / r_{geo} \tag{15.13}$$

mit

F_R : Ringzugkraft

J : Radiale Dehnsteifigkeit der Geokunststoffummantelung

r_{geo} : Einbauradius der Geokunststoffummantelung

Aus den einzelnen Horizontalspannungen ergibt sich eine Differenzspannung. Diese entspricht der Mobilisierung einer zusätzlichen Erddruckkomponente in der Weichschicht bis ein Gleichgewicht der Horizontalspannungen erreicht wird. Unter der Voraussetzung der

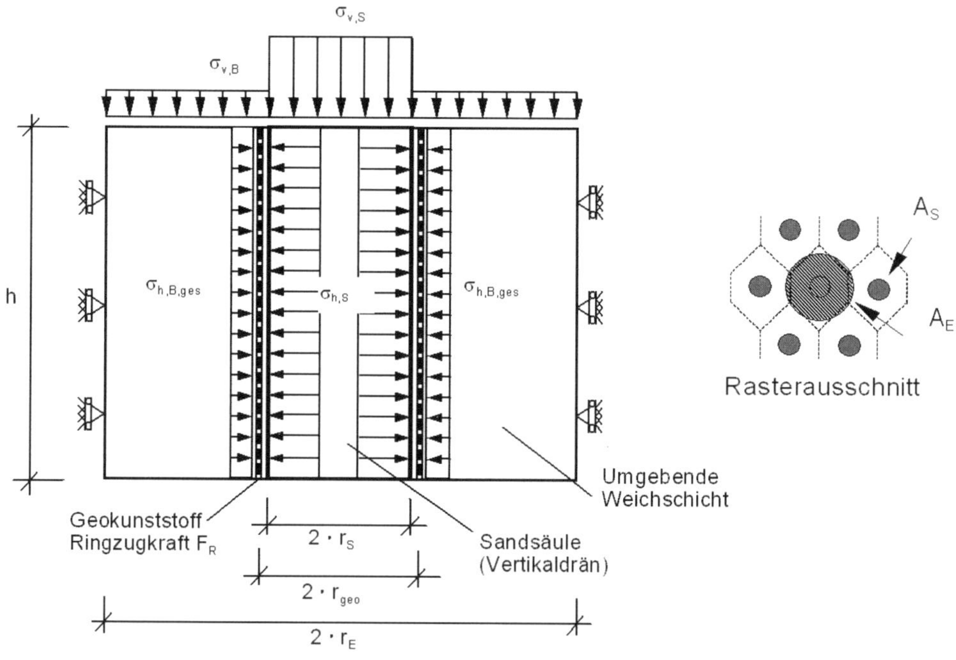

Abb. 15.12: *Tragsystem und Berechnungsmodell 'geokunststoffummantelte Sandsäule'*

Setzungsgleichheit zwischen der Säule und der umgebenden Weichschicht kann dann die folgende Bemessungsgleichung hergeleitet werden:

$$\left[\frac{\Delta\sigma_{v,B}}{E_{s,B}} - \frac{2}{E^*} \cdot \frac{\nu_B}{1-\nu_B}\left[K_{a_S} \cdot \left(\frac{1}{a_S} \cdot \Delta\sigma_0 - \frac{1-a_S}{a_S} \cdot \Delta\sigma_{v,B} + \sigma_{\text{ü},S}\right) - K_{0,B} \cdot \Delta\sigma_{v,B} - K^*_{0,B} \cdot \sigma_{\text{ü},B} + \frac{(r_{geo}-r_s)\cdot J}{r_{geo}^2} - \frac{\Delta r_S \cdot J}{r_{geo}^2}\right]\right] \cdot h = \left[1 - \frac{{r_S}^2}{(r_S+\Delta r_S)^2}\right] \cdot h \tag{15.14}$$

$$\Delta r_S = \frac{K_{a,S} \cdot \left(\frac{1}{a_S} \cdot \sigma_0 - \frac{1-a_S}{a_S} \cdot \Delta\sigma_{v,B} + \sigma_{\text{ü},S}\right) - K_{0,B} \cdot \Delta\sigma_{v,B}}{\frac{E^*}{(1/a_S-1)\cdot r_S} + \frac{J}{r_{geo}^2}} - \frac{K^*_{0,B} \cdot \sigma_{\text{ü},B} + \frac{(r_{geo}-r_s)\cdot J}{r_{geo}^2}}{\frac{E^*}{(1/a_S-1)\cdot r_S} + \frac{J}{r_{geo}^2}} \tag{15.15}$$

mit

$$E^* = \left(\frac{1}{1-\nu_B} + \frac{1}{1+\nu_B} \cdot \frac{1}{a_S}\right) \cdot \frac{(1+\nu_B)\cdot(1-2\nu_B)}{(1-\nu_B)} \cdot E_{s,B}$$

$$E_{s,B} = E_{s,B,ref} \cdot \left(\frac{p^* + c'_B \cdot \cot\varphi'_B}{p_{ref}}\right)^m \quad \text{wobei } p^* = \frac{p_2 - p_1}{\ln(p_2/p_1)}$$

$\Delta\sigma_0$: Mittlere Auflastspannung in Säulenkopfebene

Δr_S : Radiusänderung der Säule $= \Delta r_{geo}$ nach Aktivierung der Ummantelung

$\sigma_{ü,S}, \sigma_{ü,B}$: Überlagerungsspannung in der Säule bzw. in der Weichschicht

a_S : Flächenverhältnis

r_S : Radius der Säule

h : Mächtigkeit der Weichschicht

φ'_B, c'_B : Scherparameter der Weichschichten

$K_{0,B}$: Erdruhedruckbeiwerte (beim Verdrängungsverfahren $K^*_{0,B} = 1$)

$K_{a,S}$: Aktiver Erddruckbeiwert des Säulenmaterials

ν_B : Querdehnzahl der Weichschicht

Zur Erfassung der Spannungsabhängigkeit des Steifemoduls wird eine Potenzfunktion (mit einem Referenzsteifemodul $E_{s,B,ref}$ bei einer Bezugsspannung p_{ref} und einem Steifeexponent m; bei normalkonsolidierten bindigen und organischen Böden $m \approx 1$) verwendet. Die jeweils herrschende Spannung p^*, für welche der Steifemodul ermittelt werden soll, ergibt sich in Abhängigkeit der Spannungen vor der Lastaufbringung p_1 und nach der Lastaufbringung p_2. Die Lösung ergibt sich iterativ. Bei im Verdrängungsverfahren hergestellte Säulen muss besonders die Verdrängungswirkung in der umgebenden Weichschicht ($K_{0,B}{}^* = 1$) berücksichtigt werden.

Die Ringzugkräfte F_r als charakteristische Beanspruchung der Ummantelung E_k werden jeweils für die ständigen sowie für die Gesamteinwirkungen (ständige und veränderliche) getrennt ermittelt. Die Zunahme der Beanspruchung aus nur veränderlichen Einwirkungen ergibt sich aus der Differenz.

Der Nachweis zur Aufnahme der berechneten Ringzugkraft als Beanspruchung in der Ummantelung wird für den Grenzzustand der Tragfähigkeit (ULS, STR) geführt. Entsprechend ergibt sich nach *EBGEO (2010)* der Widerstand des Geokunststoffes $R_{B,d}$ aus der charakteristischen Langzeitzugfestigkeit $R_{B,k}$.

$$E_d = E_{G,k} \cdot \gamma_G + (E_{G+Q,k} - E_{G,k}) \cdot \gamma_Q \leq R_{B,d} = R_{B,k} \cdot 1,1/\gamma_B \tag{15.16}$$

Die charakteristische Langzeitzugfestigkeit $R_{B,k}$ ermittelt sich aus der charakteristischen Kurzzeitzeitzugfestigkeit unter Ansatz der entsprechenden produktspezifischen Abminderungsfaktoren nach *EBGEO (2010)*. Die Teilsicherheitsbeiwerte γ_G und γ_Q finden sich im *Handbuch Eurocode 7-1 (2015)* sowie in 13.8, γ_B in der *EBGEO (2010)*.

15.5.3 Allgemeine Erfahrungen aus ausgeführten Projekten

Seit 1995 liegen vornehmlich im Verkehrswegebau etwa 30 ausgeführte Projekte vor. In Abb. 15.13 sind ausgewählte Baugrundverbesserungsfaktoren im Vergleich zu Stopfsäulen ohne Ummantelung dargestellt.

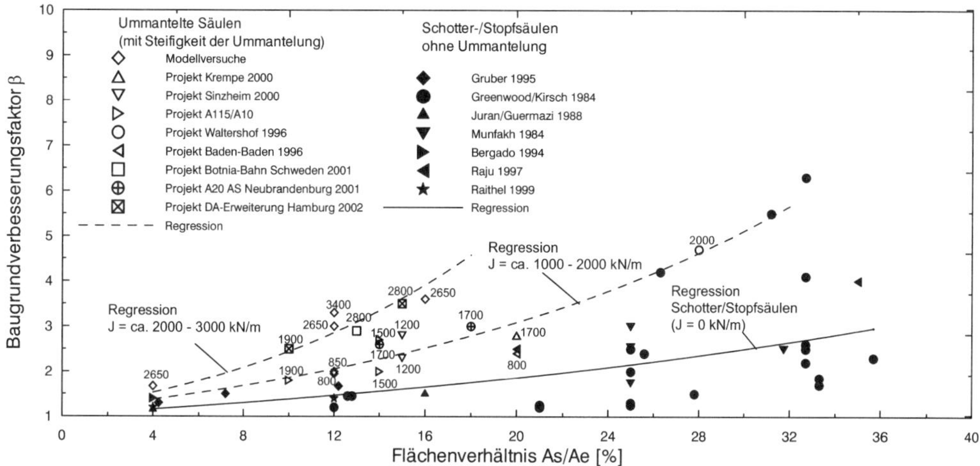

Abb. 15.13: *Baugrundverbesserungsfaktoren in Abhängigkeit des Flächenverhältnisses*

15.6 Bindemittelgebundene Stabilisierungssäulen und Tragglieder

15.6.1 Tragverhalten und Abgrenzung

Das Tragverhalten von bindemittelgebundenen Stabilisierungssäulen wird maßgeblich vom Steifigkeitsverhältnis zwischen Säule und umgebendem Baugrund bestimmt.

Bei geringem Steifigkeitsverhältnis zwischen Säule und Baugrund verbleibt ein maßgeblicher Lastanteil über dem Boden zwischen den Säulen und das Tragverhalten der Säulen und des Bodens kann zusammengefasst werden (Ersatzparameter für den verbesserten Baugrund). Die Gründung kann damit als Flachgründung auf einer Baugrundverbesserung nachgewiesen werden, siehe Band 2, Kapitel 17.

Mit zunehmender Steifigkeit erfolgt eine Annäherung an ein pfahlartiges Tragverhalten (Tiefgründung durch sog. *Starre Tragelemente*), wobei die gesamten Einwirkungen näherungsweise nur über die Pfähle in einen tragfähigen tieferliegenden Baugrund abgetragen werden.

Bei der Anwendung von bindemittelgebundenen Stabilisierungssäulen ist somit zu prüfen, ob bei den vorliegenden Steifigkeitsverhältnissen maßgebende bzw. standsicherheitsrelevante Beanspruchungen aus einem pfahlartigen Tragverhalten der Einzelsäulen auftreten, die bei der Abstraktion im Berechnungsmodell einer Baugrundverbesserung (Mittelung bzw. Zusammenfassung des Tragverhaltens von Säule und Boden durch Ersatzparameter) nicht erfasst werden.

Des Weiteren ist bei pfahlartigen Tragelementen immer eine Bemessung der Lasteinleitungskonstruktion, z. B. einer geogitterbewehrten Tragschicht erforderlich, da aufgrund der Steifigkeitsverhältnisse die Einwirkungen bzw. Auflastspannungen über den Säulen stark konzentriert werden.

Eine Wirkung als Baugrundverbesserung kann bei Dammschüttungen und schlaffen Lastflächen in der Regel bis zu einem Steifigkeitsverhältnis zwischen Säule und umgebenden Boden von 50 bis 75 angenommen werden. Ab einem Steifigkeitsverhältnis von 75 ist in der Regel immer von einem pfahlartigen Tragverhalten auszugehen. Bei Stahlbetonfundamenten kann in Abhängigkeit der Säulenabstände und der Steifigkeit des Fundamentes, aber auch schon bei geringeren Steifigkeitsverhältnissen das Tragverhalten der Einzelsäule für die Stahlbetonbemessung des Fundamentes maßgebend werden.

Bei Säulen aus Beton, die auf einen tragfähigen Untergrund aufstehen oder einbinden, ist in der Regel von einem pfahlartigen Lastabtrag auszugehen. Bindemittelgebundene Stabilisierungssäulen, die nicht auf einen tragfähigen Untergrund aufstehen (schwimmende Gründungen) können in der Regel als Baugrundverbesserung berechnet werden. Bei Berechnung als Baugrundverbesserung im Grenzzustand der Tragfähigkeit ist allerdings immer zu prüfen, ob die Widerstände der Säulen und des Bodens in voller Höhe addiert werden können, was vergleichbare Verformungen bei der Mobilisierung der Widerstände voraussetzt.

15.6.2 Vermörtelte Stopfsäulen und Betonrüttelsäulen

Wenn bei Anwendung von Rüttelstopfsäulen unverträgliche Verformungen zur Aktivierung der seitlichen Stützwirkung erwartet werden, werden während der Herstellung der Säulen Füllmaterialien mit hydraulischer Bindewirkung eingebracht. Bei den vermörtelten Stopfsäulen wird während des Stopfens eine Zementsuspension in den Schotter gepresst, s. Abb. 15.14. Bei den Fertigmörtelstopfsäulen wird ein vorgemischter Mörtel mithilfe eines Schleusenrüttlers eingebaut. Bei Betonrüttelsäulen, die auch als Rüttelortbetonsäulen bzw. Ortbetonrüttelsäulen bezeichnet werden, ist das Säulenmaterial Beton.

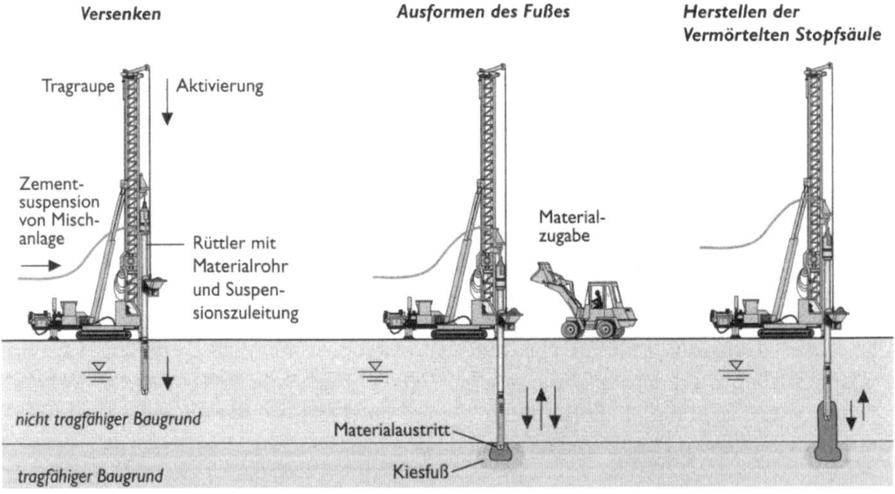

Abb. 15.14: *Herstellung von vermörtelten Stopfsäulen, aus Prospekt Fa. Keller Grundbau*

Der Einsatzbereich derartiger Säulen wird liegt i. d. R. bei undränierten Scherfestigkeiten von $c_u \geq 15$ kN/m^2.

15.6.3 Kalk-Zement-Säulen

Bei den Kalk-Zement-Säulen wird ein hydraulisches Bindemittel mit Mischwerkzeugen in den anstehenden Boden eingemischt. Das Verfahren der Kalk-Zement-Säulen bzw. der tiefen Bodenvermörtelung wird im englischen Sprachraum als *Deep Mixing Method* (DMM) bezeichnet und wurde in Schweden und Japan unabhängig voneinander entwickelt. Dabei wird zwischen dem Trockenmischverfahren (*Dry Mixing*, in Deutschland als Trocken-Einmisch-Technik TET bezeichnet) und dem Nassmischverfahren (*Wet Mixing*) unterschieden. Beim Trockenmischverfahren wird ein spezielles Misch-/Rührwerkzeug bis zur geplanten Tiefe in den Boden eingedreht. Während des anschließenden Ziehens des weiterhin rotierenden Gestänges wird das Bindemittel durch in das Gestänge oder das Mischwerkzeug mündende Pressluftleitungen eingeblasen und mit dem anstehenden Boden vermischt. Da kein Wasser hinzugefügt wird, ist zur Reaktion des Bindemittels ein Mindestwassergehalt des Bodens von 20 % erforderlich. Beim Nassmischverfahren wird i. d. R. eine Suspension mechanisch über Mischwerkzeuge mit dem anstehenden Boden vermischt.

15.6.4 CSV-Verfahren

Bei diesem Baugrundverbesserungsverfahren werden Säulen kleinen Durchmessers aus einem Bindemittel oder Bindemittelgemisch in engen Rastern hergestellt. Durch das hydraulische Abbinden des eingebauten Stabilisierungsmaterials entstehen verfestigte Säulen. Dabei wird ein trockenes Zement-Sand-Gemisch im Vollverdrängungsverfahren mithilfe einer Förderschnecke mit einem am Ende angebrachten Verpresskopf säulenartig in den zu verbessernden Boden eingebracht, siehe Abb. 15.15. CSV steht für *combined soil stabilisation with vertical columns.*

Das *Merkblatt CSV-Verfahren (2002)* enthält Ansätze und Hinweise für die Berechnung und Bemessung. Für den Nachweis der Sicherheit gegen Bruch des Säulenmaterials wird i. d. R. die Annahme getroffen, dass alle Lasten über die Stabilisierungssäulen abgetragen werden. Der aufnehmbare charakteristische Widerstand der Säulen wird dabei i. d. R. wie folgt berechnet:

$$R_{s,k} = A_S \cdot q_{u,k} \tag{15.17}$$

mit

$R_{s,k}$: charakteristischer Materialwiderstand der Säulen (innere Tragfähigkeit)
$q_{u,k}$: einaxiale Druckfestigkeit des Säulenmaterials
A_s : Säulenquerschnittsfläche

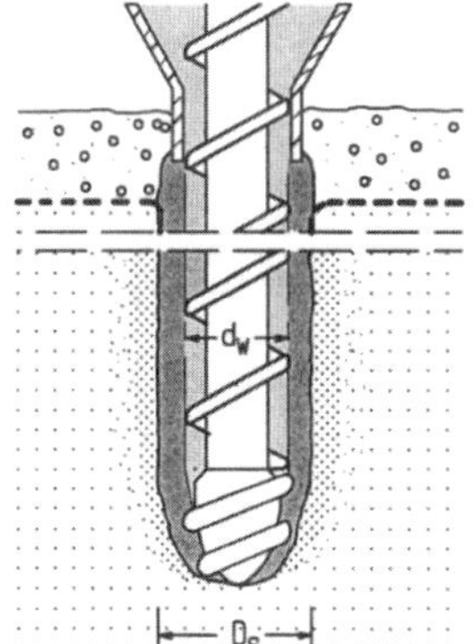

Abb. 15.15: *Herstellungsprinzip CSV-Säulen*

Die Gesamtsetzung s ergibt sich aus unterschiedlichen Anteilen:

$$s = s_{ZES} + s_{BES} + s_G \tag{15.18}$$

mit

s_{ZES} : Zusammendrückung der Einzelsäulen (Säulenstauchung)

s_{BES} : Setzung der Einzelsäulen

s_G : Setzung aus Gruppenwirkung

Im Rahmen der Abnahmeprüfungen ist die äußere Tragfähigkeit von Stabilisierungssäulen mittels Probebelastungen zu überprüfen. Ergänzende Hinweise können *Reitmeier (2013)* entnommen werden.

15.6.5 Fräs-Misch-Injektions-Verfahren (FMI)

Bei diesem Verfahren werden die zu ertüchtigenden Bodenschichten mit einer Spezialmaschine in einem Arbeitsgang aufgefräst, durchmischt und mit einem Bindemittel injiziert, s. Abb. 15.16. Auf diese Weise entstehen mit Bindemittel verfestigte, wand- bzw. scheibenartige Bodenkörper mit einer Breite von etwa d = 0,5- 1 m. Als Bindemittel wird üblicherweise eine Zementsuspension oder ein Zement-Kalk-Gemisch verwendet.

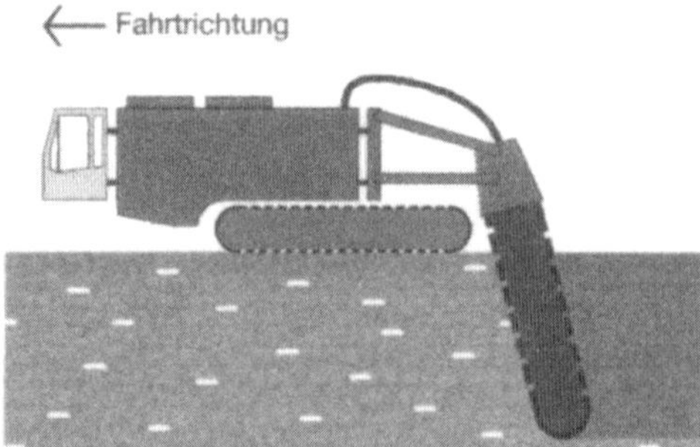

Abb. 15.16: *Herstellung von FMI-Scheiben*

Beim FMI-Verfahren werden insofern bindemittelgebundene Scheiben und keine Stabilisierungssäulen hergestellt, die Einsatzgebiete und Berechnungsverfahren sind aber grundsätzlich vergleichbar.

15.6.6 Weitere pfahlartige Tragglieder

Neben den vorstehend behandelten Verfahren und Säulensystemen werden auch eine Vielzahl von weiteren pfahlartigen Traggliedern oder Pfählen besonders im Verkehrswegebau rasterförmig zur Baugrundverbesserung eingesetzt. Eine weitere Übersicht ist in *Sondermann/Kirsch (2018)* gegeben.

15.7 Geogitterbewehrte Tragschichten

15.7.1 Konstruktion

Sofern zur Gründung rasterförmig angeordnete Tragglieder verwendet werden, deren Steifigkeit ca. das 50 bis 75-Fache des zu verbessernden Baugrundes übersteigt (sog. *Starre Tragelemente*) wie Pfähle, vermörtelte Stopfsäulen, Betonrüttelsäulen, oder andere pfahlähnliche Tragelemente, sind zur Lasteinleitung über den Traggliedern gesonderte Konstruktionen erforderlich. Hierzu dient eine geogitterbewehrte Tragschicht.

Die Entlastung des anstehenden Bodens resultiert aus einer Spannungsumlagerung in der aufgehenden Tragschicht (Gewölbewirkung), die sich auf den pfahlartigen Gründungselementen abstützt sowie einer Membranwirkung der Geokunststoffbewehrung, die die mineralische Tragschicht zusätzlich stabilisiert.

Insbesondere im Verkehrswegebau hat sich das Bauverfahren in den letzten Jahren als Maßnahme zur Untergrundverbesserung bewährt. Abb. 15.17 zeigt schematisch die Konstruktion und die Wirkungsweise.

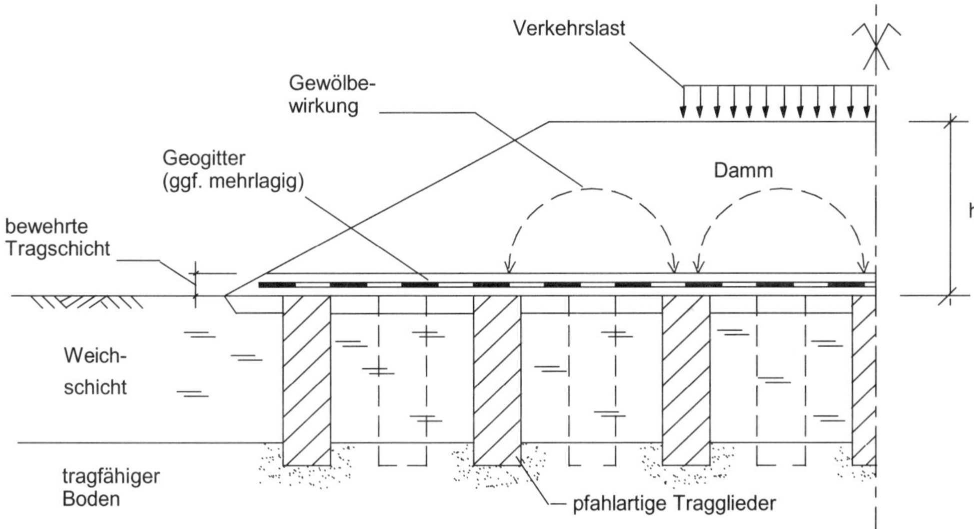

Abb. 15.17: *Gründungsverfahren geokunststoffbewehrte mineralische Tragschicht über Pfahlelementen als Beispiel im Verkehrswegebau, nach* EBGEO (2010)

Die Entlastung setzungsempfindlicher Bodenschichten nimmt mit dichter werdendem Raster bzw. größerem Querschnitt der Tragglieder zu. Detaillierte Hinweise zu Konstruktion und Bemessung finden sich in *Zaeske (2001)*, *Zaeske/Kempfert (2002)*, *Heitz (2006)* und wurden in die *EBGEO (2010)* aufgenommen. Aufgrund vorliegender Erfahrungen, aus baupraktischen Gründen und wegen der Anwendbarkeit des Berechungsverfahrens wird empfohlen, den Achsabstand s (bei Rechteckraster = Diagonale) und den Durchmesser d der Tragglieder wie folgt zu wählen:

- $h/(s-d) \leq 0,8$ m bei vorwiegend ruhender Belastung

- $h/(s-d) \leq 2,0$ m bei hohen veränderlichen Beanspruchungen

15.7.2 Berechnung und Bemessung

Statisch kann die Wirkungsweise hinsichtlich der Lastumlagerung nach verschiedenen Modellen erfasst werden. Für das Berechungsmodell wird ein System aus mehreren Gewölbeschalen berücksichtigt, die in Abb. 15.18 (links) in der Ebene dargestellt sind.

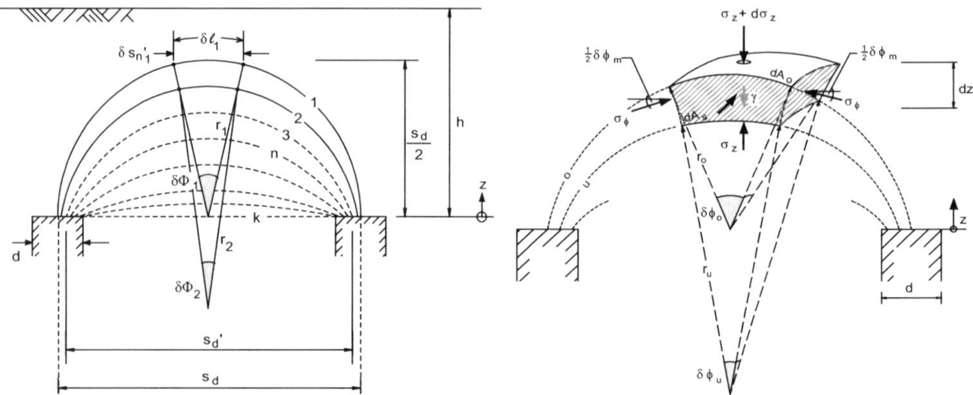

Abb. 15.18: *Theoretisches Gewölbemodell nach* Zaeske/Kempfert (2002) *und* EBGEO (2010)

Die Betrachtung in radialer Richtung am räumlichen System führt zu einer Differenzialgleichung, deren Lösung eine Funktion der senkrechten Spannung σ_z innerhalb des Gewölbesystems liefert. Für die Bereiche oberhalb der Gewölbeausbildungen wird eine mit der Auflast zunehmende Spannungsverteilung angenommen.

Vereinfachend kann σ_{zo} auch direkt aus dimensionslosen Diagrammen abgelesen werden, siehe Abb. 15.19. Diagramme mit weiteren Reibungswinkeln φ sind in *EBGEO (2010)* enthalten.

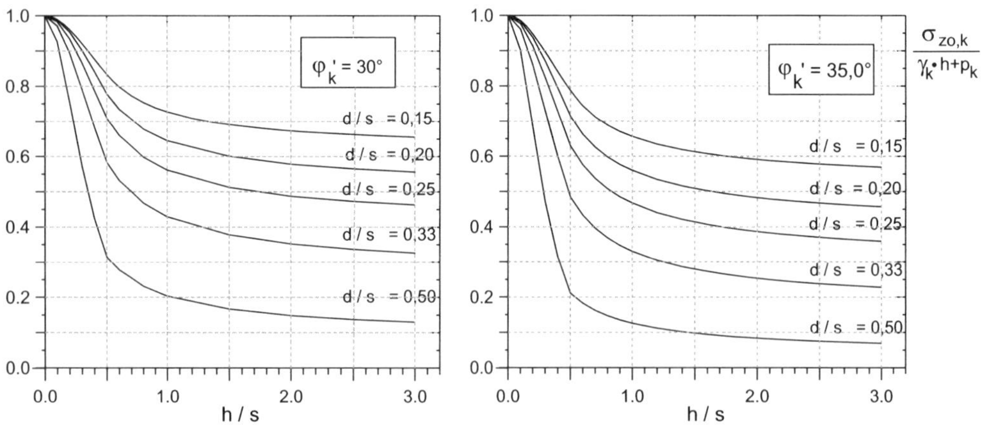

Abb. 15.19: *Lotrechte Spannung σ_{zo} auf die Weichschicht bzw. Geokunststoffbewehrung bei pfahlartigen Traggliedern, nach* Zaeske/Kempfert (2002) *und* EBGEO (2010)

Mit ein- oder mehrlagigen Geokunststoffbewehrungen wird die Tragwirkung des Systems zusätzlich gesteigert. Die Belastung auf einen Geogitterstreifen der Breite b wird als Streckenlast q_z aus der lotrechten Bodenspannung σ_{zo}, die auf die Einflussfläche A_L im Bewehrungshorizont wirksam ist, abgeleitet.

Für den Sonderfall, dass die Steifigkeit der Tragglieder wesentlich höher als die des Bodens bzw. der Weichschicht ist, kann die vereinfachte Bestimmung der Geokunststoffbeanspruchung über das dimensionslose Bemessungsdiagramm in Abb. 15.20 erfolgen.

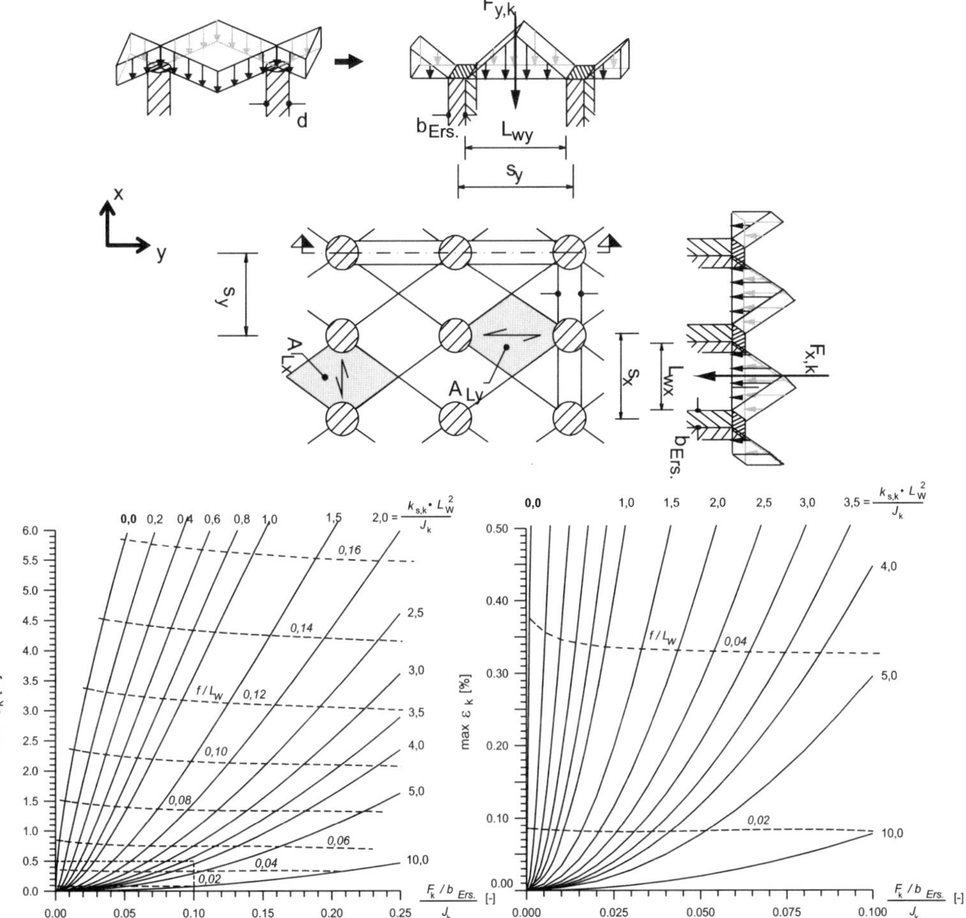

Abb. 15.20: *System und Bemessungsdiagramm zur Ermittlung der Dehnungen ε der Geokunststoffbewehrung (Rechteckraster), nach* Zaeske/Kempfert (2002) *und* EBGEO (2010)

In Abhängigkeit der Dehnsteifigkeit J der Bewehrung, der resultierenden Belastung F und dem Bettungsmodul k_s der Weichschicht kann aus dem Bemessungsdiagramm die maximale Dehnung in der Bewehrung sowie das Stichmaß f abgelesen werden.

Bei Geogittern mit zwei Tragrichtungen in x- und y- Richtung sind Systeme in x- und y-Richtung zu untersuchen, die jeweils mit der Streckenlast $q_{z,W}$[x] und $q_{z,W}$[y] bzw. deren

Resultierenden $F_x = A_{Lx} \cdot \sigma_{zo}$ und $F_y = A_{Ly} \cdot \sigma_{zo}$ über die lichte Weite $l_{W,x}$ und $l_{W,y}$ belastet werden.

Die aus Bild 15.20 abgelesene Dehnung muss dabei mit dem für die Berechnung angenommenen Wert J ggf. unter Berücksichtigung einer zeitlichen Entfestigung infolge Kriechen verträglich sein. Bei einer mehrlagigen Bewehrung, die im dichten Abstand über den Traggliedern verlegt ist, können die Kräfte näherungsweise im Verhältnis der Dehnsteifigkeiten aufgeteilt werden. Die charakteristische Beanspruchung bzw. Zugkraft E_k in der Bewehrung kann dann nach Gl. (15.19) aus der Dehnung ε unter Zugrundelegung der Dehnsteifigkeit J berechnet werden.

$$E_k = \varepsilon \cdot J \tag{15.19}$$

In Böschungsbereichen entstehen infolge der fehlenden seitlichen Stützung des bewehrten Erdkörpers Horizontalkräfte („Spreizkräfte") in dessen Aufstandsfläche. Zur Vermeidung planmäßiger Horizontalbelastungen auf die Tragglieder empfiehlt sich die rechnerische Zuweisung der Spreizkräfte auf die Geokunststoffbewehrung. Über Verbundwirkung wird eine zusätzliche Zugkraft ΔE_k in die Bewehrung geleitet, die näherungsweise aus dem aktivierten Erddruck entsprechend Abb. 15.21 abgeleitet und zu den Beanspruchungen aus der Membranwirkung superpositioniert wird. Für die Bemessung unter Berücksichtigung der Gesamtbeanspruchungen gilt dann Gl. (15.16).

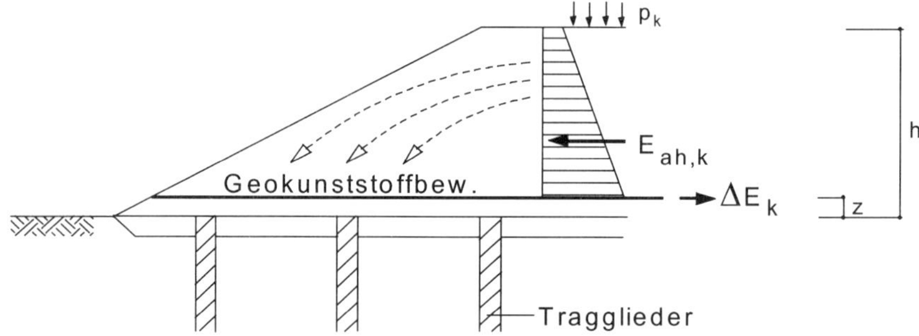

Abb. 15.21: *Zusätzliche Beanspruchungen der Geokunststoffbewehrung infolge Spreizkräfte*

Weitere bemessungsrelevante Randbedingungen wie zyklische Einwirkungen, mehrlagige Geogitteranordnungen, Rasterabstände etc. können *Heitz (2006)*, *Kempfert et al. (2009)* oder *EBGEO (2010)* entnommen werden.

15.8 Prüfungen

Für alle dargestellten Baugrundverbesserungsverfahren ist besonders wichtig, dass vor Ausführung der Maßnahme geeignete Prüfverfahren vereinbart werden, die den erreichten Verbesserungserfolg möglichst quantitativ überprüfen. Dies sind z. B. Ramm- oder Drucksondierungen, Dichtemessungen, Plattendruckversuche, Setzungsmessungen usw.

15.9 Zahlenbeispiele siehe Anhang B-15.

16 Numerische Verfahren in der Geotechnik

16.1 Allgemeines

In der geotechnischen Berechnungspraxis spielen numerische Berechnungsverfahren zunehmend eine wichtige Rolle. Nachfolgend sind diese Verfahren, vor allem die Finite-Elemente-Methode, kurz dargestellt. Insbesondere werden nichtlineare Stoffansätze zur Erfassung des Bodenverhaltens sowie ihre Verwendung in den numerischen Verfahren behandelt, wobei einige numerische Anwendungen für Problemstellungen in der Geotechnik beispielhaft dargestellt werden.

Die in der Geotechnik verwendeten numerischen Berechnungsverfahren sind:

- Finite-Differenzen-Methode (FDM),
- Finite-Elemente-Methode (FEM),
- Methode der Randelemente (REM),

wobei derzeit die FEM bevorzugt angewendet wird. Des Weiteren kommt vereinzelt auch die Distinct-Element-Methode zur Anwendung.

Aktuelle Hinweise für numerische Berechnungen sind in dem technischen Regelwerk *EANG (2014)* zusammengefasst, welches regelmäßig themenspezifisch erweitert wird, siehe hierzu *v. Wolffersdorff (2017)* und *v. Wolffersdorff (2019)*. Weitere Grundlagen enthält auch *v. Wolffersdorff/Schweiger (2017)*.

16.2 Grundlagen der Methode der Finiten-Elemente

16.2.1 Eigenschaften finiter Elemente am Beispiel eines Dreieckelements

Verschiebungsfunktion

Die Verschiebungen $\{\delta\} = \{u(x,y), v(x,v)\}^T$ jeden Punktes innerhalb des Elementes werden nach Abb. 16.1 durch einen linearen Ansatz wie folgt approximiert:

$$\{\delta\} = \{u, v\} = [N] \cdot \{\delta^e\} \tag{16.1}$$

Nachfolgend sind die grundlegenden mechanischen Zusammenhänge der FEM am Beispiel eines einfachen, zweidimensionalen Dreieckelementes dargestellt.

Weitergehende Ausführungen siehe z. B. *Zienkiewicz/Taylor (2000)* oder *Bathe (2002)*.

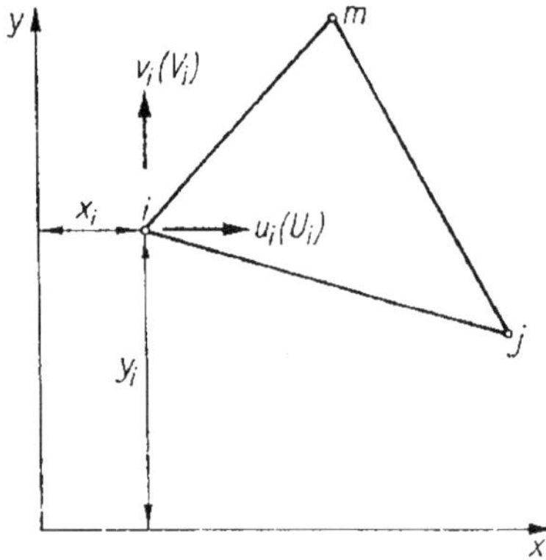

Abb. 16.1: *Zweidimensionales Dreieckelement herausgeschnitten aus einem Kontinuum*

Die Matrix der Formfunktionen lautet hierbei

$$[N] = \begin{bmatrix} N_i & 0 & N_j & 0 & N_m & 0 \\ 0 & N_i & 0 & N_j & 0 & N_m \end{bmatrix}$$

$$N_i = \frac{1}{2A^e}(a_i + b_i x + c_i y),$$

$$a_i = x_i \cdot y_m - x_m \cdot y_i,$$

$$b_i = y_i - y_m,$$

$$c_i = -x_j + x_m$$

(N_j und N_m ähnlich ableitbar)

wobei A^e die Fläche des Dreieckelementes e ist

$$A^e = \frac{1}{2} \begin{bmatrix} 1 & x_i & y_i \\ 1 & x_j & y_j \\ 1 & x_k & y_k \end{bmatrix} \tag{16.2}$$

Der Vektor der Knotenverschiebungen des Elementes e wird wie folgt ausgedrückt:

$$\{\delta^e\} = \{u_i, v_i, u_j, v_j, u_m, v_m\}^T \tag{16.3}$$

Verzerrungen

Die beim ebenen Spannungszustand auftretenden Verzerrungsgrößen sind ε_x, ε_y und γ_{xy}. Ausgehend von der geometrisch linearen Annahme bestehen zwischen ihnen und den Verschiebungen folgende Beziehungen:

$$\left\{\varepsilon\right\} = \begin{Bmatrix} \varepsilon_x \\ \varepsilon_y \\ \gamma_{xy} \end{Bmatrix} = \begin{Bmatrix} \frac{\partial u}{\partial x} \\ \frac{\partial v}{\partial y} \\ \frac{\partial u}{\partial y} + \frac{\partial v}{\partial x} \end{Bmatrix} = \begin{bmatrix} \frac{\partial}{\partial x}, 0 \\ 0, \frac{\partial}{\partial y} \\ \frac{\partial}{\partial y}, \frac{\partial}{\partial x} \end{bmatrix} \begin{Bmatrix} u \\ v \end{Bmatrix} \tag{16.4}$$

Mit Gl. (16.1) und den Funktionen N_i, N_j, N_m ergibt sich folgende geometrische Beziehung zwischen $\{\varepsilon\}$ und $\{\delta^e\}$.

$$\{\varepsilon\} = [B] \cdot \{\delta^e\} \tag{16.5}$$

$[B]$ ist die lineare Verzerrungs-Verschiebungs-Transformationsmatrix nach Gl. (16.6).

$$[B] = \frac{1}{2 \cdot A^e} \begin{bmatrix} b_i & 0 & b_j & 0 & b_m & 0 \\ 0 & c_i & 0 & c_j & 0 & c_m \\ c_i & b_i & c_j & b_j & c_m & b_m \end{bmatrix} \tag{16.6}$$

Spannungen

Für den ebenen Zustand und Verwendung von Elastizitätsmodul E und Poissonzahl ν lässt sich nach Kapitel 7 die Spannungs-Dehnungs-Beziehung in Matrixschreibweise wie folgt darstellen:

$$\{\sigma\} = [D] \cdot \{\varepsilon\} \tag{16.7}$$

Hierbei stellt $[D]$ die Elastizitätsmatrix dar:

$$[D] = \frac{E}{1-\nu^2} \begin{bmatrix} 1 & \nu & 0 \\ \nu & 1 & 0 \\ 0 & 0 & \left(\frac{1-\nu}{2}\right) \end{bmatrix}$$

Durch Einsatz der Gl. (16.5) in (16.7) ergibt sich die Beziehung zwischen den Spannungen $\{\sigma\}$ und Knotenverschiebungen $\{\delta^e\}$ zu

$$\{\sigma\} = [D] \cdot [B] \cdot \{\delta^e\} \tag{16.8}$$

Beziehung zwischen Knotenpunktverschiebungen und Knotenkräften

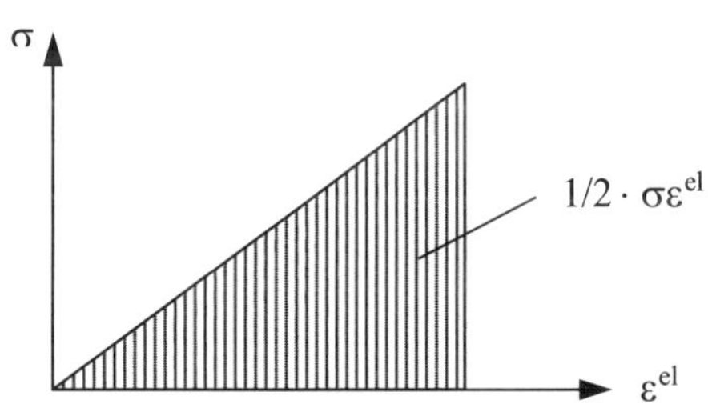

Abb. 16.2: *Verformungsenergie für eindimensionale Spannungszustände*

Zur Ableitung der Bestimmungsgleichung für die Knotenpunktverschiebungen ist das Prinzip *des Minimums der potenziellen Energie* anwendbar. Die potenzielle Energie eines Elements π^e setzt sich aus der elastischen Verformungsenergie und der Arbeit der Volumen- und Flächenlasten zusammen, die am Element angreifen und stellt die Fläche unter der Geraden nach Abb. 16.2 dar. Die Arbeit von Volumen- und Flächenlasten sowie in den Knotenpunkten des Elements angreifenden Einzellasten ergibt sich aus dem Produkt der Kraftvektoren und des Verformungsweges, der durch den Vektor $\{\delta\}$ bezeichnet werden soll. Mit Gln. (16.1), (16.5) und (16.8) ergibt sich für die potenzielle Energie eines Elements ein Ausdruck, der als Unbekannte ausschließlich die Verformungen der Elementknotenpunkte enthält:

$$
\begin{aligned}
\pi^e = \pi^{el} - W = & \int_A \frac{1}{2} \cdot \{\varepsilon\}^T \cdot \{\sigma\} dA - W \\
= & \frac{1}{2} \cdot \int_{A^e} \{\delta^e\}^T \cdot [B]^T \cdot [D] \cdot [B] \cdot \{\delta^e\} dA \\
& - \int_{A^e} \{\delta^e\}^T \cdot [N]^T \cdot \{p\} dA \\
& - \int_{S^e} \{\sigma^e\}^T \cdot [N]^T \cdot \{q\} dS - \{\delta^e\}^T \cdot \{F^*\}
\end{aligned}
\tag{16.9}
$$

mit

$\{F^*\} = \{F^*_{xi}, F^*_{yi}, F^*_{xj}, F^*_{yj}, F^*_{xm}, F^*_{ym}\}$: An den Knoten angreifende Einzellasten

$\{p\} = \{p_x, p_y\}^T$: Volumenkraft pro Volumeneinheit, z. B. Eigengewicht

$\{q\} = \{q_x, q_y\}^T$: Linienlast pro Linieneinheit

Das Minimum der potenziellen Energie erhält man aus der Bedingung, dass die partiellen Ableitungen der potenziellen Energie nach allen Variablen zu null werden. Im vorliegenden Fall sind die Variablen gerade die unbekannten Knotenpunktverschiebungen u_i, v_i, u_j, v_j, u_m, v_m, die im Vektor $\{\delta^e\}$ zusammengefasst sind. Es muss daher gelten:

$$
\begin{aligned}
\frac{\partial \pi^e}{\partial u_i} &= 0 \qquad & \frac{\partial \pi^e}{\partial v_i} &= 0 \\
\frac{\partial \pi^e}{\partial u_j} &= 0 \qquad & \frac{\partial \pi^e}{\partial v_j} &= 0 \\
\frac{\partial \pi^e}{\partial u_m} &= 0 \qquad & \frac{\partial \pi^e}{\partial v_m} &= 0
\end{aligned}
$$

Dies kann in vektorieller Form dargestellt werden mit

$$
\frac{\partial \pi^e}{\partial \{\delta^e\}} = \left\{ \begin{matrix} \frac{\partial \pi^e}{\partial u_i} \\ \frac{\partial \pi^e}{\partial v_i} \\ \frac{\partial \pi^e}{\partial u_j} \\ \frac{\partial \pi^e}{\partial v_j} \\ \frac{\partial \pi^e}{\partial u_m} \\ \frac{\partial \pi^e}{\partial v_m} \end{matrix} \right\} = \{0\}
$$

Die Ausführung der Differentiation ergibt

$$
\left(\int_{A^e} [B]^T \cdot [D] \cdot [B] dA \right) \cdot \{\delta^e\} = \int_{A^e} [N]^T \cdot \{p\} dA + \int_{S^e} [N]^T \cdot \{q\} dS + \{F^*\} \tag{16.10}
$$

Hierin stellt das Integral auf der linken Seite eine Matrix mit 6 Zeilen und 6 Spalten dar. Diese Matrix wird als Elementsteifigkeitsmatrix $[K^e]$ bezeichnet:

$$
[K^e] = \int_{A^e} [B]^T \cdot [D] \cdot [B] dA \tag{16.11}
$$

Sie wird bestimmt durch die Geometrie des Elementes, da die Matrix $[B]$ Ableitungen der Formfunktionen enthält, sowie durch die elastischen Konstanten, die in der Matrix $[D]$ enthalten sind. Es ist mathematisch beweisbar, dass die Elementsteifigkeitsmatrix $[K^e]$ symmetrisch ist und Hauptdiagonalelemente stets positive Werte besitzen.

Das erste und zweite Integral in Gl. (16.10) stellt jeweils einen Kraftvektor mit je 6 Komponenten dar. Beide Integrale sowie $\{F^*\}$ können zum Elementlastvektor $\{F^e\}$ zusammengefasst werden:

$$\{F^e\} = \int_{A^e} [N]^T \cdot \{p\} dA + \int_{S^e} [N]^T \cdot \{q\} dS + \{F^*\} \tag{16.12}$$

Gl. (16.10) erhält dann die Form

$$[K^e] \cdot \{\delta^e\} = \{F^e\} \tag{16.13}$$

Damit ist ein Zusammenhang zwischen den Knotenpunktverschiebungen und den an den Knotenpunkten angreifenden Lasten für ein Element bekannt. Unter der Voraussetzung, dass alle an den Knotenpunkten des Elements angreifenden Lasten bekannt sind, lassen sich aus Gl. (16.13) die unbekannten Knotenpunktverschiebungen ermitteln.

Die Lösung des Gleichungssystems liefert die Knotenpunktverschiebungen, aus denen die Verformungen, Dehnungen und Spannungen innerhalb des Elements berechnet werden können.

Als Bestimmungsgleichung für die unbekannten Knotenpunktverschiebungen reicht Gl. (16.13) jedoch nicht aus, da der Elementlastvektor $\{F^e\}$ die von den Nachbarelementen auf das Element e übertragenen, unbekannten Knotenlasten enthält. Diese Knotenkräfte heben sich auf, sofern das Gesamtsystem betrachtet wird, indem man die potenzielle Energie am Gesamtsystem minimiert.

$$\pi = \sum_{e=1}^{a} \pi^e$$

Führt man den Vektor $\{\delta\}$ ein, der die Verformungskomponenten aller Knotenpunkte enthält, so liefert die Forderung nach einem Minimum der potenziellen Energie.

$$\frac{\partial \pi}{\partial \{\delta\}} = 0$$

Die Durchführung der Differenziation führt zu einem linearen Gleichungssystem.

$$[K] \cdot \{\delta\} = \{F\} \tag{16.14}$$

Die Gesamtsteifigkeitsmatrix dieses Gleichungssystems $[K]$ ergibt sich aus einer Überlagerung einzelner Elementsteifigkeitsmatrizen $[K] = \sum [K^e]$. Der Vektor $\{F\}$ besteht aus der Zusammenfassung aller Elementlastvektoren. Unbekannt sind die den Vektor $\{\delta\}$ bildenden Knotenpunktverschiebungen des Gesamtsystems, die sich nach Einführen der Randbedingungen durch Auflösung des Gleichungssystems bestimmen lassen.

16.2.2 Höherwertige Finite-Elemente-Typen

Die einfachen Dreieckelemente besitzen eine relativ niedrige numerische Genauigkeit, da die mit linearem Ansatz abgeleiteten Dehnungen und Spannungen innerhalb jedes Elementes konstant sind. Zur Erzielung besserer befriedigender Berechnungsergebnisse ist mit diesem Elementtyp eine sehr feine Diskretisierung des Berechnungsausschnitts mit vielen Elementen erforderlich. Bessere Ergebnisse sind mit Elementtypen höherer Ordnung nach Abb. 16.3 bis 16.5 zu erzielen.

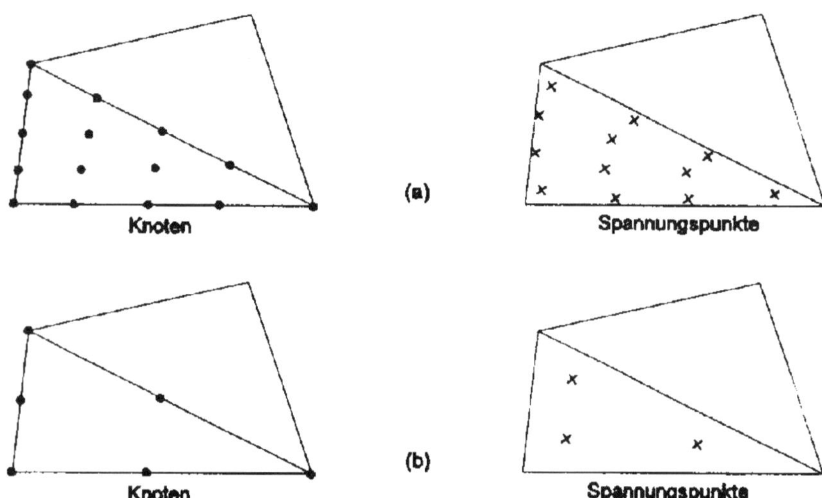

Abb. 16.3: *Dreieckelemente: a) mit 15 Knoten, b) mit 6 Knoten*

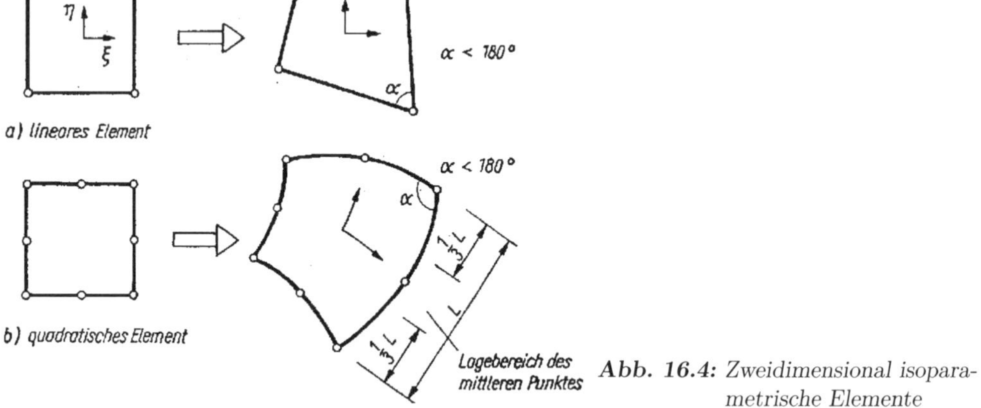

Abb. 16.4: *Zweidimensional isoparametrische Elemente*

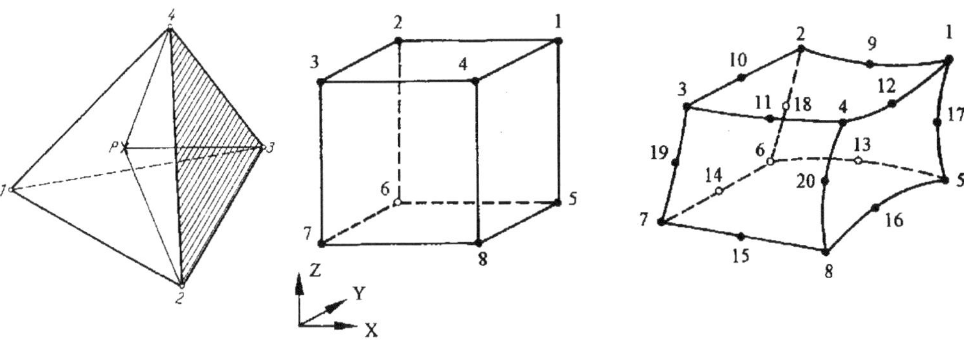

Abb. 16.5: *Räumliche Elemente: Tetraederelement und isoparametrisches Raumelement*

16.2.3 Physikalische Nichtlinearitäten bzw. Stoffgesetze von Böden

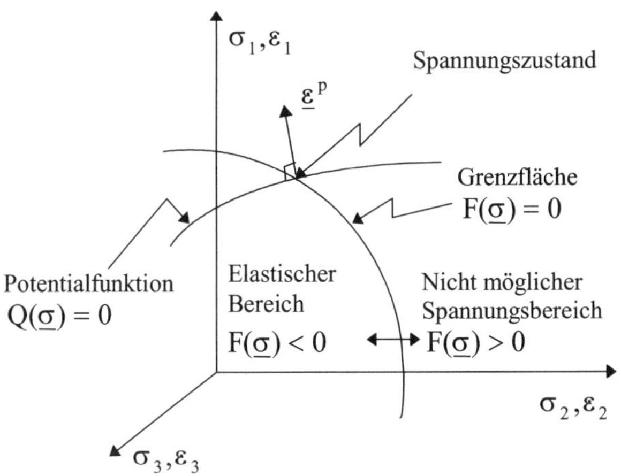

Abb. 16.6: *Fließfläche, Potenzialfunktion und Gleitregel*

In der Geotechnik werden folgende Stoffansätze für die Beschreibung des Materialverhaltens verwendet:

- linear-elastisch,
- nichtlinear-elastisch,
- elasto-plastisch,
- elasto-visko-plastisch
- hypoplastisch.

Die maßgebenden Unterschiede ergeben sich dabei insbesondere in der Definition der Grenz- oder Fließfunktion, d. h. der Fläche, die die Bruchbedingung des Bodens in Abhängigkeit der Spannungen definiert, siehe z. B. *Kempfert/Gebreselassie (2006)* und *Chen/Mizuno (1990)*.

Mit den Definitionen nach Abb. 16.6 enthält Tab. 16.1 eine Zusammenstellung von bei der FEM verwendeten Bruchbedingungen (Fließgrenzen).

Zusätzlich zu diesen in Richtung hoher Spannungen offener Fließflächen werden auch Stoffgesetze verwendet, in welchen die Fließfläche F durch eine gewölbte, als Kappe bezeichnete, zweite Fließfläche F_C abgeschlossen wird, siehe Abb. 16.7.

Das weitverbreitetste Modell mit einer Kappenfunktion ist das sog. CamClay-Modell.

Neben den Invarianten der Spannungen und Dehnungen werden in der Bodenmechanik häufig die in Tab. 16.2 zusammengestellten Spannungs- und Verformungszustandsgrößen verwendet.

Tab. 16.1: *Verschiedene Versagensmodelle mit Vorteilen und Einschränkungen, nach* Chen/Mizuno (1990); Chen/McCarron (1986)

Modell	Fließfunktion	Vorteile	Einschränkung
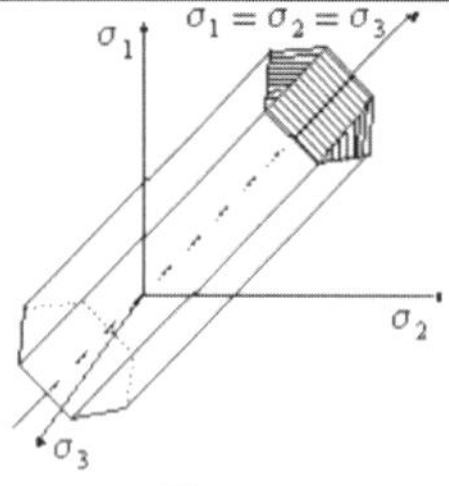 *Tresca*	$F=\left[(\sigma_1-\sigma_3)^2-5\cdot c_u^2\right]\cdot\left[(\sigma_2-\sigma_3)^2-5\cdot c_u^2\right]\cdot\left[(\sigma_3-\sigma_1)^2\right]-5\cdot c_u^2=0$ für ebenen Verformungszustand $F=\left[(\sigma_x-\sigma_y)^2+5\cdot\tau_{xy}^2\right]^{0,5}-2\cdot c_u=0$	einfach	nur für undränierte, gesättigte Böden; Ecken
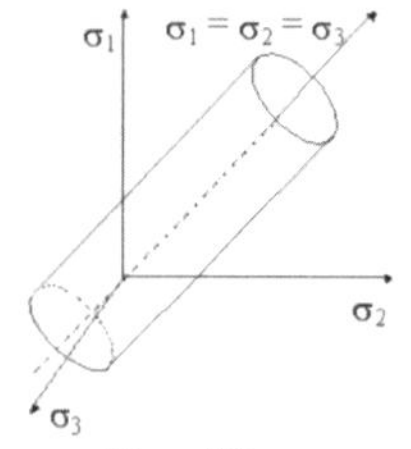 *Von Mises*	$F=\sqrt{J_2}-c_u=0$ für ebenen Verformungszustand: $F=\left[(\sigma_x-\sigma_y)^2+5\cdot\tau_{xy}^2\right]^{0,5}-2\cdot c_u=0$	einfach; eben	nur für undränierte, gesättigte Böden (totale Spannungen); Überschätzung der Festigkeit
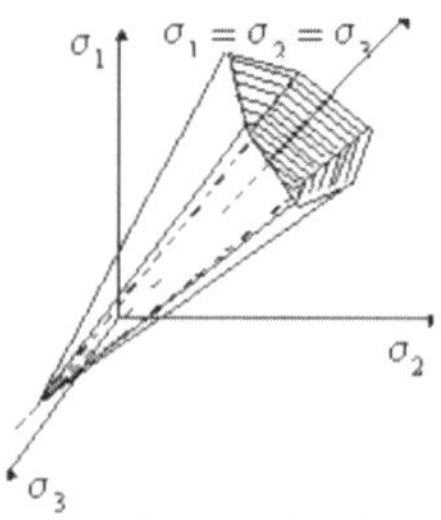 *Mohr-Coulomb*	$F=I_1\cdot\sin\varphi+0{,}5\cdot\sqrt{J_2}\cdot\left[3\cdot(1-\sin\varphi)\cdot\sin\theta+\sqrt{3}\cdot(3+\sin\varphi)\cdot\cos\theta\right]-3\cdot c\cdot\cos\varphi=0$ mit $\theta=\frac{1}{3}\cdot\cos^{-1}\left[\left(3\cdot\sqrt{3}\cdot J_3\right)/\left(2\cdot J_2^{3/2}\right)\right]=0$ für ebenen Verformungszustand $F=\left[(\sigma_x-\sigma_y)^2+5\cdot\tau_{xy}^2\right]^{0,5}-(\sigma_x+\sigma_y)\cdot\sin\varphi-2\cdot c\cdot\cos\varphi=0$	einfach; gültig für viele Bodenarten	Ecken; vernachlässigt die Effekte mittlerer Haupt-spannungen; überhöhte plastische Dilatanz beim Fließen
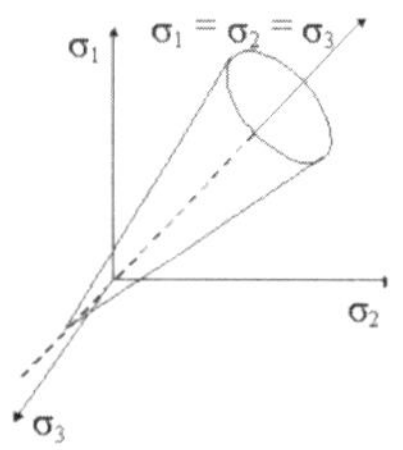 *Drucker-Prager*	$F=\alpha\cdot I_1+\sqrt{J_2}-k=0$ mit $\alpha=\frac{(2\cdot\sin\varphi)}{\left(\sqrt{3}\cdot(3-\sin\varphi)\right)}$ $k=\frac{6\cdot c\cdot\cos\varphi}{\left(\sqrt{3}\cdot(3+\sin\varphi)\right)}$	einfach; eben; bei angemessener Wahl der Konstanten vergleichbar mit *Mohr-Coulomb*; Grenzwertbetrachtungen sind möglich	kreisförmige deviatorische Spannung, die Experimentergebnissen widerspricht; überhöhte plastische Dilatanz beim Fließen
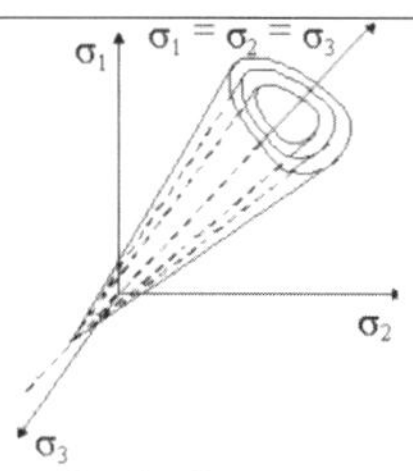 *Lade-Duncan*	$F=J_3-\frac{1}{3}\cdot I_1\cdot J_2+\left(\frac{1}{27}-\frac{1}{\kappa_1}\right)\cdot I_1^3=0$ mit $\kappa_1=\frac{I_1^3}{I_3}$	einfach; eben gekrümmter Meridian; Berücksichtigung des Einflusses mittlerer Hauptspannungen; größerer Bereich des Drucks	nur für kohäsionslose Böden

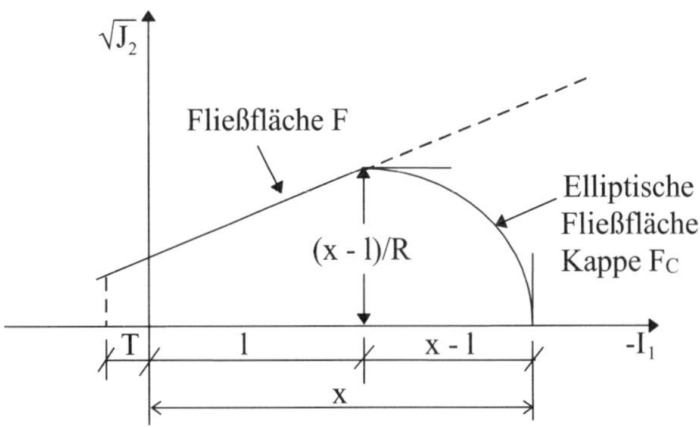

Abb. 16.7: *Fließfläche mit einer Kappe (z. B. CamClay-Modell)*

Tab. 16.2: *Spannungs- und Verformungszustandsgrößen*

Allgemein	Triaxialversuch $\sigma_1, \sigma_2 = \sigma_3$
Isotrope (hydrostatische) Spannung: $p = \frac{1}{3}(\sigma'_1 + \sigma'_2 + \sigma'_3)$	$p = \frac{1}{3}(\sigma'_1 + 2 \cdot \sigma'_3)$
deviatorische Spannung: $q = \frac{1}{\sqrt{2}}\sqrt{(\sigma_1 - \sigma_2)^2 + (\sigma_2 - \sigma_3)^2 + (\sigma_3 - \sigma_1)^2}$	$q = \sigma_1 - \sigma_3$
Volumendehnung: $\varepsilon_V = \varepsilon_1 + \varepsilon_2 + \varepsilon_3$	$\varepsilon_V = \varepsilon_1 + 2 \cdot \varepsilon_3$
Formänderung: $\bar{\varepsilon} = \frac{\sqrt{2}}{3}\sqrt{(\varepsilon_1 - \varepsilon_2)^2 + (\varepsilon_2 - \varepsilon_3)^2 + (\varepsilon_3 - \varepsilon_1)^2}$	$\bar{\varepsilon} = \frac{2}{3}(\varepsilon_1 - \varepsilon_3)$

16.3 Stoffgesetze in Finite-Elemente Software

Heutzutage sind unterschiedliche Softwarepakete von verschiedenen Herstellern verfügbar, die in der Praxis angewendet werden. Die bekanntesten Programme sind *PLAXIS*, *Z-Soil*, *Sofistik*, *Tochnog*, *Flac3D* und andere. Im Folgenden wird das Programm PLAXIS verwendet. Die Inhalte können jedoch auch sinngemäß auf alle weiteren Programme übertragen werden.

PLAXIS enthält grundlegende Bodenmodelle von einfachen linear-elastischen bis zu fortgeschrittenen elasto-plastischen Stoffgesetzen. Einzelheiten zu den jeweiligen Bodenmodellen finden sich im Benutzerhandbuch, siehe *Brinkgreve et al. (2019)*. Tab. 16.3 zeigt eine Zusammenfassung der grundlegenden Eigenschaften, der Bruchkriterien, der benötigten Bodenparameter, die Anwendungsgrenzen usw. der drei hauptsächlichen, in PLAXIS verfügbaren Bodenmodelle. Weiterhin lässt PLAXIS eine Option frei für benutzerdefinierte Stoffgesetze (User-Defined Soil model). Eine Übersicht gängiger Stoffgesetze und deren Anwendbarkeit findet sich in *Kolymbas/Herle (2017)*.

Tab. 16.3: *Zusammenstellung ausgewählter, grundlegender Stoffmodelle im FE-Programm PLAXIS, aus* Kempfert/Gebreselassie (2006)

	Hardening Soil Model (HSM)	Soft Soil Creep Model (SSCM)	Mohr-Coulomb-Model (MCM)
Modelltyp	Elasto-plastisches Verfestigungsgesetz	Elasto-plastisches Arbeitsverfestigungsgesetz	Elastisch-perfekt plastisch
Grund-legende Eigen-schaften	Spannungsabhängige Steifigkeit laut $E = E^{\mathrm{ref}}\left(\frac{c' \cdot \cos\varphi - \sigma_3' \cdot \sin\varphi}{c' \cdot \cos\varphi + p^{\mathrm{ref}} \cdot \sin\varphi}\right)^{\mathrm{m}}$ Plastische Dehnungen aufgrund von primärer deviatorischer Belastung Plastische Dehnungen aufgrund von primärer Kompression Elastische Ent-/Wiederbelastung Hyperbolische Spannungs-Dehnungbeziehung und Dilatanz	Spannungsabhängige Steifigkeit (logarithmisches Kompressionsverhalten) Unterschied zwischen primärer Belastung und Ent-/Wieder-belastung Sekundäre (zeitabhängige) Kompression Erinnerung an Vorkonsolidationsspannungen	Bietet eine spezielle Option der Eingabe einer mit der Tiefe zunehmenden Steifigkeit an Dilatanz
Bruch-kriterium	*Mohr-Coulomb*	*Mohr-Coulomb*	*Mohr-Coulomb*
Fließ-funktion für die Kappe	$F_{\mathrm{c}} = \frac{\overline{q}^2}{\alpha^2} + p^2 - p_{\mathrm{p}}^2$ $\overline{q} = \sigma_1 + (\delta - 1) \cdot \sigma_2 - \delta \cdot \sigma_3$ $\delta = \frac{3 + \sin\varphi}{3 - \sin\varphi}$ α ist ein von K_0 abhängiger Modellparameter p_{p} ist die isotrope Vorkonsolidationsspannung p ist die effektive mittlere Spannung	$F_{\mathrm{c}} \frac{q^2}{M^2 \cdot (p + c \cdot \cot\varphi)} + p - p_{\mathrm{p}}$ M ist ein von K_0 abhängiger Modellparameter p_{p} ist die isotrope Vorkonsolidationsspannung p ist die effektive mittlere Normalspannung q ist die Schubspannung	keine
Fließregel	Nicht-assoziierte Fließregel für Reibungsverfestigung Assoziierte Fließregel für Kappe	Assoziierte Fließregel	Nicht-assoziierte Fließregel
Spannungs-zustand	Isotrop	Isotrop	Isotrop
Ver-festigung	Isotrop; Reibungs- und Kompressionsverfestigung	Isotrop; Kompressionsverfestigung	keine
Boden-parameter	$c', \varphi', \psi, E_{50}^{\mathrm{ref}}, E_{\mathrm{ur}}^{\mathrm{ref}},$ $E_{\mathrm{oed}}^{\mathrm{ref}}, m, K_0^{\mathrm{nc}}, \nu_{\mathrm{ur}}$	$c', \varphi', \psi, \lambda^*, \kappa^*,$ $\mu^*, \nu_{\mathrm{ur}}, M, K_0$	$c', \varphi', \psi, E, \nu$
Anwen-dungs-grenze	Alle Bodenarten	Normal konsolidierte oder schwach überkonsolidierte Tone oder tonige Böden	Alle Bodenarten

16.4 Berechnungsorganisation bei nichtlinearem Stoffverhalten

In 16.2.1 wurde bei der Ableitung der FEM-Gleichungen von der linearen Spannungs-Dehnungs-Beziehung nach Gl. (16.7) ausgegangen. Wie in 16.2.3 und 16.3 beschrieben, ist das Stoffgesetz von Böden i. Allg. nichtlinear. Dies bedeutet, dass die Steifigkeitsmatrix $[K]$ in Gl. (16.11) nicht mehr konstant, sondern auch eine Funktion von $\{\delta\}$ ist. Zur Organisation der nichtlinearen Probleme wurden verschiedene Methoden bei der Berechnung mit der FEM entwickelt. Dabei wird i. d. R. nicht von Gesamtverschiebungen, sondern von Verschiebungszunahmen jedes Lastschrittes ausgegangen. Deshalb werden die Gleichgewichtsbedingungen in inkrementeller Form für Verschiebungen und Belastungen wie folgt formuliert:

$$[K]\,\{\Delta U\} = \{\Delta R\} \tag{16.15}$$

Als Lösungsstrategien werden z. B. inkrementelle Verfahren und Iterationsverfahren verwendet. Die Verfahren sind detailliert z. B. in *Zienkiewicz (1977)* behandelt und in den Berechnungsprogrammen automatisch enthalten.

16.5 Diskontinuität

In der Geotechnik sind diskontinuierliche Problemstellungen häufig anzutreffen. Die Kontaktfläche zwischen Fundament und Boden ist ein Beispiel dafür. Je nach Lastgröße und -richtung sowie Kontaktverhalten können diskontinuierliche Flächen sich berühren, gegeneinandergleiten, sich öffnen und wieder schließen (Abb. 16.8).

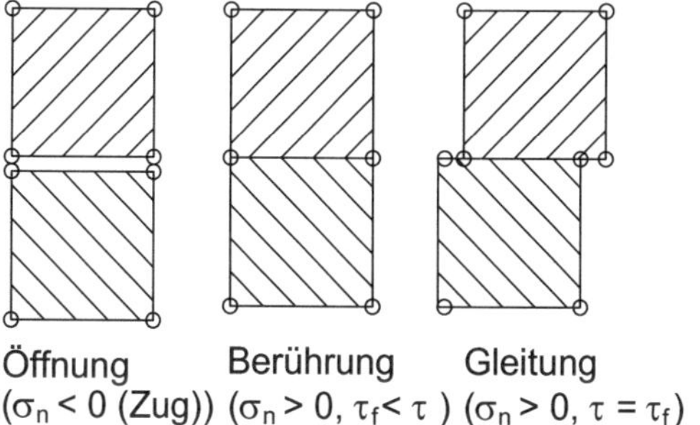

Abb. 16.8: *Typische Deformationsarten einer Kontaktfläche*

Für die entsprechende Nachbildung können Kontaktelemente (Joint-Elemente, Thin-Layer-Elemente) z. B. nach *Katona (1983)* und *Desai et al. (1984)* verwendet werden.

Dabei wird i. d. R. davon ausgegangen, dass das Kontaktelement eine Dicke von null besitzt und die Normal- und Scherspannungen auf der Kontaktfläche von den normal bzw. tangential verlaufenden relativen Verschiebungen abhängig sind. Dies kann wie folgt formuliert werden:

$$\begin{Bmatrix} \sigma_n \\ \tau_s \end{Bmatrix} = \begin{bmatrix} K_n & 0 \\ 0 & K_s \end{bmatrix} \cdot \begin{Bmatrix} \sigma_n \\ \sigma_s \end{Bmatrix} \tag{16.16}$$

mit

σ_n und τ_s : Normal- und Scherspannung auf der Kontaktfläche
K_n und K_s : Normal- und Schersteifigkeitskoeffizient der Kontaktfläche
δ_n und δ_s : relative Verschiebungen (normal und tangential) der gegenüberliegenden Wandungen der Kontaktfläche

Ausgehend von Gl. (16.16) kann eine ähnliche Beziehung zwischen Knotenkräften und -verschiebungen wie bei den Finite-Elemente-Gleichungen abgeleitet und dort eingefügt werden. Demgegenüber sind Thin-Layer-Elemente im Wesentlichen nichts anderes als flache isoparametrische Elemente, z. B. *Desai et al. (1984)*.

16.6 Berücksichtigung von Primärzuständen

Viele Berechnungsprobleme in der Geotechnik erfordern die Spezifikation von Ausgangsspannungen (Initialspannungszustand). Diese durch die Schwerkraft erzeugten Spannungen stellen den Gleichgewichtszustand des ungestörten Boden- oder Felskörpers dar. Zwei Möglichkeiten existieren für die Erzeugung dieser Spannungen:

- K_0-Prozedur
- Schwerkraftbelastung (Gravity Loading).

Bei dieser Option müssen Werte für den Seitendruckbeiwert für jede Bodenschicht eingegeben werden. Der Koeffizient K_0 ist das Verhältnis der horizontalen und der vertikalen effektiven Spannungen:

$$K_0 = \sigma'_{xx} / \sigma'_{zz}$$

In der Praxis wird der Wert K_0 i. d. R. bei normalkonsolidierten Böden oft durch folgende empirische Formel zum Reibungswinkel in Beziehung gesetzt (12.6.7):

$$K_0 = 1 - \sin\varphi \qquad (16.17)$$

In überkonsolidierten Böden ist K_0 i. d. R. größer als der sich aus Gl. (16.17) ergebende Wert und kann dann z. B. aus der Belastungsgeschichte abgeschätzt werden.

Wenn die K_0-Prozedur angewandt wird, werden zunächst vertikale Spannungen generiert, die sich mit dem Eigengewicht des Bodens im Gleichgewicht befinden. Die Horizontalspannungen werden jedoch mit dem angegebenen Wert für K_0 berechnet.

Als Faustregel sollte die K_0-Prozedur nur bei Systemen mit waagerechter Oberfläche und mit zur Oberfläche parallelen Bodenschichten und Grundwasserlinien verwendet werden. Für alle anderen Fälle sollte die Schwerkraftbelastung verwendet werden.

Bei Durchführung einer Schwerkraftbelastung (Gravity Loading) werden die Ausgangsspannungen durch Aufbringen des Bodeneigengewichts in der ersten Berechnungsphase erzeugt. Sobald die Ausgangsspannungen generiert worden sind, sollten die Verformungen zu Beginn der nächsten Berechnungsphase auf null zurückgesetzt werden. Dies eliminiert die Auswirkung der Schwerkraftbelastungsprozedur auf Verformungen, die sich während nachfolgender Berechnungen entwickeln.

16.7 Modellierung

Vor der Berechnung ist auf Grundlage der realen Geometrie und des vorgesehenen Bauablaufes durch Abstraktion ein Finite-Elemente-Modell (FE-Modell) zu generieren. Während im konstruktiven Ingenieurbau in der Regel nur die Struktur des zu erstellenden bzw. vorhanden Bauwerkes und seiner Bauteile abgebildet wird (Strukturmodell) besteht in der Geotechnik die Besonderheit, dass neben den Bauteilen auch der umgebende Boden, das sog. Kontinuum, miterfasst wird. Es entsteht ein Kontinuumsmodell, wobei unterschiedliche Elementtypen und Stoffgesetze zur Abbildung des Gesamtsystems verwendet werden.

In Abb. 16.9 und 16.10 sind exemplarisch zwei FE-Modelle für verschiedene Baugruben dargestellt, wobei die Abb. 16.9 für eine lang gestreckte, linienförmige Baugrube steht, die mit einer zweidimensionalen Modellierung erfasst werden kann, wohingegen Abb. 16.10 das Modell einer ovalen Baugrube zeigt, wobei aufgrund der Baugrubenform und der stark asymmetrischen Randbedingungen eine dreidimensionale Modellierung erfolgen muss.

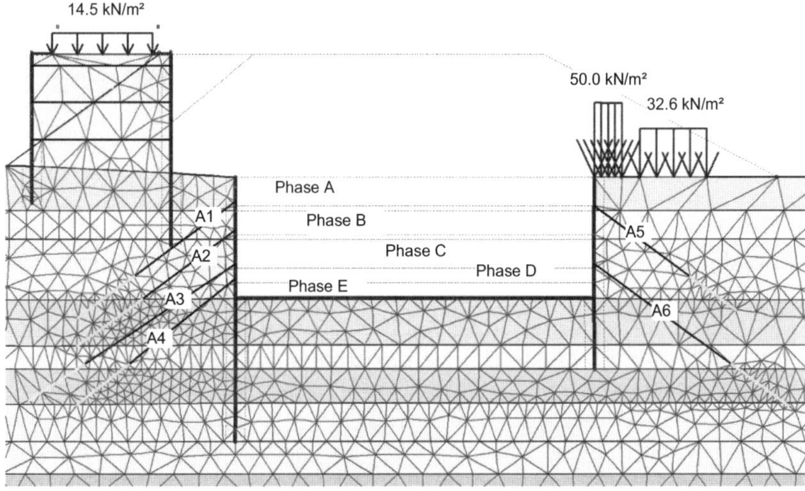

Abb. 16.9: *Ausschnitt aus einem zweidimensionalem FE-Modell (Baugrubensituation) aus* Raithel et al. (2005)

Für den Boden werden dabei in zweidimensionalen Modellen flächige Einzelelemente (z. B. Dreiecke, siehe Abb. 16.1) und in dreidimensionalen Modellen räumliche Einzelelemente (z. B. Quader) verwendet. Diese Elemente werden als Kontinuumselemente bezeichnet.

Konstruktive Bauteile aus Stahl oder Beton können dagegen, neben der Abbildung über Kontinuumselemente, ergänzend auch als sog. Strukturelemente, d. h. zweidimensional als Balken- bzw. Stabelemente bzw. dreidimensional als Wand- oder Plattenelemente abgebildet werden. Bei der Abbildung als Strukturelemente wird die Geometrie und die daraus resultierenden Eigenschaften des Bauteils durch Definition der Dehn- und Biegesteifigkeit erfasst. Als Stoffgesetz wird meist ein linear elastisches Stoffgesetz verwendet. In Abb. 16.9

wurden z. B. die Schlitzwände des Baugrubenverbaus, die Spundwände des Fangedamms, die Anker sowie die Betonsohle der Baugrube als Balkenelemente modelliert.

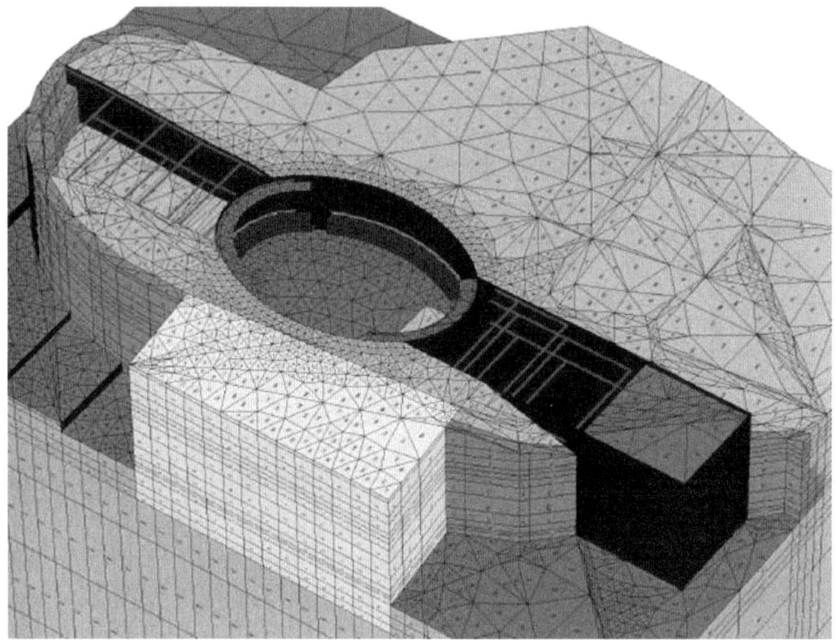

Abb. 16.10: *Ausschnitt aus einem dreidimensionalen FE-Modell (Baugrubensituation) aus* Raithel/Kirchner (2011)

Bei der Abbildung der konstruktiven Bauteile als Strukturelemente besteht der Vorteil darin, dass die Schnittgrößen (Momente, Querkräfte, Normalkräfte) direkt ausgegeben werden, wohingegen bei der Verwendung von Kontinuumselementen die Schnittgrößen erst über die Integration der Spannungen berechnet werden müssen.

Nachteilig ist bei der Verwendung von Strukturelementen, dass die tatsächlichen Abmessungen der Bauteile im Modell nicht vollständig erfasst werden, was zu einer unrealistischen Erfassung der Verformungen bzw. der äußeren Tragfähigkeit des Bauteils führen kann. Als Beispiel sei die Modellierung einer Schlitzwand nur durch vertikale Strukturelemente ausgeführt, die bei vertikaler Belastung unrealistische Setzungen erfährt, da der Lastabtrag über die Breite des Schlitzwandfußes nicht erfasst wird.

16.8 Anwendungsgebiete

Während FEM-Berechnungen zur Prognose von Verformungen und für Gebrauchstauglichkeitsnachweise zwischenzeitlich anerkannt sind und für komplexere Baumaßnahmen, z. B. bei tiefen Baugruben den Stand der Technik darstellen, ist die Bemessung von Bauteilen auf Grundlage der im Kontinuumsmodell errechneten Schnittgrößen teilweise noch umstritten. Vergleichsberechnungen bei Baugruben zeigen, dass die FE-Berechnung durchaus realitätsnähere Ergebnisse im Vergleich zum oft angewendeten Bettungsmodulverfahren liefert.

Bei hochkomplexen räumlichen Baugruben, können analytische Berechnungsverfahren teilweise der Problemstellung nicht mehr genügen. Trotzdem ist bei der Anwendung der FE-Methode zur Bemessung besondere Erfahrung erforderlich. Die Ergebnisse sind durch Sensitivitätsanalysen und Plausibilitätskontrollen abzusichern.

Des Weiteren werden FEM-Berechnungen zunehmend auch bei der Ermittlung des Niveaus der globalen Standsicherheit, z. B. im Sinne der Böschungs- oder Geländebruchsicherheit eingesetzt. Hierbei werden die Scherparameter schrittweise reduziert (sog. φ-c-Reduktion) und bei jedem Reduktionsschritt die auftretenden Verformungen berechnet. Da die Steifigkeit bei höherwertigen Stoffgesetzen in Abhängigkeit des Abstandes des im Bodenelement wirkenden Spannungszustandes zur Fließfläche abgemindert wird, ergibt sich bei fortschreitender Reduktion eine nichtlineare Verformungszunahme. Durch Auftragung der sich ergebenden Verformungen von maßgebenden Punkten in Abhängigkeit des Grades der Scherparameterreduktion kann dann eine Grenze der möglichen Scherparameterabminderung abgeleitet werden, die gerade noch zu einem Gleichgewichtszustand im Modell führt. Da auch die Fellenius-Regel auf dem Grundsatz beruht zu definieren, in welchem Maß die Scherfestigkeit des Bodens abnehmen kann, bis die Böschung versagt, können dann sinngemäß die Gln. (14.1a) und (14.1b) angewendet werden. Durch eine grafische Auftragung von Isolinien gleicher Verformungen kann zudem visualisiert werden, in welchen Bodenelementen bei maximaler Reduktion der Scherparameter die maßgebenden Verformungen auftreten, was Rückschlüsse auf die Geometrie des Bruchkörpers erlaubt, vgl. Abb. 16.11.

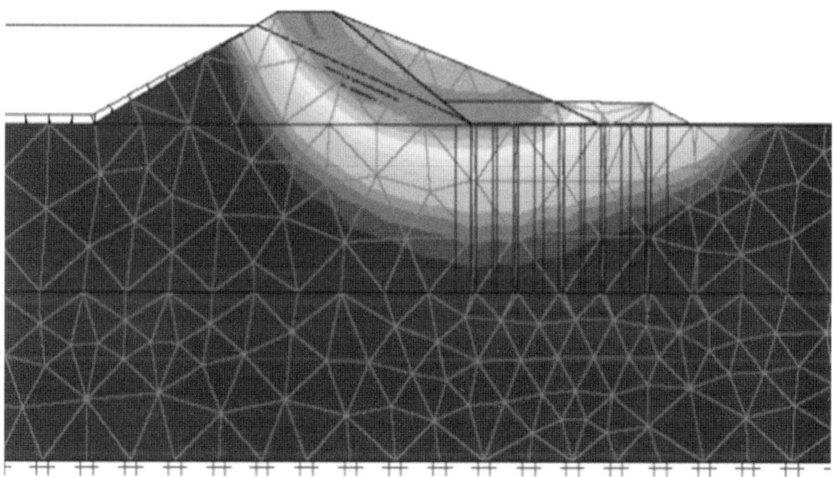

Abb. 16.11: *Grafische Auftragung Isolinien gleicher Verformungen nach einer φ-c-Reduktion im FE-Modell mit Ausbildung eines näherungsweisen kreisförmigen Bruchkörpers*

In *v. Wolffersdorff (2019)* sind aktuelle Vergleichsberechnungen an einem Böschungsbruch mit unterschiedlichen Softwarepaketen zusammengestellt. Zusätzlich werden in der *EANG (2014)* ergänzende Berechnungshinweise gegeben.

16.9 Zahlenbeispiele siehe Anhang B-16.

A Tabellen, Formeln, Bodenkenngrößen

A-1 Abkürzungen und Formelzeichen

Nr.	Formel-zeichen	Benennung	Einheit
1	A	Fläche	m^2
2	A	Auftriebskraft	kN
3	A	Porenwasserüberdruckparameter	–
4	b	Breite	m
5	B	Porenwasserdruckkoeffizient	–
6	c'	Kohäsion des dränierten Bodens (effektive Kohäsion)	kN/m^2
7	c_u	Scherfestigkeit (Kohäsion) des undränierten Bodens allgemein	kN/m^2
8	c_c	Kapillarkohäsion	kN/m^2
9	c_v	Konsolidationsbeiwert	–
10	C_C	Krümmungszahl $C_C = d_{30}^2/(d_{10} \cdot d_{60})$	–
11	C_c	Kompressionsbeiwert	–
12	C_s	Schwellbeiwert	–
13	C_U	Ungleichförmigkeitszahl $C_U = d_{60}/d_{10}$	–
14	C_α	Kriechbeiwert	–
15	D	Lagerungsdichte	–
16	D_{Pr}	Verdichtungsgrad	–
17	d	Schichtdicke	m
18	d	Korndurchmesser	mm
19	d_{60}	Korndurchmesser bei 60 % Siebdurchgang	mm
20	d_{10}	Korndurchmesser bei 10 % Siebdurchgang	mm
21	e	Porenzahl	–
22	e_{max}	Porenzahl bei lockerster Lagerung	–
23	e_{min}	Porenzahl bei dichtester Lagerung	–
24	e_{kr}	kritische Porenzahl	–
25	e_w	Porenzahl des Wassers	–

Nr.	Formel-zeichen	Benennung	Einheit
26	e_a	aktiver Erddruck	kN/m^2
27	e'_a	erhöhter aktiver Erddruck	kN/m^2
28	e_p	passiver Erddruck	kN/m^2
29	e'_p	verminderter passiver Erddruck	kN/m^2
30	e_0	Erdruhedruck	kN/m^2
31	e_p	Verdichtungserddruck	kN/m^2
32	E	Elastizitätsmodul	MN/m^2
33	E	Erddruckkraft	kN/m
34	E_a	aktive Erddruckkraft	kN/m
35	E_p	Erdwiderstand (passive Erddruckkraft)	kN/m
36	E_0	Erdruhedruckkraft	kN/m
37	E	Elastizitätsmodul	MN/m^2
38	E_u	Anfangselastizitätsmodul	MN/m^2
39	E_v	Verformungsmodul	MN/m^2
40	E_{v1}	Verformungsmodul bei Erstbelastung	MN/m^2
41	E_{v2}	Verformungsmodul bei Wiederbelastung	MN/m^2
42	E_s	Steifemodul	MN/m^2
43	$E_{s,E}$	Steifemodul bei Erstbelastung	MN/m^2
44	$E_{s,W}$	Steifemodul bei Wiederbelastung	MN/m^2
45	E_m	Zusammendrückungsmodul	MN/m^2
46	E^*	für die Setzungsberechnung verwendeter Rechenmodul	MN/m^2
47	E_k	charakteristische Einwirkungen bzw. Beanspruchungen	kN
48	E_d	Bemessungswert der Einwirkungen bzw. Beanspruchungen	kN
49	f	Setzungsbeiwert	–
50	f_s	Strömungskraft	kN/m^3
51	F_A	Zugkraft eines Ankers	kN
52	F_{A0}	Festlegekraft eines Ankers	kN
53	g	Erdbeschleunigung	m/s^2
54	G	Schubmodul	MN/m^2
55	G	Gewichtskraft	kN
56	h	Höhe	m
57	h_k	kapillare Steighöhe	m
58	Δh	Druck– bzw. Höhendifferenz	m
59	I_P	Plastizitätszahl $I_P = w_L - -w_P$	–
60	I_C	Konsistenzzahl	–

Nr.	Formelzeichen	Benennung	Einheit
61	I_D	bezogene Lagerungsdichte	–
62	i	hydraulischer Gradient	–
63	i_e	Übergangsgradient	–
64	I_0	Anfangsgradient	–
65	K_0	Erdruhedruckbeiwert	–
66	K_a	aktiver Erddruckbeiwert	–
67	K_p	passiver Erddruckbeiwert	–
68	K^*	Mindesterddruckbeiwert	–
69	K	Kompressionsmodul	MN/m^2
70	k	Durchlässigkeitsbeiwert	m/s
71	k_h	Durchlässigkeitsbeiwert in horizontaler Richtung	m/s
72	k_v	Durchlässigkeitsbeiwert in vertikaler Richtung	m/s
73	k_S	Bettungsmodul	MN/m^2
74	l	Länge	m
75	Δl	Längendifferenz bzw. durchströmte Länge	m
76	N	Normalkraft	kN
77	M	Moment	kNm
78	m_d	trockene Masse des Bodens	g
79	m_w	Masse des Wassers	g
80	m_g	verglühte Masse	g
81	m_{ca}	Masse des Kalkes	g
82	n	Porenanteil	–
83	n_{max}	Porenanteil bei lockerster Lagerung	–
84	n_{min}	Porenanteil bei dichtester Lagerung	–
85	n_w	mit Wasser gefüllter Porenanteil	–
86	n_a	Luftporenanteil	–
87	N_{10}	Schlagzahl der Rammsonde	–
88	p	mittlere Hauptspannung	kN/m^2
89	p, P	Auflast auf der Geländeoberfläche	kN/m^2
90	q	Deviatorspannung bzw. Hauptspannungsdifferenz	kN/m^2
91	Q	Wassermenge	m^3
92	q_c	Spitzenwiderstand der Drucksonde	MN/m^2
93	q_u	einaxiale Druckfestigkeit	kN/m^2
94	r	Radius eines kreisförmigen Körpers	m
95	r_w	Dränradius	m
96	R_k	charakteristische Widerstände	kN

Nr.	Formelzeichen	Benennung	Einheit
97	R_d	Bemessungswert der Widerstände	kN
98	S_r	Sättigungszahl	–
99	s	Setzung	m
100	s_0	Sofortsetzung	m
101	s_1	Primärsetzung (auch als s_p bezeichnet)	m
102	s_2	Sekundär- bzw. Kriechsetzung (auch als s_k bezeichnet)	m
103	s'	bezogene Setzungen ($= \varepsilon$)	–
104	T	Scherkraft	kN
105	T_v	Zeitfaktor $T_V = c_v \cdot t_c / h^2$	–
106	t	Zeit	d, sec
107	U_c	Verfestigungsgrad (Konsolidierungsgrad)	–
108	U_m	Durchschnittlicher Verfestigungsgrad (Konsolidierungsgr.) der Schicht	–
109	u	Porenwasserdruck	kN/m^2
110	u_0	hydrostatischer Porenwasserdruck	kN/m^2
111	Δu	Porenwasserüber– bzw. unterdruck	kN/m^2
112	V	Volumen	m^3
113	v	Geschwindigkeit	m/s
114	V_{gl}	Glühverlust	%
115	V_{ca}	Kalkgehalt	%
116	w	Wassergehalt	%
117	w_e	Steifeexponent	–
118	w_L	Fließgrenze	%
119	w_P	Ausrollgrenze	%
120	z	Laufordinate über die Tiefe	m
121	α	Wandneigungswinkel	°
122	α_A	Neigungswinkel eines Zuggliedes (Anker) gegen die Horizontale	°
123	β	Böschungswinkel	°
124	β	Baugrundverbesserungsfaktor	–
125	δ_a	Winkel zwischen der Erddrucklast und der Normalen zur Wand	°
126	δ_p	Winkel zwischen der Erdwiderstandslast und der Normalen zur Wand	°
127	ε	Dehnung bzw. Stauchung	–
128	γ	Wichte des erdfeuchten Bodens bzw. Wichte des Baustoffs	kN/m^3

Nr.	Formelzeichen	Benennung	Einheit
129	γ'	Wichte unter Auftrieb	kN/m^3
130	γ_r	Wichte des wassergesättigten Bodens	kN/m^3
131	γ_w	Wichte des Wassers	kN/m^3
132	γ^*	Wichte des durchströmten Bodens	kN/m^3
133	γ_s	Kornwichte	kN/m^3
134	γ_F	Teilsicherheitsbeiwert für Einwirkungen	–
135	γ_R	Teilsicherheitsbeiwert für Widerstände	–
136	μ	Ausnutzungsgrad	–
137	ν	Poissonzahl (Querdehnungszahl)	–
138	ν_e	Steifebeiwert	–
139	v_r	Schwinggeschwindigkeit	mm/sec
140	ρ	Dichte	g/cm^3
141	ρ_d	Trockendichte	g/cm^3
142	ρ_r	wassergesättigte Dichte	g/cm^3
143	ρ_s	Korndichte	g/cm^3
144	ρ_w	Dichte des Wassers	g/cm^3
145	ρ_{pr}	Proctordichte	g/cm^3
146	τ	Schub– bzw. Scherspannung	kN/m^2
147	τ_f	Scherfestigkeit	kN/m^2
148	σ	totale Spannung bzw. Spannung im Allgemeinen	kN/m^2
149	σ'	effektive Spannung	kN/m^2
150	σ_{at}	atmosphärischer Druck	kN/m^2
151	$\sigma_{ü}$	lotrechte Druckspannung aus Eigenlast des Bodens (Überlagerungsspannung)	kN/m^2
152	σ_v	Vertikalspannung im Boden (auch als σ_z bezeichnet)	kN/m^2
153	σ_h	Horizontalspannung im Boden (auch als σ_x bezeichnet)	kN/m^2
154	$\sigma_{1,2,3}$	Hauptspannungen	kN/m^2
155	φ'	Reibungswinkel des dränierten Bodens (effektiver Reibungswinkel)	$^\circ$
156	φ_u	Reibungswinkel des undränierten Bodens	$^\circ$
157	ϑ_a	aktiver Gleitflächenwinkel	$^\circ$
158	ϑ_p	passiver Gleitflächenwinkel	$^\circ$

A-2 Formeln zur Ermittlung der passiven Erddruckbeiwerte nach *Pregl/Sokolovski* mit gekrümmten Gleitflächen

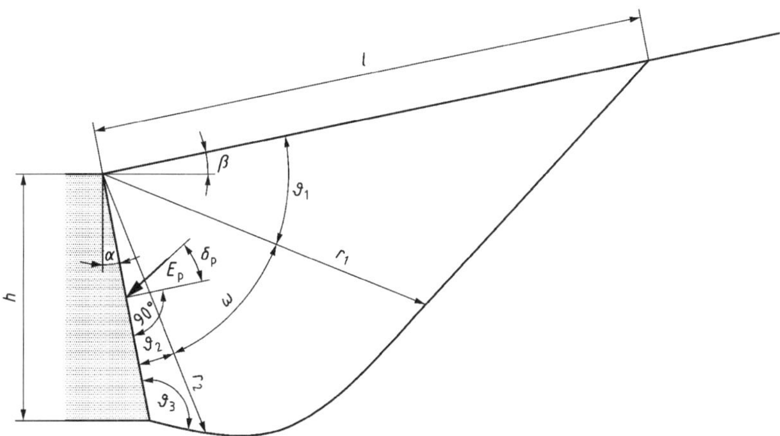

Abb. A-2.1: *Randbedingungen der passiven Gleitflächenausbildung, nach Pregl/Sokolovski, siehe* Pregl (2002)

a) Geometrische Größen

$$\vartheta_1 = \frac{\pi}{4} - \frac{\varphi}{2} - \frac{\varepsilon_1 - \beta}{2} \qquad \text{mit } \sin\varepsilon_1 = \frac{\sin\beta}{\sin\varphi}$$

$$\vartheta_2 = \frac{\pi}{4} + \frac{\varphi}{2} - \frac{\varepsilon_2 - \delta_p}{2} \qquad \text{mit } \sin\varepsilon_2 = -\frac{\sin\delta_p}{\sin\varphi}$$

$$\vartheta_3 = \frac{\pi}{4} + \frac{\varphi}{2} + \frac{\varepsilon_2 - \delta_p}{2}$$

$$\omega = \frac{\pi}{2} - \alpha + \beta - \vartheta_1 - \vartheta_2$$

$$r_2 = \frac{h}{\cos\alpha} \cdot \frac{\sin\vartheta_3}{\sin(\vartheta_2 + \vartheta_3)}$$

$$r_1 = r_2 \cdot e^{\omega \cdot \tan\varphi}$$

$$l = r_1 \cdot \frac{\cos\varphi}{\cos(\varphi + \vartheta_1)}$$

Anmerkung: Die Formeln sind im Bogenmaß zu verstehen. Im Fall $\omega < 0$ überlappen sich rechnerisch die beiden geradlinig begrenzten Randbereiche und es bildet sich im Überlappungsbereich eine Diskontinuitätsfläche aus.

b) Erddruckbeiwerte nach *Pregl/Sokolovski* für den passiven Erddruck infolge Bodeneigengewicht, Flächenlasten und Kohäsion:

$$E_{pgh} = \frac{1}{2} \cdot \gamma \cdot h^2 \cdot K_{pgh} \tag{A-2.1}$$

$$E_{pph} = p \cdot K_{pph} \tag{A-2.2}$$

$$E_{pch} = h \cdot c' \cdot K_{pch} \tag{A-2.3}$$

Für $\delta_p \neq 0$, $\alpha \neq 0$, und $\beta \neq 0$ gilt:

$$K_{pgh} = \cos(\delta_p + \alpha) \cdot K_{pg,0} \cdot i_{pg} \cdot g_{pg} \cdot t_{pg} \tag{A-2.4}$$

$$K_{pph} = \cos(\delta_p + \alpha) \cdot K_{pp,0} \cdot i_{pp} \cdot g_{pp} \cdot t_{pp} \tag{A-2.5}$$

$$K_{pch} = \cos(\delta_p + \alpha) \cdot K_{pc,0} \cdot i_{pc} \cdot g_{pc} \cdot t_{pc} \tag{A-2.6}$$

mit: $K_{pg,0} = K_{pgh} = \frac{1+\sin\varphi}{1-\sin\varphi} \approx K_{pp,0}$ und $K_{pc,0} = K_{pch} \approx 2 \cdot \sqrt{K_{pgh}}$

$$\delta_p \leq 0: \quad i_{pg} = (1 - 0,53 \cdot \delta_p)^{(0,26+5,96\cdot\varphi)}, \quad i_{pp} = (1 - 1,33 \cdot \delta_p)^{(0,08+2,37\cdot\varphi)}, i_{pc} = i_{pp}$$

$$\delta_p > 0: \quad i_{pg} = (1 + 0,41 \cdot \delta_p)^{-7,13}, i_{pp} = (1 - 0,72 \cdot \delta_p)^{2,81}, \quad i_{pc} = (1 - 4,46 \cdot \delta_p \cdot \tan\varphi)^{(-1,14+0,57\cdot\varphi)}$$

$$\beta \leq 0: \quad g_{pg} = (1 + 0,73 \cdot \beta)^{2,89}, g_{pp} = (1 + 1,16 \cdot \beta)^{1,57}, \quad g_{pc} = (1 + 0,001 \cdot \beta \cdot \tan\varphi)^{(205,4+2232\cdot\varphi)}$$

$$\beta > 0: \quad g_{pg} = (1 + 0,35 \cdot \beta)^{(0,42+8,15\cdot\varphi)}, g_{pp} = (1 + 3,84 \cdot \beta)^{0,98\cdot\varphi}, \quad g_{pc} = e^{2\cdot\beta\cdot\tan\varphi}$$

$$\alpha \leq 0: \quad t_{pg} = (1 + 0,72 \cdot \alpha \cdot \tan\varphi)^{(-3,51+1,03\cdot\varphi)}, \quad t_{pp} = \frac{e^{-2\cdot\alpha\cdot\tan\varphi}}{\cos\alpha}, t_{pc} = t_{pp}$$

$$\alpha > 0: \quad t_{pg} = (1 - 0,0012 \cdot \alpha \cdot \tan\varphi)^{(2910-1958\cdot\varphi)}, \quad t_{pp} = \frac{e^{-2\cdot\alpha\cdot\tan\varphi}}{\cos\alpha}, t_{pc} = t_{pp}$$

In voranstehenden Gleichungen sind die Winkel α, β, δ_p und φ zur Ermittlung der Terme i, g und t im Bogenmaß einzusetzen.

Für $\alpha = \beta = \delta_p = 0$ gilt:

$$K_{pgh} = K_{pg} = \tan^2\left(45° + \frac{\varphi}{2}\right) = \frac{1 + \sin\varphi}{1 - \sin\varphi}$$

$$K_{pph} = K_{pp} = K_{pgh}$$

$$K_{pch} = K_{pc} = 2 \cdot \sqrt{K_{pgh}} = (K_{pgh} - 1) \cdot \cot\varphi$$

A-3 Räumlicher Erddruck

A-3.1 Räumlicher aktiver Erddruck nach DIN 4085

Bei der Ermittlung des aktiven Erddrucks auf eine schmale Wand mit der Bauteilbreite b und der Höhe h darf der Einfluss des räumlichen Spannungszustands im Boden berücksichtigt werden. Hierbei wird der aktive Erddruck im ebenen Fall (12.6) mit Formbeiwerten abgemindert, siehe ebenfalls DIN 4085.

Mit den Beiwerten für die Horizontalkomponente

μ_{ah}	Formbeiwert für räumlichen aktiven Erddruck
$\mu_{ah}^{(res)}$	Formbeiwert für resultierenden aktiven Erddruck

wird der räumliche Erddruck in der Tiefe z nach Gl. (A-3.1) ermittelt.

$$e_{ah}^{r} = \mu_{agh} \cdot e_{agh} + \mu_{aph} \cdot e_{aph} + \mu_{ach} \cdot e_{ach} \tag{A-3.1}$$

Dabei gilt

$$\mu_{agh} = \mu_{aph} = 1 - \frac{2}{\pi} \cdot \arctan\left(\hat{\varphi} \cdot \frac{z}{h}\right) \tag{A-3.2}$$

und auf der sicheren Seite liegend

$$\mu_{ach} = 1 \tag{A-3.3}$$

mit

$$\hat{\varphi} = \frac{\varphi \cdot h}{2 \cdot b} \tag{A-3.4}$$

Anmerkung: In Gl. (A-3.4) wird der Reibungswinkel φ im Bogenmaß eingesetzt.

Die räumliche Erddruckkraft je m Wandbreite ergibt sich zu

$$E_{ah}^{r} = \mu_{agh}^{(res)} \cdot E_{agh} + \mu_{aph}^{(res)} \cdot E_{aph} + \mu_{ach}^{(res)} \cdot E_{ach} \tag{A-3.5}$$

mit

$$\mu_{agh}^{(res)} = 1 - \frac{2}{\pi} \cdot \left[\left(1 + \frac{1}{\hat{\varphi}^2}\right) \cdot \arctan\hat{\varphi} - \frac{1}{\hat{\varphi}}\right] \tag{A-3.6}$$

$$\mu_{aph}^{(res)} = \left(1 - \frac{2}{\pi} \cdot \arctan\hat{\varphi}\right) + \frac{1}{\hat{\varphi} \cdot \pi} \cdot \ln\left(1 + \hat{\varphi}^2\right) \tag{A-3.7}$$

Wie beim Erddruck darf bei der Ermittlung der Erddruckkraft der Formbeiwert aus Kohäsion $\mu_{ach}^{(res)} = 1$ gesetzt werden.

Alle Gleichungen für die Formbeiwerte gelten für $\alpha = \beta = \delta_a = 0$, in davon abweichenden Fällen näherungsweise. Entsprechende Kurventafeln zu den Gln. (A-3.2) und (A-3.6) sind in DIN 4085 zusammengestellt. Ergänzende Kommentare zum aktiven Erddruck im räumlichen Fall finden sich in *Hettler/Kurrer (2019)*.

A-3.2 Räumlicher passiver Erddruck nach DIN 4085

Bei im Grundriss schmalen Wänden ist der passive Erddruck größer als bei einem Ausschnitt einer unendlich langen Wand gleicher Breite. Bei dem nachstehend angeführten Berechnungsverfahren wird der Einfluss des räumlichen Spannungszustands auf den passiven Erddruck durch die Einführung von Formbeiwerten erreicht. Die Erddruckbeiwerte entsprechen denen für den ebenen Fall (12.6). Weitere Details sind DIN 4085 zu entnehmen.

Die Horizontalkomponente der räumlichen passiven Erddruckkraft pro Meter infolge Bodeneigengewicht, Kohäsion und infolge einer großflächigen Gleichlast wird nach Gl. (A-3.8) ermittelt.

$$E^r_{ph} = E^r_{pgh} + E^r_{pph} + E^r_{pch} \tag{A-3.8}$$

mit den Anteilen

$$E^r_{pgh} = \frac{1}{2} \cdot \gamma \cdot h^2 \cdot K_{pgh} \cdot \mu^{(res)}_{pgh} \tag{A-3.9}$$

für den Anteil aus Bodeneigengewicht,

$$E^r_{pph} = p_v \cdot h \cdot K_{pph} \cdot \mu^{(res)}_{pph} \tag{A-3.10}$$

für den Anteil aus großflächigen Gleichlasten,

$$E^r_{pch} = c \cdot h \cdot K_{pch} \cdot \mu^{(res)}_{pch} \tag{A-3.11}$$

für den Anteil aus Kohäsion.

Dabei ist

b	Breite der Wand (bei Bohlträgern z. B. die Flanschbreite)
h	Höhe der Wand bzw. Einbindetiefe des Bohlträgers
$\mu^{(res)}_{pgh}$	Formbeiwert bei der Ermittlung der passiven Erddruckkraft infolge von Bodeneigengewicht
$\mu^{(res)}_{pph}$	Formbeiwert bei der Ermittlung der Erddruckkraft infolge großflächiger Gleichlasten
$\mu^{(res)}_{pch}$	Formbeiwert bei der Ermittlung der Erddruckkraft infolge der Kohäsion des Bodens.

Die Gleichungen für die Formbeiwerte sind in Tab. A-3.1 zusammengestellt. Kurventafeln finden sich in DIN 4085.

Tab. A-3.1: Formbeiwerte beim räumlichen Erdwiderstand, aus DIN 4085

	$b \leq 0,3 \cdot h$	$b \geq 0,3 \cdot h$
$\mu_{pgh}^{(res)}$	$0,55 \cdot (1 + 2 \cdot \tan\varphi) \cdot \sqrt{\frac{h}{b}}$	$1 + 0,6 \cdot \frac{h}{b} \cdot \tan\varphi$
$\mu_{pph}^{(res)}$	$\mu_{pgh}^{(res)}$	$\mu_{pgh}^{(res)}$
$\mu_{pch}^{(res)}$	$1,1 \cdot (1 + 0,75 \cdot \tan\varphi) \cdot \sqrt{\frac{h}{b}}$	$1 + 0,30 \cdot \frac{h}{b} \cdot (1 + 1,5 \cdot \tan\varphi)$

Die Formbeiwerte für die Erddruckspannung ergeben sich aus der Ableitung der räumlichen Erddruckkraft. Hierbei werden die Formbeiwerte $\mu^{(res)}$ in die Gln. (A-3.9) bis (A-3.11) eingesetzt und anschließend nach h abgeleitet. Daraus ergeben sich die Formbeiwerte für die räumliche Erddruckspannung in Tab. A-3.2, vgl. *Rudolph et al. (2011)*. Diese werden anschließend in die Gln. (A-3.12) bis (A-3.14) eingesetzt.

$$e_{pgh}^{er} = \gamma \cdot h \cdot K_{pgh} \cdot \mu_{pgh}^{er} \cdot b \tag{A-3.12}$$

$$e_{pph}^{er} = p \cdot K_{pph} \cdot \mu_{pph}^{er} \cdot b \tag{A-3.13}$$

$$e_{pch}^{er} = c \cdot K_{pch} \cdot \mu_{pch}^{er} \cdot b \tag{A-3.14}$$

Tab. A-3.2: Formbeiwerte für die Erddruckspannung im räumlichen Fall

	$b \leq 0,3 \cdot h$	$b \geq 0,3 \cdot h$
μ_{pgh}^{er}	$\frac{11}{16} \cdot \sqrt{h/b} \cdot (1 + 2 \cdot \tan\varphi)$	$1 + 0,9 \cdot h/b \cdot \tan\varphi$
μ_{pph}^{er}	$\frac{33}{40} \cdot \sqrt{h/b} \cdot (1 + 2 \cdot \tan\varphi)$	$1 + 1,2 \cdot h/b \cdot \tan\varphi$
μ_{pch}^{er}	$\frac{33}{20} \cdot \sqrt{h/b} \cdot (1 + 0,75 \cdot \tan\varphi)$	$1 + 0,6 \cdot h/b \cdot (1 + 1,5 \cdot \tan\varphi)$

Bei geschichtetetem Baugrund mit unterschiedlichen Wichten oder Grundwassereinfluss ist der Einfluss der aufliegenden Bodenschichten zu berücksichtigen. Hierzu kann der Ansatz nach *Georgiadis (1983)* verwendet werden, vgl. Kapitel 20 (Band 2).

Wenn mehrere schmale Wände der Breite b mit geringem Abstand nebeneinander angeordnet sind, ist die Summe der passiven Erddruckkräfte E_{ph}^{r} auf die Einzelflächen mit der passiven Erddruckkraft auf eine gedachte durchgehende Wand zu vergleichen. Der kleinere Wert ist maßgebend. Dabei ist die mittlere Erddruckkraft pro Meter auf die durchgehende Wand der Länge a nach Gl. (A-3.15) zu ermitteln.

$$E_p^{durchg} \left[\frac{\text{kN}}{\text{m}}\right] = E_p^I \cdot \frac{a-b}{a} + E_p^{II} \cdot \frac{b}{a} \tag{A-3.15}$$

Dabei ist

a	der Abstand der Systemachsen der Wände
E_p^I	die passive Erddruckkraft im ebenen Fall auf die vertikale Schnittfläche $(a-b)\cdot h$ im Boden für $\delta_p = 0$ bei nichtbindigem Boden und für δ_p entsprechend des passiven Erddrucks im ebenen Fall bei bindigem Boden
E_p^{II}	die passive Erddruckkraft im ebenen Fall auf die schmale Wandfläche $b\cdot h$ für δ_p entsprechend des passiven Erddrucks im ebenen Fall

Die Höhe y des Angriffspunkts der Erddruckkraft E_{ph}^r in Gl. (A-3.8) über dem Wandfuß darf näherungsweise nach Gln. (A-3.16) bis (A-3.18) ermittelt werden.

Im Gebrauchszustand (etwa halbe Bruchlast):

$$y = \frac{h}{3} \tag{A-3.16}$$

Im passiven Bruchzustand:

$$b \leq h: \ y = \frac{h}{4} \tag{A-3.17}$$

$$b \geq 10\cdot h: \ y = \frac{h}{3} \tag{A-3.18}$$

Bei $h < b < 10\cdot h$ darf geradlinig interpoliert werden.

A-4 Erfahrungswerte für Bodenkenngrößen, aus *v. Soos/Engel (2017)*

Spalte	a	b	c						d		
Zeile Nr.	Bodenart	Boden-gruppe nach DIN 18196	Korngrößen-verteilung		Ungleich-förmig-keitszahl	Plastizitäts-grenzen des Kornanteils < 0,4 mm			Wichte		
		%	< 0,06 mm %	< 0,06 mm %	C_U %	w_L %	w_P	I_P	γ kN/m³	γ' kN/m³	w %
1	Kies, gleichkörnig	GE	< 5	< 60	2 5	–	–	–	16,0 19,0	9,5 10,5	4 1
2	Kies, sandig, mit wenig Feinkorn	GW, GI	< 5	< 60	10 100	–	–	–	21,0 23,0	11,5 13,5	6 3
3	Kies, sandig, mit Schluff- oder Tonbeimengungen die das Korngerüst nicht sprengen	GU, GT	8 15	< 60	30 300	20 45	16 25	4 25	21,0 24,0	11,5 14,5	9 3
4	Kies-Sand-Feinkorngemisch, das Feinkorn sprengt das Korngerüst	GŪ, GT̄	20 40	< 60	100 1000	20 50	16 25	4 30	20,0 22,5	10,5 13,0	13 6
5	Sand, gleichkörnig a) Feinsand	SE	< 5	100	1,2 3	–	–	–	16,0 19,0	9,5 11,0	22 8
	b) Grobsand	SE	< 5	100	1,2 3	–	–	–	16,0 19,0	9,5 11,0	16 6
6	Sand, gut abgestuft und Sand, kiesig	SW, SI	< 5	> 60	6 15	–	–	–	18,0 21,0	10,0 12,0	12 5
7	Sand mit Feinkorn, das das Korngerüst nicht sprengt	SU, ST	8 15	> 60	10 50	20 45	16 25	4 25	19,0 22,5	10,5 13,0	15 4
8	Sand mit Feinkorn, das das Korngerüst sprengt	SŪ, ST̄	20 40	> 60 > 70	30 500	20 50	16 30	4 30	18,0 21,5	9,0 11,0	20 8
9	Schluff, leicht plastisch	UL	> 50	> 80	5 50	25 35	21 28	4 11	17,5 21,0	9,5 11,0	28 15
10	Schluff, mittel- und ausgeprägt plastisch	UM, UA	> 80	100	5 50	35 60	22 25	7 25	17,0 20,0	8,5 10,5	35 20
11	Ton, leicht plastisch	TL	> 80	100	6 20	25 35	15 22	7 16	19,0 22,0	9,5 12,0	28 14
12	Ton, mittelplastisch	TM	> 90	100	5 40	40 50	18 25	16 28	18,0 21,0	8,5 11,0	38 18
13	Ton, ausgeprägt plastisch	TA	100	100	5 40	60 85	20 35	33 55	16,5 20,0	7,0 10,0	55 20
14	Schluff oder Ton organisch	OU, OT	> 80	100	5 30	45 70	30 45	10 30	15,5 18,5	5,5 8,5	60 26
15	Torf	HN, HZ	–	–	–	–	–	–	10,4 12,5	0,4 2,5	800 80
16	Mudde	F	–	–	–	100 250	30 80	50 170	12,5 16,0	2,5 6,0	160 50

Die Bodenarten (Spalte a), für die die Bodenkenngrößen der Spalten d bis i gelten, wurden durch Grenzwerte ihrer Korngrößenverteilung und ihrer Konsistenzgrenzen (Zeilen 1 und 2 der Spalten c) bewusst enger definiert als die entsprechenden Bodengruppen nach DIN 18196 (Spalte b). Für jede so beschriebene Bodenart sind in jeweils 2 Zeilen Grenzwerte dieser Bodenkenngrößen angegeben. Gleichzeitig gültig sind die Grenzwerte einer Zeile nur in Spalten, die durch Buchstaben (z. B. e) zu einer Gruppe zusammengefasst sind. Die Grenzwerte in den Spaltengruppen c und e werden allein durch die stoffliche Zusammensetzung, jene in den übrigen Spalten auch durch die Konsistenzzahl I_c bzw. Lagerungsdichte D beeinflusst.

Spalte	a	e		f		g	h			i
Zeile Nr.	Bodenart	Proctorwerte		Zusammendrückbarkeit erstverdichteter Böden $E_S = v_e \sigma_{ref} \left(\frac{\sigma}{\sigma_{ref}} \right)^{w_e}$			Scherparameter			Durchlässigkeitsbeiwert
		ρ_{PR}	w_{PR}				φ'	$\frac{c'}{\sigma'_{vc}}$	φ'_t	k
		t/m³	%	v_e	w_e	Δu	°		°	m/s
1	Kies, gleichkörnig	1,70	8	400	0,60	0	34	–	32	$2 \cdot 10^{-1}$
		1,90	5	900	0,40		42	–	35	$1 \cdot 10^{-2}$
2	Kies, sandig, mit wenig	2,00	7	400	0,70	0	35	–	32	$1 \cdot 10^{-2}$
	Feinkorn	2,25	4	1100	0,50		45	–	35	$1 \cdot 10^{-6}$
3	Kies, sandig, mit Schluff- oder	2,10	7	400	0,70	0	35	0,01	32	$1 \cdot 0^{-5}$
	Tonbeimengungen die das Korngerüst nicht sprengen	2,25	4	1200	0,50	+	43	0	35	$1 \cdot 10^{-8}$
4	Kies-Sand-Feinkorngemisch, das	2,10	10	150	0,90		28	0,02	22	$1 \cdot 10^{-7}$
	Feinkorn sprengt das Korngerüst	2,35	5	400	0,70	++	35	0,008	30	$1 \cdot 10^{-11}$
5	Sand, gleich a) Feinsand	1,90	15	150	0,75		32	–	30	$1 \cdot 10^{-4}$
	körnig	2,20	10	300	0,60	0	40	–	32	$2 \cdot 10^{-5}$
	b) Grobsand	1,60	13	250	0,70		34	–	30	$1 \cdot 10^{-3}$
		1,75	8	700	0,55	0	42	–	34	$5 \cdot 10^{-4}$
6	Sand, gut abgestuft und Sand,	1,90	10	200	0,70		33	–	32	$5 \cdot 10^{-4}$
	kiesig	2,15	6	600	0,55	0	41	–	34	$2 \cdot 10^{-5}$
7	Sand mit Feinkorn, das das	2,00	11	150	0,80		32	0,01	30	$2 \cdot 10^{-5}$
	Korngerüst nicht sprengt	2,20	7	500	0,65	+	40	0	32	$5 \cdot 10^{-7}$
8	Sand mit Feinkorn, das das	1,70	19	50	0,90		25	0,03	22	$2 \cdot 10^{-6}$
	Korngerüst sprengt	2,00	12	250	0,75	++	32	0,01	30	$1 \cdot 10^{-9}$
9	Schluff, leicht plastisch	1,60	22	40	0,80		28	0,01	25	$1 \cdot 10^{-5}$
		1,80	15	110	0,60	+	35	0,003	30	$1 \cdot 10^{-7}$
10	Schluff, mittel- und	1,55	24	30	0,90		25	0,02	22	$2 \cdot 10^{-6}$
	ausgeprägt plastisch	1,75	18	70	0,70	++	33	0,007	29	$1 \cdot 10^{-9}$
11	Ton, leicht plastisch	1,65	20	20	1,00		24	0,04	20	$1 \cdot 10^{-7}$
		1,85	15	50	0,90	++	32	0,015	28	$2 \cdot 10^{-9}$
12	Ton, mittelplastisch	1,55	23	10	1,00		20	0,06	10	$5 \cdot 10^{-8}$
		1,75	17	30	0,95	++	28	0,02	20	$1 \cdot 10^{-10}$
13	Ton, ausgeprägt plastisch	1,45	27	6	1,00		12	0,10	6	$1 \cdot 10^{-9}$
		1,65	20	20	1,00	+++	20	0,03	15	$1 \cdot 10^{-12}$
14	Schluff oder Tonorganisch	1,45	27	5	1,00		18	0,05	15	$1 \cdot 10^{-9}$
		1,70	18	20	0,90	+++	26	0,02	22	$2 \cdot 10^{-11}$
15	Torf	–	–	3	1,00		24	0,025		$1 \cdot 10^{-5}$
				8	1,00	++	30	0,008		$1 \cdot 10^{-8}$
16	Mudde	–	–	4	1,00		18	0,025		$1 \cdot 10^{-7}$
				10	0,90	+++	26	0,008		$1 \cdot 10^{-9}$

Für die Grenzwerte wurde vorausgesetzt, dass I_c etwa zwischen 0,6 und 1,0 und Dzwischen 0,4 und 0,9 schwanken. Die Symbole in Spalte g weisen darauf hin, ob in der Bodenart bei statischen Spannungsänderungen die Scherfestigkeit beeinflussende Porenwasserdifferenzdrücke Δu entstehen:

0	kein oder sehr geringer	+	geringer
+ +	mittlerer bis starker	+ + +	sehr starker Einfluss des Porenwasserdifferenzdrucks auf die Scherfestigkeit

In Spalte f bedeutet σ_{ref} die Referenzspannung von 100 kN/m².

A-5 Korrelationen zwischen Bodenkenngrößen

A-5.1 Durchlässigkeit

Für die Durchlässigkeit gilt:

a) bei grobkörnigen Böden - mit $0,06 < d_{10} < 0,6$ mm und $1 < U = d_{60}/d_{10} < 20$ nach *Beyer (1964)*

$$k = \left(\frac{A}{U+B} + C\right) \cdot d_{10}^2$$

Der Durchlässigkeitsbeiwert ist abhängig von der Lagerungsdichte und den sich daraus ergebenden Konstanten.

Lagerungsdichte	locker	mitteldicht	dicht
A	3,49	2,68	2,34
B	4,40	3,40	3,10
C	0,80	0,55	0,39

b) bei feinkörnigen Böden ist nach *Carrier/Beckmann (1984)*:

$$k = 0,0174 \cdot \frac{\{[e - 0,027 \cdot (w_P - 0,242 \cdot I_P)] / I_P\}^{4,29}}{1+e}$$

A-5.2 Optimaler Wassergehalt und Proctordichte

Bei feinkörnigen Böden gilt nach *Lo/Lovell (1983)*

$$\rho_{pr} = f(w_L, I_P)$$

bzw. aus Messungen kann folgender empirischer Zusammenhang abgeleitet werden:

$$\rho_{pr} = 2,29 - 0,877 \cdot w_L - 1,165 \cdot w_P + 1,360 \cdot w_L \cdot w_P - 0,144 \cdot \Delta a_u$$

Für den Wassergehalt gilt die Korrelation nach *Lo/Lovell (1983)*

$$w_{pr} = f(\rho_{pr})$$

oder aus den praktischen Erfahrungen

$$w_{pr} = 0,0763 + 0,237 \cdot w_L$$
$$w_{pr} = 0,0446 + 0,62 \cdot w_P$$

A-5.3 Parameter der Zusammendrückbarkeit von Boden

A-5.3.1 Kompressionsbeiwerte

a) $C_c = 0,009 \cdot (w_L - 10)$ für ungestörte Böden (w_L in %) nach *Skempton (1944)*

b) $C_c = 0,5 \cdot I_P \cdot \rho_s$ (I_P als Dezimalbruch, ρ_s in g/cm^3) nach *Wood/Wroth (1978)*

c) $C_c = f(w)$ siehe Abb. A-5.2

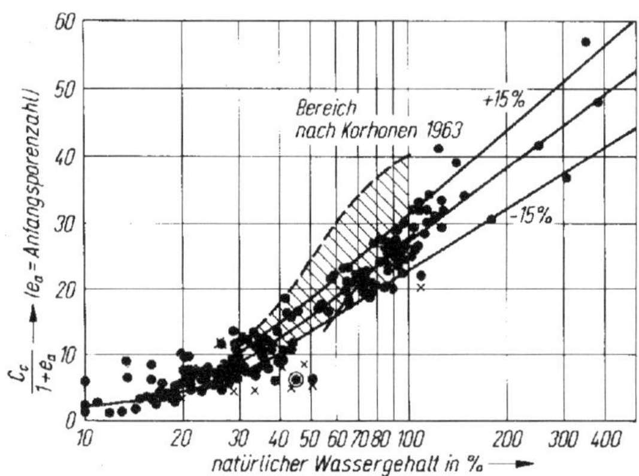

Abb. A-5.2: *Kompressionsbeiwert C_c als Funktion der Fließgrenze w_L, nach* Lambe/Whitman (1969) *und* Korhonen (1963)

d) $C_c = 0,0126 \cdot w_n - 0,162$ (w_n in %) nach *Lo/Lovell (1983)*

e) $C_c = 0,496 \cdot e_a - 0,195$ (e_a: Anfangsporenzahl) nach *Lo/Lovell (1983)*

A-5.3.2 Konsolidierungsbeiwert c_v

$c_v = f(w_L)$ siehe Abb. A-5.3

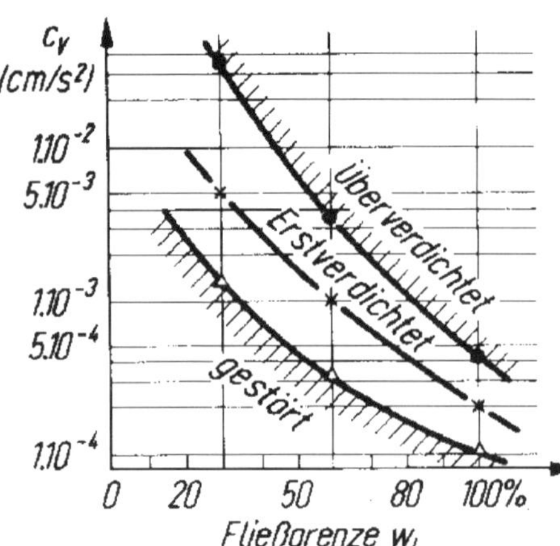

Abb. A-5.3: *Konsolidierungsbeiwert c_v als Funktion der Fließgrenze w_L, nach* Lambe/Whitman (1969)

A-5.3.3 Kriechbeiwerte C_α

a) $C_\alpha = 0,00018 \cdot w$ (w in %) nach *Simons (1975)*

b) $C_\alpha = a \cdot C_c$ mit $a = 0,04 \pm 0,01$ für anorganische Tone
$a = 0,05 \pm 0,01$ für organische Tone
nach *Mesri/Castro (1987)*

A-5.3.4 Parameter der Gleichung $E_s = v_e \cdot \sigma_{at} \cdot \left(\frac{\sigma'}{\sigma_{at}}\right)^{w_e}$; $\sigma_{at} \approx 100$ kN/m^2

a) v_e und w_e als f(Kornrauigkeit, d_w, U, e) siehe *Jänke (1968)*

b) $w_e = f(n)$ siehe Abb. A-5.4

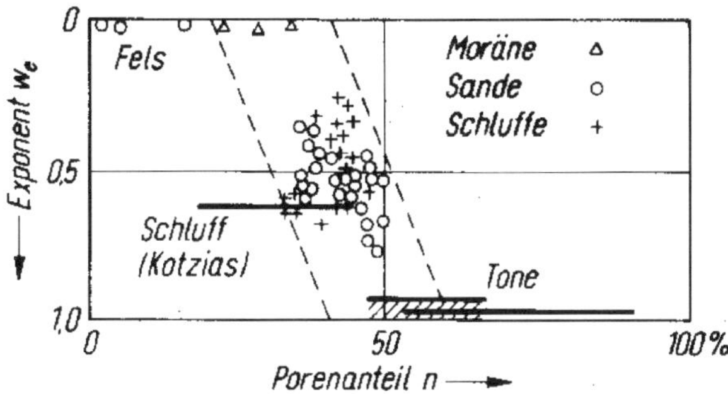

Abb. A-5.4: *Exponent w_e als Funktion des Porenanteils n, nach* Janbu (1963)

c) $v_e = f(n)$ siehe Abb. A-5.5

d) $v_e = f(w)$ siehe Abb. A-5.6

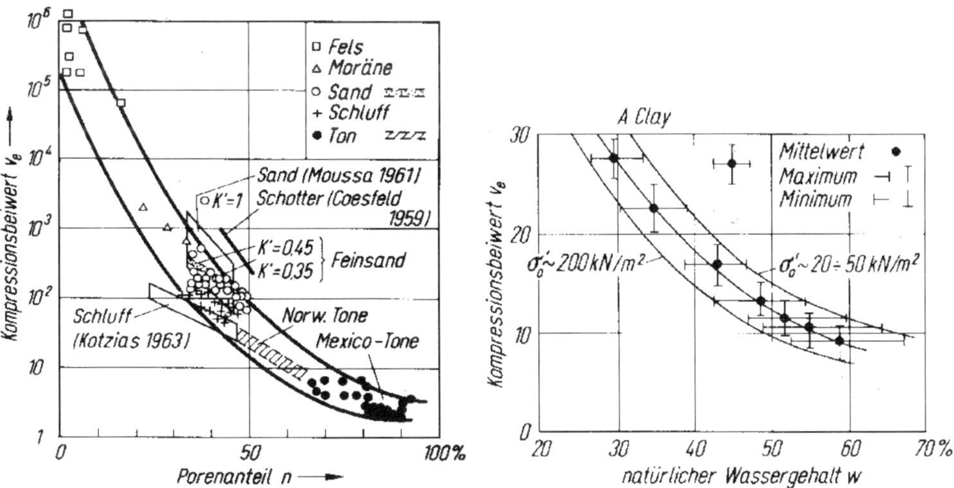

Abb. A-5.5: Verdichtungsbeiwert v_e als Funktion des Porenanteils n, nach Janbu (1963)

Abb. A-5.6: Verdichtungsbeiwert v_e als Funktion des Wassergehaltes w, nach Janbu (1963)

A-5.4 Parameter der Scherfestigkeit

A-5.4.1 φ' nichtbindiger Böden

a) $\cot\varphi' = 3,36 \cdot e_a + 0,005$ mit e_a = Anfangsporenzahl nach *Schultze (1975)*

b) $\cot\varphi' = a \cdot e_a + b$ mit $a = 2,105 + 0,097 \cdot \frac{d_{85}}{d_{15}}$

$b = 0,84 - 0,398 \cdot a$ nach *Teferra (1975)*

c) $\sin\varphi' = \frac{k}{1+e}$ mit

$k = 1,5 - 0,475 \cdot \log U$ für natürliche Böden

$k = 1,1 - 0,35 \cdot \log U$ für gebrochenes Material

$U = \frac{d_{60}}{d_{10}}$ nach *Mogami/Yoshikoshi (1968)*

d) $\tan\varphi'$ als f(Kornrauigkeit, d_w, U, e) nach *Jänke (1968)*

A-5.4.2 φ'_s (Gesamtscherwinkel) erstverdichteter bindiger Böden

a) $\varphi'_s = f(I_P)$ siehe Abb. A-5.7

b) $\frac{\tan\varphi'}{\tan\varphi'_s} = 0,926 - 0,46 \cdot I_A$

mit I_A = Aktivitätszahl als Dezimalbruch anhand der Daten von *Skempton (1953)*

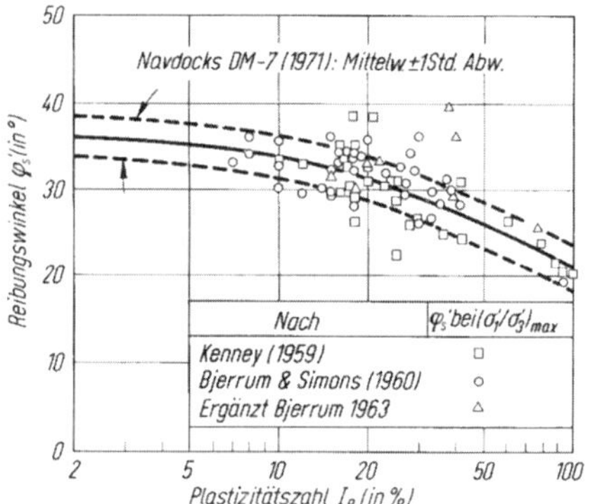

Abb. A-5.7: *Reibungswinkel φ'_s als Funktion der Plastizitätszahl I_P, nach* Ladd et al. (1977)

A-5.4.3 φ'_w (wahrer Reibungswinkel) bindiger Böden

$\varphi'_w = 11,76 - 14,7 \cdot \log I_P \pm 3,37$ nach *Horn (1964)*

(I_P als Dezimalbruch)

A-5.4.4 Scherfestigkeit des undränierten Bodens c_u

a) $c_u = (0,11 + 0,0037 \cdot I_P) \cdot \gamma \cdot z$

für erstverdichteten Boden (I_P in %) nach *Skempton (1957)*

b) $\log c_u = 3,23 - 3,44 \cdot w$

mit w als Dezimalbruch, c_u in kN/m² nach *Schultze (1975)*

c) $c_u = \sigma_{atm} \cdot \left[\frac{0{,}160}{0{,}163 + \frac{37{,}1 \cdot e - w_P}{I_P \cdot (4{,}14 + 1/I_A)}}\right]^{6{,}33}$

nach *Carrier/Beckmann (1984)*

mit w_P, I_P in %; mit I_A als Dezimalbruch erhält man c_u in der Einheit von σ_{atm}

d) $c_u = 170 \cdot \exp\left[4,6 \cdot (I_c - 1)\right]$

für gestörten Boden nach *Wood/Wroth (1978)*

mit I_c als Dezimalbruch erhält man c_u in kN/m²

e) $c_u = (0,23 \pm 0,04) \cdot OCR^{0,8} \cdot \gamma \cdot z$

für Böden mit $I_P < 60$ % und relativ kleines OCR nach *Jamiolkowski et al. (1985)*

A-5.5 Weitere Korrelationen

Weitere Korrelationen zu Bodenkenngrößen finden sich z. B. auch für feinkörnige-bindige Böden in *Engel (2002)* und *Kempfert/Gebreselassie (2006)*.

A-6 Merkmale und Beispiele zur Einstufung in die Geotechnischen Kategorien – Anhang AA aus *Handbuch Eurocode 7-1 (2015)*

Die Einstufung der bautechnischen Maßnahmen in die Geotechnischen Kategorien GK 1, GK 2 oder GK 3 ist vor Beginn der geotechnischen Erkundung vorzunehmen. Maßgebend für die Einstufung ist jenes Merkmal, das die höchste Geotechnische Kategorie ergibt. Die Einstufung und die daraus resultierenden Anforderungen sind im Zuge der Projektbearbeitung aufgrund der Ergebnisse geotechnischer Untersuchungen, Berechnungen und der Bauausführung zu überprüfen und gegebenenfalls anzupassen. Der Anhang fasst die in DIN EN 1997-1 (EC 7-1) und in den einzelnen Abschnitten der DIN 1054:2010-12 enthaltenen Regelungen in einer Übersicht zusammen. Die darin angegebenen Abschnitte beziehen sich auf *Handbuch Eurocode 7-1 (2015)*.

Situation	GK 1	GK 2	GK 3
1 **Baugrund**	– Baugrund in waagerechtem oder schwach geneigtem Gelände, der nach gesicherter örtlicher Erfahrung als tragfähig und setzungsarm bekannt ist	– durchschnittliche Baugrundverhältnisse, die nicht in GK 1 oder GK 3 fallen	– Ungewöhnliche oder besonders schwierige Baugrundverhältnisse wie: – geologisch junge Ablagerungen mit regelloser Schichtung bzw. geologisch wechselhafte Formationen; – Böden, die zum Kriechen, Fließen, Quellen oder Schrumpfen neigen; – bindige Böden, bei denen die Restscherfestigkeit maßgebend sein kann; – bindige Böden ohne ausreichende Duktilität, z. B. strukturempfindliche Seetone; – weiche organische und organogene Böden größerer Mächtigkeit; – Fels, der zur Auflösung oder zu starkem Zerfall neigt, z. B. Salz, Gips und verschiedene veränderlich feste Gesteine; – Fels, der in Bezug auf das Bauvorhaben ungünstig verlaufende Störungszonen oder Trennflächen enthält – Bergsenkungsgebiete oder Gebiete mit Erdfällen oder Baugrund mit ungesicherten Hohlräumen – unkontrolliert geschüttete Auffüllungen
2 **Grundwasser**	– Grundwasser liegt unterhalb der Baugruben- bzw. Gründungssohle.	– Freie Grundwasseroberfläche liegt höher als die Bauwerkssohle. – Grundwasserzutritte bzw. die Wasserhaltung sind mit üblichen Maßnahmen beherrschbar. – Durch diese Maßnahmen sind keine ungünstigen Einflüsse auf die Umgebung zu befürchten.	– Gespanntes Grundwasser kann durch Bodenaushub zu artesischem Grundwasser werden.

Situation	GK 1	GK 2	GK 3
3 **Bauwerk allgemein**	– setzungsunempfindliche, flach gegründete Bauwerke mit Stützenlasten bis 250 kN und Streifenlasten bis 100 kN/m wie Einfamilienhäuser, eingeschossige Hallen, Garagen – Bauwerke, bei denen nach DIN EN 1998-5/NA im Hinblick auf Erdbebenbelastung kein Nachweis der Standsicherheit erforderlich ist – Benachbarte Gebäude, Verkehrswege, Leitungen usw. werden durch das Bauwerk selbst oder durch die für seine Errichtung notwendigen Bauarbeiten nicht in ihrer Standsicherheit gefährdet oder in ihrer Gebrauchstauglichkeit beeinträchtigt.	– übliche Hoch- und Ingenieurbauten auf Einzelfundamenten, Streifenfundamenten, Gründungsplatten oder Pfahlgründungen – Leitungsgräben bis 5 m Tiefe – Bauwerke der Bedeutungskategorien I und II nach DIN EN 1998-5/NA, bei denen im Hinblick auf Erdbebenbelastung ein Nachweis der Standsicherheit erforderlich ist – Durch konstruktive Maßnahmen, z. B. dichte und steife Baugrubenumschließung, ist ein schädlicher Einfluss der Baumaßnahme auf Nachbarschaft und Umgebung nicht zu erwarten.	– Bauwerke mit hohem Sicherheitsanspruch oder hoher Verformungsempfindlichkeit – Bauwerke mit ungewöhnlichen Lastkombinationen, die für die Gründung maßgebend werden – Bauwerke, die durch Wasser mit einer Druckhöhe von mehr als 5 m belastet sind – Einrichtungen und Baumaßnahmen, die den Grundwasserspiegel vorübergehend oder bleibend verändern, sofern damit ein Risiko für benachbarte Bauten entsteht – Bauwerke der Bedeutungskategorie III und IV nach DIN EN 1998-5/NA, bei denen im Hinblick auf Erdbebenbelastung ein Nachweis der Standsicherheit erforderlich ist – Bauwerke oder Baumaßnahmen, bei denen die Beobachtungsmethode zum Nachweis der Standsicherheit und der Gebrauchstauglichkeit angewendet wird
4 **Besondere Bauwerke**	GK 1 entfällt	– unterirdisch aufgefahrene Hohlraumbauten, Tunnel, Stollen und Schächte in festem, wenig geklüftetem Fels	– Senkkastengründungen mit Druckluft – unterirdisch aufgefahrene Hohlraumbauten, Tunnel, Stollen und Schächte, in Lockergestein oder in geklüftetem Fels – kerntechnische Anlagen – Offshore-Bauten – Chemiewerke und Anlagen, in denen gefährliche Stoffe erzeugt, gelagert oder umgeschlagen werden
5 **Sonstige Baumaßnahmen und Bauverfahren**	GK 1 entfällt	– Boden- und Felsdeponien ohne Kontamination – übliche Horizontalbohrungen für den Leitungsbau	– Deponien aller Art, ausgenommen nicht kontaminierte Böden und Felsaushübe – Horizontalbohrungen mit hohen Spülungsdrücken z. B. im HDD-Verfahren (Horizontal Direction Drilling), Microtunneling – Verfahren des Spezialtiefbaus wie Schlitzwände, Einpressarbeiten und Düsenstrahlarbeiten

Situation	GK 1	GK 2	GK 3
6 Flächengründungen	– Einzel- und Streifenfundamente von Bauwerken entsprechend A 2.1.2 A (16c), bei denen die Voraussetzungen für den vereinfachten Tragfähigkeitsnachweis nach A 6.10 A (1) a) bis c) erfüllt sind – Gründungsplatten für maximal zweigeschossige, gut ausgesteifte Bauwerke	– übliche Einzelfundamente, Streifenfundamente und Fundamentplatten, soweit sie nicht in die Geotechnische Kategorie GK 1 eingestuft werden dürfen	– Bauwerke mit besonders hohen Lasten – Gründungen für Brücken mit großen Spannweiten, z. B. über 40 m, und mit statisch unbestimmt gelagerten Überbauten, die bei Setzungsunterschieden der Stützen und Widerlager maßgebende Zwangsbeanspruchungen erfahren; auch für integrale Brücken – Maschinenfundamente mit hohen dynamischen Lasten – Gründungen für hohe Türme wie Sendemasten, Industrieschornsteine – ausgedehnte Plattengründung auf Baugrund mit unterschiedlichen Steifigkeiten im Grundriss – Gründungen neben bestehenden Gebäuden, wenn die in DIN 4123:2000-09, 7.1, 8.1 und 9.1 angegebenen Voraussetzungen nicht zutreffen – Gründung eines Bauwerks bei teils hoch, teils tief liegender Gründungsebene oder mit unterschiedlichen Gründungselementen – Kombinierte Pfahl-Plattengründungen
7 Pfahlgründungen	GK 1 entfällt	– Ermittlung der Pfahlwiderstände auf Druck aus Erfahrungswerten nach DIN EN 1997-1:2009-09, 7.6.2.3 – übliche zyklische, dynamische oder stoßartige Einwirkungen nach 2.4.2.1 A (8a) – Einwirkungen auf Pfähle quer zur Pfahlachse am Pfahlkopf – Pfähle mit negativer Mantelreibung	– erhebliche zyklische, dynamische oder stoßartige Einwirkungen nach 2.4.2.1 A (8b) und 2.4.2.1 A (8c) – geneigte Zugpfähle mit einer Neigung flacher als 45° – Ermittlung der Pfahlwiderstände auf Zug aus Erfahrungswerten nach DIN EN 1997-1:2009-09, 7.6.3.3 – Beanspruchung quer zur Pfahlachse aus Seitendruck oder Setzungsbiegung – hoch ausgelastete Pfähle in Verbindung mit sehr geringen zulässigen Setzungen – Pfähle mit einer Mantel- und/oder Fußverpressung – Kombinierte Pfahl-Plattengründungen

Situation	GK 1	GK 2	GK 3
8 Verankerungen	GK 1 entfällt	– Schwellbeanspruchungen und dynamische Beanspruchungen, sofern ausreichende Erfahrungen vorliegen – Kurzzeitanker	– Schwellbeanspruchungen und dynamische Beanspruchungen, sofern keine ausreichenden Erfahrungen vorliegen – Daueranker
9 Stützbauwerke	– Stützbauwerke bis 2,0 m Höhe des Geländesprungs, wenn hinter den Wänden keine hohen Auflasten wirken – Gräben für Leitungen oder Rohre bis 2 m Tiefe, die nicht in das Grundwasser einschneiden – Stützung von Grabenwänden durch Grabenverbaugeräte nach DIN 4124:2002-10, Abschnitt 5 – Normverbau nach DIN 4124:2002-10, 6.2 und 7.3	– Stützbauwerke und Baugrubenwände bis 10 m Geländesprung	– Stützbauwerke und Baugrubenwände von mehr als 10 m Tiefe – Baugruben in weichen Böden – Stützbauwerke neben dicht angrenzenden, verschiebungs- oder setzungsempfindlichen Bauwerken
10 Hydraulisch verursachtes Versagen	GK 1 entfällt	– Bauvorhaben, bei denen ein Nachweis der Sicherheit gegen Aufschwimmen von nicht verankerten Konstruktionen erforderlich ist – Bauvorhaben, bei denen ein Nachweis der Sicherheit gegen hydraulischen Grundbruch erforderlich ist	– Bauvorhaben, bei denen ein Nachweis der Sicherheit gegen Aufschwimmen von verankerten Konstruktionen erforderlich ist – Bauvorhaben, bei denen die Berücksichtigung der räumlichen Zuströmung beim Nachweis der Sicherheit gegen hydraulischen Grundbruch erforderlich ist

Situation	GK 1	GK 2	GK 3
11 **Gesamt-standsicherheit**	– geböschte Baugruben und nicht verbaute Gräben nach DIN 4124 ohne Einwirkung aus Grundwasser	– Böschungshöhen bis 10 m bei nichtbindigen Böden, bindigen Böden mit mindestens steifer Konsistenz oder Fels mit bekannten geotechnischen Eigenschaften	– Hänge, Böschungen und Dämme, nicht verankerte Stützbauwerke und Baugrubenwände sowie konstruktive Böschungssicherungen in folgenden Fällen: – allgemein bei mehr als 10 m Höhe – bei ausgeprägter Kriechfähigkeit des Bodens – bei Gefahr von Setzungsfließen – bei Nichtausreichen ebener Betrachtungen von Bruchkörpern im Boden – bei maßgeblichem Einfluss von Erdbeben – Gesamtstandsicherheit bei einfach oder mehrfach verankerten Stützbauwerken und Baugrubenwänden mit dicht angrenzenden, verschiebungs- oder setzungsempfindlichen Bauwerken
12 **Erddämme**	– Dämme auf tragfähigem Baugrund bis 3 m Höhe, gegebenenfalls mit Verkehrsflächen auf der Dammkrone – ständig oder zeitweise wasserbelastete Dämme mit einer Höhe des maßgebenden Stauwasserspiegels von bis zu 2 m über dem luftseitig anschließenden Gelände auf tragfähigem Baugrund	– Dämme bis 20 m Höhe in ebenem oder flach geneigtem Gelände auf tragfähigem Untergrund, gegebenenfalls mit einer Höhe des maßgebenden Stauwasserspiegels bis höchstens 4 m über dem luftseitig anschließenden Gelände	– Dämme auf stark geneigtem Gelände – Dämme auf wenig tragfähigem Baugrund, die eine Prognose der zeitlichen Entwicklung der Verformungen erfordern – Dämme, die Setzungen an verformungsempfindlichen Bauwerken auslösen – Dämme, bei denen die Tragfähigkeit und/oder das Setzungsverhalten des Baugrunds durch Zusatzmaßnahmen verbessert wird – Dämme in Bergsenkungsgebieten und bei der Gefahr von Tagesbrüchen oder Erdfällen – ständig oder zeitweise wasserbelastete Dämme mit einer Höhe des maßgebenden Stauwasserspiegels von mehr als 4 m über dem luftseitig anschließenden Gelände und/oder einem hohen Schadenspotential, z. B. bei einem Stauvolumen von mehr als 100 000 m^3 – maßgeblicher Einfluss von Erdbeben

B Zahlenbeispiele

B-3 Wasser im Untergrund

B-3.1 Strömungsgeschwindigkeit – Kontinuitätsgleichung

AUFGABENSTELLUNG

Gesucht ist die Strömungsgeschwindigkeit v_1 für die dargestellte Abbildung, wenn $v_3 = 0,2$ m/s, $A_3 = 0,5$ m^2 und $A_1 = 0,02$ m^2 sind. Wie groß ist die durchströmte Wassermenge Q?

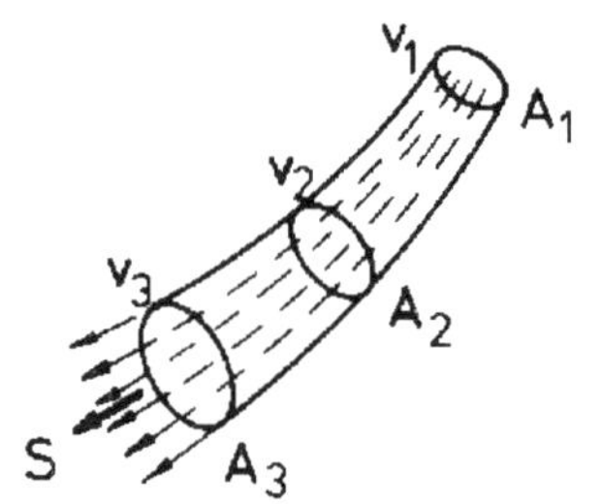

LÖSUNG

Kontinuitätsgleichung: $Q = v \cdot A = \text{const.}$

$$Q = v_3 \cdot A_3 = 0,2 \cdot 0,5 = 0,1 \text{ m}^3/\text{s}$$

$$v_1 = \frac{Q}{A_1} \text{ bzw. } v_1 = \frac{v_3 \cdot A_3}{A_1} = \frac{0,2 \cdot 0,5}{0,02} = 5 \text{ m}^3/\text{s}$$

B-3.2 Wasserdruckermittlung und hydraulischer Gradient

AUFGABENSTELLUNG

Wie groß ist der Wasserdruck w auf die Rohrwandung in den Punkten a und b sowie der wirkende hydraulische Gradient?

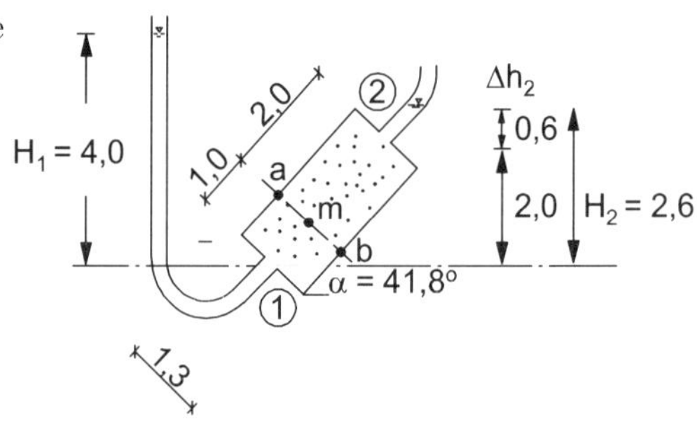

LÖSUNG

Es gilt die *Bernoulli*'sche Gleichung:

$$\begin{aligned} H_1 &= z_1 + \frac{w_1}{\gamma_w} + \frac{v_1^2}{2g} \\ &= z_2 + \frac{w_2}{\gamma_w} + \frac{v_2^2}{2g} + \Delta h_2 \\ &= H_2 + \Delta h_2 \end{aligned}$$

Potenzialhöhe =
geodätische Höhe + Druckhöhe + Geschwindigkeitshöhe (sehr klein) + Verlusthöhe

$H_1 = 0 + 4,0 = 4,0$ m

(Annahme: vollst. linearer Druckabbau über den Bodenkörper)

$H_2 + \Delta h_2 = 2,0 + 0,6 + \Delta h_2 = 2,6 \text{ m } + \Delta h_2$

$\Delta h_2 = 4,0 - 2,6 = 1,4$ m

Berechnung von w im Punkt m:

$$\Delta h_m = \frac{\Delta h}{\Delta l} \cdot l' = \frac{1,4 \text{ m}}{3,0 \text{ m}} \cdot 1,0 \text{ m} = 0,47 \text{ m}$$

(Verlusthöhe infolge Reibung im Punkt m)

$$H_1 = z_m + \frac{w_m}{\gamma_w} + \Delta h_m \quad \begin{array}{l} \rightarrow \quad 4,0 \text{ m} = \sin\alpha \cdot 1,0 + \frac{w_m}{10 \text{ kN/m}^3} + 0,47 \text{ m} \\ \rightarrow \quad w_m = 10 \cdot (4,0 - 0,67 - 0,47) = 28,6 \text{ kN/m}^2 \end{array}$$

Berechnung von w in den Punkten a und b:

Höhendifferenz zwischen den Punkten a und m bzw. b und m:

$$\Delta h_{a/m} = \Delta h_{m/b} = \cos\alpha \cdot \frac{1,3}{2} = 0,48 \text{ m}$$

$$\Delta w_{a/m} = \Delta w_{b/m} = \Delta h_{a/m} \cdot \gamma_w = 4,8 \text{ kN/m}^2$$

$$w_a = 28,6 - 4,8 = 23,8 \text{ kN/m}^2$$

$$w_b = 28,6 + 4,8 = 33,4 \text{ kN/m}^2$$

Kontrolle:

$$w_1 = 4 \cdot 10 = 40 \text{ kN/m}^2$$

$$w_2 = 0,6 \cdot 10 = 6 \text{ kN/m}^2 \rightarrow \Delta w = 40 - 6 = 34 \text{ kN/m}^2 \quad \frac{\Delta w}{3} = \frac{34}{3} = 11,3 \text{ kN/m}^2$$

$$w_m = w_1 - \frac{\Delta w}{3} \cdot 1 = 40 - 11,3 = 28,7 \approx 28,6 \text{ kN/m}^2$$

hydraulischer Gradient: $i = \dfrac{\Delta h}{\Delta l} = \dfrac{4,0 - 2,6}{3,0} = 0,47$ [-]

B-3.3 Berechnung der effektiven Wichte infolge Strömung

AUFGABENSTELLUNG

Wie groß ist die effektive Wichte der dargestellten Deponiebasisdichtung für die Sickerwasserstände ① und ②?

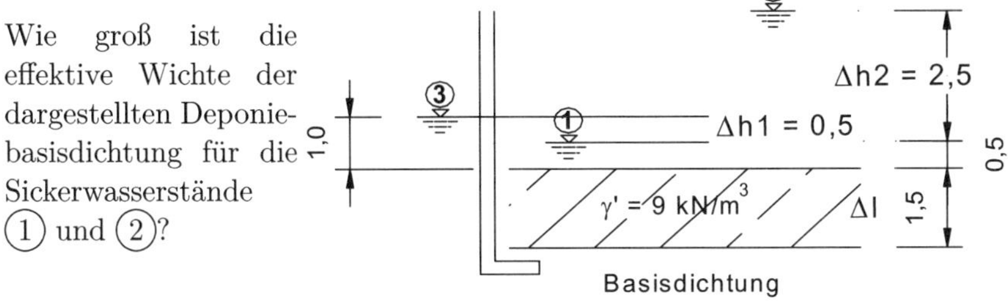

LÖSUNG

Strömungskraft $f_s = \Delta\gamma = \pm i \cdot \gamma_w$

Strömung von (3) nach (1):

$$i = 1 = \frac{\Delta h_1}{\Delta l} = \frac{0,5}{1,5} = 0,33$$

$$\gamma_1^* = \gamma' - f_s = 9 - 0,33 \cdot 10$$
$$= 5,7 \text{ kN/m}^3$$

Strömung von (2) nach (3):

$$i_2 = \frac{\Delta h_2}{\Delta l} = \frac{2,0}{1,5} = 1,33$$

$$\gamma_2^* = \gamma' + f_s = 9 + 1,33 \cdot 10$$
$$= 22,3 \text{ kN/m}^3$$

B-3.4 Strom- und Potenziallinien

AUFGABENSTELLUNG

Gesucht ist das Strom- und Potenzialliniennetz für die gegebene Spundwandbaugrube sowie die Sickerwassermengen und Wasserdrücke an den ausgewählten Punkten.

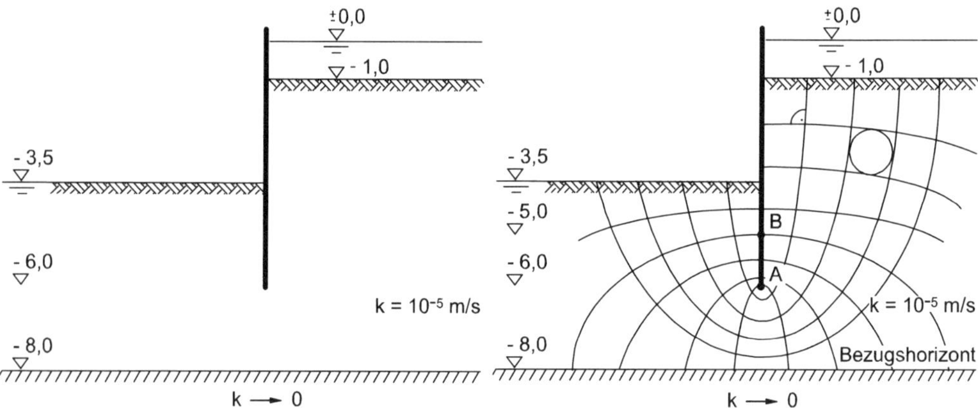

LÖSUNG

Nummerierung der Äquipotenzial- und Stromlinien für weitere Untersuchungen:

Anzahl der Äquipotenzialfelder: $n_1 = 14$

Anzahl der Stromfäden: $n_2 = 5$

Abbau des Potenzials zwischen den einzelnen Potenziallinien:

$$\Delta h = \frac{H}{n_1} = \frac{3,50}{14} = 0,25 \text{ m}$$

a) Ermittlung der Sickerwassermenge:

Durchfluss durch den Stromfaden (2):

$$Q_2 = v_2 \cdot A_2 = k \cdot i_2 \cdot b_2 \cdot 1,0 = k \cdot \frac{H}{l_2} \cdot b_2 \cdot 1,0 \text{ mit: } l_2 = a_2 \cdot n_1$$

$$\rightarrow Q_2 = k \cdot \frac{H}{n_1 \cdot a_2} \cdot b_2 \cdot 1,0 \text{ mit: } b_2/a_2 = 1$$

$$\rightarrow Q_2 = k \cdot \frac{H}{n_1} \cdot 1,0 = 10^{-5}\frac{\text{m}}{\text{s}} \cdot \frac{3,5 \text{ m}}{14} \cdot 1,0\text{m} = 2,5 \cdot 10^{-6}\frac{\text{m}^3}{\text{s}} = 0,0025\frac{1}{\text{s}}$$

Gesamtdurchfluss:
= Anzahl der Stromfäden · Durchfluss je Stromfaden

$$Q_{ges} = n_2 \cdot Q_2 = n \cdot 2 \cdot k_f \cdot \frac{H}{n_1} \cdot 1,0$$

$$Q_{ges} = 5 \cdot 0,0025 \text{ l/s } = 0,0125 \text{ l/s } = 0,75 \text{ l/min}$$

b) Ermittlung des tatsächlichen Wasserdrucks [kN/m²]:

Hydrostatischer Wasserdruck auf die Spundwand:

$$w_{hydrostat.} = z_{ow/uw} \cdot \gamma_w \text{ ; } \gamma_w = 10 \text{ kN/m}^3$$

Berechnung für Punkt A (Unterkante Spundwand):
OW-Seite (rechts): $w_{A,hydrostat.} = \gamma_w \cdot (3,5+2,5) = 60 \text{ kN/m}^2$
UW-Seite (links): $w_{A,hydrostat.} = \gamma_w \cdot 2,5 = 25 \text{ kN/m}^2$

Tatsächlicher Wasserdruck auf die Spundwand

$$w_{tats} = \text{ hydrostatischer Wasserdruck} - \text{Wasserdruck inf. Strömen}$$

$$w_{tats} = \gamma_w \cdot z_{ow} - \Delta h^* \cdot n \cdot \gamma_w$$

$$\Delta h^* = \frac{H}{n_1} = \frac{3,50}{14} = 0,25 \text{ m}$$

Berechnung für Punkt A (Unterkante Spundwand):

OW-Seite (rechts): Potenziallinie 7 ($n = 7$)

$$w_{A,7,tats} = (3,5+2,5) \cdot 10 - 7 \cdot 0,25 \cdot 10 = 42,5 \text{ kN/m}^2$$

UW-Seite (links): Potenziallinie 9 ($n = 9$)

$$w_{A,9,tats} = (3,5+2,5) \cdot 10 - 9 \cdot 0,25 \cdot 10 = 37,5 \text{ kN/m}^2$$

Berechnung für Punkt B:

Rechts der Spundwand: Potenziallinie 4 ($n = 4$)

$$w_{B,4,tats} = (3,5 + 1,5) \cdot 10 - 4 \cdot 0,25 \cdot 10 = 40 \text{ kN/m}^2$$

Links der Spundwand: Potenziallinie 12 ($n = 12$)

$$w_{B,12,tats} = (3,5 + 1,5) \cdot 10 - 12 \cdot 0,25 \cdot 10 = 20 \text{ kN/m}^2$$

B-3.5 Sickerströmung bei geschichtetem Untergrund

AUFGABENSTELLUNG

Für die in der Skizze dargestellte Baugrube sollen folgende Größen ermittelt werden:

a) Berechnung der einströmenden Wassermenge Q

b) Berechnung der Fließgeschwindigkeit v im Punkt a

c) Ermittlung der resultierenden Strömungskraft f_s und deren Wirkungsrichtung

Nachfolgende Situationen sind zu untersuchen:

I: ohne Entspannungsbrunnen

II: mit Entspannungsbrunnen

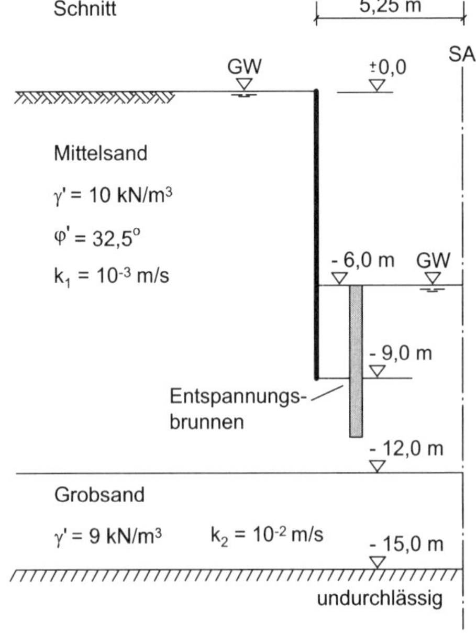

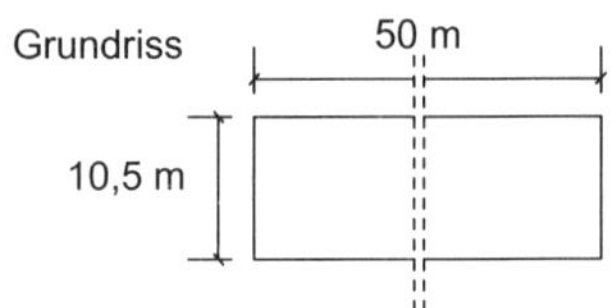

LÖSUNG Situation I

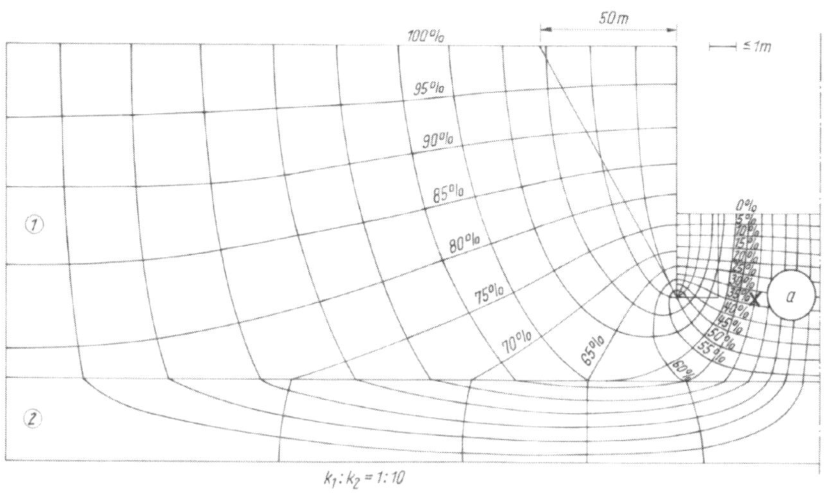

a) Berechnung der einströmenden Wassermenge

$$Q = n_2 \cdot k_1 \cdot \frac{H}{n_1}$$

k_1 ... Durchlässigkeit
H ... Druckdifferenz
n_1 ... Anzahl der Potenzialdifferenzen
n_2 ... Anzahl der Stromfäden

hier: $n_1 = 20$; $n_2 = 12$; $H = 6,0$ m; $k_1 = 10^{-3}$ m/s

$$Q = 10^{-3} \cdot 6,0 \cdot \frac{12}{20} = 10^{-3} \cdot 6,0 \cdot 0,6 = 3,6 \frac{l}{s \cdot m}$$

Pro laufenden Meter Baugrube strömen $Q = 2 \cdot 3,6 = 7,2 \frac{l}{s \cdot m}$ ein (x 2 infolge Symmetrie).

b) Berechnung der Fließgeschwindigkeit

$$\vec{v}_{A,B} = k_1 \cdot \vec{i}_{A,B} \text{ (Gesetz von } Darcy\text{) mit } i_{A,B} = \frac{\Delta h_{A,B}}{\Delta l_{A,B}}$$

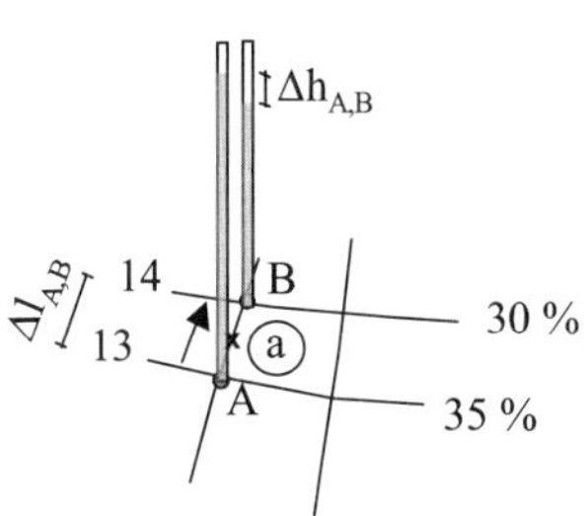

Punkt A:
3,35 m unter Baugrubensohle und liegt auf Potenziallinie $n = 35\% = 0,35$
bzw. 9,35 m Tiefe unter GOK (ausgemessen)

Punkt B:
2,80 m unter Baugrubensohle und liegt auf Potenziallinie $n = 30\% = 0,30$

bzw. 8,80 m Tiefe unter GOK (ausgemessen)

$$\Delta h_{A,B} = h_A - h_B = (9,35 - 6,0 \cdot 0,65) - (8,8 - 6,0 \cdot 0,7) = 0,85 \text{ m}$$

$$\Delta l_{A,B} = 0,55 \text{ m (ausgemessen)}$$

$$i_{A,B} = \frac{\Delta h_{A,B}}{\Delta l_{A,B}} = \frac{0,85}{0,55} = 1,55 \text{ [-]}$$

$$\vec{v}_{A,B} = k_1 \cdot i_{A,B} = 10^{-3} \cdot 1,55 = 1,55 \text{ mm/s}$$

c) Ermittlung der res. Strömungskraft und der Wirkungsrichtung

$$f_{s-A,B} = i_{A,B} \cdot \gamma_w = \frac{\Delta h_{A,B}}{\Delta l_{A,B}} \cdot \gamma_w = \frac{0,85}{0,55} \cdot 10 = 15,5 \frac{\text{kN}}{\text{m}^3}$$

$\gamma^* = 5,7$ kN/m³

$\gamma' = 10$ kN/m³

$f_s = 15,5$ kN/m³

LÖSUNG Situation II

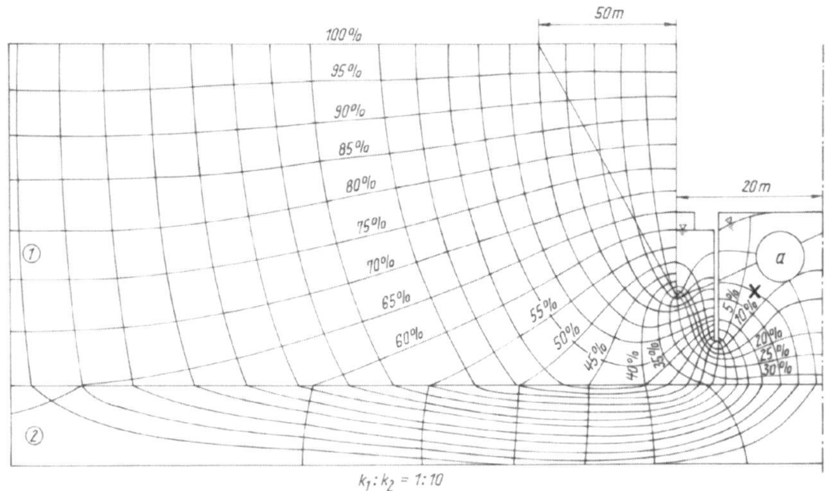

a) Berechnung der einströmenden Wassermenge

$$Q = n_2 \cdot k_1 \cdot \frac{H}{n_1}$$

hier: $n_1 = 20$; $n_2 = 19$; $H = 6,6$ m; $k_1 = 10^{-3}$ m/s

$$Q = 19 \cdot 10^{-3} \cdot \frac{6,6}{20} = 6,3 \frac{l}{s \cdot m}$$

Pro laufenden Meter Baugrube strömen $Q = 2 \cdot 6,3 = 12,6 \frac{l}{s \cdot m}$ ein.

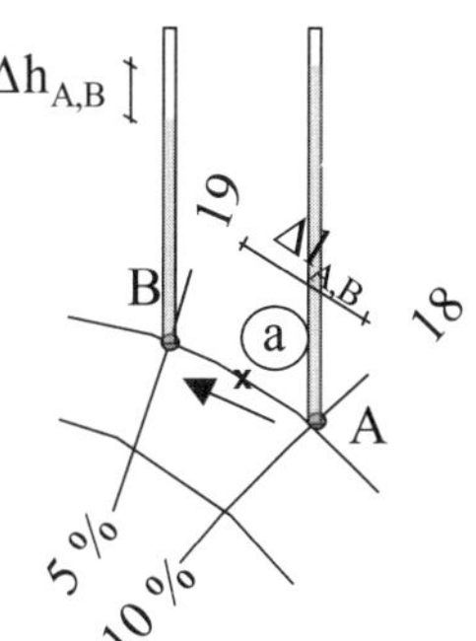

b) Berechnung der Fließgeschwindigkeit im Punkt a

$$\vec{v}_{A,B} = k_1 \cdot \vec{i}_{A,B} \text{ mit } i_{A,B} = \frac{\Delta h_{A,B}}{\Delta l_{A,B}}$$

Punkt A:
2,70 m unter Baugrubensohle und liegt auf Potenziallinie $n = 10\% = 0,10$
bzw. 8,70 m Tiefe unter GOK (ausgemessen)

Punkt B:
2,00 m unter Baugrubensohle und liegt auf Potenziallinie $n = 5\% = 0,05$
bzw. 8,00 m Tiefe unter GOK (ausgemessen)

$$\Delta h_{A,B} = h_A - h_B = (8,70 - 6,6 \cdot 0,90) - (8,00 - 6,6 \cdot 0,95) = 1,03 \text{ m}$$

$$\Delta l_{A,B} = 1,20 \text{ m (ausgemessen)}$$

$$i_{A,B} = \frac{\Delta h_{A,B}}{\Delta l_{A,B}} = \frac{1,03}{1,2} = 0,86 \text{ [-]}$$

$$\vec{v}_{A,B} = k_1 \cdot i_{A,B} = 10^{-3} \cdot 0,86 = 0,86 \text{ mm/s}$$

$\vec{v}$ verläuft in Richtung der Stromlinie durch Punkt a.

c) Ermittlung der res. Strömungskraft und der Wirkungsrichtung

$$f_{s-A,B} = i_{A,B} \cdot \gamma_w = \frac{\Delta h_{A,B}}{\Delta l_{A,B}} \cdot \gamma_w = \frac{1,03}{1,2} \cdot 10 = 8,6 \frac{\text{kN}}{\text{m}^3}$$

$\gamma^* = 10,4$ kN/m³

$\gamma' = 10$ kN/m³

$f_s = 8,6$ kN/m³

B-4 Untersuchung und Klassifizierung von Boden u. Fels

B-4.1 Klassifizierung verschiedener Bodenarten

AUFGABENSTELLUNG

Die Böden in den dargestellten Körnungslinien sind nach DIN EN ISO 14688-2 und DIN 18196 zu klassifizieren.

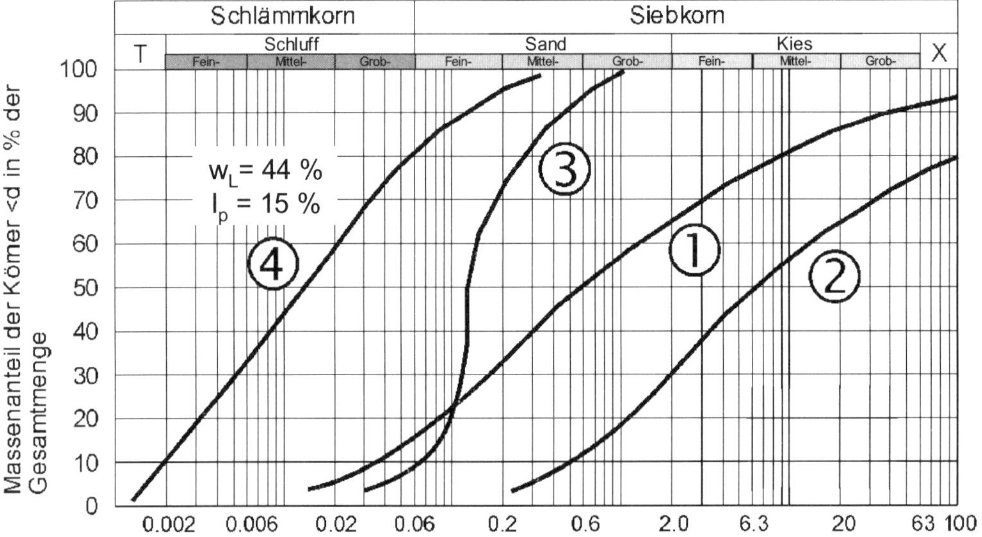

LÖSUNG

Körnungslinie	1	2	3	4
Klassifizierung DIN EN ISO 14688-2	grsiSa	saGr	Sa	saclSi
Klassifizierung DIN 18196				
Massenanteile $\leq 0,06$ mm [%]	16	0	8	80
Massenanteile $\leq 2,0$ mm [%]	65	30	100	100
d_{10} [mm]	0,033	0,5	0,065	nicht maßgebend
d_{30} [mm]	0,17	2,0	0,11	nicht maßgebend
d_{60} [mm]	1,2	12,0	0,14	nicht maßgebend
$U = d_{60}/d_{10}$	36,4	24	2,2	nicht maßgebend
$C_c = (d_{30})^2/(d_{60} \cdot d_{10})$	0,73	0,67	1,33	nicht maßgebend
	S$\overline{\text{U}}$	GI	SU	unterhalb A-Linie: UM oder OU

B-5 Einführung in das geotechnische Feld- und Laborversuchswesen

B-5.1 Bestimmung von klassifizierenden Kenngrößen

AUFGABENSTELLUNG

Bei der Probennahme mit einem Ausstechzylinder ($V = 868,6$ cm^3) wiegt der entnommene Boden 1760 g; nach dem Trocknen im Trockenschrank wiegt er 1530 g.

Wie groß sind ρ, ρ_d, w, n, S_r?

Für die Auswertung dürfen folgende Korndichten angenommen werden:
Nichtbindige Böden $\rho_s = 2,65$ t/m^3; stark bindige Böden $\rho_s = 2,70$ t/m^3.

LÖSUNG

$$V = 868,6 \text{ cm}^3;\ m = 1760 \text{ g};\ \rho_s = 2,65 \text{ g/cm}^3;\ m_d = 1530 \text{ g}$$

$$\rho = \frac{m}{V} = \frac{1760}{868,6} = 2,026 \text{ g/cm}^3 = 2,026 \text{ t/m}^3$$

$$\rho_d = \frac{m_d}{V} = \frac{1530}{868,6} = 1,76 \text{ g/cm}^3 = 1,76 \text{ t/m}^3$$

$$w = \frac{m_w}{m_d} = \frac{1760 - 1530}{1530} = \frac{230}{1530} = 0,15 = 15\%$$

$$n = 1 - \frac{\rho_d}{\rho_s} = 1 - \frac{1,76}{2,65} = 0,335$$

$$S_r = \frac{\rho_d}{\rho_w} \cdot \frac{w}{n} = 1,76 \cdot \frac{0,15}{0,335} = 0,789 = 78,9\%$$

B-5.2 Prüfung der Lagerungsdichte eines nichtbindigen Bodens

AUFGABENSTELLUNG

a) Ein Bodenaustausch mit Kiessand sollte in einer Lagerungsdichte von $D = 0,50$ eingebaut werden. Die in-situ-Prüfung ergab ein $\rho_d = 1,76$ t/m^3. Im Labor wurden für die lockerste Lagerung min $\rho_d = 1,63$ t/m^3 und für die dichteste Lagerung max $\rho_d = 1,88$ t/m^3 ermittelt. Ist die erreichte Lagerungsdichte ausreichend ($\rho_s = 2,65$ t/m^3)?

b) Wie groß ist die Lagerungsdichte eines Bodens mit folgenden Kenngrößen: $\rho_s = 2,65$ g/cm^3, $\rho_d = 1,60$ g/cm^3, $U = 7$, $n_{max} = 0,43$, $n_{min} = 0,37$?

LÖSUNG

a)

D	$= 0,50$	Sollwert
ρ_d	$= 1,76 \text{ t/m}^3$	in-situ-Trockendichte
$\min \rho_d$	$= 1,63 \text{ t/m}^3$	lockerste Lagerung
$\max \rho_d$	$= 1,88 \text{ t/m}^3$	dichteste Lagerung
ρ_s	$= 2,65 \text{ t/m}^3$	Korndichte

$$D = \frac{\rho_d - \min\rho_d}{\max\rho_d - \min\rho_d} = \frac{1,76 - 1,63}{1,88 - 1,63} = \frac{0,13}{0,25} = 0,52 > 0,5$$

b)

$$n = 1 - \frac{\rho_d}{\rho_s} = 1 - \frac{1,60}{2,65} = 1 - 0,604 = 0,396$$

$$D = \frac{n_{max} - n}{n_{max} - n_{min}} = \frac{0,43 - 0,396}{0,43 - 0,37} = 0,567 \Rightarrow \text{ dicht gelagert}$$

B-5.3 Ermittlung der Konsistenz eines bindigen Bodens

AUFGABENSTELLUNG

Ein toniger Schluff mit $\rho_s = 2,70 \text{ t/m}^3$, $\rho_d = 1,65 \text{ t/m}^3$, $S_r = 0,85$, $w_L = 0,52$, $w_p = 0,37$ soll lagenweise verdichtet werden.

Welche Konsistenzzahl I_c ist zu erreichen, wenn durch Verdichten gerade volle Sättigung ($S_r = 1$) erzielt, aber kein Wasser ausgequetscht wird?

LÖSUNG

$\rho_s = 2,70 \text{ t/m}^3$ $\qquad$ $\rho_d = 1,65 \text{ t/m}^3$

$w_L = 0,52$ $\qquad$ $w_P = 0,52$

$S_r = 0,85$

$$I_c = \frac{w_L - w}{w_L - w_p} = \frac{0,52 - w}{0,52 - 0,37} =?$$

w bei vollständiger Sättigung $S_r = 1,0$

$$w_{ges} = \frac{\rho_w}{\rho_d} - \frac{\rho_w}{\rho_s} = \frac{1,0}{1,65} - \frac{1,0}{2,70} = 0,606 - 0,370 = 0,236 = 23,6\%$$

$$S_r = 0,85: \; S_r = \frac{w}{w_{ges}} \rightarrow w = w_{ges} \cdot S_r = 0,85 \cdot 0,236 = 0,20 = 20\%$$

$$\text{bei } S_r = 0,85: \; I_c = \frac{w_L - w}{w_L - w_p} = \frac{0,52 - 0,20}{0,52 - 0,37} = \frac{0,32}{0,15} = 2,13$$

$$\text{bei } S_r = 1,0: \; I_c = \frac{w_L - w}{w_L - w_p} = \frac{0,52 - 0,236}{0,52 - 0,37} = \frac{0,284}{0,15} = 1,89$$

B-5.4 Proctordichte und Verdichtungsgrad

AUFGABENSTELLUNG

Für die Schüttung eines Straßendammes steht ein schluffiger Sand (S,u) zur Verfügung. Mit dem Erdstoff wurde ein Proctorversuch durchgeführt und danach die folgenden Probemengen gewogen:

Einbau-Nr.	m [g]	m_d [g]	m_w [g]	Bemerkung
1	1804	1624	180	Maße des Versuchszylinders
2	1911	1693	218	$d_i = 10$ cm
3	2005	1733	272	$h_i = 12$ cm
4	2016	1723	293	Zylindervolumen:
5	1988	1664	324	$V = \frac{\pi \cdot d^2}{4} \cdot h = \frac{\pi \cdot 10^2}{4} \cdot 12 = 942,5\ \text{cm}^2$
6	1946	1595	351	$\rho_s = 2,72\ \text{g/cm}^3$

Folgende Punkte sind zu bearbeiten:

a) Tragen Sie ρ_d über w des obigen Versuchs auf.
b) Geben Sie die Werte für die Proctordichte ρ_{Pr} und den optimalen Wassergehalt w_{Pr} an.
c) Zeichnen Sie die Sättigungskurve für $S_r = 100\%$.
d) Die Überprüfung der Schüttung des gleichen Bodens auf der Baustelle brachte nach Entnahme einer Sonderprobe mit einem Stahlzylinder nach DIN EN ISO 22475-1 ($d_1 = 96$ mm und $h_1 = 120$ mm) folgendes Ergebnis: $m = 1,693$ kg und $w = 12\%$. Welcher Verdichtungsgrad $D_{Pr} = \rho_d/\rho_{Pr}$ wurde auf der Baustelle erreicht?

LÖSUNG

a) Vervollständigung des Diagramms

Einbau-Nr.	m [g]	m_d [g]	m_w [g]	w [%]	ρ_d [g/cm³]
1	1804	1624	180	11,1	1,723
2	1911	1693	218	12,9	1,796
3	2005	1733	272	15,7	1,838
4	2016	1723	293	17,0	1,828
5	1988	1664	324	19,5	1,766
6	1946	1595	351	22,0	1,692

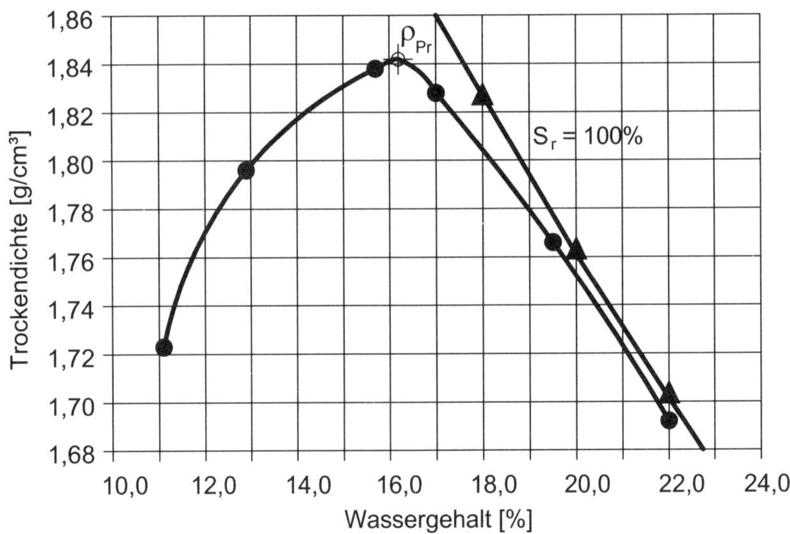

b) Werte für die Proctordichte ρ_{Pr} und den optimalen Wassergehalt w_{Pr}

aus der Kurve: $\rho_{Pr} = 1,842$ g/cm^3 $w_{Pr} = 16,2\%$

c) Sättigungskurve für $S_r = 1{,}0$ (gewählt bei $w \to 18\%, 20\%, 22\%$)

$$\rho_d = \frac{\rho_s \cdot \rho_w}{w \cdot \rho_s + \rho_w}$$

$$\rho_d = \frac{2,72}{0,18 \cdot 2,72 + 1} = 1,826 \text{ g/cm}^3$$

$$\rho_d = \frac{2,72}{0,20 \cdot 2,72 + 1} = 1,762 \text{ g/cm}^3$$

$$\rho_d = \frac{2,72}{0,22 \cdot 2,72 + 1} = 1,702 \text{ g/cm}^3$$

d) Verdichtungsgrad

$$V = \frac{\pi \cdot d^2}{4} \cdot h = \frac{\pi \cdot 9,6^2}{4} \cdot 12 = 868,6 \text{ g/cm}^3$$

$$m_d = \frac{1693}{1,12} = 1511 \text{ g} \rightarrow \rho_d = \frac{1511}{868,6} = 1,740 \text{ g/cm}^3$$

$$D_{Pr} = \frac{\rho}{\rho_{Pr}} = \frac{1,74}{1,842} = 94,5\%$$

B-6 Spannungszustände in der Bodenmechanik

B-6.1 Wichte und Bodenbestimmung

AUFGABENSTELLUNG

Geg.: $\gamma_r = 13,5$ kN/m^3. Wie groß ist γ'? Was könnte das für ein Boden sein?

LÖSUNG

Arten der Wichte:
γ_d Trockenwichte des Bodens
γ Wichte des feuchten Bodens
γ_r Wichte des wassergesättigten Bodens
γ' Wichte unter Auftrieb oder effektive Wichte des Bodens
γ_w Wichte des Wassers

$\gamma' = \gamma_r - \gamma_w = 13,5 - 10 = 3,5$ kN/m^3

→ Bodenart: stark organischer Boden, da sehr leicht: Torf oder Klei

B-6.2 Totale, effektive und neutrale Spannungen

AUFGABENSTELLUNG

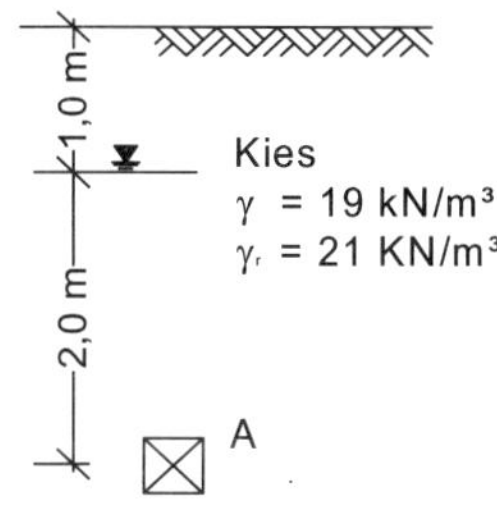

Wie groß sind im Element A in z-Richtung
a) die totalen Spannungen σ
b) die effektiven Spannungen σ'
c) der Wasserdruck u?

LÖSUNG

a) totale Spannungen:
$\sigma = \sigma' + u = \gamma \cdot 1,0 + \gamma_r \cdot 2,0$
$= 19 \cdot 1,0 + 21 \cdot 2,0$
$= 61$ kN/m^2

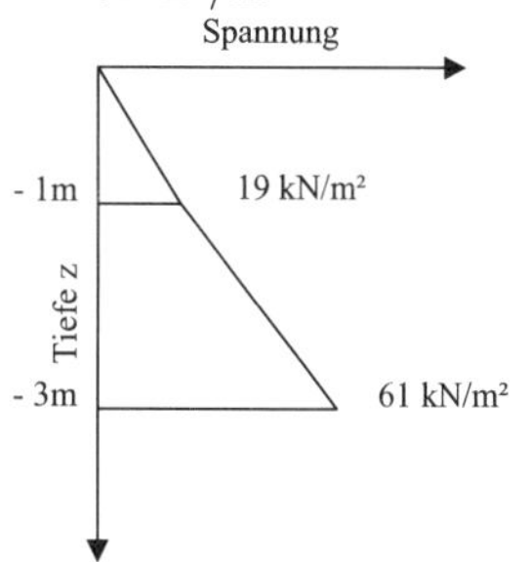

b) effektive Spannungen:
$\sigma' = \sigma - u = \gamma \cdot 1,0 + \gamma' \cdot 2,0$
$= 19 \cdot 1,0 + (21 - 10) \cdot 2,0$
$= 41$ kN/m^2

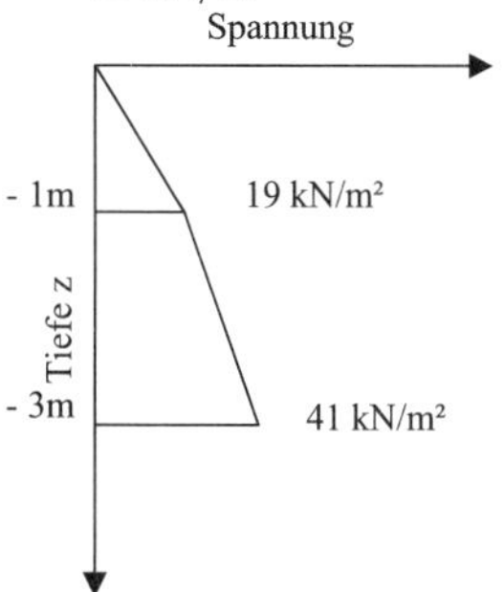

c) Wasserdruck:
$u = \gamma_w \cdot h_w$
$= 10 \cdot 2,0 = 20$ kN/m^2

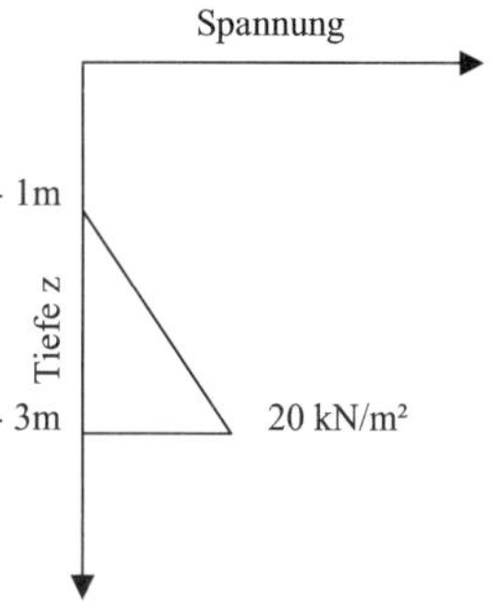

B-6.3 Totale, effektive und Porenwasserdruckspannungen

AUFGABENSTELLUNG

Ermitteln Sie für den dargestellten Untergrundaufbau die Eigengewichtsspannungen (σ, σ' und u) im Boden. Die Spannungen sind auch zeichnerisch von $z = 0$ bis $z = -10,5$ m kontinuierlich aufzutragen.

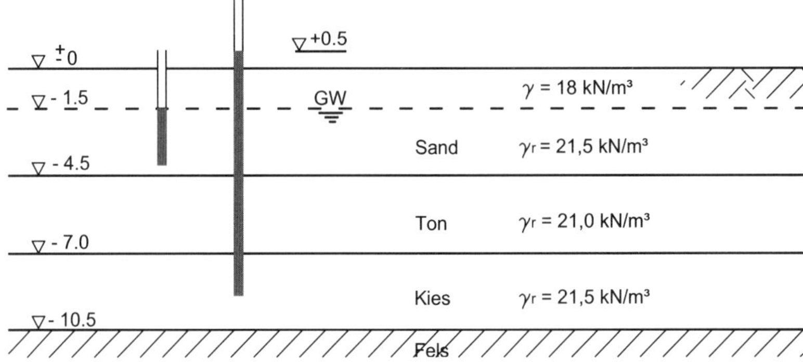

LÖSUNG

	totale Spannungen	Wasserdruck	effektive Spannungen	
Kote [m]	σ_z $[\mathrm{kN/m^2}]$	u $[\mathrm{kN/m^2}]$	σ'_z (6.10)	σ'_z (6.11)
0	0	0	0	0
$-1,5$	$1,5 \cdot 18 = 27,0$	0	$27 - 0 = 27,0$	$27,0$
$-4,5$	$27 + 3,0 \cdot 21,5 = 91,5$	$3,0 \cdot 10 = 30$	$91,5 - 30 = 61,5$	$27 + 3 \cdot 11,5 = 61,5$
$-7,0$	$91,5 + 2,5 \cdot 21 = 144,0$	$7,5 \cdot 10 = 75$	$144 - 75 = 69,0$	$61,5 + \left[11,0 - \frac{2,0}{2,5} \cdot 10\right] \cdot 2,5 = 69,0$
$-10,5$	$144 + 3,5 \cdot 21,5 = 219,3$	$11,0 \cdot 10 = 110$	$219,3 - 110 = 109,3$	$69,0 + \left[11,5 - \frac{0}{3,5} \cdot 10\right] \cdot 3,5 = 109,3$

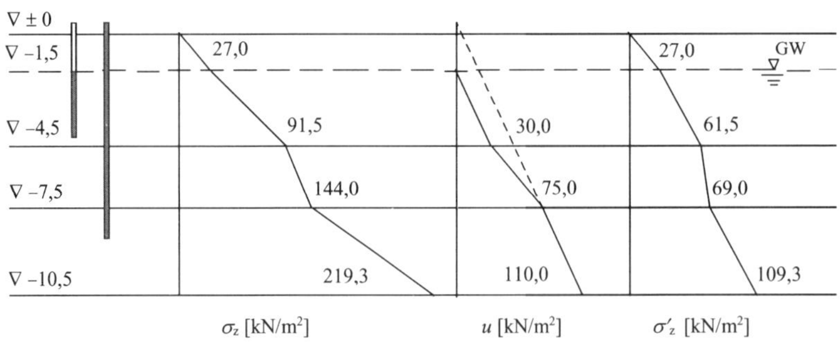

B-7 Elastizitätstheorie und Grenzzustände im Boden

B-7.1 Dreidimensionaler und eindimensionaler Spannungszustand

AUFGABENSTELLUNG

Die Gleichungen für den allgemeinen Spannungszustand gehen auf *Cauchy* (1825) zurück. Leiten Sie daraus die Gleichungen für den einachsigen Spannungszustand (Stab) ab. Die Gleichung geht auf *Hooke* (1678) zurück und wird als *Hooke*'sches Gesetz bezeichnet.

LÖSUNG

<u>1-dimensionaler Spannungszustand</u> → Stab

Stab in x-Richtung: $\varepsilon_x = \frac{\sigma_x}{E} - \frac{\nu}{E}(\sigma_y + \sigma_z)$

1-dimensional → $\sigma_y = 0$, $\sigma_z = 0$

$\varepsilon_x = \frac{\sigma_x}{E}$ oder allgemein: $\varepsilon = \frac{\sigma}{E}$ (*Hooke*)

<u>Stab in y-Richtung:</u> $\varepsilon_y = \frac{\sigma_y}{E} - \frac{\nu}{E}(\sigma_x + \sigma_z) \rightarrow \varepsilon_y = \frac{\sigma_y}{E}$

<u>Stab in z-Richtung:</u> $\varepsilon_z = \frac{\sigma_z}{E} - \frac{\nu}{E}(\sigma_x + \sigma_y) \rightarrow \varepsilon_z = \frac{\sigma_z}{E}$

x
y
z
σx
σx
Stab

B-7.2 Spannungen und Verzerrungen in einer Bodenprobe

AUFGABENSTELLUNG

Die an den gelenkig gelagerten Scherkasten angreifenden Gewichte $M_1 = 30$ kg und $M_2 = 10$ kg verursachen folgende Verformungen der Bodenprobe: $\delta_1 = 0,9$ mm in vertikaler Richtung und $\delta_2 = 2,3$ mm in horizontaler Richtung. Die Bodenprobe ist 40 x 40 x 40 mm groß.
Zu berechnen sind die Normalspannung, Normalverzerrung (Dehnung), Schubspannung und Schubverzerrung (Gleitung).

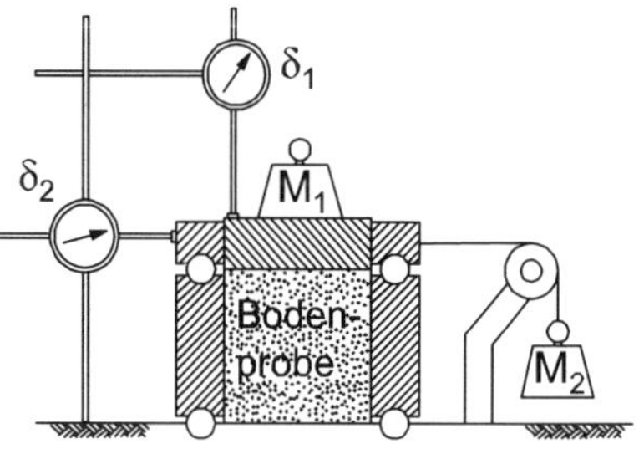

LÖSUNG

$$F_1 = M_1 \cdot g = 30 \cdot 9,81 = 294,3 \text{ N } = 0,294 \text{ kN}$$
$$F_2 = M_2 \cdot g = 10 \cdot 9,81 = 98,1 \text{ N } = 0,098 \text{ kN}$$

Normalspannung $\qquad \sigma = \frac{F_1}{A} = \frac{0,294}{0,04 \cdot 0,04} = 183,9 \text{ kN/m}^2$

Schubspannung $\qquad \tau = \frac{F_2}{A} = \frac{0,098}{0,04 \cdot 0,04} = 61,3 \text{ kN/m}^2$

Normalverzerrung $\qquad \varepsilon = \frac{\sigma_1}{z} = \frac{0,9}{40} = 0,0225 = 2,25\%$

Schubverzerrung $\qquad \gamma = -\frac{\delta_2}{z} = -\frac{2,3}{40} = -0,0575 = -5,75\%$

B-7.3 Spannungen und Verzerrungen, räumlich und eben

AUFGABENSTELLUNG

Für folgende Spannungszustände sind die Verzerrungen zu berechnen ($E = 50$ MN/m^2, $\nu = 0,3$):

a) Räumlicher Spannungszustand mit

$$\sigma_z = 100 \text{ kN/m}^2,\ \sigma_x = 25 \text{ kN/m}^2,\ \sigma_y = 64 \text{ kN/m}^2$$
$$\tau_{xy} = -10 \text{ kN/m}^2,\ \tau_{yz} = 0,\ \tau_{zx} = 15 \text{ kN/m}^2$$

b) Ebener Spannungs- und Verformungszustand unter Weglassung der entsprechenden Spannungskomponenten nach a).

LÖSUNG

a) Verzerrungen im räumlichen Spannungszustand

Dehnungen:

$$\varepsilon_x = \frac{\sigma_x}{E} - \frac{\nu}{E} \cdot (\sigma_y + \sigma_z) = \frac{25}{50.000} - \frac{0,3}{50.000} \cdot (64 + 100) = -4,84 \cdot 10^{-4}$$

$$\varepsilon_y = \frac{\sigma_y}{E} - \frac{\nu}{E} \cdot (\sigma_x + \sigma_z) = \frac{64}{50.000} - \frac{0,3}{50.000} \cdot (25 + 100) = +5,3 \cdot 10^{-4}$$

$$\varepsilon_z = \frac{\sigma_z}{E} - \frac{\nu}{E} \cdot (\sigma_x + \sigma_y) = \frac{100}{50.000} - \frac{0,3}{50.000} \cdot (25 + 64) = +1,47 \cdot 10^{-3}$$

Gleitungen:

$$\gamma_{xy} = \frac{2 \cdot (1 + \nu)}{E} \cdot \tau_{xy} = \frac{2 \cdot (1 + 0,3)}{50.000} \cdot (-10) = -5,2 \cdot 10^{-4}$$

$$\gamma_{zx} = \frac{2 \cdot (1 + \nu)}{E} \cdot \tau_{xz} = \frac{2 \cdot (1 + 0,3)}{50.000} \cdot 15 = +7,8 \cdot 10^{-4}$$

$$\gamma_{yz} = \frac{2 \cdot (1 + \nu)}{E} \cdot \tau_{yz} = \frac{2 \cdot (1 + 0,3)}{50.000} \cdot 0 = 0$$

b1) Verzerrungen im ebenen Spannungszustand; gewählt x-z Ebene ($\sigma_y = 0$)

Dehnungen:

$$\varepsilon_x = \frac{\sigma_x}{E} - \frac{\nu}{E} \cdot (\sigma_y + \sigma_z) = \frac{25}{50.000} - \frac{0,3}{50.000} \cdot (0 + 100) = -1 \cdot 10^{-4}$$

$$\varepsilon_y = \frac{\sigma_y}{E} - \frac{\nu}{E} \cdot (\sigma_x + \sigma_z) = \frac{0}{50.000} - \frac{0,3}{50.000} \cdot (25 + 100) = -7,5 \cdot 10^{-4}$$

$$\varepsilon_z = \frac{\sigma_z}{E} - \frac{\nu}{E} \cdot (\sigma_x + \sigma_y) = \frac{100}{50.000} - \frac{0,3}{50.000} \cdot (25 + 0) = +1,9 \cdot 10^{-3}$$

Gleitungen:

$$\gamma_{zx} = \frac{2 \cdot (1 + \nu)}{E} \cdot \tau_{xz} = \frac{2 \cdot (1 + 0,3)}{50.000} \cdot 15 = +7,8 \cdot 10^{-4} \qquad \text{(wie vorab)}$$

b2) Verzerrungen im ebenen Verformungszustand; gewählt x-z Ebene ($\varepsilon_y = 0$)

Spannung in y-Richtung:

$$\sigma_y = \varepsilon_y \cdot E + \nu \cdot (\sigma_x + \sigma_z) = 0,3 \cdot (100 + 25) = 37,5 \text{ kN/m}^2$$

Dehnungen:

$$\varepsilon_x = \frac{\sigma_x}{E} - \frac{\nu}{E} \cdot (\sigma_y + \sigma_z) = \frac{25}{50.000} - \frac{0,3}{50.000} \cdot (37,5 + 100) = -3,25 \cdot 10^{-4}$$

$$\varepsilon_z = \frac{\sigma_z}{E} - \frac{\nu}{E} \cdot (\sigma_x + \sigma_y) = \frac{100}{50.000} - \frac{0,3}{50.000} \cdot (37,5 + 25) = +1,63 \cdot 10^{-3}$$

$$\varepsilon_y = 0$$

Gleitungen:

$$\gamma_{zx} = \frac{2 \cdot (1 + \nu)}{E} \cdot \tau_{xz} = \frac{2 \cdot (1 + 0,3)}{50.000} \cdot 15 = +7,8 \cdot 10^{-4} \qquad \text{(wie in a)}$$

B-7.4 Beanspruchungen einer Bodenprobe, *Mohr*'scher Spannungskreis

AUFGABENSTELLUNG

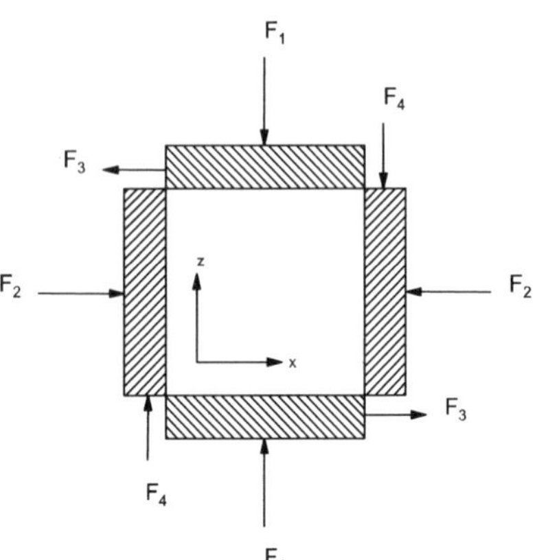

Die Gewichte auf eine Bodenprobe sind $F_1 = 45$ kg und $F_2 = 30$ kg sowie $F_3 = F_4 = 10$ kg. Die Probe ist 40 x 40 x 40 mm groß.

Wie groß sind die Hauptspannungen und welche Richtungen haben sie? Die Lösung soll sowohl auf grafischem als auch auf analytischem Weg ermittelt werden.

LÖSUNG

$$\sigma_z = \frac{F_1}{A} = \frac{45 \cdot 9,81}{(0,04)^2} \cdot 10^{-3} = 275,9 \text{ kN/m}^2$$

$$\sigma_x = \frac{F_2}{A} = \frac{30 \cdot 9,81}{(0,04)^2} \cdot 10^{-3} = 183,9 \text{ kN/m}^2$$

$$\tau_{\text{zx}} = -\tau_{\text{xz}} = \frac{F_3}{A} = \frac{10 \cdot 9,81}{(0,04)^2} \cdot 10^{-3} = 61,3 \text{ kN/m}^2$$

a) Grafisch:

$$M = \sigma_m = \frac{\sigma_x + \sigma_z}{2} = \frac{183,9 + 275,9}{2} = 229,9 \text{ kN/m}^2$$

$$R = \sqrt{\left(\frac{\sigma_x - \sigma_z}{2}\right)^2 + \tau_{xz}{}^2} = \sqrt{\left(\frac{183,9 - 275,9}{2}\right)^2 + 61,3^2} = 76,6 \text{ kN/m}^2$$

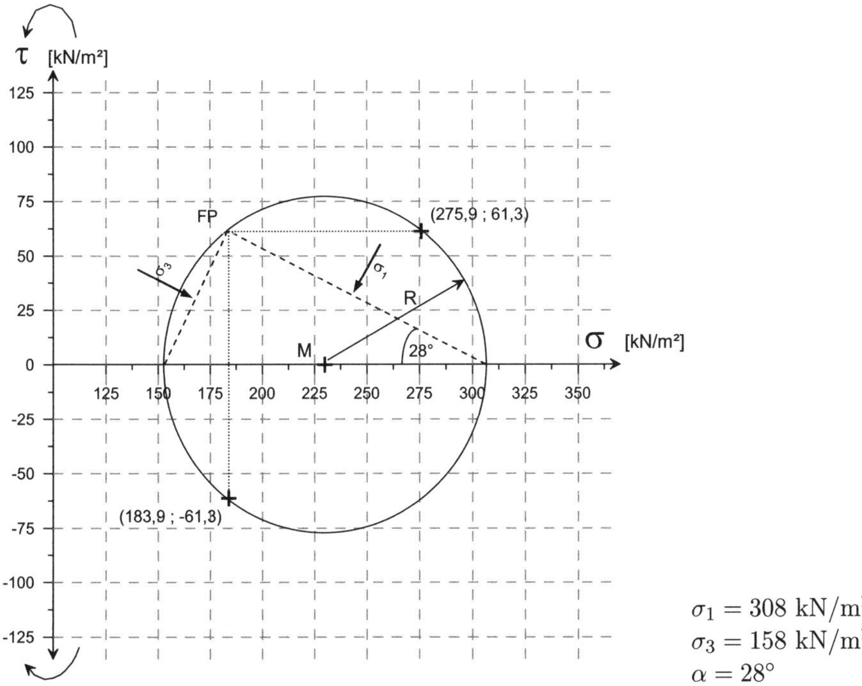

$\sigma_1 = 308$ kN/m^2
$\sigma_3 = 158$ kN/m^2
$\alpha = 28°$

b) Analytisch:

$$\sigma_{1,3} = \frac{\sigma_x + \sigma_z}{2} \pm \sqrt{\left(\frac{\sigma_x - \sigma_z}{2}\right)^2 + {\tau_{xz}}^2}$$
$$= \frac{183,9 + 275,9}{2} \pm \sqrt{(\frac{183,9 - 275,9}{2})^2 + 61,3^2} = 229,9 \pm 76,6$$
$$\sigma_1 = 306,5 \text{ kN/m}^2$$
$$\sigma_3 = 153,3 \text{ kN/m}^2$$

$$\tan 2\alpha = \frac{2 \cdot \tau_{xz}}{\sigma_x - \sigma_z} = \frac{2 \cdot (-61,3)}{183,9 - 275,9} = 1,333$$
$$2\alpha = 53,1°$$
$$\alpha = 26,6°$$

B-7.5 Spannungszustände aus verschiedenen Lastfällen

AUFGABENSTELLUNG

Für einen Punkt im Boden sind zwei Spannungszustände aus verschiedenen Bemessungssituationen gegeben:

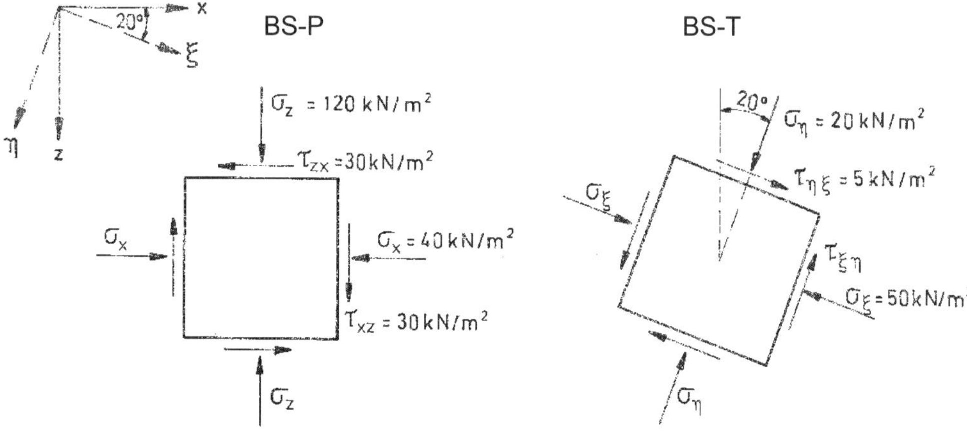

a) Wie groß sind die Hauptspannungen des resultierenden Spannungszustandes und welche Richtungen haben sie?

b) Wie groß sind die Normal- und Schubspannungen auf einer unter +45° gegen die x-Achse geneigten Fläche für den resultierenden Spannungszustand?

Die Lösung soll sowohl auf grafischem als auch auf analytischem Weg ermittelt werden.

LÖSUNG

Grafische Lösung:

Positiv-Bild

a) Hauptspannungen des resultierenden Spannungszustandes:

Zurückdrehen von BS-T: Dazu wird der *Mohr*'sche Spannungskreis gezeichnet.

Bemessungssituation BS-T:

$$M = \sigma_m = \frac{\sigma_\eta + \sigma_\xi}{2} = \frac{20 + 50}{2} = 35 \text{ kN/m}^2$$

$$R = \sqrt{\left(\frac{\sigma_\xi - \sigma_\eta}{2}\right)^2 + \tau_{\xi\eta}^2}$$

$$= \sqrt{\left(\frac{50 - 20}{2}\right)^2 + 5^2} = 15{,}8 \text{ kN/m}^2$$

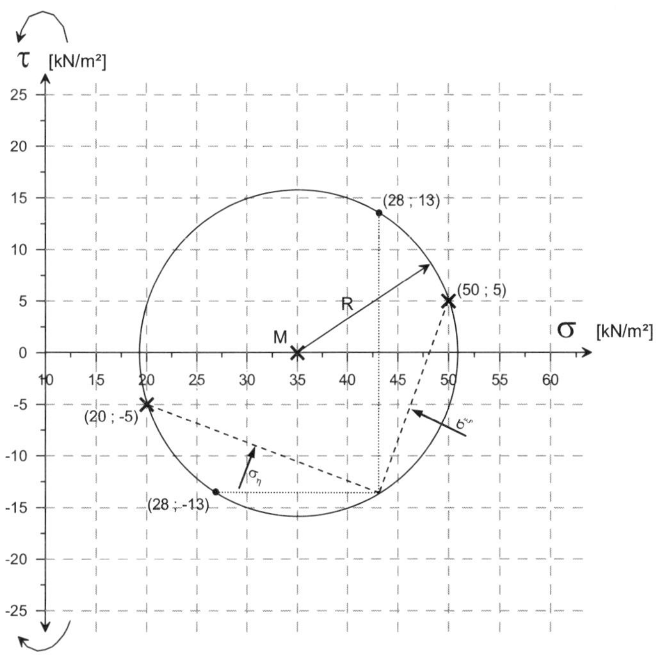

$\sigma_1 = 28\ \mathrm{kN/m^2}$
$\sigma_3 = 43\ \mathrm{kN/m^2}$
$\tau_{xz} = -\tau_{zx} = 13\ \mathrm{kN/m^2}$

Lastfall 1+2:
Superposition:

	BS-P	BS-T	BS-P + BS-T
σ_z	120	27	147 kN^2
σ_x	40	43	83 kN^2
τ_{xz}	-30	13	-17 kN^2

$$M = \frac{83 + 147}{2} = 115\ \mathrm{kN/m^2}$$

$$R = \sqrt{\left(\frac{83 - 147}{2}\right)^2 + (-17)^2} = 36,2\ \mathrm{kN/m^2}$$

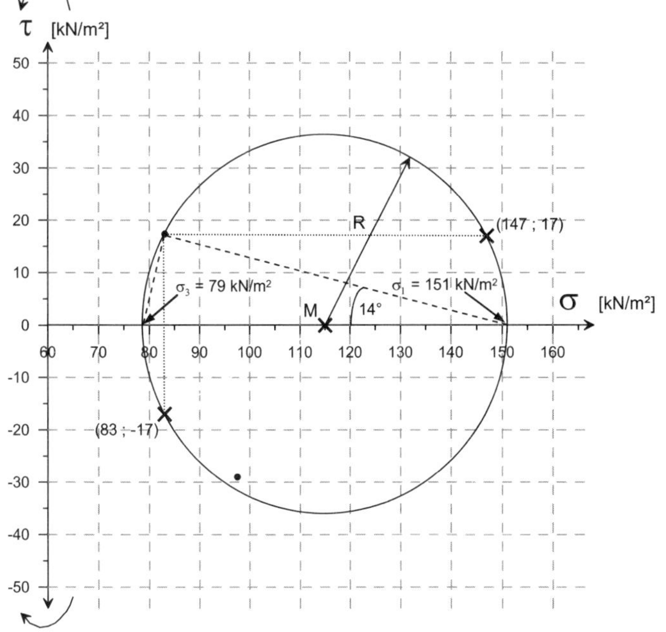

$\sigma_1 = 151\ \mathrm{kN/m^2}$
$\sigma_3 = 79\ \mathrm{kN/m^2}$
$\alpha = 14°$

b) Spannungen auf einer unter 45° gegen die x-Achse geneigten Fläche für den resultierenden Spannungszustand:

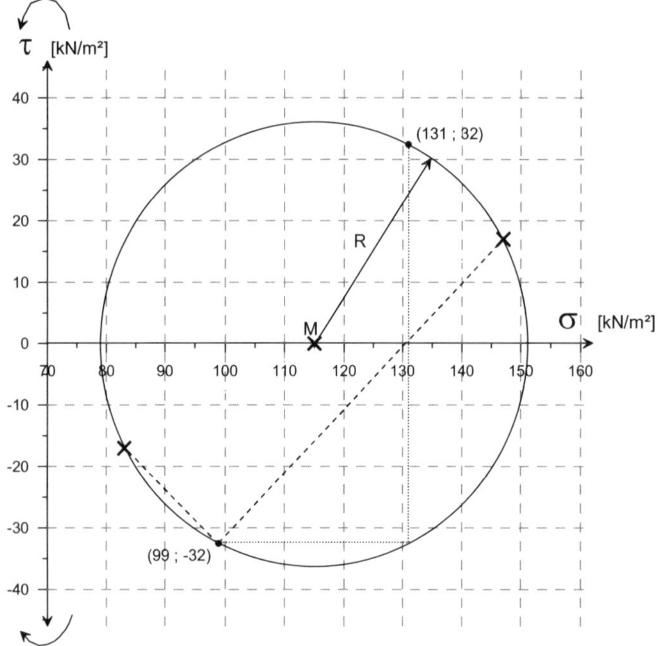

$\sigma_{\overline{z}} = 131\ \mathrm{kN/m^2}$
$\sigma_{\overline{x}} = 99\ \mathrm{kN/m^2}$
$\tau_{\overline{zx}} = -\tau_{\overline{xz}} = 32\ \mathrm{kN/m^2}$

Analytische Lösung:

a) Hauptspannungen des resultierenden Spannungszustandes

1. Transformation LF2 $\rightarrow$ $(z - x)$

$$\begin{aligned}\sigma_{z2} &= \frac{\sigma_\xi + \sigma_\eta}{2} + \frac{\sigma_\xi - \sigma_\eta}{2} \cdot \cos 2\alpha + \tau_{\xi\eta} \cdot \sin 2\alpha \\ &= \frac{50+20}{2} + \frac{50-20}{2} \cdot \cos(2 \cdot 70^\circ) + 5 \cdot \sin(2 \cdot 70^\circ) = 26{,}7\ \mathrm{kN/m^2}\end{aligned}$$

$$\begin{aligned}\sigma_{x2} &= \frac{\sigma_\xi + \sigma_\eta}{2} + \frac{\sigma_\xi - \sigma_\eta}{2} \cdot \cos 2\alpha + \tau_{\xi\eta} \cdot \sin 2\alpha \\ &= \frac{50+20}{2} + \frac{50-20}{2} \cdot \cos(2 \cdot 20^\circ) - 5 \cdot \sin(2 \cdot 20^\circ) = 43{,}3\ \mathrm{kN/m^2}\end{aligned}$$

$$\begin{aligned}\tau_{zx2} = -\tau_{xz2} &= -\frac{\sigma_\xi - \sigma_\eta}{2} \cdot \sin 2\alpha + \tau_{\xi\eta} \cdot \cos 2\alpha \\ &= -\frac{50-20}{2} \cdot \sin(2 \cdot 70^\circ) + 5 \cdot \cos(2 \cdot 70^\circ) = -13{,}5\ \mathrm{kN/m^2}\end{aligned}$$

2. Superposition

$$\sigma_{z,ges} = \sigma_{z1} + \sigma_{z2} = 120 + 26,7 = 146,7 \text{ kN/m}^2$$
$$\sigma_{x,ges} = \sigma_{x1} + \sigma_{x2} = 40 + 43,3 = 83,3 \text{ kN/m}^2$$
$$\tau_{xz,ges} = -\tau_{zx,ges} = \tau_{xz1} + \tau_{xz2} = -30 + 13,5 = -16,5 \text{ kN/m}^2$$

3. Hauptspannungen des resultierenden Spannungszustandes:

$$\begin{aligned}\sigma_{1,3} &= \frac{\sigma_{x,ges} + \sigma_{z,ges}}{2} \pm \frac{1}{2}\sqrt{(\sigma_{x,ges} - \sigma_{z,ges})^2 + 4 \cdot \tau_{xz,ges}^2} \\ &= \frac{83,3 + 146,7}{2} \pm \frac{1}{2}\sqrt{(83,3 - 146,7)^2 + 4 \cdot (-16,5)^2} = 115 \pm 35,7 \text{ kN/m}^2\end{aligned}$$
$$\sigma_1 = 150,7 \text{ kN/m}^2$$
$$\sigma_3 = 79,3 \text{ kN/m}^2$$

$$\begin{aligned}\alpha_0 &= \frac{1}{2} \cdot \arctan\left(\frac{2 \cdot \tau_{xz,ges}}{\sigma_{x,ges} - \sigma_{z,ges}}\right) \\ &= \frac{1}{2} \cdot \arctan\left(\frac{2 \cdot (-16,5)}{89,7 - 146,7}\right) = 13,8^\circ\end{aligned}$$

b) Spannungen auf einer unter 45° gegen die x-Achse geneigten Fläche für den resultierenden Spannungszustand:

$$\begin{aligned}\sigma_{\overline{z}} &= \frac{\sigma_{x,ges} + \sigma_{z,ges}}{2} + \frac{\sigma_{x,ges} - \sigma_{z,ges}}{2} \cdot \cos 2\alpha + \tau_{xz,ges} \cdot \sin 2\alpha \\ &= \frac{83,3 + 146,7}{2} + \frac{83,3 - 146,7}{2} \cdot \cos(2 \cdot 45^\circ) + 16,55 \cdot \sin(2 \cdot 45^\circ) \\ &= 131,5 \text{ kN/m}^2\end{aligned}$$

$$\begin{aligned}\sigma_{\overline{x}} &= \frac{\sigma_{x,ges} + \sigma_{z,ges}}{2} + \frac{\sigma_{x,ges} - \sigma_{z,ges}}{2} \cdot \cos 2\alpha - \tau_{xz,ges} \cdot \sin 2\alpha \\ &= \frac{83,3 + 146,7}{2} + \frac{83,3 - 146,7}{2} \cdot \cos(2 \cdot 45^\circ) - 16,5 \cdot \sin(2 \cdot 45^\circ) = 98,5 \text{ kN/m}^2\end{aligned}$$

$$\begin{aligned}\tau_{\overline{zx}} &= -\tau_{\overline{xz}} = -\frac{\sigma_{x,ges} - \sigma_{z,ges}}{2} \cdot \sin 2\alpha + \tau_{xz,ges} \cdot \cos 2\alpha \\ &= -\frac{83,3 - 146,7}{2} \cdot \sin(2 \cdot 45^\circ) + 16,5 \cdot \cos(2 \cdot 45^\circ) = 31,7 \text{ kN/m}^2\end{aligned}$$

B-8 Berechnung von Zusatzspannungen und Setzungen

B-8.1 Horizontalspannungen im elastisch isotropen Halbraum infolge Linienlast

AUFGABENSTELLUNG

Für die dargestellte Situation einer Uferwand (Spundwand) ist die Erddruckbelastung (Horizontalspannung = Ruhedruck) aus den Kranbahnlasten auf die Wand zu berechnen ($n = 3$).

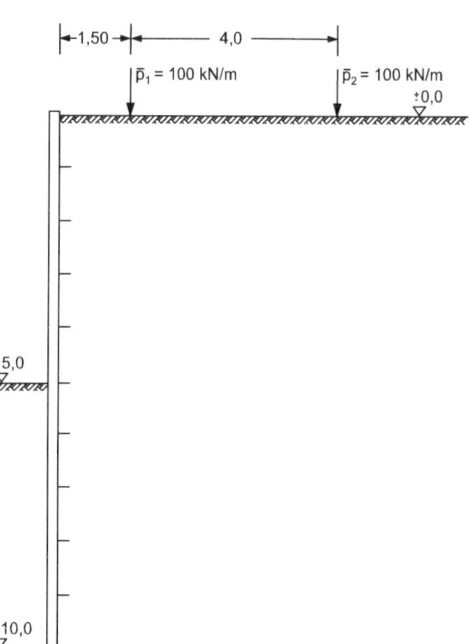

LÖSUNG

Ermittlung der horizontalen auf die Wand wirkenden Spannungen mithilfe des Verfahrens nach *Fröhlich* (Linienlast). Es gilt:

$$\sigma_h = \frac{\overline{p}}{f \cdot R} \cdot (\cos\vartheta)^{n-2} \cdot (\sin\vartheta)^2$$

$n =$ Konzentrationsfaktor

(hier gewählt: $n = 3 \Rightarrow f = \frac{\pi}{2}$)

1.) für $\overline{p}_1$: z. B. für Kote -1,0 m: $R = \sqrt{1,5^2 + 1^2} = 1,80$ m $\vartheta = 56°$

$$\sigma_{h,1,-1,0m} = \frac{\overline{p}_1}{\pi/2 \cdot R} \cdot (\cos\vartheta)^{3-2} \cdot (\sin\vartheta)^2 = \frac{100}{\pi/2 \cdot 1,8} \cdot (\cos 56°) \cdot (\sin 56°)^2$$
$$= 13,6 \text{ kN/m}^2$$

2.) für $\overline{p}_2$: z. B. für Kote -2,0 m: $R = \sqrt{5,5^2 + 2^2} = 5,9$ m $\vartheta = 70°$

$$\sigma_{h,1,-2,0m} = \frac{\overline{p}_2}{\pi/2 \cdot R} \cdot (\cos\vartheta) \cdot (\sin\vartheta)^2 = \frac{100}{\pi/2 \cdot 5,9} \cdot (\cos 70°) \cdot (\sin 70°)^2 = 3,3 \text{ kN/m}^2$$

Kote [m]	ϑ [°]	R [m]	$\sigma_{h,1}$ [kN/m²]	Kote [m]	ϑ [°]	R [m]	$\sigma_{h,2}$ [kN/m²]
-1	56	1,8	13,6	-2	70	5,9	3,3
-2	37	2,5	7,4	-4	54	6,8	3,6
-3	27	3,4	3,4	-6	43	8,1	2,7
-4	21	4,3	1,8	-8	35	9,7	1,8
-5	17	5,2	1,0	-10	29	11,4	1,1
-6	14	6,2	0,6				
-8	11	8,1	0,3				
-10	9	10,1	0,2				

Kote [m]	$\sum(\sigma_{h,1} + \sigma_{h,2})$ [kN/m²]
-2	$7{,}4 + 3{,}3 = 10{,}7$
-4	$1{,}8 + 3{,}6 = 5{,}4$
-6	$0{,}6 + 2{,}7 = 3{,}3$
-8	$0{,}3 + 1{,}8 = 2{,}1$
-10	$0{,}2 + 1{,}1 = 1{,}3$

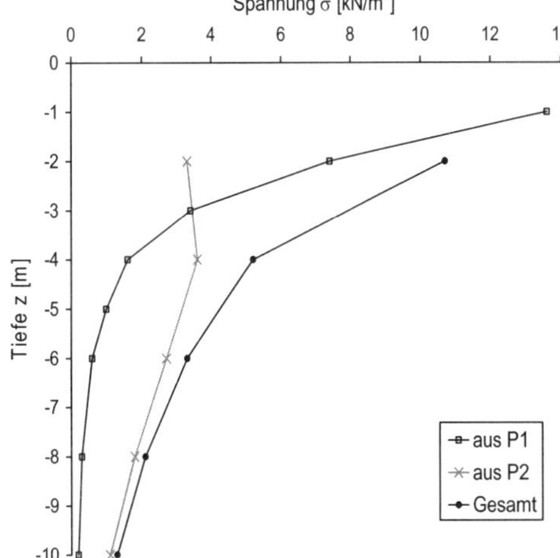

B-8.2 Zusatzspannungen im Untergrund für unterschiedliche Punkte

AUFGABENSTELLUNG

Für die gegebene schlaffe Lastfläche (z. B. Gebäude) sind die vertikalen Zusatzspannungen σ_z unter den Punkten 1 bis 3 bis in eine Tiefe von $z = 8$ m zu ermitteln.

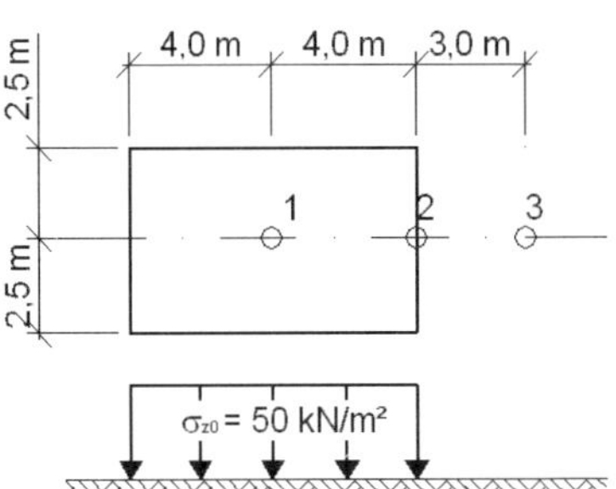

LÖSUNG

Schlaffes Fundament, rechteckige Abmessungen, gleichmäßige Last; Ermittlung der vertikalen Spannungen σ_z mithilfe der Formel bzw. des Nomogramms nach *Steinbrenner*.

1. Einteilung der Lastfläche in rechteckige Teilflächen mit den Abmessungen a und b $(a > b)$

2. Bestimmung der Eingangsparameter a/b

3. Vorgabe der zu untersuchenden Tiefen z_i

4. Ablesung der Spannungseinflusszahlen i aus dem entsprechenden Nomogramm (z. B. nach *Steinbrenner*)

5. Berechnung von $\sigma_{z,i} = i \cdot p$ einer Teilfläche

6. Addition, Multiplikation oder Subtraktion von $\sigma_{z,i}$ der Teilflächen

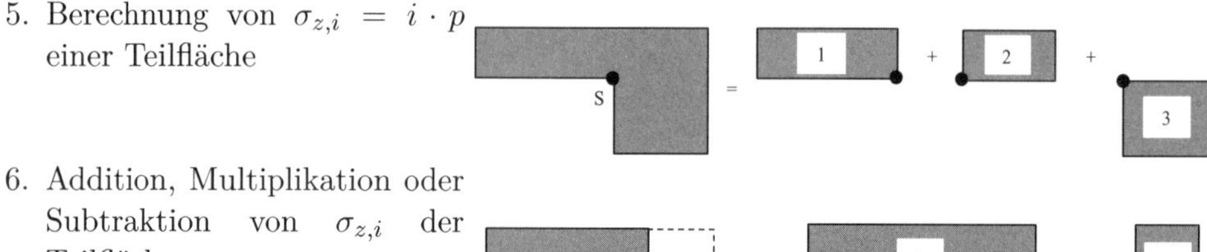

z. B.:

Punkt 1:

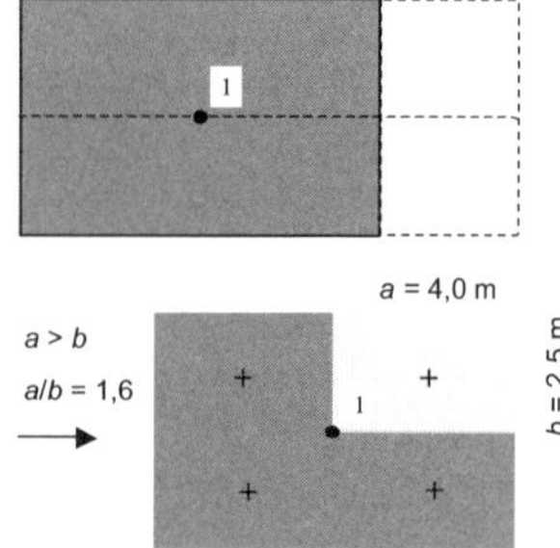

z [m]	z/b [-]	i_R [-]	$\sigma_{z,i} = i_R \cdot \sigma_{z0}$ [kN/m²]	$\sigma_{z,ges}$ [kN/m²]
0	0	0,25	$0,25 \cdot 50 = 12,5$	$12,5 \cdot 4 = 50$
1	0,4	0,243	$0,243 \cdot 50 = 12,2$	$12,2 \cdot 4 = 48,8$
2	0,8	0,215	$0,215 \cdot 50 = 10,8$	$10,8 \cdot 4 = 43,2$
4	1,6	0,140	7,0	28,0
6	2,4	0,085	4,25	17,0
8	3,2	0,06	3,0	12,0

Punkt 2:

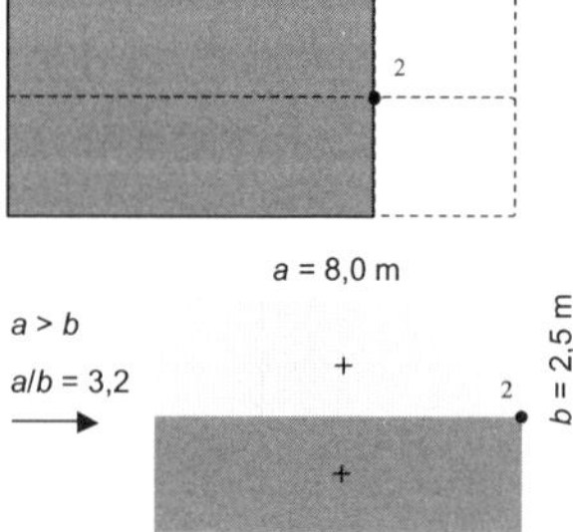

z [m]	z/b [-]	i_R [-]	$\sigma_{z,i} = i_R \cdot \sigma_{z0}$ [kN/m²]	$\sigma_{z,ges}$ [kN/m²]
0	0	0,25	$0,25 \cdot 50 = 12,5$	$12,5 \cdot 2 = 25$
1	0,4	0,243	$0,243 \cdot 50 = 12,2$	$12,2 \cdot 2 = 24,3$
2	0,8	0,22	$0,22 \cdot 50 = 11,0$	$11,0 \cdot 2 = 22,0$
4	1,6	0,16	8,0	16,0
6	2,4	0,11	5,5	11,0
8	3,2	0,08	4,0	8,0

Punkt 3:

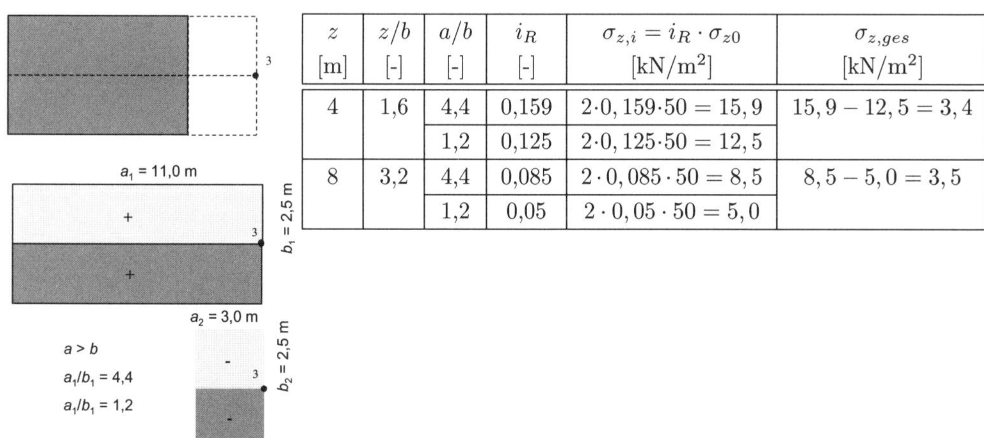

z [m]	z/b [-]	a/b [-]	i_R [-]	$\sigma_{z,i} = i_R \cdot \sigma_{z0}$ [kN/m²]	$\sigma_{z,ges}$ [kN/m²]
4	1,6	4,4	0,159	$2{\cdot}0,159{\cdot}50 = 15,9$	$15,9 - 12,5 = 3,4$
		1,2	0,125	$2{\cdot}0,125{\cdot}50 = 12,5$	
8	3,2	4,4	0,085	$2 \cdot 0,085 \cdot 50 = 8,5$	$8,5 - 5,0 = 3,5$
		1,2	0,05	$2 \cdot 0,05 \cdot 50 = 5,0$	

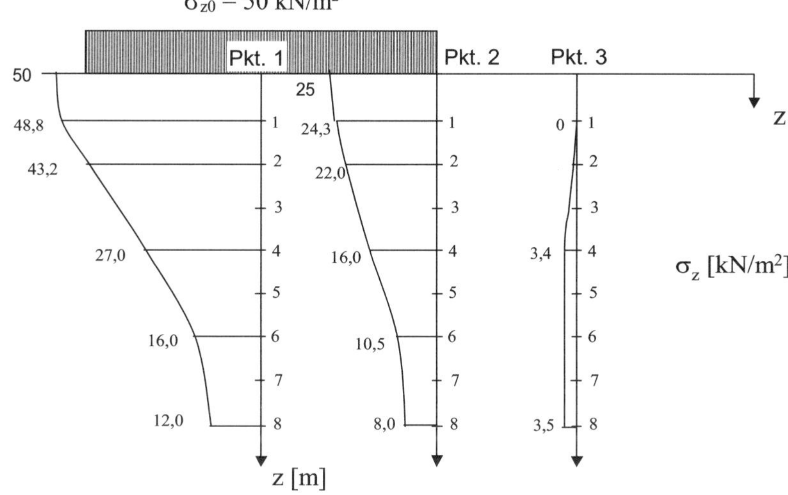

B-8.3 Setzungen unter einer Gründungsplatte

AUFGABENSTELLUNG

Für eine sehr lange, schlaffe Gründungsplatte sind die Setzungen im kennzeichnenden Punkt mithilfe der lotrechten Spannungsermittlung zu berechnen. Die Aushubentlastung darf vernachlässigt werden.

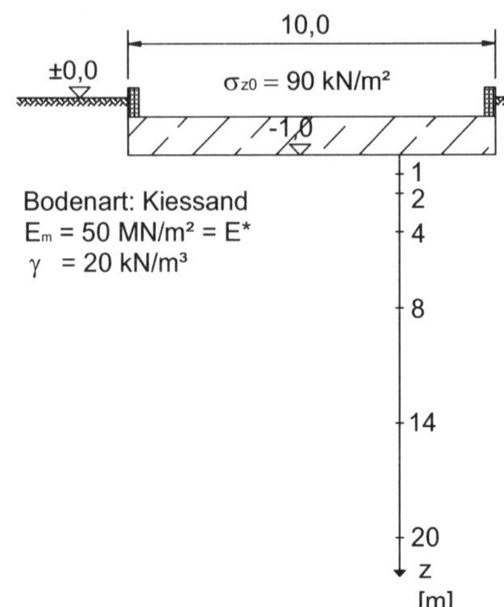

LÖSUNG

Einbindetiefe: $d = 1{,}0$ m
Fundamentbreite: $b = 10$ m
Fundamentlänge: $a = \infty$ (Streifenfundament)

System: schlaffe Gründungsplatte, Berechnung für den kennzeichnenden Punkt.

Die Berechnung erfolgt exemplarisch für die Höhenkoten -1,0 m und -2,0 m:

Kote (-1,0 m): Überlagerungsspannung inf. Eigengewicht: $\sigma_{\ddot{u}} = \gamma \cdot d + \gamma \cdot z$

$$\sigma_{\ddot{u}} = 20 \cdot 1 + 20 \cdot 0 = 20 \text{ kN/m}^2$$

Ermittlung der Zusatzspannung aus Fundamentlast mithilfe des Nomogramms nach *Kany*:

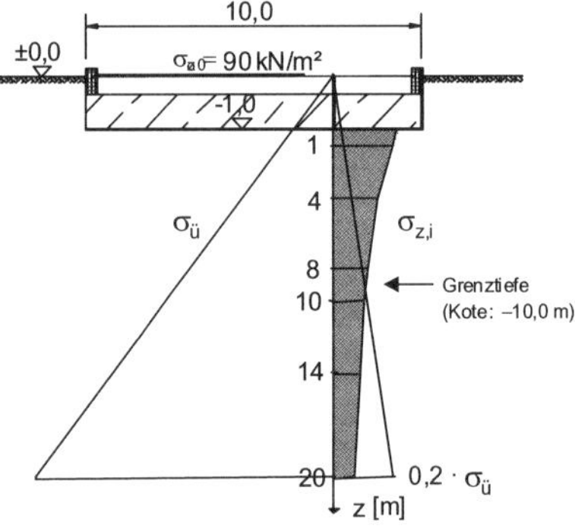

$a/b = \infty$
$z/b = 0/10 = 0$
Nomogramm $\rightarrow i_k = 1,0$
$\rightarrow \sigma_{z,-1,0} = i_k \cdot \sigma_{z0} = 1,0 \cdot 90 = 90 \text{ kN/m}^2$

Kote (-2,0 m): $\sigma_{\ddot{u}} = 20 \cdot 1 + 20 \cdot 1 = 40 \text{ kN/m}^2$

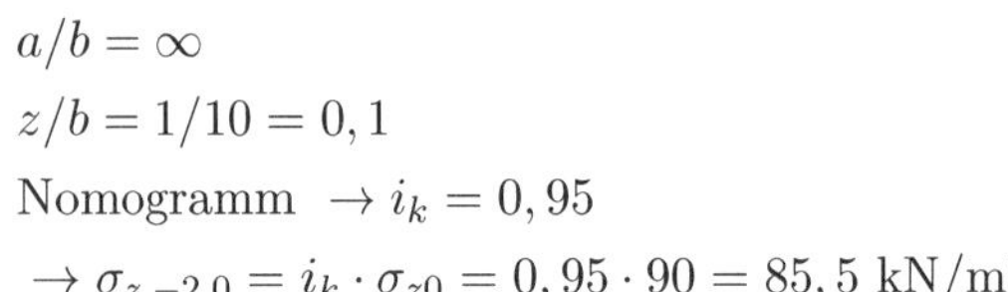

$a/b = \infty$
$z/b = 1/10 = 0,1$
Nomogramm $\rightarrow i_k = 0,95$

$\rightarrow \sigma_{z,-2,0} = i_k \cdot \sigma_{z0} = 0,95 \cdot 90 = 85,5 \text{ kN/m}^2$

Setzungen innerhalb der Schicht –1,0 bis –2,0 m:

– Vereinfachte Berechnung mittels konstantem Zusammendrückungsmodul

Allgemein gilt: $s_i = \dfrac{\sigma_{z,mittel,i} \cdot d_i}{E^*}$

Mittelung der beiden Werte:

$$\sigma_{z,mittel,(-1,0 \text{ bis } -2,0)} = 0,5 \cdot (90 + 85,5) = 87,8 \text{ kN/m}^2$$

$$\rightarrow s_{(-1 \text{ bis } -2)} = \frac{87,8 \text{ kN/m}^2 \cdot 1 \text{ m}}{50.000 \text{ kN/m}^2} = 0,00176 \text{ m } = 1,8 \text{ mm}$$

Kote [m]	z [m]	$\sigma_{ü}$ [kN/m²]	$0,2 \cdot \sigma_{ü}$ [kN/m²]	z/b [-]	i_k [-]	$\sigma_{z,i} = i_k \cdot \sigma_{z0}$ [kN/m²]	$\sigma_{z,mittel,i}$ [kN/m²]	d_i [m]	E^* [kN/m²]	s_i [mm]
-1,0	0	$20 \cdot (1+0) = 20$	$0,2 \cdot 20 = 4$	0	1,0	$1,0 \cdot 90 = 90,0$	87,8	1,0	50.000	1,8
-2,0	1,0	$20 \cdot (1+1) = 40$	$0,2 \cdot 40 = 8$	0,1	0,95	$0,95 \cdot 90 = 85,5$				
-5,0	4,0	$20 \cdot (1+4) = 100$	$0,2 \cdot 100 = 20$	0,4	0,67	60,3	72,9	3,0	50.000	4,4
-9,0	8,0	$20 \cdot (1+8) = 180$	$0,2 \cdot 180 = 36$	0,8	0,54	48,6	54,5	4,0	50.000	4,4
-11,0	10,0	$20 \cdot (1+10) = 220$	$0,2 \cdot 220 = 44$	1,0	0,46	41,4	45,0	2,0	50.000	1,8
-15,0	14,0	$20 \cdot (1+14) = 300$	$0,2 \cdot 300 = 60$	1,4	0,38	34,2	37,8	4,0	50.000	3,0
-21,0	20,0	$20 \cdot (1+20) = 420$	$0,2 \cdot 420 = 84$	2,0	0,29	26,1	30,2	6,0	50.000	3,6

→ Gesamtsetzungen in den Schichten bis Kote –10,0 m:
$s_{ges} = 1,8 + 4,4 + 4,4 + 1,8/2 = 11,5$ mm

B-8.4 Zeitdauer für das Abklingen von Setzungen

AUFGABENSTELLUNG

Schätzen Sie die Zeit bis zum vollständigen Abklingen der Setzungen in der Natur ab, wenn an einer 5 cm hohen Bodenprobe (Ton) im Labor die Setzungen nach 14 h beendet sind. Die Dicke der Tonschicht beträgt in-situ 2,5 m.

LÖSUNG

2-seitige Entwässerung

$$\frac{t_2}{t_1} = \frac{h_2^2}{h_1^2} \rightarrow \frac{14 \text{ h}}{t_1} = \frac{(5 \text{ cm})^2}{(250 \text{ cm})^2} \rightarrow t_1 \approx 35.000 \text{ h } \approx \text{ 4 Jahre}$$

B-8.5 Setzungen infolge von mehreren Fundamenten

AUFGABENSTELLUNG

Die Binder einer Halle sind auf quadratischen Einzelfundamenten (2,5 x 2,5 m) gegründet. Wie groß sind die zu erwartenden Setzungen unter Fundament 1 und unter Fundament 2?

Hinweis: Grenztiefe OK Felsschicht; Aushubentlastung und gegenseitige Fundamentbeeinflussung sollen berücksichtigt werden; gegenseitige Fundamentbeeinflussung senkrecht zur Zeichenebene darf vernachlässigt werden; Zusammendrückungsmodul hier $E^* = E_s$.

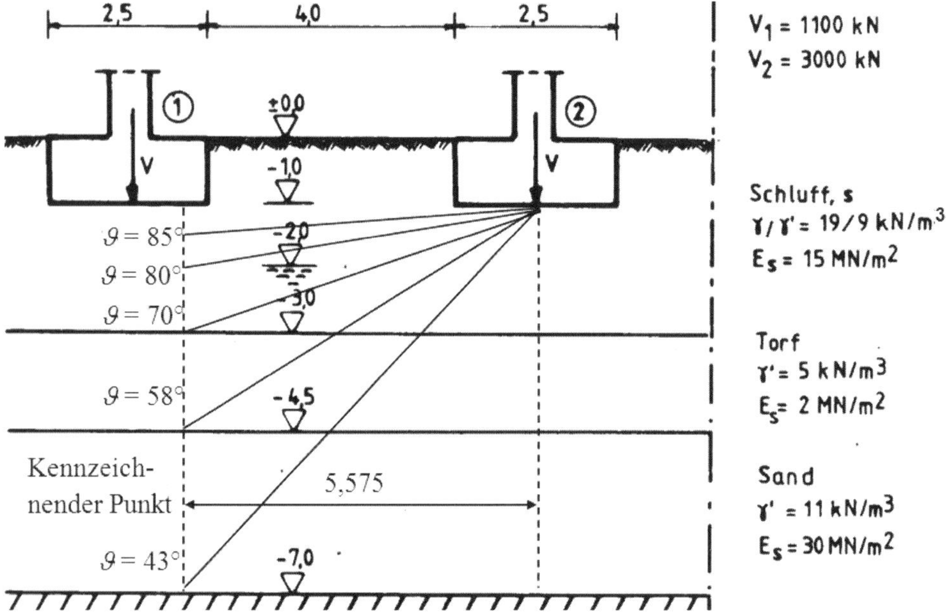

LÖSUNG

Aushubentlastung: (nur zusätzliche Lasten sind setzungserzeugend!)

Fundament 1:

$$V_1' = 1100 - 2,5 \cdot 2,5 \cdot 1,0 \cdot 19 = 981,3 \text{ kN bzw. } \sigma_{01} = 981,3/2,5^2 = 157 \text{ kN/m}^2$$

Fundament 2:

$$V_2' = 3000 - 2,5 \cdot 2,5 \cdot 1,0 \cdot 19 = 2881,3 \text{ kN bzw. } \sigma_{02} = 2881,3/2,5^2 = 461 \text{ kN/m}^2$$

Setzungen unter Fundament 1

Spannungen unter Fundament 1 aus Belastung Fundament 2 (Formeln nach *Fröhlich*, $n = 3$):

Kote [m]	ϑ [°]	R [m]	$\Delta\sigma_{z,i}$ [kN/m²]	$\sigma_{m2,i}$ [kN/m²]
-1,0	90	5,575	0,00	
-1,5	85	5,597	0,03	0,015
-2,0	80	5,664	0,23	0,13
-3,0	70	5,923	1,57	0,90
-4,5	58	6,583	4,72	3,15
-7,0	43	8,190	8,02	6,37

$$\sigma_z = \frac{3 \cdot P}{2\pi \cdot R^2} \cdot \cos^n\vartheta$$

$$P = V_2' = 2881,3 \text{ kN}$$

Spannungen unter Fundament 1 aus Belastung Fundament 1 (Nomogramm kennzeichnender Punkt) sowie Gesamtspannungen und daraus resultierende Setzungen unter Fundament 1:

$$a/b = 2,5/2,5 = 1,0$$
$$\sigma_{01} = 157 \text{ kN/m}^2$$

Kote [m]	z [m]	z/b [-]	i_k [-]	$\sigma_{z1,i}$ [kN/m²]	$\sigma_{m1,i}$ [kN/m²]	$\sigma_{m2,i}$ [kN/m²]	$\sum\sigma_{m,i}$ [kN/m²]	d_i [m]	E_m [MN/m²]	s_i [mm]
-1,0	0,0	0,0	1,00	157,0						
-1,5	0,5	0,2	0,70	$0,7 \cdot 157 = 109,9$	133,5	0,015	133,5	0,5	15	4,5
-2,0	1,0	0,4	0,46	$0,46 \cdot 157 = 72,2$	91,1	0,13	91,2	0,5	15	3,0
-3,0	2,0	0,8	0,28	$0,28 \cdot 157 = 44,0$	58,1	0,90	59	1,0	15	3,9
-4,5	3,5	1,4	0,16	$0,16 \cdot 157 = 25,1$	34,5	3,15	37,6	1,5	2	28,2
-7,0	6,0	2,4	0,07	$0,07 \cdot 157 = 11,0$	18,1	6,37	24,5	2,5	30	2,0

$$\sum s = 41,6 \text{ mm}$$

Setzungen unter Fundament 2

Spannungen unter Fundament 2 aus Belastung Fundament 1 (Formeln nach *Fröhlich*, $n = 3$):

Kote [m]	ϑ [°]	R [m]	$\Delta\sigma_{z,i}$ [kN/m²]	$\sigma_{m2,i}$ [kN/m²]
-1,0	90	5,575	0,00	
-1,5	85	5,597	0,01	0,005
-2,0	80	5,664	0,08	0,045
-3,0	70	5,923	0,53	0,31
-4,5	58	6,583	1,61	1,07
-7,0	43	8,190	2,73	2,17

$$\sigma_z = \frac{3 \cdot P}{2\pi \cdot R^2} \cdot \cos^n\vartheta$$

$$P = V_1' = 981,3 \text{ kN}$$

Spannungen unter Fundament 2 aus Belastung Fundament 2 (Nomogramm kennzeichnender Punkt) sowie Gesamtspannungen und daraus resultierende Setzungen unter Fundament 2:

$$a/b = 2,5/2,5 = 1,0$$

$$\sigma_{02} = 461 \text{ kN/m}^2$$

Kote [m]	z [m]	z/b [-]	i_k [-]	$\sigma_{z1,i}$ [kN/m²]	$\sigma_{m1,i}$ [kN/m²]	$\sigma_{m2,i}$ [kN/m²]	$\sum \sigma_{m,i}$ [kN/m²]	d_i [m]	E_m [MN/m²]	s_i [mm]
-1,0	0,0	0,0	1,00	461,0						
-1,5	0,5	0,2	0,70	$0,7 \cdot 461 = 322,7$	391,9	0,005	391,9	0,5	15	13,1
-2,0	1,0	0,4	0,46	$0,46 \cdot 461 = 212,1$	267,4	0,045	267,4	0,5	15	8,9
-3,0	2,0	0,8	0,28	$0,28 \cdot 461 = 129,1$	170,6	0,31	170,9	1,0	15	11,4
-4,5	3,5	1,4	0,16	$0,16 \cdot 461 = 73,8$	101,5	1,07	102,6	1,5	2	77,0
-7,0	6,0	2,4	0,07	$0,07 \cdot 461 = 32,3$	53,1	2,17	55,3	2,5	30	4,6

$$\sum s = 115 \text{ mm}$$

B-8.6 Setzungsberechnung mit geschlossenen Formeln

AUFGABENSTELLUNG

Die Randbedingungen von B-8.3 (Aushubentlastung vernachlässigbar) sind mithilfe von geschlossenen Formeln zu berechnen.

LÖSUNG

Schlaffes Streifenfundament, Setzungen im kennzeichnenden Punkt → Ermittlung mit dem Setzungsnomogramm nach *Kany*.

Grenztiefe wurde in Aufgabe B-8.3 ca. bei Kote –10,0 m (bzw. $z = 9,0$ m) festgestellt ($0,2 \cdot \sigma_{\ddot{u}}$ – Kriterium).

Da Aushubentlastung vernachlässigt: $z = 10,0$ m

$$s_k = \frac{\sigma_0 \cdot b}{E^*} \cdot f_k;\ b = 10 \text{ m};\ a = \infty;\ \frac{a}{b} = \infty$$

$$\frac{z}{b} = \frac{10}{10} = 1,0 \rightarrow f_k \sim 0,65$$

$$\rightarrow s_k = \frac{90 \cdot 10}{50} \cdot 0,65 = 11,7 \text{ mm } \cong 1,2 \text{ cm}$$

B-8.7 Setzungsberechnung mit geschlossenen Formeln bei geschichtetem Untergrund

AUFGABENSTELLUNG

Die Randbedingungen von Aufgabe B-8.5 sind mithilfe von geschlossenen Formeln zu berechnen, wobei eine gegenseitige Beeinflussung der beiden Lasten vernachlässigt werden kann.

LÖSUNG

$$s_k = \frac{\sigma_0 \cdot b}{E*} \cdot f_k \qquad \frac{a}{b} = 1,0 \qquad \begin{array}{l} \frac{z}{b} = \frac{2}{2,5} = 0,8 \rightarrow f_k = 0,43 \\ \frac{z}{b} = \frac{3,5}{2,5} = 1,4 \rightarrow f_k = 0,55 \\ \frac{z}{b} = \frac{6}{2,5} = 2,4 \rightarrow f_k = 0,66 \end{array}$$

$$s_1 = \frac{\sigma_{01} \cdot b}{E*} \cdot f_k = 157 \cdot 2,5 \cdot \left[\frac{0,43}{15000} + \frac{0,55 - 0,43}{2000} + \frac{0,66 - 0,55}{30000}\right] = 0,0362 \text{ m} = 36,2 \text{ mm}$$

$$s_2 = \frac{\sigma_{02} \cdot b}{E*} \cdot f_k = 461 \cdot 2,5 \cdot \left[\frac{0,43}{15000} + \frac{0,55 - 0,43}{2000} + \frac{0,66 - 0,55}{30000}\right] = 0,1063 \text{ m} = 106,3 \text{ mm}$$

B-8.8 Setzungen und Fundamentverkantung unter einem Brückenpfeiler

AUFGABENSTELLUNG

Wie groß sind bei der dargestellten Talbrücke am Pfeiler i die Setzungen, die Setzungsdifferenzen infolge Verkantung, Verdrehungswinkel α und die Kopfauslenkung des Pfeilers? $E^* = E_S$.

Hinweis: Grenztiefe geschätzt $1,5 \cdot b$; das Fundament kann als starr angenommen werden.

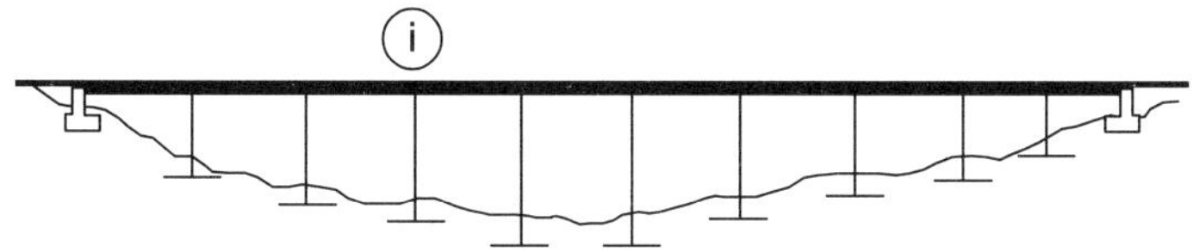

Detail:

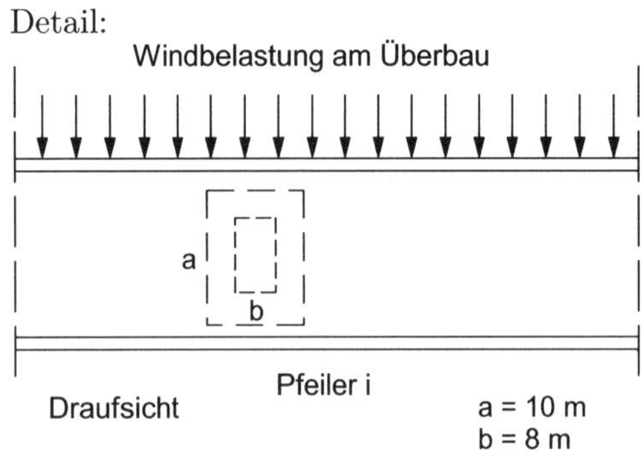

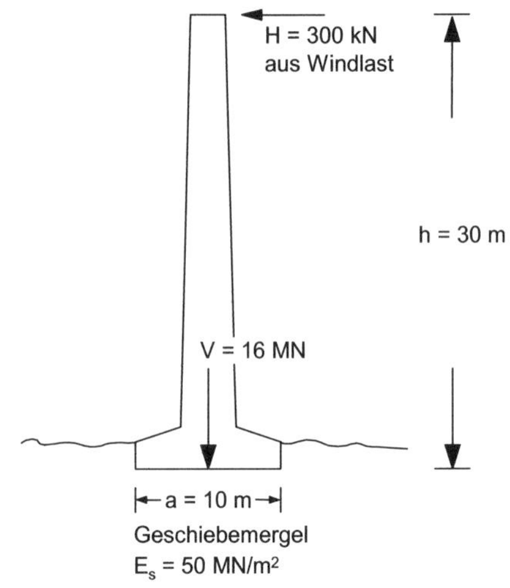

LÖSUNG

$$\sigma_{z,0} = \frac{V}{A} = \frac{16000}{10 \cdot 8} = 200 \text{ kN/m}^2$$

$$\frac{a}{b} = \frac{10}{8} = 1,25$$

$$\frac{z}{b} = 1,5$$

$$\rightarrow f_k = 0,62$$

Setzungsverteilung

23,7 mm

19,8 mm

15,9 mm

$$s_m = \frac{\sigma_{z,0} \cdot b}{E^*} \cdot f_k = \frac{200 \cdot 8}{50} \cdot 0,62 = 19,8 \text{ mm}$$

$$\tan \alpha_y = \frac{M}{b^3 \cdot E^*} \cdot f_x \rightarrow f_x = 2,2 \text{ (nach Abb. 8.18)}$$

$$\tan \alpha_y = \frac{300 \text{ kN } \cdot 30 \text{ m}}{(8 \text{ m})^3 \cdot 50000 \text{ kN/m}^2} \cdot 2,2 = 7,73 \cdot 10^{-4} \rightarrow \alpha = 0,044^\circ$$

$$s_x = \frac{a}{2} \cdot \tan \alpha_y = \frac{10 \text{ m}}{2} \cdot \tan 0,044^\circ = 3,9 \cdot 10^{-3} \text{ m } = 3,9 \text{ mm}$$

$$u_x = 30 \text{ m } \cdot \tan 0,044^\circ = 0,023 \text{ m } = 23 \text{ mm}$$

B-9 Verformungs- und Scherfestigkeitsverhalten

B-9.1 Auswertung eines Kompressionsversuches

AUFGABENSTELLUNG

Nachfolgend ist das Protokoll eines Oedometerversuches abgebildet. Auszuwerten ist daraus:

a) der Kompressionsbeiwert

b) der spannungsabhängige Steifemodul
(beispielhaft für den Bereich 640 kN/m^2 $\leq \sigma \leq$ 1248 kN/m^2)

c) die Vorkonsolidationsspannung.

Spannung [kN/m^2]	0	10	20	40	80	160	320	160	80	40	20	40	80	160	320	640	1248
Setzung [mm]	0	0,10	0,22	0,39	0,66	1,13	1,74	1,68	1,54	1,36	1,16	1,24	1,35	1,51	1,79	2,46	3,20

Einbauparameter:
Anfangsporenzahl: $e_0 = 0,815$; Probenhöhe: $h_0 = 20$ mm;
Probendurchmesser: $d = 71,4$ mm

LÖSUNG

Ermittlung der bezogenen bzw. spezifischen Setzung (Stauchung) und der Porenzahlverteilung aus den gegebenen Ergebnissen mit: $e = e_0 - s' \cdot (1 + e_0)$

Normalspannung σ [kN/m^2]	Setzung [mm]	bez. Setzung s' [-]	Porenzahl e [-]
0	0	0	0,815
10	0,10	0,0050	0,806
20	0,22	0,0110	0,795
40	0,39	0,0195	0,780
80	0,66	0,0330	0,755
160	1,13	0,0565	0,712
320	1,74	0,0870	0,657
160	1,68	0,0840	0,663
80	1,54	0,0770	0,675
40	1,36	0,0680	0,692
20	1,16	0,0580	0,710
40	1,24	0,0620	0,702
80	1,35	0,0675	0,692

Normalspannung σ [kN/m^2]	Setzung [mm]	bez. Setzung s' [-]	Porenzahl e [-]
160	1,51	0,0755	0,678
320	1,79	0,0895	0,653
640	2,46	0,1230	0,592
1248	3,20	0,1600	0,525

a) Ermittlung des Kompressionsbeiwertes aus dem Druck-Porenzahl Diagramm

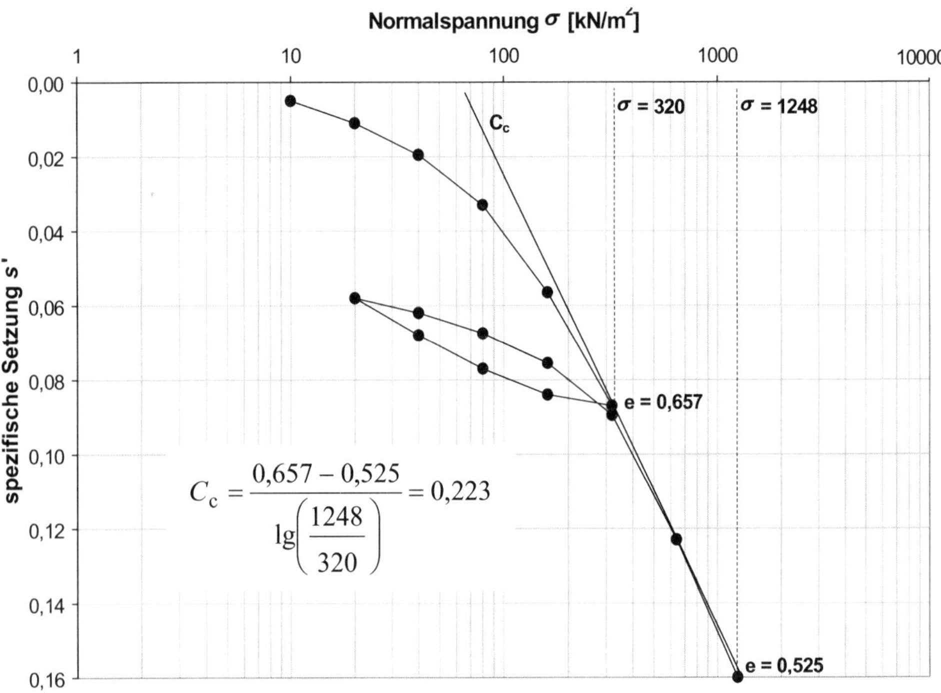

b) Spannungsabhängiger Steifemodul

$$E_s = \frac{\Delta\sigma}{\Delta s'} \text{ beispielhaft für den Bereich } 640 \text{ kN/m}^2 \leq \sigma \leq 1248 \text{ kN/m}^2$$

$$E_s = \frac{(1248 - 640)}{0,16 - 1,123} = 16432,4 \text{ kN/m}^2$$

$$= 16,4 \text{ MN/m}^2 \text{ bezogen auf die Einbauhöhe } h_0$$

c) Ermittlung der Vorbelastung

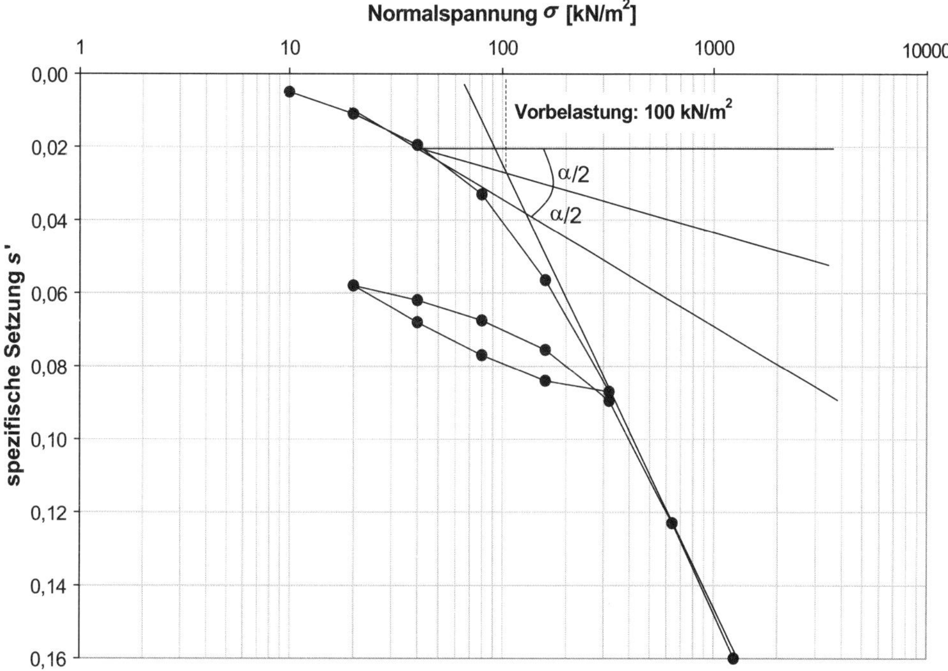

Die Vorbelastung beträgt ca. 100 kN/m^2.

B-9.2 Spannungsermittlung bei Porenwasserüberdruck

AUFGABENSTELLUNG

Gegeben ist ein System, bei dem sich folgender Spannungszustand eingestellt hat.

$$\sigma_1 = 306,5 \text{ kN/m}^2$$
$$\sigma_3 = 153,3 \text{ kN/m}^2$$

Es liegt ein Porenwasserüberdruck von $u = 50$ kN/m^2 vor.

Es sind die totalen und effektiven Spannungen in *Mohr*'schen Spannungskreisen darzustellen.

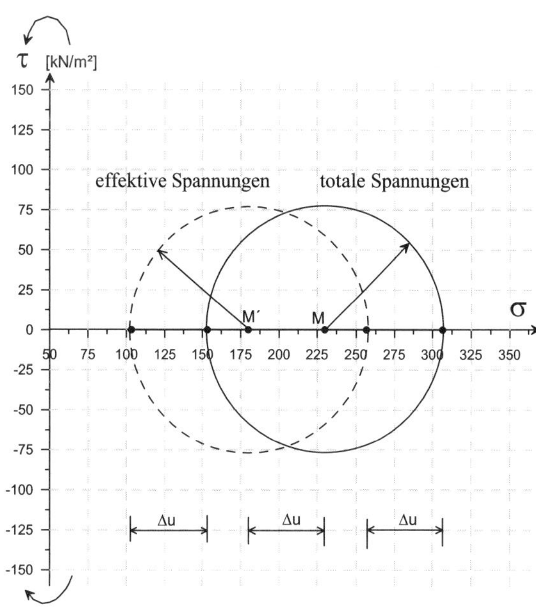

LÖSUNG

$$\sigma_1' = \sigma_1 - u = 306,5 - 50 = 256,5 \text{ kN/m}^2$$
$$\sigma_3' = \sigma_3 - u = 153,3 - 50 = 103,3 \text{ kN/m}^2$$

B-9.3 Scherparameter aus Rahmenscherversuch

AUFGABENSTELLUNG

Für einen bindigen Boden werden Rahmenscherversuche (direkte Scherversuche) durchgeführt. In den beiden Einzelversuchen versagten die Proben bei folgenden Spannungszuständen:

Versuch 1: $\sigma_N = 150 \text{ kN/m}^2$
$\tau = 120 \text{ kN/m}^2$
Versuch 2: $\sigma_N = 300 \text{ kN/m}^2$
$\tau = 200 \text{ kN/m}^2$

a) Es sind die Scherparameter des untersuchten Bodens zu ermitteln.
b) Wie groß ist im Versuch 1 die größte (σ_1) und kleinste (σ_3) Hauptspannung und welche Richtung haben sie?

LÖSUNG

Die gesuchten Werte werden grafisch ermittelt:

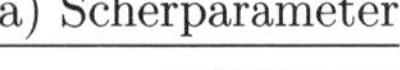
a) Scherparameter

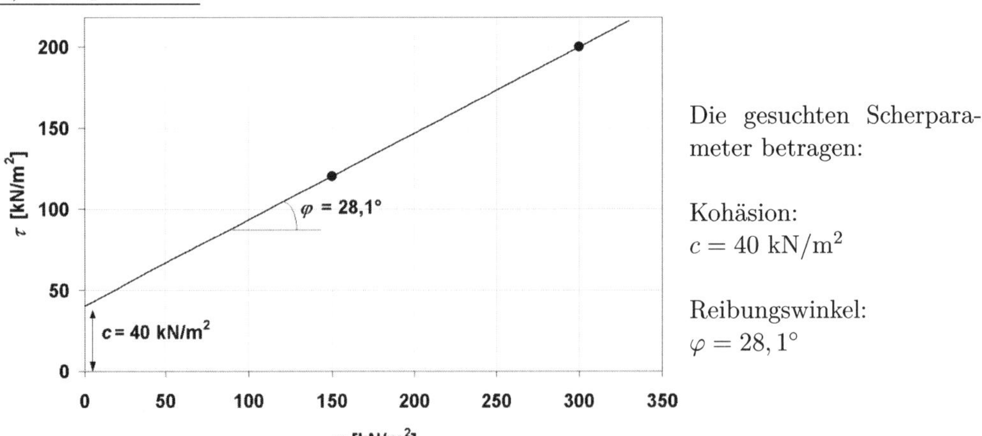

Die gesuchten Scherparameter betragen:

Kohäsion:
$c = 40 \text{ kN/m}^2$

Reibungswinkel:
$\varphi = 28,1°$

b) Größte (σ_1) und kleinste (σ_3) Hauptspannung

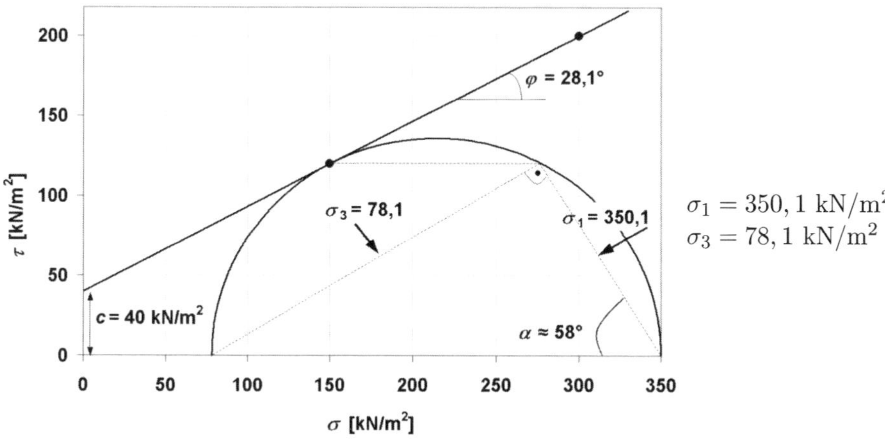

$\sigma_1 = 350,1\ \text{kN/m}^2$
$\sigma_3 = 78,1\ \text{kN/m}^2$

B-9.4 Auswertung eines Triaxialversuches

AUFGABENSTELLUNG

Aus einem Triaxialversuch (CU-Versuch) ergeben sich im Bruchzustand folgende Messwerte:

Probe Nr.	σ_3 [kN/m^2]	σ_1 [kN/m^2]	Δu [kN/m^2]
1	100	270	45
2	200	500	60
3	300	750	70

Zu ermitteln sind die effektiven Scherparameter φ', c', der Porenwasserdruckparameter A (siehe 10.2) und die Bruchebene für Probe Nr. 1.

LÖSUNG

Ermittlung der effektiven Spannungen aus den gegebenen Ergebnissen

Probe Nr.	σ_3 [kN/m^2]	σ_1 [kN/m^2]	Δu [kN/m^2]	σ_3' [kN/m^2]	σ_1' [kN/m^2]
1	100	270	45	55	225
2	200	500	60	140	440
3	300	750	70	230	680

Die gesuchten Werte werden grafisch ermittelt.

Scherparameter:

Kohäsion: $c = 24,2$ kN/m^2

Reibungswinkel: $\varphi = 26,6°$

Porenwasserdruckparameter (Annahme: Probe voll gesättigt)

$$\text{Allgemein: } A = \frac{\Delta u}{(\Delta\sigma_1 - \Delta\sigma_3)}$$

$$\text{Nr. 1: } A = \frac{45}{(270 - 100)} = 0,26$$

$$\text{Nr. 2: } A = \frac{60}{(500 - 200)} = 0,20$$

$$\text{Nr. 3: } A = \frac{70}{(750 - 300)} = 0,16$$

Neigung der Bruchebene für Probe Nr. 1:

$\varphi_a = 58,3°$ $(= 45° + 0,5 \cdot \varphi)$

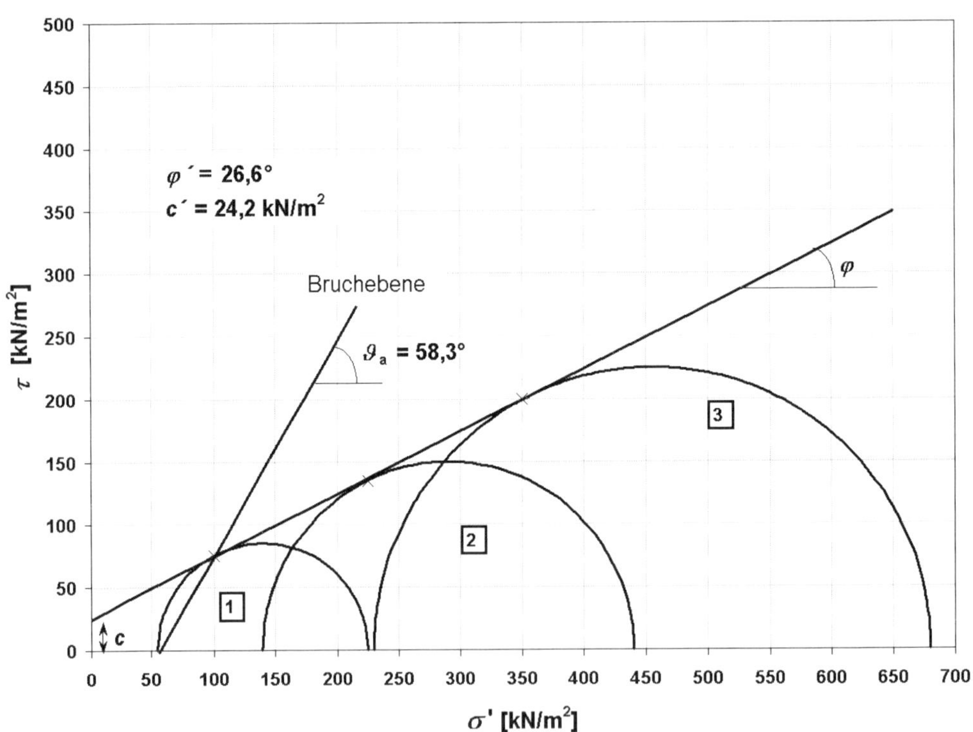

B-9.5 Triaxialversuche mit unterschiedlichen Randbedingungen

AUFGABENSTELLUNG

Zwei gleiche wassergesättigte Bodenproben A und B wurden in einem Triaxialgerät zum Spannungs-Verformungsverhalten untersucht. Beide Proben wurden zunächst unter allseitigem Zellendruck $\sigma_3 = 300$ kN/m^2 und Sättigungsdruck $u_0 = 100$ kN/m^2 konsolidiert. Dann wurden Probe A unter undränierten und Probe B unter dränierten Bedingungen mit konstantem Zellendruck σ_3 und Sättigungsdruck u_0 abgeschert. Die gemessenen Daten: Setzung Δh, Kraft P, Porenwasserüberdruck u und Volumenänderung Δv sind in folgender Tabelle dargestellt.

Einbauparameter:	Anfangshöhe:	$h_0 = 72$ mm
	Anfangsdurchmesser:	$d_0 = 36$ mm
	Setzung am Ende des Konsolidationsvorganges:	$\Delta h_c = 0,5$ mm
	Durchmesser nach Konsolidierungsvorgang:	$d_c = 36$ mm
	Anfangskraft:	$P_0 = 249$ N

Probe A (CIU-Versuch)			Probe B (CID-Versuch)		
Δh [mm]	P [N]	u [kPa]	Δh [mm]	P [N]	ΔV [cm^3]
0,50	249	100	0,50	249	0,00
1,45	299	125	1,30	300	0,78
4,00	360	162	3,05	380	2,08
7,71	393	189	6,00	460	3,56
11,54	410	197	9,78	530	4,20
15,00	420	197	14,91	575	4,45

Es sind die Versuchsergebnisse für beide Proben auszuwerten und daraus zu ermitteln:

a) die Spannungs-Stauchungslinien,

b) die Porenwasserdruck-Stauchungslinien,

c) die Volumenänderungs-Stauchungslinien,

d) die Spannungspfade,

e) den effektiven Scherparameter φ', wobei die effektive Kohäsion zu $c' = 0$ anzunehmen ist,

f) die Porenwasserdruckparameter A beim Bruch, (siehe 10.2),

g) die Querdehnungszahl beim Bruch.

h) Die Spannungs-Stauchungslinien aus Triaxialversuchen lassen sich gut durch Hyperbeln mit Asymptoten beschreiben, d. h. $(\sigma_1 - \sigma_3) = \dfrac{\varepsilon_1}{a + b \cdot \varepsilon_1}$.

Beweisen Sie, dass der Anfangsmodul für $\varepsilon_1 \to 0$ sich zu $E_i = 1/a$ beschreiben lässt und die horizontale Asymptote für $\varepsilon_1 \to \infty$ sich aus $(\sigma_1 - \sigma_3)_{ult} = 1/b$ ergibt.

i) Ermitteln Sie den Anfangstangentenmodul E_i und den Sekantenmodul $E_{50\%}$ für Probe A und B.

LÖSUNG

Probe A, CIU-Versuch:

Anfangsprobenfläche: $$A_0 = \frac{\pi \cdot d_0^2}{4} = \frac{\pi \cdot 3,6^2}{4} = 10,179 \text{ cm}^2$$

(Probenfläche nach Konsolidation: $A_c = A_0 = 10,179 \text{ cm}^3$. Es wird angenommen, dass es keine Querdehnung während der Konsolidation gab.)

Probehöhe nach Konsolidation: $h_c = h_0 - \Delta h_c = 72,0 - 0,5 = 71,5$ mm

Stauchung während des Abschervorganges: $\varepsilon_1 = \dfrac{\Delta h}{h_c}$

Probefläche während des Abschervorganges:

$$A = \frac{V_c}{h} = \frac{A_c \cdot h_c}{h_c - h_c \cdot \varepsilon_1} = \frac{A_c}{1 - \varepsilon_1} = \frac{10,179}{1 - \varepsilon_1} \text{ cm}^2$$

(Volumen der Probe bleibt konstant, da undräniert)

Deviatorische Spannung:

$$(\sigma_1 - \sigma_3) = \frac{P - P_0}{A} = \frac{P - 249}{A} \cdot 10^3 \text{ [kPa] mit } P \text{ in } N \text{ und } A \text{ in cm}^2$$

Auswertung:

$$q = \frac{(\sigma_1 - \sigma_3)}{2};\ \sigma'_3 = \sigma_3 - u;\ \frac{\sigma'_1}{\sigma'_3} = 1 + 2 \cdot \frac{q}{\sigma'_3};$$

$$p' = \frac{(\sigma'_1 + \sigma'_3)}{2} = q + \sigma'_3 \text{ [kPa]};\ p = \frac{(\sigma_1 + \sigma_3)}{2} = p' + \Delta u \text{ [kPa]}$$

Die Auswertung ist in nachfolgender Tabelle zusammengefasst.

Δh [mm]	Stauchung ε_1 [-]	Fläche A [cm^2]	Kraft P [N]	$\frac{P-P_0}{A}$ [kPa]	$\frac{\sigma_1-\sigma_3}{2}$ [kPa]	Zelldruck [kPa]	u [kPa]	Δu [kPa]	σ'_3 [kPa]	$\frac{\sigma'_1}{\sigma'_3}$ [-]	$\frac{\sigma'_1+\sigma'_3}{2}$ [kPa]	$\frac{\sigma_1+\sigma_3}{2}$ [kPa]	$\varepsilon/(\sigma_1-\sigma_3)$ [kPa^{-1}]
0,50	0,000	10,18	249	0,00	0,00	300	100	0	200	1,00	200,00	200,00	
1,45	0,013	10,32	299	48,47	24,23	300	125	25	175	1,28	199,23	224,23	0,0002741
4,00	0,049	10,70	360	103,71	51,86	300	162	62	138	1,75	189,86	251,86	0,0004720
7,71	0,101	11,32	393	127,21	63,60	300	189	89	111	2,15	174,60	263,60	0,0007927
11,54	0,154	12,04	410	133,75	66,87	300	197	97	103	2,30	169,87	266,87	0,0011544
15,00	0,203	12,77	420	133,93	66,96	300	197	97	103	2,30	169,96	266,96	0,0015142

Probe B, CID-Versuch:

Die Auswertung ist genauso wie im CU-Versuch, jedoch mit der Ausnahme, dass sich das Volumen der Probe B während des Abschervorganges veränderte und $\Delta u = 0$ ist.

Volumendehnung: $\varepsilon_v = \dfrac{\Delta v}{V_c}$

Probefläche während des Abschervorganges:

$$A = \frac{V}{h} = \frac{V_c - \Delta V}{h_c - \Delta h} = \frac{V_c \cdot (1 - \varepsilon_v)}{h_c \cdot (1 - \varepsilon_1)} = A_c \cdot \frac{(1 - \varepsilon_v)}{(1 - \varepsilon_1)} \; [\text{cm}^2]$$

Die Auswertung ist in nachfolgender Tabelle zusammengefasst.

Δh [mm]	ε_1 [-]	ΔV [cm^3]	$\varepsilon = \Delta V/V_0$ [-]	A [cm^2]	P [N]	$\frac{P-P_0}{A}$ [kPa]	$\frac{\sigma_1-\sigma_3}{2}$ [kPa]	Zell-druck [kPa]	u [kPa]	σ'_3 [kPa]	$\frac{\sigma'_1}{\sigma'_3}$ [-]	$\frac{\sigma'_1+\sigma'_3}{2}$ [kPa]	$\frac{\sigma_1+\sigma_3}{2}$ [kPa]	$\varepsilon/(\sigma_1-\sigma_3)$ [kPa^{-1}]
0,50	0,0000	0	0,000	10,18	249	0,00	0,00	300	100	200	1,00	200,00	200,00	
1,30	0,0111	0,78	-0,011	10,18	300	50,08	25,04	300	100	200	1,25	225,04	225,04	0,000222
3,05	0,0354	2,08	-0,028	10,25	380	127,8	63,88	300	100	200	1,64	263,88	263,88	0,000277
6,00	0,0764	3,56	-0,049	10,49	460	201,2	100,62	300	100	200	2,01	300,62	300,62	0,000380
9,78	0,1289	4,2	-0,057	11,02	530	255,1	127,55	300	100	200	2,28	327,55	327,55	0,000505
14,9	0,2002	4,45	-0,061	11,95	575	272,7	136,37	300	100	200	2,36	336,37	336,37	0,000734

a) Spannungs-Stauchungslinien

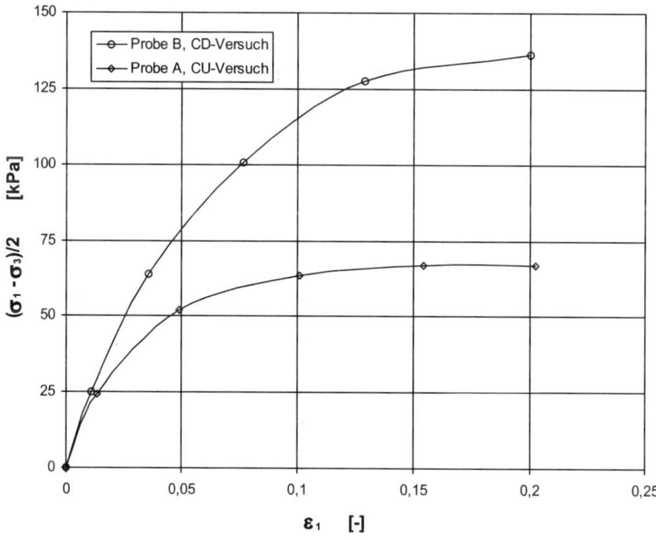

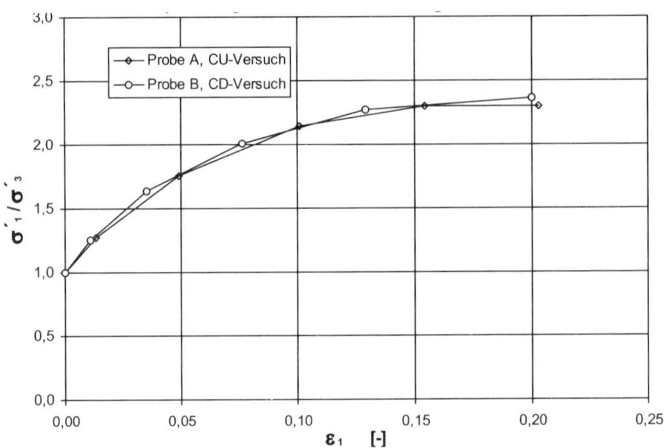

b) Porenwasserdruck-Stauchungslinien

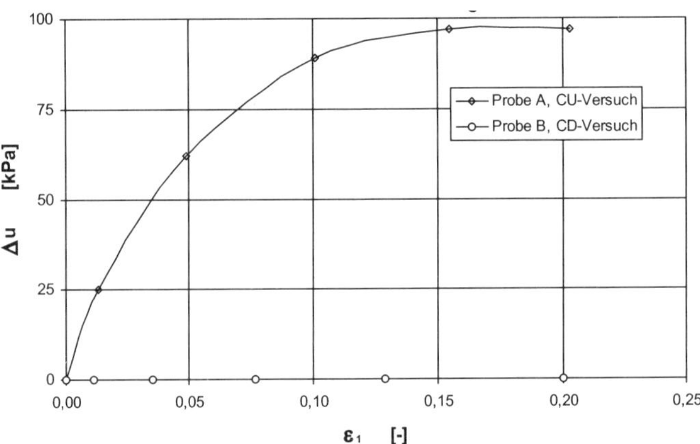

c) Volumenänderungs-Stauchungslinien

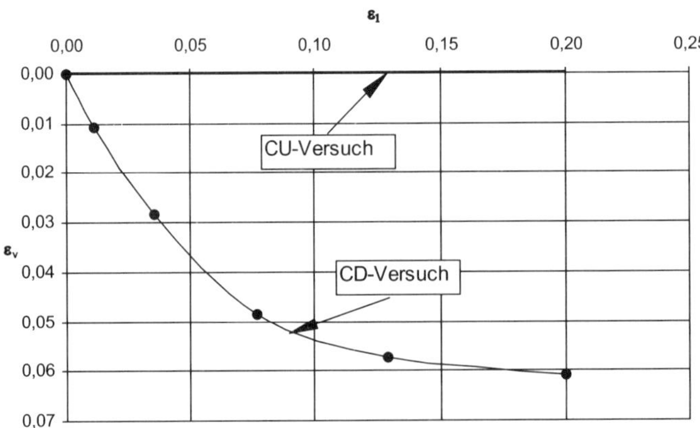

d) Spannungspfade und *Mohr'*sche Spannungskreisdiagramme

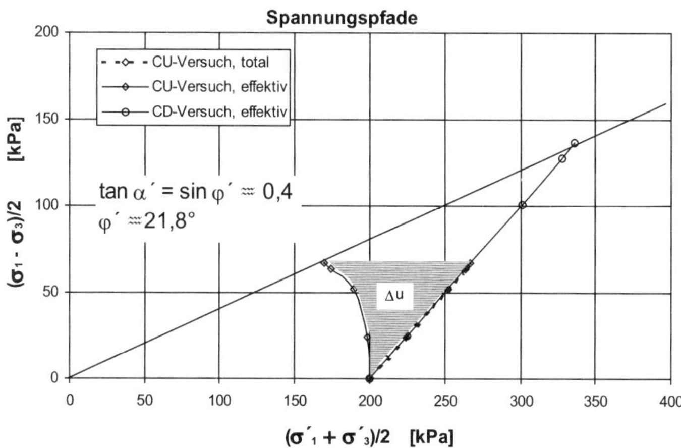

e) Effektive Scherparameter φ' (Annahme: effektive Kohäsion $c' = 0$)

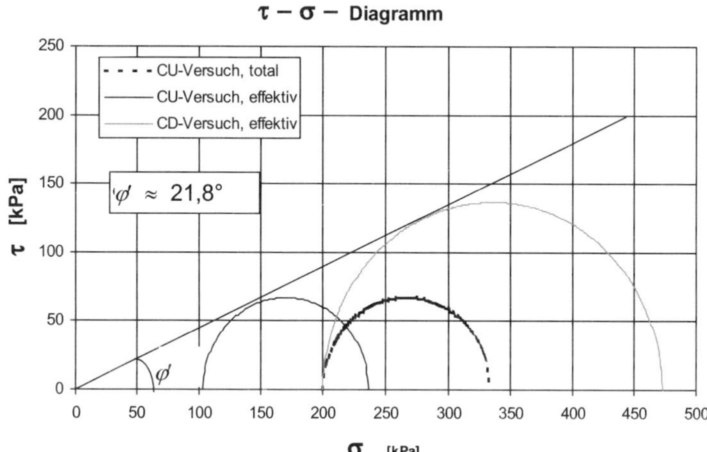

f) Porenwasserdruckparameter A beim Bruch

$$\Delta u_f = B \cdot [\Delta\sigma_{3f} + A_f \cdot (\Delta\sigma_{1f} - \Delta\sigma_{3f})]$$

mit $B = 1$ für wassergesättigte Proben und $\Delta\sigma_3 = 0$ (konstanter Zellendruck; vorgegeben), ergibt sich daraus

$$\Delta u_f = A_f \cdot (\Delta\sigma_{1f} - \Delta\sigma_{3f})$$

oder

$$A_f = \frac{\Delta u_f}{(\Delta\sigma_{1f} - \Delta\sigma_{3f})} = \frac{97}{2 \cdot 66,96} = 0,724$$

g) Querdehnungszahl beim Bruch

Die Volumendehnung lässt sich als

$\varepsilon_v = \varepsilon_1 + \varepsilon_2 + \varepsilon_3$

beschreiben, worin ε_1, ε_2, und ε_3 die Dehnungen in z-, y-, und x-Richtung sind.

Für den Triaxialversuch nimmt man $\varepsilon_2 = \varepsilon_3$ an. Dann ergibt sich daraus

$\varepsilon_v = \varepsilon_1 + 2 \cdot \varepsilon_3$

oder

$$\varepsilon_3 = \frac{1}{2}(\varepsilon_v - \varepsilon_l)$$

Die Querdehnungszahl (Poissonzahl) ergibt sich wie folgt:

$$\nu = \frac{\varepsilon_3}{\varepsilon_1} = \frac{\frac{1}{2} \cdot (\varepsilon_v - \varepsilon_1)}{\varepsilon_1} = \frac{1}{2} \cdot \left(\frac{\varepsilon_v}{\varepsilon_1} - 1\right)$$

Beim CIU-Versuch, wo es keine Volumenänderung gibt, gilt $\varepsilon_v = 0$, daraus ergibt sich

$\nu = 0,5$

Beim CID-Versuch $\varepsilon_{1f} = 0,2002$ und $\varepsilon_{vf} = 0,061$, ergibt sich

$$\nu_f = \frac{1}{2} \cdot \left(\frac{0,061}{0,2002} - 1\right) = 0,35$$

h) Beschreibung der Spannungs-Stauchungslinien durch Hyperbel

$$(\sigma_1 - \sigma_3) = \frac{\varepsilon_1}{a + b \cdot \varepsilon_1}$$

Durch Ableitung von o. g. Gleichung, erhält man den Tangentenmodul E aus

$$E = \frac{\partial(\sigma_1 - \sigma_3)}{\partial\varepsilon_1} = \frac{a}{(a + b \cdot \varepsilon_1)^2}$$

Mit $\varepsilon_1 \to 0$, ergibt sich der Anfangstangentenmodul E_i

$$E_i = \frac{1}{a}$$

Setz man $\varepsilon_1 \to \infty$ ein, erhält man die horizontale Asymptote:

$$(\sigma_1 - \sigma_3)_{ult} = \lim_{n\to\infty}(\sigma_1 - \sigma_3) = \lim_{n\to\infty}\left(\frac{\varepsilon_1}{a + b \cdot \varepsilon_1}\right) = \lim_{n\to\infty}\left(\frac{1}{\frac{a}{\varepsilon_1} + b}\right) = \frac{1}{b}$$

i) Anfangstangentenmodul E_i und Sekantenmodul $E_{50\%}$ für Probe A und B

Zur Bestimmung der Parameter a und b aus einer vorgegebenen Drucksetzungslinie ist es zweckmäßig, die folgende Gleichung in linearer Form aufzutragen:

$$\frac{\varepsilon_1}{(\sigma_1 - \sigma_3)} = a + b \cdot \varepsilon_1$$

Aus der transformierten Auftragung ergeben sich die Parameter a und b aus dem Ordinatenabschnitt bzw. aus der Neigung der Geraden (siehe Abb. folgend).

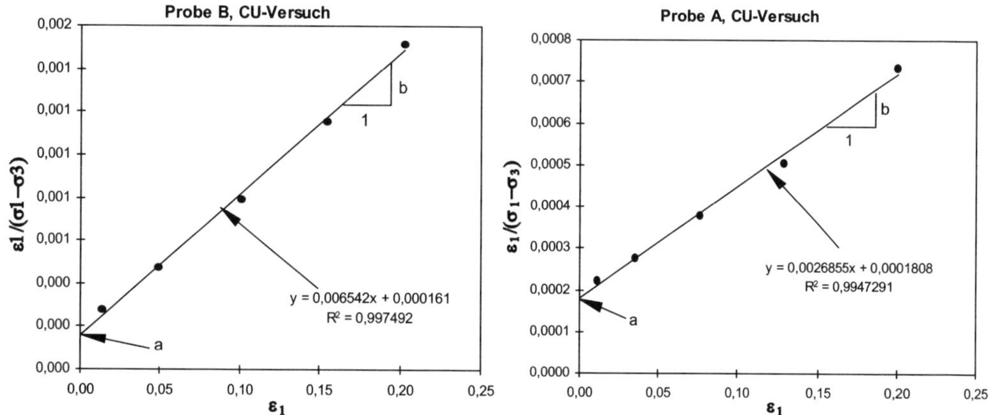

Aus den Abb.:	$a = 0,000161$	$\to E_i = 6,21$ MN/m^2 (Probe A)
	$a = 0,000181$	$\to E_i = 5,52$ MN/m^2 (Probe B)
und	$b = 0,006542$	$\to (\sigma_1 - \sigma_3)_{ult} = 152,9$ kPa (Probe A)
	$b = 0,0026856$	$\to (\sigma_1 - \sigma_3)_{ult} = 372,4$ kPa (Probe B)

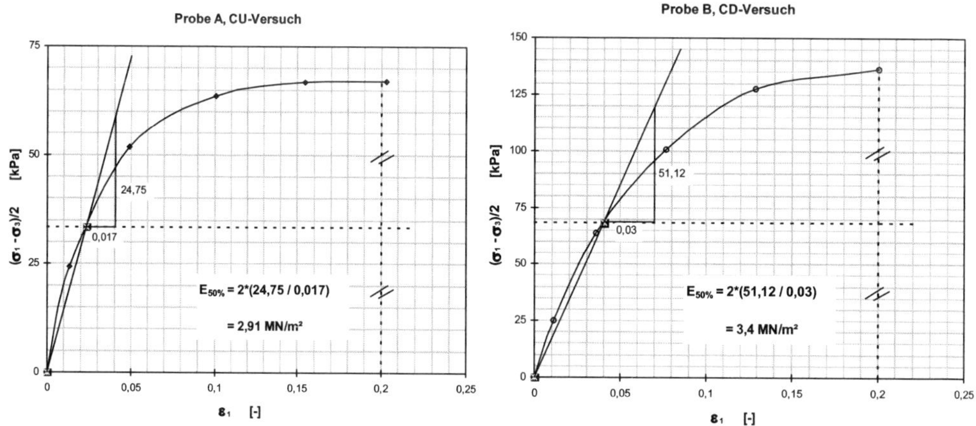

B-10 Konsolidationstheorie

B-10.1 Zeitlicher Setzungsverlauf

AUFGABENSTELLUNG

Für einen Straßendamm auf einer 3 m mächtigen Weichschicht mit $c_v = 1\ \text{m}^2/\text{Jahr}$ sind die gesamten Konsolidationssetzungen mit $s = 25$ cm berechnet worden. Ermitteln Sie als Entscheidungsgrundlage für den sinnvollen Zeitpunkt des Deckeneinbaus den zeitlichen Verlauf der Setzungen in Form einer Kurve unter Annahme einer beidseitigen Entwässerung der Weichschicht.

LÖSUNG

$$t = \frac{T_v \cdot H^2}{c_v} \qquad U = \frac{s_t}{s_\infty}$$

a) T_v nach theoretischer Lösung (Abb. 10.4)

s	U_c	T_v	t [Jahre] bzw. [Tage]
5	0,2	0,03	0,0675 bzw. 24,6
10	0,4	0,12	0,270 bzw. 98,6
15	0,6	0,27	0,6075 bzw. 221,7
20	0,8	0,60	1,350 bzw. 492,8
25	1,0	1,70	3,825 bzw. 1396,1

b) T_v nach Erfahrungswerten (Abb. 10.5)

s	U_c	T_v	t [Jahre] bzw. [Tage]
5	0,2	0,007	0,0158 bzw. 5,7
10	0,4	0,03	0,0675 bzw. 24,6
15	0,6	0,07	0,1575 bzw. 57,5
20	0,8	0,15	0,3375 bzw. 123,2
25	1,0	1,0	2,25 bzw. 821,3

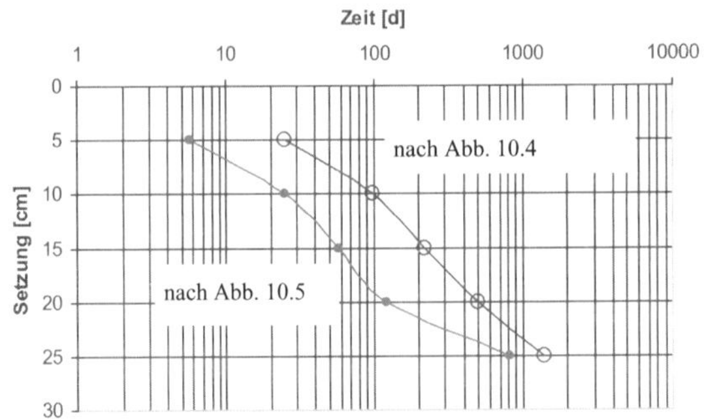

B-10.2 Spannungsverteilung in einer Tonschicht

AUFGABENSTELLUNG

An der Oberfläche einer 10 m dicken Tonschicht (darunter Sand) wird eine Flächenlast von $p = 100$ kN/m^2 aufgebracht. Es ist die Spannungsverteilung in der Tonschicht 2 Jahre nach Lastaufbringung (totale, effektive und neutrale Spannungen) zu ermitteln. Im Ton beträgt $c_v = 8$ m^2/Jahr.

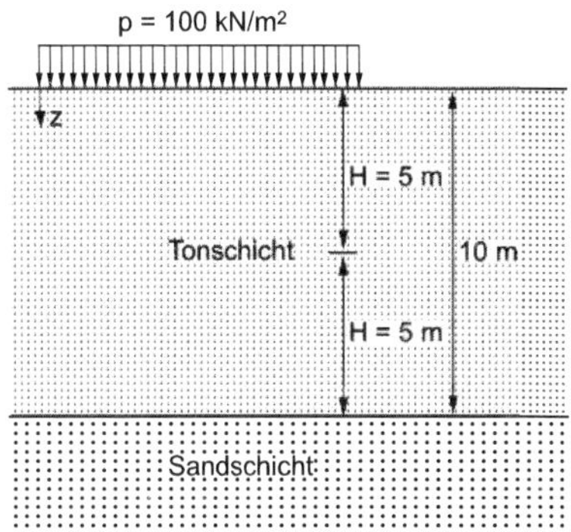

LÖSUNG

$$\sigma = p = 100 \text{ kN/m}^2$$

$$T_v = \frac{c_v \cdot t}{H^2} \rightarrow \text{nach 2 Jahren: } T_v = \frac{8 \cdot 2}{5^2} = 0,64$$

$$U_c = \frac{\Delta u_i - \Delta u}{\Delta u_i} = \frac{\Delta \sigma'}{\Delta u_i} \rightarrow \Delta\sigma' = U_c \cdot \Delta u_i \text{ oder } \Delta u = (1 - U_c) \cdot \Delta u_i$$

Nach Abb. 10.3 ($\Delta u_i = \sigma = p = 100$ kN/m², konstanter Anfangsporenwasserüberdruck)

z' [m]	$z'/2 \cdot H$ [-]	T_v [-]	U_c [-]	σ [kN/m^2]	Δu_i [kN/m^2]	Δu [kN/m^2]	σ' [kN/m^2]
0	0,0	0,64	1,00	100	100	$= (1 - U_c) \cdot \Delta u_i = (1-1) \cdot 100 = 0$	100,0
1	0,1	0,64	0,92	100	100	$= (1 - 0,92) \cdot 100 = 8,0$	92,0
2	0,2	0,64	0,84	100	100	$= (1 - 0,84) \cdot 100 = 16,0$	84,0
3	0,3	0,64	0,78	100	100	$= (1 - 0,78) \cdot 100 = 22,0$	78,0
4	0,4	0,64	0,75	100	100	$= (1 - 0,75) \cdot 100 = 25,0$	75,0
5	0,5	0,64	0,73	100	100	$= (1 - 0,73) \cdot 100 = 27,0$	73,0

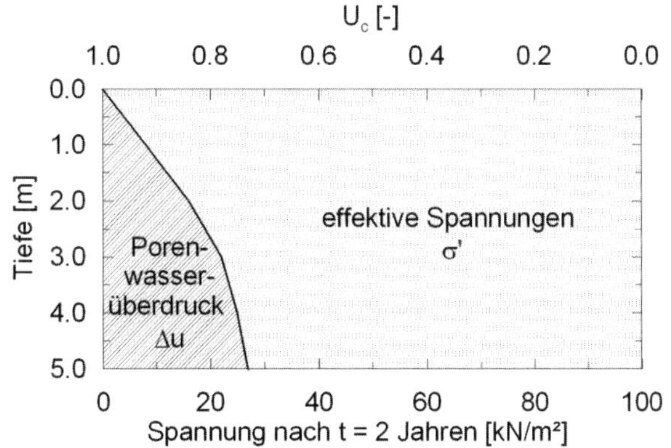

B-10.3 Porenwasserüberdrücke zu unterschiedlichen Zeiten

AUFGABENSTELLUNG

Gegeben ist eine Tonschicht mit einer Dicke von 5,0 m und einem Porenwasserüberdruck für $t = 0$ von

$$u_i = 50 \cdot \sin\frac{\pi \cdot z}{2 \cdot H} \left[\frac{\text{kN}}{\text{m}^2}\right]$$

Gesucht ist der Porenwasserüberdruck in der Mitte der Schicht für $T_V = 0{,}2;\ 0{,}4;\ 0{,}6;\ 0{,}8$.

LÖSUNG

Gleichung (10.18)

$$\Delta u = \sum_{n=1}^{n=\infty} \left(\frac{1}{H} \cdot \int_0^{2H} \Delta u_i \cdot \sin\frac{n \cdot \pi \cdot z}{2 \cdot H} dz\right) \sin\frac{n \cdot \pi \cdot z}{2 \cdot H} \cdot \exp\left(\frac{-n^2 \cdot \pi^2 \cdot T_v}{4}\right)$$

mit $T_v = \dfrac{c_v \cdot t}{H^2}$

es gilt: $A = \dfrac{1}{H} \cdot \int_0^{2H} \Delta u_i \cdot \sin\dfrac{n \cdot \pi \cdot z}{2 \cdot H} dz$

Anfangsbedingungen in das Integral eingesetzt: $A = \dfrac{1}{H} \cdot \int_0^{2H} 50 \cdot \sin\dfrac{\pi \cdot z}{2 \cdot H} \cdot \sin\dfrac{n \cdot \pi \cdot z}{2 \cdot H} dz$

für $n > 1$ gilt $A = 0$

für $n = 1$ gilt $A = \dfrac{50}{H} \cdot \int_0^{2H} \sin^2\dfrac{\pi \cdot z}{2 \cdot H} dz = \left[\dfrac{50}{H} \cdot \left(\dfrac{1}{2} \cdot z - \dfrac{2 \cdot H}{4 \cdot \pi} \cdot \sin\left(\dfrac{2 \cdot \pi}{2 \cdot H} \cdot z\right)\right)\right]_0^{2H} = 50$

$$\rightarrow u = 50 \cdot \sin\frac{\pi \cdot z}{2H} \cdot \exp\left(\frac{-\pi^2 \cdot T_v}{4}\right)$$

T_v	u [kN/m^2]
0,2	30,52
0,4	18,64
0,6	11,38
0,8	6,95

B-10.4 Entwurf und Gründung mit Vertikaldränagen

AUFGABENSTELLUNG

Gegeben ist eine Tonschicht mit: $c_v = 2,24$ m^2/Jahr; $d = 9,2$ m; $E_s = 4.000$ kN/m^2. Auf diese Schicht soll in einer Bauzeit von 6 Monaten ein Damm mit 5,0 m Höhe aufgeschüttet werden ($\gamma = 20$ kN/m^3). Ein Jahr nach Baubeginn soll darauf eine Straße gebaut werden. Die maximale Restsetzung soll maximal 25 mm betragen. Es gilt näherungsweise $E^* = E_S$. Berechnen Sie die erforderlichen Vertikaldränagen unter der vereinfachten Annahme eines Setzungsbeginns zur Hälfte der Bauzeit (die durch den Einbau entstehende gestörte Zone mit geringerer Durchlässigkeit darf vernachlässigt werden).

LÖSUNG

Zu erreichender Konsolidierungsgrad

$$s_\infty = \frac{1}{E*} \cdot \Delta\sigma \cdot d = \frac{1}{4000} \cdot (5 \cdot 20) \cdot 9,2 = 0,23 \text{ m } = 23 \text{ cm}$$
$$U = \frac{230 - 25}{230} = 90\%$$

Schüttung ohne V-Dränagen

Setzungsbeginn zur Hälfte der Bauzeit
$\rightarrow U = 90$ % bei $t = 12 - 6/2 = 9$ Monate (0,75 Jahre)

$$\text{z. B.: } T_v = \frac{c_v \cdot t}{H^2} = \frac{2,24 \cdot 0,75}{9,2^2} = 0,020$$

ohne Dränagen: $U = 15$ %, d. h. nicht möglich

Mit Vertikaldränagen:

1. Schätzung:

gewählt: $d_w = 450$ mm mit Dreiecksraster

$$n = 10 = \frac{r_e}{r_w} = \frac{d_e}{d_w} \rightarrow d_e = 4,5 \text{ m}$$

$d_e = 1,05 \cdot s$; $\rightarrow s = 4,28$ m (Abstand der Dränagen)

$$F(n) = \frac{n^2}{n^2 - 1}\ln(n) - \frac{3 \cdot n^2 - 1}{4 \cdot n^2}$$
$$F(10) = \frac{10^2}{10^2 - 1}\ln(10) - \frac{3 \cdot 10^2 - 1}{4 \cdot 10^2} = 1,578$$
$$T_r = \frac{2,24 \cdot 0,75}{4,5^2} = 0,0829$$
$$U_r = 1 - \exp\left[\frac{-8 \cdot T_r}{F(n)}\right] = 1 - \exp \cdot \frac{-8 \cdot 0,0829}{1,578} = 0,343 < 90 \text{ \%}$$

2. Schätzung:

$$n = 5 = \frac{r_e}{r_w} \Longrightarrow r_e = 1,125 \text{ m}$$

$s = 2,14$ m (Abstand der Dränagen)

$$F(5) = \frac{5^2}{5^2 - 1}\ln(5) - \frac{3 \cdot 5^2 - 1}{4 \cdot 5^2} = 0,936$$

$$T_r = \frac{2,24 \cdot 0,75}{2,25^2} = 0,332$$

$$U_r = 1 - \exp\left[\frac{-8 \cdot T_r}{F(n)}\right] = 1 - \exp \cdot \frac{-8 \cdot 0,332}{0,936} = 0,941 > 90\ \%$$

3. Schätzung:

$$n = 5,4 = \frac{r_e}{r_w} \Longrightarrow r_e = 1,215 \text{ m}$$

$s = 2,314$ m (Abstand der Dränagen)

$$F(5,4) = \frac{5,4^2}{5,4^2 - 1}\ln(5,4) - \frac{3 \cdot 5,4^2 - 1}{4 \cdot 5,4^2} = 1,005$$

$$T_r = \frac{2,24 \cdot 0,75}{2,43^2} = 0,285$$

$$U_r = 1 - \exp\left[\frac{-8 \cdot T_r}{F(n)}\right] = 1 - \exp \cdot \frac{-8 \cdot 0,285}{1,005} = 0,898 \approx 90\ \%$$

B-12 Erddruck und Wasserdruck

B-12.1 Erddruckermittlung bei homogenem Boden

AUFGABENSTELLUNG

Gesucht ist die charakteristische Erddruckkraft $E_{ah,k}$ für den dargestellten Geländesprung, des Weiteren sind die Erddruckverteilung sowie alternativ der Erdruhedruck anzugeben.

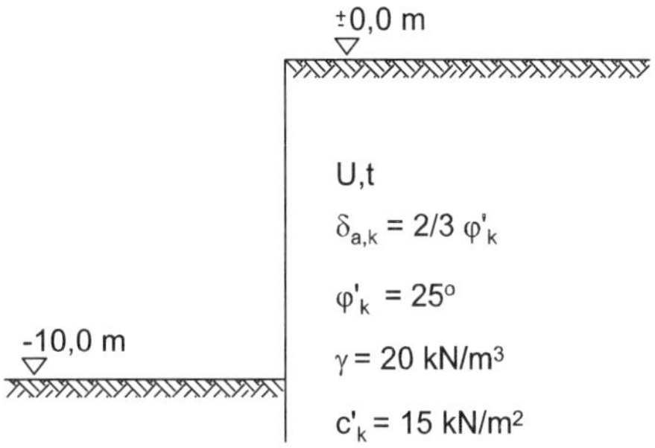

±0,0 m

U,t

$\delta_{a,k}$ = 2/3 φ'_k

φ'_k = 25°

-10,0 m

γ = 20 kN/m³

c'_k = 15 kN/m²

LÖSUNG

$\gamma = 20$ kN/m^3, $\varphi'_k = 25°$, $c'_k = 15$ kN/m^2,
$\alpha = \beta = 0°$; $\delta_{a,k} = 2/3 \cdot \varphi'_k$

$$K_{agh} = \frac{\cos^2(\varphi' - \alpha)}{\cos^2\alpha \cdot \left[1 + \sqrt{\frac{\sin(\varphi' + \delta_{a,k}) \cdot \sin(\varphi' - \beta)}{\cos(\alpha - \beta) \cdot \cos(\alpha + \delta_{a,k})}}\right]^2}$$

$$= \frac{\cos^2(25)}{\cos^2(0) \cdot \left[1 + \sqrt{\frac{\sin(25° + 2/3 \cdot 25°) \cdot \sin(25°)}{\cos(0) \cdot \cos(2/3 \cdot 25°)}}\right]^2} = 0,346$$

(Gl. (12.23) bzw. Abb. 12.12)

$$K_{ach} = \frac{2 \cdot (1 + \tan\alpha \cdot \tan\beta) \cdot \cos\beta \cdot \cos\varphi' \cdot \cos(\alpha + \delta_{a,k})}{1 + \sin(\varphi' + \alpha + \delta_{a,k} - \beta)}$$

$$= \frac{2 \cdot (1 + 0) \cdot \cos(0) \cdot \cos(25) \cdot \cos(2/3 \cdot 25)}{1 + \sin(25 + 2/3 \cdot 25)} = 1,043$$

(Gl. (12.31) bzw. Abb. 12.14)

Kote 0 m:

$$e_{ah,k} = -c'_k \cdot K_{ach} = -15 \cdot 1,043 = -15,6 \text{ kN/m}^2$$

Kote -10 m:

$$e_{ah,k} = \gamma \cdot h \cdot K_{agh} - c'_k \cdot K_{ach} = 20 \cdot 10 \cdot 0,346 - 15 \cdot 1,043 = 69,2 - 15,6$$
$$= 53,6 \text{ kN/m}^2$$

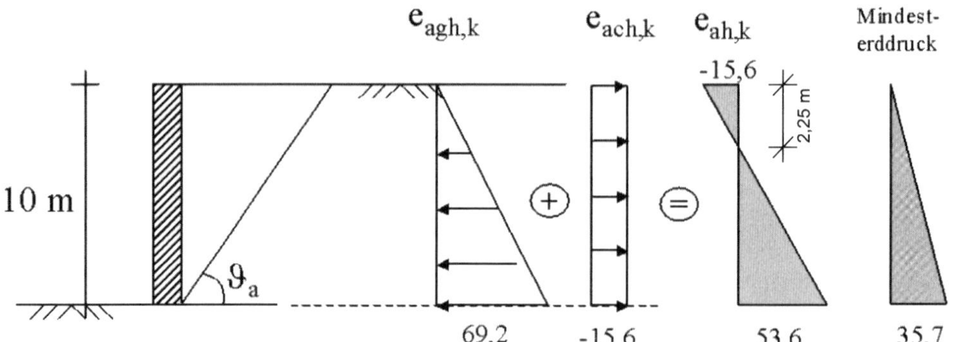

Ermittlung des Mindesterddrucks nach DIN 4085.

<u>Mindesterddruck nach DIN 4085:</u>

Bei bindigen Böden mit Kohäsion ist vergleichend eine Untersuchung durchzuführen zwischen

- Mindesterddruck
- dem Erddruck, der sich bei Ansatz der charakteristischen Bodenkenngrößen φ' und c' ergibt. Dabei sind rechnerische Zugspannungen nicht zu berücksichtigen.

Der anzusetzende Mindesterddruck entspricht dem Erddruck der sich bei Annahme einer Scherfestigkeit entsprechend $\varphi = 40°$ und $c = 0$ infolge der Eigenlast des Bodens bei Beibehaltung der geometrischen Größen ergibt. Maßgebend ist die größere Erddruckresultierende, bei geschichtetem Boden die größere Erddruckresultierende der jeweiligen Schicht.

Vorhandener Erddruck: Im Fall einer nicht gestützten Wand (Fußpunktdrehung) dürfen die rechnerischen Zugspannungen nicht angesetzt werden. Ihre Höhe beträgt: $\dfrac{10}{(15,6+53,6)} = 2,25$ m

$$E_{ah,k} = 0,5 \cdot 53,6 \cdot (10 - 2,25)\, m = 207,7 \text{ kN/m}$$

Mindesterddruck: $K_{agh}(\varphi'_k = 40°; \delta_{a,k} = 2/3 \cdot \varphi'_k) = K^*_{agh} = 0,179$

Kote -10 m: $e^*_{ah,k} = 20 \cdot 10 \cdot 0,179 = 35,7 \text{ kN/m}^2$

Mindesterddruckkraft: $E^*_{ah,k} = 0,5 \cdot 35,7 \cdot 10 = 178,5 \text{ kN/m}$

$\rightarrow$ Mindesterddruck ist hier nicht maßgebend!

<u>Erdruhedruck:</u>

$$K_{0g} = 1 - \sin\varphi' = 1 - \sin 25 = 0,577$$

$$E_{0g} = \frac{1}{2} \cdot \gamma \cdot h^2 \cdot K_{0g} = \frac{1}{2} \cdot 20 \cdot 10^2 \cdot 0,577$$

$$= 577 \text{ kN/m}$$

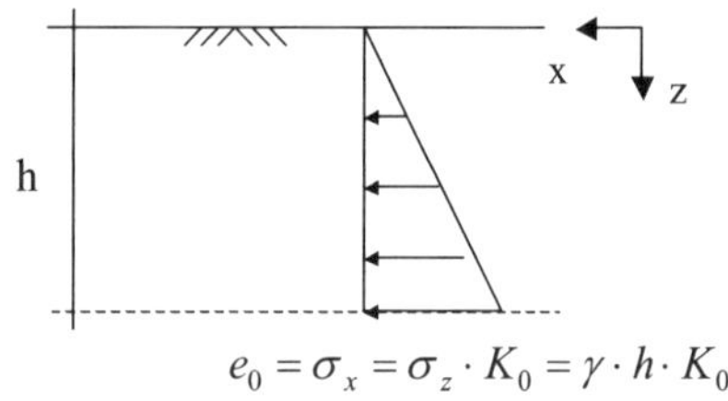

B-12.2 Erddruckermittlung bei geschichtetem Boden

AUFGABENSTELLUNG

Es sind die charakteristischen aktiven Erddruckspannungen und Erddruckkräfte auf die gegebene Wand zu ermitteln.

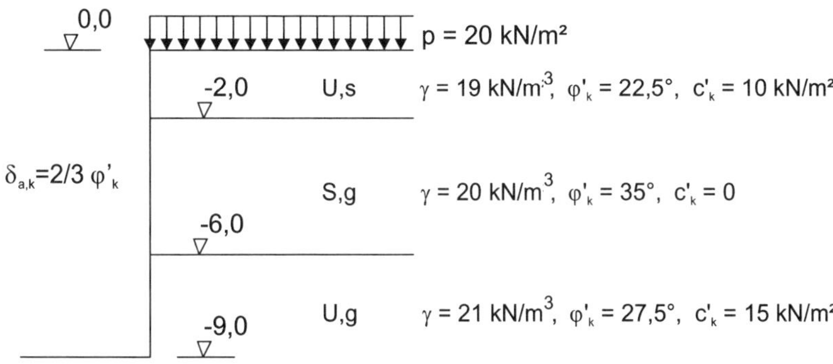

LÖSUNG

Kote [m]	$\sigma_z = \gamma \cdot h$ [kN/m²]	$K_{agh} \approx K_{aph}$ [-]	K_{ach} [-]	$e_{agh} = \sigma_z \cdot K_{agh}$ [kN/m²]	$e_{ach} = -c \cdot K_{ach}$ [kN/m²]	$\sum e_{ah}$ [kN/m²]	$e^*_{ah} = \sigma_z \cdot K^*_{agh}$ [kN/m²]	e_{ah} [kN/m²]	e_{aph} [kN/m²]	e_{aqh} [kN/m²]	E_{ah} [kN/m]	E_{aqh} [kN/m]
0	0	0,384	1,109	0	-11,09	-11,09	0	0	3,84	3,84	14,48	7,68
-2	$19 \cdot 2 = 38$	0,384	1,109	14,59	-11,09	3,50	6,80	6,80	3,84	3,84		
-2	38	0,224	-	8,51	-	8,51	-	8,51	2,24	2,24	78,84	8,96
-6	$38 + 20 \cdot 4 = 118$	0,224	-	26,43	-	26,43	-	26,43	2,24	2,24		
-6	118	0,311	0,981	36,70	-14,72	21,98	21,12	21,98	3,11	3,11	104,66	9,33
-9	$118 + 21 \cdot 3 = 181$	0,311	0,981	56,29	-14,72	41,57	32,40	41,57	3,11	3,11		

Anmerkung: Die großflächige Gleichlast $p_k = 20$ kN/m^2 wird mit einem Anteil $p_k \leq 10$ kN/m^2 den ständigen Einwirkungen und mit dem Anteil für $q_k = p_k > 10$ kN/m^2 den veränderlichen Einwirkungen zugeordnet.

Überprüfung des Mindesterddruckes nach DIN 4085 für die beiden Schluffschichten (U,s und U,g). Beiwert für den Mindesterddruck: $K^*_{agh} = K_{agh}(\varphi = 40°) = 0,179$ (ohne Rechnung)

Schicht 1 (U,s):

$$E_{ah,k} = 0,5 \cdot 0,48 \cdot 3,5 = 0,84 \text{ kN/m}$$
$$E^*_{ah,k} = 0,5 \cdot 2 \cdot 6,8 = 6,8 \text{ kN/m}$$

Schicht 3 (U,g):

$$E_{ah,k} = 3 \cdot 31,8 = 95,4 \text{ kN/m}$$
$$E^*_{ah,k} = 3 \cdot 26,75 = 80,25 \text{ kN/m}$$

In Schicht 1 ist der Mindesterddruck maßgebend, in Schicht 3 der klassisch ermittelte Erddruck.

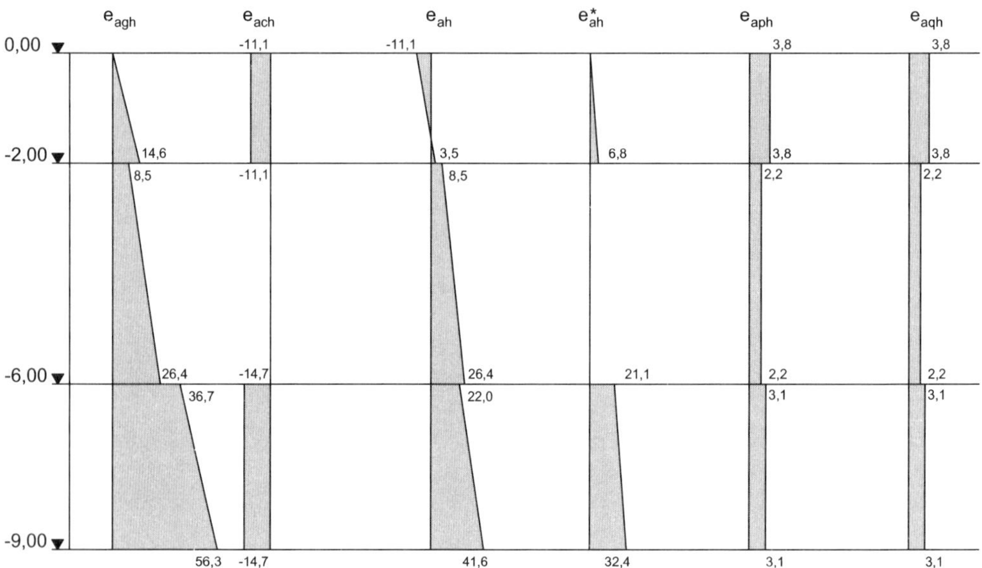

Ständiger Erddruck (maßgebend):

$$E_{ah,1} = (0,5 \cdot 6,8 + 3,84) \cdot 2,0 = 14,48 \text{ kN/m}$$
$$E_{ah,2} = (0,5 \cdot (8,51 + 26,43) + 2,24) \cdot 4,0 = 78,8 \text{ kN/m}$$
$$E_{ah,3} = (0,5 \cdot (21,98 + 41,57) + 3,11) \cdot 3,0 = 104,66 \text{ kN/m}$$
$$E_{ah,ges.} = \sum E_{ah,i} \text{ kN/m}$$

Veränderlicher Erddruck:

$$E_{aqh} = 3,84 \cdot 3,0 + 2,24 \cdot 4,0 + 3,11 \cdot 3,0 = 25,9 \text{ kN/m}$$

B-12.3 Aktiver und passiver Erddruck auf eine Gewichtsstützwand

AUFGABENSTELLUNG

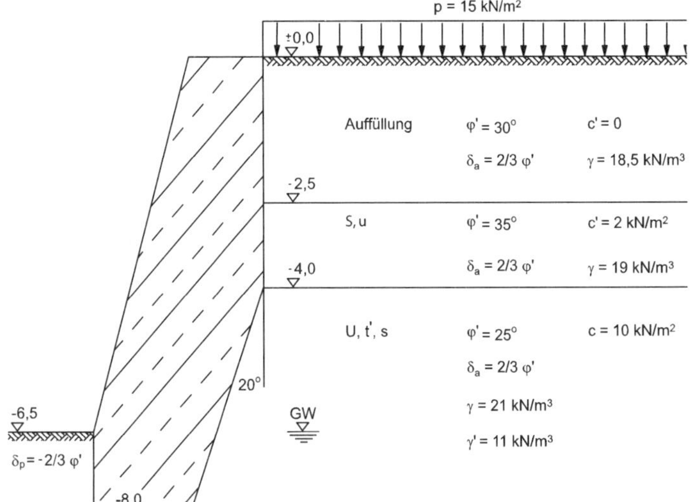

Für den dargestellten Geländesprung ist der aktive Erddruck hinter der Wand und der passive Erddruck vor dem Wandfuß als charakteristische Größe zu berechnen (mit zeichnerischer Darstellung der Erddruckverteilungen). Der Mindesterddruck ist zu berücksichtigen. Alle angegebenen Werte sind charakteristische Werte.

LÖSUNG

Ermittlung der Erddruckbeiwerte in den einzelnen Schichten

Schicht 1 (Auffüllung): $K_{agh} = \left[\dfrac{\cos(30-0)}{\cos(0)\cdot\left(1+\sqrt{\dfrac{\sin(30+20)\cdot\sin(30-0)}{\cos(0-0)\cdot\cos(0+20)}}\right)}\right]^2$

$= 0,279$

Schicht 2 (Sand): $K_{agh} = \left[\dfrac{\cos(35-0)}{\cos(0)\cdot\left(1+\sqrt{\dfrac{\sin(35+23,33)\cdot\sin(35-0)}{\cos(0-0)\cdot\cos(0+23,33)}}\right)}\right]^2$

$= 0,224$

$$K_{ach} = \frac{2\cdot\cos(0-0)\cdot\cos 35\cdot\cos(0+23,33)}{[1+\sin(35+0+23,33-0)]\cdot\cos 0} = 0,813$$

Schicht 3 (Schluff):
$$K_{agh} = \left[\frac{\cos(25-(-20))}{\cos(-20)\cdot\left(1+\sqrt{\dfrac{\sin(25+16,66)\cdot\sin(25-0)}{\cos(-20-0)\cdot\cos(-20+16,66)}}\right)}\right]^2$$
$$= 0,237$$

$$K_{ach} = \frac{2\cdot\cos(-20-0)\cdot\cos 25\cdot\cos(-20+16,66)}{[1+\sin(25+(-20)+16,66-0)]\cdot\cos(-20)} = 1,322$$

Ermittlung der horizontalen aktiven Erddruckverteilung

Kote	$\sigma_z = \gamma\cdot h$	$K_{agh} \approx K_{aph}$	K_{ach}	$e_{agh} = \sigma_z\cdot K_{agh}$	$e_{ach} = -c\cdot K_{ach}$	$\sum e_{ah}$	$e^*_{ah} = \sigma_z\cdot K^*_{agh}$	e_{ah}	e_{aph}	e_{aqh}	E_{ah}	E_{aqh}
[m]	[kN/m²]	[-]	[-]	[kN/m²]	[kN/m²]	[kN/m²]	[kN/m²]	[kN/m²]	[kN/m²]	[kN/m²]	[kN/m]	[kN/m]
0	0	0,279	-	0	-	0	-	0	2,79	1,40	23,10	3,5
-2,5	46,3	0,279	-	12,9	-	12,9	-	12,9	2,79	1,40		
-2,5	46,3	0,224	0,813	10,4	-1,6	8,8	8,3	8,8	2,24	1,12	21,36	1,68
-4	74,8	0,224	0,813	16,8	-1,6	15,2	13,4	15,2	2,24	1,12		
-4	74,8	0,237	1,322	17,7	-13,2	4,5	6,6	4,5	2,37	1,19	27,18	2,76
-6,5	127,3	0,237	1,322	30,2	-13,2	17,0	11,2	17,0	2,37	1,19	31,98	1,79
-8	143,8	0,237	1,322	34,1	-13,2	20,9	12,7	20,9	2,37	1,19		

Anmerkung: Die großflächige Gleichlast $p_k = 15$ kN/m² wird mit einem Anteil $p_k \leq 10$ kN/m² den ständigen Einwirkungen und mit dem Anteil für $q_k = p_k > 10$ kN/m² den veränderlichen Einwirkungen zugeordnet.

Mindesterddruck nach DIN 4085 und Darstellung aktive Erddruckverteilung

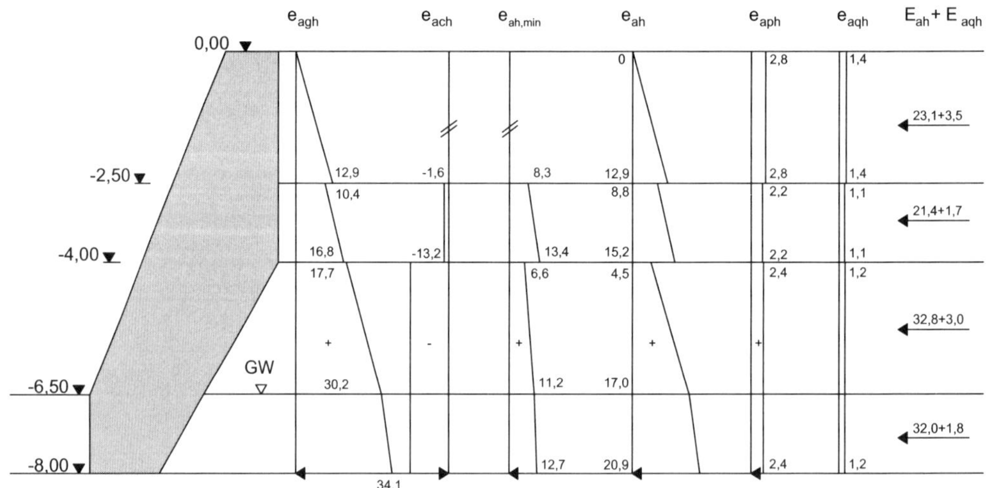

S,u: $E^*_{ah} = 16,3$ kN/m ($K^*_{agh} = 0,179$) und $(E_{agh} + E_{ach}) = 18,0$ kN/m

U,t',s: $E^*_{ah} = 40,1$ kN/m ($K^*_{agh} = 0,088$) und $(E_{agh} + E_{ach}) = 55,3$ kN/m

Damit ist Mindesterddruck bei beiden kohäsiven Schichten nicht maßgebend.

Ermittlung der horizontalen passiven Erddruckverteilung

DIN 4085: Ansatz einer gekrümmten Gleitfläche nach *Pregl/Sokolovski* gemäß Anhang A-2

Erddruckbeiwerte für den passiven Erddruck infolge Eigengewicht für $\varphi > 0$:

$$K_{pg} = K_{pg,0} \cdot i_{pg} \cdot g_{pg} \cdot t_{pg} = 2,464 \cdot 1,507 \cdot 1 \cdot 1 = 3,713$$

mit

$$K_{pg,0} = \frac{1+\sin\varphi}{1-\sin\varphi} = \frac{1+\sin 25}{1-\sin 25} = 2,464$$

$$\begin{aligned}
\delta_p \leq 0 : i_{pg} \quad &= (1-0,53\cdot\delta_p)^{0,26+5,96\cdot\varphi} = \left(1-0,53\cdot\frac{-16,666\cdot\pi}{180}\right)^{0,26+5,96\cdot\frac{25\cdot\pi}{180}} \\
&= 1,507 \\
\beta = 0 : g_{pg} \quad &= 1 \\
\alpha = 0 : t_{pg} \quad &= 1
\end{aligned}$$

$$K_{pgh} = K_{pg} \cdot \cos\delta_p = 3,713 \cdot \cos 16,666 = 3,557$$

Erddruckbeiwerte für den passiven Erddruck infolge Kohäsion für $\varphi > 0$

$$K_{pc} = K_{pc,0} \cdot i_{pc} \cdot g_{pc} \cdot t_{pc}$$

mit

$$\begin{aligned}
K_{pc,0} &= (K_{pg,0}-1)\cdot\cot\varphi = (2,464-1)\cdot\cot 25° = 3,140 \\
t_{pc} &= \frac{e^{-2\cdot\alpha\cdot\tan\varphi}}{\cos\alpha} = \frac{e^{-2\cdot 0\cdot\tan 25}}{\cos\alpha} = 1 \\
\delta_p \leq 0 : i_{pc} \quad &= (1-1,33\cdot\delta_p)^{0,08+2,37\cdot\varphi} = \left(1-1,33\cdot\frac{-16,666\cdot\pi}{180}\right)^{0,08+2,37\cdot\frac{25\cdot\pi}{180}} \\
&= 1,440 \\
\beta = 0 : g_{pg} \quad &= 1
\end{aligned}$$

$$K_{pc} = 3,140 \cdot 1,440 \cdot 1,0 \cdot 1,0 = 4,52$$
$$K_{pch} = K_{pc} \cdot \cos\delta_p = 4,52 \cdot \cos 16,666 = 4,33$$

Kote [m]	$\sigma_z = p + \sum(\gamma \cdot h)$ [kN/m²]	K_{pgh}	K_{pch}	$e_{pgh} = K_{pgh} \cdot \sum(\gamma \cdot h)$ [kN/m²]	e_{pph} [kN/m²]	$e_{pch} = +c \cdot K_{pch}$ [kN/m²]	e_{ph} [kN/m²]	E_{ph} [kN/m]
-6,5	0	3,56	4,33	0	-	43,3	43,3	109,1
-8,0	16,5	3,56	4,33	58,7	-	43,3	102,0	

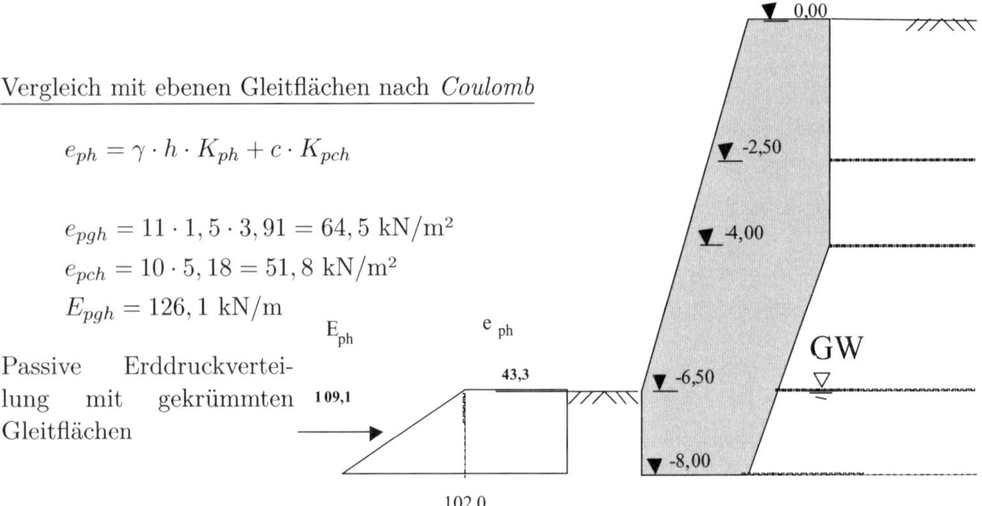

Vergleich mit ebenen Gleitflächen nach *Coulomb*

$$e_{ph} = \gamma \cdot h \cdot K_{ph} + c \cdot K_{pch}$$

$$e_{pgh} = 11 \cdot 1,5 \cdot 3,91 = 64,5 \text{ kN/m}^2$$
$$e_{pch} = 10 \cdot 5,18 = 51,8 \text{ kN/m}^2$$
$$E_{pgh} = 126,1 \text{ kN/m}$$

Passive Erddruckverteilung mit gekrümmten Gleitflächen

B-12.4 Erd- und Wasserdruckbelastung auf eine Spundwand

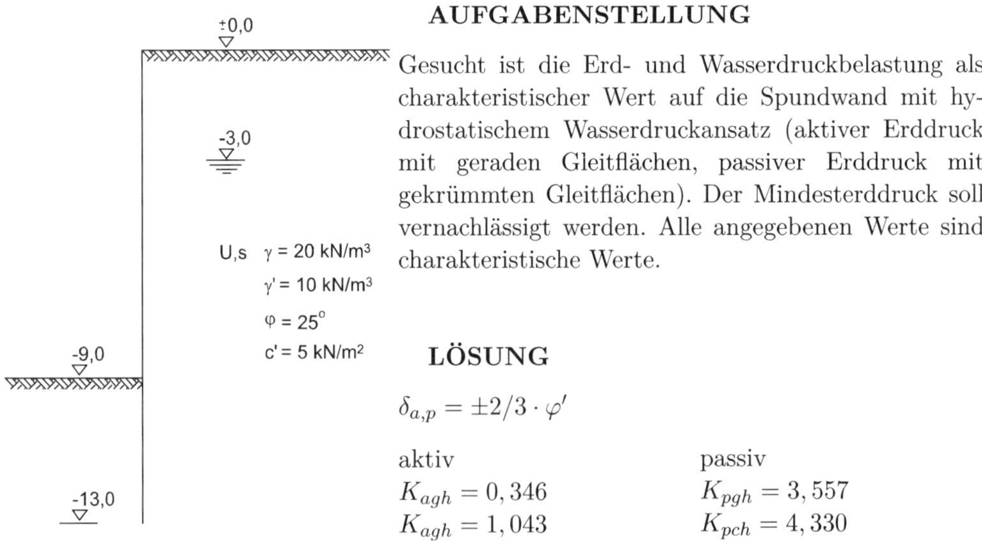

AUFGABENSTELLUNG

Gesucht ist die Erd- und Wasserdruckbelastung als charakteristischer Wert auf die Spundwand mit hydrostatischem Wasserdruckansatz (aktiver Erddruck mit geraden Gleitflächen, passiver Erddruck mit gekrümmten Gleitflächen). Der Mindesterddruck soll vernachlässigt werden. Alle angegebenen Werte sind charakteristische Werte.

LÖSUNG

$$\delta_{a,p} = \pm 2/3 \cdot \varphi'$$

aktiv	passiv
$K_{agh} = 0,346$	$K_{pgh} = 3,557$
$K_{agh} = 1,043$	$K_{pch} = 4,330$

Kote [m]	$\sigma_z = \gamma \cdot h$ [kN/m²]	e_{agh} [kN/m²]	e_{ach} [kN/m²]	e_{ah} [kN/m²]	$\sigma_z = \gamma \cdot h$ [kN/m²]	e_{pgh} [kN/m²]	e_{pch} [kN/m²]	e_{ph} [kN/m²]
0	0	0	-5,2	-5,2	-	-	-	-
-3,0	60	20,8	-5,2	15,6	-	-	-	-
-9,0	120	41,5	-5,2	36,3	0	0	21,7	21,7
-13,0	160	55,4	-5,2	50,2	40	142,3	21,7	164,0

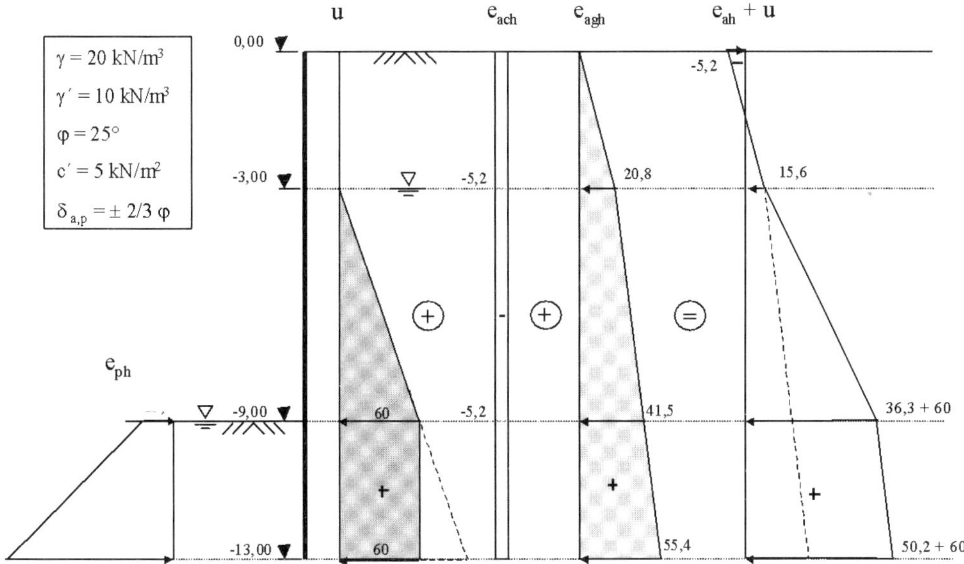

B-14 Standsicherheit von Böschungen und Geländesprüngen

B-14.1 Lamellenverfahren – Böschungsbruchnachweis

AUFGABENSTELLUNG

Für die dargestellte Böschung ist an dem gegebenen Gleitkreis der Nachweis der Gesamtstandsicherheit im Grenzzustand GEO-3 nach DIN 4084 zu führen und der Ausnutzungsgrad μ für die Bemessungssituation BS-P zu bestimmen.

Die Auflast q_k ist näherungsweise vollständig als veränderliche Last zu berücksichtigen.

Charakteristische Bodenkenngrößen (UL – steif):
$\gamma = 19$ kN/m^3;
$\gamma' = 9$ kN/m^3
$\varphi'_k = 27,5°$;
$c'_k = 2$ kN/m^2

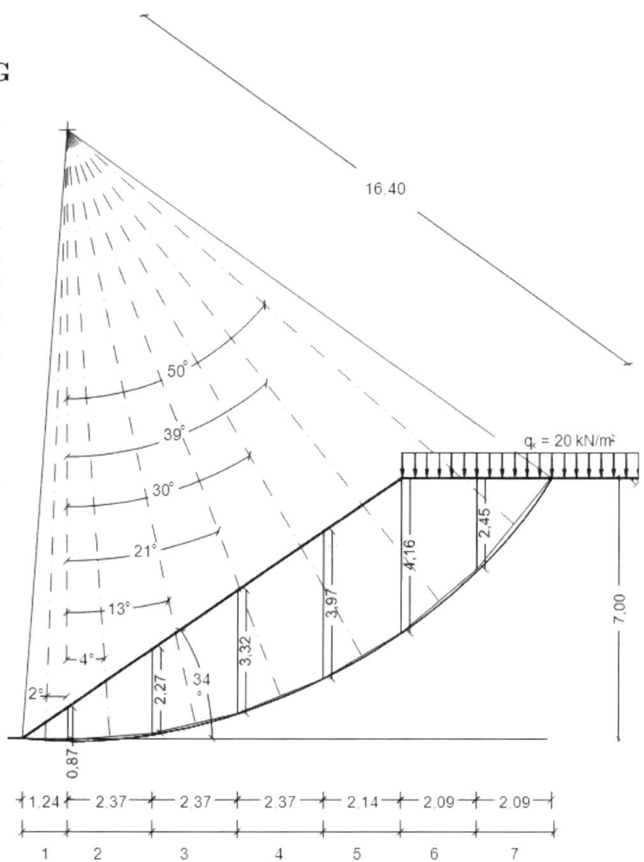

LÖSUNG

Bemessungswerte der Scherfestigkeit

Nachweisverfahren 3 GEO-3 → Teilsicherheitsbeiwerte für Widerstände nach *Handbuch Eurocode 7-1 (2015)* bzw. Tab. 13.5: $\gamma_\varphi = \gamma_c = 1,25$.

$$\varphi_d = \arctan\left(\frac{\tan\varphi_k}{\gamma_\varphi}\right) = \arctan\left(\frac{\tan 27,5°}{1,25}\right) = 22,6°$$

$$c_d = \frac{c_k}{\gamma_c} = \frac{2}{1,25} = 1,6 \text{ kN/m}^2$$

Lamellengewichte

$$G_1 = 0,5 \cdot 1,24 \cdot 0,87 \cdot 19 = 10,2\ \text{kN/m}$$
$$G_2 = 0,5 \cdot (0,87 + 2,27) \cdot 2,37 \cdot 19 = 70,7\ \text{kN/m}$$
$$G_3 = 0,5 \cdot (2,27 + 3,32) \cdot 2,37 \cdot 19 = 125,9\ \text{kN/m}$$
$$G_4 = 0,5 \cdot (3,32 + 3,97) \cdot 2,37 \cdot 19 = 164,1\ \text{kN/m}$$
$$G_5 = 0,5 \cdot (3,97 + 4,16) \cdot 2,14 \cdot 19 = 165,3\ \text{kN/m}$$
$$G_6 = 0,5 \cdot (4,16 + 2,45) \cdot 2,09 \cdot 19 = 131,2\ \text{kN/m}$$
$$G_7 = 0,5 \cdot 2,09 \cdot 2,45 \cdot 19 = 48,6\ \text{kN/m}$$

Teilsicherheitsbeiwerte für Einwirkungen und Beanspruchungen im Grenzzustand GEO-3, BS-P, Ständige Einwirkungen: $\gamma_G = 1,00 \rightarrow G_k = G_d$

Auflast $q_k = 20\ \text{kN/m}^2$ (veränderliche Last)

$\rightarrow$ wirkt die Auflast ungünstig?

$\overline{\text{MP}} \geq r \cdot \sin\varphi \rightarrow 9,25 \geq 16,4 \cdot \sin 22,6° \rightarrow 9,25 \geq 6,30 \rightarrow q_k$ wirkt ungünstig

Teilsicherheitsbeiwert für Einwirkungen GEO-3, BS-P,

ungünstige veränderliche Einwirkungen: $\gamma_Q = 1,30$

$\rightarrow$ Bemessungswert: $q_d = \gamma_Q \cdot q_k = 1,30 \cdot 20 = 26\ \text{kN/m}^2$

$P_{d,i} = P_{k,i} \cdot \gamma_Q = (q_k \cdot b_i) \cdot \gamma_Q = q_d \cdot b_i$

Gesamtzustandsgleichung und Nachweise

Einwirkungen: $E_{M,d} = r \cdot \sum_i (G_{d,i} + P_{d,i}) \cdot \sin\vartheta_i + \sum M_s$

$$\text{Widerstände: } R_{M,d} = r \cdot \sum_i \frac{\overbrace{(G_{d,i} + P_{d,i} - u_i \cdot b_i)\tan\varphi_{d,i} + c_{d,i} \cdot b_i}^{T_z}}{\underbrace{\cos\vartheta_i + \mu \cdot \tan\varphi_{d,i} \cdot \sin\vartheta_i}_{T_N}} = r \cdot T_d$$

1. Iteration (Krey):

angenommen $\mu = 1$ (Gleichgewicht zwischen Einwirkungen und Widerständen)

$\mu \cdot R_{M,d} = E_{M,d}$ bzw. gefordert: $\mu = \dfrac{E_{M,d}}{R_{M,d}} \leq 1$

Ausnutzungsgrad $\mu = 1,0$

			$\gamma_\varphi =$ 1,25	$\gamma_c =$ 1,25	$\gamma_G =$ 1,0	$\gamma_Q =$ 1,30					
Nr.	Breite	ϑ	φ_d	c_d	G	P_d	u_{0d}	$F_{A(o),i,d}$	$\alpha_{A,i}$	$R_{M,d}$	$E_{M,d}$
1	1,24	-2,0	22,6	1,6	10,2	0	0	0	0	103,7	-5,8
2	2,37	4,0	22,6	1,6	70,7	0	0	0	0	530,7	80,9
3	2,37	13,0	22,6	1,6	125,9	0	0	0	0	863,0	464,5
4	2,37	21,0	22,6	1,6	164,1	0	0	0	0	1092,1	964,5
5	2,14	30,0	22,6	1,6	165,3	0	0	0	0	1102,8	1355,5
6	2,09	39,0	22,6	1,6	131,2	54,3	0	0	0	1271,5	1914,5
7	2,09	50,0	22,6	1,6	48,6	54,3	0	0	0	787,5	1292,7
									$\sum$	**5751,3**	**6066,7**

errechneter Ausnutzungsgrad $\mu = \sum E_{M,d} / \sum R_{M,d} =$ **1,05**

2. Iteration:
Annahme aus 1. Iteration: $\mu = 1,05$.
Nach einer weiteren Iteration bleibt $\mu = 1,07$ näherungsweise unverändert. Damit ist die Standsicherheit mit $\mu = 1,07 > 1,0$ zunächst nicht ausreichend.

Ausnutzungsgrad $\mu = 1,05$ **Radius Gleitkreis** $r = 16,40$

			$\gamma_\varphi =$ 1,25	$\gamma_c =$ 1,25	$\gamma_G =$ 1,0	$\gamma_Q =$ 1,30					
Nr.	Breite	ϑ	φ_d	c_d	G	P_d	u_{0d}	$F_{A(o),i,d}$	$\alpha_{A,i}$	$R_{M,d}$	$E_{M,d}$
1	1,24	-2,0	22,6	1,6	10,2	0	0	0	0	103,8	-5,8
2	2,37	4,0	22,6	1,6	70,7	0	0	0	0	529,9	80,9
3	2,37	13,0	22,6	1,6	125,9	0	0	0	0	858,8	464,5
4	2,37	21,0	22,6	1,6	164,1	0	0	0	0	1083,9	964,5
5	2,14	30,0	22,6	1,6	165,3	0	0	0	0	1091,2	1355,5
6	2,09	39,0	22,6	1,6	131,2	54,3	0	0	0	1254,1	1914,5
7	2,09	50,0	22,6	1,6	48,6	54,3	0	0	0	773,4	1292,7
									$\sum$	**5695,2**	**6066,7**

errechneter Ausnutzungsgrad $\mu = \sum E_{M,d} / \sum R_{M,d} =$ **1,07**

B-14.2 Böschungsbruchnachweise unter Berücksichtigung einer Verankerung

AUFGABENSTELLUNG

Für die in Beispiel B-14.1 dargestellte Böschung ist in der Bemessungssituation BS-P zu untersuchen, ob durch eine Verankerung eine ausreichende Standsicherheit erreicht wird.

Die Auflast q_k ist näherungsweise vollständig als veränderliche Last zu berücksichtigen.
Anker:
Ankerabstand: $a = 1$ m
Ankerneigung: $\alpha_A = 5°$
Festlegekraft:
$F_{A,0,k} = 100$ kN
Herausziehwiderstand:
$F_{A,(Ra),k} = 200$ kN
Materialwiderstand (Stahlzugglied):
$F_{A,(Rm),k} = 300$ kN

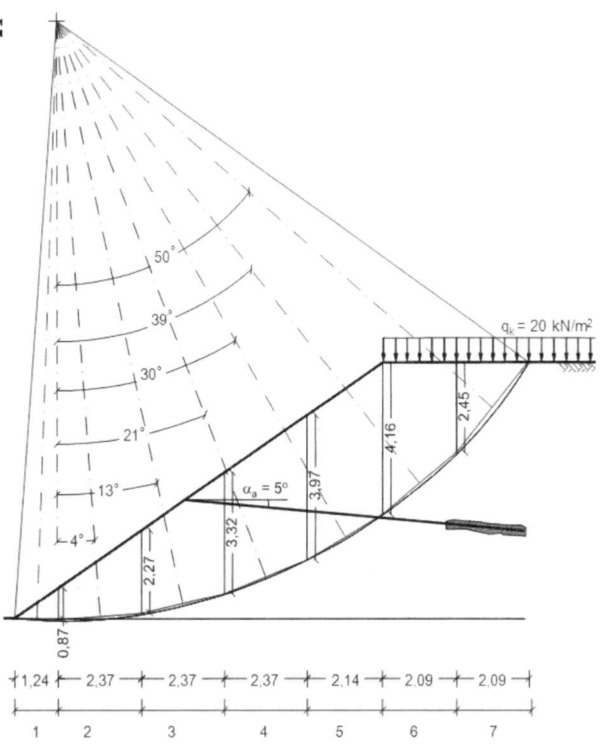

LÖSUNG

Bemessungswerte der Scherfestigkeit, Lamellengewichte und Ansatz der Auflast q_k wie in Beispiel B-14.1.

<u>Anker</u>

selbstspannend, wenn $\psi_A \leq 75° - 90° \rightarrow$ bodenabhängig

hier steifer bindiger Boden $\rightarrow$ selbstspannend, wenn $\psi_A \leq 80°$

Es gilt: $\psi_A = \vartheta_i + \alpha_A = 35° + \alpha_A = 35° + 5° = 40° \leq 80°$

Herausziehwiderstand: $\gamma_a = 1,1$; Materialwiderstand $\gamma_M = 1,15$

$F_{A,(Rm),k}/\gamma_M = 300/1/1,15 = 260$ kN/m

$F_{A,d} = F_{A,(Ra),k}/\gamma_A = 200/1/1,1 = 182$ kN/m < 260 kN/m

<u>Grenzzustandsgleichung und Nachweise</u>

$$\frac{E_{M,d}}{R_{M,d}} = \mu \leq 1$$

$$E_{M,d} = r \cdot \sum_i (G_{d,i} + P_{d,i}) \cdot \sin \vartheta_i$$

$$R_{M,d} = r \cdot \sum_i \frac{(G_{d,i} + P_{d,i} + \mu \cdot F_{A,d,i} \cdot \sin\alpha_{A,i} - u_{d,i} \cdot b_i) \cdot \tan\varphi_{d,i} + c_{d,i} \cdot b_i}{\cos\vartheta_i + \mu \cdot \tan\varphi_{d,i} \cdot \sin\vartheta_i}$$
$$+ r \cdot \sum_i F_{A,d,i} \cdot \cos(\vartheta_i + \alpha_{A,i})$$

1. Iteration (Krey):
angenommen $\mu = 1$ (Gleichgewicht zwischen Einwirkungen und Widerständen)

Ausnutzungsgrad $\mu = 1,00$ **Radius Gleitkreis** $r = 16,40$

$\gamma_\varphi =$ 1,25 $\gamma_c =$ 1,25 $\gamma_G =$ 1,0 $\gamma_Q =$ 1,30

Nr.	Breite	ϑ	φ_d	c_d	G	P_d	u_{0d}	$F_{A(o),i,d}$	$\alpha_{A,i}$	$R_{M,d}$	$E_{M,d}$
1	1,24	-2,0	22,6	1,6	10,2	0	0	0	0	103,7	-5,8
2	2,37	4,0	22,6	1,6	70,7	0	0	0	0	530,7	80,9
3	2,37	13,0	22,6	1,6	125,9	0	0	0	0	863,0	464,5
4	2,37	21,0	22,6	1,6	164,1	0	0	0	0	1092,1	964,5
5	2,14	30,0	22,6	1,6	165,3	0	0	182	5	3648,6	1355,5
6	2,09	39,0	22,6	1,6	131,2	54,3	0	0	0	1271,5	1914,5
7	2,09	50,0	22,6	1,6	48,6	54,3	0	0	0	787,5	1292,7
								$\sum$		**8297,1**	**6066,7**

errechneter Ausnutzungsgrad $\mu = \sum E_{M,d} / \sum R_{M,d} =$ **0,73** $< 1,0$

2. Iteration:
angenommen $\mu = 0,73$

Ausnutzungsgrad $\mu = 0,73$ **Radius Gleitkreis** $r = 16,40$

$\gamma_\varphi =$ 1,25 $\gamma_c =$ 1,25 $\gamma_G =$ 1,0 $\gamma_Q =$ 1,30

Nr.	Breite	ϑ	φ_d	c_d	G	P_d	u_{0d}	$F_{A(o),i,d}$	$\alpha_{A,i}$	$R_{M,d}$	$E_{M,d}$
1	1,24	-2,0	22,6	1,6	10,2	0	0	0	0	103,3	-5,8
2	2,37	4,0	22,6	1,6	70,7	0	0	0	0	534,8	80,9
3	2,37	13,0	22,6	1,6	125,9	0	0	0	0	883,8	464,5
4	2,37	21,0	22,6	1,6	164,1	0	0	0	0	1134,1	964,5
5	2,14	30,0	22,6	1,6	165,3	0	0	182	5	3686,2	1355,5
6	2,09	39,0	22,6	1,6	131,2	54,3	0	0	0	1363,9	1914,5
7	2,09	50,0	22,6	1,6	48,6	54,3	0	0	0	864,6	1292,7
								$\sum$		**8570,6**	**6066,7**

errechneter Ausnutzungsgrad $\mu = \sum E_{M,d} / \sum R_{M,d} =$ **0,71** $< 1,0$

Nach einer weiteren Iteration bleibt $\mu = 0,71$ unverändert. Damit ist die Standsicherheit nachgewiesen.

B-14.3 Böschungsbruchnachweis unter Berücksichtigung einer Verankerung und Wasserdruck

AUFGABENSTELLUNG

Für die in B-14.2 dargestellte Böschung ist zu untersuchen, ob die Standsicherheit auch bei Ansatz eines Wasserdruckes (Porenwasserdruckansatz) erreicht wird.

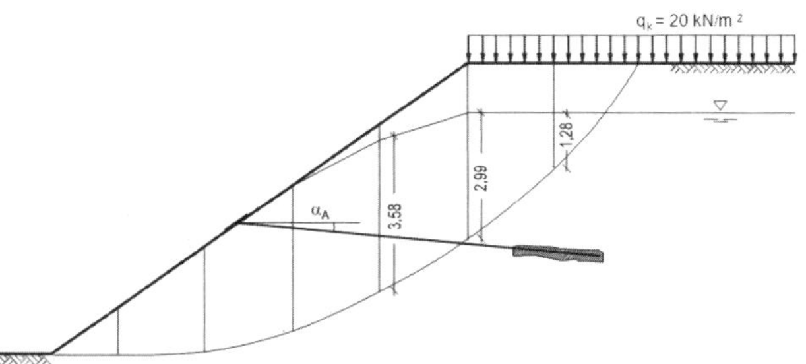

LÖSUNG

Bemessungswerte der Scherfestigkeit, Lamellengewichte, Ansatz der Auflast q_k (veränderliche Last) und Anker wie in Beispiel B-14.2.

Ausnutzungsgrad $\mu = 1,00$ **Radius Gleitkreis** $r = 16,40$

			$\gamma_\varphi =$ 1,25	$\gamma_c =$ 1,25	$\gamma_G =$ 1,0	$\gamma_Q =$ 1,30					
Nr.	Breite	ϑ	φ_d	c_d	G	P_d	u_{0d}	$F_{A(o),i,d}$	$\alpha_{A,i}$	$R_{M,d}$	$E_{M,d}$
1	1,24	-2,0	22,6	1,6	10,2	0	4,3	0	0	66,8	-5,8
2	2,37	4,0	22,6	1,6	70,7	0	15,7	0	0	283,3	80,9
3	2,37	13,0	22,6	1,6	125,9	0	28,0	0	0	438,8	464,5
4	2,37	21,0	22,6	1,6	164,1	0	34,5	0	0	576,5	964,5
5	2,14	30,0	22,6	1,6	165,3	0	32,9	182	5	3201,2	1355,5
6	2,09	39,0	22,6	1,6	131,2	54,3	21,4	0	0	977,6	1914,5
7	2,09	50,0	22,6	1,6	48,6	54,3	6,4	0	0	692,5	1292,7
								$\sum$		**6236,8**	**6066,7**

errechneter Ausnutzungsgrad $\mu = \sum E_{M,d} / \sum R_{M,d} =$ **0,97** $< 1,0$

Nach der Iteration ergibt sich $\mu = 0,97$. Damit ist die Standsicherheit nachgewiesen.

B-14.4 Böschungsbruchnachweis mit Nomogramm

AUFGABENSTELLUNG

Für die Böschung aus dem Beispiel B-14.1 ist der maximal zulässige Böschungswinkel für die Bemessungssituation BS-P bei Ansatz eines Reibungswinkels $\varphi'_k = 25°$ und einer Kohäsion von $c'_k = 10$ kN/m^2 unter Verwendung des Nomogramms nach Abb. 14.13 zu bestimmen.

LÖSUNG

$$\varphi_d = \arctan(\tan\varphi_k/\gamma_\varphi) = \arctan(\tan 25°/1,25) = 20,5°$$

$$c_d = c_k/\gamma_c = 10/1,25 = 8 \text{ kN/m}^2$$

$$N_d = \gamma \cdot \frac{h'}{c_d} \rightarrow h' = h + \frac{q_d}{\gamma} = 7,0 + \frac{20 \cdot 1,3}{19} = 8,36 \text{ m} \rightarrow N_d = 19 \cdot \frac{8,36}{8,0} = 19,9$$

aus Nomogramm nach Abb. 14.13 ergibt sich zul $\beta \approx 41° > 33,7° =$ vorh β

B-14.5 Böschungsbruchnachweise im Anfangszustand

AUFGABENSTELLUNG

Für den dargestellten Straßendamm ist die Gesamtstandsicherheit im Grenzzustand GEO-3, Bemessungssituation BS-P für folgende Zustände nachzuweisen:

a) Anfangszustand mit undränierten Scherparametern φ_u, c_u
b) Anfangszustand mit dränierten Scherparametern φ', c'

Die Auflast q_k ist näherungsweise vollständig als veränderliche Last zu berücksichtigen. Anmerkung: Die Tabelle neben der Skizze gibt die Lamellenhöhen in [m] an.

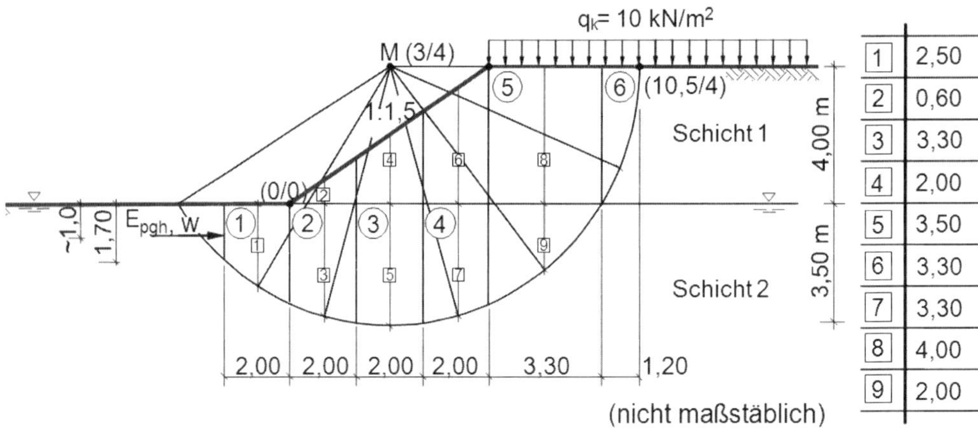

1	2,50
2	0,60
3	3,30
4	2,00
5	3,50
6	3,30
7	3,30
8	4,00
9	2,00

Charakteristische Bodenkenngrößen:

Schicht 1:	$\gamma_1/\gamma_{1r} = 19/20$ kN/m^3;	$\varphi'_{1,k} = 37,5°$;	$c'_{1,k} = 0$ kN/m^2
Schicht 2:	$\gamma_2/\gamma_{2r} = 17/17$ kN/m^3;	$\varphi_{2u,k} = 0$;	$c_{2u,k} = 22$ kN/m^2
		$\varphi'_{2,k} = 17,5°$;	$c'_{2,k} = 10$ kN/m^2

Gegeben: $\vartheta_1 = -33°$ $\quad\vartheta_2 = -16°$ $\quad\vartheta_3 = 0°$ $\quad\vartheta_4 = 16°$ $\quad\vartheta_5 = 38°$ $\quad\vartheta_6 = 68°$

LÖSUNG

Bemessungswerte der Scherfestigkeit

GEO-3, BS-P → Teilsicherheitsbeiwerte für Widerstände $\gamma_\varphi = \gamma_c = 1,25$

$$\varphi'_{1,k} = 37,5° \quad \rightarrow \quad \varphi'_{1,d} = \arctan\left(\frac{\tan 37,5°}{1,25}\right) = 31,5°$$

$$c'_{1,k} = 0 \quad \rightarrow \quad c'_{1,d} = 0$$

$$\varphi'_{2,k} = 17,5° \quad \rightarrow \quad \varphi'_{2,d} = \arctan\left(\frac{\tan 17,5°}{1,25}\right) = 14,2°$$

$$c'_{2,k} = 10 \text{ kN/m}^2 \quad \rightarrow \quad c'_{2,d} = \frac{10}{1,25} = 8 \text{ kN/m}^2$$

$$c_{2u,k} = 22 \text{ kN/m}^2 \quad \rightarrow \quad c_{2u,d} = c_{2u,k}/\gamma_c = 22/1,25 = 17,6 \text{ kN/m}^2$$

Lamellengewichte

$$G_1 = 2,5 \cdot 2,0 \cdot 17,0 = 85 \text{ kN/m}$$
$$G_2 = (3,3 \cdot 17,0 + 0,6 \cdot 19,0) \cdot 2,0 = 135 \text{ kN/m}$$
$$G_3 = (3,5 \cdot 17,0 + 2,0 \cdot 19,0) \cdot 2,0 = 195 \text{ kN/m}$$
$$G_4 = (3,3 \cdot 17,0 + 3,3 \cdot 19,0) \cdot 2,0 = 237,6 \text{ kN/m}$$
$$G_5 = (2,0 \cdot 17,0 + 4,0 \cdot 19,0) \cdot 3,3 = 363 \text{ kN/m}$$
$$G_6 = 0,5 \cdot 4,0 \cdot 1,2 \cdot 19,0 = 45,6 \text{ kN/m}$$

Teilsicherheitsbeiwerte für ständige Einwirkungen: $\gamma_G = 1,0 \rightarrow G_k = G_d$

Auflast $q_k = 10 \text{ kN/m}^2$: wirkt die Auflast ungünstig?

$\overline{\text{MP}} \geq r \cdot \sin\varphi \rightarrow$ gemitteltes φ über den Gleitkreis.

$$\alpha_1 = 32,5°; \alpha_2 = 115,5°$$

$$l_1 = r \cdot \alpha = 7,5 \cdot \frac{32,5°}{180°} \cdot \pi = 4,25 \text{ m}$$

$$l_1 = r \cdot \alpha = 7,5 \cdot \frac{115,5°}{180°} \cdot \pi = 15,12 \text{ m}$$

$$\varphi_{d,mittel} = \arctan\left[\frac{4,25 \cdot \tan 31,5° + 15,12 \cdot \tan 14,2°}{4,25 + 15,12}\right] = 18,4°$$

$\overline{\text{MP}} \geq r \cdot \sin\varphi_{d,mittel} \rightarrow (6-3) \geq 7,5 \cdot \sin 18,4° \rightarrow 3 > 2,36 \text{ m} \rightarrow q_k$ wirkt ungünstig!

Teilsicherheitsbeiwerte → ungünstige, veränderliche Einwirkungen $\gamma_Q = 1,30$:

$$q_d = \gamma_Q \cdot q_k = 1,30 \cdot 10 = 13,0 \text{ kN/m}^2$$

$$P_{d,i} = q_d \cdot b_i$$

Porenwasserdruck

- Hydrostatistischer Porenwasserdruck $u_{0i} = h_i \cdot \gamma_w$

$$u_{01} = 2,5 \cdot 10 = 25 \text{ kN/m}^2$$
$$u_{02} = 3,3 \cdot 10 = 33 \text{ kN/m}^2$$
$$u_{03} = 3,5 \cdot 10 = 35 \text{ kN/m}^2$$
$$u_{04} = 3,3 \cdot 10 = 33 \text{ kN/m}^2$$
$$u_{05} = 2,0 \cdot 10 = 20 \text{ kN/m}^2$$
$$u_{06} = 0 \text{ kN/m}^2$$

- Porenwasserüberdruck infolge Dammaufschüttung und Auflast

  Der Anfangsporenwasserüberdruck für wassergesättigte bindige Böden kann mit $\Delta u_{0i} = \Delta\sigma$ abgeschätzt werden, wobei $\Delta\sigma$ = Dammgewicht + Auflast

$$u_{01} = 0,0 \text{ kN/m}^2$$
$$u_{02} = 0,7 \cdot 19 = 13,3 \text{ kN/m}^2$$
$$u_{03} = 2,0 \cdot 19 = 38,0 \text{ kN/m}^2$$
$$u_{04} = 3,3 \cdot 19 = 62,7 \text{ kN/m}^2$$
$$u_{05} = 4,0 \cdot 19 + 10 = 86,0 \text{ kN/m}^2$$
$$u_{06} = 0,0 \text{ kN/m}^2$$

Erdwiderstand und Wasserdruck (*Rankine*'scher Sonderfall $\alpha = \beta = \delta = 0$)

$$K_{pgh} = \tan^2\left(45^\circ + \frac{\varphi}{2}\right)$$
$$K_{pch} = 2 \cdot \sqrt{K_{pgh}} = 2 \cdot \tan\left(45^\circ + \frac{\varphi}{2}\right)$$

a) Anfangszustand mit undränierten Scherparametern φ_u, c_u

$$K_{pgh} = \tan^2\left(45^\circ + \frac{0^\circ}{2}\right) = 1,0$$
$$K_{pch} = 2,0$$
$$e_{pgh,d} = \gamma' \cdot h \cdot K_{pgh} + c \cdot K_{pch} = 1,7 \cdot 7 \cdot 1,0 + 17,6 \cdot 2,0 = 47,10 \text{ kN/m}^2$$
$$E_{pgh,d} = \frac{1}{2} \cdot 1,7 \cdot 47,10 = 40 \text{ kN/m}$$
$$W = \frac{1}{2} \cdot \gamma_w \cdot h^2 = \frac{1}{2} \cdot 10 \cdot 1,7^2 = 14,5 \text{ kN/m}$$
$$M_{R,d} = (40,0 + 14,5) \cdot 5 = 272,5 \text{ kNm/m}$$

b) Anfangszustand mit dränierten Scherparametern φ', c'

$$K_{pgh} = \tan^2\left(45^\circ + \frac{14,2^\circ}{2}\right) = 1,65$$
$$K_{pch} = 2 \cdot \tan\left(45^\circ + \frac{14,2^\circ}{2}\right) = 2,57$$
$$e_{pgh,d} = 7 \cdot 17 \cdot 1,65 + 8 \cdot 2,57 = 40,2 \text{ kN/m}^2$$
$$E_{pgh,d} = \frac{1}{2} \cdot 1,7 \cdot 40,2 = 34,2 \text{ kN/m}$$
$$W = 14,5 \text{ kN/m}$$
$$M_{R,d} = (34,2 + 14,5) \cdot 5 = 243,5 \text{ kNm/m}$$

Grenzzustandsgleichungen und Nachweise

a) Anfangszustand mit undränierten Scherparametern φ_u, c_u:
→ Porenwasserüberdruck muss nicht berücksichtigt werden, da er schon bei der Bestimmung der Scherparameter eingeht.

Ausnutzungsgrad $\mu = 1,00$ **Radius Gleitkreis** $r = 7,50$

$\gamma_\varphi =$ 1,25 $\gamma_c =$ 1,25 $\gamma_G =$ 1,0 $\gamma_Q =$ 1,30

Nr.	Breite	ϑ	φ_d	c_d	G	P_d	u_{0d}	$F_{A(o),i,d}$	$\alpha_{A,i}$	$R_{M,d}$	$E_{M,d}$
1	2,0	-33,0	0,0	17,6	85,0	0	25,0	0	0	314,8	-347,2
2	2,0	-16,0	0,0	17,6	135,0	0	33,0	0	0	274,6	-279,1
3	2,0	0,0	0,0	17,6	195,0	0	35,0	0	0	264,0	0,0
4	2,0	16,0	0,0	17,6	237,6	0	33,0	0	0	274,6	491,2
5	3,3	38,0	0,0	17,6	363,0	42,9	20,0	0	0	552,8	1874,2
6	1,2	68,0	31,5	0,0	45,6	15,6	0,0	0	0	298,3	425,6
									$\sum$	**1979,2**	**2164,7**

zusätzlich anzusetzende Momente $\sum M_{R,d} =$ 272,5

$\sum M_{S,d} =$ 0,0

errechneter Ausnutzungsgrad $\mu = \sum E_{M,d} / \sum R_{M,d} =$ **0,96** $< 1,0$

Nach dem 1. Iterationsschritt mit $\mu = 0,96$ ergibt sich ein Ausnutzungsgrad von ebenfalls $\mu = 0,96$. Damit ist die Gesamtstandsicherheit für den Anfangszustand auch in der Bemessungssituation BS-P eingehalten.

b) Anfangszustand mit dränierten Scherparametern φ', c':
→ Porenwasserüberdruck ist zusätzlich zu berücksichtigen.

Ausnutzungsgrad $\mu = 1,00$ **Radius Gleitkreis** $r = 7,50$

$\gamma_\varphi =$ 1,25 $\gamma_c =$ 1,25 $\gamma_G =$ 1,0 $\gamma_Q =$ 1,30

Nr.	Breite	ϑ	φ_d	c_d	G	P_d	u_{0d}	Δu_{0d}	$F_{A(o),i,d}$	$\alpha_{A,i}$	$R_{M,d}$	$E_{M,d}$
1	2,0	-33,0	0,0	17,6	85,0	0	25,0	0,0	0	0	266,0	-347,2
2	2,0	-16,0	0,0	17,6	135,0	0	33,0	13,3	0	0	224,9	-279,1
3	2,0	0,0	0,0	17,6	195,0	0	35,0	38,0	0	0	213,0	0,0
4	2,0	16,0	0,0	17,6	237,6	0	33,0	62,7	0	0	201,4	491,2
5	3,3	38,0	0,0	17,6	363,0	42,9	20,0	86,0	0	0	322,6	1874,2
6	1,2	68,0	31,5	0,0	45,6	15,6	0,0	0,0	0	0	298,3	425,6
										$\sum$	**1526,2**	**2164,7**

zusätzlich anzusetzende Momente $\sum M_{R,d} =$ 243,5

$\sum M_{S,d} =$ 0,0

errechneter Ausnutzungsgrad $\mu = \sum E_{M,d} / \sum R_{M,d} =$ **1,22** $< 1,0$

Nach dem 1. Iterationsschritt mit $\mu = 1,22$ ergibt sich ein Ausnutzungsgrad von $\mu = 1,25$. Damit ist die Gesamtstandsicherheit für den Anfangszustand in der Bemessungssituation BS-P nicht eingehalten. Zunächst sollte der Ausnutzungsgrad z. B. mit reduzierten Teilsicherheiten für die Bemessungssituation BS-T nochmals untersucht werden (hier nicht durchgeführt).

B-14.6 Nachweis der Gesamtstandsicherheit mit dem Blockgleitverfahren nach DIN 4084

AUFGABENSTELLUNG

Für die dargestellte Situation ist der Gesamtstandsicherheitsnachweis im Grenzzustand GEO-3 für den Endzustand ($t = \infty$) nach dem Blockgleitverfahren durchzuführen. Die Auflast q_k ist näherungsweise vollständig als veränderliche Last zu berücksichtigen.

Charakteristische Bodenkenngrößen:

$$\gamma_k / \gamma_{r,k} / \gamma'_k = 20/22/12 \text{ kN/m}^3$$

$$\varphi'_k = 22,5°; \ c'_k = 8 \text{ kN/m}^2$$

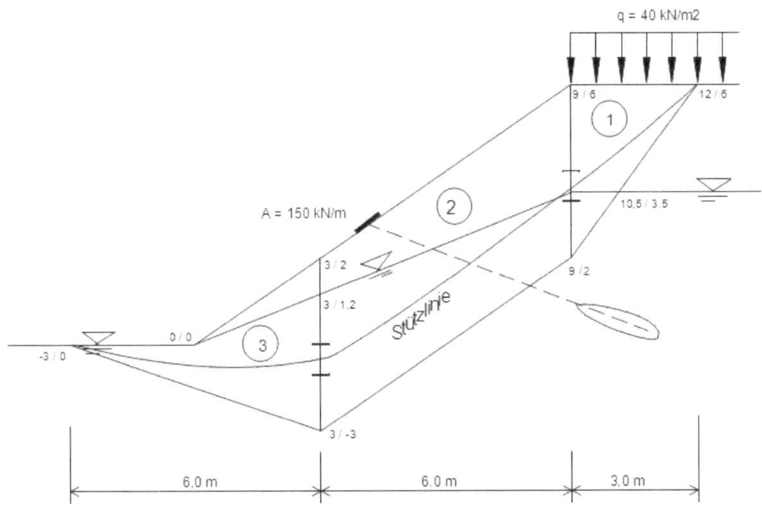

LÖSUNG

Gewichte der Gleitkörper

GEO-3, BS-P: → Teilsicherheitsbeiwerte für Einwirkungen und Beanspruchungen:

Ständige Einwirkungen: $\gamma_G = 1,00$
Ungünstige veränderliche Einwirkungen: $\gamma_Q = 1,30$

$$G_{1,k} = \frac{1}{2} \cdot 2,5 \cdot 1,5 \cdot 22 + \frac{1}{2} \cdot 2,5 \cdot 1,5 \cdot 20 + \frac{1}{2} \cdot 1,5 \cdot 2,5 \cdot 20 = 116 \text{ kN/m } = G_{1,d}$$
$$G_{2,k} = \frac{1,5 + 4,2}{2} \cdot 6,0 \cdot 22 + \frac{1,0 + 2,5}{2} \cdot 6,0 \cdot 20 = 675 \text{ kN/m } = G_{2,d}$$
$$G_{3,k} = \frac{1}{2} \cdot 3,0 \cdot 1,5 \cdot 22 + \frac{1,5 + 4,2}{2} \cdot 3,0 \cdot 22 + \frac{1}{2} \cdot 3,0 \cdot 0,8 \cdot 20 = 262 \text{ kN/m } = G_{3,d}$$

Auflast auf Gleitkörper 3: $P_d = (q_k \cdot b) \cdot \gamma_Q = 3 \cdot 40 \cdot 1,3 = 156$ kN/m

Bemessungswerte der Scherfestigkeiten

GEO-3, BS-P: → Teilsicherheitsbeiwerte für Widerstände: $\gamma_\varphi = \gamma_c = 1,25$

$$\varphi_d = \arctan\left(\frac{\tan\varphi'}{\gamma_\varphi}\right) = \arctan\left(\frac{\tan 22,5°}{1,25}\right) = 18,3°; \qquad c_d = \frac{c'}{\gamma_c} = \frac{8}{1,25} = 6,4 \text{ kN/m}^2$$

Porenwasserdruckkräfte U und Kohäsionskräfte C

Die Porenwasserdruckkräfte U wirken auf die Gleitfugen und auf die Lamellengrenzen. Die Kohäsionskräfte C wirken nur in den Gleitfugen.

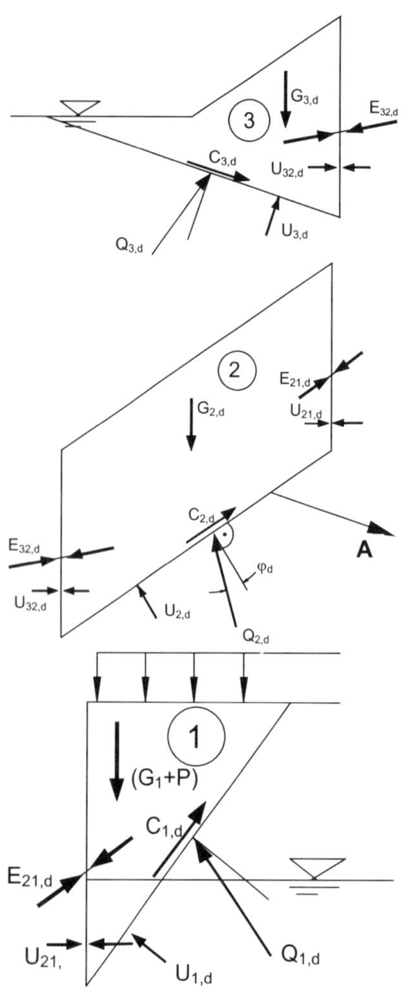

$$U_{3,d} = \frac{1}{2} \cdot 6,7 \cdot 42 = 141 \text{ kN/m}$$

$$U_{32,d} = \frac{1}{2} \cdot 4,2 \cdot 42 = 88 \text{ kN/m}$$

$$C_{3,d} = 6,7 \cdot 6,4 = 43 \text{ kN/m}$$

$$U_{2,d} = \frac{42 + 25}{2} \cdot 7,1 = 238 \text{ kN/m}$$

$$U_{21,d} = \frac{1}{2} \cdot 25 \cdot 2,5 = 31 \text{ kN/m}$$

$$C_{2,d} = 7,1 \cdot 6,4 = 45 \text{ kN/m}$$

$$U_{1,d} = \frac{1}{2} \cdot 25 \cdot 2,9 = 36 \text{ kN/m}$$

$$C_{1,d} = 5,8 \cdot 6,4 = 37 \text{ kN/m}$$

Krafteck

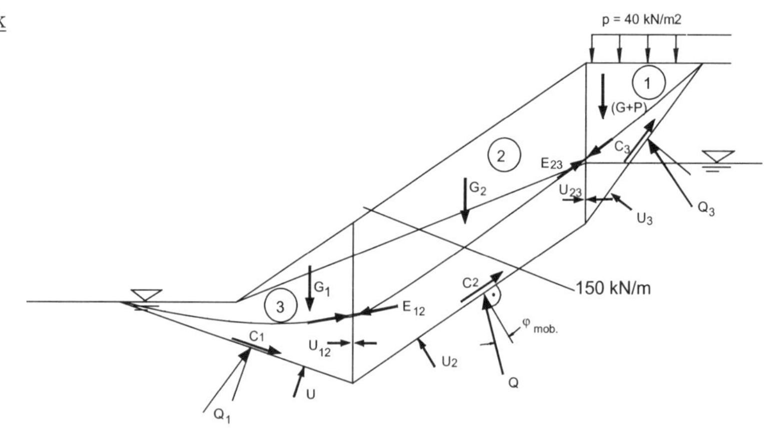

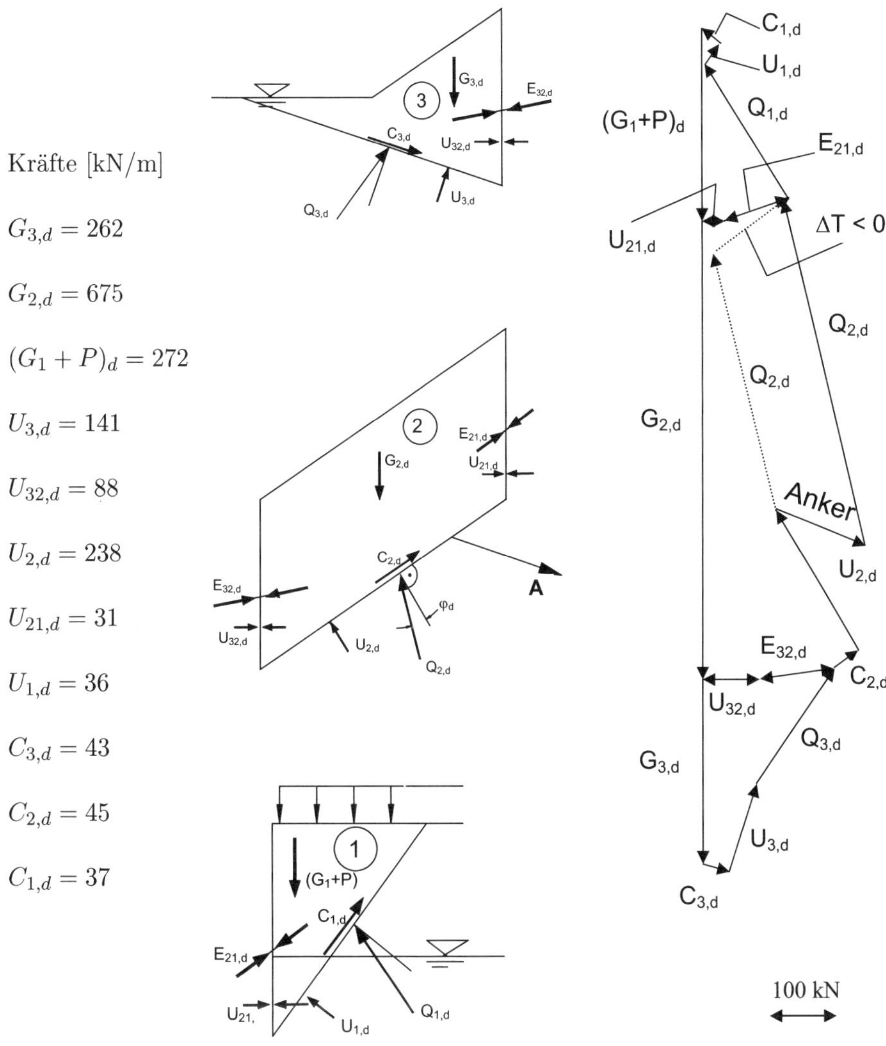

Wenn das Krafteck mit einer treibenden Zusatzkraft ΔT geschlossen werden kann, ist das Gesamtsystem standsicher. Die hier untersuchte Variante mit Verankerung liefert eine Standsicherheit von näherungsweise $\mu = 1,0$. Die Variante ohne Anker ist nicht standsicher, da die Zusatzkraft ΔT im Krafteck negativ ist.

B-14.7 Nachweis der Gesamtstandsicherheit mit dem Verfahren Starrkörperbruchmechanismus

AUFGABENSTELLUNG

Für die Böschung nach Beispiel B-14.6 ist alternativ die Gesamtstandsicherheit mit Starrkörpermechanismen nachzuweisen.

Gewählte Mechanismen:

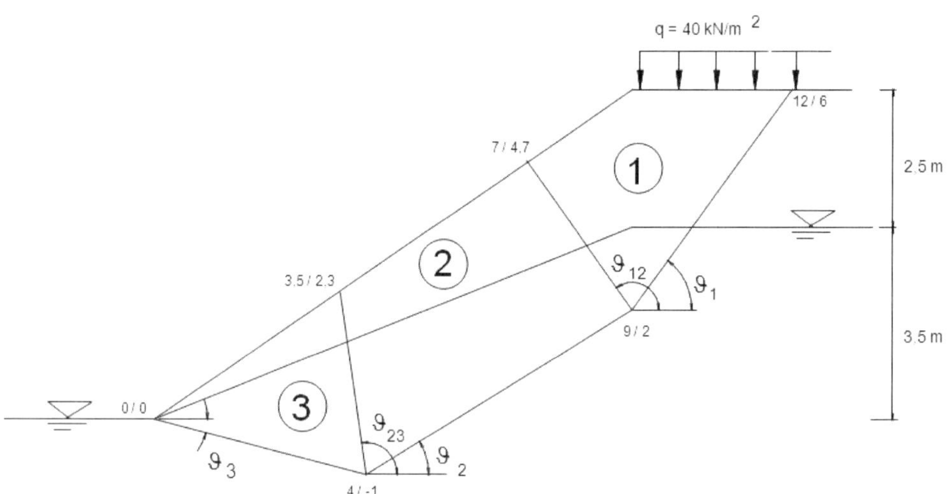

Winkel:
$\vartheta_{12} = 129°$, $\vartheta_1 = 37°$, $\vartheta_{23} = 89°$, $\vartheta_2 = 31°$, $\vartheta_3 = -14°$

LÖSUNG

Porenwasserdruckkräfte U, Kohäsionskräfte C und Gewichtslasten G

Die Kohäsionskräfte C sowie die Porenwasserdruckkräfte U wirken auf die inneren und äußeren Gleitfugen und werden nach Richtung und Größe bestimmt. Die notwendigen geometrischen Größen wurden aus einer maßstabsgerechten Zeichnung herausgelesen.

GEO-3, BS-P: → Teilsicherheitsbeiwerte für Einwirkungen und Beanspruchungen:

Ständige Einwirkungen: $\gamma_G = 1,00$
Ungünstige veränderliche Einwirkungen: $\gamma_Q = 1,30$

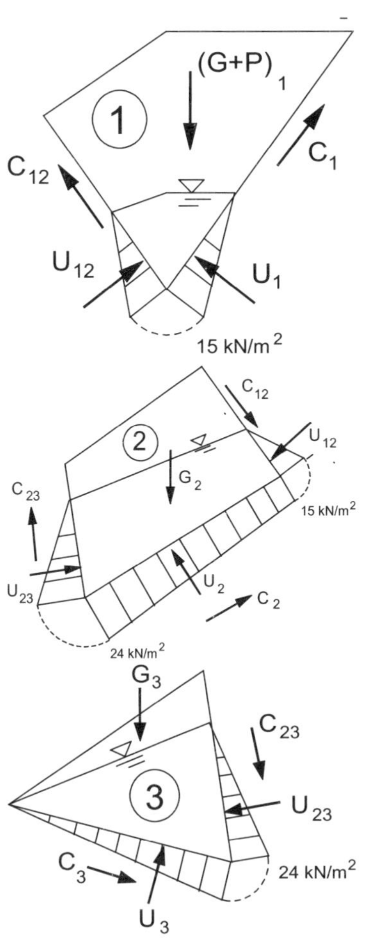

$$P_d = 40 \cdot 3 \cdot 1,3 \quad = 156 \text{ kN/m}$$
$$G_1 = G_{1,d} \quad = 278 \text{ kN/m}$$
$$(G_1 + P)_d \quad = 434 \text{ kN/m}$$
$$U_1 = U_{1,d} = \frac{1}{2} \cdot 15 \cdot 1,8 \quad = 14 \text{ kN/m}$$
$$U_{12} = U_{12,d} = \frac{1}{2} \cdot 15 \cdot 1,4 \quad = 11 \text{ kN/m}$$
$$C_1 = C_{1,d} = 6,4 \cdot 5,0 \quad = 32 \text{ kN/m}$$
$$C_{12} = C_{12,d} = 6,4 \cdot 1,9 \quad = 12 \text{ kN/m}$$

$$G_{2,d} \quad = 334 \text{ kN/m}$$
$$U_{2,d} = \frac{1}{2} \cdot (24 + 15) \cdot 5,8 \quad = 113 \text{ kN/m}$$
$$U_{23,d} = \frac{1}{2} \cdot 24 \cdot 2,4 \quad = 29 \text{ kN/m}$$
$$C_{2,d} = 6,4 \cdot 5,8 \quad = 37 \text{ kN/m}$$
$$C_{23,d} = 6,4 \cdot 3,3 \quad = 21 \text{ kN/m}$$

$$G_{3,d} \quad = 135 \text{ kN/m}$$
$$U3,d = \frac{1}{2} \cdot 24 \cdot 4,2 \quad = 50 \text{ kN/m}$$
$$C3,d = 6,4 \cdot 4,2 \quad = 27 \text{ kN/m}$$

Krafteck

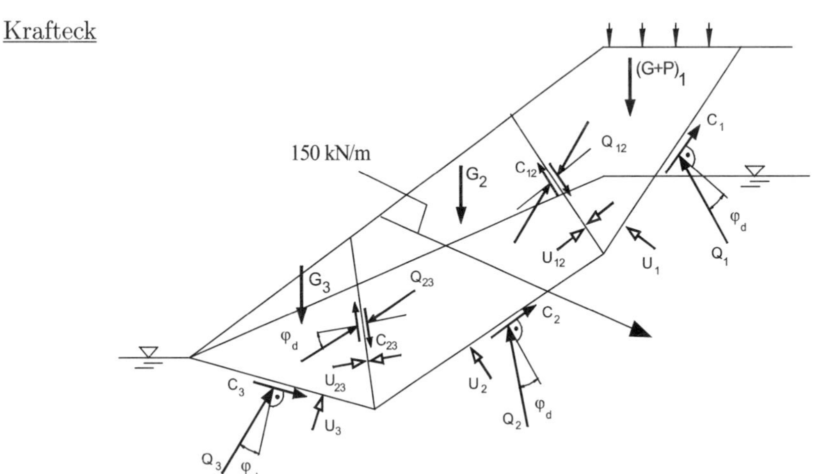

Kräfte [kN/m]

$(G_1 + P)_d = 434$

$U_{1,d} = 14$

$U_{12,d} = 11$

$C_{1,d} = 32$

$C_{12,d} = 12$

$G_{2,d} = 334$

$U_{2,d} = 113$

$U_{23,d} = 29$

$C_{2,d} = 37$

$C_{23,d} = 21$

$G_{3,d} = 135$

$U_{3,d} = 50$

$C_{3,d} = 27$

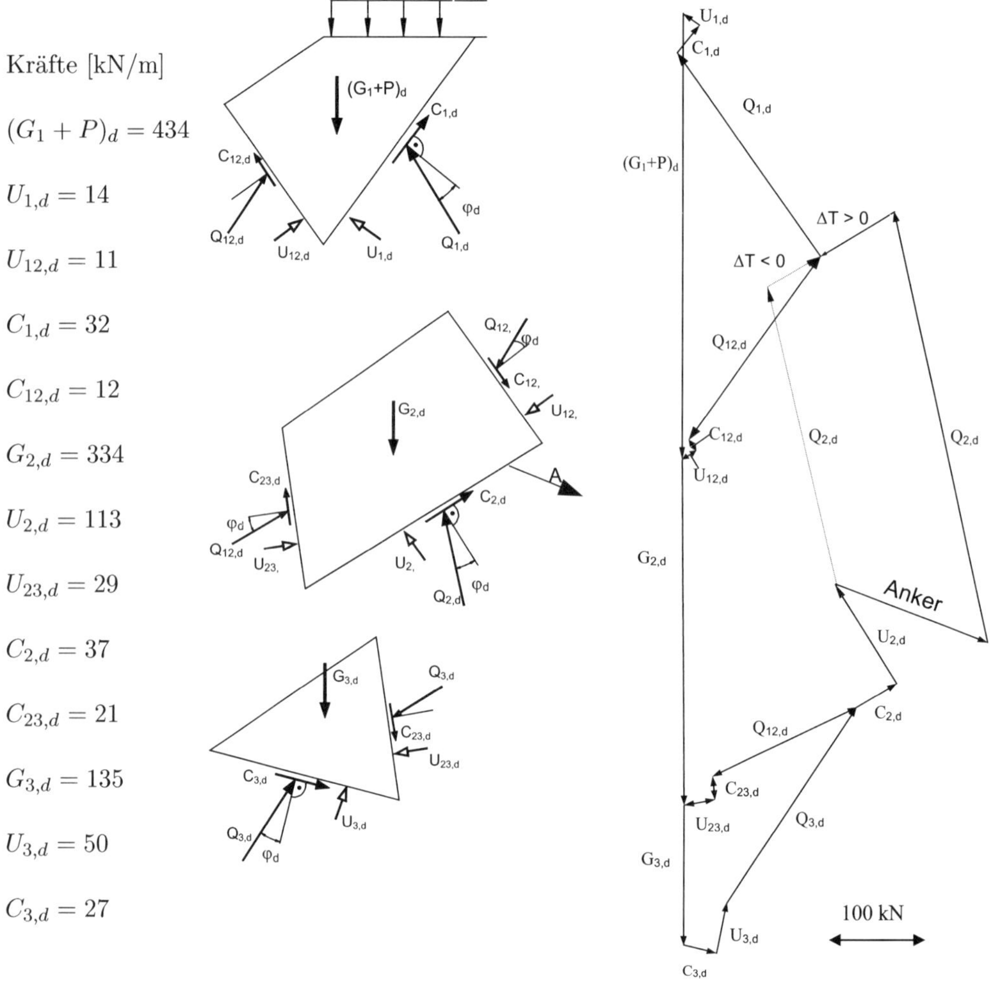

Wenn das Krafteck mit einer treibenden Zusatzkraft ΔT geschlossen werden kann, ist das Gesamtsystem standsicher. Bei der hier untersuchten Variante mit Verankerung ist die Standsicherheit gegeben, da die Zusatzkraft $\Delta T > 0$ ist. Die Variante ohne Verankerung ist nicht standsicher, da $\Delta T < 0$.

B-15 Verfahren zur Baugrundverbesserung

B-15.1 Rüttelstopfsäulen in einer Weichschicht

AUFGABENSTELLUNG

Ein geplantes Bauwerk soll auf dem unten skizzierten Baugrund erstellt werden. Da unter der Geländeoberkante eine wenig tragfähige Weichschicht ansteht, sieht die Planung eine Baugrundverbesserung mittels Schotterstopfsäulen ($\varphi' = 35°$) vor, die bis auf die in 4 m Tiefe anstehende steife Bodenschicht reichen. Die Auflast ergibt sich aus einer Dammschüttung (ständige Last) und ist als vollständig setzungswirksam zu berücksichtigen.

Bestimmen Sie:

a) das Maß der Setzungsverminderung β

b) die Spannungskonzentration n

c) die Spannungsverteilung zwischen Säule und Boden.

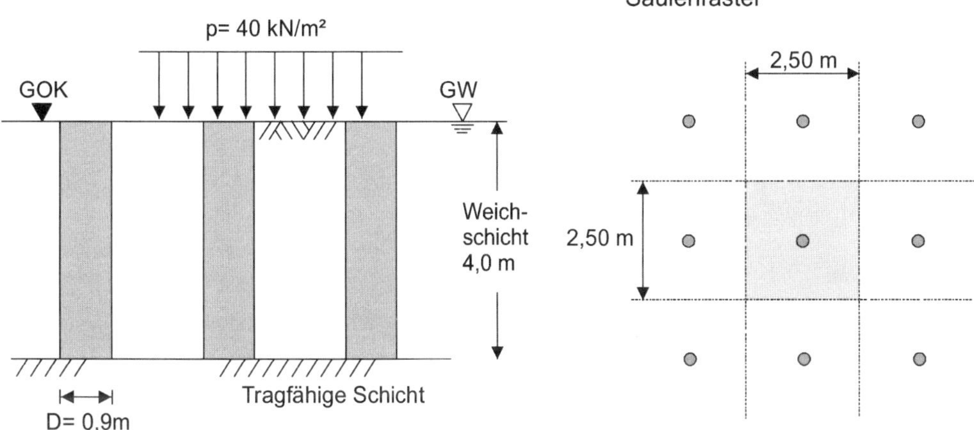

LÖSUNG

Auflast: $p = 40$ kN/m^2

Rasterabstand: $a = 2,5$ m

Säulendurchmesser: $d_s = 0,9$ m

Quadratraster: $s = 2,5$ m

Durchmesser der Einheitszelle: $d_e = 1,13 \cdot 2,5 = 2,83$

Einflussfläche einer Säule: $A = d_e^2 \cdot \pi/4 = 2,83^2 \cdot \pi/4 = 6,29$ m^2

Querschnittsfläche einer Säule: $A_s = d_s^2 \cdot \pi/4 = 0,9^2 \cdot \pi/4 = 0,64$ m^2

Flächenverhältnis: $A/A_s = 6,29/0,64 = 9,82$

a) Setzungsverminderung β

$$\beta = \frac{\text{Setzung des unbehandelten Untergrundes}}{\text{Setzung des verbesserten Untergrundes}} = \frac{s}{\bar{s}}$$

Diagramm von *Priebe (1995)*, nach Abb. 15.11

mit $\dfrac{A}{A_s} = \dfrac{1}{a_s} = \dfrac{1}{0,102} \approx 9,82$ und $\varphi_s = 35°$, ergibt sich $\beta \approx 1,4$

b) Spannungskonzentration n

$$n = \frac{\sigma_S}{\sigma_B};\ \beta = 1 + (n-1) \cdot a_s \qquad n = \frac{(\beta - 1)}{a_s} + 1 = \frac{(1,4+}{0,102} + 1 = 4,92$$

c) Spannungsverteilung

$$\sigma \cdot A = \sigma_S \cdot A_S + \sigma_B \cdot (A - A_S)$$

$$\text{mit } n = \frac{\sigma_S}{\sigma_B} = 4,92$$

$$\sigma \cdot A = n \cdot \sigma_B \cdot A_S + \sigma_B \cdot (A - A_S)$$

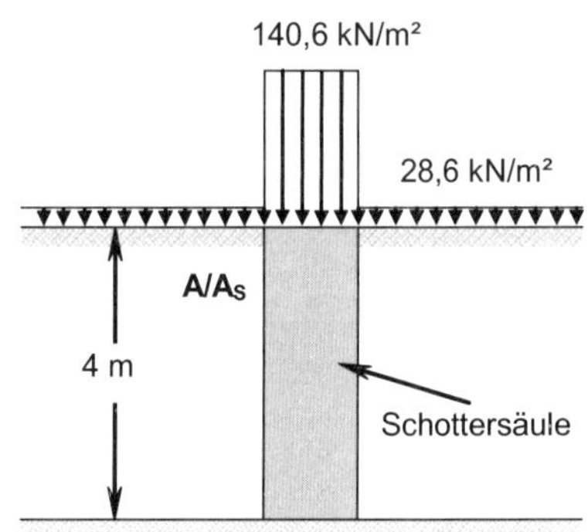

$$\sigma_B = \frac{\sigma}{a_S \cdot (n-1) + 1}$$

$$= \frac{40}{0,102 \cdot (4,92 - 1) + 1} = 28,6 \text{ kN/m}^2$$

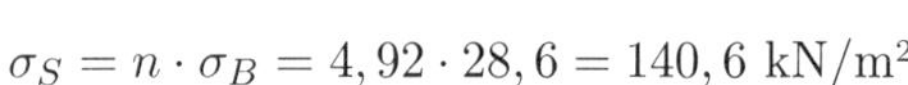

$$\sigma_S = n \cdot \sigma_B = 4,92 \cdot 28,6 = 140,6 \text{ kN/m}^2$$

B-15.2 Geokunststoffummantelte Säulen in einer Weichschicht

AUFGABENSTELLUNG

Ein Damm von 5 m Höhe (Wichte 20 kN/m³) soll auf ummantelte Säulen gegründet werden. Die maximale Ringzugkraft tritt im obersten Meter der Weichschicht auf. Berechnen Sie die Setzung und Ringzugkraft in dieser Schicht. Das Beispiel ist aus *EBGEO (2010)* entnommen.

GEC-Säulen:	10%-Raster → $A_S/A_E = 0,1$; Radius $r_S = 0,4$ m; Verdrängungsverfahren
Säulenmaterial:	$\varphi_S = 32,5°$; $\gamma = 19$ kN/m³; $K_{a,s} = K_{agh} = 0,301$

Ummantelung: Kurzzeitfestigkeit $R_{k,0} = 200$ KN/m; Steifigkeit $J = 1500$ kN/m; Radius $r_{geo} = 0,4$ m
Abminderungsfaktor für Langzeiteffekte, Kriechen $A_1 = 1,52$
Abminderungsfaktor für Beschädigung während Transport und Einbau $A_2 = 1,1$
Abminderungsfaktor für Verbindungsstellen $A_3 = 1,0$
Abminderungsfaktor für Umgebungseinflüsse $A_4 = 1,03$
Abminderungsfaktor für Dynamische Einflüsse $A_5 = 1,0$

Weichschicht: $h_{B,i} = 1,0$ m, d. h., es wird die oberste Bodenscheibe betrachtet. Der Grundwasserstand liegt dabei unterhalb der betrachteten Scheibe.

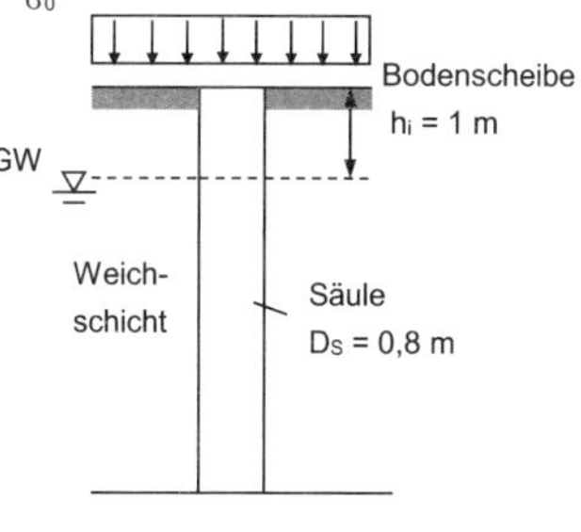

$\varphi_B = 15°$; $c_B = 10,0$ kN/m²; $\gamma_B/\gamma'_B = 15/5$ kN/m³
$\nu_B = 0,4$
$K_{0,B} = 1 - \sin\varphi_B = 1 - \sin 15° = 0,741$
$K^*_{0,B} = 1,0$ bei Verdrängungsverfahren

$$E_{s,B} = E_{s,B,ref} \cdot \left(\frac{p*}{p_{ref}}\right)^m$$

$p_{ref} = 100,0$ kN/m²; $E_{s,B,ref} = 750$ kN/m²; $m = 1$

LÖSUNG

Ermittlung der Primärspannungen in der Mitte der betrachteten Bodenscheibe

$$\sigma_{ü,B} = 0,5 \cdot 1,0 \cdot 15 = 7,5 \text{ kN/m}^2$$

$$\sigma_{ü,S} = \gamma_S \cdot h = 0,5 \cdot 1,0 \cdot 19,0 = 9,5 \text{ kN/m}^2$$

Annahme des Lastumlagerungsfaktors E

Hier: vorermittelt nach Abschluss der Iteration $E = 0,66$

$$\sigma_{v,B} = \frac{\sigma_0 - E \cdot \sigma_0}{(1 - a_S)} = \frac{100 - 0,66 \cdot 100}{(1 - 0,1)} = 37,8 \text{ kN/m}^2$$

Ermittlung der Steifigkeitsparameter

$$p^* = \frac{p_2 - p_1}{\ln(p_2/p_1)}$$

mit:

$$p_1 = \sigma_{ü,B} = 7,5 \text{ kN/m}^2$$

$$p_2 = \sigma_{v,B} + \sigma_{ü,B} = 37,8 + 7,5 = 45,3 \text{ kN/m}^2$$

$$p^* = \frac{37,8}{\ln(45,3/7,5)} = 21,0 \text{ kN/m}^2$$

$$p^* + c'_B \cdot \cot\varphi'_B = 21,0 + 10 \cdot \cot 15° = 58,3 \text{ kN/m}^2$$

$$E_{s,B} = E_{s,B,ref} \cdot \left(\frac{p^* + c'_B \cdot \cot\varphi'_B}{p_{ref}} \right)^m$$

$$E_{s,B} = 750 \cdot \left(\frac{58,3}{100} \right)^{1,0} = 437 \text{ kN/m}^2$$

$$E^* = \left(\frac{1}{1-\nu_B} + \frac{1}{1+\nu_B} \cdot \frac{1}{a_S} \right) \cdot \frac{(1+\nu_B)\cdot(1-2\nu_B)}{(1-\nu_B)} \cdot E_{s,B}$$

$$E^* = \left(\frac{1}{1-0,4} + \frac{1}{1+0,4} \cdot \frac{1}{0,1} \right) \cdot \frac{(1+0,4)\cdot(1-2\cdot 0,4)}{(1-0,4)} \cdot 437 = 1797 \text{ kN/m}^2$$

Verformung am Säulenrand

$$\Delta r_S = \frac{K_{a,S} \cdot \left(\frac{1}{a_S} \cdot \sigma_0 - \frac{1-a_S}{a_S} \cdot \sigma_{v,B} + \sigma_{ü,S} \right) - K_{0,B} \cdot \sigma_{v,B} - K^*_{0,B} \cdot \sigma_{ü,B} + \frac{(r_{geo} - r_S)\cdot J}{r^2_{geo}}}{\frac{E^*}{(1/a_S - 1)\cdot r_S} + \frac{J}{r^2_{geo}}}$$

$$\Delta r_S = \frac{0,301 \cdot \left(\frac{1}{0,1} \cdot 100,0 - \frac{1-0,1}{0,1} \cdot 37,8 + 9,5 \right) - 0,741 \cdot 37,8 - 1,0 \cdot 7,5 + 0}{\frac{1797}{(1/0,1 - 1)\cdot 0,4} + \frac{1500}{0,4^2}} = 0,0168 \text{ m}$$

Setzungsermittlung $s_B = s_S$

$$\left\{ \frac{\sigma_{v,B}}{E_{s,B}} - \frac{2}{E^*} \cdot \frac{\nu_B}{1-\nu_B} \left[K_{a_S} \cdot \left(\frac{1}{a_S} \cdot \sigma_0 - \frac{1-a_S}{a_S} \cdot \sigma_{v,B} + \sigma_{ü,S} \right) - K_{0,B} \cdot \sigma_{v,B} - K^*_{0,B} \cdot \sigma_{ü,B} + \frac{(r_{geo} - r_s)\cdot J}{r^2_{geo}} - \frac{\Delta r_S \cdot J}{r^2_{geo}} \right] \right\} \cdot h_{B,i} = \left[1 - \frac{{r_S}^2}{(r_S + \Delta r_S)^2} \right] \cdot h_{B,i}$$

$$\left\{ \frac{37,8}{437} - \frac{2}{1797} \cdot \frac{0,4}{1-0,4} \left[0,301 \cdot \left(\frac{1}{0,1} \cdot 100,0 - \frac{1-0,1}{0,1} \cdot 37,8 + 9,5 \right) - 0,741 \cdot 37,8 - 1,0 \cdot 7,5 + 0 - \frac{0,0168 \cdot 1500}{0,4^2} \right] \right\} \cdot 1,0 = \left[1 - \frac{0,4^2}{(0,4 + 0,0168)^2} \right] \cdot 1,0$$

0,080 m $\approx 0,079$ m

(Setzungsgleichheit bei Berechnungsgenauigkeit von 1 mm gegeben. Diese Setzung entspricht nur der Setzung der betrachteten Bodenscheibe, die Gesamtsetzung des Systems ergibt sich aus der Addition der jeweiligen Setzungen der einzelnen Bodenscheiben.)

Ringzugkraftberechnung

$$E_k = J \cdot \frac{\Delta r_{geo}}{r_{geo}} = J \cdot \frac{\Delta r_S - (r_{geo} - r_S)}{r_{geo}} = 1500 \cdot \frac{0,0168}{0,40} = 63 \text{ kN/m}$$

Der Maximalwert der Ringzugkraft aller Bodenscheiben ist für die Bemessung maßgebend!

Bemessung in BS-P

Bemessungswert der Beanspruchungen:

$E_d = E_{G,k} \cdot \gamma_G + (E_{G+Q,k} - E_{G,k}) \cdot \gamma_Q = 63 \cdot 1,35 = 85$ kN

Bemessungswert der Widerstände nach *EBGEO (2010)*, GEO-2, BS-P:

$$R_{Bd} = \frac{1,1 \cdot R_{B,k0}}{A1 \cdot A_2 \cdot A_3 \cdot A_4 \cdot A_5 \cdot \gamma_B} = \frac{1,1 \cdot 200}{1,52 \cdot 1,1 \cdot 1,0 \cdot 1,03 \cdot 1,0 \cdot 1,4} = 91 \text{ kN/m}$$

Grenzzustandsgleichung: $R_{B,d} = 91$ kN/m $\geq E_d = 85$ kN/m

B-15.3 Geogitterbewehrte Tragschicht über pfahlähnlichen Traggliedern

AUFGABENSTELLUNG

Ein Dammkörper wird auf einem Raster aus pfahlähnlichen Elementen (z. B. Betonrüttelsäulen) gegründet. Die Lasteinleitung soll durch eine geogitterbewehrte Tragschicht erfolgen. Berechnen Sie die Zugkraft in den Geogittern und bemessen Sie diese. Das Beispiel ist der *EBGEO (2010)* entnommen.

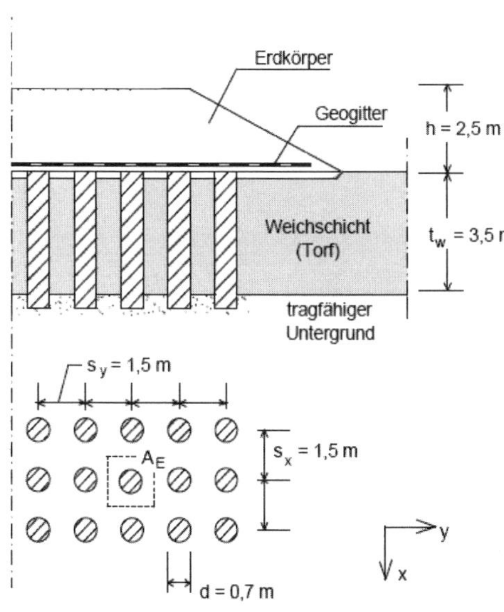

Weichschicht: $E_s = 500$ kN/m^2

Erdkörper: $\gamma = 18$ kN/m^3; $\varphi = 35°$

Die Bettungswirkung des Untergrundes wird durch einen Bettungsmodul $k_{s,k}$ beschrieben.

$k_{s,k} = E_s/t = 500/3,5 = 143$ kN/m^3

Geogitter: Es wird ein Geogitter mit einer Kurzzeitfestigkeit längs (Ausrollrichtung) von 400 kN/m und quer zur Ausrollrichtung von 200 kN/m gewählt. Das gewählte Geogitter wird quer zur x-Richtung (Dammachse) ausgerollt. Dies bedeutet eine Kurzzeitfestigkeit in x-Richtung von 200 kN/m und in y-Richtung (quer zur Dammachse) von 400 kN/m.

Dehnsteifigkeiten des Geogitters im Endzustand bei 2,5 % Dehnung: $J_x = 1520$ kN/m; $J_y = 3040$ kN/m

Abminderungsfaktor für Langzeiteffekte, Kriechen $A_1 = 2,5$

Abminderungsfaktor für Beschädigung während Transport und Einbau $A_2 = 1,3$

Abminderungsfaktor für Verbindungsstellen $A_3 = 1,0$

Abminderungsfaktor für Umgebungseinflüsse $A_4 = 1,0$
Abminderungsfaktor für Dynamische Einflüsse $A_5 = 1,0$

LÖSUNG

Eingangswerte für die Berechnung

Maßgeblicher Achsabstand der Tragglieder:

$$s = \sqrt{1,5^2 + 1,5^2} = 2,121$$

Gewölbehöhe: $h = 2,5$ m $< s/2 = 2,12/2 = 1,06$ m $\rightarrow h_g = s/2 = 1,06$ m

Tragschichtmaterial: $K_{krit} = 3,69$ ($\varphi' = 35°$), Erddruckbeiwert: $K_{ah} = 0,271$

Lastumlagerung im bewehrten Erdkörper

Berechnung der Spannung $\sigma_{zo,k}$ zwischen den vertikalen Traggliedern
Charakteristischer Wert der Spannung $\sigma_{zo,G,k}$ infolge ständiger Lasten aus Abb. 15.19:

Für $\varphi' = 35°$ und $h/s = 2,5/2,121 = 1,179$ und $d/s = 0,70/2,121 = 0,33$

$$\sigma_{z,o,G,k}/(\gamma \cdot h) = 0,31 \rightarrow \sigma_{z,o,G,k} = 13,95 \text{ kN/m}^2$$

Charakteristischer Wert der Spannung $\sigma_{zs,G,k}$ infolge ständiger Lasten:

$$\sigma_{zs,G,k} = ((\gamma \cdot h) - \sigma_{z,0,G,k}) \cdot (A_E/A_S) + \sigma_{zo,G,k}$$
$$= ((18 \cdot 2,5) - 13,95) \cdot (2,25/0,385) + 13,95 = 195,41 \text{ kN/m}^2$$

Lastumlagerungsfaktor:

$$E = (\sigma_{zs,G,k} \cdot A_S)/(\gamma \cdot h \cdot A_E) = 0,74$$

74 % der Gesamtlast werden direkt in die Tragglieder eingeleitet.

Charakteristische Beanspruchungen in der Geokunststoffbewehrung

Die Berechnung wird für die x- und y-Richtung vorgenommen
Ersatzbreite und lichte Weite:

$$b_{Ers.} = 0,5 \cdot d \cdot \sqrt{\pi} = 0,5 \cdot 0,7 \cdot \sqrt{\pi} = 0,62 \text{ m}$$
$$L_{w,x} = L_{w,y} = 1,50 - 0,62 = 0,88 \text{ m}$$

Lasteinzugsflächen:

$$A_{L,x} = 0,5 \cdot s_x \cdot s_y - d^2/2 \cdot \arctan(s_y/s_x) \cdot \pi/180$$
$$A_{L,y} = 0,5 \cdot s_x \cdot s_y - d^2/2 \cdot \arctan(s_x/s_y) \cdot \pi/180$$
$$A_{L,x} = A_{L,y} = 0,5 \cdot 1,5 \cdot 1,5 - 0,7^2/2 \cdot \arctan(1,5/1,5) \cdot \pi/180 = 0,933 \text{ m}^2$$

Resultierende Last auf einen Bewehrungsstreifen der Breite $b_{Ers.}$:

$$F_{x,G,k} = A_{Lx} \cdot \sigma_{z,o,G,k} = F_{y,G,k} = A_{Ly} \cdot \sigma_{z,o,G,k} = 0,933 \cdot 13,95 = 13,02 \text{ kN/m}$$

Ermittlung der maximalen Dehnungen:

$$k_{sk} \cdot L_{w,x}^2 / J_x = 143 \cdot 0,88^2/1520 = 0,0729$$
$$(F_{x,G,k}/b_{Ers.})/J_x = (13,02/0,62)/1520 = 0,014$$

Aus Abb. 15.20: max. $\varepsilon_{x,G,k} = 1,91$ %

$$k_{sk} \cdot L_{w,y}^2 / J_y = 143 \cdot 0,88^2/3040 = 0,0364$$
$$(F_{y,G,k}/b_{Ers.})/J_y = (13,02/0,62)/3040 = 0,007$$

Aus Abb. 15.20: max. $\varepsilon_{y,G,k} = 1,25$ %

Zugkräfte aus Membranwirkung:

$$E_{M,x,G,k} = \varepsilon_{x,G,k}[\%]/100 \cdot J_x = 1,91/100 \cdot 1520 = 29,0 \text{ kN/m}$$
$$E_{M,y,G,k} = \varepsilon_{y,G,k}[\%]/100 \cdot J_y = 1,25/100 \cdot 3040 = 38,0 \text{ kN/m}$$

Beanspruchung durch Spreizkräfte:

$$\Delta E_{y,G,k} = 0,5 \cdot \gamma \cdot h^2 \cdot k_{agh} = 0,5 \cdot 18 \cdot 2,5^2 \cdot 0,271 = 15,2 \text{ kN/m}$$

Gesamtbeanspruchung im Geokunststoff:

$$E_{x,G,k} = 29 \text{ kN/m}$$
$$E_{y,G,k} = 38,0 + 15,2 = 53,2 \text{ kN/m}$$

Bemessung in BS-P

Bemessungswerte der Beanspruchung:

$$E_d = E_{k,G} \cdot \gamma_G + (E_{k,G} - E_{k,Q}) \cdot \gamma_Q$$
$$E_{d,x} = 29,0 \cdot 1,35 = 39,2 \text{ kN/m}$$
$$E_{d,y} = 53,2 \cdot 1,35 = 71,9 \text{ kN/m}$$

Bemessungswerte der Widerstände:

Mit Anpassungsfaktor $\eta = 1,1$ nach *EBGEO (2010)*

$$R_{B,d} = R_{B,k}/(A_1 \cdot A_2 \cdot A_3 \cdot A_4 \cdot A_5) \cdot \eta/\gamma$$
$$R_{B,d,x} = 200/(2,5 \cdot 1,3 \cdot 1,0 \cdot 1,0 \cdot 1,0) \cdot 1,1/1,4 = 48,4 \text{ kN/m}$$
$$R_{B,d,y} = 400/(2,5 \cdot 1,3 \cdot 1,0 \cdot 1,0 \cdot 1,0) \cdot 1,1/1,4 = 96,7 \text{ kN/m}$$

Grenzzustandsgleichung GEO 2, BS-P:

$$E_{dx} = 39,2 < R_{d,x} = 48,4$$
$$E_{dy} = 71,9 < R_{dy} = 96,7$$

B-16 Numerische Verfahren

B-16.1 Berechnung einer tiefen Baugrube mit der FEM

AUFGABENSTELLUNG

Für eine Travequerung in Lübeck wird als Ersatz für ein vorhandenes Brückenbauwerk ein schildvorgetriebener Tunnel hergestellt. Am Tunnelportal geht der Tunnel in eine offene Trogstrecke über. Eine Draufsicht über das Bauwerk im Bereich des Zielschachtes enthält Abb. B-16.1. Im Folgenden ist als Beispiel eine Berechnung mit der FEM dargestellt.

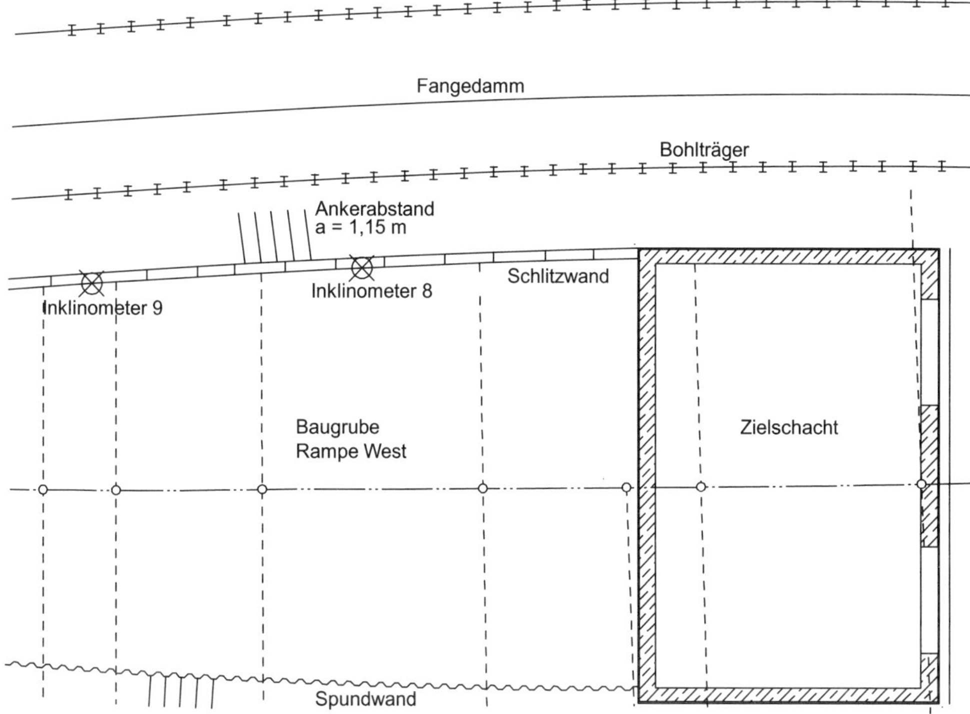

Abb. B-16.1: *Draufsicht auf die Baugrube im Bereich des Zielschachtes*

Da die Zielbaugrube mit der Trogstrecke im Fahrbahnbereich der vorhandenen Brückenzufahrt liegt, wurde zuvor ein Abtrag der Brückenanrampungen und eine Umlegung einer bestehenden Bundesstraße auf einen unmittelbar an die spätere Baugrube angrenzenden, 12,5 m hohen Fangedamm erforderlich. Hierdurch und durch die Tiefe der späteren Tunnelzufahrt entsteht ein Geländeversprung mit einer Gesamthöhe von über 25 m. Ein Querschnitt durch die erforderliche Baugrube enthält Abb. B-16.2.

Die Baugrubenumschließung wurde durch ca. 27 m lange, bis zu vierfach rückverankerte Schlitzwände mit einer Dicke von 80 cm und einer freien Wandhöhe von ca. 12,5 m realisiert.

In ca. 8 m Abstand zur Schlitzwandachse wurde vor der Baugrubenherstellung der ca. 15 m breite Fangedamm aus gegeneinander verankerten Bohlträgerverbauen erstellt, auf der die umgelegte Bundesstraße mit einer Höhe von ca. 12,5 m über der Geländeoberkante (GOK = ca. OK Schlitzwand) verläuft.

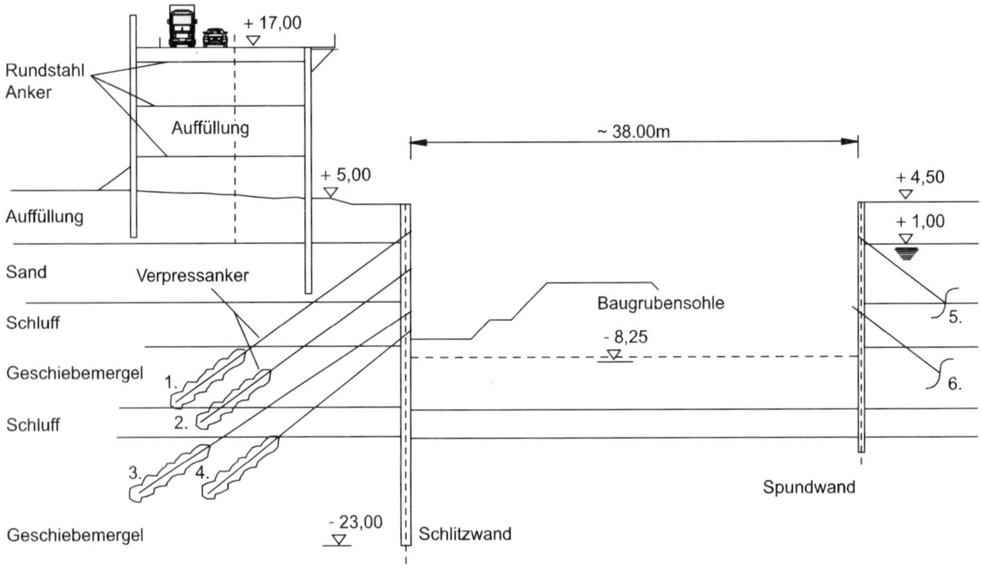

Abb. B-16.2: *Baugrube im Querschnitt*

FEM-Berechnung

Berechnungsausschnitt und Netz

Die Berechnungen wurden mit dem Programmsystem PLAXIS (16.4) durchgeführt. Zur Netzgenerierung wurde ein 15-Knoten-Dreieckselement verwendet.

Der gewählte Berechnungsausschnitt umfasst entsprechend Abb. B-16.3 einen Bereich von 235 x 102,8 m und deckt damit den maßgeblichen Lasteinflussbereich ab. Insgesamt umfasst das Berechnungsmodell 3395 Elemente und 27779 Knoten.

Es wurden Gleitlager an den linken und rechten Rändern und unverschiebliche Lagerungen an der Netzunterseite verwendet.

Stoffmodell

Für die Böden wurde das Stoffgesetz Hardening-Soil-Model HSM verwendet und sowohl die spannungsabhängige Steifigkeit als auch Ent- und Wiederbelastungsvorgänge berücksichtigt. Für detaillierte Angaben hinsichtlich der verwendeten Stoffgesetze und des Berechnungsprogramms sei auf *Brinkgreve et al. (2019)* verwiesen. Die Kenngrößen der Böden, die das HSM benötigt, sind in Tab. B-16.1 angegeben.

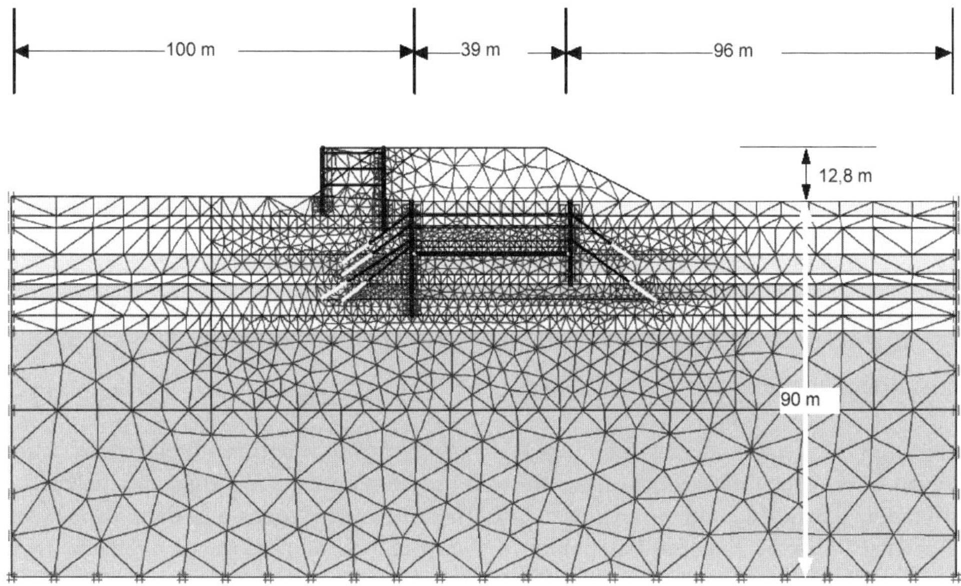

Abb. B-16.3: *Berechnungsmodell mit generiertem Netz*

Tab. B-16.1: *Bodenparameter für das Hardening-Soil-Model (HSM)*

Schicht	Typ	γ_r/γ [kN/m³]	E_{50}^{ref} [MN/m²]	E_{oed}^{ref} [MN/m²]	E_{our}^{ref} [MN/m²]	c' [kN/m²]	φ' [°]	ψ [°]	ν_{ur} [-]	p^{ref} [kN/m²]	m [-]	K_0^{nc} [-]	R_f [-]
Auffüllung	Drained	21/19	52,3	52,3	209,2	0,5	37,5	7,5	0,15	100	0,5	0,391	0,9
Obere Sand o-wasser (oS)	Drained	21/19	138,7	138,0	554,0	0,5	37,5	7,5	0,15	100	0,5	0,391	0,9
Obere Sand u-wasser (oS)	Drained	21/19	87,0	87,8	351,2	0,5	37,5	7,5	0,15	100	0,5	0,391	0,9
Obere Beckenschluff (U1)	Drained	20/20	25,0	25,0	125,0	20,0	25,0	0,0	0,2	100	0,5	0,577	0,9
Beckenschluff (U)	Drained	20/20	22,0	22,0	112,0	20,0	25,0	0,0	0,2	100	0,5	0,577	0,9
Geschiebe Mergel (Mg1)	Drained	22/22	32,0	32,0	128,0	20,0	30,0	0,0	0,2	100	0,7	0,500	0,9
Geschiebe Mergel (Mg2)	Drained	22/22	30,0	30,0	122,0	20,0	30,0	0,0	0,2	100	0,7	0,500	0,9
Geschiebe Mergel (Mg3)	Drained	22/22	34,0	34,0	138,0	20,0	30,0	0,0	0,2	100	0,7	0,500	0,9
Untere Sand (uS)	Drained	21/19	42,0	42,0	170,6	0,5	37,5	7,5	0,2	100	0,5	0,391	0,9
Alte Damm	Drained	21/19	52,3	52,3	209,0	10,0	37,5	7,5	0,15	100	0,5	0,391	0,9

Die Wände, die Sohlplatte und der Fangedamm wurden als sog. Balkenelemente mit einem linear-elastischen Stoffgesetz in der Berechnung eingeführt, wobei die in-situ vorhandene Steifigkeit durch die Berechnung von Ersatzwandstärken und Ersatzmoduln berücksichtigt wurden, siehe Tab. B-16.2. Zwischen den einzelnen Konstruktionselementen und dem umgebenden Baugrund wurden dabei Interface-Elemente zur Erfassung eines verminderten Reibungsverhaltens berücksichtigt, wobei die Scherfestigkeitsparameter in der Kontaktfläche zur Schlitzwand und zur Spundwand auf die Hälfte abgemindert wurden.

Tab. B-16.2: *Materialparameter für die Konstruktionselemente (linear-elastisch)*

Wände und Sohlplatte	Typ	EA [MN/m]	EI [MNm²/m]	ν [-]	Anker	EA [MN/m]
Schlitzwand	Elastic	24000	1280,0	0,2	Schlitzwandanker-A8	107,5
Betonplatte	Elastic	12000	160,0	0,2	Spundwandanker-A176	86,7
Spundwand AZ36	Elastic	5187	173,9	0,3	Fangedam-o-Anker-d=28	64,7
Alte Fangedam-IPB 300	Elastic	1560	26,4	0,3	Fangedam-m-Anker-d=40	131,9
					Fangedam-u-Anker-d=50	206,2

Berechnungsdurchführung

Man führt die Verformungsberechnungen in verschiedenen Schritten durch (construction stages), wobei zuerst die Vorbelastung des Untergrundes durch den vor der Baumaßnahme vorhandenen Straßendamm, anschließend der Bau des Fangedamms und dann der schrittweise Aushub mit Einbau und Vorspannen der entsprechenden Ankerlagen möglichst realitätsnah rechnerisch abgebildet wurde. Die verschiedenen simulierten Aushubzustände mit den angesetzten Belastungen sind in Abb. B-16.4 dargestellt. Konsolidationsvorgänge der einzelnen Belastungsstufen bzw. Bauzustände wurden nicht berücksichtigt. Somit waren alle berechneten Verformungen als Endzustände anzusehen.

Berechnungsergebnisse

Die berechneten Gesamt- und Horizontalverformungen für den Endaushub sind in Abb. B-16.5 bzw. Abb. B-16.6 dargestellt. Anhand der Verformungsbilder ist zu erkennen, dass die maximalen Verformungen in Höhe der Baugrubensohle im Bereich der Schlitzwand auftreten. In Abb. B-16.7 und B-16.8 sind für den Endaushub die berechneten horizontalen Verformungen, Schnittgrößen, horizontalen Erddrücke und entsprechende Ankerkräfte der Schlitzwand dargestellt. Weitere Angaben hinsichtlich der FE-Berechnungen und Messergebnisse zum Projekt siehe *Raithel et al. (2005)*.

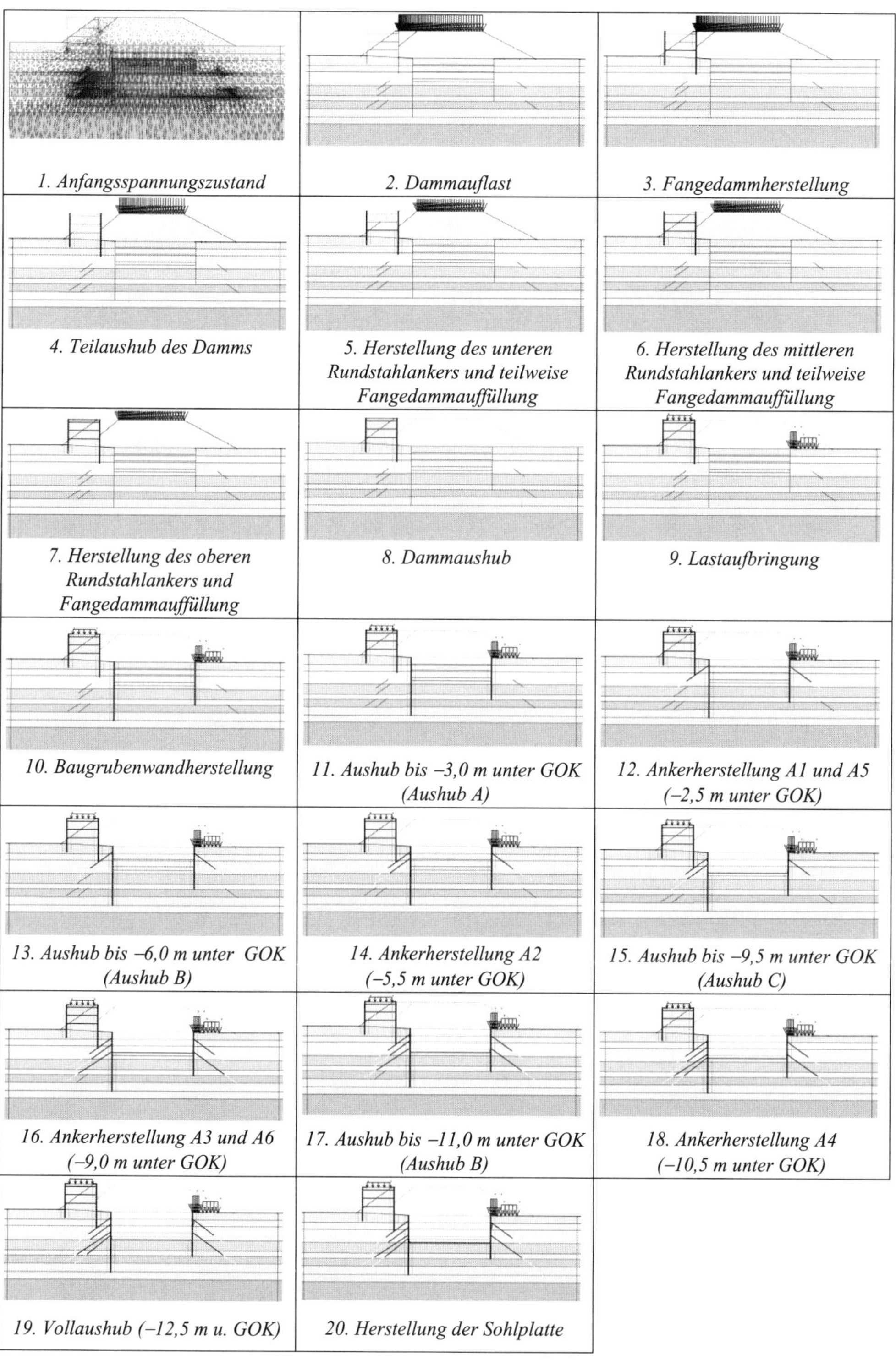

Abb. B-16.4: Simulierte Aushubschritte bei der Berechnungsdurchführung

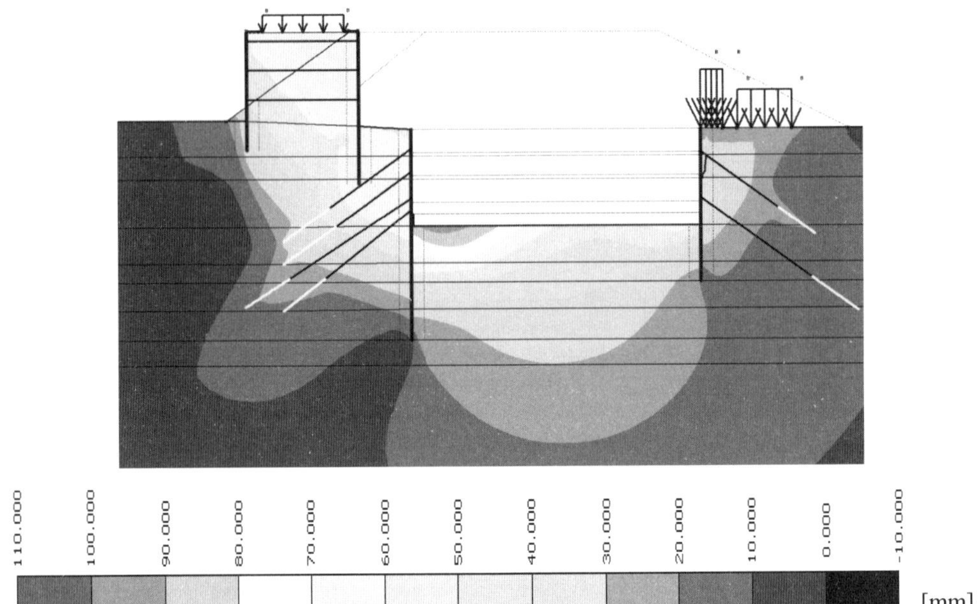

Abb. B-16.5: *Gesamtverformungen für den Endaushub*

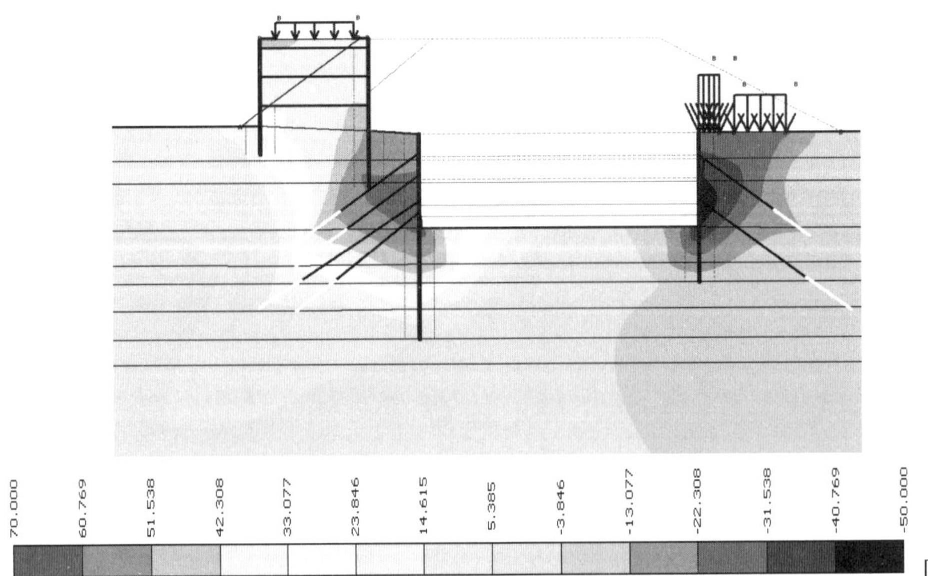

Abb. B-16.6: *Horizontale Verformungen für den Endaushub*

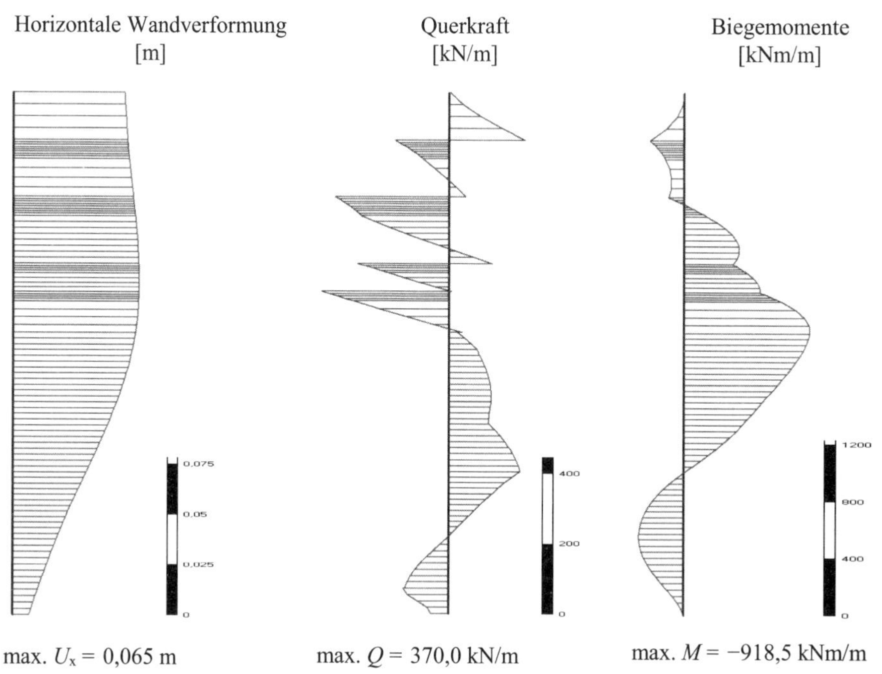

Abb. B-16.7: *Schnittgrößen und horizontale Verformung der Schlitzwand für den Endaushub*

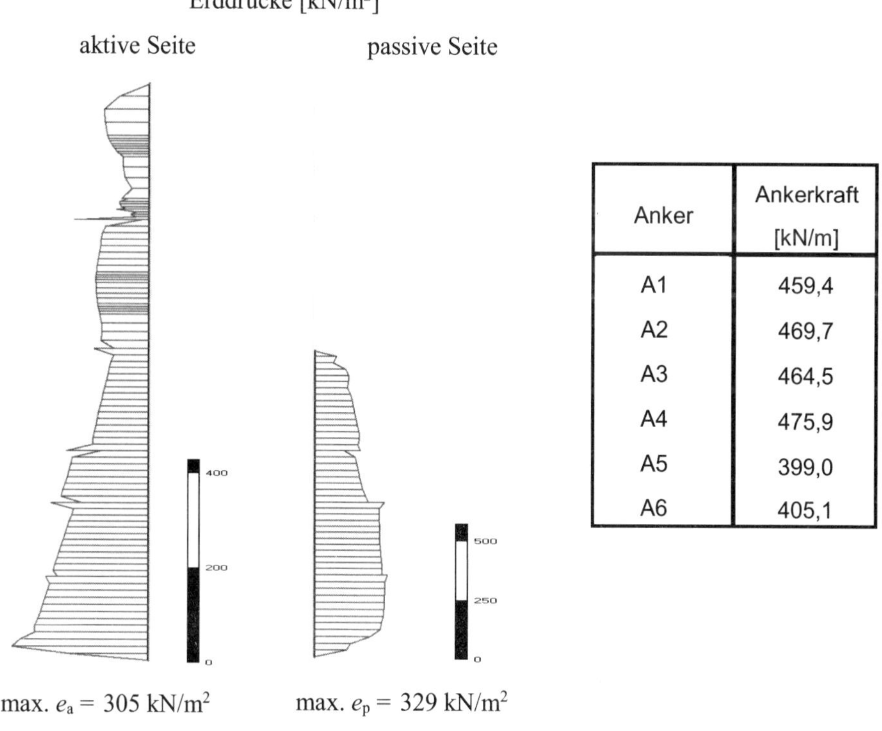

Anker	Ankerkraft [kN/m]
A1	459,4
A2	469,7
A3	464,5
A4	475,9
A5	399,0
A6	405,1

Abb. B-16.8: *Erddrücke auf die Schlitzwand und Ankerkräfte für den Endaushub*

Literaturverzeichnis

Adam, D. (2018). »Abschnitt 2.1 Erdbau«. In: *Grundbautaschenbuch.* 8. Auflage. Teil 2. Berlin: Verlag Ernst & Sohn.

Bahlburg, H. und Breitkreuz, C. (2017). »Grundlagen der Geologie«. 5. Auflage. Berlin, Heidelberg: Springer Spektrum.

Barron, R. A. (1948). »Consolidation of Fine-Grained Soils by Drain Wells«. In: *Trans. American Society of Civil Engineers. Vol. 113.*

Bathe, K.-J. (2002). »Finite-Elemente-Methoden«. 2., vollst. neu bearb. und erw. Aufl. Berlin: Springer.

Bergado, D. T., Chai, J. C., Alfaro, M. C. und Balasubramaniam, A. S. (1994). »Improvement Techniques of Soft Ground in Subsiding and Lowland Environment«. Rotterdam: A.A. Balkema.

Beyer, W. (1964). »Zur Bestimmung der Wasserdurchlässigkeit in Kiesen und Sanden aus der Kornverteilung«. In: *Wasserwirtschaft-Wassertechnik*, S. 165-168.

Bishop, A. W. (1952). »The stability of earth dams«. Ph. D. Thesis University of London.

Bjerrum, L. (1967). »Engineering Geology of Norwegian Normally-Consolidated Marine Clays as Related to Settlements of Buildings«. In: *7th Rankine Lecture, Geotechnique 17.*

Borchert, K.-M. und Große, A. (2010). »Vereinheitlichung der Boden- und Felsklassen in den Normen der VOB, Teil C«. In: *VOB aktuell, Ausgabe 3/10, Beuth Verlag Berlin.* Hrsg. von DIN, S. 12–25.

Böse, M., Ehlers, J. und Lehmkuhl, F. (2018). »Deutschlands Norden. Vom Erdaltertum zur Gegenwart«. Berlin, Heidelberg: Springer.

Brauns, J. (1980). »Untergrundverbesserung mittels Sandpfählen oder Schottersäulen«. In: *Tiefbau, Ingenieurbau, Straßenbau, Jahrg. 22.* Heft 8, S. 678-683.

Brinkgreve, R. B. J., Kumarswamy, S., Swolfs, W. M., Zampich, L. und Ragi Manoj, N. (2019). »PLAXIS 2019 Manual«. Plaxis bv, Bentley Systems, Incorporated.

Buisman, A. S. K. (1936). »Results of Long Duration Settlement Tests«. In: *Proceedings 1. International Conference on Soil Mechanics and Foundation Enginering, Vol.1.*

Carillo, N. (1942). »Simple Two- and Three-Dimensional Cases in Theory of Consolidation of Soils«. In: *J. Math. Phys., Vol. 21.* No. 1.

Carrier, W. F. und Beckmann, J. F. (1984). »Correlation between index tests and the properties of remoulded clays«. In: *Geotechnique 34*, pp. 211-228.

Casagrande, A. (1936). »Determination of preconsolidation load and its practical significance«. In: *Proc. 1st ICSMFE, Cambridge, Mass.* Bd. Vol. 3, S. 60-64.

Casagrande, A. und Fadum, R. E. (1940). »Notes on Soil Testing for Engineering Purposes«. Publication No. 8. Harvard Univ. Graduate School of Engineering.

Chen, W. F. und McCarron, W. (1986). »Plasticity Modelling and its Application to Geomechanics«. In: *Proceeding of International Symposium on Recent Developments Laboratory and Field Testing and Analysis of Geotechnical Problems.* Bangkok: A.A. Balkema, pp. 467-510.

Chen, W. F. und Mizuno, E. (1990). »Nonlinear Analysis in Soil Mechanics – Theory and Implementation«. In: *Developments in Geotechnical Engineering 53, Elsevier.* Amsterdam-Oxford-New York-Tokyo.

Coulomb, C. A. (1775). »Essai sur une application«. Paris: Ed. Science et Industrie.

D'Ans, J. und Lax, E. (1992). »Physikalisch-chemische Daten. Taschenbuch für Chemiker und Physiker«. Bd. 1. Berlin: Springer Verlag.

Dachroth, W. R. (1992). »Baugeologie«. 2. Auflage. Berlin: Springer Verlag.

Das, B. M. (1983). »Advanced Soil Mechanics«. Hemisphere Publishing Corporation.

Das, B. M. (1997). »Advanced Soil Mechanics«. Second Edition. Hemisphere Publishing Corporation.

Desai, C. S., Zaman, M. M., Lightner, J. G. und Siriwardane, H. J. (1984). »Thin-Layer element for interfaces and joints«. In: *Int. J. Num. & Anal. Methods in Geomech., Vol. 8.*

Di Maggio, J. A. (1978). »Stone Columns for Highway Construction«. In: *Technical Report No. FHWA-DP-46-1.* Federal Highway Administration.

Edil, T. B., Fox, P. J. und Lan, L.-T. (1994). »Stress-Induced One-Dimensional Creep of Peat. Advances in Understanding and Modelling the Mechanical Behaviour of Peat«. Rotterdam: Balkema.

Engel, J. (2002). »Berechnungswerte feinkörniger-bindiger, gesättigter Böden – Näherungsverfahren«. In: *Bautechnik 79.* Heft 3, S. 167-177.

Englert, K. und Fuchs, B. (2006). »Die Fundamentalnorm für die Errichtung von Bauwerken: DIN 4020«. In: *Baurecht,* S. 1047–1058.

Fecker, E. und Reik, G. (1995). »Baugeologie«. Stuttgart: Enke Verlag.

Fellenius, W. (1927). »Erdstatische Berechnungen mit Reibung und Kohäsion (Adhäsion) und unter Annahme kreiszylindrischer Gleitflächen«. Berlin: Verlag Ernst & Sohn.

Feuerlein, P. (1965). »Die Konsolidation planparalleler, unendlich ausgedehnter und wassergesättigter Tonschichten unter starren Lastflächen mit Hilfe von Sanddräns«. In: *Bautechnik 42.*

Floss, R. (2011a). »Handbuch ZTVE-StB – Kommentar und Leitlinien mit Kompendium Erd- und Felsbau«. 4. Auflage. Bonn: Kirschbaum Verlag.

Floss, R. (2011b). »Kommentar zur ZTVE-StB76«. Bad Godesberg: Kirschbaum Verlag.

Floss, R., Gudehus, G. und Katzenbach, R. (2000). »Zur Position der Geotechnik als zentrale Disziplin des Bauingenieurwesens«. In: *Geotechnik,* S. 12–16.

Fröhlich, O. K. (1934). »Druckverteilung im Baugrund«. Wien: Julius Springer Verlag.

Fuchs, B. und Haugwitz, H.-G. (2017). »Homogenbereiche. Aus Bodenklassen werden Homogenbereiche – technische und rechtliche Auswirkungen auf die VOB Teil C«. 2nd ed. Köln: Bundesanzeiger Verlag.

Gabener, H.-G. (1984). »Über die Abweichung vom Darcy'schen Gesetz bei der Durchströmung bindiger Böden«. In: *Bautechnik 10*, S. 351–358.

Gebreselassie, B., Kempfert, H.-G. und Raithel, M. (2003). »Correlation of cone resistance with undrained strength of some very soft to hard cohesive clays«. In: *6th Int. Symposium on Field Measurements in Geomechanics.* Oslo, Norway.

Georgiadis, M. (1983). »Development of P-Y curves for layered soils«. In: *Proc. Conference on Geotechnical Practice in Offshore Engineering, Austin, Texas, 27-29 April 1983.* New York: ASCE, p. 536-545.

Goldscheider, M. (2018). »Berechnung von Gleitkreisen mit dem Lamellenverfahren und die Berücksichtigung von Zuggliedern«. In: *geotechnik 41.* Heft 2, S. 109–123.

Grabe, J. (2017). »Erster Technischer Halbjahresbericht 2017 des Arbeitsausschusses „Ufereinfassungen" der Hafentechnischen Gesellschaft e.V. (HTG) und der Deutschen Gesellschaft für Geotechnik (DGGT)«. In: *Bautechnik 7.* Heft 7, S. 468–479.

Graßhoff, H. (1954). »Der Einfluß der Schichtstärke auf die Sohldruckverteilung und die Biegemomente einer kreisförmigen Gründungsplatte«. In: *Bautechnik 31.* Heft 10.

Gross, D., Hauger, W., Schröder, J. und Wall, W. A. (2014). »Technische Mechanik 2. Elastostatik«. 12., aktual. Aufl. Berlin: Springer Vieweg.

Grotzinger, J. und Jordan, T. (2017). »Press/Siever Allgemeine Geologie«. 7. Auflage. Berlin und Heidelberg: Springer Spektrum.

Gudehus, G. (1981). »Bodenmechanik«. Stuttgart: Enke Verlag.

Gußmann, P. (1974). »Über den Einfluss unterschiedlicher Wasserdruckansätze auf die Standsicherheit von durchströmten Böschungen«. In: *Der Bauingenieur 8.*

Gußmann, P. (1980). »Berechnung von Zeitsetzungen. Grundbautaschenbuch Teil 1«. 4. Auflage. Berlin: Verlag Ernst & Sohn.

Haan, E. J. den (1994). »Summery of Session 1: One-Dimensional-Behaviour; Advances in Understanding and Modelling the Mechanical Behaviour of Peat«. Rotterdam: Balkema.

Haan, E. J. den und Edil, T. B. (1994). »Secondary and Tertiary Compression of Peat. Advances in Understanding and Modelling the Mechanical Behaviour of Peat«. Rotterdam: Balkema.

Hansbo, S. (1960). »Consolidation of Clay, With Special Reference to Influence of Vertical Sand Drains«. In: *Proc. Swedish Geotechnical Institute.* Heft 18. Stockholm: Eigenverlag.

Heitz, C. (2006). »Bodengewölbe unter ruhender und nichtruhender Belastung bei Berücksichtigung von Bewehrungseinlagen aus Geogittern«. In: *Schriftenreihe Geotechnik, Universität Kassel, Heft 19.*

Hettler, A. und Kurrer, K.-E. (2019). »Erddruck«. Berlin: Verlag Ernst & Sohn.

Hettler, A., Triantafyllidis, T. und Weißenbach, A. (2018). »Baugruben«. 3. Auflage. Berlin: Ernst & Sohn.

Hölting, B. (1996). »Hydrogeologie: Einführung in die allgemeine und angewandte Hydrogeologie«. 5. Auflage. Stuttgart: Enke Verlag.

Horn, A. (1964). »Die Scherfestigkeit von Schluff. Forschungsberichte des Landes Nordrhein-Westfalen«. Köln: Westdeutscher Verlag.

Hörtkorn, F. (2011). »Wirksamkeit von flexiblen stabförmigen Elementen bei Böschungsstabilisierungen«. In: *Schriftenreihe Geotechnik, Universität Kassel, Heft 24*.

Hudelmaier, K. F. und Küfner, H. (2008). »Spezialtiefbau. Kompendium Verfahrenstechnik und Geräteauswahl«. 1. Aufl. Berlin: Ernst & Sohn.

Hvorslev, M. J. (1960). »Physical Components of the Shear Strength of Saturated Clays«. In: *Proc. SSCE Res. Conf. on shear strength of cohesive soils*. Boulder, Colorado.

Jamiolkowski, M., Ladd, C. C., Germaine, H. T. und Lancelotta, R. (1985). »New developments in field and laboratory testing of soils«. In: *Proc. 11th ICSMFE, San Francisco, Vol. 1*, pp. 57-153.

Janbu, N. (1963). »Soil Compressibility as Determined by Oedometer and Triaxial Tests«. In: *Proc. Europ. Conf. Problems of Settlements and Compressibility of Soils, Wiesbaden*, pp. 19-25.

Jänke, S. (1968). »Zusammendrückbarkeit und Scherfestigkeit nichtbindiger Erdstoffe«. In: *Baumaschine und Bautechnik 15*, S. 91-101 und 144-148.

Jelinek, R. (1949). »Setzungsberechnung ausmittig belasteter Fundamente«. In: *Bauplanung und Bautechnik 3*.

Jenne, G. (1960). »Praktische Ermittlung des Erddruckkraftbildes«. In: *Bautechnik 37*. Heft 6.

Kany, M. (1974). »Berechnung von Flächengründungen«. 2. Auflage. Band 1 und 2. Berlin: Verlag Ernst & Sohn.

Katona, M. G. (1983). »A simple contact-friction interface element with applications to buried culverts«. In: *Int. J. for Num. & Anal. Methods in Geomech. Vol. 7*, S. 371-384.

Kayser, J. (2014). »Umsetzung der Baugrundbeschreibung mit Homogenbereichen bei der Ausschreibung, Vergabe und Abwicklung von Bauaufträgen«. In: *BAW-Brief 01/14, BAW-Eigenverlag*.

Kempfert, H.-G. und Fischer, D. (2009). »Gebrauchstauglichkeitsnachweise von Flachgründungen, Bauwerksbeanspruchungen infolge Setzungen«. In: *Stahlbetonbau aktuell*, G.1–G.40.

Kempfert, H.-G. und Gebreselassie, B. (2006). »Excavations and Foundations in Soft Soils«. Berlin: Springer Verlag.

Kempfert, H.-G., Lüking, J. und Gebreselassie, B. (2009). »Dimensionierung von bewehrten Erdkörpern auf punktförmigen Traggliedern bei besonderen Randbedingungen«.

In: *11. Informations- und Vortragsveranstaltung über „Kunststoffe in der Geotechnik", München, Geotechnik Sonderheft 2009, S. 35-43.*

Kempfert, H.-G. und Martinek, K. (1988). »Aktiver Erddruck aus vertikalen und horizontalen Streifenlasten«. In: *Bautechnik 65.* Heft 8, S. 282-287.

Kezdi, A. (1962). »Erddrucktheorien«. Berlin: Springer Verlag.

Kézdi, A. (1969). »Handbuch der Bodenmechanik. Bodenphysik«. Bd. 1. Berlin: VEB Verlag für Bauwesen.

Klein, M., Alex, D., Fluthwedel, A., Goethe, W., Hofmann, T., Imgrund, G., Kaufmann, M., Kiehl, P., Krebs, S., Rasch, B., Schambach, B. und Wehrstedt, A. (2008). »Einführung in die DIN-Normen«. 14., neubearb. Aufl. Stuttgart: Teubner.

Klengel, K. J. und Wagenbreth, O. (1989). »Ingenieurgeologie für Bauingenieure«. 3. Auflage. Bauverlag.

Kolymbas, D. und Herle, I. (2017). »Abschnitt 1.7 Stoffgesetze für Böden«. In: *Grundbautaschenbuch.* 8. Auflage. Teil 1. Berlin: Verlag Ernst & Sohn.

Korhonen, K. H. (1963). »Über die Zusammendrückbarkeit von Bodenarten«. In: *Proc. Europ. Conf. Problems of Settlements and Compressibility of Soils.* Bd. Vol. 1, pp. 37-40.

Krey, H. D. (1926). »Erddruck, Erdwiderstand und Tragfähigkeit des Baugrundes«. 3. Auflage. Berlin: Verlag Ernst & Sohn.

Ladd, C. C., Foott, R., Ishihara, K., Schlosser, F. und Poulos, H. G. (1977). »Stress-Deformation and Strength Characteristics«. In: *Proc. IX. ICSMFE, Tokyo, Vol. 2*, pp. 421-494.

Lambe, T. W. und Whitman, R. (1969). »Soil Mechanics«. New York: J. Wiley.

Lang, H.-J., Huder, J. und Amann, P. (2003). »Bodenmechanik und Grundbau«. 7. Auflage. Berlin, Heidelberg und New York: Springer Verlag.

Lang, H.-J., Huder, J., Amann, P. und Puzrin, A. M. (2011). »Bodenmechanik und Grundbau. Das Verhalten von Böden und Fels und die wichtigsten grundbaulichen Konzepte«. 9., bearb. Aufl. Berlin, Heidelberg: Springer-Verlag Berlin Heidelberg.

Lo, Y. K. und Lovell, C. W. (1983). »Prediction of Soil Properties from Simple Indices«. In: *Transportation Research Record 873*, pp. 43-49.

Lord, A. (1997). »Dr. Andrew Lord asks what is a Geotechnical Engineer?« In: *Ground Engineering.* Bd. Vol 30, Nr 8, S. 3.

Love, A. E. H. (1944). »A Treatise on the Mathematical Theory of Elasticity«. New York: Dover Publications.

Löwenberg, H. und Dierssen, E. A. (1978). »Das Spülverfahren bei Erdarbeiten im Straßenbau«. In: *Straße und Autobahn, Heft 8*, S. 320-327.

Lunne, T., Powell, J. J. M. und Robertson, P. K. (2014). »Cone Penetration Testing in Geotechnical Practice«. Boca Raton: Chapman and Hall/CRC.

Mayne, P. W. (2007). »Cone penetration testing«. Bd. 368. NCHRP synthesis, 0547-5570. Washington, D.C.: Transportation Research Board.

Melzer, K.-J., Fecker, E. und Westhaus, T. (2017). »Abschnitt 1.2 Baugrunduntersuchungen im Feld«. In: *Grundbautaschenbuch.* 8. Auflage. Teil 1. Berlin: Verlag Ernst & Sohn.

Meschede, M. (2018). »Geologie Deutschlands. Ein prozessorientierter Ansatz«. 2. Aufl. 2018. Berlin, Heidelberg: Springer Berlin Heidelberg.

Mesri, G. und Castro, A. (1987). »C_a/C_C concept and K_0 during secondary compression«. In: *Journ. Geot. Eng. Div. ASCE Vol. 113*, pp. 230-249.

Mogami, T. und Yoshikoshi, H. (1968). »On the Angle of Internal Friction of Coarse Materials«. In: *Proc. 3rd Budapest Conf. on Soil Mechanics and Found. Eng.* pp. 190-196.

Mohr, O. (1882). »Über die Darstellung des Spannungszustandes und des Deformationszustandes eines Körper-Elements«. In: *Zivilingenieur.*

Müller-Breslau, H. (1946). »Erddruck auf Stützmauern«. 2. Auflage. Stuttgart: Kröner Verlag.

Ohde, J. (1939). »Zur Theorie der Druckverteilung im Baugrund«. In: *Der Bauingenieur 20.*

Ohde, J. (1956). »Grundbaumechanik«. In: *Hütte Band III.* 28. Auflage. Berlin: Verlag Ernst & Sohn.

Olson, R. E. (1977). »Consolidation under Time-Dependent Loading«. In: *J. Geotech. Eng. Div., ASCE. Vol. 103.*

Poulos, H. (2001). »Spannungsberechnung«. In: *Grundbautaschenbuch.* 6. Auflage. Teil 1. Berlin: Verlag Ernst & Sohn.

Pregl, O. (2002). »Bemessung von Stützbauwerken«. In: *Handbuch der Geotechnik, Band 16.* Wien: Eigenverlag des Instituts für Geotechnik.

Priebe, H. (1976). »Abschätzung des Setzungsverhaltens eines durch Stopfverdichtung verbesserten Baugrundes«. In: *Bautechnik 5*, S. 183-191.

Priebe, H. (1995). »Die Bemessung von Rüttelstopfverdichtungen«. In: *Bautechnik 72.* Heft 3. Berlin: Verlag Ernst & Sohn, S. 183–191.

Quast, P. (1977). »Ein Beitrag zum Kriechverhalten eines norddeutschen Kleis«. In: *Mitteilungen Lehrstuhl für Grundbau, Bodenmechanik und Energiewasserbau und Institut für Grundbau und Bodenmechanik der Technischen Universität Hannover.* Heft 13.

Raithel, M. (1999). »Zum Trag- und Verformungsverhalten von geokunststoffummantelten Sandsäulen«. In: *Schriftenreihe Geotechnik, Universität Kassel, Heft 6.*

Raithel, M., Gebreselassie, B., Müller, S. und Pahl, F. (2005). »Design and Numerical Investigations of a Deep Excavation for a Tunnel Entrance Pit«. In: *Proceedings of the 16th International Conference on Soil Mechanics and Geotechnical Engineering, Osaka, Japan*, pp. 1551-1554.

Raithel, M. und Kempfert, H.-G. (2000). »Bemessung von geokunststoffummantelten Sandsäulen«. In: *Bautechnik 76.* Heft 12, S. 983-991.

Raithel, M. und Kirchner, A. (2011). »Dreidimensionale Berechnungsmodelle zur Bemessung einer ovalen, tiefen Baugrube bei schwierigen geotechnischen Randbedingungen«. In: *Bautechnik 88.* Heft 12, S. 866–876.

Rankine, W. J. M. (1880). »Handbuch der Bauingenieurkunst«. Nach der 12. Auflage deutsch bearbeitet von F. Kreuter. Wien.

Reitmeier, W. (2013). »Baugrundverbesserung nach dem CSV-Verfahren. Labortechnische Untersuchungsergebnisse mit Empfehlungen zur Abschätzung des durch Trockenmörtelsäulen möglichen Verbesserungsgrades«. In: *Bautechnik 90.* Heft 9, S. 539-549.

Rudolph, C., Mardfeldt, B. und Dührkop, J. (2011). »Vergleichsberechnungen zur Dalbenbemessung nach Blum und mit der p-y-Methode«. In: *geotechnik 34.* Heft 4, S. 237–251.

Schlammer, J., König, C. und Schmidt, J. (2016). »Die strafrechtliche Produkthaftung des Berechnungsingenieurs«. In: *Bautechnik 93.* Heft 9, S. 647–652.

Schultze, E. (1975). »Some Aspects Concerning the Application of Statistics ad Probability to Foundation Structures«. In: *Proc. 2nd Int. Conf. Application Statistics and Probability in Soil.* Aachen, pp. 457-494.

Schulze, E. und Muhs, H. (1967). »Bodenuntersuchungen für Ingenieurbauten«. 2. Auflage. Berlin: Springer Verlag.

Sebastian, U. (2018). »Gesteinskunde. Ein Leitfaden für Einsteiger und Anwender«. 4. Auflage. Berlin, Heidelberg: Springer Spektrum.

Simons, N. E. (1975). »Normally consolidated and lightly over-consolidated cohesive materials«. In: *General Report Session 2, Conference on Settlement of Structure, London,* pp. 500-530.

Sivaram, B. und Swamee, P. (1977). »A Computational Method for Consolidation Coefficient«. In: *Soils Found, Vol 17, No. 2.* Tokyo.

Skempton, A. W. (1944). »Notes on the Compressibility of Clays«. In: *Quart. J. Geol. Soc., London, Vol. C,* pp. 119-135.

Skempton, A. W. (1953). »The Colloidal „Activity" of Clays«. In: *Proc. 3. Internat. Conf. S.M.F.E., Zürich, Vol. 1,* pp. 57-61.

Skempton, A. W. (1954). »The Pore Pressure Coefficients A and B«. In: *Geotechnique, Vol. 4.*

Skempton, A. W. (1957). »Disc. on Paper Grace and Henry in Proc. Inst. Civil. Eng., 7«.

Sokolovski, V. V. (1960). »Static of Soil Media«. London: Butterworths Sci. Publ.

Sondermann, W. und Kirsch, F. (2018). »Abschnitt 2.2 Baugrundverbesserungen und Injektionen«. In: *Grundbautaschenbuch.* 8. Auflage. Teil 2. Berlin: Verlag Ernst & Sohn.

Soumaya, B. (2005). »Setzungsverhalten von Flachgründungen in normalkonsolidierten bindigen Böden«. In: *Schriftenreihe Geotechnik, Universität Kassel, Heft 16.*

Soumaya, B. und Kempfert, H.-G. (2006). »Bewertung von Setzungsmessungen flachgegründeter Gebäude in weichen Böden«. In: *Bautechnik 83.* Heft 3, S. 181-185.

Soyez, B. (1987). »Bemessung von Stopfverdichtungen«. Ins Deutsche übertragen von H. Priebe. In: *Baumaschine und Bautechnik, Jahrg. 34.* Heft 4, S. 170-186.

Steinbrenner, W. (1934). »Tafeln zur Setzungsberechnung«. In: *Straße 1*, S. 121–124.

Stölben, F. und Eitner, V. (2011). »Das Normenhandbuch Eurocode 7 Teil 2 Erkundung und Untersuchung des Baugrunds«. In: *Schriftenreihe des Lehrstuhls Baugrund-Grundbau der Technischen Universität Dortmund, Heft 30*, S. 49–64.

Taylor, D. W. (1942). »Research on Consolidation of Clays«. In: *Massachusetts Institute of Technology.* Publication No. 82.

Taylor, D. W. (1948). »Fundamentals of Soil Mechanics«. New York: J. Wiley.

Teferra, A. (1975). »Beziehungen zwischen Reibungswinkel, Lagerungsdichte usw«. In: *Forschungsberichte aus Bodenmechanik und Grundbau.* Hrsg. von Prof. Schultze. Heft 1. Aachen.

Terzaghi, K. (1925). »Erdbaumechanik auf bodenphysikalischer Grundlage«. Leipzig-Wien: Deuticke Verlag.

Terzaghi, K. (1943). »Theoretical Soil Mechanics«. New York: Wiley.

Terzaghi, K. (1951). »Mechanism of Landslids«. In: *Harvard Soil Mechanics Series 36.*

Türke, H. (1999). »Statik im Erdbau«. Weinheim, Germany: Wiley-VCH Verlag GmbH & Co.

v. Soos, P. (2001). »Abschnitt 1.4 Eigenschaften von Boden und Fels – ihre Ermittlung im Labor«. In: *Grundbautaschenbuch.* 6. Auflage. Teil 1. Berlin: Verlag Ernst & Sohn.

v. Soos, P. und Engel, J. (2017). »Abschnitt 1.3 Eigenschaften von Boden und Fels – ihre Ermittlung im Labor«. In: *Grundbautaschenbuch.* 8. Auflage. Teil 1. Berlin: Verlag Ernst & Sohn.

v.Wolffersdorff, P.-A. (2017). »Informationen und Empfehlungen des Arbeitskreises 1.6 „Numerik in der Geotechnik". Modellierung von Geogittern bei der Anwendung der Finite-Elemente-Methode«. In: *geotechnik 40.* Heft 1, S. 64–73.

v.Wolffersdorff, P.-A. (2019). »Informationen und Empfehlungen des Arbeitskreises 1.6 „Numerik in der Geotechnik". Berechnung der Standsicherheit mit der FEM durch Reduzierung der Festigkeitsparameter«. In: *geotechnik 42.* Heft 2, S. 88–97.

v.Wolffersdorff, P.-A. und Schweiger, H. F. (2017). »Abschnitt 1.10 Numerische Verfahren in der Geotechnik«. In: *Grundbautaschenbuch.* 8. Auflage. Teil 1. Berlin: Verlag Ernst & Sohn.

Vermeer, P. A. und Schanz, T. (1995). »Zum Steifemodul von Sanden«. In: *Mitteilungen des Instituts für Geotechnik.* Heft 3. TU Dresden, S. 123–142.

Vrettos, C. und Papamichael, S. (2018). »Lagerungsdichte von nichtbindigen Böden aus Ramm- und Drucksondierungen«. In: *geotechnik 41*. Heft 3, S. 186–196.

Weiß, K. (1990). »Baugrunduntersuchungen im Feld«. In: *Grundbautaschenbuch*. 4. Auflage. Teil 1. Berlin: Verlag Ernst & Sohn.

Weißenbach, A. (2001). »Gedanken zur Einführung des Teilsicherheitskonzeptes im Grundbau«. In: *Bautechnik 78*. Heft 9, S. 655–660.

Weißenbach, A. (2003). »Allgemeine Regelungen in der neuen DIN 1054. Seminarband „Sicherheitsnachweise im Erd- und Grundbau nach der neuen DIN 1054"«. Essen: Haus der Technik e.V.

Wittke, W. und Erichsen, C. (2001). »Abschnitt 1.15 Böschungsgleichgewicht im Fels«. In: *Grundbautaschenbuch*. 6. Auflage. Teil 1. Berlin: Verlag Ernst & Sohn.

Wood, D. M. und Wroth, C. P. (1978). »The correlation of index properties with some basic engineering properties of soils«. In: *Canad. Geotechn. Journal, 15*, pp. 137-145.

Zaeske, D. (2001). »Zur Wirkungsweise von unbewehrten und bewehrten mineralischen Tragschichten über pfahlartigen Gründungselementen«. In: *Schriftenreihe Geotechnik, Universität Kassel, Heft 10*.

Zaeske, D. und Kempfert, H.-G. (2002). »Berechnung und Wirkungsweise von unbewehrten und bewehrten mineralischen Tragschichten über punkt- und linienförmigen Traggliedern«. In: *Bauingenieur 77*, S. 80-86.

Ziegler, M. (2011). »Vergleichsberechnungen DIN 1054 zu EC 7-1. Kurzfassung zum Forschungsbericht an der RWTH Aachen (unveröffentlicht)«.

Ziegler, M. (2017). »Abschnitt 1.1 Sicherheitsnachweise im Erd- und Grundbau«. In: *Grundbautaschenbuch*. 8. Auflage. Teil 1. Berlin: Verlag Ernst & Sohn.

Zienkiewicz, O. C. (1977). »The finite element method«. London: McGraw-Hill.

Zienkiewicz, O. C. und Taylor, R. L. (2000). »The finite element method«. Volume 1. Oxford: Butterworth Heinemann.

Zunker, F. (1930). »Das Verhalten des Bodens zum Wasser. Handbuch der Bodenlehre«. Bd. VI. Berlin: Springer Verlag.

Normen und Technische Regelwerke

BAW, Hrsg. (2017). *BAW Merkblatt. Einteilung des Baugrunds in Homogenbereiche nach VOB/C.* Bundesanstalt für Wasserbau.

DIN 1054:2010-12, *Baugrund – Sicherheitsnachweise im Erd- und Grundbau – Ergänzende Regelungen zu DIN EN 1997-1*

DIN 1054:2012-08, *Baugrund – Sicherheitsnachweise im Erd- und Grundbau – Ergänzende Regelungen zu DIN EN 1997-1:2010; Änderung A1:2012*

DIN 1054:2015-11, *Baugrund – Sicherheitsnachweise im Erd- und Grundbau – Ergänzende Regelungen zu DIN EN 1997-1; Änderung 2*

DIN 1055-100:2001-03, *Einwirkungen auf Tragwerke – Teil 100: Grundlagen der Tragwerksplanung – Sicherheitskonzept und Bemessungsregeln*

DIN 1055-2:2010-11, *Einwirkungen auf Tragwerke – Teil 2: Bodenkenngrößen*

DIN 18121-2:2012-02, *Baugrund, Untersuchung von Bodenproben – Wassergehalt – Teil 2: Bestimmung durch Schnellverfahren*

DIN 18122-2:2000-09, *Baugrund – Untersuchung von Bodenproben; Zustandsgrenzen (Konsistenzgrenzen) – Teil 2: Bestimmung der Schrumpfgrenze*

DIN 18123:2011-04, *Baugrund, Untersuchung von Bodenproben – Bestimmung der Korngrößenverteilung (zurückgezogen)*

DIN 18124:2019-02, *Baugrund, Untersuchung von Bodenproben – Bestimmung der Korndichte - Weithalspyknometer*

DIN 18125-2:2011-03, *Baugrund, Untersuchung von Bodenproben – Bestimmung der Dichte des Bodens – Teil 2: Feldversuche*

DIN 18126:1996-11, *Baugrund, Untersuchung von Bodenproben – Bestimmung der Dichte nichtbindiger Böden bei lockerster und dichtester Lagerung*

DIN 18127:2012-09, *Baugrund, Untersuchung von Bodenproben – Proctorversuch*

DIN 18128:2002-12, *Baugrund – Untersuchung von Bodenproben – Bestimmung des Glühverlustes*

DIN 18129:2011-07, *Baugrund, Untersuchung von Bodenproben – Kalkgehaltsbestimmung*

DIN 18130-2:2008-06, *Baugrund, Untersuchung von Bodenproben – Bestimmung des Wasserdurchlässigkeitsbeiwerts – Teil 2: Feldversuche*

DIN 18134:2012-04, *Baugrund – Versuche und Versuchsgeräte – Plattendruckversuch*

DIN 18137-1:2010-07, *Baugrund – Untersuchung von Bodenproben – Bestimmung der Scherfestigkeit – Teil 1: Begriffe und grundsätzliche Versuchsbedingungen*

DIN 18196:2011-05, *Erd- und Grundbau – Bodenklassifikation für bautechnische Zwecke*

DIN 18300:2016-09, *VOB, Verdingungsordnung für Bauleistungen, Teil C*

DIN 18301:2016-09, *VOB Vergabe- und Vertragsordnung für Bauleistungen – Teil C: Allgemeine Technische Vertragsbedingungen für Bauleistungen (ATV) – Bohrarbeiten*

DIN 18304:2016-09, *VOB Vergabe- und Vertragsordnung für Bauleistungen – Teil C: Allgemeine Technische Vertragsbedingungen für Bauleistungen (ATV) – Ramm-, Rüttel- und Pressarbeiten*

DIN 18311:2016-09, *VOB Vergabe- und Vertragsordnung für Bauleistungen – Teil C: Allgemeine Technische Vertragsbedingungen für Bauleistungen (ATV) – Nassbaggerarbeiten*

DIN 18313:2016-09, *VOB Vergabe- und Vertragsordnung für Bauleistungen – Teil C: Allgemeine Technische Vertragsbedingungen für Bauleistungen (ATV) – Schlitzwandarbeiten mit stützenden Flüssigkeiten*

DIN 4014:1990-03, *Bohrpfähle – Herstellung, Bemessung und Tragverhalten – zurückgezogen*

DIN 4017:2006-03, *Baugrund – Berechnung des Grundbruchwiderstands von Flachgründungen*

DIN 4019:2015-05, *Baugrund – Setzungsberechnungen*

DIN 4020:2010-12, *Geotechnische Untersuchungen für bautechnische Zwecke – Ergänzende Regelungen zu DIN EN 1997-2*

DIN 4021:1990-10, *Baugrund; Aufschluß durch Schürfe und Bohrungen sowie Entnahme von Proben (zurückgezogen)*

DIN 4022-1:1987-09, *Benennung und Beschreibung von Boden und Fels*

DIN 4022-1:1987-09, *Benennung und Beschreibung von Boden und Fels*

DIN 4023:2006-02, *Baugrund- und Wasserbohrungen; Zeichnerische Darstellung der Ergebnisse*

DIN 4030-1:2008-06, *Beurteilung betonangreifender Wässer, Böden und Gase – Teil 1: Grundlagen und Grenzwerte*

DIN 4084:1981-07, *Baugrund – Gelände- und Böschungsbruchberechnungen – zurückgezogen*

DIN 4084:2009-01, *Baugrund – Geländebruchberechnungen*

DIN 4084:2012-07, *Baugrund – Geländebruchberechnungen – Beiblatt 1: Berechnungsbeispiele*

DIN 4084:2017-08, *Baugrund – Geländebruchberechnungen; Änderung 1*

DIN 4085:2017-08, *Baugrund – Berechnung des Erddrucks*

DIN 4085:2018-12, *Baugrund – Berechnung des Erddrucks; Beiblatt 1: Berechnungsbeispiele*

DIN 4093:2015-11, *Bemessung von verfestigten Bodenkörpern – Hergestellt mit Düsenstrahl-, Deep-Mixing- oder Injektions-Verfahren*

DIN 4094-1:2002-06, *Baugrund – Felduntersuchungen – Teil 1: Drucksondierungen (zurückgezogen)*

DIN 4094-2:2003-05, *Baugrund – Felduntersuchungen – Teil 2: Bohrlochrammsondierung*

DIN 4094-3:2002-01, *Baugrund – Felduntersuchungen – Teil 3: Rammsondierungen – zurückgezogen*

DIN 4094-4:2002-01, *Baugrund – Felduntersuchungen – Teil 4: Flügelscherversuche*

DIN 4095:1990-06, *Baugrund; Dränung zum Schutz baulicher Anlagen; Planung, Bemessung und Ausführung*

DIN 4123:2013-04, *Ausschachtungen, Gründungen und Unterfangungen im Bereich bestehender Gebäude*

DIN 4124:2012-01, *Baugruben und Gräben – Böschungen, Verbau, Arbeitsraumbreiten*

DIN 4126:2013-09, *Nachweis der Standsicherheit von Schlitzwänden*

DIN EN 12063:1999-05, *Ausführung von besonderen geotechnischen Arbeiten (Spezialtiefbau) – Spundwandkonstruktionen; Deutsche Fassung EN 12063:1999*

DIN EN 12699:2015-07, *Ausführung von Arbeiten im Spezialtiefbau – Verdrängungspfähle; Deutsche Fassung EN 12699:2015*

DIN EN 12715:2000-10, *Ausführung von besonderen geotechnischen Arbeiten (Spezialtiefbau) – Injektionen; Deutsche Fassung EN 12715:2000*

DIN EN 12716:2019-03, *Ausführung von Arbeiten im Spezialtiefbau – Düsenstrahlverfahren; Deutsche Fassung EN 12716:2018*

DIN EN 14199:2015-07, *Ausführung von Arbeiten im Spezialtiefbau – Mikropfähle; Deutsche Fassung EN 14199:2015*

DIN EN 14475:2006-04, *Ausführung von besonderen geotechnischen Arbeiten (Spezialtiefbau) – Bewehrte Schüttkörper; Deutsche Fassung EN 14475:2006*

DIN EN 14490:2010-11, *Ausführung von Arbeiten im Spezialtiefbau – Bodenvernagelung; Deutsche Fassung EN 14490:2010*

DIN EN 14679:2005-07, *Ausführung von besonderen geotechnischen Arbeiten (Spezialtiefbau) – Tiefreichende Bodenstabilisierung; Deutsche Fassung EN 14679:2005*

DIN EN 14731:2005-12, *Ausführung von besonderen geotechnischen Arbeiten (Spezialtiefbau) – Baugrundverbesserung durch Tiefenrüttelverfahren*

DIN EN 15237:2007-06, *Ausführung von besonderen geotechnischen Arbeiten (Spezialtiefbau) – Vertikaldräns*

DIN EN 1536:2015-10, *Ausführung von Arbeiten im Spezialtiefbau – Bohrpfähle; Deutsche Fassung EN 1536:2010+A1:2015*

DIN EN 1537:2014-07, *Ausführung von Arbeiten im Spezialtiefbau – Verpressanker; Deutsche Fassung EN 1537:2013*

DIN EN 1538:2015-10, *Ausführung von Arbeiten im Spezialtiefbau – Schlitzwände; Deutsche Fassung EN 1538:2010+A1:2015*

DIN EN 16907-3:2019-04, *Erdarbeiten – Teil 3: Ausführung von Erdarbeiten*

DIN EN 1990:2010-12, *Eurocode: Grundlagen der Tragwerksplanung; Deutsche Fassung EN 1990:2002 + A1:2005 + A1:2005/AC:2010*

DIN EN 1992-1-1:2011-01, *Eurocode 2: Bemessung und Konstruktion von Stahlbeton- und Spannbetontragwerken – Teil 1-1: Allgemeine Bemessungsregeln und Regeln für den Hochbau; Deutsche Fassung EN 1992-1-1:2004 + AC:2010*

DIN EN 1997-1:2009-09, *Eurocode 7: Entwurf, Berechnung und Bemessung in der Geotechnik – Teil 1: Allgemeine Regeln*

DIN EN 1997-1/NA:2010-12, *Nationaler Anhang – National festgelegte Parameter – Eurocode 7: Entwurf, Berechnung und Bemessung in der Geotechnik – Teil 1: Allgemeine Regeln.*

DIN EN 1997-2:2010-10, *Eurocode 7: Entwurf, Berechnung und Bemessung in der Geotechnik – Teil 2: Erkundung und Untersuchung des Baugrunds*

DIN EN 1997-2/NA:2010-12, *Nationaler Anhang – National festgelegte Parameter – Eurocode 7: Entwurf, Berechnung und Bemessung in der Geotechnik – Teil 2: Erkundung und Untersuchung des Baugrunds*

DIN EN 1998-1:2010-12, *Eurocode 8: Auslegung von Bauwerken gegen Erdbeben –Teil 1: Grundlagen, Erdbebeneinwirkungen und Regeln für Hochbauten*

DIN EN ISO 14688-1:2018-05, *Geotechnische Erkundung und Untersuchung – Benennung, Beschreibung und Klassifizierung von Boden – Teil 1: Benennung und Beschreibung*

DIN EN ISO 14688-2:2018-05, *Geotechnische Erkundung und Untersuchung – Benennung, Beschreibung und Klassifizierung von Boden – Teil 2: Grundlagen für Bodenklassifizierungen*

DIN EN ISO 14689-1:2018-05, *Geotechnische Erkundung und Untersuchung – Benennung, Beschreibung und Klassifizierung von Fels – Teil 1: Benennung und Beschreibung*

DIN EN ISO 17892-1:2015-03, *Geotechnische Erkundung und Untersuchung – Laborversuche an Bodenproben – Teil 1: Bestimmung des Wassergehalts*

DIN EN ISO 17892-10:2019-04, *Geotechnische Erkundung und Untersuchung – Laborversuche an Bodenproben – Teil 10: Direkte Scherversuche*

DIN EN ISO 17892-11:2019-05, *Geotechnische Erkundung und Untersuchung – Laborversuche an Bodenproben – Teil 11: Bestimmung der Wasserdurchlässigkeit*

DIN EN ISO 17892-12:2018-10, *Geotechnische Erkundung und Untersuchung – Laborversuche an Bodenproben – Teil 12: Bestimmung der Fließ- und Ausrollgrenzen*

DIN EN ISO 17892-2:2015-03, *Geotechnische Erkundung und Untersuchung – Laborversuche an Bodenproben – Teil 2: Bestimmung der Dichte des Bodens*

DIN EN ISO 17892-3:2016-07, *Geotechnische Erkundung und Untersuchung – Laborversuche an Bodenproben – Teil 3: Bestimmung der Korndichte*

DIN EN ISO 17892-4:2017-04, *Geotechnische Erkundung und Untersuchung – Laborversuche an Bodenproben – Teil 4: Bestimmung der Korngrößenverteilung*

DIN EN ISO 17892-5:2017-08, *Geotechnische Erkundung und Untersuchung – Laborversuche an Bodenproben – Teil 5: Ödometerversuch mit stufenweiser Belastung*

DIN EN ISO 17892-7:2018-05, *Geotechnische Erkundung und Untersuchung – Laborversuche an Bodenproben – Teil 7: Einaxialer Druckversuch*

DIN EN ISO 17892-8:2018-07, *Geotechnische Erkundung und Untersuchung – Laborversuche an Bodenproben – Teil 8: Unkonsolidierter undränierter Triaxialversuch*

DIN EN ISO 17892-9:2018-07, *Geotechnische Erkundung und Untersuchung – Laborversuche an Bodenproben – Teil 9: Konsolidierte triaxiale Kompressionsversuche an wassergesättigten Böden*

DIN EN ISO 22475-1:2007-01, *Geotechnische Erkundung und Untersuchung – Aufschluss- und Probenentnahmeverfahren und Grundwassermessungen – Teil 1: Technische Grundlagen der Ausführung*

DIN EN ISO 22476-1:2013-10, *Geotechnische Erkundung und Untersuchung – Felduntersuchungen – Teil 1: Drucksondierungen mit elektrischen Messwertaufnehmern und Messeinrichtungen für den Porenwasserdruck (ISO 22476-1:2012 + Cor. 1:2013); Deutsche Fassung EN ISO 22476-1:2012 + AC:2013*

DIN EN ISO 22476-10:2014-04, *Geotechnische Erkundung und Untersuchung – Felduntersuchungen – Teil 10: Gewichtssondierung*

DIN EN ISO 22476-11:2014-04, *Geotechnische Erkundung und Untersuchung – Felduntersuchungen – Teil 11: Flachdilatometerversuch*

DIN EN ISO 22476-12:2014-04, *Geotechnische Erkundung und Untersuchung – Felduntersuchungen – Teil 12: Drucksondierungen mit mechanischen Messwertaufnehmern*

DIN EN ISO 22476-2:2012-03, *Geotechnische Erkundung und Untersuchung – Felduntersuchungen – Teil 2: Rammsondierungen (ISO 22476-2:2005 + Amd 1:2011); Deutsche Fassung EN ISO 22476-2:2005 + A1:2011*

DIN EN ISO 22476-3:2012-03, *Geotechnische Erkundung und Untersuchung – Felduntersuchungen – Teil 3: Standard Penetration Test (ISO 22476-3:2005 + Amd 1:2011); Deutsche Fassung EN ISO 22476-3:2005 + A1:2011*

DIN EN ISO 22476-4:2013-03, *Geotechnische Erkundung und Untersuchung – Felduntersuchungen – Teil 4: Pressiometerversuch nach Ménard (ISO 22476-4:2012); Deutsche Fassung EN ISO 22476-4:2012*

DIN EN ISO 22476-5:2013-03, *Geotechnische Erkundung und Untersuchung – Felduntersuchungen – Teil 5: Versuch mit dem flexiblen Dilatometer (ISO 22476-5:2012); Deutsche Fassung EN ISO 22476-5:2012*

DIN EN ISO 22476-6:2018-12, *Geotechnische Erkundung und Untersuchung – Felduntersuchungen – Teil 6: Versuch mit selbstbohrendem Pressiometer (ISO 22476-6:2018); Deutsche Fassung EN ISO 22476-6:2018*

DIN EN ISO 22476-7:2013-03, *Geotechnische Erkundung und Untersuchung – Felduntersuchungen – Teil 7: Seitendruckversuch (ISO 22476-7:2012); Deutsche Fassung EN ISO 22476-7:2012*

DIN EN ISO 22476-8:2019-03, *Geotechnische Erkundung und Untersuchung – Felduntersuchungen – Teil 8: Versuch mit dem Verdrängungspressiometer (ISO 22476-8:2018); Deutsche Fassung EN ISO 22476-8:2018*

DIN EN ISO 22476-9:2014-04, *Geotechnische Erkundung und Untersuchung – Felduntersuchungen – Teil 9: Flügelscherversuch (ISO/DIS 22476-9:2014); Deutsche Fassung EN ISO 22476-9:2014 (zurückgezogen)*

DIN-Fachbericht 130 (2003). »Wechselwirkung Baugrund/Bauwerk bei Flachgründungen«. Beuth Verlag.

EAB (2012). »Empfehlungen des Arbeitskreises „Baugruben“«. 5. Auflage. Berlin: Verlag Ernst & Sohn.

EANG (2014). »Empfehlungen des Arbeitskreises Numerik in der Geotechnik - EANG«. 1. Auflage. Berlin: Verlag Ernst & Sohn.

EASV (2016). »EASV Sachverständige für Geotechnik. Anforderungen an Sachkunde und Erfahrung«. Empfehlungen des Arbeitskreises AK 2.11 der Fachsektion Erd- und Grundbau der Deutschen Gesellschaft für Geotechnik e.V. DGGT.

EAU (2012). »Empfehlungen des Arbeitsausschusses „Ufereinfassungen“ Häfen und Wasserstraßen«. 11. Auflage. Berlin: Verlag Ernst & Sohn.

EBGEO (2010). »Empfehlungen für den Entwurf und Berechnung von Erdkörpern aus Geokunststoffen«. 2. Auflage. Berlin: Verlag Ernst & Sohn.

EVB (1993). »Empfehlungen Verformungen des Baugrunds bei baulichen Anlagen«. Berlin: Verlag Ernst & Sohn.

FGSV 547 (2014). »Merkblatt über flächendeckende dynamische Verfahren zur Prüfung der Verdichtung im Erdbau. M FDVK E«. Forschungsgesellschaft für Straßen- und Verkehrswesen.

FGSV TP BF-StB (2012). »Technische Prüfvorschriften für Boden und Fels im Straßenbau, TP BF-StB. Teil B 8.3 - Dynamischer Plattendruckversuch mit leichtem Fallgewichtsgerät«. Forschungsgesellschaft für Straßen- und Verkehrswesen.

FGSV-542 (2010). »Merkblatt über Straßenbau auf wenig tragfähigem Untergrund«. Forschungsgesellschaft für Straßen- und Verkehrswesen.

FGSV-558 (2007). »H GEoMess: Merkblatt über flächendeckende dynamische Verfahren zur Prüfung der Verdichtung im Erdbau«. Forschungsgesellschaft für Straßen- und Verkehrswesen.

GruSiBau (1981). »Grundlagen zur Festlegung von Sicherheitsanforderungen für bauliche Anlagen«. 1. Auflage. Beuth Verlag.

Handbuch Eurocode 7-1 (2015). »Handbuch Eurocode 7 – Geotechnische Bemessung, Band 1, Allgemeine Regeln«. 2. aktualisierte Auflage. Berlin: Beuth Verlag.

Handbuch Eurocode 7-2 (2011). »Handbuch Eurocode 7 – Geotechnische Bemessung, Band 2. Erkundung und Untersuchung«. Berlin: Beuth Verlag.

Merkblatt CSV-Verfahren (2002). »Merkblatt für die Herstellung, Bemessung und Qualitätssicherung von Stabilisierungssäulen zur Untergrundverbesserung Teil 1 – CSV-Verfahren«.

EA-Pfähle (2012). »Empfehlungen des DGGT-Arbeitskreises Ak 2.1 „Pfähle"«. 2. Auflage. Berlin: Verlag Ernst & Sohn.

Ril 836 (2013). »Erdbauwerke und sonstige geotechnische Bauwerke planen, bauen und instand halten«. Deutsche Bahn AG.

VOB/A (2016). »Textausgabe, Vergabe- und Vertragsordnung für Bauleistungen, Teil A: § 7, (1), Pkt. 6«. Springer Vieweg.

ZTV E-StB 17 (2017). »Zusätzliche technische Vertragsbedingungen und Richtlinien für Erdarbeiten im Straßenbau«. Forschungsgesellschaft für Straßen- und Verkehrswesen.

ZTV-Lsw (1997). »Entwurfs- und Berechnungsgrundlagen für Bohrpfahlgründungen und Stahlpfosten von Lärmschutzwänden an Straßen – Ergänzung zu den Zusätzlichen Technischen Vorschriften und Richtlinien für die Ausführung von Lärmschutzwänden an Straßen«. Forschungsgesellschaft für Straßen- und Verkehrswesen.

Stichwortverzeichnis